JN409634

자동차 공학

양현수 · 황갑운 · 김운회 공저

머리말

지금 우리나라는 자동차 보유대수 1,000대 돌파라는 새로운 시대를 맞이하여 국제적 무한경쟁에 대비하여 자동차의 양적 증산뿐 아니라 기술 및 질적 고도화를 가일층 도모하여 선진 자동차공업국으로서의 균형된 발전을 가해야 할 시점이다. 또한 자동차를 에워싼 후진적 환경을 개혁하고 낙후된 사회여건의 현대화로 더욱 많은 자동차를 한층 편리하고 안전하게, 그리고 효율적으로 활용케 함으로써 국민복지 증진을 극대화하는 자동차 문명의 선진화를 국가 기본정책으로 추진해야 할 시점이다. 이러한 측면에서 자동차를 전공하는 학생들과 자동차에 관심이 있는 많은 일반인들에게 나날이 달라지고 있는 자동차의 신기술정보를 제공하여 앞으로의 기술진보에 능동적으로 대처할 수 있도록 하는 것이 매우 중요하며 이를 위해 몇 가지 사항에 유의하여 이 책을 집필하였다.

첫째, 이 책은 현재의 자동차 기술을 포함하여 앞으로의 기술진보를 예측할 수 있도록 자동차 기술의 토대가 되는 기본 원리를 가급적 다양하게 전개하였다.

둘째, 이 책은 학습자의 창의성을 강조하여 신교육에서 지향하는 조화학습에 중점을 두었다.

셋째, 이 책은 새로운 정보를 기본 주제로 선정하여 이와 관련한 다양한 기술 흐름을 각분야별로 세분화하여 방대한 자동차 기술세계에 원론적으로 접근할 수 있도록 하였다.

독자여러분이 이러한 의도를 충분히 이해하여 교재에서 제시하는 길을 따라 지속적으로 관심을 기울일 때 자동차 신기술에 대한 폭넓은 이해와 안목을 가져 앞으로의 기술진보에 능동적으로 대처할 수 있을 것으로 판단된다.

본 교재의 집필부터 출판하기까지 도움을 주신 산업체 전문가와 군장대학 관계자 및 기한재 출판사 관계자 여러분에게 심심한 감사들 드리며 끝으로 학생들의 건승을 빌며 본 교재의 자료를 제공해 주신 관계자에게 감사를 드립니다.

저자씀

자동차의 역사 ▸ 7

제1부 엔진(Engine) ▸ 15

제2부 섀시(Chassis) ▸ 227

제3부 전기장치 ▸ 401

자동차의 역사

가솔린 엔진을 설치한 자동차는 1875년 오스트리아 사람 지그프리드 마르크스(Siefried Markus)에 의해 처음으로 제작되었으며, 그로부터 1년 후인 1885년 독일의 오토(Otto)의 내연기관 연구소의 기사 고트리브 다임러(Gottlieb Dailmler)가 그 주인이었던 니콜라스 오토(Nicholas Otto)가 발명한 오토 사이클 엔진을 완성하여 2륜 자동차의 제작에 성공하였으며, 칼 벤츠(Karl Benz)도 벤진의 증기를 사용하는 3륜 자동차를 제작하였다.

[그림1-벤츠 1호 자동차]

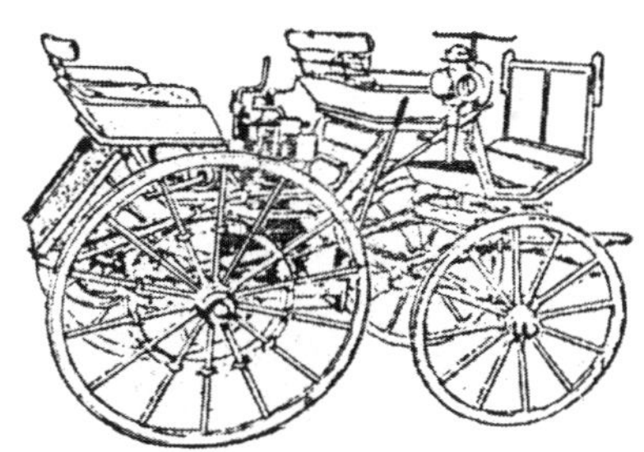

[그림2-다임러 1호 자동차]

그 이듬해인 1886년 다임러가 제작한 세계 최초의 본격적인 4륜 자동차를 완성하였다. 이 자동차는 565cc, 1.65PS, V형 2실린더 엔진을 설치하였고, 휠(wheel)도 스포크 휠이며, 주행속도는 1.5㎞/h에서 18㎞/h로 증가되었다.

[그림3-다임러 2호 자동차]

1893년에는 벤츠 2호인 빅토리아호가 완성되었으며, 엔진이 2,800cc로 증가되고 주행속도는 1호 자동차의 2인 30km/h가 되었다.

[그림4-빅토리아호(벤츠 2호)]

그러나 당시 독일에서는 가격이 비싸서 이와 같은 자동차의 수요가 전혀 없었으며, 오히려 이웃 나라인 프랑스에서 인정을 받아 증기기관 대신 다임러 엔진을 채용하게 되었다. 1891~1892년에는 프랑스 르바소르(Emile Levassor)와 파나르(Rene Panhard)가 다임러의 엔진을 설치한 4륜 자동차를 제작하였으며, 이것은 체인 전동을 축 전동으로 하고, 변속기와 차동 기어장치도 개량된 오늘날의 자동차와 거의 같은 것이었다. 이곳은 세계 최초의 본격적인 자동차 제작공장이었다. 프랑스에서는 이에 자극되어 가솔린 엔진 자동차가 크게 발달되어 20세기 초엽까지 자동차 생산의 세계적 중심이 되었다.

[그림5-파나르의 자동차]

1898년 프랑스의 루이 르노(Louis Renault)가 르노 1호차를 발표하였고, 이 무렵 각국에서 공기 타이어를 사용하기 시작하였다.

[그림6-르노 1호 자동차]

같은 해 독일의 다임러가 2실린더 1,530cc, 4PS의 엔진을 설치하고 10㎞/h인 최초의 트럭을 발표하였다. 1899년에는 프랑스의 파나르가 레버형의 조향핸들을 현재와 같이 둥근 형태의 조향핸들로 개량하였다. 20세기에 들어, 1901년 독일의 마이바하(Maybach)에 의해 경주용 자동차인 메르세데스(Mercedes) 1호가 제작되어 경주에서 우승하였으며, 이 자동차의 엔진은 35PS이고, 주행속도는 86㎞/h이었다.

[그림7-메르세데스 1호 자동차]

메르세데스 1호 자동차에 이어 1902년에는 근데 감각의 자동차 형태를 지닌 직렬 4실린더, 5,300cc, 28PS, 60㎞/h의 투어링 카(touring car)가 발표되었고, 1910년에는 나이트(Knight)호가 발표되었다.

[그림8-투어링 카(메르세데스 심플렉스 호)]

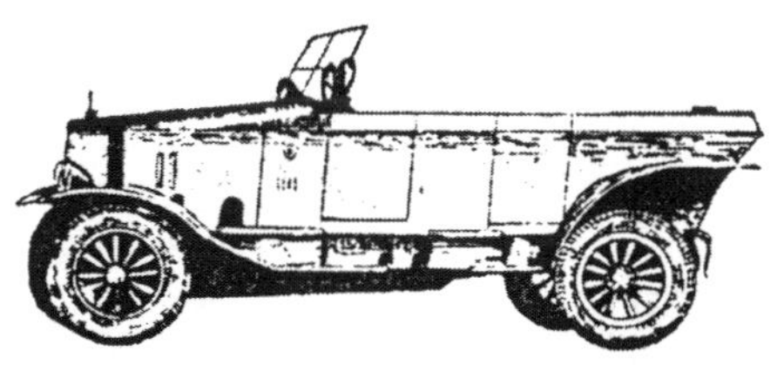

[그림9-메르세데스 나이트 2호 자동차]

이 기간 벤츠는 1903년 바르지아르(Wardiar)호를 발표하였고, 영국에서는 1910년 롤스로이스 실버 고스트(Rolls Royce Silver Chost)를 발표하여 호화스럽고, 진보적인 기술의 도입에 의한 우수한 안락성을 과시하였다. 이즈음 미국은 유럽 여러 나라에 비해 문화 전반이 늦어 있어 자동차 방면에서도 거의 볼 것이 없었으나 유럽 특히 프랑스, 독일의 발달이 자극되어 연구가 급속히 진행되었으며, 1893년 찰스(Charles E)와 프랭크 듀리어(Frank Duryea)가 미국 최초의 가솔린 엔진 자동차를 제작하였다. 또 같은 해에 하트(Hyatt) 롤러 베어링 회사가 설립되었다.

[그림10 – 미국 최초의 가솔린 엔진 자동차]

1894년에는 엘우드 헤인즈(Elwood Haynes)가, 1895년에는 랜슴 올드스(Ransom E. Olds)가 각각 4륜 가솔린 엔진의 자동차를 설계 제작에 성공하였으며, 이즈음의 미국 자동차도 유럽의 것과 같이 마차의 말(馬) 대신에 가솔린 엔진을 설치한 형식이었으며, 말없는 마차(horsey, horseless carriage)라 불리었다.

[그림11 – 미국의 말 없는 마차]

1894년에 프랑스에서 파리-루앙(Paris-Rouen)간의 자동차 경주가 열렸고, 1895년에는 미국에서도 시카고의 신문사 타임스 헤럴드(Times-Herald) 주최의 자동차 경주가 열렸으며, 이 경주에서 듀리어의 말없는 마차(horseless buggy)가 86.97㎞의 폭풍우 속 진흙길을 7시간 30분 동안 주행하여 자동차의 진가를 보이기 시작하였다. 다음 해인 1896년에 디트로이트의 킹(Charles Brady king)이 4실린더 가솔린 엔진을 설치한 자동차를 제작하였으며, 같은 해에 킹 밑에서 기사로 일하던 헨리 포드(Henry Ford)가 2실린더, 4PS의 가솔린 엔진을 설치한 4륜 자동차(Ford quadricycle)를 제작하여 킹을 태우고 약 14.5㎞를 주행하였다.

[그림12 - 포드의 4륜 자동차]

1987년에는 스튜드베이커(Studebaker) 형제도 자동차를 제작하기 시작하였고, 1899년에는 패카드(James W. Packard)도 제작하기 시작하였다. 1898년에는 캔필드(Frank W. Canfield)가 점화플러그의 특허를 얻었고, 헤인즈에 의해 알루미늄 합금이 자동차에 사용되기 시작하였으며, 전기로 구동되는 택시가 뉴욕에서 운행되었다. 이에 따라 자동차가 급격히 유행되기 시작하여 1899년에는 올드스 자동차 회사가 설립되었으며, 1900년에는 처음으로 자동차 광고가 신문에 실리기 시작하였다. 1901년에는 뷰익(Buick)사가, 1902년에는 캐딜락(Cadillac)사가, 1903년에는 포드사가 설립되었다. 이 해에 개발된 1실린더 캐딜락이 1,895대 판매되었으며, 올드스모빌(Oldsmobile)의 판대 대수는 4,000대에 이르렀다. 1908년에는 포드사가 4실린더, 2,900cc, 플라이 휠 자석 점화방식의 엔진과 유성기어 방식의 전진 2단, 후진 1단의 변속기를 설치한 T형 자동차를 발매하였다.

[그림13 - 포드 T형 자동차(1909년)]

[그림14 - 포드 T형 자동차]

이 T형 자동차는 모든 점에서 다른 자동차에 비해 수년 앞선 설계이며, 새로운 합금강의 사용으로 견고하였고, 대량 생산방식에 의해 생산되어 그 가격이 저렴해 폭발적인 인기를 일으켰다. 이 자동차는 첫해에 6,850대, 다음 해인 1909년에는 연산 10,000대에 이르렀고, 4년 후인 1913년에는 새로운 공장의 대량 생산방식으로 연산 100,000대라는 경이적인 생산을 보였다. 1923년에는 연산 200만대의 기록을 수립하였으며, 1908년에서 1927년 신형 자동차를 발표할 때까지 20년 동안 1,500만대가 생산되었다. 포드사가 T형 자동차를 발표한 1908년, 당시 뷰익 자동차 회사를 주체로 25개의 회사가 합병하여 발족한 GM(General Motors Congregation)도 장족의 발전을 하여 1927년에는 포드사의 생산량을 넘어서 오늘날의 세계 제일의 자동차 회사가 되었고, 최근 수년간은 연산 1,000만대의 생산고를 지니고 있는 미국 자동차의 태반을 생산하며 세계의 자동차 회사를 선도하게 되었다. 1914~1918년의 세계 1차 대전은 자동차의 발달속도를 잠시 늦추었으나, 또 한편에서는 자동차의 설계 제조기술을 전진시켰다. 전쟁은 어느 경우에나 과학 기술을 이상한 방향으로 발달시키는 것이며, 제1차 대전의 경우에도 비행기와 전차의 발달, 즉 내연기관의 발달을 가져왔다. 이에 따라 1919년 파리에서 열린 자동차 쇼(show)에는 우수한 자동차가 많이 출품되었다. 1920년경부터 유럽에서는 각종의 소형 자동차가 차례로 발표되었다. 1922년에는 영국의 대중 자동차라 부르는 오스틴 세븐(Austin Seven)이 발표되어 인기를 모았으며, 미국, 프랑스, 독일 등에서도 제조권의 양도에 따라 제작되었다.

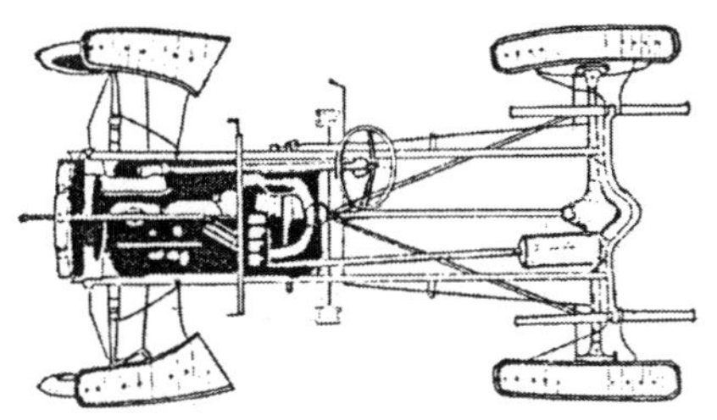

[그림15 – 오스틴 세븐]

1923년에는 프랑스의 시트로엥(Citroen) 자동차가 스포크 휠을 대신하는 디스크 휠과 저압 벨룬 타이어(low pressure balloon tire)를 사용하고, 엔진에는 기동전동기를 부착하였다. 1928년에 다임러 벤츠 스포츠 SSKL형이 페르디난트 포르세(Ferdinand Porsche)의 설계로 제작되었으며, 160~200PS/3,200rpm의 엔진으로 1800㎞/h의 속도로 주행하였다. 포르세는 1930년경부터 소형 자동차를 만들기 시작하였으며, 1934년에는 국민차(VW, Volks Wagen)가 된 승용차에 대하여 독일의 자동차 공업회와 계약을 하고, 1936년에 시작차(試作車)를 1938년에는 생산형을 완성하였다. 이 자동차는 2차 대전의 시작으로 중지되었다가 전쟁 후 다시 생산되었다.

[그림16 – VW 생산형 자동차]

1893년 루돌프 디젤(Rudolf Diesel)에 의해 발명되어 실험 개량을 계속한 디젤 엔진은 그 특성상 육상(陸上)이나 선박용 엔진으로 발달되었고, 1910년에는 공기 분사에 대신하는 무기(無氣) 분사방식이 영국의 비커스(Vickers)사에 의하여 개발되었으며, 1923년에 벤츠에 의해 트럭용 4실린더, 4,900cc, 50PS/1,000rpm의 엔진이 발매되었다. 또 1931년에는 미국의 커민스(Cumins)엔진이 자동차에 설치되었다. 1936년에는 4실린더, 2,600cc, 45PS의 세계 최초의 디젤엔진 승용차가 메르세데스 벤츠에 의해 발표되었으며, 이 자동차의 최고 주행속도는 97㎞/h이었다. 또

동시에 150PS 엔진의 10톤 트럭도 발매되었다. 그 후 디젤엔진 자동차의 단점인 진동 문제는 있었으나 연료 소비량의 우수성으로 점차 대형 자동차 및 장거리 수송용 차량으로 각국에서 사용하게 되었으며, 오늘날에는 대형 버스는 거의 디젤엔진 차량으로 되었다. 1939년에는 미국의 윌리스(Willys)사가 처음으로 4륜 구동의 자동차(Jeep)를 생산하여 2차 세계 대전 중에 사용하였다. 2차 세계 대전 후 미국에서는 모델 체인지(model change)가 일반화됨과 동시에 승용차의 대형화 및 고마력화 시대가 1955년~1959년까지 지속되었으나 가격 문제로 콤팩트 카(compact car, 대형차량과 중형차량의 중간차량)의 출현을 보게 되었다. 또 기술적으로는 각 장치가 강력화 되었으며, 동력 브레이크(power brake), 동력 조향(power steering), 자동변속기 등의 비율이 높아졌다. 최근에는 자동차 배기가스의 대기 오렴 문제가 크게 대두되어 각 회사마다 최고속도나 최대 마력을 증가보다는 완전 연소에 의한 대기 오렴의 방지에 근본적인 대책을 세우고 연구 개발하고 있다.

엔진(Engine)

제 1 장 엔진의 개요

자연 에너지를 기계적 에너지로 변환시켜 주는 장치, 즉 동력으로 바꾸어주는 기계를 엔진이라 한다. 즉, 엔진(Engine)이란 연료를 연소시켜 발생한 열에너지를 기계적 에너지(일)로 변환시켜 동력을 얻는 장치다. 엔진의 종류에는 내연기관과 외연기관이 있다.

1.1. 내연기관(internal combustion engine)

내연기관은 가솔린엔진, 디젤엔진, 등과 같이 연료를 직접 실린더(cylinder) 내부에서 연소시켜 발생하는 고온·고압의 연소가스를 피스톤에 작용시켜 동력을 얻는다. 따라서 열의 발생과정에서 생긴 연소가스가 작동유체로 되며, 열 발생장소인 연소실과 기계적 에너지를 얻는 실린더가 동일하므로 열 발생에서 일로 변환되는 과정이 일체로 되어 있다. 내연기관이 엔진으로서 연속적으로 에너지를 공급받아 기계적 에너지인 회전운동을 지속적으로 하기 위해서는 피스톤, 엔진의 주요 부분인 실린더와 피스톤을 갖추고 실린더 안으로 연료를 도입하여 연소시키고 이때 발생한 압력에너지가 피스톤에 작용한다. 그리고 피스톤의 직선운동은 크랭크축에 의해 회전운동으로 바뀌어 외부로 출력된다.

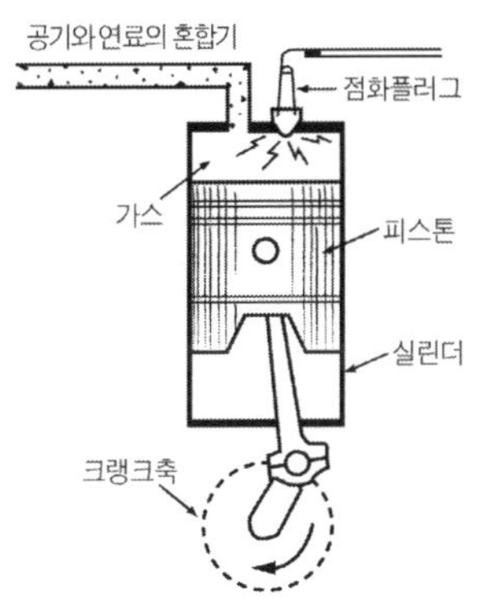

[그림1-1. 내연기관(피스톤 형)의 원리도]

1.2. 외연기관(external combustion engine)

외연기관은 증기기관이나 증기터빈과 같이 연료를 엔진의 외부, 즉 보일러(boiler)와 같은 별도의 장치에서 연소시키고, 여기서 발생한 증기(steam)의 압력에 의해 간접적으로 엔진을 구동시키는 방식이다.

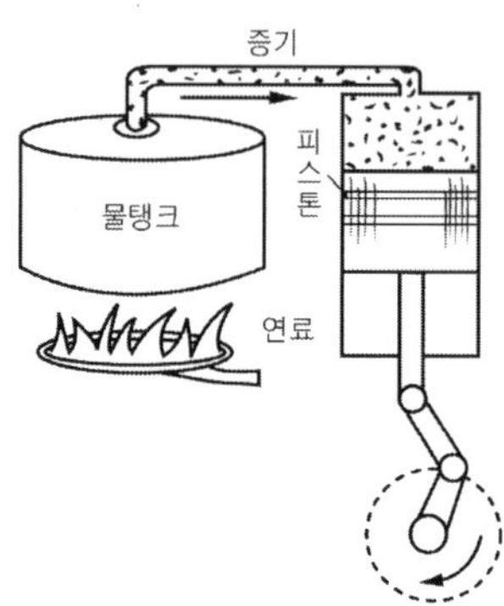

[그림1-2. 외연기관(왕복 운동형)의 원리도]

1.3. 엔진의 분류

1. 열역학적 사이클에 의한 분류

열역학적 사이클의 분류에는 오토(정적)사이클, 디젤(정압)사이클 및 사바테(복합)사이클 등이 있다.

[1] 오토사이클(Otto Cycle, 정적 사이클)

오토사이클은 일정 체적하에서 연소가 진행되는 사이클이다. 불꽃 점화엔진(spark ignition engine)의 기본이 되는 이론 사이클이며, 가스(gas)로도 운전되나 대부분 가솔린(gasoline)으로 운전된다. 오토사이클은 2개의 단열과정과 2개의 정적과정으로 이루어진다. 즉, 단열압축 → 정적가열 → 단열팽창 → 정적방열의 4과정을 거치면서 1사이클을 완성한다.

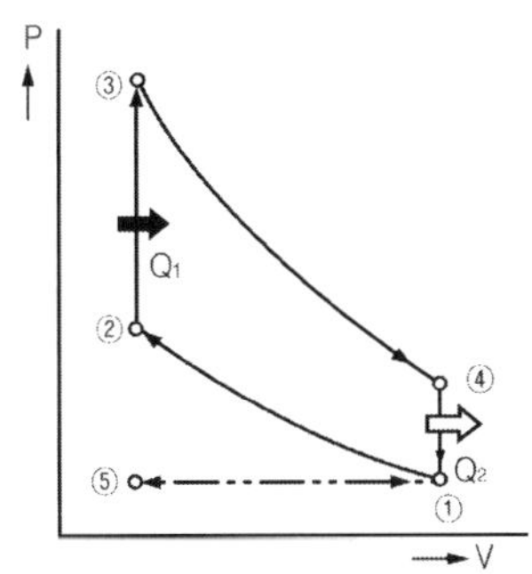

[그림1-3. 오토사이클(정적사이클)의 P-V선도]

[2] 디젤 사이클(정압 사이클)

디젤 사이클은 연소가 일정 압력하에서 진행되는 사이클이다. 저속·중속 디젤엔진의 이론 사이클이며, 2개의 정적과정과 1개의 정압과정, 1개의 정적과정으로 이루어진다. 즉, 단열압축 → 정압가열 → 단열팽창 → 정적방열의 4과정을 거치면서 1사이클을 완성한다. 디젤엔진은 가솔린엔진과 달리 처음에 공기만을 실린더 속에 흡입하여 이것을 높은 압축비로 단열압축 한다. 이 압축된 공기에 연료, 즉 중유(重油)를 분사하면 압축된 공기는 높은 온도이므로 자연 발화하여 연소한다. 즉 공기의 압축열만으로 발화온도까지 이르게 하므로 폭발에 의한 압력상승을 피하기 위해 연료공급을 적당히 제어하여 정압 연소하도록 한다.

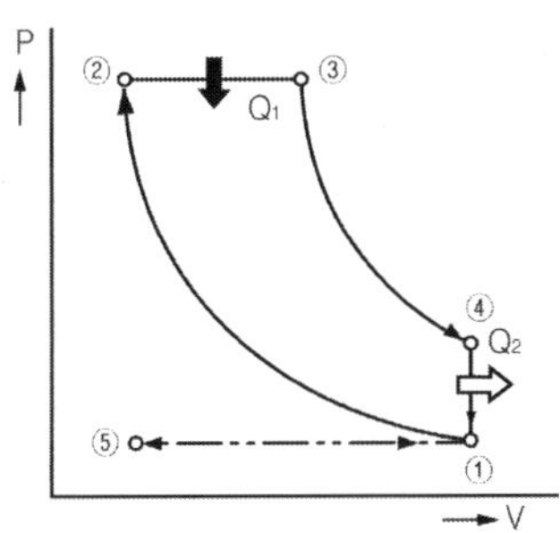

[그림1-4. 디젤 사이클(정압사이클)의 P-V선도]

[3] 사바테 사이클(복합사이클)

사바테 사이클은 연소가 정적과 정압하에서 연속적으로 이루어지는 사이클이다. 고속디젤엔진의 이론 사이클이며, 2개의 단열과정과 1개의 정압과정, 2개의 정적과정으로 이루어진다. 즉, 단열압축 → 정적가열 → 정압가열 → 단열팽창 → 정적방열의 5과정을 거치면서 1사이클을 완성한다.

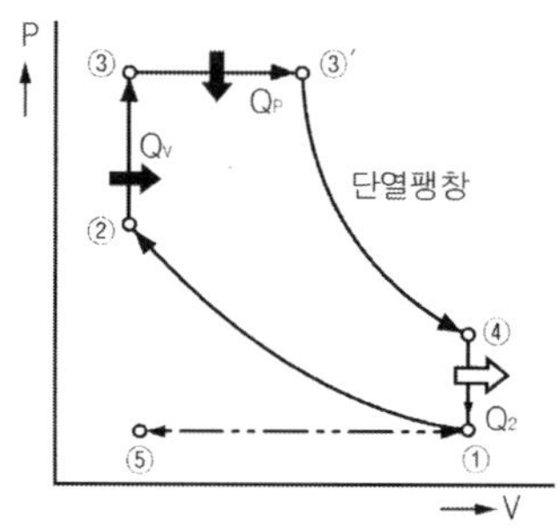

[그림1-5. 사바테사이클(복합사이클)의 P-V선도]

2. 기계학적 사이클에 의한 분류

기계학적 사이클에 의한 분류에는 4행정 사이클 엔진과 2행정 사이클 엔진이 있다.

[1] 4행정 사이클 엔진(4 stroke cycle engine) 작동

4행정 사이클 엔진은 크랭크축이 2회전하고, 피스톤은 흡입, 압축, 폭발, 배기의 4행정(4 stroke)을 하여 1사이클(1 cycle)을 완성하는 엔진이다.

(1) 4행정 사이클 엔진의 작동과정

① 흡입행정(intake stroke)

흡입행정은 사이클의 맨 처음행정이며 흡입밸브는 열리고 배기 밸브는 닫혀 있고, 피스톤은 상사점(TDC)에서 하사점(BDC)으로 내려간다. 흡입밸브는 상사점 전(BTDC)10~20°정도에서 열리고, 하사점 후(ABDC)40~50°정도에서 닫힌다. 가솔린엔진의 혼합가스(공기+가솔린), 디젤엔진의 공기는 피스톤이 내려감에 따라 실린더 내에는 부압(부분진공)이 생겨 흡입되며 이때 크랭크축은 180°회전한다.

② 압축행정(compression stroke)

압축행정은 피스톤이 하사점에서 상사점으로 올라가며 이때 흡입과 배기 밸브는 모두 닫혀 있다. 이에 따라 가솔린엔진은 혼합가스를 디젤엔진은 공기를 압축하며, 크랭크축은 360°회전한다. 압축비는 가솔린엔진이 6~10 : 1, 디젤엔진은 15~22 : 1, 압축압력은 가솔린엔진이 8~10kgf/㎠, 디젤엔진이 30~35 kgf/㎠, 압축온도는 가솔린엔진이 120~140℃, 디젤엔진은 500~550℃정도이다. 그리고 디젤엔진의 압축비가 가솔린엔진의 압축비보다 높은 이유는 자기착화(압축착화)방식이기 때문이다.

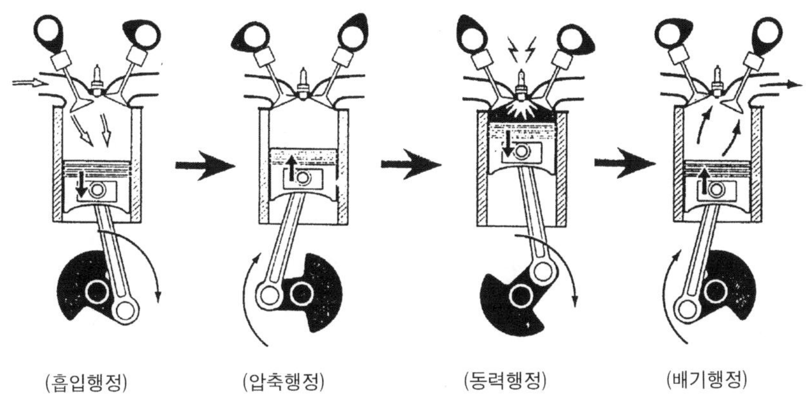

[그림1-8. 4행정 사이클 엔진의 작동과정]

③ 폭발(동력)행정(power stroke)

가솔린엔진은 압축된 혼합가스에 점화플러그에서 전기 불꽃방전으로 점화하고, 디젤엔진은 압축된 공기에 분사노즐에서 연료(경유)를 분사시켜 자기 착화하여, 실린더 내의 압력을 상승시켜 피스톤에 내려 미는 힘을 가하여 커넥팅로드를 거쳐 크랭크축을 회전시키므로 동력을 얻는다. 피스톤은 상사점에서 하사점으로 내려가고, 흡입과 배기밸브는 모두 닫혀 있으며 크랭크축은 540°회전한다. 폭발압력은 가솔린엔진이 35~45kgf/㎠, 디젤엔진은 55~65kgf/㎠ 정도이다.

④ 배기행정(exhaust stroke)

배기행정은 배기밸브가 열리면서 폭발행정에서 일을 한 연소가스를 실린더 밖으로 배출시키는 행정이다. 이때 피스톤은 하사점에서 상사점으로 올라가며 크랭크축은 720°회전하여 1사이클을 완료한다. 배기 밸브는 하사점 전(BBDC) 40~50°에서 열리기 시작하여 상사점 후(ATDC) 10~20°정도에서 닫힌다.

[2] 2행정 사이클 엔진(2 stroke cycle engine)

(1) 2행정 사이클 엔진의 개요

2행정 사이클 엔진은 크랭크축 1회전(피스톤은 상승과 하강의 2행정뿐임)으로 1 사이클을 완료하는 엔진이며, 흡입 및 배기를 위한 독립된 행정이 없다. 이 엔진은 흡입 및 배기 포트(port;구멍)를 두고 피스톤이 상하운동 중에 개폐하여 흡입 및 배기행정을 수행한다.

(2) 2행정 사이클 엔진의 작동

2행정 사이클 엔진은 피스톤이 하사점에서 상사점으로 상승함에 따라 먼저 소기포트를 막고, 배기 포트를 막음에 따라 혼합 가스나 공기를 압축한다. 이때 흡입 포트를 통하여 혼합 가스나 공기가 크랭크 케이스로 유입된다. 피스톤이 상사점에 도달하면 가솔린엔진에서는 점화플러그에서 불꽃방전으로 점화·연소하며, 디젤엔진은 분사노즐에서 연료가 분사되어 자기 착화하여 고온·고압의 폭발을 일으켜 피스톤에 내려 미는 힘을 가한다. 피스톤이 폭발압력으로 하강하면서 배기 포트(또는 배기 밸브)를 열어 연소가스를 배출시키고, 소기포트가 열리면서 혼합 가스나 공기가 실린더 내로 들어가며 다시 피스톤이 상승하면서 소기포트를 닫아 압축·폭발행정으로 이어진다.

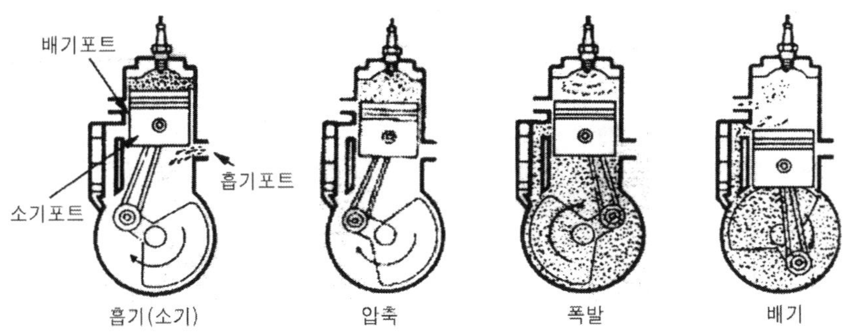

[그림1-9. 2행정 사이클 엔진의 작동과정]

3. 점화방식에 의한 분류

점화방식에 의한 분류에는 전기 점화방식과 압축 착화방식이 주로 사용된다.

[1] 전기점화 방식의 엔진

이 엔진은 압축된 혼합가스에 점화플러그에서 고압의 전기 불꽃을 방전시켜서 점화·연소시키는 방식이며 가솔린엔진, LPG엔진의 점화방식이다.

[2] 압축착화 방식의 엔진(자기착화 엔진)

이 엔진은 공기만을 흡입하고 고온·고압으로 압축한 후 고압의 연료(경유)를 미세한 안개 모양으로 분사시켜 자기(自己)착화시키는 방식이며, 디젤엔진의 점화방식이다.

4. 밸브배열에 의한 분류

밸브배열에 의한 분류에는 I헤드형, OHC형, L헤드형, F헤드형, T헤드형 등이 있다. I헤드형(I-head type)은 실린더헤드에 흡입과 배기 밸브를 모두 설치한 형식이고, OHC(Over Head Cam Shaft)형은 캠축을 실린더헤드에 설치하고, 흡입과 배기 밸브를 캠이 직접 개폐하는 형식이다. 그리고 L헤드형(L-head type)은 실린더블록에 흡입과 배기밸브를 일렬로 나란히 설치한 형식이고, F헤드형(F-head type)은 실린더헤드에 흡입밸브를, 블록에 배기밸브를 설치한 형식이다. 또 T헤드형(T-head type)은 실린더블록에 실린더를 중심으로 양쪽에 흡입 및 배기 밸브를 설치한 형식이다.

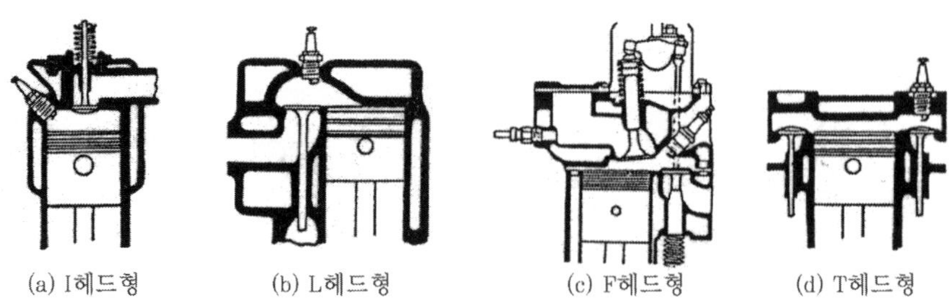

[그림1-10. 밸브 배열에 의한 분류]

5. 실린더배열에 의한 분류

실린더배열에는 모든 실린더를 일렬 수직으로 설치한 직렬형, 직렬형 실린더 2조를 V형으로 배열시킨 V형, V형 엔진을 펴서 양쪽 실린더블록이 수평면 상에 있는 수평 대향형, 실린더가 공통의 중심선에서 방사선 모양으로 배열된 성형(또는 방사형) 등이 있다.

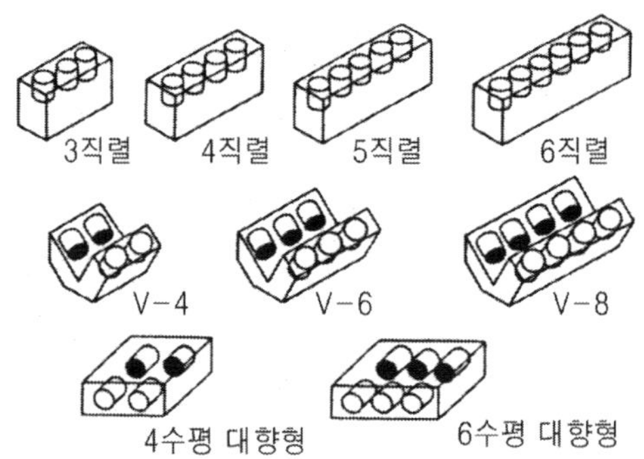

[그림1-11. 실린더 배열에 의한 분류]

제2장 엔진 주요부분의 구조와 작용

엔진을 크게 나누면 주요부분과 부속장치로 구분된다. 주요부분이란 동력을 발생하는 부분으로 실린더헤드, 실린더블록, 실린더, 피스톤-커넥팅로드 어셈블리, 크랭크축과 베어링, 플라이 휠, 밸브와 밸브기구 등으로 구성되어 있다. 한편 부속장치에는 연료장치, 윤활장치, 냉각장치, 흡입 및 배기장치 등이 포함된다.

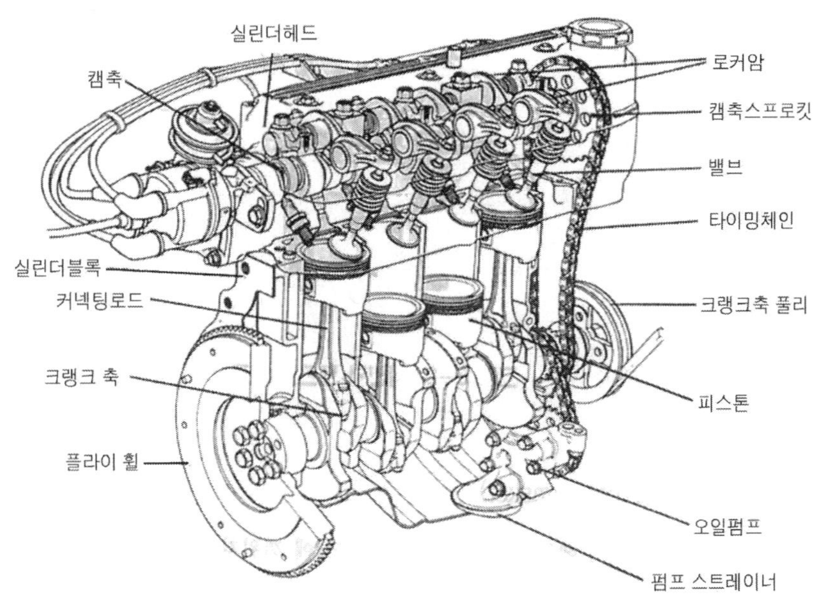

[그림2-1. 엔진 주요부분의 구조]

2.1. 실린더 헤드(cylinder head)

실린더헤드는 헤드 개스킷을 사이에 두고 실린더블록에 볼트로 설치되며, 피스톤, 실린더와 함께 연소실을 형성한다. 수랭식 엔진의 헤드는 전체 실린더 또는 몇 개의 실린더로 나누어 일체주조하며 냉각용 물 재킷(water jacket)이 마련되어 있다. 공랭식 엔진의 헤드는 실린더마다 별개로 제작하며 냉각 핀(cooling fin)이 설치되어 있다. 실린더헤드 아래쪽에는 연소실과 밸브시트가 있고, 위쪽에는 가솔린 엔진일 경우 점화플러그, 디젤엔진은 예열플러그 및 분사노즐 설치구멍과 밸브기구의 설치부분이 마련되어 있다. 실린더헤드의 재질은 주철이나 알루미늄 합금이다. 알루미늄합금 실린더헤드는 열전도성이 크고 가벼운 장점이 있으나 열팽창률이 크고, 내부식성 및 내구성이 비교적 적은 결점이 있다. 최근에는 이 결점을 보완할 수 있는 설계가 되어 있어 많이 사용된다.

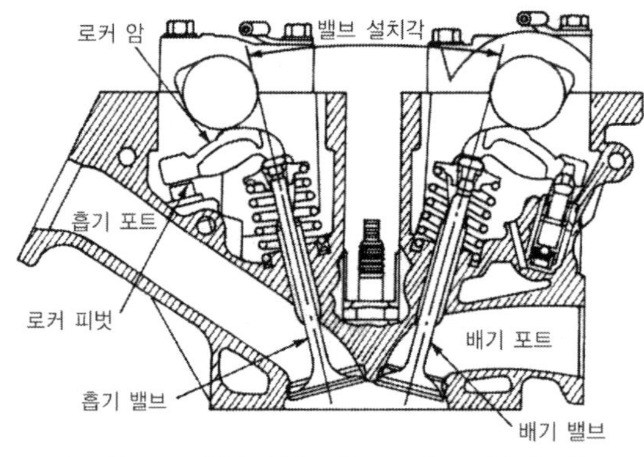

[그림2-2. 실린더헤드의 구조(OHC형 엔진)]

1. 가솔린 엔진의 연소실

[1] 연소실의 개요

연소실은 실린더헤드·실린더 및 피스톤에 의해 형성되며, 혼합가스의 연소와 연소가스의 팽창이 시작되어 동력을 발생하는 곳으로 밸브 및 점화플러그가 설치되어 있다. 이론상 열효율 및 연소실의 체적은 압축비에 따라 정해진다. 혼합가스를 연소시킬 때 높은 효율을 얻을 수 있는 형상으로 설계되어야 하며 구비조건은 다음과 같다.

① 압축행정 끝에서 강한 와류를 일으킬 수 있어야 한다.

② 출력을 높일 수 있어야 한다.

③ 연소실 내의 표면적이 최소가 되도록 하여야 한다.

④ 가열되기 쉬운 돌출부분을 두지 않아야 한다.

⑤ 노크 일으키지 않는 형상이어야 한다.

⑥ 밸브 면적을 크게 하여 흡·배기 작용을 원활히 되도록 하야야 한다.

⑦ 열효율이 높으며 유해한 배기가스의 성분이 적어야 한다.

⑧ 화염 전파에 소요되는 시간을 가능한 짧게 하여야 한다.

[2] I헤드형(OHV)엔진의 연소실 종류

I헤드형(over head valve type)엔진의 연소실 종류에는 반구형, 쐐기형, 지붕형, 욕조형 등이 있다.

2. 헤드 개스킷(head gasket)

헤드 개스킷은 실린더헤드와 블록의 접합 면 사이에 끼워져 양쪽 면을 밀착시켜서 압축가스, 냉각수 및 엔진오일 등이 누출되는 것을 방지하기 위하여 사용하는 석면계열의 물질이다. 종류에는 구리판이나 강철판으로 석면(石綿)을 감싸서 제작한 보통 개스킷, 강철판의 양쪽 면에 흑연을 혼합한 석면을 압착하고 표면에 다시 흑연을 발라서 제작하며 높은 열·높은 부하 및 높은 압력에 잘 견디는 스틸베스토 개스킷(steel besto gasket) 그리고 강철판으로만 얇게 제작한 스틸 개스킷(steel gasket) 등이 사용된다. 헤드 개스킷의 구비조건은 다음과 같다.

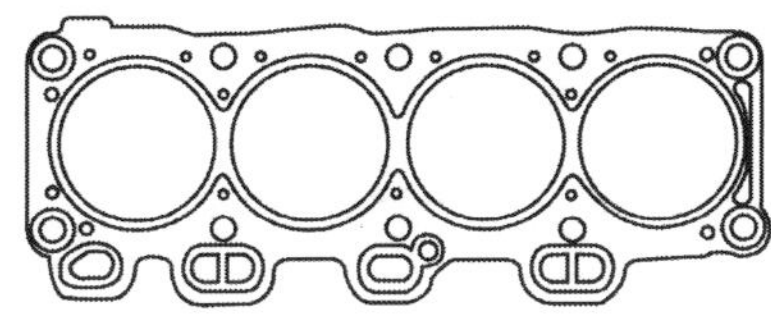

[그림2-7. 헤드 개스킷의 구조]

① 기밀유성 성능이 클 것

② 냉각수와 엔진오일이 새지 않을 것

③ 내열성과 내압성능이 클 것

④ 강도가 적당할 것

2.2. 실린더블록(cylinder block)

실린더블록은 엔진의 기초 구조물이며, 상당한 강도와 강성을 지니고, 내부에 실린더·피스톤커넥팅로드 어셈블리·크랭크축 등의 운동기구가 설치되어 있다. 따라서 강한 연소가스의 힘이나 관성력에 의해 변형되거나, 피스톤의 미끄럼운동이나 크랭크축 회전운동에 지장이 발생하지 않도록 설계하여야 한다. 또 실린더블록은 엔진 부품 중에서 가장 크므로 그 무게가 직접 엔진무게에 영향을 미친다. 그리고 실린더헤드를 설치하기 위한 헤드볼트 부분, 오일 팬 및 앞 커버를 설치하기 위한 플랜지 부분, 오일 여과기, 오일 압력스위치, 노크센서 설치부분을 실린더블록에 두는 경우가 많다. 실린더블록의 수명이 엔진 전체수명을 좌우하게 되므로 설계·재질·제작 등에 있어 충분한 고려가 되어야 하며, 재료로는 내마멸성과 내부식성이 좋고, 주조와 기계가공이 쉬운 주철이 주로 사용된다. 최근에는 알루미늄 합금 실린더블록도 생산된다.

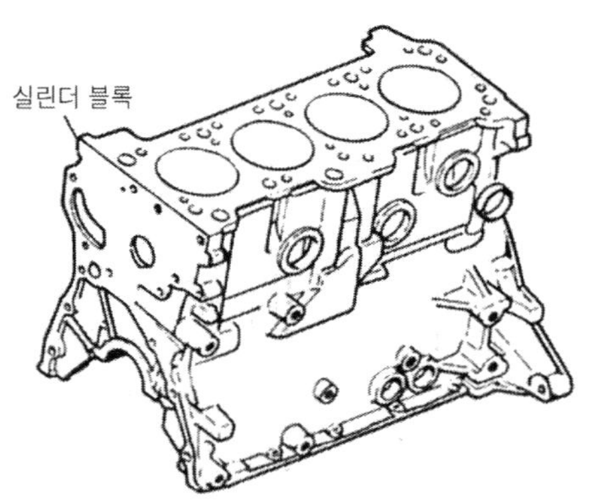

[그림2-8. 실린더 블록(일체형)의 구조]

1. 실린더(cylinder)

실린더는 피스톤이 기밀을 유지하면서 왕복운동을 하여 열에너지를 기계적 에너지로 변환하여 동력을 발생시키는 부분이다. 실린더는 진원통형으로 그 길이는 피스톤 행정의 약2배 정도이다. 실린더에는 일체형과 라이너(슬리브) 방식이 있다.

[1] 일체형 실린더

일체형 실린더는 실린더 블록과 같은 재질로 실린더를 일체로 제작한 형식이며, 실린더 벽이 마멸되면 보링(boring)을 하여야 하는 형식이다.

[2] 실린디 라이너 방식

라이너 방식은 실린더블록과 실린더를 별도로 제작한 후 실린더블록에 끼우는 형식으로, 일반적으로 보통주철의 실린더블록에 특수주철의 라이너를 끼우는 경우와 알루미늄합금 실린더블록에 주철로 만든 라이너를 끼우는 형식이 있다. 그리고 라이너의 종류에는 습식과 건식이 있다.

(1) 습식라이너(wet type)

습식라이너는 라이너 바깥둘레가 물 재킷의 일부분으로 되어 냉각수와 직접 접촉하는 형식이며, 주로 대형 디젤엔진에서 사용한다. 이 형식의 라이너는 그 위 끝부분에 플랜지(flange)가 있어 실린더블록의 홈에 끼워져 설치위치가 결정되도록 되어 있으며, 또 실린더헤드와 압축 및 폭발가스와 냉각수의 누출을 방지하기 위해 라이너 윗면이 실린더블록의 윗면보다 약간 높게 되어 있다. 그리고 라이너 아랫부분(실린더블록과 접촉하는 부분)에는 2~3개의 실링(seal ring)이 끼워져 있으며, 이것은 열팽창에 의한 변형을 방지하고, 냉각수가 크랭크케이스 안으로 누출되는 것을 방지한다. 습식라이너는 냉각효과가 커 열(熱)로 인한 실린더 변형이 적은 장점이 있으나 실링(seal ring)이 파손되거나 변형되면 크랭크케이스로 냉각수가 들어가는 결점이 있다. 또 습식라이너를 끼울 때에는 라이너 바깥둘레에 비눗물을 바른다.

(2) 건식라이너(dry type)

건식 라이너는 라이너가 냉각수와 직접 접촉하지 않고 실린더블록을 통하여 간접 냉각되는 형식이며, 실린더 재생용으로 사용되었으나 최근에는 제작할 때부터 건식라이너를 사용하는 형식도 있다. 주철제 실린더블록에서는 라이너 바깥둘레와 블록 안쪽 둘레의 마찰력으로 유지시키는 방식과 라이너 윗면에 플랜지를 두고, 이 플랜지를 실린더헤드로 눌러 유지시키는 방식이 있다. 마찰력으로 유지시키는 방식은 압입 압력이 2~3ton 필요하다. 그리고 알루미늄합금 실린더블록에 끼워지는 라이너는 그 바깥둘레에 홈이 있으며, 실린더블록에 넣고 함께 주조한 건식은 라이너를 끼운 후에는 호닝(horing)을 하여야 한다.

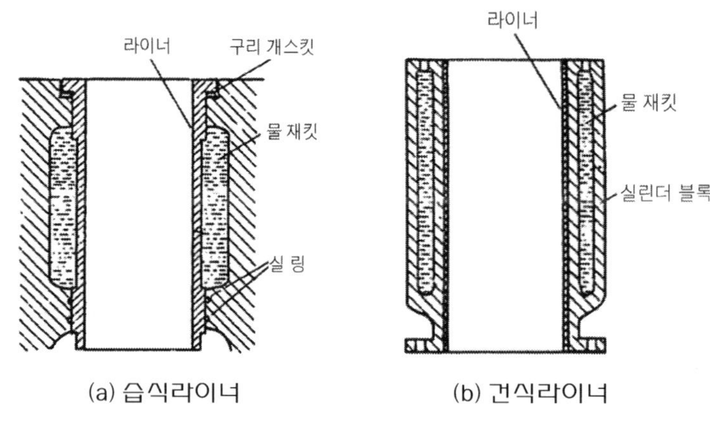

[그림2-9. 라이너의 종류]

2. 실린더안지름과 피스톤행정 비율

실린더안지름과 피스톤행정의 비율에 따라 장행정 엔진, 정방형 엔진, 단행정 엔진 등이 있다.

(1) 장행정 엔진(under square engine)

장행정 엔진은 실린더안지름(D) 보다 피스톤행정(L)이 큰 형식이다. 즉, L /D > 1.0 이며 다음과 같은 특징이 있다.

① 흡입 공기량이 많아 폭발력이 크다.

② 큰 회전력을 얻을 수 있으며, 측압(測壓)을 감소시킬 수 있다.

③ 단행정 엔진에 비해 회전속도가 낮으며, 엔진의 높이가 높아진다.

(2) 정방형 엔진(square engine)

정방형 엔진은 실린더 안지름(D)과 피스톤 행정(L)의 크기가 똑같은 형식이다. 즉, L/D=1.0 이다.

(3) 단행정 엔진(over square enginc)

단행정 엔진은 실린더 안지름(D)이 피스톤 행정(L)보다 큰 형식이다. 즉, L/D < 1.0이며 다음과 같은 장점 및 단점이 있다.

① 단행정 엔진의 장점

㉮ 피스톤 평균속도를 올리지 않고도 회전속도를 높일 수 있으므로 단위 실린더 체적 당 출력을 크게 할 수 있다.

㉯ 흡입과 배기 밸브의 지름을 크게 할 수 있어 체적효율을 높일 수 있다.

㉰ 직렬형에서는 엔진의 높이가 낮아지고, V형에서는 엔진의 폭이 좁아진다.

② 단행정 엔진의 단점

㉮ 피스톤이 과열하기 쉽다.

㉯ 폭발압력이 커 엔진 베어링의 폭이 넓어야 한다.

㉰ 회전속도가 증가하면 관성력의 불평형으로 회전부분의 진동이 커진다.

㉱ 실린더 안지름이 커 엔진의 길이가 길어진다.

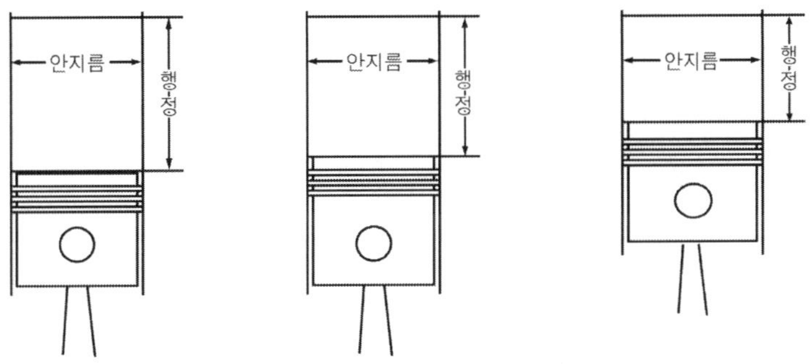

[그림2-11. 실린더안지름 / 행정비율]

2.3. 피스톤(piston)

1. 피스톤의 기능 및 구비조건

피스톤은 실린더 내를 직선 왕복운동을 하여 폭발행정에서의 높은 온도와 높은 압력의 가스로부터 받은 동력을 커넥팅로드를 통하여 크랭크축에 회전력(torque)을 발생시키고 흡입, 압축, 배기 행정에서는 크랭크축으로부터 힘을 받아서 각각 작용을 한다. 피스톤의 구비조건은 다음과 같다.

① 실린더 내를 고속으로 왕복운동하기 때문에 관성력에 의한 동력손실을 줄이고, 순응성을 높이기 위해 무게가 가벼울 것

② 고온·고압가스에 충분히 견딜 수 있고, 어떤 조건하에서도 블로바이(blow by)가 없을 것

③ 열전도율이 높고, 열팽창률이 적을 것

④ 실린더 벽과의 마찰이 적고, 기계적 손실이 최소가 되도록 윤활을 위한 적당한 간극이 있을 것

⑤ 피스톤 상호간의 무게 차이가 적을 것

⑥ 충분한 기계적 강도가 있을 것

블로바이

혼합가스가 실린더와 피스톤 사이에서 미 연소가스로 크랭크케이스로 누출되는 현상이다.

2. 피스톤의 구조

피스톤은 헤드, 링 지대, 스커트, 보스 등으로 구성되어 있다.

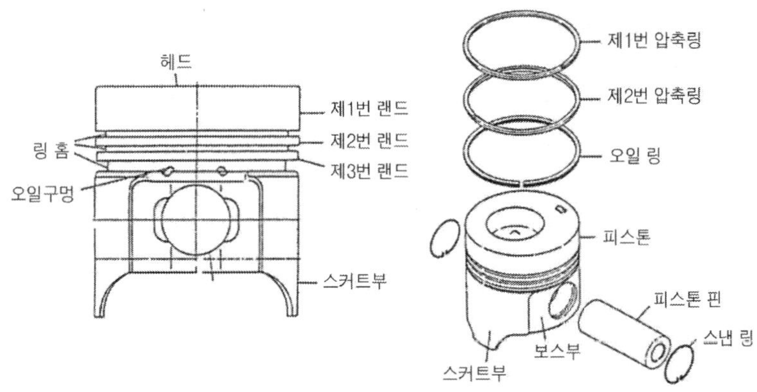

[그림2-12. 피스톤의 구조]

[1] 피스톤헤드(piston head)

피스톤헤드는 연소실의 일부를 형성하며 뒷면에는 리브(rib)를 두고 있으며, 이 리브는 헤드 부의 열을 피스톤 링이나 스커트 부분으로 신속히 전달하며 피스톤을 보강하기도 한다. 피스톤헤드의 형상에는 피스톤헤드가 편평한 편평형, 헤드부분이 볼록하게 된 볼록형(돔형), 2행정 사이클 엔진에서 연소가스 배출 및 미 연소가스의 와류를 돕기 위해 디플렉터(deflector)를 둔 불규칙형, 밸브 양정(lift)을 충분히 하여 압축비를 높일 수 있도록 한 밸브 노치형(valve notch), 연소실을 둥근 모양으로 할 수 있는 오목형 등이 있다.

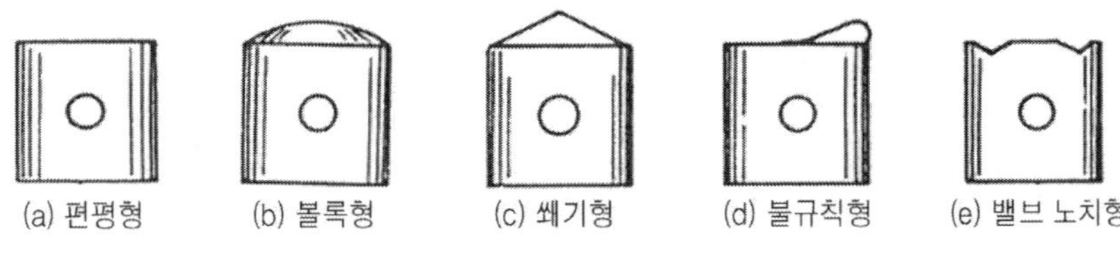

[그림2-13. 피스톤헤드의 형상]

[2] 피스톤 링 지대(ring belt)

피스톤 링 지대는 피스톤 링을 끼우기 위한 링 홈과 홈 사이인 랜드(land)가 있다. 그리고 오일 링이 끼워지는 링 홈에는 링이 긁어내린 엔진오일을 피스톤 안쪽으로 보내기 위한 오일구멍이 뚫어져 있다. 또 어떤 형식의 피스톤에서는 제1번

랜드에 좁은 홈을 여러 개 파서 피스톤헤드 부분의 높은 열이 스커트부분으로 전달되는 것을 차단해주는 히트 댐(heat dam)을 두기도 한다.

[3] 피스톤 보스(boss)

피스톤 보스부분은 비교적 두껍게 되어 있으며, 여기에는 피스톤 핀이 끼워지는 구멍이 마련되어 있다.

[4] 피스톤 스커트(skirt section)

피스톤 스커트부분은 피스톤이 왕복 운동을 할 때 측압(thrust)을 받는 부분이며, 피스톤 지름은 이 스커트 부분의 지름으로 나타낸다.

3. 피스톤의 재질

피스톤의 재질은 특수주철과 알루미늄합금이 있으며 주철은 강도가 크고 열팽창률이 적으므로 피스톤간극을 적게 할 수 있어 블로바이나 피스톤 슬랩을 감소시킬 수 있다. 그러나 무게가 무거워 운전 중 관성(慣性)이 커지므로 고속엔진의 피스톤으로는 부적합하다. 알루미늄합금은 무게가 가볍고 열전도성이 커 피스톤 헤드의 온도가 낮아져 고속·고 압축비 엔진에 적합하다. 피스톤용 알루미늄합금에는 구리계열의 Y합금과 규소계열의 로엑스(LO-EX)가 있다. Y합금은 알루미늄(Al), 구리(Cu), 니켈(Ni)을 주성분으로 한 대표적인 주물용 경합금이며, 열전도성이 좋고, 내열성이 커 피스톤 재료로는 우수하지만 로엑스에 비해 비중과 팽창계수가 큰 결점이 있다. 로엑스는 알루미늄과 규소(Si)에 적은 양의 구리와 니켈을 더한 경합금이다. Y합금보다는 내열성이 약한 못하지만 비중과 팽창계수가 작으며, 주조성능이 우수하여 현재 가장 많이 사용된다.

4. 피스톤 간극

피스톤간극은 엔진 작동 중 열팽창을 고려하여 하여 상온에서 피스톤과 실린더 벽 사이에 어느 정도의 간극을 둔 것이다. 즉, 실린더안지름과 피스톤 최대 바깥지름(스커트부분의 지름)과의 차이를 말한다. 피스톤간극은 스커트부분에서 측정하며, 간극을 두는 값은 피스톤의 재료, 형상, 엔진 냉각상태 등에 따라서 결정되지만 일반적으로 알루미늄 합금 피스톤에서는 실린더 안지름의 0.05%정도이다. 피스톤 간극이 작으면 엔진 작동 중 열팽창으로 인해 실린더와 피스톤 사이에서 고착(소결)이 발생한다. 반대로 피스톤 간극이 크면 압축압력의 저하, 블로바이 발생, 연소실에 엔진오일 상승, 피스 톤슬랩 발생, 연료가 엔진오일에 떨어져 희석되고, 엔진출력이 감소하는 원인이 된다.

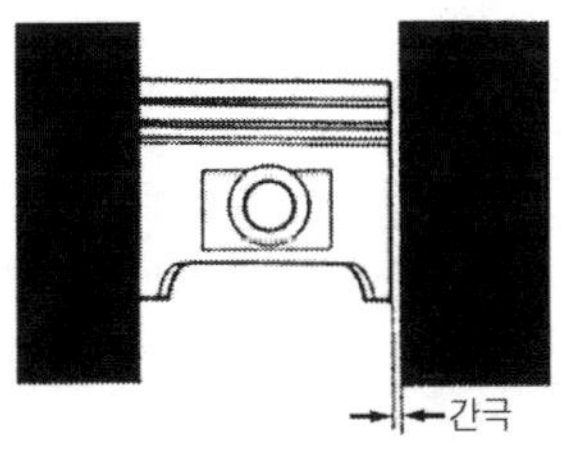

[그림2-14. 피스톤 간극]

피스톤 슬랩(piston slap)

피스톤 간극이 너무 크면 피스톤이 상사점과 하사점에서 운동 방향을 바꿀 때 실린더 벽에 충격을 주는 현상이다. 저온에서 현저하게 발생하며 오프셋 피스톤을 사용하여 방지한다.

5. 알루미늄합금 피스톤의 종류

[1] 캠연마 피스톤(cam ground piston)

이 피스톤은 상온(常溫)에서 피스톤 보스부분을 짧은지름(단경), 스커트부분을 긴지름(장경)으로 하는 타원형으로 하고, 온도상승에 따라 보스부분의 지름이 증대되어 엔진의 정상온도에서 진원에 가깝게 되어 전체 면이 접촉하게 되는 피스톤으로 알루미늄합금 피스톤의 대표적이다. 이 피스톤의 캠타원 피스톤이라고도 부른다.

[2] 스플릿 피스톤(split piston)

이 피스톤은 측압이 적은 쪽(폭발행정에서 측압을 받는 반대 쪽)의 스커트 위 부분에 세로로 홈(slot)을 두어 스커트부분으로 열이 전달되는 것을 제한하는 피스톤이다.

[3] 인바 스트럿 피스톤(invar strut piston)

이 피스톤은 열팽창률이 매우 적은 인바(invar)라 부르는 니켈계열의 스트럿을 피스톤 보스부분 또는 인바제의 링을 스커트 위 부분에 넣고, 일체 주조한 피스톤이다. 인바에 의해 알루미늄합금 피스톤의 열팽창이 억제되어 모든 사용온도에서 항상 일정한 피스톤 간극을 유지할 수 있다.

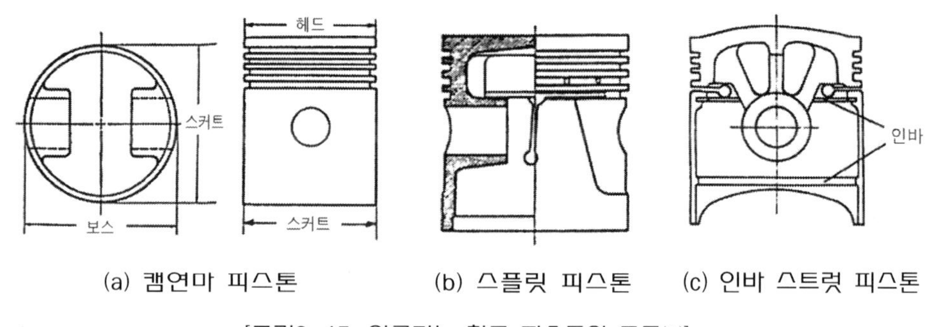

[그림2-15. 알루미늄 합금 피스톤의 종류(1)]

[4] 슬리퍼 피스톤(slipper piston)

이 피스톤은 측압을 받지 않는 부분의 스커트 부분을 절단한 피스톤이다. 무게와 피스톤 슬랩을 감소시킬 수 있어 고속 엔진용으로 많이 사용된다. 그러나 스커트를 떼어낸 부분에 엔진오일이 고이기 쉬워 이것을 긁어내릴 때 출력손실이 발생하는 결점이 있다.

[5] 오프셋 피스톤(off-set piston)

이 피스톤은 피스톤 슬랩을 방지하기 위하여 피스톤 핀의 위치를 중심으로부터 1.5㎜정도 오프셋(off-set ; 편심)시켜 상사점에서 경사 변환시기를 늦어지게 한 형식이다. 피스톤에 오프셋을 두는 이유는 피스톤의 측압을 감소시켜 원활한 회전이 유지되게 하고, 진동을 방지하며, 실린더와 피스톤의 편 마모를 방지하기 위함이다.

[6] 솔리드 피스톤(solid piston)

이 피스톤은 스커트부분에 홈(slot)이 없고, 통형(solid)으로 된 형식이며, 기계적 강도가 높아 가혹한 운전 조건의 디젤엔진에서 주로 사용한다.

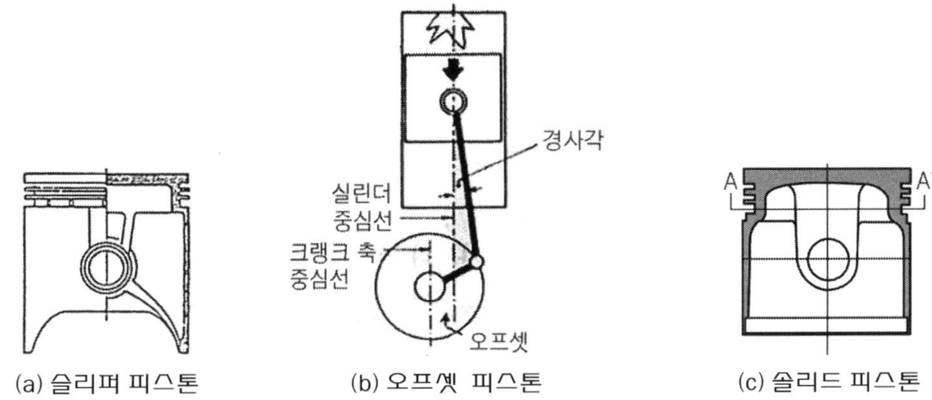

(a) 슬리퍼 피스톤 (b) 오프셋 피스톤 (c) 솔리드 피스톤

[그림2-16. 알루미늄 합금 피스톤의 종류(2)]

2.4. 피스톤 링(piston ring)

피스톤 링은 압축 및 폭발행정에서 기밀을 유지하기 위하여 링 일부를 절단하여 적당한 탄성을 주어 피스톤 링 홈에 3~5개정도 설치한 금속제 링이다.

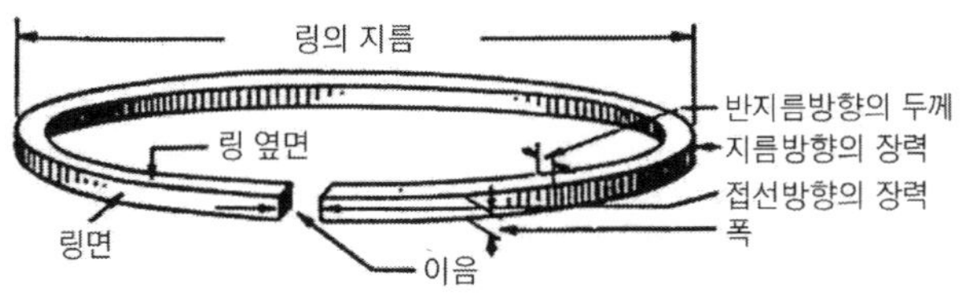

[그림2-17. 피스톤 링의 형상]

1. 피스톤 링의 3가지 작용과 구비조건

피스톤 링은 피스톤과 함께 실린더 내를 상하 왕복운동하면서 실린더 벽과 밀착되어 실린더와 피스톤 사이에서 블로바이를 방지하는 기밀유지 작용(밀봉작용)과 실린더 벽과 피스톤 사이의 엔진오일을 긁어내려 연소실로 유입되는 것을 방지하는 오일 제어작용(오일 긁어내리기 작용) 및 피스톤헤드가 받은 열을 실린더 벽으로 전달하는 냉각작용(열전도 작용) 등 3가지 작용을 한다. 그리고 피스톤 링의 구비 조건은 다음과 같다.

① 고온에서도 탄성을 유지할 것

② 열팽창률이 적을 것

③ 오랫동안 사용하여도 피스톤 링 자체나 실린더 마멸이 적을 것

④ 실린더 벽에 동일한 압력을 가할 것

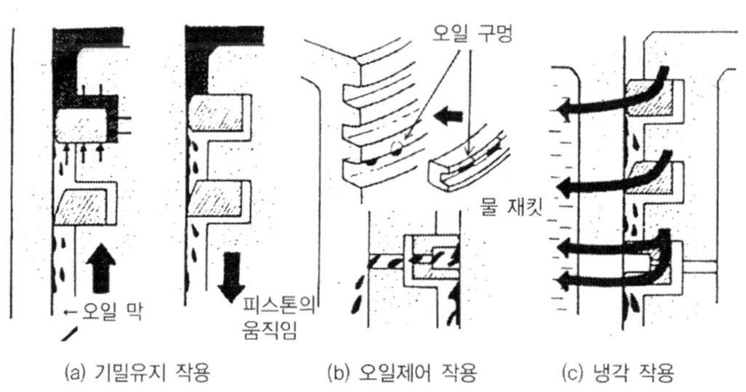

[그림2-18. 피스톤 링의 3가지 작용]

2. 피스톤 링의 재질과 가공방법

[1] 피스톤 링의 재질

피스톤 링의 재질은 조직이 치밀한 특수주철이며, 원심 주조방법으로 제작한다. 그리고 피스톤 링의 재질은 실린더 벽 재질보다 다소 경도가 낮아야 한다. 이것은 실린더 벽의 마멸을 감소시키기 위함이다.

[2] 피스톤 링의 가공방법

피스톤 링 면은 실린더 벽과 길이 잘 들고 긁힘에 의한 마멸을 감소시키기 위하여 코팅을 하며, 링 면에는 흑연, 주석, 산화철 등을 부착하거나 특수 코팅을 한다. 그리고 제1번 압축 링(top ring)과 오일 링에는 크롬(Cr)으로 도금을 하여 내마멸성을 높인다.

3. 피스톤 링의 작용

[1] 압축 링의 작용

압축 링은 실린더와 피스톤 사이에서 압축행정을 할 때 혼합가스 누출 방지 및 폭발행정에서 연소가스의 누출을 방지하며 피스톤 헤드에 가까운 링 홈에 2~3개가 설치된다. 압축 링은 상사점에서 내려올 때 실린더 벽과의 마찰로 링 홈의 윗면으로 밀려 링 윗면과 링 홈의 윗면이 밀착되고 오일 막 위를 미끄러져 하사점에 도달한다. 하사점에서 올라갈 때에는 링 홈의 아래 면에 밀착되어 링 홈 윗면에 간극이 생겨 긁힌 오일이 고인다. 이 고인 오일이 실린더 벽에 공급되므로 항상 실린더 벽 전체 면에는 오일 막이 형성된다. 피스톤 링이 상사점과 하사점에서 운동 방향을 바꿀 때마다 피스톤 링의 위치가 바뀌는 작용을 링의 호흡 작용(piston ring aspiration)이라 부른다.

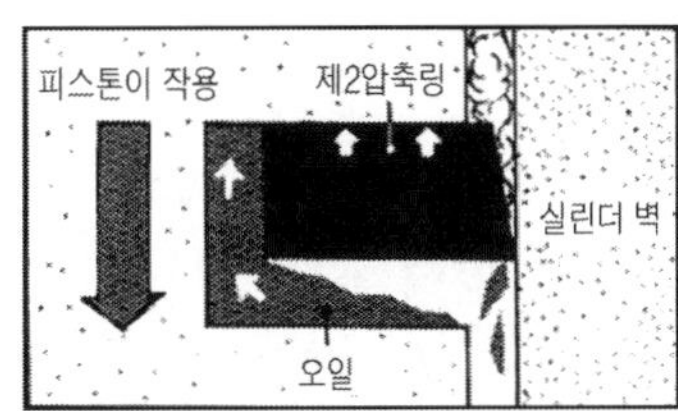

흡입행정: 피스톤의 홈과 링의 윗면이 접촉하여 홈에 있는 소량의 오일의 침입을 막는다.

압축행정: 피스톤이 상승하면 링은 아래로 밀리게 되어 위로부터의 혼합기가 아래로 새지 않도록 한다.

[그림2-19. 압축 링의 작용]

[2] 오일 링의 작용

오일 링은 실린더 벽을 윤활하고 남은 과잉의 엔진오일을 긁어내려 실린더 벽의 오일 막을 제어한다. 링의 전 둘레에 걸쳐 홈이 파져 있어 긁어내린 오일을 피스톤 안쪽으로 보내어 피스톤 핀의 윤활을 하도록 하고 오일 팬에 떨어진다. 엔진 회전속도 증가로 오일 제어작용이 어렵게 되므로 링의 장력을 높이고 유연성을 향상시키는 익스펜더 링(expander ring)을 넣기도 하며, 고속용 엔진에서는 U-플렉스(U-flex)링을 사용하기도 한다. U-플렉스 링은 많은 구멍이 있어 많은 양의 오일을 긁어내릴 수 있다.

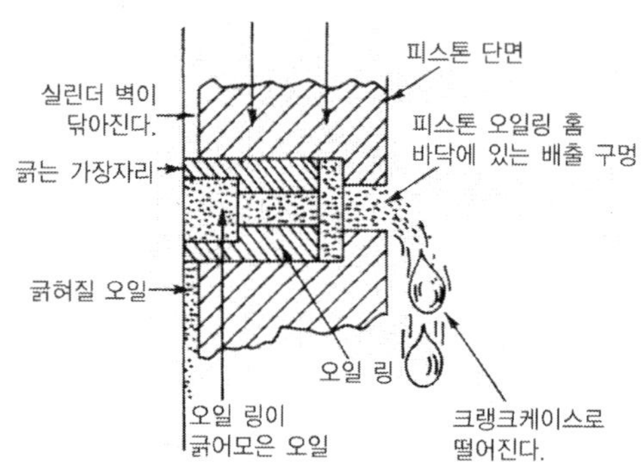

[그림2-20. 오일 링의 작용]

4. 피스톤 링 이음부분

[1] 링 이음부분의 간극(절개구 간극 ; end gap)

링 이음부분의 간극은 엔진 작동 중 열팽창을 고려하여 두며 피스톤 바깥지름에 관계된다. 링 이음부분 간극이 규정보다 크면 블로바이가 일어나고, 엔진오일 소모가 증가한다. 반대로 링 이음부분 간극이 작으면 열팽창으로 인해 링 이음부분이 접촉하여 고착을 일으키거나 실린더 벽을 긁게 된다. 링 이음부분 간극은 제1번 압축 링을 가장 크게 한다. 그리고 링 이음부분 간극은 실린더에 링을 끼우고 피스톤헤드로 밀어 넣어 수평상태로 한 후 필러게이지(filler gauge)로 측정한다. 이때 마멸된 실린더의 경우에는 가장 마멸이 적은 부분에서 측정하여 0.2~0.4㎜(한계 1.0㎜)이면 정상이다.

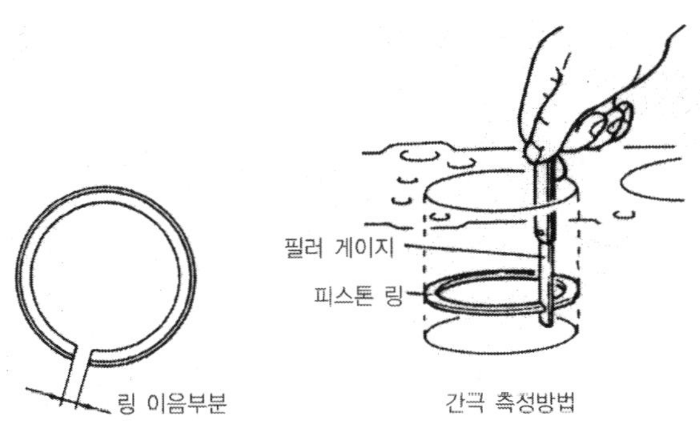

[그림2-21. 피스톤 링 이음부분 간극 측정]

[2] 링 이음부분의 조립 방향

링을 피스톤에 조립할 때 각 링 이음부분의 방향이 한쪽으로 일직선상에 있으면 블로바이가 발생하기 쉽고, 엔진오일이 연소실에 상승한다. 이를 방지하기 위하여 링 이음부분의 위치는 서로 120~180°방향으로 끼워야 하며 이때 링 이음부분이 측압 쪽을 향하지 않도록 해야 한다.

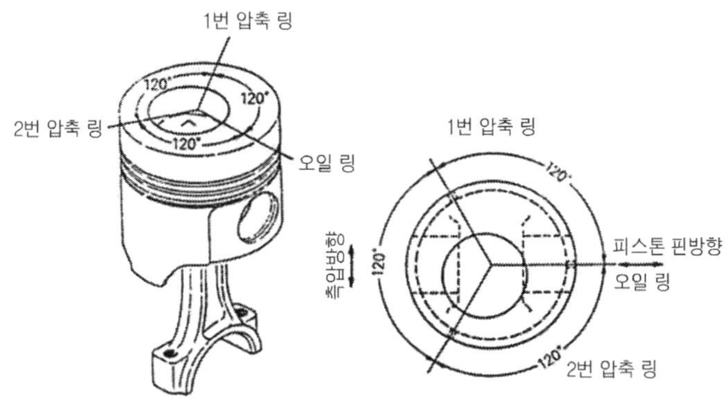

[그림2-22. 피스톤 링 이음 조립 방향]

2.5. 피스톤 핀(piston pin)

1. 피스톤 핀의 기능과 재질

피스톤 핀은 피스톤 보스부분에 끼워져 피스톤과 커넥팅로드 소단부(small end)를 연결해주는 부품이며, 피스톤이 받은 폭발력을 커넥팅로드를 거쳐 크랭크축으로 전달하고 동시에 피스톤과 함께 실린더 내를 고속으로 왕복운동을 한다. 따라서 피스톤을 가볍게 하는 것과 같은 이유에서 가벼워야 하며, 또 변화하는 큰 하중에 견딜 수 있도록 상당한 강도와 강성이 있어야 한다. 피스톤 핀의 표면은 피스톤과 커넥팅로드 소단부의 베어링에서 미끄럼 운동을 하기 때문에 내마멸성도 커야 한다. 따라서 재질은 저탄소강이나 니켈-크롬(Ni-Cr)강을 주로 사용하며, 표면은 경화하여 내마멸성을 높이고, 내부는 그대로 두어 인성을 유지하도록 한다.

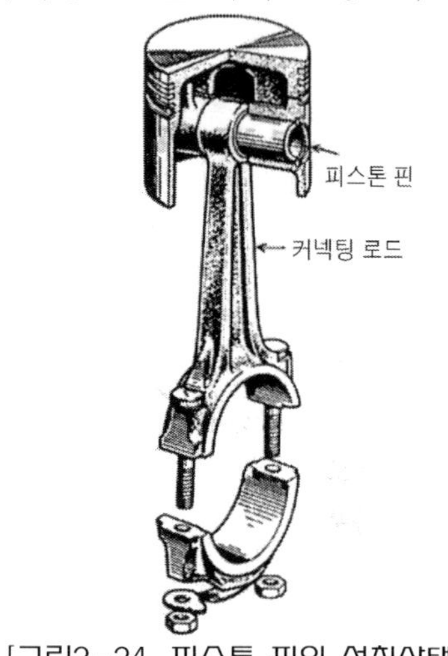

[그림2-24. 피스톤 핀의 설치상태]

2. 피스톤 핀의 고정방법

[1] 고정식(stationary type)

고정식은 피스톤 핀을 피스톤 보스부분에 고정하는 방법이며, 커넥팅로드 소단부에 구리합금의 부싱(bushing)이 들어간다.

[2] 반부동식(요동식 ; semi floating or oscillating type)

반부동식은 피스톤 핀을 커넥팅 로드 소단부에 고정시키는 방법이다.

[3] 전부동식(full floating type)

전부동식은 피스톤 핀을 피스톤 보스부분이나 커넥팅로드 소단부 등 어느 부분에도 고정시키지 않는 방법으로 핀의 양끝에 스냅 링(snap ring)이나 엔드 와셔(end washer)를 두어 피스톤 핀이 밖으로 이탈되는 것을 방지한다.

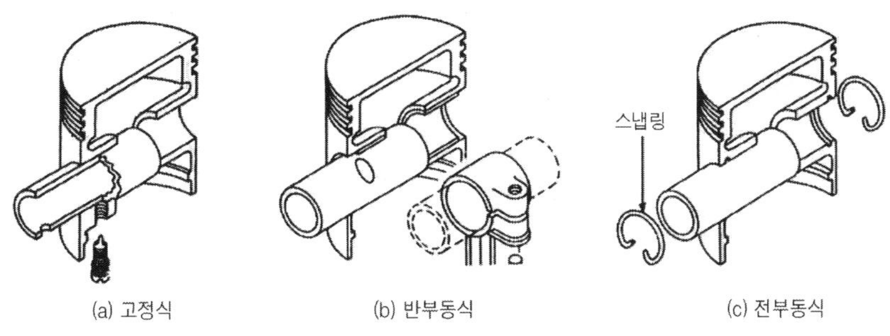

[그림2-25. 피스톤 핀의 고정방법]

2.6. 커넥팅로드(connecting rod)

1. 커넥팅로드의 개요

커넥팅로드는 피스톤 핀과 크랭크축을 연결하는 막대이며, 피스톤의 왕복운동을 크랭크축으로 전달하는 일을 하며, 소단부(small end)는 피스톤 핀에 연결되고, 대단부(big end)는 평면베어링을 통하여 크랭크 핀에 결합되어 있다. 커넥팅로드의 재질은 니켈-크롬(Ni-Cr)강, 크롬-몰리브덴(Cr-Mo)강 등의 특수강을 단조(forging)하여 제작한다. 형상은 무게를 가볍게 하고 충분한 기계적 강도를 얻기 위해 그 단면을 I형으로 주로 만든다. 또 실린더 벽에 엔진오일을 분사하기 위하여 커넥팅로드 베어링 위 부분에 오일 분출구멍을 두고 있다.

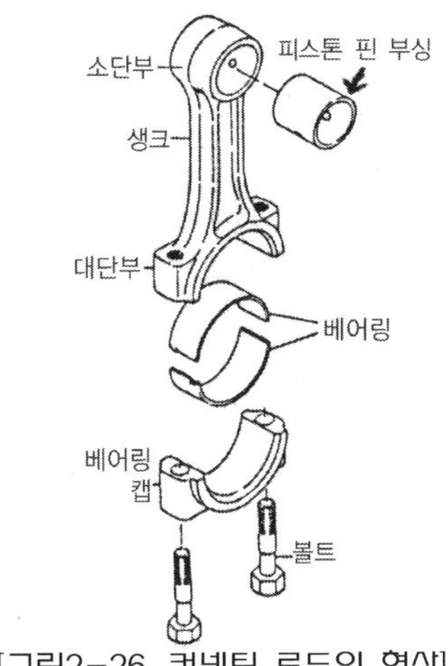

[그림2-26. 커넥팅 로드의 형상]

2. 커넥팅로드의 길이

커넥팅로드의 길이는 소단부 중심에서 대단부 중심사이의 길이로 표시하며, 피스톤행정의 1.5~2.3배 또는 크랭크축 회전 반지름의 3.0~4.5배가 적당하다. 커넥팅로드의 길이가 길면 실린더 벽에 작용하는 피스톤의 측압이 작아 실린더 벽 마멸이 감소하여 엔진수명이 길어지는 이점이 있으나 강도와 무게 면에서 불리하고,

엔진의 높이가 높아진다. 반대로 길이가 짧으면 엔진의 높이가 낮아지고 무게를 줄일 수 있으나 실린더 측압이 커져 엔진수명이 짧아지고, 엔진의 길이가 길어진다.

2.7. 크랭크축(crank shaft)

크랭크축은 크랭크케이스 내에 설치된 메인 베어링(main bearing)에 지지되어 각 실린더의 폭발행정에서 얻어진 피스톤의 직선운동을 커넥팅로드를 거쳐 회전운동(회전력)으로 바꾸어 엔진의 출력으로 외부에 전달하고, 동시에 흡입·압축 및 배기의 각 행정에서는 피스톤에 운동을 전달하는 회전축이다.

1. 크랭크축의 구조

크랭크축의 회전중심을 형성하는 축 부분을 메인 저널(main journal), 커넥팅로드 대단부와 결합되는 부분을 크랭크 핀(crank pin), 메인 저널과 크랭크 핀을 연결하는 부분을 크랭크 암(crank arm) 그리고 회전 평형을 유지하기 위해 크랭크 암에 둔 평형추(balance weight) 등의 주요부분으로 구성되어 있다. 또 크랭크축 앞 끝에는 캠 축 구동용의 타이밍기어 또는 타이밍체인(벨트) 구동용 스프로킷(sprocket)과 물 펌프 및 발전기 구동을 위한 크랭크축 풀리가 설치되며, 뒤쪽에는 플라이 휠 설치를 위한 플랜지(flange)와 클러치 축 지지용 파일럿 베어링(pilot bearing)을 끼우는 구멍이 있다. 내부에는 커넥팅로드 베어링으로 오일공급을 하기 위한 오일구멍 및 오일통로가 있고, 크랭크케이스의 오일누출을 방지하기 위한 오일 실(oil seal)을 두고 있다.

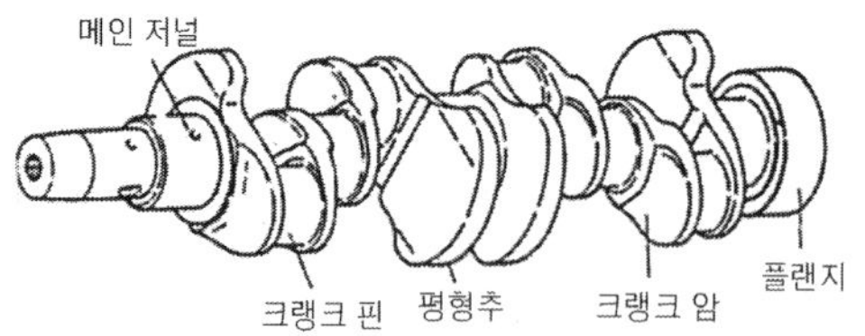

[그림2-27. 크랭크축의 구조]

그리고 직렬형 엔진의 크랭크축은 크랭크 핀의 수가 실린더 수와 같으나 V형 엔진은 크랭크 핀을 실린더 수의 1/2로 둔다. 이것은 1개의 크랭크 핀에 대해 좌우

2개의 커넥팅 로드를 연결하기 때문이다. 메인 저널은 크랭크 축 앞·뒤 끝 부분과 각 크랭크 핀 1개마다 두는 것을 원칙으로 하지만 크랭크 핀 2개나 3개에 메인 저널을 두기도 한다. 따라서 크랭크 핀 4개에 대하여 메인 저널은 3~5개를 주로 사용하고 6실린더에서는 4~7개를 둔다.

2. 크랭크축의 재질과 가공

크랭크축의 재질은 고탄소강, 크롬-몰리브덴(Cr-Mo)강, 니켈-크롬(Ni-Cr)강 등으로 단조하여 제작한다. 최근에는 엔진의 고속화 경향으로 피스톤 행정과 실린더 안지름 비율이 작아지는 단행정 엔진 제작으로 인하여 메인 저널과 크랭크 핀의 중심거리가 짧아짐에 따라(이를 오버랩 크랭크축(over crank shaft)이라 함) 크랭크축의 강성이 높은 것이 요구된다. 이에 따라 미하나이트 주철 또는 구상흑연 주철제 크랭크축도 사용된다. 그리고 메인 저널과 크랭크 핀은 고주파 경화방법으로 표면 경화한다.

3. 크랭크축의 형식

크랭크축의 형식은 실린더 수, 실린더 배열, 메인 베어링 저널 수, 점화순서 등에 따라 달라진다.

[1] 직렬 4실린더 엔진의 크랭크축

직렬 4실린더 엔진의 크랭크축은 No1과 No.4, No.2와 No.3 크랭크 핀이 동일 평면 위에 있으며, 또 각각의 크랭크 핀은 180°의 위상차이(폭발이 일어나는 각도)를 두고 있다.

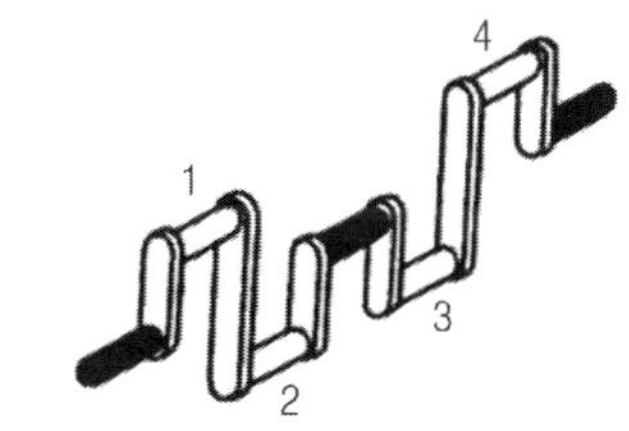

[그림2-28. 직렬 4실린더 엔진의 크랭크축]

[2] 5실린더 엔진의 크랭크축

5실린더 엔진의 크랭크축은 No.1~No.5의 크랭크 핀이 5방향으로 나누어져 있다. 각 크랭크 핀이 이루는 각도는 No.1과 No.2 및 No.4와 No.5가 144°이고, No.2와 No.3 및 No.3과 No.4가 72°를 이룬다. 메인 베어링의 수는 6개이다.

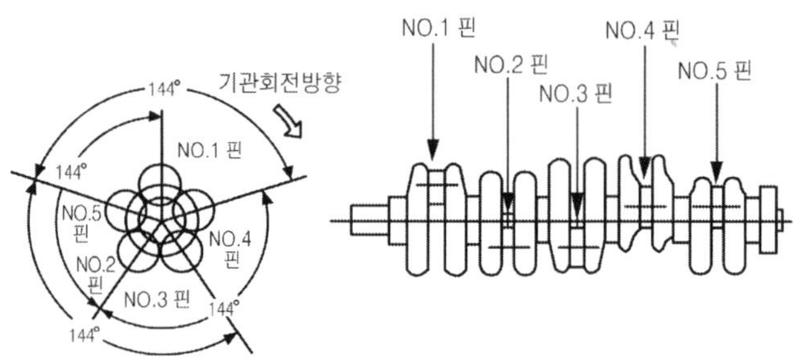

[그림2-29. 5실린더 엔진의 크랭크축]

[3] 6실린더 엔진의 크랭크축

6실린더 엔진의 크랭크축은 No.1과 No.6, No.2와 No.5, No.3과 No.4의 각 크랭크 핀이 동일 평면 위에 있으며, 각각은 120°의 위상 차이를 지니고 있다. 크랭크축을 마주보고 No.1과 No.6 크랭크 핀을 상사점으로 하였을 때 No.3과 No.4 크랭크 핀이 오른쪽에 있는 우수식(right crank shaft, 점화순서는 1-5-3-6-2-4)과 No.3과 No.4 크랭크 핀이 왼쪽에 있는 좌수식(left crank shaft, 점화순서 1-4-2-6-3-5)이 있다.

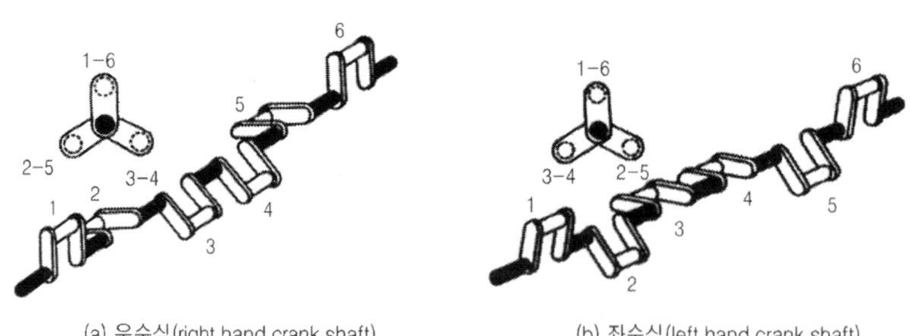

[그림2-30. 6실린더 엔진의 크랭크축]

[4] 60° V형 6실린더 엔진의 크랭크축

60°V형 6실린더 엔진의 크랭크축은 No.1에서 No.6의 크랭크 핀이 6방향으로 나누어져 있다. 각 크랭크 핀이 이루는 각도는 No.1과 No.2, No.3과 No.4 및 No.5와 No.6이 60°이고, No.2와 No.3 및 No.4와 No.5는 180°를 이루도록 되어 있다. 이것은 뱅크의 각도를 60°로 하였기 때문에 폭발간격이 크랭크축 각도로 120°마다 발생되도록 하기 위해서는 크랭크 핀을 60°오프셋(off-set) 시키지 않으면 안 된다.

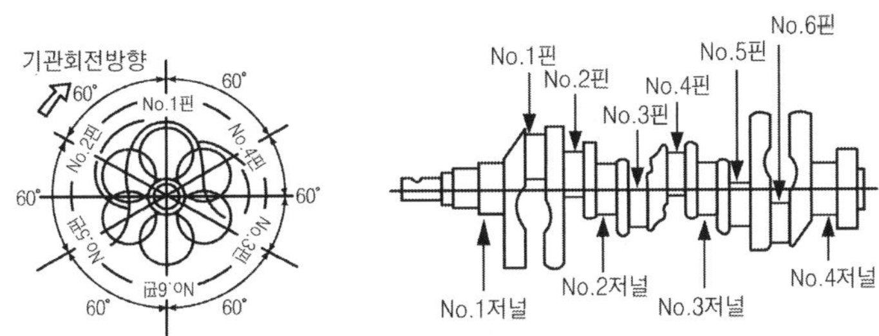

[그림2-31. 60° V형 6실린더 엔진의 크랭크축]

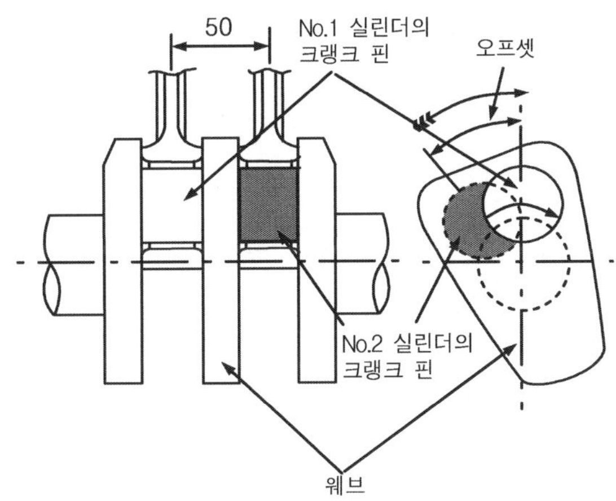

[그림2-32. 60° V형 6실린더 엔진의 크랭크 핀 오프셋]

4. 점화순서 정하기

[1] 점화순서를 정할 때 고려하여야 할 사항

① 폭발이 같은 간격으로 일어나게 한다.

② 크랭크축에 비틀림 진동이 일어나지 않게 한다.

③ 인접한 실린더에 연이어서 폭발이 발생하지 않도록 한다.

④ 혼합가스가 각 실린더에 동일하게 분배되게 한다.

[2] 직렬 4실린더 엔진의 점화순서

직렬 4실린더 엔진은 위상차이가 180°이며 No.1과 No.4, No.2와 No.3 크랭크 핀이 동일 평면 위에 있으므로 No.1 피스톤이 상사점에 있을 때 No.4 피스톤도 상사점에 있으며, No.2와 No.3 피스톤은 하사점에 위치한다. 또 No.1 피스톤이 하강행정을 하면 No.4 피스톤도 하강행정하며, No.2와 No.3 피스톤은 상승행정을 한다. 따라서 No.1 피스톤이 흡입행정을 하면 No.4 피스톤은 폭발행정을 한다. 이때 No.2 피스톤이 압축행정을 하게 되면 No.3 피스톤은 배기 행정을 한다. 지금 최초의 점화를 No.1 실린더에서 하였다고 하면 다음의 순서는 No.2나 No.3 실린더의 어느 것이 되며, 이때 No.3 실린더에 점화하면 크랭크축이 180°회전하여 다시 No.1과 No.4 피스톤이 상사점 위치에 있게 된다. 이 위치에서는 No.1 실린더는 배기 행정 끝에 있으므로 다음의 순서는 No.4 실린더가 된다. 다음에는 같은 방법으로 하여 No.2 실린더가 점화한다. 따라서 점화순서는 1-3-4-2가 된다. 또 점화순서를 결정할 때 두 번째의 점화순서를 No.2 실린더로 하면 1-2-4-3의 점화순서가 또 하나 얻어진다. 따라서 4개 실린더가 크랭크축 720°(1행정을 하는 경우 180°이므로 180°×4 = 720°)에 1사이클을 완성한다. 이때 각 실린더 사이의 작동행정은 표Ⅰ과 표Ⅱ와 같이 된다.

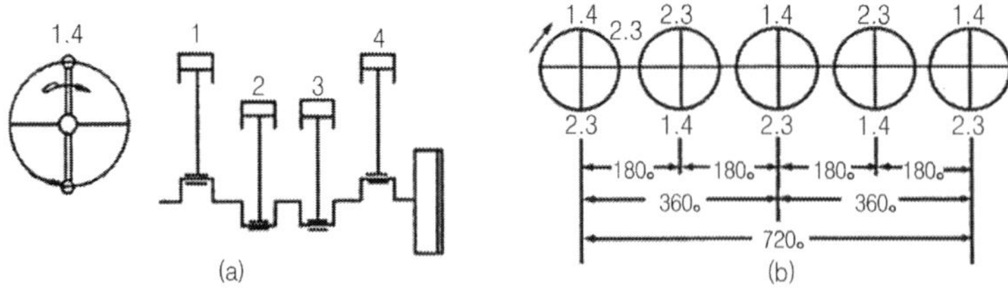

[그림2-33. 직렬 4실린더 엔진의 점화순서]

《표 I》 점화 순서 1-3-4-2

크랭크축 회전각도 / 실린더번호	1회전		2회전	
	0~180°	180~360°	360~540°	540~720°
1	폭발	배기	흡입	압축
2	배기	흡입	압축	폭발
3	압축	폭발	배기	흡입
4	흡입	압축	폭발	배기

《표 II》 점화 순서 1-2-4-3

크랭크축 회전각도 / 실린더번호	1회전		2회전	
	0~180°	180~360°	360~540°	540~720°
1	폭발	배기	흡입	압축
2	압축	폭발	배기	흡입
3	배기	흡입	압축	폭발
4	흡입	압축	폭발	배기

[3] 5실린더 엔진의 점화순서

5실린더 엔진의 크랭크축은 각 크랭크 핀이 144°마다 또는 72° 간격으로 되어 있으므로 위상 차이는 144°이다. 따라서 No.1피스톤이 압축 상사점을 통과한 후, 크랭크축 각도로 144° 후에 두 번째로 압축 상사점이 되는 것은 No.2 피스톤이다. 마찬가지로 세 번째로 압축 상사점으로 되는 것이 No.4 피스톤이며, 이하 No.5, No.3 피스톤순서로 되어 점화순서는 1-2-4-5-3으로 된다. 이 점화순서에 의한 각 실린더의 작동행정은 그림 2-34와 같다. 5 실린더 엔진에서는 가스압력의 변화에 수반하는 회전력 변화가 4실린더와 6실린더 엔진의 중간이 되며, 또 피스톤-커넥팅로드 등의 질량이 엔진의 내부에서 왕복 운동하거나 회전운동 하는 것에 의해 발생하는 관성력의 불평형이 4실린더 엔진보다는 적으며 소음·진동면에서도 유리하다.

<table>
<tr><td rowspan="3">크랭크 회전각도 / 실린더 No.</td><td colspan="10">1회전</td><td colspan="10">2회전</td></tr>
<tr><td colspan="5">0~180°</td><td colspan="5">180~360°</td><td colspan="5">360~540°</td><td colspan="5">540~720°</td></tr>
<tr><td colspan="5">36° 72° 108° 144°</td><td colspan="5">216° 252° 288° 324°</td><td colspan="5">396° 432° 468° 504°</td><td colspan="5">576° 612° 648° 684°</td></tr>
<tr><td>1</td><td colspan="5">폭발</td><td colspan="5">배기</td><td colspan="5">흡입</td><td colspan="5">압축</td></tr>
<tr><td>2</td><td colspan="4">압축</td><td colspan="5">동력</td><td colspan="5">배기</td><td colspan="5">흡입</td><td colspan="1">압축</td></tr>
<tr><td>3</td><td colspan="1">폭발</td><td colspan="5">배기</td><td colspan="5">흡입</td><td colspan="5">압축</td><td colspan="4">폭발</td></tr>
<tr><td>4</td><td colspan="3">흡입</td><td colspan="5">압축</td><td colspan="5">폭발</td><td colspan="5">배기</td><td colspan="2">흡입</td></tr>
<tr><td>5</td><td colspan="2">배기</td><td colspan="5">흡입</td><td colspan="5">압축</td><td colspan="5">폭발</td><td colspan="3">배기</td></tr>
</table>

[그림2-34. 5실린더 엔진의 점화순서와 작동행정 관계]

[4] 직렬 6실린더 엔진의 점화순서

직렬 6실린더 엔진의 크랭크축은 위상차이가 120°이므로 120°회전할 때마다 1회의 폭발행정을 하고, 크랭크축 2회전(720°)하는 동안에 각 실린더가 1번씩 폭발행정을 하고, 각 실린더는 각각의 4행정을 하여 1사이클을 완성한다. 이에 따라 No.1과 No.6 크랭크 핀, No.2와 No.5 크랭크 핀, No.3과 No.4 크랭크 핀이 동일 평면상에 위치하므로 No.1과 No.6 피 스톤이 하강행정을 하면 No.2와 No.5 피스톤은 상승행정을 한다. 또 No.3과 No.4 피스톤은 실린더의 중간쯤에 위치한다. 이것을 우수식(右手式)과 좌수식(left hand crank shaft)으로 나누어 설명하면 다음과 같다.

(1) 우수식 크랭크축의 경우

이 크랭크축을 앞에서 마주 보았을 때 No.3과 No.4 크랭크 핀이 오른쪽에 있다. 그림2-35의 (b)는 크랭크축이 120°회전할 때마다 상사점에 도달하는 피스톤의 위치를 표시한 것이다.

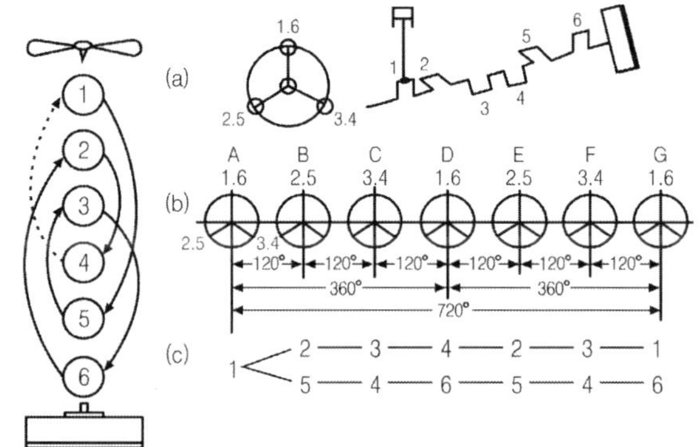

[그림2-35. 우수식 6실린더 엔진의 점화순서]

지금 그림 2-35의 (b)의 A위치에서 폭발행정을 할 수 있는 것을 구하면 No.1이나 No.6 피스톤 중의 하나가 된다. 맨 처음의 점화를 No.1 피스톤으로 하면 다음 차례는 B의 위치(크랭크축이 120°회전한 상태)에 있는 No.2나 No.5 피스톤 중의 하나가 된다. 이와 같이 하여 크랭크축이 120°회전할 때마다 상사점에 도달하는 피스톤의 위치를 C, D, E 및 F라 하고 상사점에 있는 피스톤을 그림 2-35의 (c)와 같이 표시한 후, A의 No.1부터 B, C, D, E, F의 번호를 차례로 조합하면 다음의 점화순서가 얻어진다.

1-2-4-6-5-3

1-2-3-6-5-4

1-5-3-6-2-4

1-5-4-6-2-3

위 점화순서 가운데에서 1-5-3-6-2-4가 필요한 조건에 비교적 만족하므로 실용화되어 있다. 점화순서가 1-5-3-6-2-4인 우수식 엔진에서는 No.1 피스톤이 폭발행정을 시작한다면 No.6 피스톤은 흡입행정을 시작한다. No.5 피스톤은 압축행정의 중간정도이며, No.2 피스톤은 배기 행정의 중간이 된다. 이때 No.3 피스톤은 흡입행정의 끝 부분이며, No.4 피스톤은 폭발행정의 끝 부분에 위치하게 된다. 이 점화순서에 의한 각 실린더의 작동행정은 그림 2-36과 같다.

크랭크축의 회전각도 / 실린더 번호	1회전				2회전			
	0~180°		180~360°		360~540°		540~720°	
	60°	120°	240°	300°	420°	480°	600°	660°
1	폭발		배기		흡입		압축	
2	흡입		압축		폭발		배기	흡입
3	배기		흡입		압축		폭발	배기
4	압축		폭발		배기		흡입	압축
5	폭발	압축		배기		압축		폭발
6	흡입		압축		폭발		배기	

[그림2-36. 우수식 6실린더 엔진의 점화순서와 작동행정과의 관계]

(2) 좌수식 크랭크축의 경우

이 크랭크축을 앞에서 마주 보았을 때 No.3과 No.4 크랭크 핀이 왼쪽에 있다. 그림 2-37의 (b)는 크랭크축이 120° 회전할 때마다 상사점에 도달하는 피스톤의 위치를 표시한 것이다.

지금 그림 2-37의 (b) A위치에서 폭발행정을 할 수 있는 것을 구한다면 No.1이나 No.6 피스톤 중의 하나가 된다.

맨 처음의 점화를 No.1 피스톤으로 하면 다음 차례는 B의 위치(크랭크축이 120° 회전한 상태)에 있는 No.3이나 No.4 피스톤 중의 하나가 된다. 이와 같이 하여 크랭크축이 120° 회전할 때마다 상사점에 도달하는 피스톤의 위치를 C, D, E 및 F라 하고 상사점에 있는 피스톤을 그림 2-37의 (c)와 같이 표시한 후, A의 No.3부터 B, C, D, E, F의 번호를 차례로 조합하면 다음의 점화순서가 얻어진다.

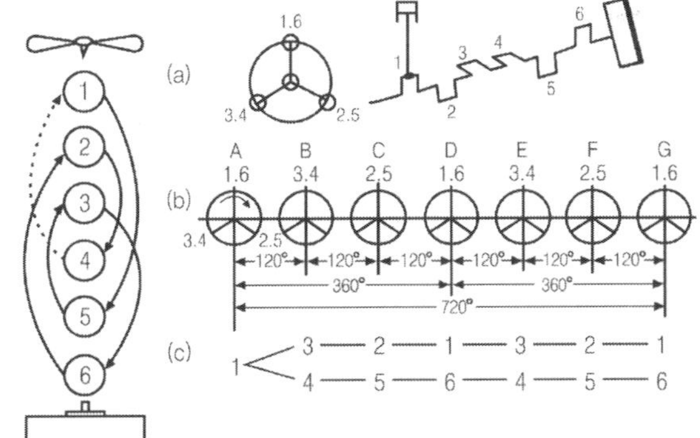

[그림2-37. 좌수식 6실린더 엔진의 점화순서]

1-3-2-6-4-5

1-3-5-6-4-2

1-4-2-6-3-5

1-4-5-6-3-2

위 점화순서 가운데에서 1-4-2-6-3-5가 필요한 조건에 비교적 만족하므로 실용화되어 있다. 이 점화순서에 의한 각 실린더의 작동 행정은 그림2-38과 같다.

크랭크축의 회전각도 / 실린더 번호	1회전				2회전			
	0~180°		180~360°		360~540°		540~720°	
	60°	120°	240°	300°	420°	480°	600°	660°
1	폭발		배기		흡입		압축	
2	배기	흡입		압축		폭발		배기
3	흡입	압축		폭발		배기		흡입
4	폭발	배기		흡입		압축		폭발
5	압축	폭발		배기		흡입		압축
6	흡입		압축		폭발		배기	

[그림2-38. 좌수식 6실린더 엔진의 점화순서와 작동행정과의 관계]

[5] V형 6실린더 엔진의 점화순서

V형 6실린더 엔진은 좌우의 실린더 중심선이 60°의 각도를 이루는 60°V형과 90°의 각도를 이루는 90°V형이 있다. 여기서는 우리나라에서 사용하고 있는 60°V형에 대해 설명하도록 한다. 60°V형 6실린더 엔진의 점화순서는 1-2-3-4-5-6으로 되어 있다.

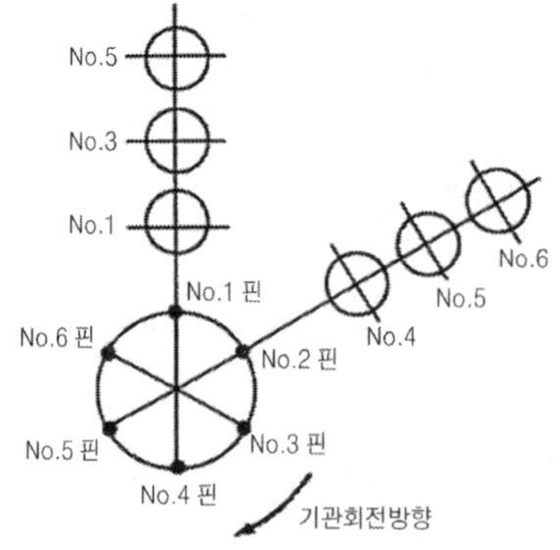

[그림2-39. 60° V형 6실린더 엔진의 실린더 배열]

60°V형 6실린더 엔진의 실린더 배열은 오른쪽에는 홀수, 왼쪽에 짝수의 실린더가 60°의 각도를 두고 배열되어 있다. 이 엔진도 직렬형과 마찬가지로 크랭크축 각도 120°마다 점화·폭발하므로 점화순서를 정하는데 있어서는 오른쪽의 3개의 실린더와 왼쪽 3개의 실린더로 나누어 생각하면 된다. 즉 3실린더 엔진이 2개 있는 것으로 생각하여 먼저 오른쪽 3실린더 엔진의 점화 순서를 정한다. 3실린더 엔진의 점화 순서는

1-3-5-1-3-5

또는

1-5-3-1-5-3

의 어느 것인데 여기서는 1-3-5를 선택하도록 한다.

왼쪽의 3실린더 엔진은 120°늦게 같은 방향으로 회전하며 그 점화순서는 2-4-6-2-4-6으로 되어 있으므로 양쪽 실린더의 3실린더 엔진을 함께 합치면 1-2-3-4-5-6이라는 점화순서가 얻어진다. V형 엔진의 장점은 직렬형에 비해 크랭크축의 길이를 이론상으로 1/2로 할 수 있다. 크랭크축의 길이가 짧으면 비틀림 강성이 커지므로 베어링 저널의 수를 적게 할 수 있어 마찰에 따른 폭발손실이 줄어든다. 또 상용 회전속도에서의 공진이 발생하지 않아 엔진의 소음이 낮아진다.

크랭크 회전각도 / 실린더 No.	1회전		2회전		
	0~180° (36° 72° 108° 144°)	180~360° (216° 252° 288° 324°)	360~540° (396° 432° 468° 504°)	540~720° (576° 612° 648° 684°)	
1	폭발	배기	흡입	압축	
2	압축	폭발	배기	흡입	압축
3	폭발	배기	흡입	압축	폭발
4	흡입	압축	폭발	배기	흡입
5	배기	흡입	압축	폭발	배기
6					

[그림2-40. 60° V형 6실린더 엔진의 점화순서와 작동행정의 관계]

[6] 8실린더 엔진의 점화 순서

8실린더 엔진에는 직렬형과 V형이 있으며 직렬형은 크랭크축의 길이가 길게 되므로 현재 거의 사용되지 않고 있다.

(1) 직렬 8실린더 엔진의 경우

직렬 8실린더 엔진의 크랭크축에는 2-4-2형과 4-4형이 있으나 2-4-2형식이 실용화되었으며 그 점화순서는 다음과 같다.

1-6-2-5-8-3-7-4

1-8-4-5-2-7-3-6

1-5-7-3-8-4-2-6

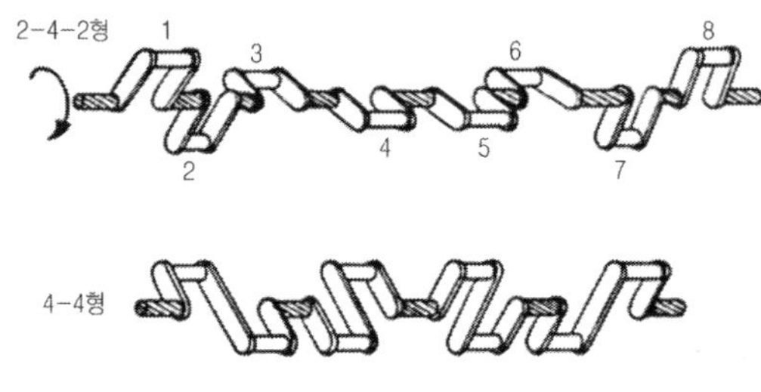

[그림2-41. 직렬 8실린더 엔진의 크랭크축]

(2) V-8 실린더 엔진의 경우

V-8 엔진에는 좌우 실린더의 중심선이 90°를 이루는 90°V형이 대부분이며, 각 크랭크 핀에는 2개의 커넥팅 로드가 설치된다. 크랭크 핀의 각도는 그림2-42와 같이 180°2방향의 것과 90°4방향의 것이 있는데 90°의 것이 실용화되어 있다.

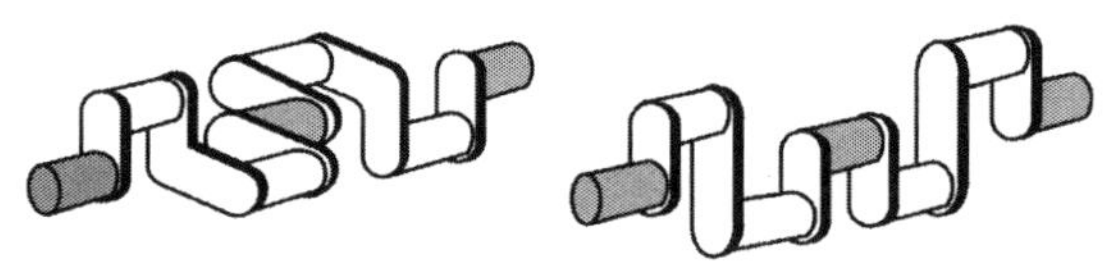

(a) 90° 형 (b) 180° 형

[그림2-42. V-8 엔진의 크랭크축]

또 양쪽의 실린더는 비대칭을 이루고 있으며, 실린더 번호는 그림 2-42의 (a)와 같이 오른쪽 실린더와 왼쪽 실린더로 나누어 각각 그 순서대로 부른 것과 그림 (b), (c)와 같이 맨 앞쪽의 실린더를 No.1로 하고 다음은 커넥팅로드가 크랭크축에 배열된 순서에 따라 번호를 붙이는 것 등이 있다.

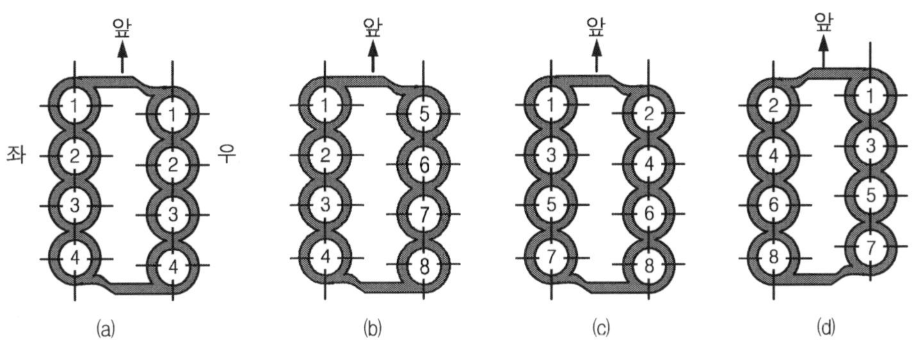

[그림2-43. V-8 엔진의 실린더 번호]

90°V-8 엔진의 크랭크축은 직렬형과 마찬가지로 크랭크축의 각도가 90°이며, 90°회전할 때마다 1회의 폭발행정을 한다. 따라서 크랭크축이 2회전하는 동안 8번의 폭발행정을 하고, 각 실린더는 4행정(흡입, 압축, 폭발 및 배기)을 하여 1사이클을 완성한다. 그림2-43의 (a)는 비대칭형의 크랭크축이며, 그림 (b)는 크랭크축이 90°회전할 때마다 상사점에 도달하는 피스톤의 위치를 표시한 것이다. 지금 그림 (b)의 A 위치에서 폭발행정을 할 수 있는 피스톤의 위치를 찾으면 오른쪽 No.1이나 왼쪽 제No.1 피스톤 중의 하나가 된다. 맨 처음 점화를 오른쪽 No.1 피스톤으로 하면 다음의 점화는 그림 (b)의 B위치(크랭크축이 90°회전한 상태)에서 상사점에 있는 오른쪽 No.3이나 왼쪽 No.1 중의 어느 것이 된다. 이와 같이 하여 점화순서를 정하면 다음과 같다.

1-8-7-3-6-5-4-2

1-8-4-3-6-5-7-2

1-5-4-8-6-3-7-2

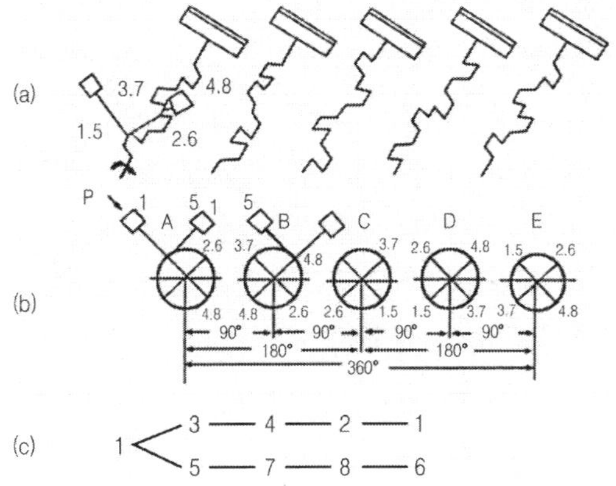

[그림2-44. V-8 엔진의 점화 순서]

2.8. 플라이 휠(fly wheel)

플라이휠은 폭발행정 중의 회전력을 저장하였다가 크랭크축의 회전속도를 원활히 하기 위하여 크랭크축 뒤끝에 볼트로 설치된다. 플라이휠은 운전 중 관성이 크고, 자체 무게는 가벼워야 하므로 중앙부분은 두께가 얇고 주위는 두껍게 한 원판(圓板)으로 되어 있다. 재질은 주철이나 강철이며 뒷면은 클러치의 마찰 면으로 사용되며, 바깥둘레에는 엔진을 시동할 때 기동 전동기의 피니언과 물려 회전력을 받는 링 기어(ring gear)가 열 박음(가열 끼워 맞춤)으로 고정되어 있다. 플라이휠의 무게는 회전속도와 실린더 수에 관계한다.

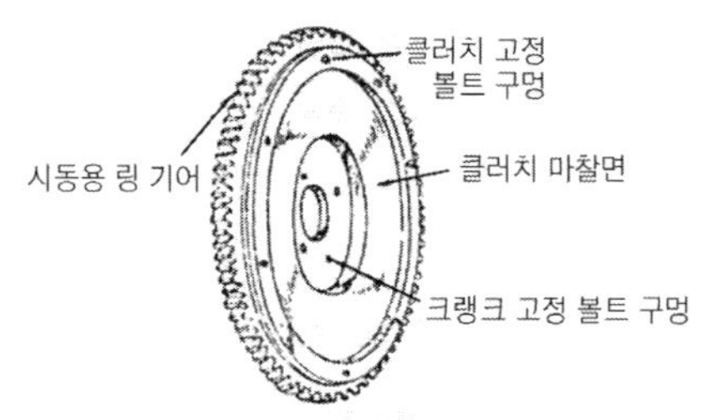

[그림2-45. 플라이 휠의 구조]

2.9. 크랭크축 풀리와 진동 댐퍼

크랭크축 앞 끝에는 물 펌프와 발전기, 동력조향장치의 오일펌프, 에어컨 압축기 등을 구동하기 위한 풀리(pulley)가 설치되어 있으며, 가솔린엔진용은 그 가장자리에 점화시기표지가 새겨져 있다. 크랭크축의 회전력은 주기적으로 변동하기 때문에 비틀림 진동이 발생한다. 이 비틀림 진동은 크랭크축이 어떤 회전속도에 도달하면 축 자체의 고유진동과 공진(共振)하여 격렬한 진동을 일으킨다. 이 진동은 자동차의 승차감을 저하할 뿐만 아니라 타이밍 기어나 크랭크축이 파손되는 원인이 되므로 방지하지 않으면 안 된다. 예전의 크랭크축 풀리는 V-홈의 홈을 둔 단순한 풀리였으나 최근에는 고속화가 진행되어 사용 회전속도 범위의 확대와 함께 크랭크축 비틀림이나 굽힘 진동의 공진점이 운전영역에 들어오게 되었으며, 이들 공진에 의한 진동과 소음의 증대나 크랭크축의 파손을 방지하기 위해 진동 댐퍼(vibration damper)를 내장한 것을 사용하고 있다. 진동댐퍼의 종류에는 링 모양으로 밀봉하고 둘레에 실리콘 오일(silicon oil)을 채운 비스코스 방식(viscous type)과 고무의 댐핑 작용을 이용한 스프링 질량방식이 있다.

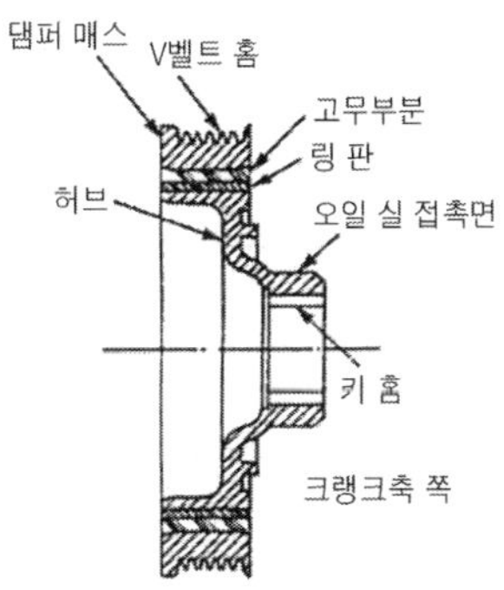

[그림2-46. 진동댐퍼 붙이 크랭크축 풀리]

2.10. 크랭크축 베어링(crank shaft bearing)

엔진에서 피스톤과 커넥팅로드, 커넥팅로드와 크랭크 핀, 크랭크축과 메인 베어링 사이에는 관계운동이 있다. 따라서 이 부분에는 베어링을 사용하여야 하며, 일반적으로 평면 베어링(plain bearing)을 사용한다. 평면 베어링에는 분할형(split type)과 부시형(bush type)이 있으며, 커넥팅로드 대단부와 크랭크 핀 및 크랭크축 메인 저널에는 분할형을 사용하고, 캠축 등에는 부시형을 사용한다.

[그림2-47. 크랭크축 베어링(분할형)]

1. 크랭크축 베어링 재료

베어링의 재료에는 구리, 납, 아연, 은, 카드뮴, 알루미늄 등의 합금인 배빗메탈, 켈밋 합금, 알루미늄 합금 등이 있으며 어느 것이나 저널의 재질보다 융점이 낮고 연하므로 한계 윤활 상태가 되면 자체가 소모되어 크랭크 핀이나 크랭크축 메인 저널의 마멸을 방지한다.

[1] 배빗메탈(Babbit metal)

배빗메탈은 주석(Sn) 80~90%, 안티몬(Sb) 3~12%, 구리(Cu) 3~7%가 표준조성이다. 특성은 취급이 쉽고, 매입성, 길들임성, 내부식성 등은 크나, 고온 강도가 낮고, 피로 강도, 열 전도성 좋지 못하다. 현재는 주로 켈밋 합금이나 트리 메탈(three metal)의 코팅(coating)용으로 사용된다.

[2] 켈밋합금(Kelmet Alloy)

켈밋합금은 구리(Cu) 60~70%, 납(Pb) 30~40%가 표준조성이다. 특징은 열 전도성이 양호하고, 녹아 붙지 않아 고속회전, 높은 온도, 높은 하중에 잘 견디나 경도가 커 매입성, 길들임성, 내부식성 등이 작다.

[3] 알루미늄 합금(Aluminium Alloy)

알루미늄과 주석의 합금이며, 배빗 메탈과 켈밋 합금이 지니는 각각의 장점을 구비한 베어링이다. 그러나 길들임성과 매입성은 배빗 메탈로 표면층을 만들어서 개선하고 있다.

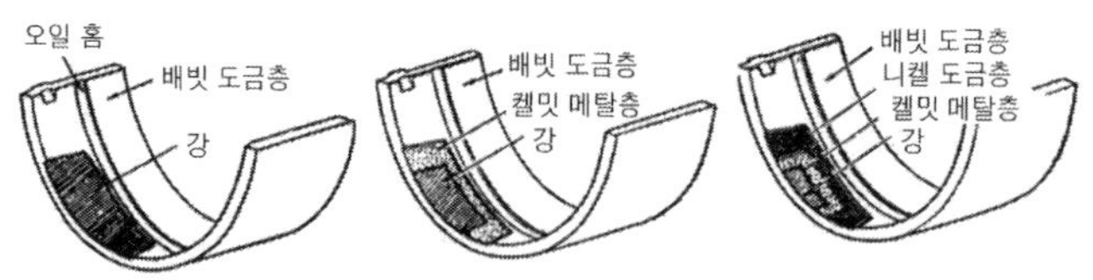

[그림2-49. 베어링 메탈의 종류]

2. 크랭크축 베어링의 구조

강철제의 셀(shell)에 베어링 합금을 녹여 붙인 후 알맞게 다듬질하여 전체 두께를 1~3㎜로 하며 합금 층의 두께는 배빗메탈은 0.1~0.3㎜, 켈밋 합금은 0.2~0.5㎜로 한다. 베어링 합금 층이 두꺼우면 길들임성과 매입성은 좋아지나 내피로성이 낮아지며, 두께가 너무 얇으면 매입성이 떨어져 베어링 표면이나 저널에 긁힘이 생긴다. 베어링 메탈 층의 두께는 가능한 한 얇을수록 유리하며, 베어링의 두께는 반원부분의 중앙부 두께로 표시한다. 베어링 양끝 부분은 중앙부분 보다 조금 얇게 되어 있는데 그 이유는 조립을 쉽게 하고, 오일 막이 끊어지는 것을 방지하기 위함이다.

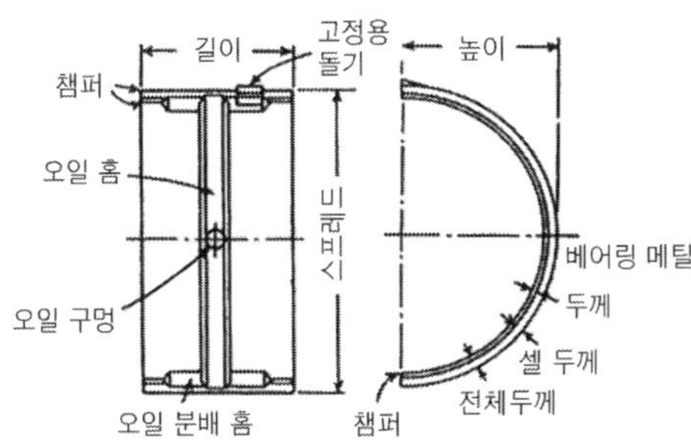

[그림2-50. 크랭크축 베어링의 구조]

[1] 베어링 크러시(bearing crush)

크러시는 베어링의 바깥둘레와 하우징 둘레와의 차이를 말하며, 두는 이유는 다음과 같다.

① 베어링 바깥둘레를 하우징 둘레보다 조금 크게 하고, 볼트로 압착시켜 베어링 면의 열전도율 높이기 위함이다.

② 크러시가 너무 크면 안쪽 면으로 찌그러져 저널에 긁힘을 일으키고, 작으면 엔진 작동에 따른 온도 변화로 인하여 베어링이 저널을 따라 움직이게 된다. 이를 방지하기 위함이다. 따라서 신품 베어링으로 교환할 때 베어링 캡이나 베어링을 연삭해서는 안 된다.

[2] 베어링 스프레드(bearing spread)

스프레드는 베어링 하우징의 지름과 베어링을 끼우지 않았을 때 베어링 바깥쪽 지름과의 차이를 말한다. 스프레드를 두는 이유는 다음과 같다.

① 조립할 때 베어링이 제자리에 밀착되게 하기 위함이다.

② 조립할 때 베어링 캡에 베어링이 끼워져 있어 작업이 편리하다.

③ 크러시가 압축됨에 따라 안쪽으로 찌그러지는 것을 방지한다.

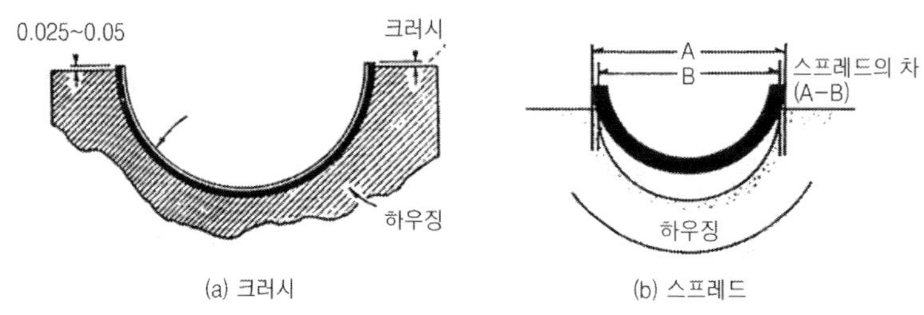

[그림2-51. 크러시와 스프레드]

2.11. 밸브기구와 밸브(valve train & valve)

1. 밸브기구의 개요

밸브기구는 캠축, 밸브 리프터(태핏), 푸시로드, 로커암 축 어셈블리, 밸브 등으로 구성되어 있으며 L헤드형 밸브기구, I헤드형 밸브기구, OHC형 밸브기구 등이 있으나, 현재 사용되고 있는 I헤드형과 OHC형에 대해 설명하도록 한다.

[1] I헤드형(OHV ; Over Head Valve) 밸브기구

I헤드형은 캠 축, 밸브 리프터, 푸시로드, 로커암 축 어셈블리, 밸브로 구성되어 있으며 흡입 및 배기밸브가 모두 실린더헤드에 설치되므로 밸브 리프터와 밸브사이에 푸시로드와 로커 암 축 어셈블리의 두 부품이 더 설치되어 있다. 작동은 캠축이 회전운동을 하면 푸시로드가 밸브 리프터에 의하여 상하운동을 하여 로커암이 그 설치 축을 중심으로 요동(搖動)을 한다. 이에 따라 로커암의 밸브 쪽 끝이 밸브 스템 엔드를 눌러 열리도록 하고, 닫힐 때에는 스프링의 장력으로 닫힌다. 이

형식은 흡입 및 배기가스의 흐름저항이 적고, 밸브헤드 지름과 양정을 크게 할 수 있다. 또 연소실 형상도 간단해 높은 압축비를 얻을 수 있고 노크발생도 비교적 적으나 밸브기구가 복잡하고 소음과 관성력이 커진다.

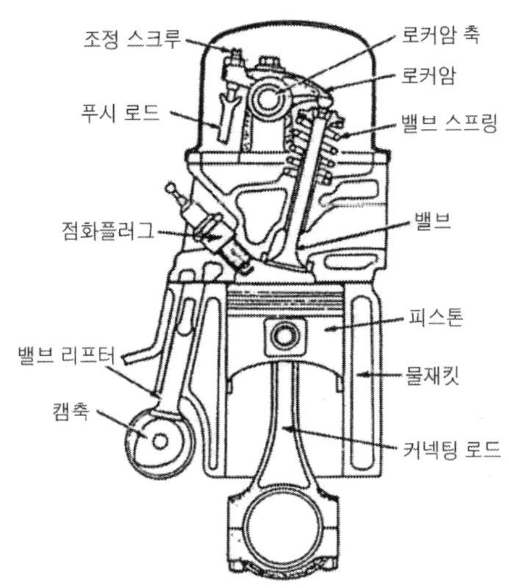

[그림2-52. I헤드형 밸브기구의 구조]

[2] OHC(Over Head Cam Shaft)형 밸브기구

OHC형은 캠축을 실린더헤드 위에 설치하고 캠이 직접 로커 암을 구동하는 형식이다. 이 형식은 캠축을 구동하는 타이밍 체인이나 벨트장치와 실린더헤드의 구조는 복잡해지나 밸브기구의 왕복운동 부분의 관성력이 작아져 밸브 가속도가 커진다. OHC형에는 1개의 캠축으로 모든 밸브를 개폐시키는 SOHC(Single Over Head Cam Shaft)형과 2개의 캠축으로 각각의 흡입·배기 밸브를 개폐하는 DOHC(Double Over Head Cam Shaft)형이 있으며, DOHC형은 다음과 같은 특징이 있다.

① 흡입효율을 향상시킬 수 있다.

② 허용최고 회전속도를 높일 수 있다.

③ 연소효율을 높일 수 있다.

④ 응답성능이 향상된다.

⑤ 구조가 복잡하고, 제작비가 비싸다.

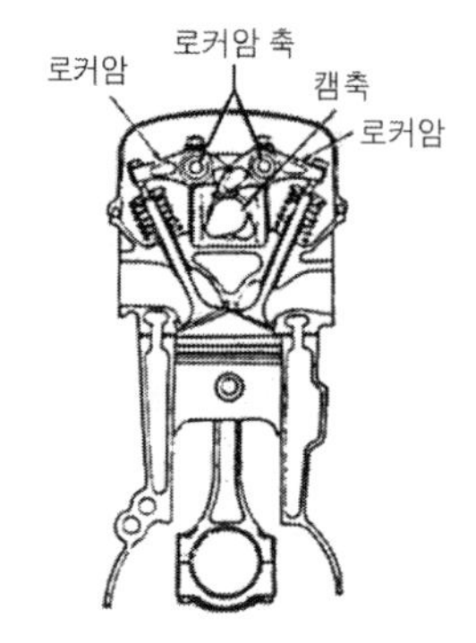

[그림2-53. SOHC형 밸브기구]

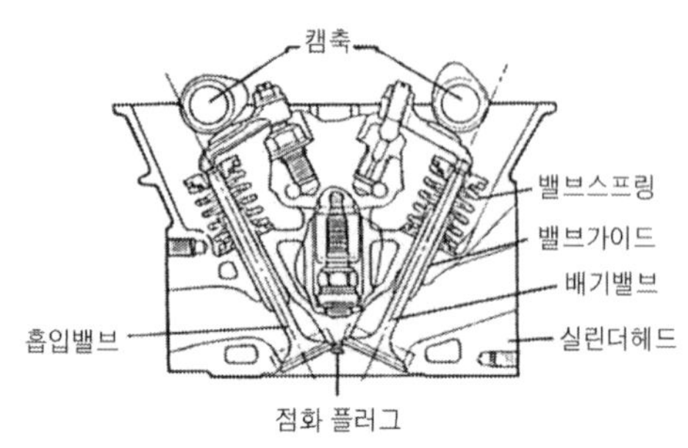

[그림2-54. DOHC형 밸브기구]

2. 밸브기구의 구성부품과 그 기능

[1] 캠축과 캠(cam shaft & cam)

(1) 캠축의 기능과 구조

캠축은 엔진의 밸브 수와 같은 수의 캠이 배열된 축으로 I헤드형 엔진에서는 크랭크축과 평행하게 설치되어 있고, OHC엔진에서는 실린더헤드에 설치되어 있다. 캠축의 주요기능은 흡입 및 배기 밸브 개폐이다. 또 캠 표면 곡선은 매우 조금만 변화되어도 밸브개폐 시기나 밸브 양정이 변화하여 엔진성능에 큰 영향을 미친다. 따라서 재질은 내마멸성이 큰 특수주철이나, 저탄소강에 침탄시킨 것, 중탄소강에 화염 경화나 고주파 경화시킨 것을 사용한다. 또한 캠의 형상은 밸브 개폐 상태, 열림 시간, 밸브 양정 등은 캠의 형상에 따라 결정되므로 엔진에 따라 다양한 캠이 사용된다. 그러나 어느 형상에서나 로커암(또는 밸브 리프터)과 캠이 직접 접촉하므로 이 부분과의 마찰과 마멸을 감소시키기 위해 접촉면의 하나는 반드시 원호형으로 하고 있다. 캠의 형상에는 접선 캠, 볼록 캠 및 오목 캠 등이 있다.

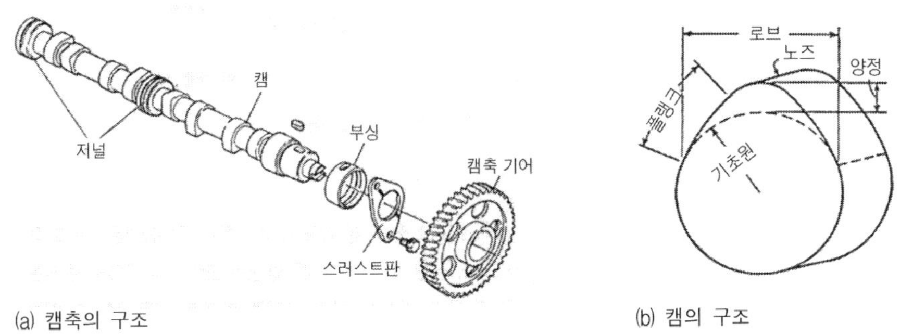

(a) 캠축의 구조 (b) 캠의 구조

[그림2-55. 캠축과 캠의 구조]

(2) 캠축의 구동방식

캠축의 구동장치는 주로 엔진의 앞쪽에 설치되며, 크랭크축 회전에 대해 흡입 및 배기 밸브 개폐시기를 바르게 유지시켜야 한다. 캠축의 구동 방식에는 기어구동 방식, 체인구동 방식, 벨트구동 방식 등 3가지가 사용되고 있다.

① 기어구동 방식(Gear drive type)

이 방식은 크랭크축 기어와 캠 축 기어의 물림에 의한 방식이며, 4행정 사이클 엔진에서는 크랭크축 2회전에 캠 축 1회전하는 구조로 되어 있다. 크랭크축 기어의 재질은 저탄소 침탄 강, 크롬강으로 표면을 경화하며 캠 축 기어의 재질은 베이클라이트로 제작하여 소음 감소 및 크랭크축 기어의 마멸을 감소시키고 있다.

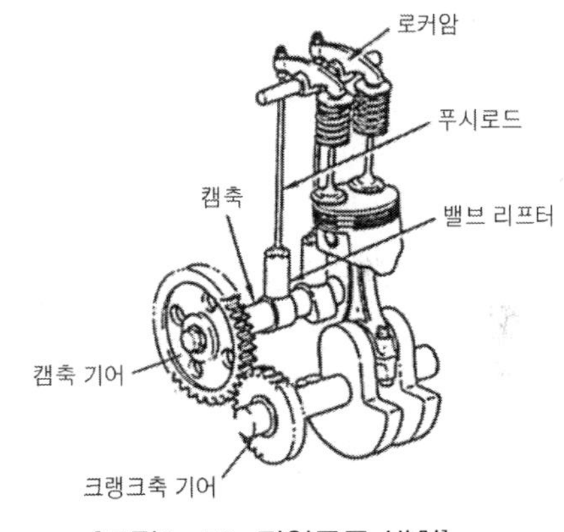

[그림2-56. 기어구동 방식]

② 체인구동 방식(chain drive type)

이 방식은 타이밍 체인을 통하여 캠 축을 구동하는 것이며 양쪽 체인의 스프로킷 비율은 4행정 사이클 엔진의 경우 2 : 1이며, 스프로킷의 재질은 강철이다. 특징은 동력전달효율이 높고, 소음이 감소되며, 캠축의 설치 위치를 자유롭게 정할 수 있으나 체인이 늘어나 헐거워지면 밸브개폐시기가 틀려지는 결점이 있다. 최근에는 체인의 헐거움을 자동적으로 제어하는 텐셔너(tensioner)와 체인의 진동을 방지하는 댐퍼(damper)를 두고 있다.

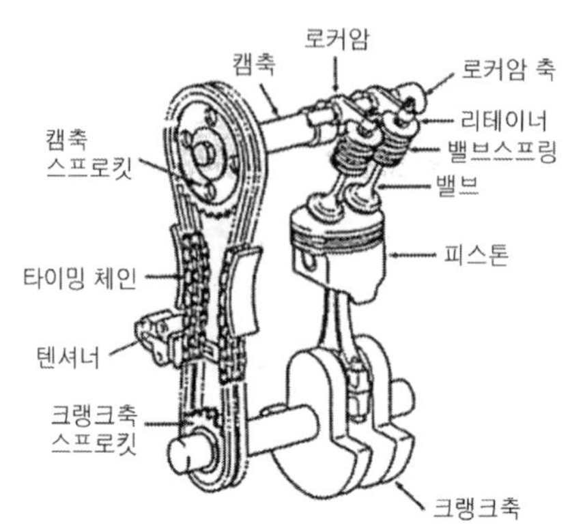

[그림2-57. 체인구동 방식]

③ 벨트구동 방식(belt drive type)

이 방식은 타이밍 벨트로 캠축을 구동하는 방식이며, 벨트에도 스프로킷 돌기 형상과 같은 돌기가 파져 있다.

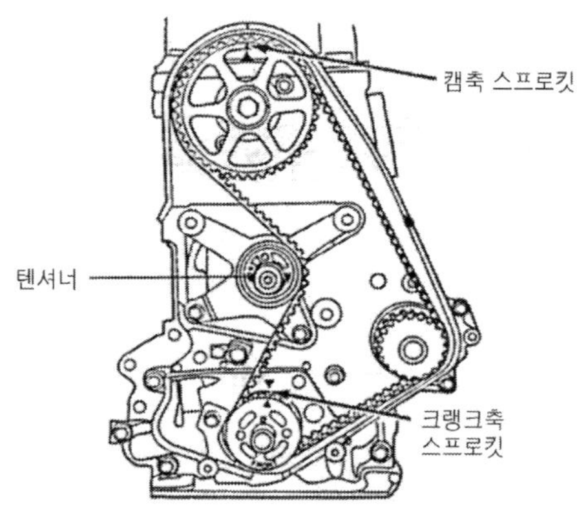

[그림2-58. 벨트구동 방식]

[2] 밸브 리프터(밸브 태핏 : valve lifter or valve tappet)

밸브 리프터는 I헤드형 엔진에서 캠 축의 회전운동을 상하 운동을 변환시켜 푸시로드로 전달하는 부품이며, 실린더블록의 리프터 가이드에 의하여 지지되어 있다. 밸브 리프터에는 기계식과 유압식이 있다.

(1) 기계식 리프터(mechanical lifter)

기계식 리프터는 I헤드형 엔진용은 원통형이며, 그 내부에 푸시로드를 받는 오목 면이 있고, 리프터 밑면에는 편 마멸 방지하기 위해 리프터 중심과 캠 중심을 오프셋(off-set) 시키고 있다. 이에 따라 리프터가 회전하면 캠에 대한 리프터 접촉부분이 계속해서 바뀌게 된다. 밸브 리프터의 재질은 합금주철이나 탄소강이며, 옆면·밑면 및 푸시로드와 접촉하는 부분은 표면 경화되어 있다.

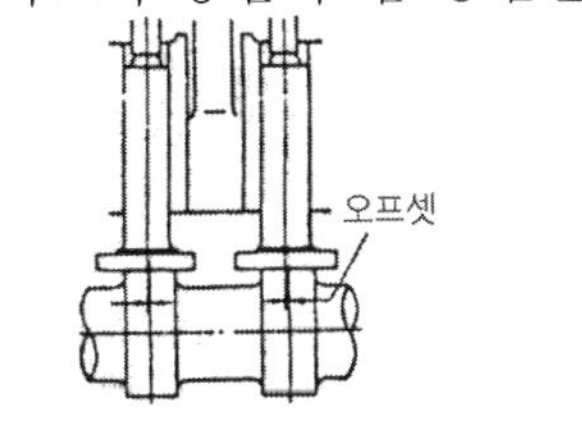

[그림2-59. 캠과 리프터의 오프셋]

(2) 유압식 리프터(hydraulic lifter)

기계식 리프터는 폭발행정에서 발생하는 높은 열에 의해 밸브간극이 늘어남에 따라 소음이 커지므로 정기적으로 정비가 필요하지만, 유압식 리프터를 사용하면 밸브간극이 자동 제어되므로 정비성능 향상 및 소음을 감소시킬 수 있다. 유압식 리프터는 오일의 비압축성과 윤활 장치의 순환압력을 이용하여 작용케 한 것이며, 엔진의 작동온도 변화에 관계없이 밸브간극을 항상 0으로 유지시키도록 한 방식이다. 유압식 리프터는 엔진 성능향상, 연료 소비율 감소, 경량화와 더불어 진동 및 소음감소, 엔진의 무정비화를 목적으로 제작된 것이다. 유압식 리프터 안에는 고압실이 있고 이 고압실에 의해 밸브간극이 자동적으로 제어된다.

[그림2-60. 유압식 리프터의 구조]

① 유압식 리프터의 특징

㉮ 밸브간극을 점검·조정하지 않아도 된다.

㉯ 밸브개폐시기가 정확하고 작동이 조용하다.

㉰ 오일이 완충작용을 하므로 밸브기구의 내구성이 향상된다.

㉱ 밸브기구의 구조가 복잡해진다.

㉲ 윤활 장치가 고장이 나면 엔진작동이 정지된다.

② 유압식 리프터의 작동

여기서는 현재 OHC형 가솔린엔진에서 사용하는 오토래시 어저스터((auto lash adjuster)의 작동에 대해 설명하도록 한다. 오토래시 어저스터는 HLA(Hydraulic Lash Adjuster)이라고도 부른다. 오토래시 어저스터의 종류에는 엔드 피벗형(end pivot type)과 직접작동형 유압식 리프터가 있다. 엔드 피벗형은 피벗이 바깥쪽에 있으면 실린더헤드의 폭이 커지며, 안쪽에 있으면 캠축사이의 거리가 좁아져 캠축 스프로킷의 지름을 작게 하여야 하는 결점이 있다. 직접작동형 유압식 리프터는 DOHC 엔진에 가장 적합하기 때문에 현재 주로 사용되고 있으며 실린더헤드의 폭을 대폭 줄일 수 있는 장점이 있다.

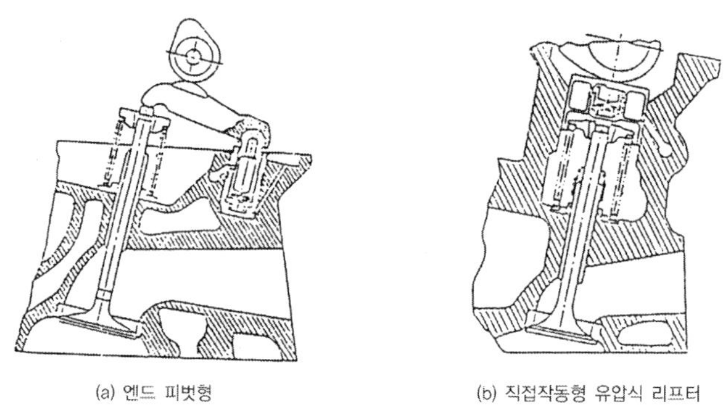
(a) 엔드 피벗형
(b) 직접작동형 유압식 리프터

[그림2-61. 오토래시 어저스터의 종류]

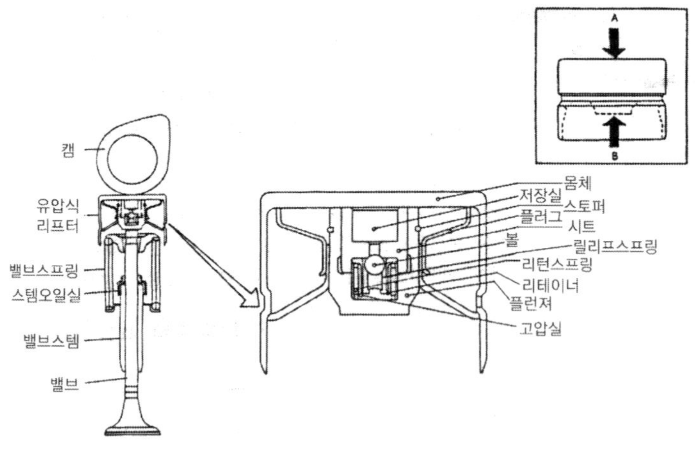

[그림2-62. 직접작동형 유압식 리프터의 구조]

직접작동형 유압식 리프터의 작동과정을 그림 2-63에 나타내었다. 밸브가 상승(lift)하지 않으면 그림 (a)에서 보듯이 캠의 플랭크와 리프터가 접촉하고 있으므로 밸브간극은 0이 된다. 그림(b)에서 보듯이 캠의 노즈와 리프터가 접촉하면 밸브가 열리기 시작하여 밸브스프링의 장력과 밸브 가속력은 리프터 안쪽 플런저의 면적과 고압실의 압력에 상응하고, 고압실 내의 압력이 높기 때문에 오일은 안쪽과 바깥 플런저사이의 미세한 간극으로부터 매우 작은 양이기는 하지만 누설된다. 오일이 누설된 만큼 고압실은 수축된다. 그림 (c)에서 보듯이 캠 작용이 끝나기 직전에 밸브가 복귀한다. 이 작용에 의해 밸브의 복귀속도를 비정상적으로 빠르게 하여 복귀할 때 소음이 발생하지 않도록 한다. 그리고 복귀 될 때 밸브와 바깥 플런저사이에 생기는 간극은 스프링 장력으로 보정되며, 바깥 플런저는 하강하고 고압실 내의 압력은 진공상태가 되므로 체크 볼을 통하여 엔진의 오일펌프로부터 오일이 고압실 내로 유입되어 다음 동작에 대비한다.

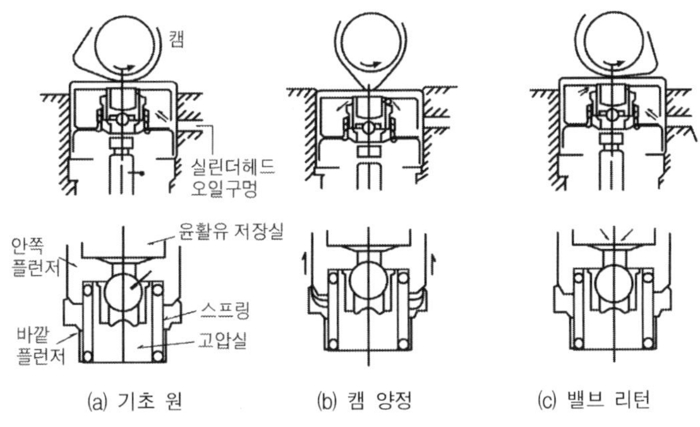

[그림2-63. 직접작동형 유압식 리프터의 작동]

[3] 흡입 및 배기 밸브

흡입밸브 및 배기 밸브는 연소실에 설치된 흡입 및 배기 구멍을 각각 개폐하며, 혼합가스(또는 공기)를 흡입하고, 연소가스를 내보내는 일을 한다. 압축과 폭발행정에서는 밸브시트에 밀착되어 연소실 내의 가스가 누출되지 않도록 한다. 자동차용 엔진의 흡입 및 배기용 밸브는 포핏 밸브(poppet valve)를 사용하며, 캠축 등으로 구성된 밸브기구에 의해 구동된다.

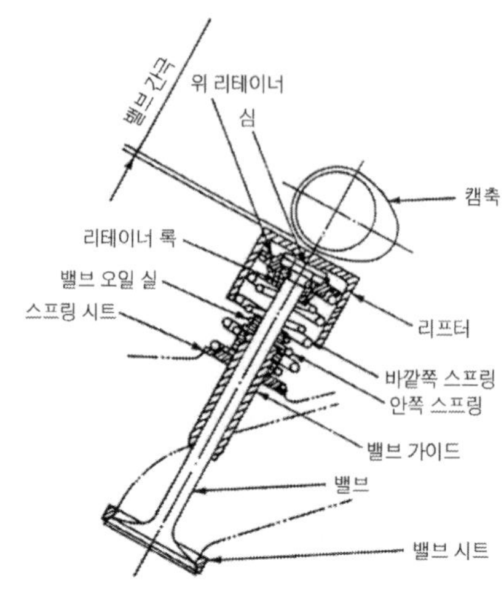

[그림2-64. 밸브 구동기구]

(1) 밸브의 구비조건

① 높은 온도에서 견딜 것(엔진 작동 중 흡입밸브는 최고 450~500℃, 배기 밸브는 700~800℃정도이다)

② 밸브헤드 부분의 열전도율이 클 것

③ 고온에서의 장력과 충격에 대한 저항력이 클 것

④ 고온가스에 부식되지 않을 것

⑤ 가열이 반복되어도 물리적 성질이 변하지 않을 것

⑥ 관성력이 커지는 것을 방지하기 위하여 무게가 가벼울 것

⑦ 흡입 및 배기가스 통과에 대한 저항이 적은 통로를 만들 것

⑧ 내구성이 클 것

(2) 밸브의 재질

밸브는 페라이트(ferrite)계열 또는 오스테나이트(austenite)계열의 내열강을 사용하며, 제작방법은 금속조직의 흐름이 끊어지지 않도록 업셋 단조(up-set forging)를 사용한다. 최근에는 밸브헤드는 오스테나이트 계열을, 스템은 페라이트 계열을 사용하여 전기용접하고, 밸브 스템 엔드부분은 스텔라이트(코발트, 크롬, 탄소, 텅스텐의 합금)를 녹여 붙이기도 한다.

(3) 밸브 주요부분의 기능

① 밸브헤드(valve head)

밸브헤드는 높은 온도 및 높은 압력의 가스에 노출되며, 특히 배기 밸브에서는 열부하가 매우 크다. 그리고 흡입효율을 높이기 위해 흡입밸브 헤드지름을 크게 한다. 밸브헤드의 형상에는 플랫형(flat type), 튤립형(tulip type), 반튤립형(semi-tulip type), 버섯형(mushroom type) 등이 있다. 밸브헤드의 구비조건은 다음과 같다.

㉮ 큰 하중에 견디고 변형이 없을 것

㉯ 흡입 및 배기가스의 유동저항이 적은 통로를 형성할 것

㉰ 밸브헤드의 열전도율이 클 것

㉱ 무게가 가벼울 것

㉲ 내구성이 클 것

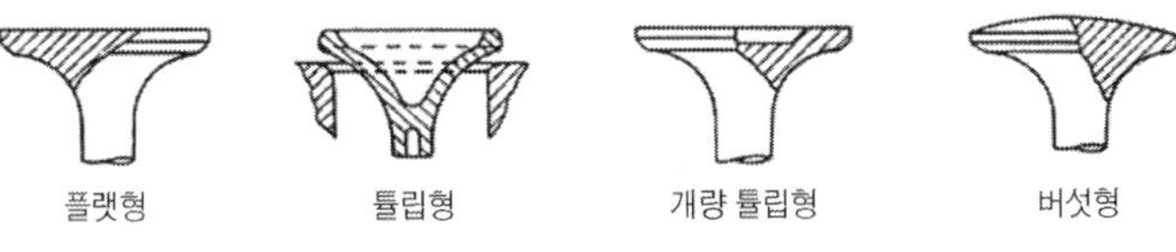

[그림2-65. 밸브헤드의 형상]

② 밸브 마진(margin)

마진의 두께가 얇으면 높은 온도에서 밸브가 작동될 때의 충격으로 밸브시트와 접촉할 때 둘레에 걸쳐 위로 벌어져 충분한 기밀 유지가 되지 못한다. 따라서 마진의 두께가 0.8㎜이하인 경우에는 다시 사용해서는 안 된다.

③ 밸브 면(valve face)

밸브 면은 시트(seat)에 밀착되어 연소실 내의 기밀유지 작용을 한다. 이에 따라 밸브 면의 양부(良否)는 실린더 내의 압축압력과 밀접한 관계가 있으며, 엔진의 출력에 큰 영향을 미친다. 밸브 면은 엔진 작동 중 높은 온도와 높은 압력에서 시트와 충격적으로 접촉하고 이 접촉에서 밸브헤드의 열을 시트로 전달한다. 따라서 마멸이 쉬우며 밀착 불량으로 손상되기 쉬워 밸브 면은 표면경화 한다. 밸브 면과 수평선이 이루는 각을 밸브 면 각도라 하며 60°, 45°, 30°의 것이 있으며 주로 45°를 가장 많이 사용한다.

④ 밸브 스템(valve stem)

밸브 스템은 그 일부가 밸브 가이드에 끼워져 밸브운동을 바르게 유지하고, 밸브헤드의 열을 가이드를 통하여 실린더 헤드로 전달한다. 밸브 스템의 구비 조건은 다음과 같다.

㉮ 지름이 클 것

㉯ 경도가 커야 한다.

㉰ 곡률 반지름이 클 것

㉱ 가벼울 것

⑤ 밸브스프링 리테이너 록 홈과 리테이너 록

밸브스프링 리테이너 록 홈(retainer lock groove)은 스프링 리테이너를 밸브 스템에 고정시키기 위한 록(키)을 끼우기 위한 홈이며, 밸브스프링은 실린더 헤드와 리테이너 사이에 끼워지고 리테이너 록에 의하여 밸브 스템에 고정된다. 록은 원뿔형이 가장 많이 사용되며, 밸브 스템에 마련된 홈에 끼워진다.

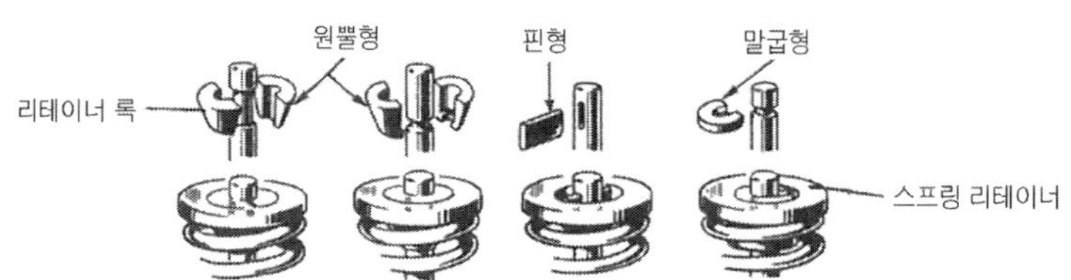

[그림2-66. 밸브스프링 리테이너와 록]

⑥ 밸브스템 엔드(valve stem end)

스템 엔드는 밸브에 캠의 운동을 전달하는 로커 암과 충격적으로 접촉하는 부분이며, 스템 엔드와 로커 암 사이에 열팽창을 고려한 밸브간극이 설치된다. 그리고 밸브 스템 엔드는 평면으로 다듬질되어 있다.

[4] 밸브시트(valve seat)

밸브시트는 밸브 면과 밀착되어 연소실의 기밀유지 작용과 밸브헤드의 냉각작용을 한다. 시트는 밸브 면과 연속적인 충격 접촉을 하므로 이에 손상되지 않을 정도의 경도가 있어야 한다. 시트의 각도는 60°, 45°, 30°가 있고 시트의 폭은 1.5~

2.0㎜이며 폭이 넓으면 밸브의 냉각효과는 크지만 압력이 분산되어 기밀유지가 불량하다. 반대로 폭이 좁으면 밀착 압력이 커 기밀유지는 잘되나 냉각효과가 감소한다. 밸브냉각을 위해 배기 밸브 쪽을 조금 넓게 하며, 밸브 면의 폭이 시트의 폭보다 넓게 되어있다. 이것은 밸브의 재질이 경도가 크기 때문에 밸브 면의 폭이 좁으면 시트 쪽으로 파고 들어가기 쉽기 때문이다. 또 어떤 엔진에서는 작동 중 열팽창을 고려하여 밸브 면과 시트 사이에 1/4～1°정도의 간섭 각을 둔다. 알루미늄 합금 실린더 헤드에는 시트만을 주철이나 내열강으로 제작한 후 끼우며 밸브 시드의 접촉 각도기 45°일 때 사용되는 밸브시트의 연삭 각도는 15°, 45°, 75°이다. 그리고 밸브나 밸브 시트를 교환하였을 때에는 반드시 래핑작업을 하여야 한다.

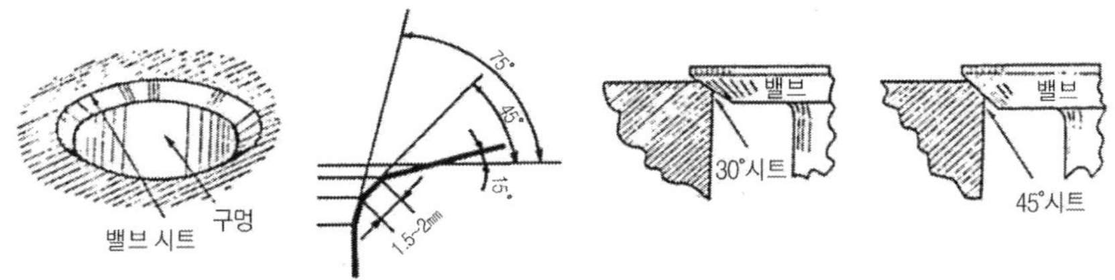

[그림2-68. 밸브시트의 구조]

[5] 밸브가이드(valve guide)

밸브가이드는 밸브의 상하운동 및 시트와 밀착을 바르게 유지하도록 밸브 스템을 안내해 주는 부품이다. 또 밸브 가이드는 밸브 헤드의 변형, 가이드의 휨, 밸브 스프링 설치 불량 등으로 인하여 편마멸을 일으킨다.

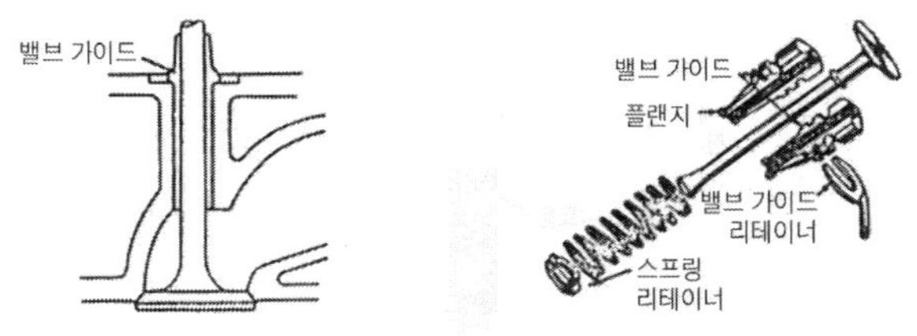

[그림2-69. 밸브 가이드의 구조]

[6] 밸브스프링(valve spring)

밸브스프링은 압축과 폭발행정에서 밸브 면과 시트를 밀착시켜 기밀을 유지시키고 흡입과 배기 행정에서는 캠의 형상에 따라서 밸브가 열리도록 작동시킨다. 밸브스프링의 재질은 탄성이 큰 니켈강이나 규소-크롬(Si-Cr)강을 사용한다. 밸브스프링은 흡입밸브의 경우에는 대기 압력의 저항을 받으면서 밸브를 닫는 힘이 필요하고, 열릴 때에는 밸브의 관성력을 이겨낼 수 있어야 한다. 그리고 배기 밸브는 배기 다기관 내에서 실린더로 미는 배기가스의 압력(Back pressure)을 받으면서 닫힌다. 그리고 밸브스프링의 장력이 너무 크면 밸브가 열릴 때 큰 힘이 필요하므로 엔진의 출력이 손실되고, 닫힐 때 시트가 손상되기 쉽다. 반대로 스프링 장력이 작으면 밀착 불량으로 출력 감소, 가스 블로바이 발생, 밸브스프링 서징현상이 발생한다. 밸브스프링의 구비조건은 다음과 같다.

① 블로바이가 발생하지 않을 정도의 장력이 있을 것

② 밸브가 캠의 형상대로 작동할 수 있도록 할 것

③ 내구성이 클 것

④ 밸브스프링 서징현상을 일으키지 않을 것

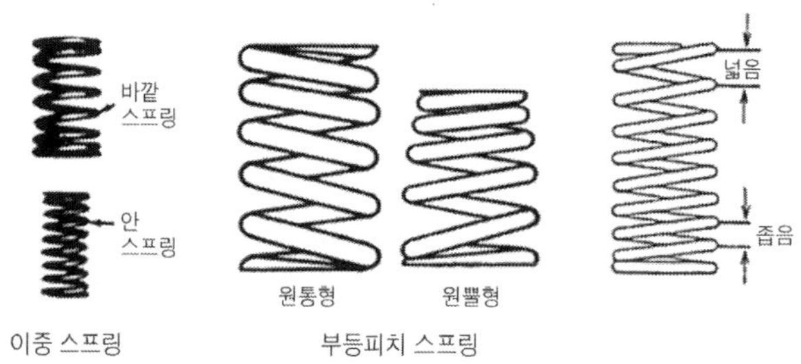

[그림2-70. 밸브스프링의 종류]

밸브스프링 서징(Valve Spring Surging)현상

밸브스프링 서징 현상이란 고속으로 운전될 때 밸브스프링의 신축(伸縮)이 심하여 밸브스프링의 고유 진동수와 캠 회전속도 공명(共鳴)에 의하여 스프링이 퉁기는 현상이다. 서징현상이 발생하면 밸브개폐가 불량하여 흡입 및 배기 작용이 불충분해진다. 서징현상 방지방법은 다음과 같다.

㉮ 2중 스프링, 부등 피치 스프링, 원뿔형 스프링 등을 사용한다.

㉯ 정해진 양정 내에서 충분한 스프링 정수를 얻도록 한다.

[7] 밸브간극(valve clearance)

밸브간극은 엔진작동 중 열팽창을 고려하여 I헤드형과 OHC형은 로커 암과 밸브스템 엔드 사이에 두고 있으며, 일반적으로 같은 엔진에서도 배기 밸브 쪽의 간극을 더 크게 둔다. 이것은 배기밸브 쪽 온도가 높아 열팽창이 크기 때문이다. 밸브간극은 대략 흡입밸브가 0.2~0.35㎜, 배기 밸브가 0.3~0.4㎜정도이다. 또 엔진이 냉각 된 상태와 온간 된 상태의 간극이 다르다.

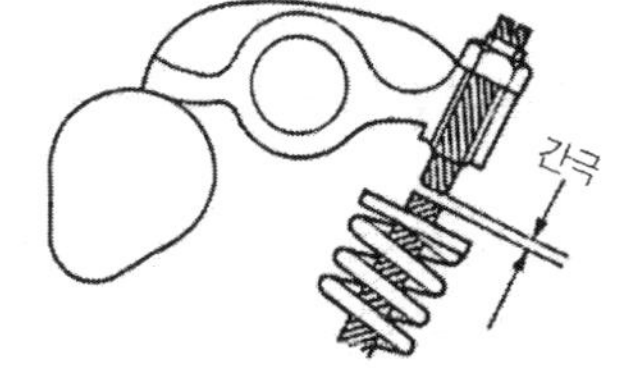

[그림2-71. OHC형 엔진의 밸브간극]

[8] 4행정 사이클 엔진의 밸브개폐시기

혼합 가스나 공기의 흐름 관성을 유효하게 이용하기 위하여 흡입 및 배기밸브는 정확하게 피스톤의 상사점 및 하사점에서 개폐되지 못한다. 따라서 흡입밸브는 상사점 전(BTDC)에서 열려 하사점 후(ABDC)에 닫히고, 배기밸브는 하사점 전(BBDC)에서 열려 상사점 후(ATDC)에 닫힌다. 그리고 상사점 부근에서는 흡입밸브는 열리고, 배기밸브는 닫히려는 순간 흡입 및 배기밸브가 동시에 열려 있는 상태가 되는데 이를 밸브오버랩(valve over lap)이라 한다. 밸브오버랩을 두는 이유는 흡입행정에서는 흡입효율을 높이고, 배기행정에서는 잔류 배기가스를 원활히 배출시키기 위함이다. 밸브오버랩은 고속 회전하는 엔진일수록 크게 둔다.

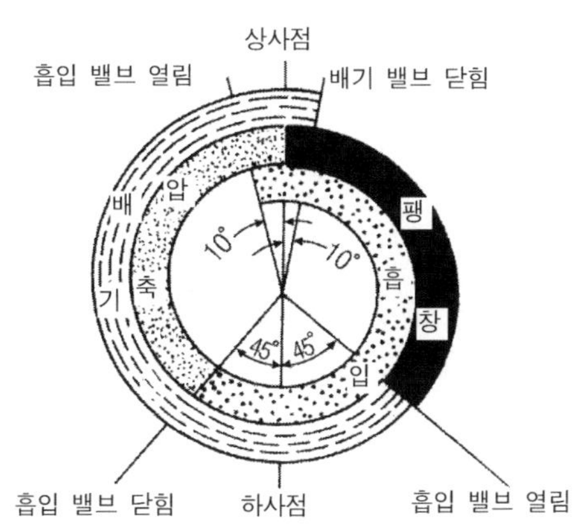

[그림2-72. 밸브개폐시기 선도]

3. 가변 밸브개폐 장치

[1] 가변 밸브개폐 장치의 구조

이 기구의 구조는 일반적인 4밸브방식 같으나, 각 밸브의 위에 위치하고 있는 흡입과 배기 4개의 캠 중간에 또 다른 1개씩의 캠이 더 설치되어 있다. 양쪽의 캠이 저속 영역용이고, 그 중간의 캠이 고속 영역용인 캠 형상을 지니고 있다. 양쪽의 캠에 접촉한 로커 암은 밸브 스템 엔드에 닿아 있으며, 중앙의 캠에 접촉한 로커 암은 밸브 대신 유압식 리프터로 지지되어 있다. 그리고 로커 암 중앙부분에는 유압피스톤이 들어 있는 구멍(실린더)이 캠 축 방향으로 열려 있는데 이 부분이 이 장치의 중요부분이다.

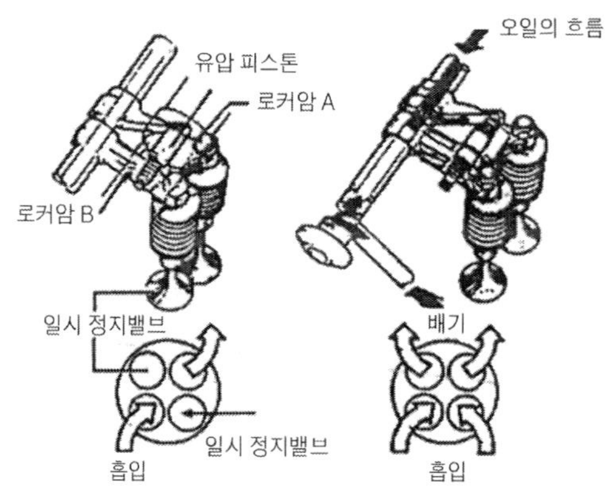

[그림2-73. 가변 밸브개폐 장치의 구성부품]

[2] 가변 밸브개폐 장치의 작동

이 장치의 작동은 다음과 같다. 중앙의 고속용 캠으로 구동되는 로커 암은 저속영역에서는 양쪽의 로커 암과는 별도로 되어있다. 따라서 각 4개의 밸브는 오버랩과 양정이 저속영역에서의 최적 값으로 되어 있다. 그러나 고속영역에 도달하게 되면 로커 암에 조립된 유압 피스톤에 의해 중앙의 로커 암과 양쪽의 로커 암이 직결된다. 따라서 2개의 밸브는 중앙의 고속용 캠→중앙 로커 암→양쪽 로커 암→2개의 밸브 순서로 구동되고 밸브기구는 고속영역에서의 최적 값으로 변환된다.

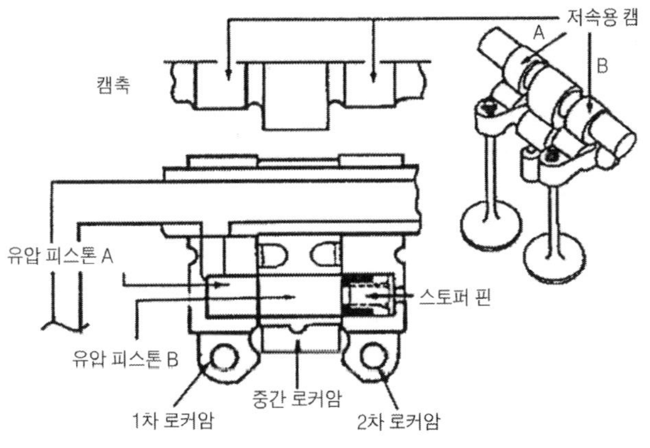

[그림2-74. 저속에서의 작동]

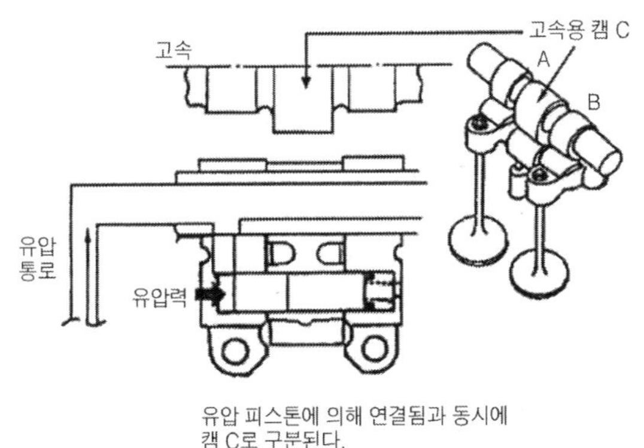

[그림2-75. 고속에서의 작동]

즉 저속에서는 유압피스톤 A에는 유압이 작용하지 않는다. 따라서 A, B 유압피스톤은 모두 2차 로커 암에 조립되어 있는 스토퍼(stopper) 내의 로스트 모션 스프링(lost motion spring)에 의해 1차 로커 암 쪽에 눌려 저속용으로 설정된다. 따라서 A, B 유압피스톤은 별개의 상태이며, 이와 함께 3개의 로커 암도 별개의 상태로 되어 있다. 이로 인하여 밸브가 개폐작동을 할 때 중앙의 로커 암도 별개의 상태로 되므로 관여를 하지 않는다. 그러나 고속영역이 되면, 1차 로커 암 쪽이 밀려지고(로커 암의 슬립(slip)부위가 캠의 기초원에 접촉했을 때를 순간으로 하여) 이에 따라 각각의 로커 암은 서로 연결된 상태가 되므로 3개의 로커 암을 일체로 구동하는 상태로 된다. 이에 따라 중앙의 로커 암은 밸브개폐 작동에 관여하게 되어 밸브개폐 시기와 양정은 고속용 캠으로 변환한다. 즉 고속영역에서의 최적 값으로 된다. 이 작동의 변환은(유압의 On, Off) ECU로 솔레노이드 밸브를 On-Off 제어하여 이루어진다. 그리고 변환 시기는 엔진의 회전속도와 부하에 따라 매우 미세하게 변화한다.

제3장 냉각장치(冷却 裝置)

3.1. 냉각장치의 필요성

냉각장치는 작동 중인 엔진의 폭발행정에서 발생되는 열을 냉각시켜 엔진의 온도를 알맞게 유지시키는 장치이다. 연소기간 중에 실린더 내에서 연소되는 가스의 온도는 1,500~2,000℃에 이르며, 이 열은 실린더헤드·실린더 벽·피스톤·밸브 및 그 밖의 부품으로 전도된다. 냉각장치는 이들 부품들이 과열되지 않도록 과잉의 열을 흡수하여 엔진의 온도를 일정하게 유지한다. 엔진의 정상 작동온도는 75~95℃이며, 실린더헤드 물재킷 내에서 나오는 냉각수의 온도이다. 엔진이 과열되면 각 부품에 변형이 발생하고, 윤활이 불충하게 되어 심한 경우에는 엔진이 손상된다. 또 연소상태도 불량하게 되어 노크(knock)나 조기점화를 일으켜 엔진 출력이 저하된다. 반대로 엔진이 과랭하면 연료소비가 증가하고, 연료가 엔진오일에 희석되어 베어링 마멸을 촉진시킨다.

3.2. 엔진의 냉각방식

엔진을 냉각시키는 방법에는 공기로 엔진의 바깥쪽을 냉각시키는 공랭식(air cooling type)과 냉각수를 사용하여 엔진의 안쪽을 냉각시키는 수랭식(water cooling type)이 있다. 엔진 내의 부품들은 냉각장치에 의해 냉각되나 전도와 복사를 통해 상당량의 열을 대기로 배출한다. 일반적으로 공랭식은 실린더 수가 적은 소형엔진에서 사용하고, 수랭식은 실린더 수가 많은 엔진에서 사용한다.

1. 공랭식(air cooling type)

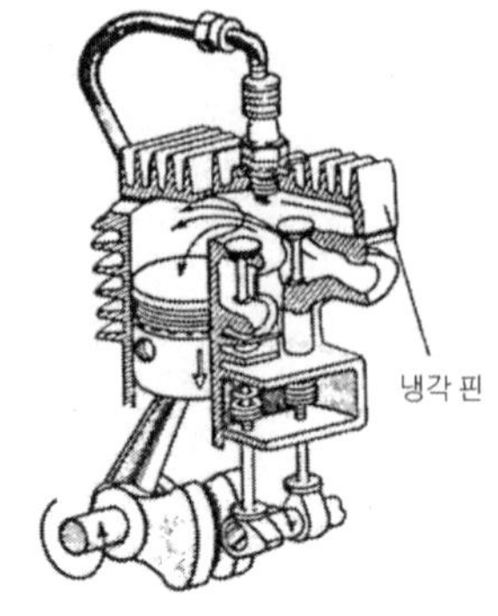

[그림3-1. 공랭식 엔진]

공랭식은 엔진을 대기(大氣)와 직접 접촉시켜서 냉각시키는 방법으로 냉각수 보충·누출 및 동결 등의 염려가 없고, 구조가 간단하여 취급이 쉬운 장점이 있으나 기후·운전상태 등에 따라 엔진의 온도가 변화하기 쉽고 냉각이 균일하지 못한 단점이 있다. 공랭식에는 자연통풍 방식과 강제통풍 방식이 있다.

[1] 자연통풍 방식

이 방식은 자동차가 주행할 때 받는 공기로 냉각시키는 방식이다. 실린더헤드와 블록과 같이 과열되기 쉬운 부분에 냉각 핀(cooling fin)을 두고 있다.

[2] 강제통풍 방식

이 방식은 냉각 팬(cooling fan)을 사용하여 강제로 많은 양의 공기를 엔진으로 보내어 냉각하는 방식이다. 냉각 팬은 크랭크축에 직결되어 있으며 엔진을 균일하게 냉각시키기 위하여 엔진 주위를 시라우드(shroud ; 덮게)로 감싸고 이곳을 냉각 공기가 통과하도록 되어 있다.

2. 수랭식(water cooling type)

수랭식은 냉각수를 사용하여 엔진을 냉각시키는 방식이며, 냉각수는 연수(軟水)를 사용한다. 수랭식은 냉각수를 순환시키는 방식에 따라 자연 순환 방식, 강제순환 방식, 압력순환 방식, 밀봉압력 방식 등이 있다.

[1] 자연 순환 방식

이 방식은 냉각수를 대류에 의해 순환시키는 방식이며, 현재의 고성능 엔진에는 부적합하다.

[2] 강제순환 방식

이 방식은 물 펌프로 실린더헤드와 블록에 설치된 물 재킷 내에 냉각수를 순환시켜 냉각시키는 것이다.

[3] 압력순환 방식

이 방식은 냉각계통을 밀폐시키고, 냉각수가 가열되어 팽창할 때의 압력이 냉각수에 압력을 가하여 냉각수의 비등점을 높여 비등에 의한 손실을 감소시킬 수 있는 방식이다. 이때 압력제어는 라디에이터 캡의 압력밸브로 하며, 특징은 라디에이터 크기를 작게 제작할 수 있고, 냉각수 보충 횟수를 줄일 수 있으며, 엔진의 열효율도 높일 수 있다.

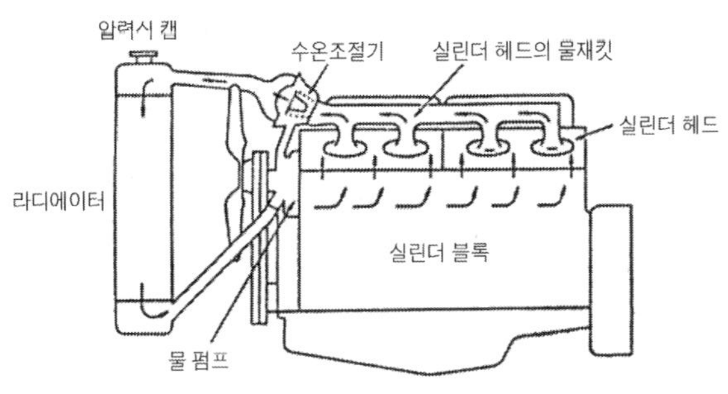

[그림3-2. 압력순환 방식의 구조]

[4] 밀봉압력 방식

압력순환 방식은 라디에이터 캡의 압력밸브로 압력이 제어되지만 냉각수가 가열 팽창하였을 때 오버플로 파이프(over flow pipe)로 팽창된 냉각수가 배출된다. 이러한 결점을 보완하여 라디에이터 캡을 밀봉하고 냉각수의 팽창과 맞먹는 크기의 보조 물탱크를 설치하고 냉각수가 팽창하였을 때 외부로 배출되지 않도록 한 방식이다. 특징은 냉각수 유출에 의한 손실이 적어 장시간 냉각수 양을 점검 및 보충하지 않아도 된다.

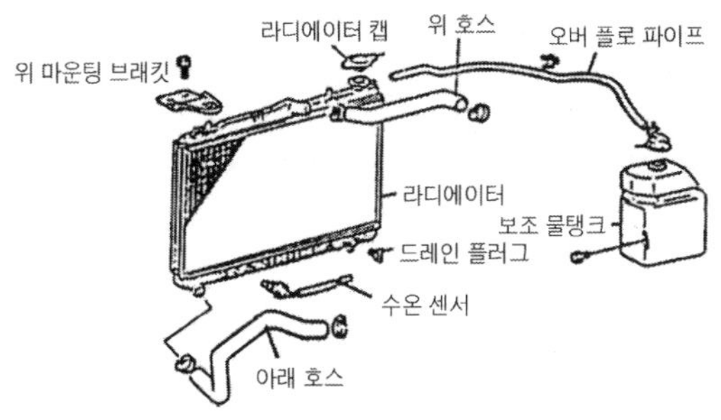

[그림3-3. 밀봉압력 방식의 구조]

3.3. 수랭식의 주요 구조와 그 기능

수랭식의 구성은 실린더헤드와 블록을 냉각수가 순환하는 물 재킷, 물 재킷 내로 냉각수를 순환시키는 물 펌프, 라디에이터의 통풍을 보조하여 냉각수를 냉각시키는 냉각 팬, 물 펌프를 구동하는 구동벨트, 냉각수를 냉각시키는 라디에이터, 냉각수 온도를 제어하는 수온조절기, 냉각수의 온도를 나타내는 온도계 등으로 되어 있다. 냉각수의 순환과정은 다음과 같다. 물 펌프로 실린더블록의 물 재킷 내에 압송된 냉각수는 실린더 주위를 순환한 후 실린더헤드 물 재킷으로 들어가 연소실 주위·배기 포트 등의 열을 빼앗아 수온조절기를 거쳐 라디에이터로 들어간다. 여기서 냉각되어 물 펌프의 흡입 쪽으로 되돌아온다. 냉각장치 내는 라디에이터 캡의 압력밸브에 의해 약 0.9kgf/㎠정도로 압력을 가해 비등점을 높여 물 펌프의 공동현상(cavitation)을 방지하고, 동시에 거품이 발생되어 금속부분에 냉각수가 접촉되지 못하는 것을 방지한다. 그리고 라디에이터 내의 압력이 높아지면 압력밸브가 열려 냉각수가 오버플로 파이프를 통하여 보조 물탱크에 일시 저장된다. 엔진이 냉각되어 냉각수의 체적이 수축되면, 보조 물탱크 내의 냉각수를 흡입하여 냉각장치 내에 과다한 부압(負壓)이 발생되지 않도록 한다. 또 라디에이터 뒤쪽에 냉각 팬을 두어 정차상태 또는 저속주행을 할 때 라디에이터의 통풍량을 확보해 준다. 엔진이 냉각된 때에는 수온조절기가 닫혀 냉각수가 라디에이터로 흐르지 못하므로, 실린더헤드 내의 물 재킷으로부터 직접 물 펌프의 흡입 쪽으로 바이패스(by-pass)통로를 통해 흐른다. 이것에 의해 물 재킷 내에서 냉각수가 순환하여 신속하고 균일하게 데워진다.

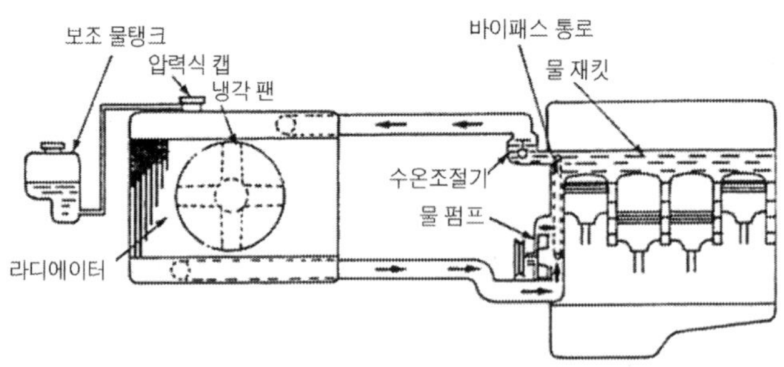

[그림3-4. 수랭식의 주요구조]

1. 물 재킷(water jacket)

물 재킷은 실린더헤드 및 블록에 일체주조로 된 냉각수가 순환하는 물 통로이다. 이 물 재킷을 지나는 냉각수가 실린더 벽, 밸브 시트, 밸브 가이드 및 연소실 등의 열을 냉각시킨다.

2. 물 펌프(water pump)

물 펌프는 구동벨트를 통하여 크랭크축에 의해 구동되며, 실린더헤드 및 블록의 물 재킷 내로 냉각수를 순환시키는 원심력(遠心力)펌프이다. 물 펌프의 능력은 송수량(送水量)으로 표시하며, 물 펌프의 효율은 냉각수온도에 반비례하고 압력에 비례한다. 따라서 냉각수에 압력을 가하면 물 펌프의 효율이 증대된다.

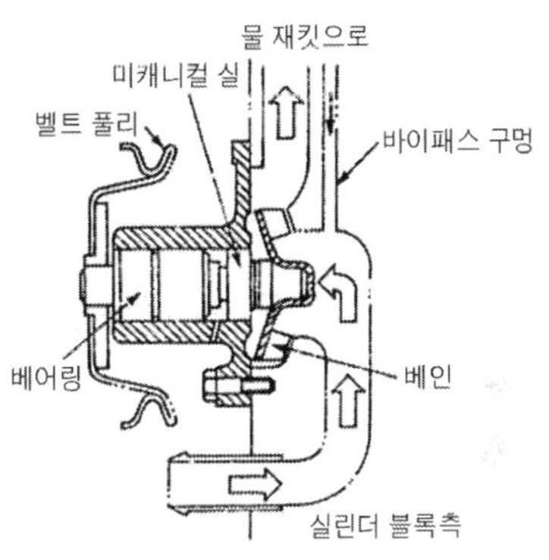

[그림3-5. 물 펌프의 구조]

3. 냉각 팬(cooling fan)

냉각 팬은 물 펌프 축과 일체로 회전하며, 라디에이터를 통하여 공기를 흡입하여 라디에이터 통풍을 도와준다. 냉각 팬은 플라스틱으로 만든 4~6개의 날개로 되어 있고, 라디에이터 뒤쪽에 약간의 거리를 두고 설치되어 있다. 최근에는 냉각 팬의 회전을 자동적으로 제어하여 냉각 팬의 구동으로 소비되는 엔진의 출력을 최대한으로 줄이고, 엔진의 과랭이나 냉각 팬의 소음을 감소시키기 위해 팬 클러치(fan clutch)를 두고 있다. 팬 클러치에는 유체 커플링 방식이나 전동 팬을 사용한다.

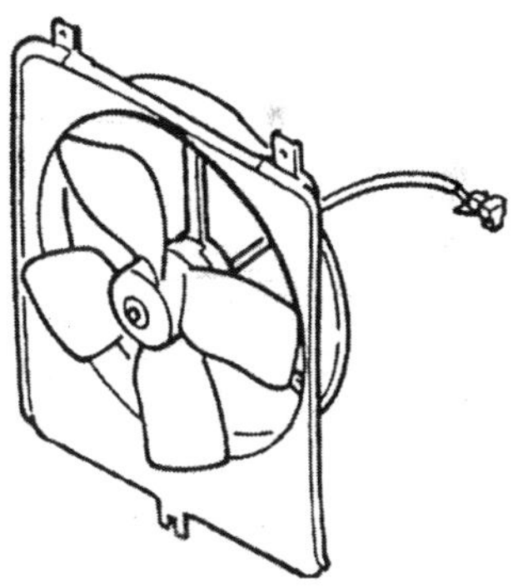
[그림3-6. 냉각 팬]

[1] 유체 커플링방식(fluid coupling type)

이 방식은 냉각 팬과 물 펌프 사이에 실리콘 오일을 봉입한 유체 커플링을 둔 것이며, 동력 전달은 오일의 유체 저항을 이용한다. 유체 커플링은 엔진이 저속으로 회전할 때에는 냉각 팬과 물 펌프의 회전속도가 같으나 엔진이 고속으로 회전할 때에는 냉각 팬의 회전저항이 증가하고, 유체 커플링에 미끄럼이 발생하여 냉각 팬의 회전속도는 물 펌프의 회전속도보다 낮아져 냉각 팬의 소음이나 구동 손실을 감소시킬 수 있다.

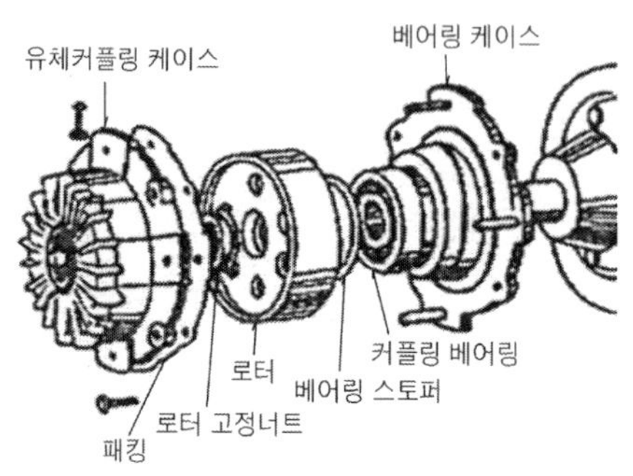

[그림3-7. 유체 커플링 방식의 구조]

[2] 팬 클러치 방식(fan clutch type)

이 방식은 유체 커플링방식과 비슷하나 물 펌프와 냉각 팬 사이에 바이메탈에 의한 온도 제어 방식의 커플링이 설치되며, 냉각 팬의 회전속도는 라디에이터를 통과하는 공기의 온도에 의해 결정된다. 그리고 냉각 팬의 작동은 분배판 제어 구멍으로 유동하는 실리콘 오일량에 비례하는 회전력으로 결정되며, 오일량이 많아지면 회전력이 증가하여 냉각 팬의 회전속도가 빨라진다. 팬 클러치 방식의 특징은 다음과 같다.

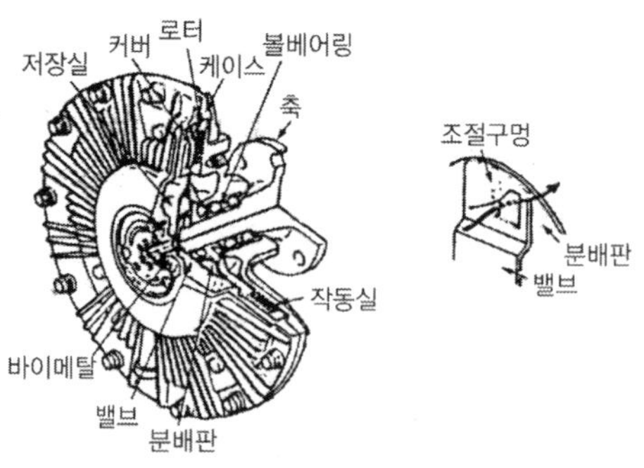

[그림3-8. 팬 클러치 방식의 구조]

① 엔진의 소비 마력을 감소시킬 수 있다.

② 팬벨트의 내구성을 향상시킨다.

③ 냉각 팬에서 발생되는 소음을 방지한다.

[3] 전동 팬(Motor type fan)

전동 팬은 전동기로 냉각 팬을 구동시키는 것이며, 축전지 전원으로 작동한다. 작동은 수온 센서로 냉각수 온도를 감지하여 어떤 온도에 도달하면 ON(냉각 팬 회전)되고, 어떤 온도 이하가 되면 OFF(냉각 팬 회전 정지)된다. 전동 팬의 특성은 다음과 같다.

① 라디에이터 설치 위치가 자유롭다

② 난방이 빨라진다.

③ 일정한 풍량(風量)을 확보할 수 있어 엔진이 공전하거나 복잡한 시내를 주행할 때에도 충분한 냉각 효과를 얻을 수 있다.

④ 가격이 비싸다.

⑤ 냉각 팬을 구동하는 소비 전력과 소음이 크다.

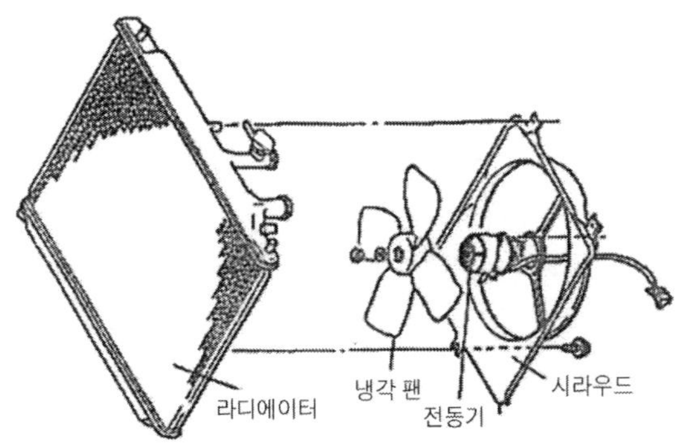

[그림3-9. 전동 팬의 구성]

4. 구동벨트(drive belt or fan belt)

[1] 구동벨트의 구조

구동벨트는 이음새가 없는 고무제 V벨트를 사용하며 크랭크축 풀리, 발전기 풀리, 물 펌프 풀리 등을 연결 구동한다. 구동벨트는 각 풀리의 양쪽 경사진 부분에 접촉되어야 하며, 풀리 밑바닥에 닿으면 미끄러진다. V벨트 접촉면의 각도는 40°이며 반드시 엔진의 작동이 정지된 상태에서 걸거나 빼내야 한다. 최근에는 V벨트 대신 홈 붙이 벨트와 풀리를 사용한다.

[2] 구동벨트 장력 점검·조정 방법

구동벨트의 장력 점검은 발전기 풀리와 물 펌프 풀리 사이에서 점검하며 10kgf의 힘으로 눌렀을 때 13~20㎜(최근의 엔진에서는 6~10㎜ 정도임)의 헐거움이면 양호하다. 그리고 장력 조정은 발전기 브래킷의 고정 볼트를 풀고 발전기를 이동시키면 된다.

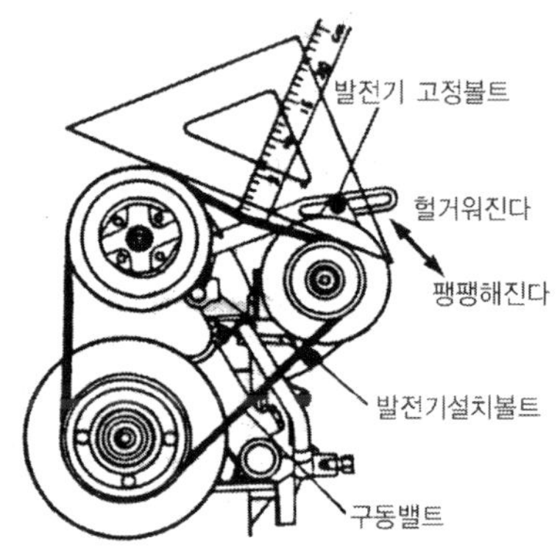

[그림3-10. 구동벨트 장력 점검 · 조정]

5. 라디에이터(radiator ; 방열기)

[1] 라디에이터의 기능

라디에이터는 실린더헤드 및 블록에서 뜨거워진 냉각수가 라디에이터 위 탱크로 들어오면 수관(튜브)을 통하여 아래 탱크로 흐르는 동안 자동차의 주행속도와 냉각 팬에 의하여 유입되는 대기와의 열 교환이 냉각핀에서 이루어져 냉각된다. 냉각 효과는 라디에이터와 함께 냉각 팬, 물 펌프의 성능에 따라 좌우된다. 그리고 라디에이터의 구비 조건은 다음과 같다.

① 단위 면적 당 방열량이 클 것

② 가볍고 작으며, 강도가 클 것

③ 냉각수 흐름 저항이 적을 것

④ 공기 흐름 저항이 적을 것

[2] 라디에이터의 구조

라디에이터는 위쪽에 위 탱크, 라디에이터 캡, 오버플로 파이프, 입구 파이프 등이 있고, 중간에는 코어(수관과 냉각 핀)가 있으며 아래쪽에는 출구 파이프와 냉각수 배출용 드레인 플러그(drain plug)가 설치되어 있다.

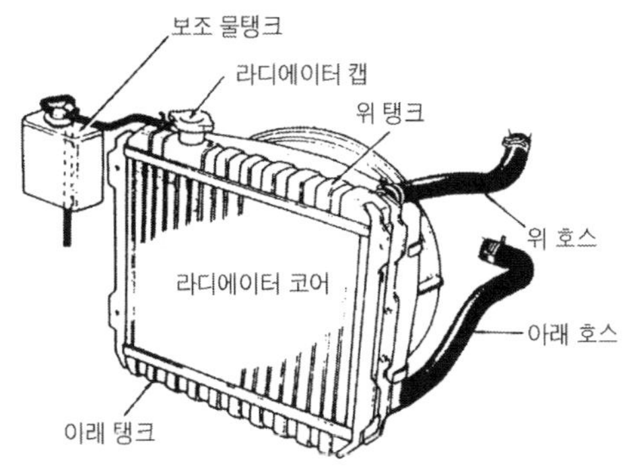

[그림3-11. 라디에이터의 구조]

(1) 코어의 재질 및 구조

코어는 냉각수가 흐르는 수관과 냉각핀으로 구성되어 있으며, 재질은 열전도 성이 큰 얇은 판재의 구리나 황동이다. 최근에는 알루미늄 합금이 사용되며 냉각핀의 종류에는 평면 판을 일정한 간격으로 설치한 플레이트 핀(plate fin), 핀이 파도 모양으로 된 코루게이트 핀(corrugate fin), 그리고 수관이 벌집 모양으로 된 리본 셀룰러 핀(ribbon cellular fin) 등이 있다.

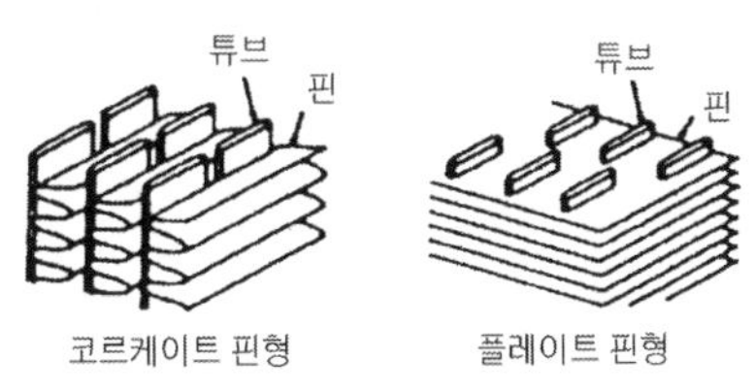

[그림3-12. 냉각핀의 종류]

(2) 라디에이터 캡(radiator cap)

① 라디에이터 캡의 개요

라디에이터 캡은 냉각수 주입구 뚜껑이며, 내부의 온도와 압력을 조정하여 냉각범위를 넓게 하고, 냉각장치 내의 비등점(비점)을 높이기 위하여 압력 캡을 사용한다. 압력 캡의 압력은 게이지 압력으로 0.2~0.9kgf/㎠정도이며 이때 냉각수 비등점은 112℃정도이다.

② 라디에이터 캡의 작용

라디에이터 캡에는 압력밸브와 진공(부압)밸브가 설치되어 있으며, 이 밸브들의 작용은 다음과 같다.

㉮ 라디에이터 내의 압력이 낮을 때

엔진이 냉각되어 라디에이터 내의 압력이 낮을 때에는 압력밸브와 진공(부압)밸브는 밸브스프링의 장력으로 각각 시트에 밀착되어 냉각장치의 기밀을 유지한다.

㉯ 압력밸브의 작동

냉각장치 내의 압력이 규정 값 이상이 되면 압력밸브가 스프링 장력을 이기고 열려 통로를 연다. 이에 따라 냉각장치 내의 과잉 압력의 수증기가 오버플로 파이프(over flow pipe)를 거쳐 배출된다. 압력 밸브의 주작용은 냉각수의 비등점을 상승시키는 것이므로 압력밸브 스프링이 파손되거나 장력이 약해지면 비등점이 낮아진다.

㉰ 진공밸브의 작동

냉각수가 냉각되어 냉각장치 내의 압력이 부압으로 되면 대기 압력으로 진공밸브가 그 스프링을 누르고 열려 보조 물탱크 내의 냉각수가 라디에이터로 들어가 라디에이터 수관의 파손을 방지한다.

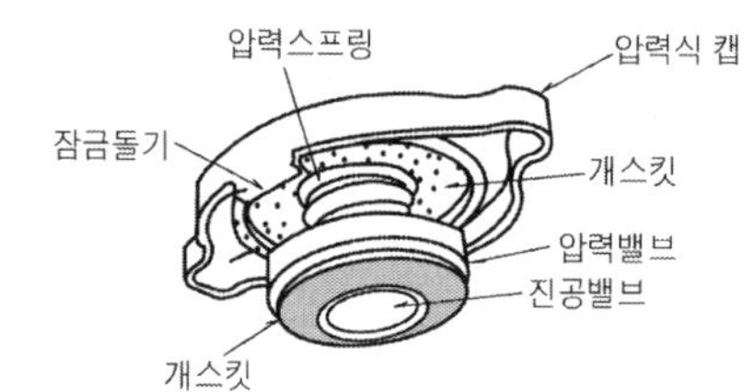

(a) 압력식 캡의 구조

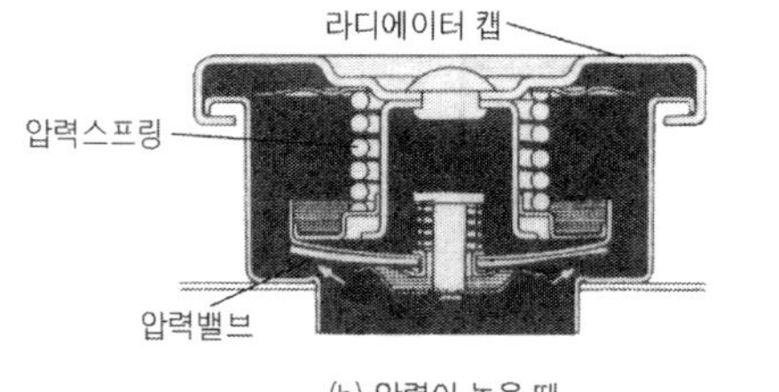

(b) 압력이 높을 때

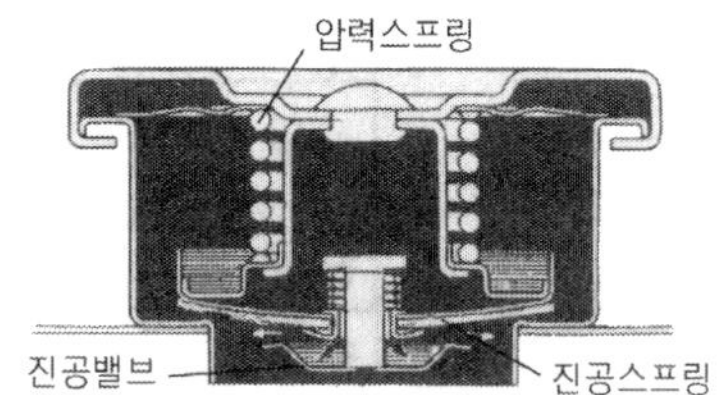

(c) 압력이 낮을 때

[그림3-13. 라디에이터 캡의 구조와 작동]

6. 수온조절기(정온기 ; thermostat))

[1] 수온조절기의 작용

수온조절기는 실린더헤드 물 재킷 출구부분에 설치되어 냉각수온도에 따라 냉각수 통로를 개폐하여 엔진의 온도를 알맞게 유지하는 부품이다. 작동은 냉각수의 온도가 차가울 때는 수온 조절기가 닫혀 라디에이터 쪽으로 냉각수가 흐르지 못하게 하고, 냉각수가 가열되면 점차 열리기 시작하여 정상온도가 되면 완전히 열려 냉각수가 라디에이터로 순환한다.

[2] 수온조절기의 종류

수온 제어기의 종류에는 바이메탈형, 벨로즈형, 펠릿형 등이 있으며, 현재는 펠릿형 이외에는 사용하지 않고 있다.

(1) 벨로즈형(bellows type)수온조절기

이 형식은 벨로즈 속에 휘발성이 큰 에테르나 알코올을 봉입하여 냉각수 온도에 따라 봉입한 액체가 팽창 또는 수축하며, 여기에 고정된 밸브가 통로를 개폐하는 방식이며 65℃정도에서 열리기 시작하여 85℃에서 완전히 열린다.

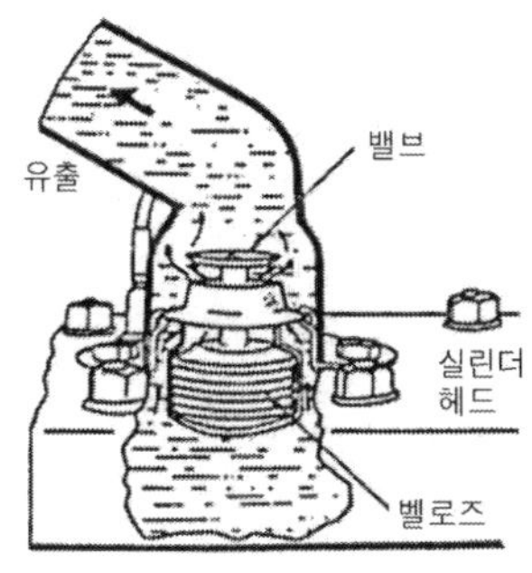

[그림3-14. 벨로즈형 수온조절기의 구조]

(2) 펠릿형(pellet type)수온조절기

이 형식은 왁스케이스 내에 왁스와 합성고무를 봉입하고 냉각수 온도가 상승하면 왁스가 합성고무 막을 압축하여 왁스케이스가 스프링을 누르고 내려가므로 밸브가 열려 냉각수 통로를 열어 준다. 내구성이 우수한 장점이 있다.

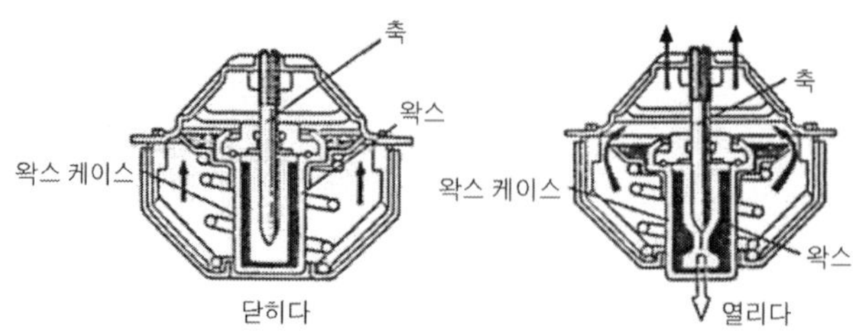

[그림3-15 펠릿형 수온 조절기의 구조]

[3] 냉각수 온도제어 장치

냉각수 온도를 제어하는 수온조절기 제어방식에는 출구제어 방식과 입구제어 방식이 있다.

(1) 출구제어 방식

이 방식은 냉각수 온도가 상승하여 수온조절기가 열리면 냉각수가 라디에이터로 가서 냉각되며, 냉각된 냉각수가 물 펌프를 통해 실린더블록으로 유입되어 실린더헤드를 통해 수온조절기에 도달하면 수온조절기가 닫힌다. 따라서 수온조절기가 열려있는 시간이 길기 때문에 냉각수 유량이 커 냉각수 온도분포가 급격히 저하한다. 또 냉각수 온도분포가 불균일하고 연료 분사량 보정이 부정확하며, 유해배기가스 감소대책에 취약하다.

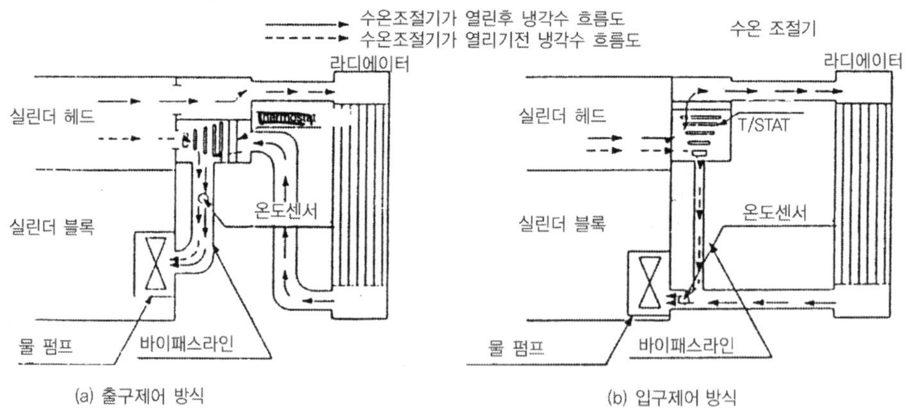

[그림3-16. 냉각수 온도제어 장치]

(2) 입구제어 방식

이 방식은 냉각수 온도가 상승하여 수온조절기가 열리면 라디에이터에서 냉각된 냉각수가 실린더블록으로 유입되며 곧바로 수온조절기가 닫힌다. 따라서 냉각수 온도제어를 정밀하게 할 수 있는 장점이 있으나 냉각수 주입 및 공기빼기 작업이 어려운 결점이 있다.

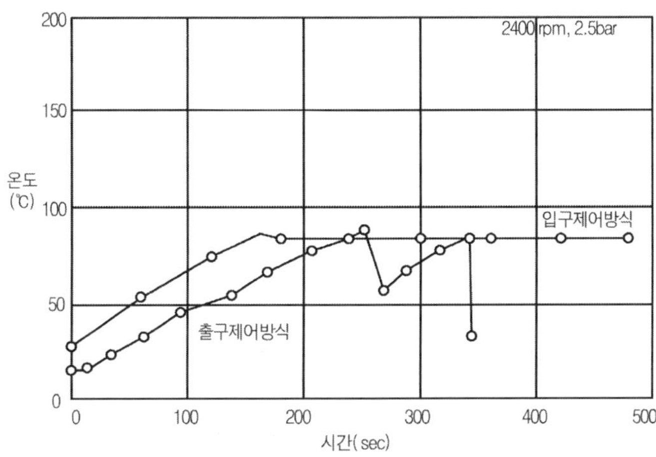

[그림3-17. 냉각수 온도변화]

3.4. 냉각수와 부동액

1. 냉각수

엔진에서 사용하는 냉각수는 연수를 사용하며 물은 구하기 쉽고, 열을 잘 흡수하는 장점이 있으나 100℃에서 비등하고, 0℃에서 얼며 스케일(scale)이 생기는 단점이 있다.

2. 부동액

냉각수가 동결되는 것을 방지하기 위하여 냉각수와 혼합하여 사용하는 액체이며, 그 종류에는 에틸렌글리콜, 메탄올, 글리세린 등이 있으며 현재는 에틸렌글리콜이 주로 사용된다. 에틸렌글리콜의 특징은 다음과 같다.

① 비등점이 197.2℃, 응고점이 최고 −50℃이다.

② 도료(페인트)를 침식(寢食)하지 않는다.

③ 냄새가 없고 휘발하지 않으며, 불연성이다.

④ 엔진 내부에 누출되면 교질 상의 침전물이 생긴다.

⑤ 금속 부식성이 있으며, 팽창계수가 크다.

윤활 장치(潤滑 裝置)

윤활 장치는 엔진 내부의 각 미끄럼 운동 부분에 오일을 공급하여 마찰열로 인한 베어링의 고착(固着) 등을 방지하기 위해 미끄럼 운동 면 사이에 오일 막(oil film)을 형성하여, 마찰력이 매우 큰 고체 마찰을 마찰력이 작은 액체 마찰로 바꾸어 주는 작용을 말한다. 여기에서 사용되는 오일을 엔진 오일(또는 윤활유)이라 부르며, 오일 막을 유지하기 위해 지속적으로 오일을 공급해주는 장치를 윤활 장치라 한다.

4.1. 엔진오일의 작용과 구비조건

1. 엔진오일의 작용

① 마찰감소 및 마멸방지 작용

② 실린더 내의 가스 누출방지(밀봉)작용

③ 열 전도작용

④ 세척(청정)작용

⑤ 완충(응력 분산)작용

⑥ 부식 방지(방청)작용

⑦ 소음 완화 작용

2. 엔진 오일의 구비 조건

① 점도 지수가 커 온도와 점도와의 관계가 적당할 것

② 인화점 및 자연 발화점이 높을 것

③ 강인한 오일 막을 형성할 것(유성이 좋을 것)

④ 응고점이 낮을 것

⑤ 비중과 점도가 적당할 것

⑥ 기포발생 및 카본생성에 대한 저항력이 클 것

참고

㉮ 점도(viscosity) : 액체를 유동시킬 때 발생하는 액체의 내부저항 또는 마찰을 말하며, 오일의 가장 중요한 성질이다.

㉯ 점도 지수 : 오일의 점도는 온도가 상승하면 점도가 낮아지고, 온도가 낮아지면 점도가 높아지는 성질이 있는데 이 변화 정도를 표시하는 것이며, 점도 지수가 높은 오일일수록 점도 변화가 작다.

3. 엔진오일 첨가제

오일 본래의 물리적 성질에 변화를 주지 않고 특정의 성능 만능만을 뚜렷하게 향상시키기 위하여 첨가하는 물질이며, 오일의 사용목적에 따라 적당히 배합한다. 일반적으로 기관오일에 첨가되는 첨가제에는 산화방지제, 부식방지제, 청정분산제, 응고점 강하제(또는 유동점 강하제), 점도 지수 향상제, 기포 방지제, 유성 향상제 등이 있다.

4.2. 엔진오일의 분류

엔진오일의 분류에는 점도에 따른 분류인 SAE분류, 엔진의 사용조건 및 온도에 따른 분류인 API분류와 SAE신분류가 있다.

1. SAE분류

이것은 SAE(Society of Automotive Engineers ; 미국자동차 기술협회)에서 제정한 엔진 오일이다. SAE 번호로 그 점도를 표시하며 번호가 클수록 점도가 높은 오일이다.

2. API분류

이것은 API(American Petroleum Institute ; 미국석유협회)에서 제정한 엔진오일이며, 가솔린 엔진용(ML, MM, MS)과 디젤 엔진용(DG, DM, DS)으로 구분되어 있다.

가솔린엔진용	엔진 사용상태	디젤엔진용
ML	경부하용	DG
MM	중부하용	DM
MS	고온·고부하용	DS

[3] SAE신분류

이것은 SAE가 ASTM(American Society of Testing Material ; 미국재료사험협회), API 등과 협력하여 새로 제정한 엔진오일이며 가솔린엔진용은 S(Service), 디젤엔진용은 C(Commercial)로 하여 다시 A, B, C, D …… 알파벳 순서로 그 등급을 정하고 있다.

4.3. 엔진오일 공급방법

엔진오일을 각 윤활 부분으로 공급하는 방법에는 비산방식, 압송방식, 비산 압송방식 등이 있다.

1. 비산방식(splash lubrication system)

이 방식은 오일펌프가 없으며 커넥팅로드 대단부에 부착한 주걱(오일 디퍼)으로 오일 팬 내의 오일을 크랭크축이 회전할 때의 원심력으로 퍼 올려 뿌려주는 방식이다. 구조는 간단하나 오일공급이 고르지 못하여 실린더 수가 많은 엔진에서는 부적합하다.

2. 압송방식(forced lubrication system)

이 방식은 크랭크축이나 캠축으로 구동되는 오일펌프로 오일을 흡입하여 압력을 가한 다음 각 윤활 부분으로 보내는 것이다. 순환하는 유압은 가솔린엔진이 2~3kgf/㎠, 디젤엔진은 3~4kgf/㎠정도이다.

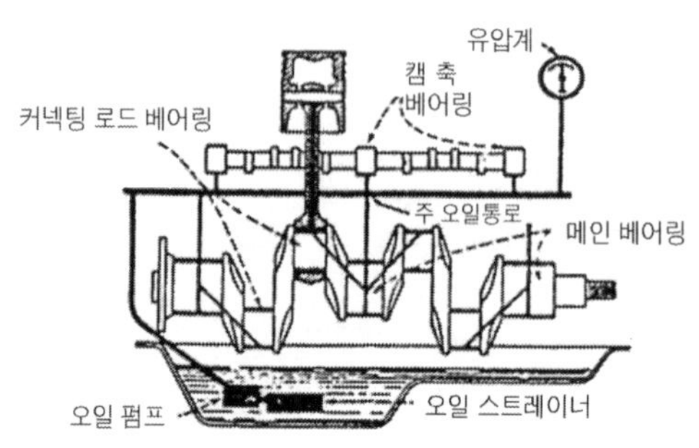

[그림4-1. 압송방식]

3. 비산 압송방식(splash & forced lubrication system)

이 방식은 비산방식과 압송방식을 조합한 형식이며, 크랭크축과 캠축 베어링, 밸브기구 등으로는 압송방식으로 공급하고, 실린더 벽, 피스톤 링과 핀 등에는 커넥팅 로드 대단부에서 뿌려지는 오일로 윤활 하는 방식이다. 현재 가장 많이 사용한다.

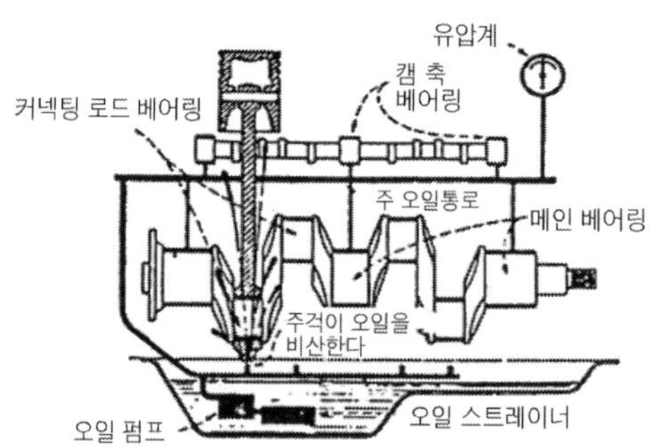

[그림4-2. 비산 압송방식]

4.4. 엔진오일 공급 장치

1. 엔진오일 공급 장치의 구성요소

엔진오일 공급 장치에는 오일을 저장하는 오일 팬, 오일 속에 포함되어 있는 굵은 불순물을 여과하는 오일 스트레이너, 오일 팬에 저장되어 있는 오일을 흡입한 후 압력을 가하여 윤활 부분으로 공급하는 오일펌프, 오일 속에 포함되어 있는 미세한 불순물을 여과하는 오일여과기, 엔진의 회전속도와 관계없이 항상 일정한 유압을 유지하도록 하는 유압제어밸브, 오일 팬 내의 오일량을 점검하기 위한 유면표시기, 운전석에서 윤활 부분으로 공급되는 유압을 나타내는 유압계(또는 유압경고등), 오일의 온도를 일정하게 유지하는 오일냉각기 등으로 구성되어 있다.

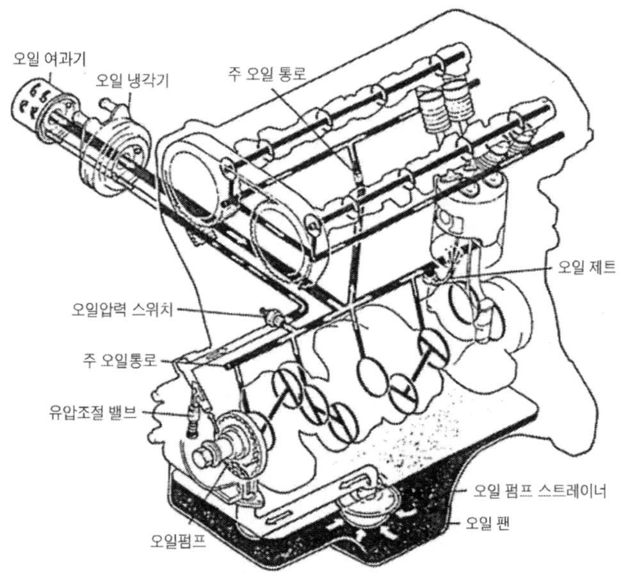

[그림4-3. 엔진오일 공급 장치의 구성]

2. 엔진오일 공급장치의 구조와 기능

[1] 오일 팬(oil pan 또는 아래 크랭크케이스)

오일 팬은 엔진오일이 담겨지는 용기(用器)이며, 오일의 냉각 작용도 한다. 재질은 강철판을 주로 사용하였으나, 최근에는 알루미늄합금을 사용하며, 실린더 아래쪽에 개스킷을 사이에 두고 볼트로 고정된다. 오일 팬에는 엔진이 기울어졌을 때에도 오일이 충분히 고여 있도록 하는 섬프(sump)를 두며, 앞 엔진 뒷바퀴 구동방식의 자동차에서는 급제동할 때 오일의 유동으로 인해 오일이 비는 것을 방지하는 칸막이 판(baffle)을 설치하기도 한다. 또 아래쪽에는 엔진오일을 교환할 때 오일을 배출시키기 위한 드레인 플러그가 있다.

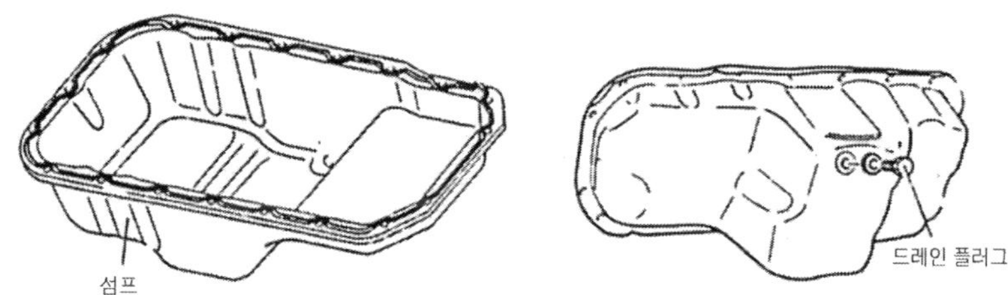

[그림4-4. 오일 팬의 구조]

[2] 오일 스트레이너(oil strainer)

오일 스트레이너는 오일 팬 섬프 내의 오일을 펌프로 유도해주는 것이며, 오일 속에 포함된 비교적 큰 불순물을 여과하는 스크린이 있다.

[3] 오일펌프(oil pump)

오일펌프는 스트레이너를 거쳐 흡입한 후 압력을 가하여 각 윤활 부분으로 압송하는 기구이며, 크랭크축이나 캠축으로 구동된다. 오일펌프의 능력은 송유량과 송유 압력으로 표시하며 그 종류에는 기어펌프, 로터리펌프, 플런저펌프, 베인 펌프 등이 있다.

(1) 기어펌프(gear pump)

기어펌프는 펌프보디에 구동기어와 피동기어가 조립되어 있다. 작동은 구동기어가 회전하면 피동기어는 반대방향으로 회전하여 펌프실 내에 진공이 발생한다. 이에 따라 오일이 흡입되고 기어 이 사이에 끼어 출구 쪽으로 운반되어 배출된다. 기어펌프에는 외접형과 내접형이 있다.

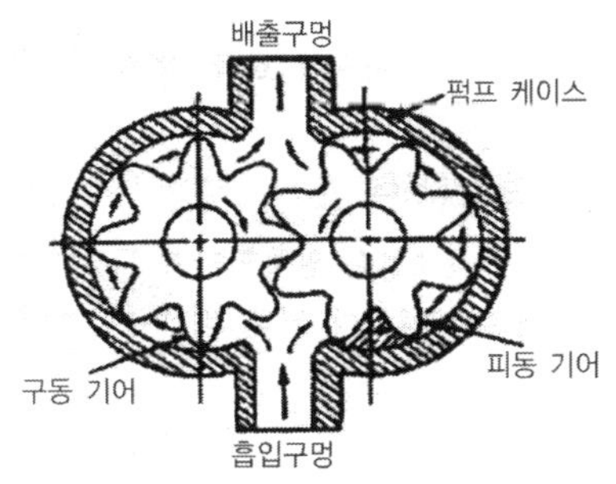

[그림4-5. 외접 기어펌프의 구조]

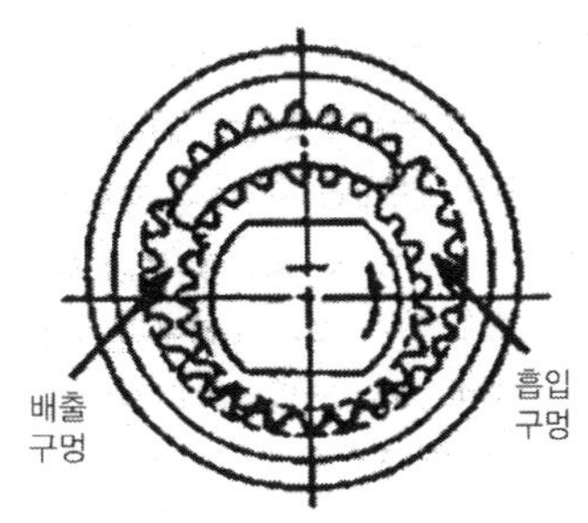

[그림4-6. 내접 기어펌프의 구조]

(2) 로터리 펌프(rotary pump 또는 트로코이드 펌프)

로터리 펌프는 펌프 보디 안에 조립된 바깥쪽 로터(피동로터)와 안쪽 로터(구동로터)로 구성되어 있다. 작동은 안쪽 로터가 회전하면 안쪽 로터 중심이 오프셋(off-set, 편심)되어 있어 안쪽 로터의 볼록 부분과 바깥쪽 로터의 오목 부분이 차례로 물리면서 바깥쪽 로터를 회전시킨다. 바깥쪽 로터는 안쪽 로터의 4 : 5의 속도로 회전한다. 펌프의 작용은 회전 중 양쪽 로터의 물리는 부분의 체적변화로 이루어진다. 즉, 공간체적이 커지는 부분에는 오일이 흡인되고 반대쪽의 공간체적이 작아지는 곳에서는 배출된다.

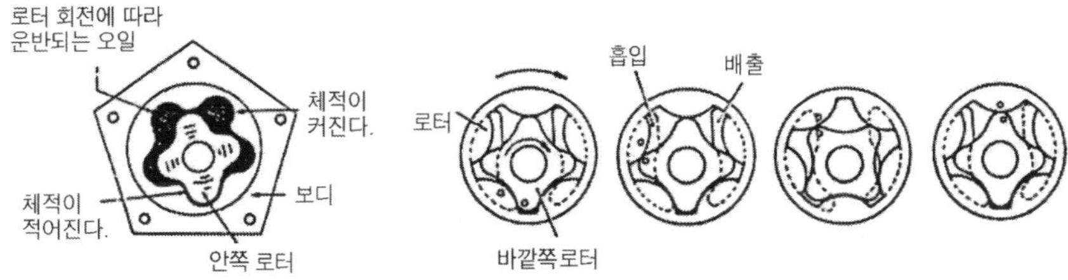

[그림4-7. 로터리 펌프의 구조]

(3) 플런저 펌프(plunger pump)

플런저 펌프는 펌프보디 속에 플런저를 비롯하여 스프링, 입·출구 체크 볼(check ball) 등으로 구성되어 있으며 플런저는 캠축과 스프링에 의해 왕복 운동을 한다. 작동은 스프링이 플런저를 상승시키면 펌프실 내의 체적이 증가하여 진공이 발생한다. 이때 오일이 입구 체크 볼을 거쳐서 들어오고(흡입), 반대로 캠축이 플런저를 누르면 체적이 감소하면서 압력이 상승하여 출구 체크 볼을 열고 윤활 부분으로 공급된다.

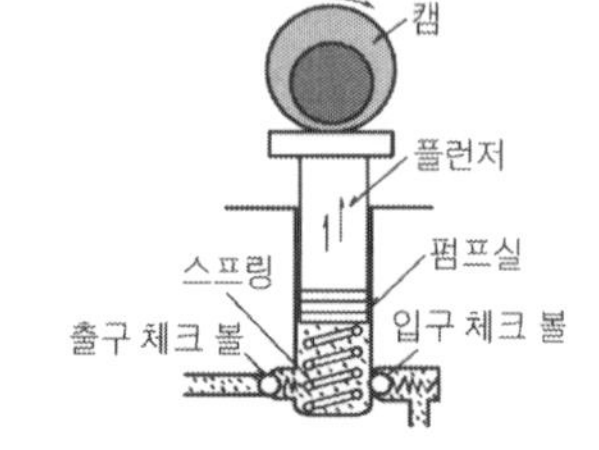

[그림4-8. 플런저 펌프의 구조]

(4) 베인 펌프(vane pump)

베인 펌프는 둥근 하우징과 그 속에 오프셋(편심)으로 설치된 로터(rotor)로 구성되어 있으며, 로터에는 2개 이상의 날개(vane)가 있고, 로터에 있는 홈(slot)에 스프링을 사이에 두고 끼워져 있다. 작동은 펌프 축이 회전하면 날개는 펌프실 안쪽 면과 접촉을 유지하면서 로터와 같이 회전한다. 이에 따라 오일이 입구를 거쳐 펌프실로 들어오고, 다음에 오는 날개에 의하여 출구 쪽으로 운반되어 배출되고 오일이 출구 쪽으로 운반될 때 압력이 가해진다.

[그림4-9. 베인 펌프의 구조]

[4] 오일 여과기(oil filter)

(1) 오일 여과기의 기능

윤활 장치 내를 순환하는 엔진오일은 점차로 수분·카본·금속분말 및 오일 슬러지(sludge) 등을 함유하여 오일의 기능이 떨어지므로 오일통로에 여과기를 두고 이를 불순물을 제거하는 세정작용을 한다. 여과작용은 여과기를 들어온 오일이 엘리먼트를 거쳐 가운데로 들어간 후 출구로 나가게 되며 엘리먼트를 거칠 때 오일에 함유된 불순물을 여과한다. 제거된 불순물은 케이스 밑바닥에 침전된다. 엘리먼트는 여과지, 면사 등을 사용한다.

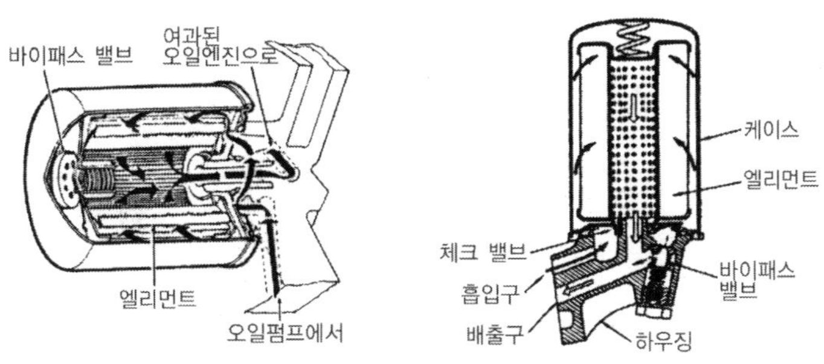

[그림4-10. 오일 여과기의 구조]

(2) **여과방식**

엔진오일의 여과하는 방법에는 전류식, 분류식, 샨트식 등이 있다.

① 전류식 오일여과기(full-flow filter)

전류식 오일여과기는 오일펌프에서 나온 오일의 모두를 여과기를 거쳐서 여과된 후 윤활 부분으로 가는 방식이다. 특징은 항상 여과된 오일을 윤활 부분으로 보낼 수 있는 장점이 있으나, 여과 엘리먼트 등이 막히면 급유 부족이 되기 쉽다. 이러한 경우에 대비하여 여과기에 바이패스 밸브(by-pass valve)를 두고 있다.

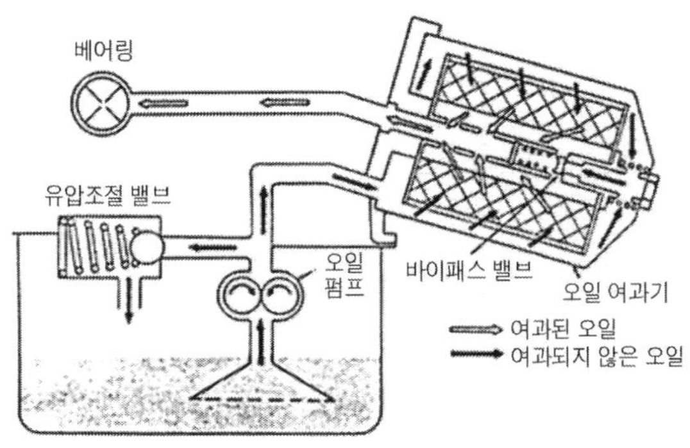

[그림4-11. 전류식 오일여과기]

② 분류식 오일여과기(by-pass filter)

분류식 오일여과기는 오일펌프에 나온 오일의 일부만 여과하여 오일 팬으로 보내고, 나머지는 그대로 윤활 부분으로 보내는 방식이다. 이 방식은 여과기를 거치지 않은 오일이 윤활 부분으로 공급되므로 베어링이 손상될 염려가 있다.

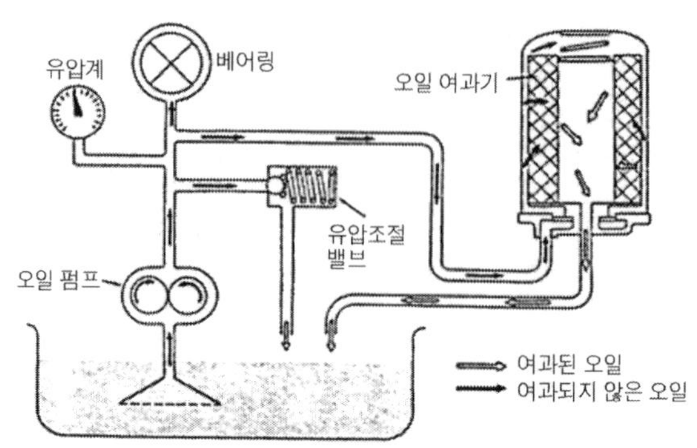

[그림4-12. 분류식 오일여과기]

③ 샨트식 오일여과기(shunt flow filter)

샨트식 오일여과기는 오일펌프에서 나온 오일의 일부만 여과하게 한 방식이다. 그러나 이 방식은 여과된 오일이 오일 팬으로 되돌아오지 않고, 나머지 여과되지 않은 오일도 윤활 부분에서 합쳐져 공급된다.

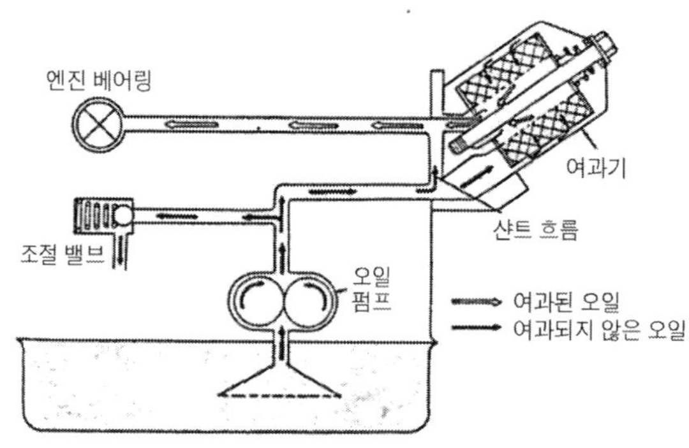

[그림4-13. 샨트식 오일여과기]

[5] 유압 조절밸브(oil pressure relief valve)

유압 조절밸브는 윤활 회로 내를 순환하는 유압이 과도하게 상승하는 것을 방지하여 유압이 일정하게 유지되도록 하는 작용을 한다. 작동은 스프링의 장력을 받고 있는 유압 조절밸브(또는 플런저)에 유압이 스프링의 장력 보다 커지면 조절

밸브가 열려 과잉압력의 오일을 오일 팬으로 되돌아가게 해 준다. 즉, 유압이 규정 값 이상일 경우에는 조절밸브가 열리고, 규정 값 이하로 유압이 내려가면 다시 닫히도록 되어 있다.

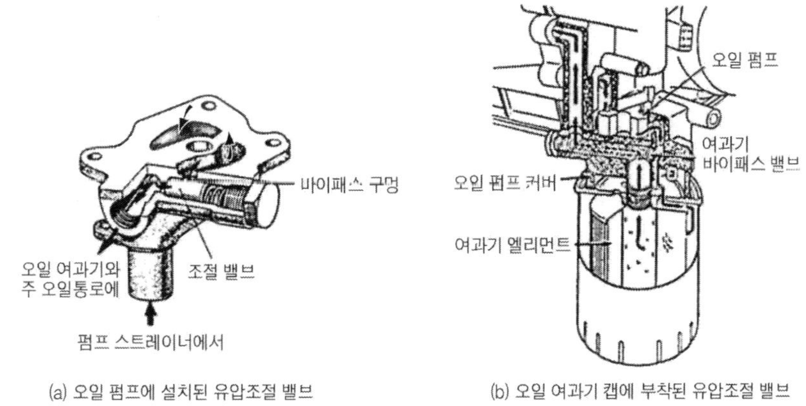

(a) 오일 펌프에 설치된 유압조절 밸브

(b) 오일 여과기 캡에 부착된 유압조절 밸브

[그림4-14. 유압 조절밸브의 설치위치]

[7] 유면 표시기(oil level gauge)

유면 표시기는 오일 팬 내의 오일 양을 점검할 때 사용하는 금속 막대이며, 그 아래쪽에 F(Full or MAX)와 L(Low or MIN)표시 눈금이 표시되어 있다. 오일 양은 항상 "F"선 가까이 있어야 하며 "F"선보다 높으면 많은 양의 오일이 실린더 벽에 뿌려져 오일이 연소하고, "L"선 보다 훨씬 낮으면 오일 공급량 부족으로 윤활이 불완전하게 된다.

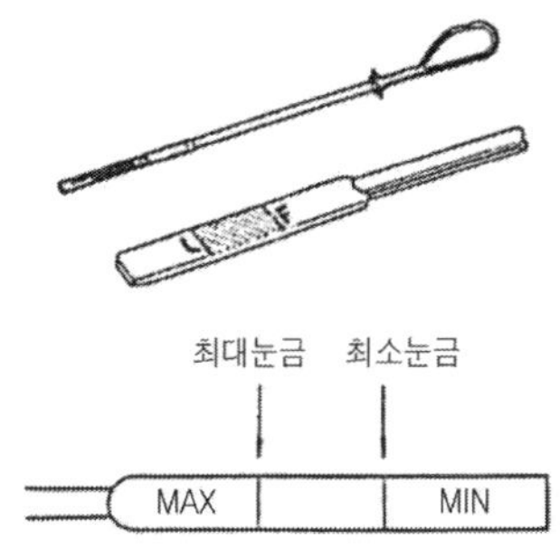

[그림4-15. 유면 표시기의 형상]

4.6. 크랭크케이스 환기장치와 오일냉각기

1. 크랭크케이스 환기장치

엔진이 작용할 때 크랭크케이스(crank case)내에는 어느 정도의 연소 가스나 미연소가스가 블로바이에 의하여 누설되며 이로 인하여 엔진오일이 희석되거나 변질되어 오일 슬러지를 생성하며 크랭크 케이스내의 압력이 상승한다. 이를 방지하기 위하여 환기장치를 둔다.

2. 오일냉각기(oil cooler)

엔진오일은 온도가 상승하면 점도가 낮아져 윤활 성능이 떨어지고, 또 낮은 온도에서는 점도가 높아져 윤활 부분에 충분한 양의 오일이 공급되지 못한다. 이를 방지하기 위하여 오일을 항상 알맞은 온도로 일정하게 유지시켜 주는 장치이다. 오일냉각기는 대형 차량에서는 라디에이터 아래쪽 설치하고, 승용차에서는 오일 여과기 앞쪽에 설치되며 엔진오일이 냉각기를 거쳐 흐를 때 엔진 냉각수로 냉각이 되거나 가열되어 윤활 부분으로 공급된다.

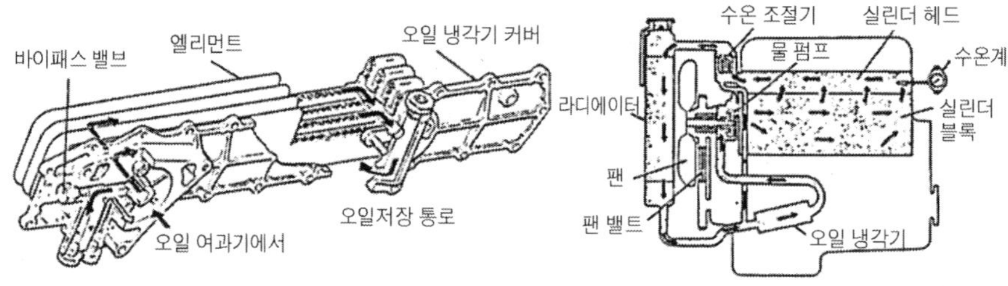

[그림4-16. 오일냉각기의 구조]

제 5 장 가솔린엔진의 연료장치

5.1. 가솔린엔진의 연료와 연소

1. 가솔린엔진의 연료

가솔린은 석유계열의 원유(原油)에서 정제한 탄소(C)와 수소(H)의 유기화합물의 혼합체이다.

[1] 가솔린의 물리적 성질

① 비중 : 0.74~0.76

② 저위 발열량 : 11,000Kcal/kgf

③ 옥탄가 : 90~95

④ 인화점 : −10 ~−15℃

⑤ 자연 발화점 : 대기 압력 하에서 300~500℃

[2] 가솔린의 구비조건

① 체적 및 무게가 적고 발열량이 클 것

② 연소 후 유해 화합물을 남기지 말 것

③ 옥탄가가 높을 것

④ 온도에 관계없이 유동성이 좋을 것

⑤ 연소 속도가 빠를 것

2. 가솔린엔진의 노크(knocking)

[1] 가솔린엔진의 노크

노크란 실린더 내의 연소에서 화염 면이 미 연소가스에 점화되어 연소가 진행되는 사이에 연소되지 못한 말단가스가 높은 온도와 높은 압력으로 되어 자연 발화하는 현상이다. 노크가 발생하면 화염전파 속도는 300~2500m/sec(정상 연소속도는 20~30m/sec)정도 된다.

[2] 가솔린엔진의 노크발생 원인

① 엔진에 과부하가 걸렸을 때

② 엔진이 과열되었을 때

③ 점화시기가 너무 빠를 때

④ 공연비가 희박할 때

⑤ 낮은 옥탄가의 가솔린을 사용하였을 때

[3] 노크가 엔진에 미치는 영향

① 엔진 과열 및 출력 저하

② 실린더와 피스톤의 손상 및 고착 발생

③ 흡입과 배기 밸브 손상

④ 배기가스 온도 저하

[4] 가솔린엔진의 노크 방지방법

① 높은 옥탄가의 가솔린(내폭성이 큰 가솔린)을 사용한다.

② 점화시기를 늦춘다.

③ 공연비를 농후하게 한다.

④ 압축비, 혼합가스 및 냉각수 온도를 낮춘다.

⑤ 화염 전파속도를 빠르게 한다.

⑥ 혼합가스에 와류를 증대시킨다.

⑦ 연소실에 카본이 퇴적된 경우에는 카본을 제거한다.

3. 가솔린의 노크 방지 성능

[1] 옥탄가(octan number)

옥탄가란 가솔린의 앤티노크성(anti knocking property)을 표시하는 수치이다. 즉, 이소옥탄(iso-octane)을 옥탄가 100으로 하고 노멀 헵탄(normal heptane)을 옥탄가 0으로 하여 이소옥탄의 함량 비율에 따라 결정된다. 예를 들어 옥탄가 80의 가솔린이란 이소옥탄 80%, 노밀헵탄 20%로 이루이진 엔디노크성(내폭성)을 지닌 것이란 뜻이다. 또 가솔린의 옥탄가는 CFR 엔진으로 측정한다. 옥탄가는 다음의 공식으로 산출한다.

$$\text{옥탄가} = \frac{\text{이소옥탄}}{\text{이소옥탄} + \text{노멀헵탄}} \times 100$$

5.2. 전자제어 연료 분사장치

1. 전자제어 연료 분사장치의 개요

전자제어 연료 분사장치란 각종센서(sensor)를 부착하고 이 센서에 보내준 정보를 받아서 엔진의 운전 상태에 따라 연료 공급량을 컴퓨터(ECU ; Electronic Control Unit)로 제어하여 인젝터(Injector : 분사기구)를 통하여 흡기다기관에 분사하는 방식이다. 이 방식의 엔진은 다음과 같은 특징이 있다.

① 연료 소비율이 향상된다.

② 엔진효율이 향상된다.

③ 배기가스의 유해성분이 감소된다.

④ 저온상태에서 시동성능이 향상된다.

⑤ 운전성능이 향상된다.

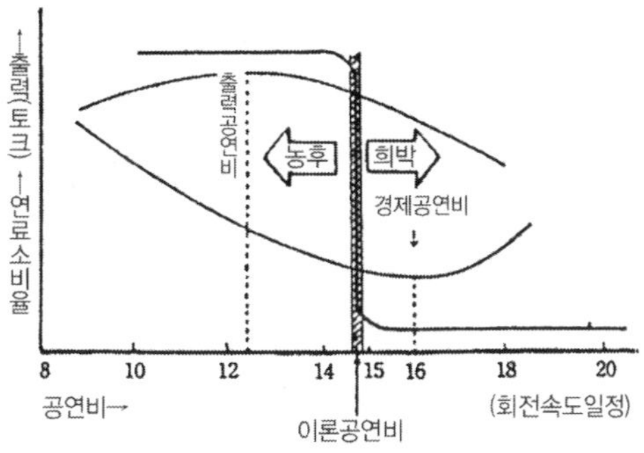

[그림5-1. 공연비(공기+연료 공연비율]

2. 전자제어 연료 분사장치의 분류

[1] 제어방식에 의한 분류

제어방식에 의한 분류에는 K-제트로닉(기계 제어방식), D-제트로닉(흡기압력 검출방식), L-제트로닉(흡입 공기량 검출방식) 등이 있다.

(1) 기계 제어방식(mechanical control injection)

이 방식은 연료 분사량을 흡입계통에 설치된 센서 플레이트(sensor plate)에 의해 연료 분배기구(fuel distributor)내의 제어 플런저(control plunger)를 움직여 인젝터로 통하는 통로의 면적을 변화시켜 제어하는 것이며, 기계적으로 연속 분사하는 방식이다. 보쉬사의 K-제트로닉이 여기에 속한다.

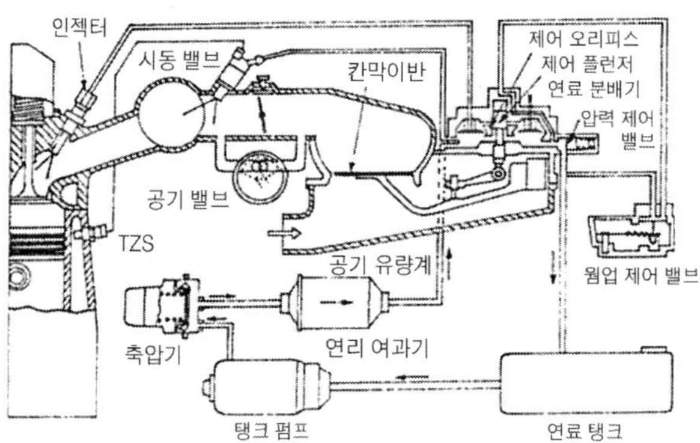

[그림5-2. 기계 제어방식의 구성도]

(2) 전자 제어방식(electronic control injection)

이 방식은 각 사이클마다 흡입되는 공기량을 컴퓨터(ECU)가 센서를 이용하여 연료 분사량을 제어하는 방식이며, D-제트로닉, L-제트로닉 등이 여기에 속한다.

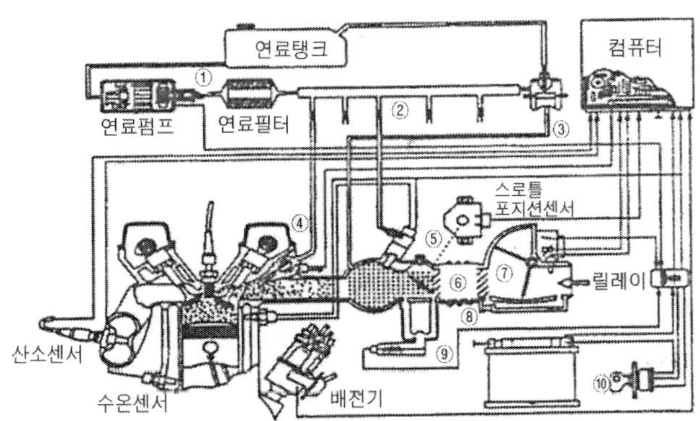

[그림5-3. 전자 제어 방식의 구성도]

[2] 연료 분사방식에 의한 분류

연료 분사방식의 종류에는 흡기다기관 내 분사방식과 흡입포트 분사방식, 그리고 최근에 개발된 실린더 내 직접 분사방식(GDI, Gasoline direct Injection)등이 있다. 또 흡기다기관 내 분사방식에는 기계적으로 연속 분사하는 방식(K-Jetronic)과 SPI방식이 있으며, 흡입포트 분사방식에는 MPI 방식이 있다. 현재 우리나라 자동차용 전자제어 분사방식은 MPI와 GDI를 사용하고 있다.

(1) 기계적으로 연속 분사하는 방식

이 방식은 기계-유압 방식으로 작동되는 연료 분사장치이며, 엔진이 가동되는 동안 계속하여 연속적으로 연료를 분사하는 방식이다. 보쉬(Bosch)사의 K-제트로닉이 여기에 속한다.

(2) SPI(Single Point Injection)방식

SPI는 TBI(Throttle Body Injection)라고도 부르며, 스로틀 밸브 위의 한 중심점에 위치한 인젝터(1~2를 둠)를 통하여 간헐적으로 연료를 분사하며, 흡기다기관을 통하여 실린더로 유입된다. SPI에서 제어기능을 수행하기 위해 필요로 하는 주요 센서는 배기 다기관에 부착된 산소센서이며, 산소센서가 배기가스 중에 산소 농도를 검출하여 컴퓨터(ECM)에 입력시키면 컴퓨터는 인젝터를 제어하여 공연비가 14.7 : 1이 되도록 연료 분사량을 제어하며, 연료는 크랭크축 1회전에 2회 분사시킨다.

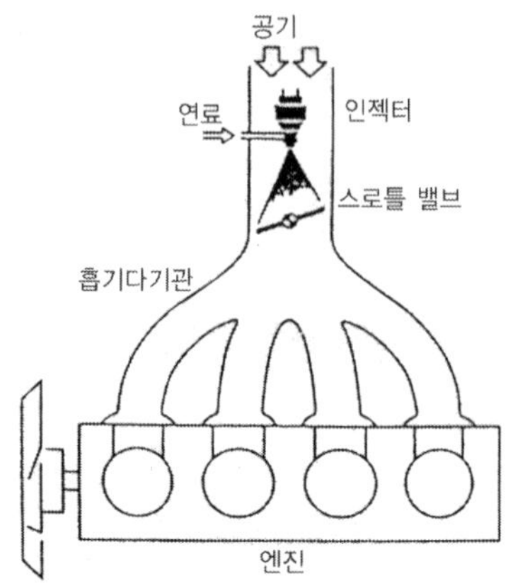

[그림5-4. SPI 구성도]

(3) MPI(Multi Point Injection)방식

MPI는 실린더의 흡입포트에 인젝터를 각각 1개씩 설치하여 연료를 분사하는 것이다. 연료는 흡입밸브 바로 앞에서 분사되므로 흡기다기관에서의 연료 응축(wall wetting)에 전혀 문제가 없으며, 엔진의 작동온도에 관계없이 최적의 성능이 보장된다. 연료분사는 배기 행정 끝 무렵에 분사되며, 이미 분사된 연료는 흡입포트 부근에서 흡입밸브가 열릴 때까지 기다리는 동안 기화되며, 흡입밸브가 열리면 실린더로 공기와 함께 들어간다. 그리고 설계할 때 최적의 체적효율을 증대시킬 수 있는 흡기다기관 설계가 자유로우며, 저속 및 고속에서 회전력 영역의 변화가 가능하다.

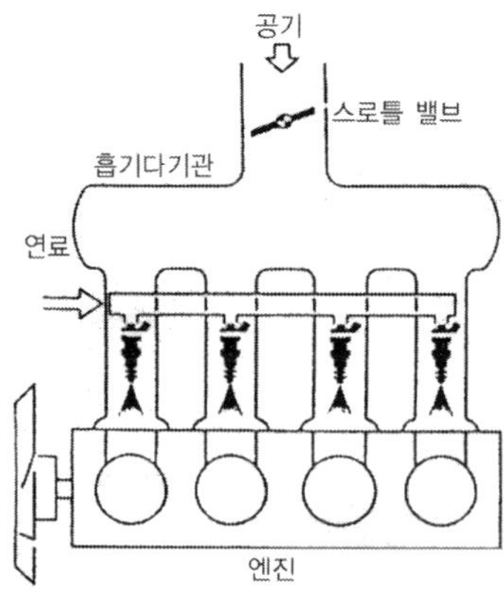

[그림5-5. MPI의 구성도]

(4) 직접 분사방식(GDI)

이 방식은 디젤엔진과 같이 실린더 내에 가솔린을 직접 분사하는 것으로 약 35~40 : 1의 초 희박 공연비로도 연소가 가능하다. 연료 공급압력은 일반 전자제어 연료 분사방식의 경우 약 3~6kgf/㎠인데 비해, 약 50~100kgf/㎠으로 매우 높으며, 실린더 내의 유동을 제어하는 직립형 흡입포트, 연소를 제어하는 바울형 피스톤(bowl type piston), 고압 연료펌프, 와류형 인젝터(swirl injector)등이 사용된다.

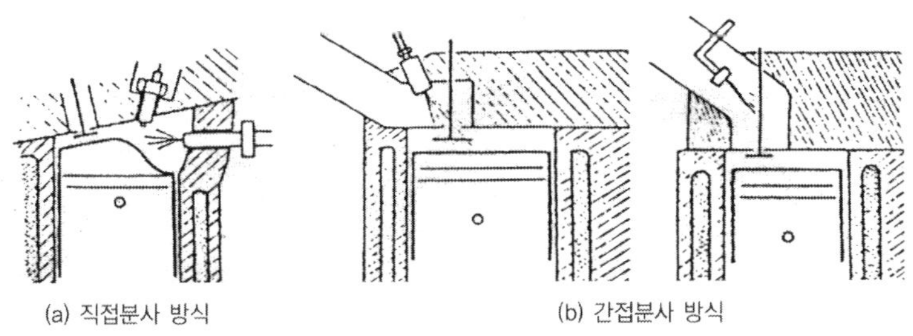

[그림5-6. 직접 분사방식과 간접 분사방식]

[3] 연료 분사량 제어방식에 의한 분류

(1) AFC 방식(Air Flow Controlled Injection type)

이 방식은 스로틀 밸브의 열림 정도에 따라 공기 청정기로 유입되는 흡입 공기량을 공기 유량 센서로 검출하여 이 신호를 기준으로 컴퓨터가 기본 분사량을 결정하여 분사시키는 것이며, L-제트로닉이 여기에 속한다.

(2) MPC 방식(Manifold Pressure Controlled Injection type)

이 방식은 실린더로 유입되는 흡입 공기량을 에어 퓨널(air funnel)에 가해지는 대기 압력에 의하여 센서 플레이트가 이동하고, 이 이동에 의하여 연료 분배기구의 제어 플런저의 행정을 변화시켜 분사량을 제어하는 것이며, K-제트로닉이 여기에 속한다.

(3) MAP 센서 방식(Manifold absolute Pressure Sensor type)

이 방식은 스로틀 밸브의 열림 정도의 변화가 흡기다기관 내의 진공도(부압)를 변화시키므로 흡입 공기량을 흡기다기관 내의 진공 압력변화를 이용하여 검출하며, 이 압력변화에 상당하는 출력전압을 컴퓨터로 보내면 컴퓨터는 이 신호를 기초로 기본 분사량을 결정하여 분사시키는 것이며, D-제트로닉이 여기에 속한다.

[4] 연료 분사방식에 의한 분류

(1) 연속 분사방식(continuous injection type)

이 방식은 엔진이 시동되면서부터 가동이 정지될 때까지 지속적으로 연료를 분사시키는 것이며, K-제트로닉, KE-제트로닉 등이 여기에 속한다.

(2) 간헐 분사방식(pulse timed injection type)

이 방식은 일정한 시간간격으로 연료를 분사하는 것이며, L-제트로닉, D-제트로닉 등이 여기에 속한다.

[5] 흡입 공기량 계측 방식에 의한 분류

(1) 매스플로 방식(mass flow type ; 질량-유량 방식)

이 방식은 공기유량센서가 직접 흡입 공기량을 계측하고 이것을 전기적 신호로 변화시켜 컴퓨터로 보내 연료 분사량을 결정하는 방식이다. 공기유량센서의 종류에는 베인 방식(vane or measuring plate type), 칼만 와류 방식(karman vortex type), 열선 방식(hot wire type), 열막 방식(hot film type) 등이 사용된다.

(2) 스피드 덴시티 방식(speed density type ; 속도-밀도 방식)

이 방식은 흡기다기관 내의 절대압력(대기압력+진공압력), 스로틀 밸브의 열림 정도, 엔진의 회전속도로부터 흡입 공기량을 간접 계측하는 것이며, D-제트로닉이 여기에 속한다. 흡기다기관 내의 압력측정은 초기에는 아네로이드(aneroid ;기압계)를 사용하였으나 현재는 피에조(piezo) 반도체 소자를 이용한 MAP 센서를 사용한다. 분류에는 MAP-n 제어방식과 α-n 제어방식이 있다.

3. 전자제어 연료 분사장치의 구조와 기능

전자제어 연료 분사장치는 일정한 압력으로 형성된 연료를 흡기다기관 내에 분사하는 방식이며, 연료 분사량의 제어는 인젝터를 엔진의 흡입 공기량에 맞추어 일정시간 동안 열어주는 방법을 사용한다. 즉, 연료 분사량은 인젝터의 니들밸브(needle valve)가 열려 있는 시간으로 결정되므로 정밀하게 제어할 수 있다. 엔진의 운전조건은 각종 센서에서 보내온 신호를 받은 후 운전 상태에 따라 분사량과 엔진 회전속도를 컴퓨터로 제어한다. 전자제어 연료 분사장치는 흡입계통, 연료계통, 제어계통으로 구성되어 있다.

5.3. 전자제어 연료 분사장치의 입·출력 신호

① 산소 센서(O_2)
② 공기유량 센서(AFS, MAP)
③ 흡기온도 센서(ATS)
④ 수온 센서(WTS)
⑤ 스로틀위치 센서(TPS)
⑥ 모터위치 센서(MPS)
⑦ 크랭크 각 센서(CAS. CPS)
⑧ 공전 스위치(Id SW)
⑨ 1번 실린더 상사점 센서(홀센서)
⑩ 노크 센서
⑪ 차속 센서
⑫ 동력조향장치 스위치
⑬ 축전지 전압 신호
⑭ 에어컨 신호
⑮ 시동 신호(ST)
⑯ 자기진단 SW

E.C.U(컴퓨터)

① 인젝터 분사시기 및 시간조정
② 공전 속도조정
- ISC 서보
- STEP 모터
- 아이들 스피드 액추에이터
③ 컨트롤 릴레이(연료펌프구동)
④ 에어컨 릴레이
⑤ 점화시기 조절(노킹제어 포함)
⑥ 퍼지 솔레노이드 밸브 제어
⑦ EGR 솔레노이드 밸즈 제어
⑧ 파워 트랜지스터 구동
⑨ 자기진단 경고 등
⑩ 고장보상 통제기능(Fail Safe)

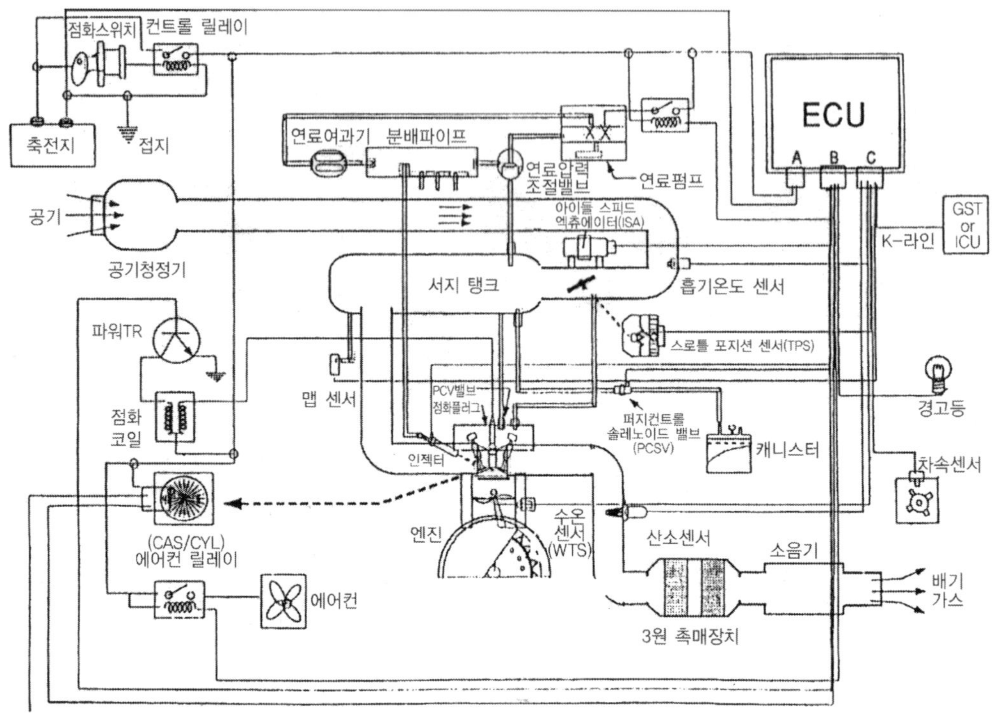

[그림5-7. 전자제어 연료 분사장치의 구성도]

1. 흡입 공기계통

전자제어 연료 분사장치의 흡입 공기계통은 공기 청정기로 들어온 공기는 공기 유량센서(AFS ; Air Flow Sensor)에 의해 공기량이 계측된 후 스로틀 보디(throttle body)를 통하여 서지탱크(surge tank)로 유입되고, 서지탱크로부터 각 실린더의 흡기다기관으로 분배되어 인젝터에서 분사된 연료와 혼합되어 실린더로 들어간다. 흡입 공기량은 가속페달을 밟는 정도 즉, 스로틀 밸브 열림 정도에 의해 제어되며, 공전(idle)에 필요한 공기량 조절은 컴퓨터에 의해 제어되는데 그 방법에는 스로틀 밸브를 전동기에 의해 각도를 변환시키는 방법(ISC-서보), 스텝 모터(step motor)와 아이들 스피드 액추에이터(idle speed actuator)를 이용하여 바이패스(by-pass)시키는 방법 등이 있다. 또 ISC-서보는 감속하거나, 난기운전 구간, 아이들 업(idle up)을 할 때에는 적절한 공기를 추가로 공급하도록 되어 있다.

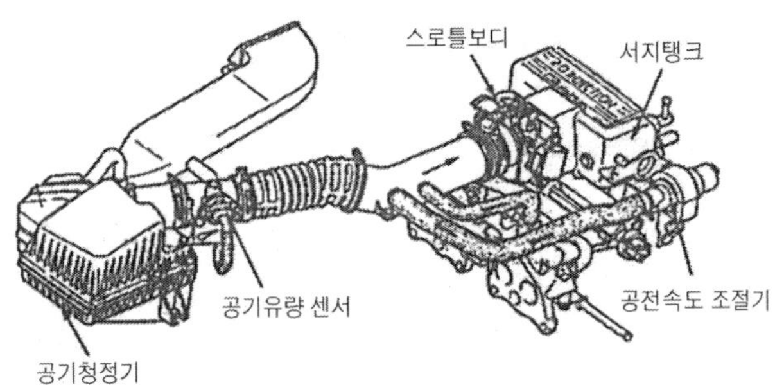

[그림5-8. 흡입 공기계통의 구성]

[1] 공기유량센서(air flow sensor)

흡입 공기량을 측정하는 방식에는 직접 계측방식과 간접 계측방식이 있으며, 직접 계측방식에는 체적유량 측정방식(volumetric flow measuring system)과 질량유량 측정방식(mass flow measuring system)이 있다. 간접 계측방식은 흡기다기관 내의 절대압력이나 스로틀 밸브의 열림 정도 및 엔진의 회전속도로부터 공기량을 측정한다. 공기유량센서의 기능은 엔진으로 유입되는 공기량을 검출하여 컴퓨터로 전달한다. 컴퓨터는 이 센서에서 보내준 신호를 연산하여 연료 분사량을 결정하고, 분사신호를 인젝터에 보내어 분사시킨다. 공기유량센서의 종류에는 직접 계측방식(L-Jetronic에서 사용)인 베인 방식, 칼만 와류 방식, 열선 방식(또는 열막 방식) 등과 간접 검출방식인 MAP센서(D-제트로닉에서 사용)가 있다.

(1) 열선방식(hot wire type)공기유량센서

열선방식은 흡입 공기온도를 감지하는 공기온도 보상저항 및 발열량에 대응하는 열량을 내는 열선(hot wire)과 출력을 얻기 위한 표준저항 등으로 구성되는 휘스톤 브리지 회로부분, 그리고 계측을 위한 제어부분, 하우징 등으로 구성되어 있다.

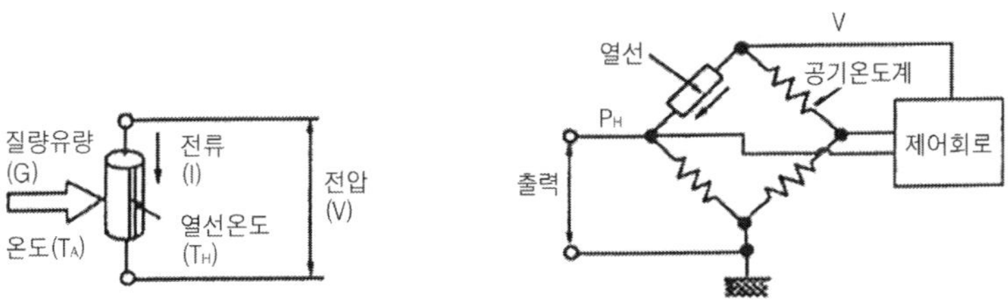

[그림5-9. 휘스톤 브리지 회로]

열선방식의 기본원리는 공기 유동부분에 발열체를 놓으면 발열체는 공기유동에 따라 열을 빼앗겨 냉각되는데 이때 발열체 주위를 통과하는 공기유량이 많으면 많을수록 발열체의 발열량도 증가한다. 열선방식은 발열체로 백금(Pt)선을 사용하며, 백금선에 전기를 통하여 가열한다. 흡입공기의 질량유량이 많아지면 열선의 냉각이 빨라지므로 가열하는데 많은 전류가 필요하게 된다. 따라서 흡입공기의 질량유량은 전류에 비례한다. 열선방식은 질량유량(공기의 밀도)변화에도 대응할 수 있기 때문에 컴퓨터에서 온도·압력의 보정을 수행하지 않아도 되는 특징이 있고, 실린더로 흡입하는 공기질량을 직접 계측하므로 공기밀도의 변화와는 관계없이 정확한 계측을 할 수 있으며, 다음과 같은 특징이 있다.

① 고도(高度)오차가 없다.

② 빠른 공기유량 변화에 신속하게 응답한다.

③ 가동부분이 없어 관성력에 의한 오차가 없다.

④ 엔진에 설치가 쉽다.

⑤ 넓은 공기유량 영역에서 정확한 응답특성이 있다.

⑥ 기계적 충격에 약하다.

⑦ 먼지나 기타 이물질에 의해 훼손이 예상된다.

⑧ 출력 처리신호가 복잡하다.

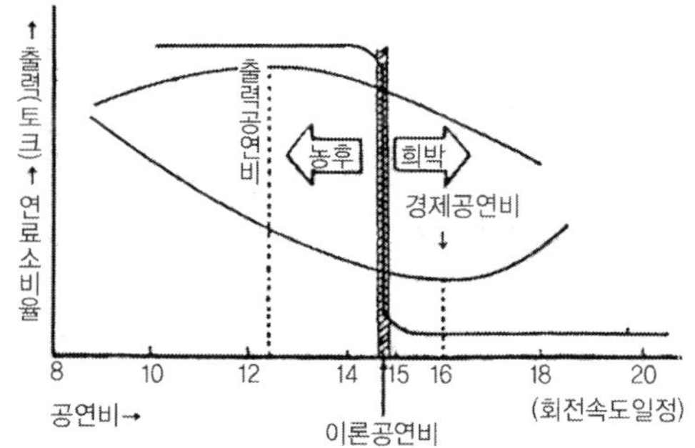

[그림5-10. 열선방식 공기유량센서의 구조]

(2) 열막 방식(hot film type)공기유량센서

열막 방식은 백금 필름을 플라스틱으로 코팅한 것이며, 열막(hot film)이 측면에 설치되어 있어 더러워지지 않는 장점이 있다. 따라서 크린버닝(Cleaning Burning)의 기능이 필요 없다. 기본 작동원리는 열선방식과 같으며, 열막이 일정온도를 유지하려는 센서용 히터(heater)의 특성을 이용하여 열막 소자가 흡입 공기량을 측정한다. 흡입 공기량의 출력(전압)이 흡입 공기량 크기에 비례하는 것을 기준으로 연료 분사량과 점화시기를 결정하고 또 높은 지대의 상태를 인식하여 높은 지대(高地)에 따른 연료 분사량 보상 및 에어컨 부하보상, 아이들 스피드 액추에이터 학습값으로 사용된다.

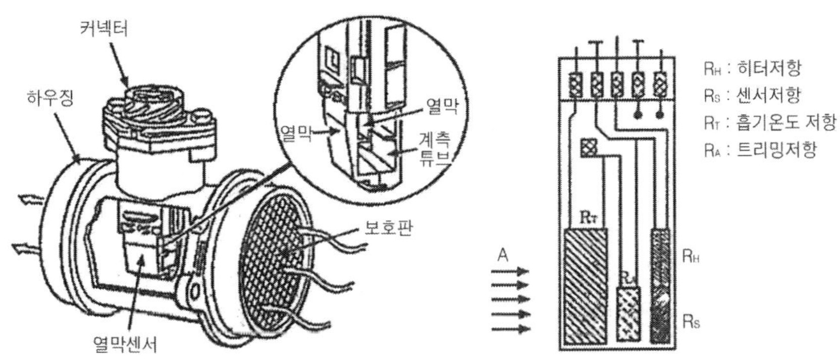

[그림5-11. 열막방식 공기유량센서의 구조]

그림 5-12의 회로도에서 공기흐름이 센싱 저항(RS)을 통과하면 냉각되어 저항값이 감소한다. 따라서 RS×R2(Rt+R1)×R3 의 공식에서 전압균형이 깨지고, 즉시 증폭회로의 출력전압이 발생하여 전류가 증가하며, 즉시 히팅 저항에 출력전압이 발생한다.

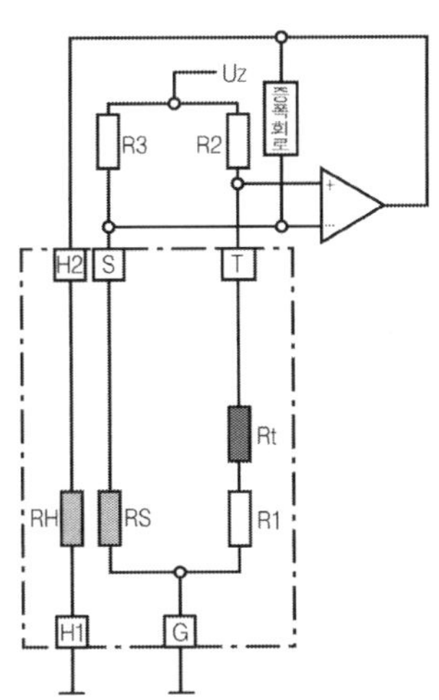

RH : 히팅 저항이며 전류가 흐르면 가열되고 발생 열은 바로 센싱 저항 RS에 전달됨.
실제 출력은 VH1~H2로서 ECU에 입력되고 2.6~7.6V의 출력 값을 가짐.

RS : 센싱 저항이며 높은 온도에서는 거의 고정

RT : 온도 보상저항으로써 전류에 의해서는 가열되지 않고 주변 공기온도에 의해서만 저항값 변화함.

R1 : 온도 계속 보상저항(고정저항)으로써 주변 공기의 온도변화에 따른 저항값의 변화는 없다.

R2. R3 : 고정저항으로써 주변공기온도의 영향을 받지 않음.

UZ : 3.5VOLTS

[그림5-12. 열막방식 공기유량센서의 회로도]

(3) 칼만와류 방식(karman vortex type)공기유량센서

1) 칼만와류를 이용한 초음파 검출방식

칼만와류란 와류(渦流)를 발생시키는 기둥이 공기 흐름의 중간에 설치해 두면 공기가 흐를 때 흐름 저항을 받게 되며 기둥 뒷부분은 공기의 소용돌이가 발생되는 현상이다. 초음파 검출방식의 작동원리는 다음과 같다. 공기 청정기를 통과한 공기는 와류를 형성하므로 정류판을 거쳐 직선적인 흐름이 되도록 한다. 이때 초음파 발신기에서 발신된 초음파(ultrasonics)가 칼만와류 수(karman vortex number) 만큼 밀집되거나 분산되어 수신기로 전달된다. 수신기에서 수신된 초음파는 하이브리드 IC(변조기)를 거쳐 디지털신호로 변환되어 컴퓨터로 입력된다. 흡입공기의 질량은 수신기로 수신되는 초음파의 밀집이나 분산에 의해 직접 측정되며, 전기적 신호로 변환되어 컴퓨터로 입력된다. 이때 흡입공기의 질량은 전압이 비례한다.

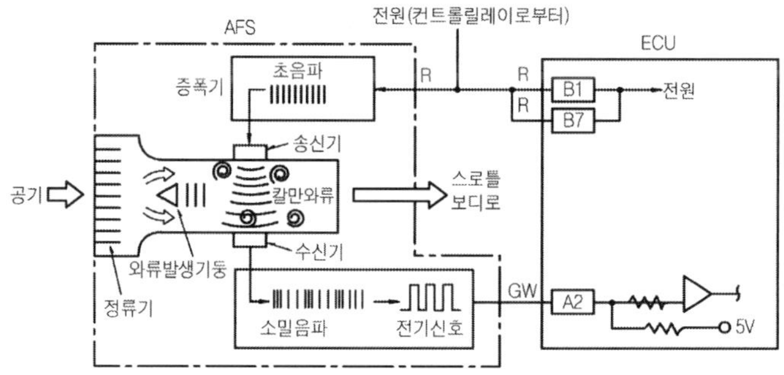

[그림5-13. 초음파 검출방식의 회로도]

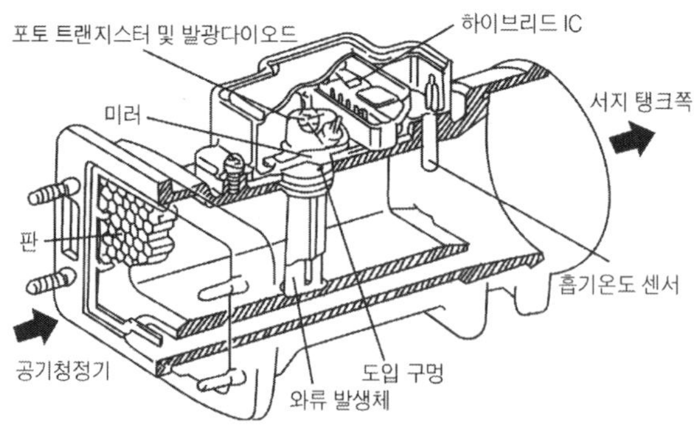

[그림5-14. 초음파 검출방식의 구조]

그리고 공기유량센서 어셈블리에는 흡기온도 센서와 대기압력 센서가 설치되어 있다.

① 흡기온도 센서(Air temperature sensor)

흡기온도 센서는 부특성 서미스터를 이용하며, 흡입공기의 온도에 따라 저항 값이 변화한다. 즉, 온도가 높으면 저항 값이 작아진다. 이에 따라 컴퓨터로 입력되는 아날로그 신호는 4V에서 1V로 강하한다.

② 대기압력 센서(barometric pressure sensor)

대기압력 센서는 해발 0m에서 760㎜Hg에 해당하는 4.5V이상의 출력이 나와야 하며, 높은 지대에 접어들어 산소가 희박해지면 전압이 저하한다. 높은 지대에서는 730㎜Hg에서 720㎜Hg 방식으로 저하한다. 컴퓨터는 이 전압신호를 디지털로 분석하여 자동차의 높은 정도를 판단하고 적절한 공연비가 되도록 연료 분사량 및 점화시기를 보정한다. 대기압력 센서의 원리는 스트레인 게이지로 되어 있는 미세한 저항 값이 대기 압력에 비례하여 변형될 때 발생하는 미세한 전압변화를 증폭하여 컴퓨터로 보내준다.

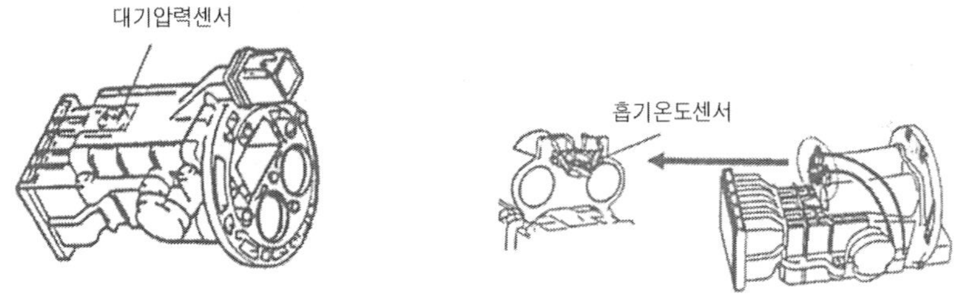

[그림5-15. 대기압력센서와 흡기온도 센서 설치위치]

2) 칼만와류를 이용한 압력검출방식

압력검출방식의 작동원리는 다음과 같다. 흡입 공기량 크기에 따른 압력 파동의 변화가 이루어지며, 이러한 펄스를 압력센서를 이용하여 검출한다. 즉, 실린더로 흡입되는 공기량에 비례하는 와류 발생압력의 차이를 압력센서로 측정하고, 이 센서의 출력을 A/D컨버터를 통하여 컴퓨터로 입력시킨다. 공전상태에서 약 25~50Hz의 주파수가 발생하며, 2,000rpm에서는 60~90Hz의 주파수가 발생한다. 이 주파수를 이용하여 컴퓨터는 공기질량으로 연산하여 적절한 연료 분사량을 결정한다.

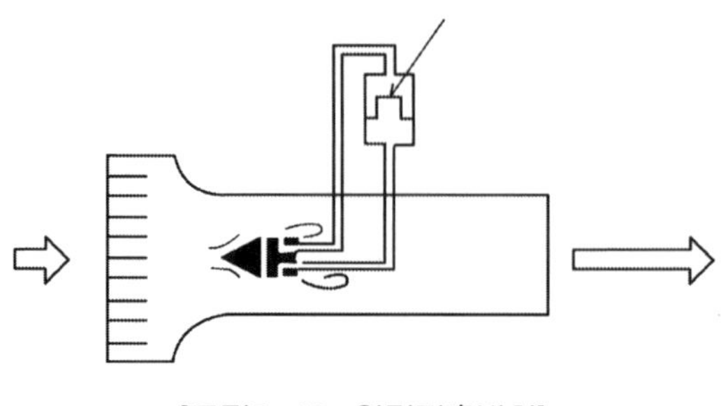

[그림5-16. 압력검출방식]

(4) 베인 방식(vane or measuring plate type)-에어플로미터 방식

베인 방식의 작동원리는 다음과 같다. 베인(메저링 플레이트)의 열림 정도를 퍼텐쇼미터(portention meter)에 의하여 전압비율로 검출한다. 엔진가동이 정지된 경우에는 베인이 리턴스프링의 장력에 의해 닫혀 있으며, 엔진이 가동되면 흡입공기에 의해 베인이 열린다. 이에 따라 베인 축에 설치된 슬라이더(slider)는 저항과 접촉하며, 이때 흡입 공기량이 많으면 베인의 열림 정도가 커지고, 슬라이더의 접촉부분의 저항 값이 감소하여 전압비율이 증가한다. 반대로 베인의 열림 정도가 작으면 전압비율이 낮아진다. 베인의 열림 정도는 흡입 공기량에 비례하여 퍼텐쇼미터의 전압비율로 바꾸어 전기적 신호로 컴퓨터로 보낸다. 베인 방식에는 베인의 진동을 방지하기 위해 둔 댐핑 체임버(damping chamber), 엔진이 작동될 때 연료펌프로 전류를 공급하는 연료펌프 스위치, 흡기온도 센서 등이 부착되어 있다.

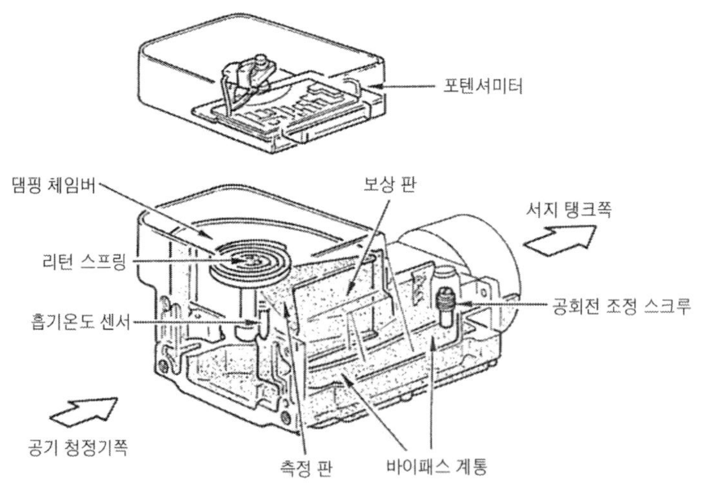

[그림5-17. 베인 방식의 공기유량센서의 구조]

(5) MAP센서(Manifold Absolute Pressure Sensor ; 흡기다기관 절대압력 센서)

MAP센서는 D-제트로닉에서 사용하며, 흡기다기관 내의 절대압력을 측정하여 실린더로 흡입되는 공기유량을 간접적으로 검출하는 방식이다. MAP센서는 절대압력에 비례하는 아날로그 출력신호를 컴퓨터로 전달하고, 이 출력신호는 컴퓨터 내의 기억장치(memory)내에 미리 저장된 데이터에 따라 실린더로 흡입되는 공기량으로 환산되어 흡입 공기량에 대응하는 인젝터 구동시간의 제어에 이용된다. 그림 5-18에 구성도를 나타내었으며, 3개의 단자와 진공포트를 지닌 하우징으로 구성된다. 그리고 내부에는 얇은 실리콘 칩이 들어있다.

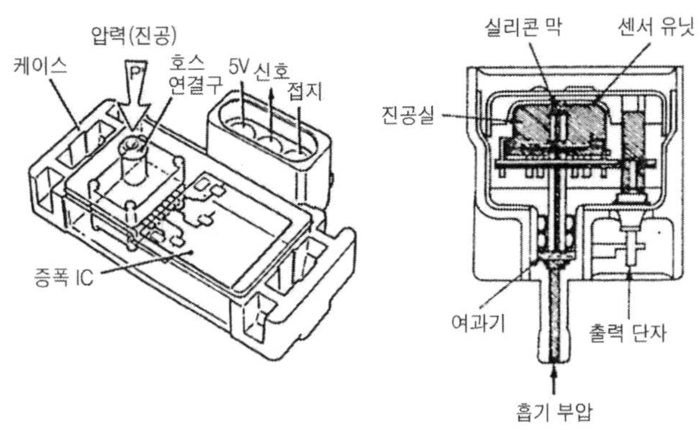

[그림5-18. MAP 센서의 구성도]

MAP센서의 기본 작동원리는 서지탱크로 들어오는 공기량은 흡기다기관의 압력에 비례하는 이론에 근거하여 흡입 공기량을 흡기온도 센서와 함께 컴퓨터에서 계산하고, 엔진의 부하상태에 따른 보정함수로 이용한다. 센서 하우징 내에는 스트레인 게이지에서 출력되는 전압을 근거로 압력을 측정한다. 그림 5-19에 MAP 센서의 구조와 회로를 나타내었다.

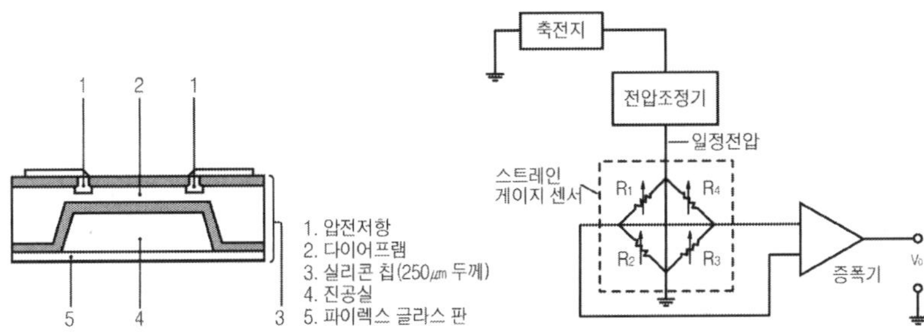

[그림5-19. MAP센서의 구조 및 회로]

MAP센서는 3㎟정도의 실리콘 칩을 이용한다. 이 칩은 두께가 250μm이며, 중앙 부분의 두께는 25μm로 이루어져 다이어프램(diaphragm)을 형성한다. 칩 가장자리는 내열 판으로 밀봉되고 내열 판과 실리콘 칩 사이의 공간이 진공을 형성한다. 4개의 저항체는 가장자리에 설치되며, 이 저항체의 바깥쪽은 전선과 연결되어 금속의 접착 패드에 연결된다. 이 조립체는 밀폐된 케이스 내에 설치되고, 흡기다기관에 튜브로 연결된 흡기다기관의 압력이 다이어프램을 변형시키고, 저항체의 저항 값은 피에조 가변저항에 의해 변화한다. 이 저항체는 길의 변화에 따라 다른 저항 값을 갖는다. 따라서 흡기다기관 압력에 비례하는 신호가 휘스톤 브리지 회로를 통과하여 나온다. 그리고 전압 조정기는 휘스톤 브리지 상에 일정한 직류(DC)전압을 유지하며, 저항체는 $R_1 \sim R_4$로 표시되었다. 다이어프램에 변형이 없으면 4개의 저항체 저항 값은 같고 브리지는 균형을 이룬다. 그러나 흡기다기관 압력이 변화되면 R_1, R_2는 저항 값이 증가하고, R_3, R_4는 감소한다. MAP센서의 특징은 다음과 같다.

① 흡입 공기계통의 손실이 없다.

② 공기통로의 설계(lay out)가 자유롭다.

③ 값이 싸다.

④ 공기밀도 등에 고려가 필요하다.

⑤ MAP센서에서 불량이 발생하면 엔진 부조 또는 가동정지가 일어난다.

[2] 스로틀 보디(throttle body)

스로틀 보디에는 흡입 공기량을 제어하는 스로틀 밸브, 공전속도를 제어하는 ISC-서보, 스로틀 밸브의 열림 정도를 검출하는 스로틀 위치센서가 조립되어 있다. 스로틀 보디 아래쪽에는 물 통로가 설치되어 엔진의 냉각수가 순환하도록 되어 있어 겨울철에 방결현상을 방지한다.

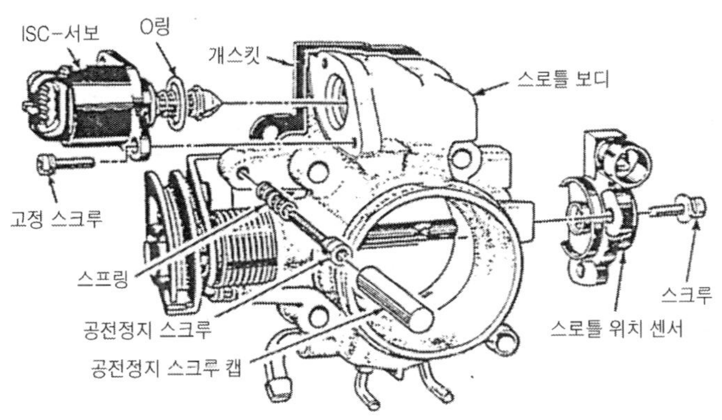

[그림5-20. 스로틀 보디의 구조]

(1) 스로틀 위치 센서(throttle position sensor)

스로틀 위치 센서는 운전자가 가속 페달을 밟는 정도에 따라 개폐되는 스로틀 밸브의 열림을 계측하여 컴퓨터로 입력시키는 것이며, 접점방식과 가변 저항방식이 있다. 접점방식은 가속페달의 조작에 따라 스로틀 축과 연결된 가이드 캠에 의하여 접촉이 접촉되어 작동하며, 공전, 중속 및 고속상태로 나누어진다. 그리고 가변 저항방식은 스로틀 밸브 축과 같이 회전하는 가변 저항기로 스로틀 밸브의 회전에 따라 출력 전압이 변화하며 컴퓨터는 스로틀 밸브의 열림 정도를 감지하고, 컴퓨터는 이 출력 전압과 회전 회전속도 등 다른 입력 신호를 합하여 엔진 운전 상태를 판단하여 연료 분사량을 제어한다.

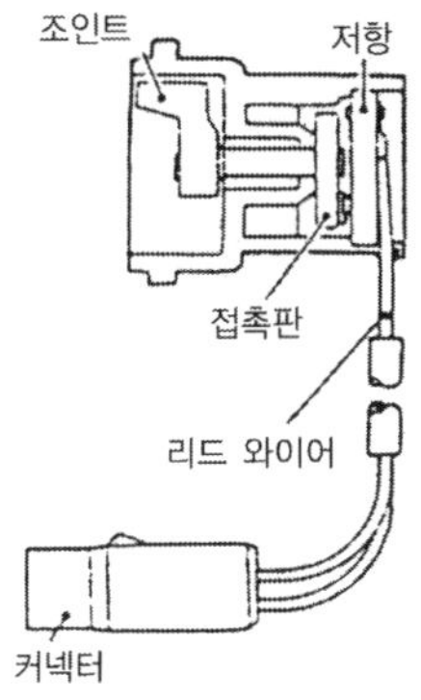

[그림5-21. 스로틀 위치 센서(가변 저항방식)]

(2) 공전속도 제어기구(idle speed controller)

공전속도 제어 기구는 엔진이 공전상태일 때 부하에 따라 안정된 공전속도를 유지하도록 하는 장치이며, 그 종류에는 ISC-서보방식, 스텝 모터 방식, 아이들 스피드 액추에이터 방식 등이 있다.

1) ISC -서보방식(Idle Speed Control Servo type)-스로틀 밸브 직접개폐 방식

ISC-서보방식은 공전속도 제어 모터, 웜 기어(worm gear), 웜 휠(worm wheel) 모터 위치센서(MPS), 공전스위치 등으로 구성되어 있다.

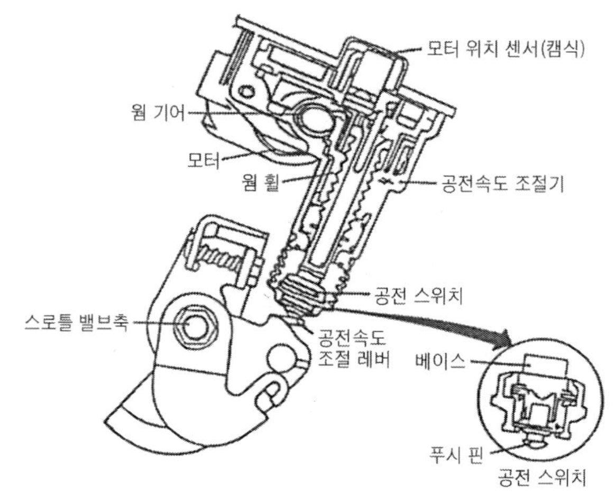

[그림5-22. ISC-서보의 구조]

ISC-서보의 작동은 다음과 같다. 컴퓨터 신호에 의해 모터가 회전하면 모터 축에 설치된 웜 기어가 웜 휠의 회전방향에 따라 플런저가 왕복운동을 하여 ISC레버를 작동시켜 스로틀 밸브의 열림 정도를 조절하여 안정된 공전속도를 유지시킨다. 즉, 컴퓨터는 엔진 각종 상황을 검출한 센서의 신호와 모터 위치센서의 신호를 기준으로 모터를 구동하여 스로틀 밸브 열림 정도를 제어한다.

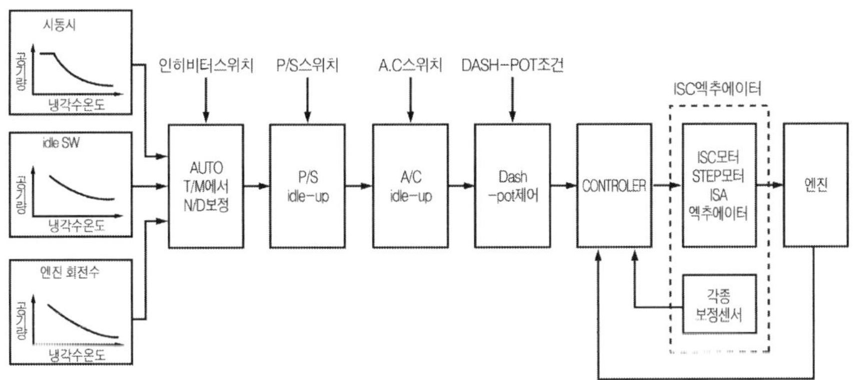

[그림5-23. 공전속도 제어 블록도]

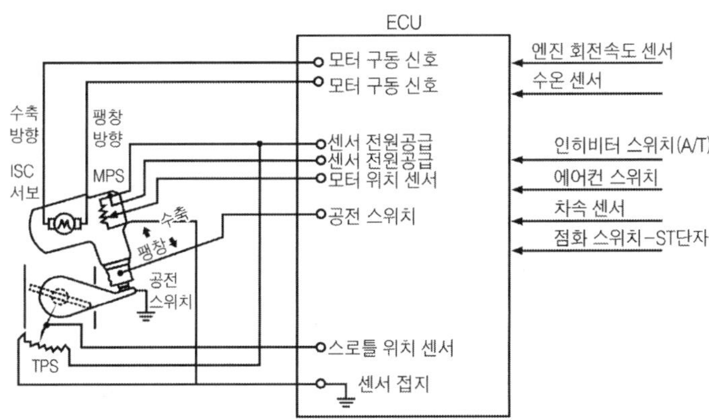

[그림5-24. 공전속도 제어 흐름도]

① 모터 위치센서(MPS ; Motor Position Sensor)

이 센서는 가변 저항방식이며, ISC-서보 내에 설치되어 있다. 모터 위치센서의 슬라이딩 핀(sliding pin)은 플런저 끝 부분에 접촉되어 플런저가 작동할 때 센서의 내부저항이 변화하므로 출력전압이 변화한다. 모터 위치센서에서 ISC-서보 플런저의 위치를 검출한 신호를 컴퓨터로 보내면 컴퓨터는 공전신호, 냉각수 온도, 부하신호, 모터 위치센서의 신호 및 주행속도 신호를 이용하여 스로틀 밸브를 제어하여 엔진 가동조건에 알맞은 공전속도로 제어한다.

② 공전스위치(idle switch)

이 스위치는 엔진이 공전상태임을 검출하여 이 신호를 컴퓨터로 보내어 ISC-서보를 작동시킨다. 공전스위치는 접점방식이며 ISC-서보의 끝 부분에 설치되어 스로틀 밸브가 닫혀 공전상태로 되면 ISC레버에 의해 푸시 핀(push pin)이 눌려 접점이 ON상태가 되고, 스로틀 밸브가 열려 엔진 회전속도가 증가하면 스프링 장력에 의해 OFF된다.

2) 스텝 모터 방식(step motor type)-바이패스 방식

스텝 모터 방식은 스로틀 밸브를 바이패스 하는 흡입 공기량을 컴퓨터의 디지털 신호 값에 의해 스텝 양을 제어하도록 되어 있다. 스로틀 보디에는 그림 5-24에 나타낸 바와 같이 스텝모터와 스로틀 밸브, FIAV(fast idle air valve)와 SAS(speed adjusting screw) 등 4개의 구성요소가 있으며, 이 4가지 구성요소의 작동에 따라 흡입 공기량이 제어된 후 흡기다기관으로 공급된다.

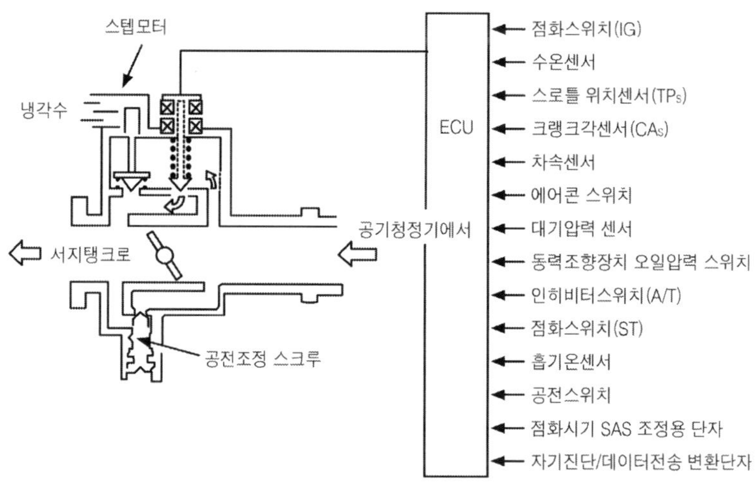

[그림5-25. 스텝모터와 공전제어 회로]

구조는 스텝모터와 핀틀(pintle, 밸브)로 구성되어 있으며, 스텝모터는 컴퓨터의 펄스신호에 따라 회전하고, 모터의 회전에 따라 핀틀이 신축하여 바이패스 하는 공기량이 제어된다. 스텝모터의 구조는 그림 5-26과 같은 구조로 되어 있으며, 컴퓨터로부터 1펄스신호에 따라 좌우방향으로 15°만큼씩 마그네틱 로터가 일정하게 회전하며, 이 회전에 따라 마그네트 축과 스크루로 연결된 핀틀의 길이가 줄어들

거나 바이패스 되는 공기량이 증감된다. 컴퓨터의 펄스 신호수(스텝 수)에 따라 증감되는 흡입 공기량은 그림 5-27과 같다.

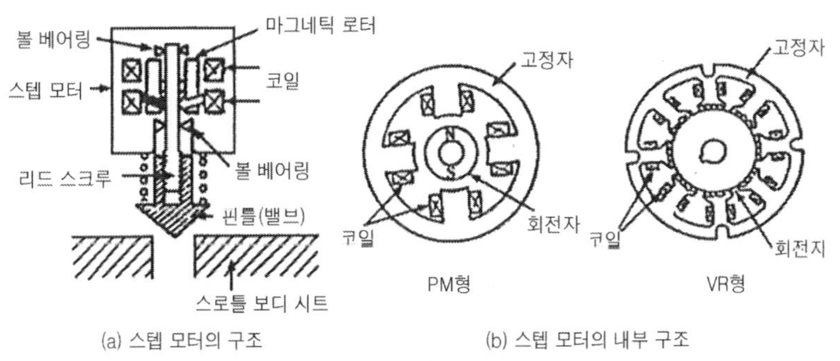

[그림5-26. 스텝모터의 구조]

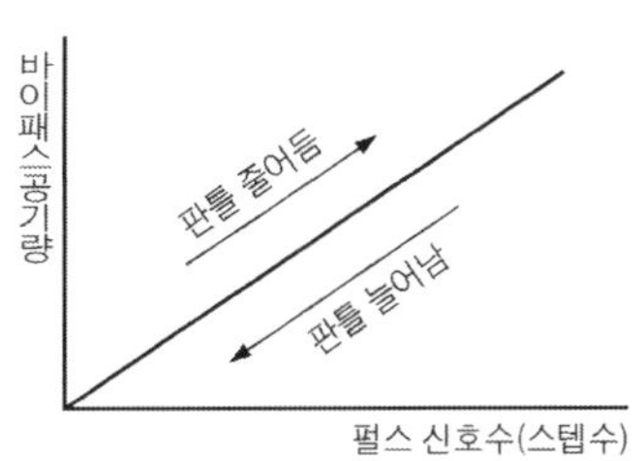

[그림5-27. 펄스신호와 바이패스 공기량]

FIAV는 엔진 냉각수 온도에 따라 추가공기를 공급하는 장치이며, 서모왁스(thermo wax)의 신축작용에 따라 작동한다. 냉각수 온도가 낮을 때에는 FIAV의 서모왁스가 수축하여 공기밸브를 통과하는 공기량이 증가하고, 냉각수 온도가 상승하여 약 50℃에 이르면 공기밸브는 완전히 닫혀 FIAV에 의한 추가 공기공급이 중단된다. SAS는 드라이버로 조정할 수 있도록 되어 있으나 공전할 때 흡입 공기량은 스텝모터에 의해 제어되므로 임의로 조정할 필요가 없다. 이것은 엔진을 제작할 때 공전스위치와 함께 정확히 조정되어 있다. 또 스로틀 밸브는 가속페달과 연결되어 작동되지만 스로틀 밸브의 비틀림을 방지하기 위해 약간 열어 놓은 위치에서 조정되어 있기 때문에 공전할 때에는 일정한 양의 공기가 스로틀 밸브를 통해 흡입된다. 스텝모터의 특징은 다음과 같다.

① 모터 위치센서의 피드 백(feed back)이 필요 없어 제어계통이 간단해진다.

② 컴퓨터에 의한 제어가 매우 쉽다.

③ 회전각도 오차가 누적되지 않는다.

④ 정지할 때 정지 회전력이 크다.

⑤ 브러시가 없어 신뢰성이 크다.

⑥ 직류전동기보다 능률이 떨어진다.

⑦ 출력 당 무게가 크다.

⑧ 특정 주파수에서 공진 및 진동현상이 일어난다.

3) 아이들 스피드 액추에이터 방식(ISA ; Idle Speed Actuator type)

아이들 스피드 액추에이터 방식도 바이패스 방식에서 주로 사용된다. 솔레노이드 코일에 흐르는 전류 값의 크기에 따라 발생하는 전자 흡입력에 의한 힘과 스프링 장력이 서로 평형을 이루는 위치까지 밸브를 이동시켜 공기 통로의 단면적을 제어하여 비례 솔레노이드 밸브이다. 직선운동 형식의 솔레노이드(linear solenoid)는 축 방향의 위치변화로, 회전운동 형식의 솔레노이드(rotary solenoid)는 회전방향의 위치변화로 공기통로의 단면적을 제어한다. 액추에이터 방식은 응답속도는 빠르나 작동력이 약하다.

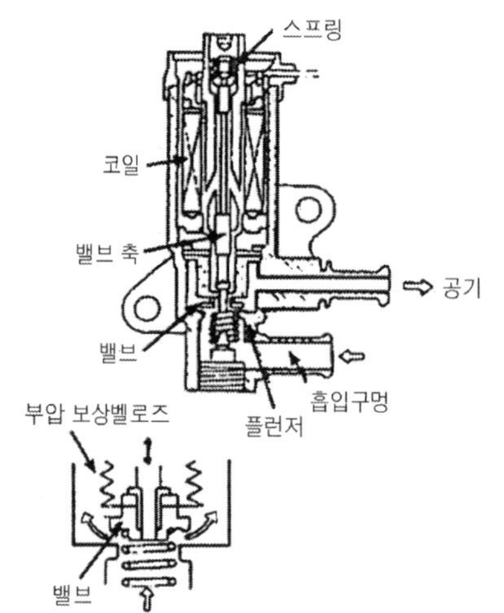

[그림5-28. 직선운동 형식 솔레노이드]

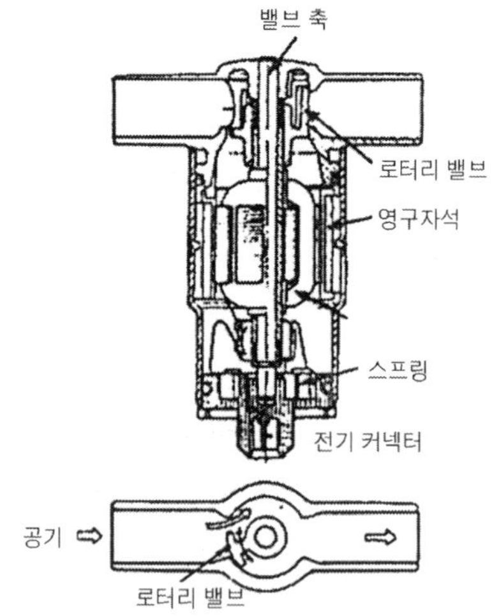

[그림5-29. 회전운동 형식 솔레노이드

2. 연료 공급계통

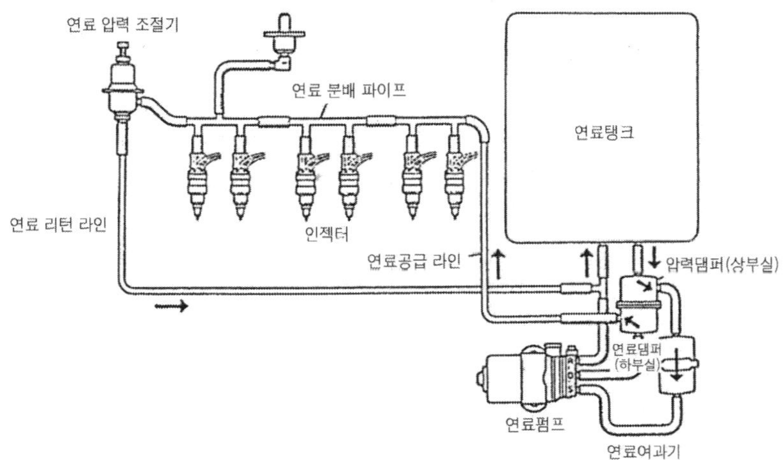

[그림5-30. 연료 공급계통의 구성]

[1] 연료펌프(fuel pump)

연료펌프는 전자력으로 구동되는 전동펌프(electronic pump)를 사용하며, 연료 탱크 내에 들어 있다. 연료 공급량은 엔진이 최대로 요구하는 연료량보다 더 많은 양을 계속 공급해 주어 연료계통 내의 압력을 일정한 수준으로 유지시켜 어떤 운전 조건하에서도 연료의 공급 부족 현상이 일어나지 않도록 한다. 그리고 연료펌프 내에는 연료 공급압력이 높을 때 작동하여 압력상승에 따른 연료의 누출 및 파손을 방지해주는 릴리프 밸브(relief valve)와 연료 펌프에서 연료의 압송이 정지되었을 때 연료계통 내의 잔압을 유지시켜 고온에서 베이퍼로크(vapor lock)를 방지하고 재시동 성능을 높여주는 체크밸브(check valve)를 두고 있다.

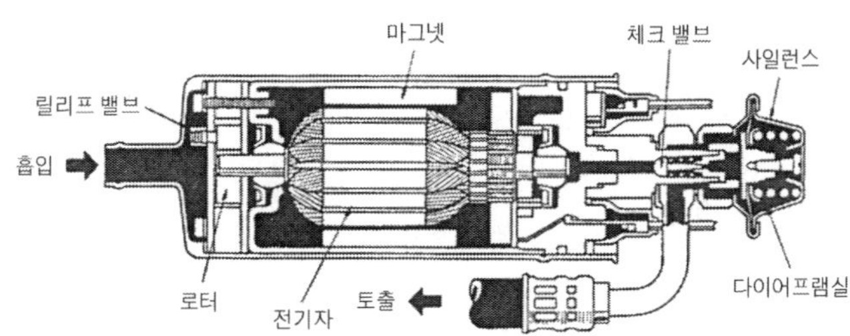

[그림5-31. 연료펌프의 구조]

[2] 분배파이프(delivery pipe)

분배파이프는 각 인젝터에 동일한 분사압력이 되도록 하며, 연료의 저장기능을 지니고 있다. 분배파이프의 체적은 인젝터에서 분사되는 연료량에 비례하므로 분사에 따른 파이프 내부 압력 변동이 없도록 하고 있다. 그리고 이 파이프에 각 인젝터들이 연결되어 있어 각각의 인젝터에 동일한 분사 압력이 되게 할 수 있으며 인젝터 설치도 쉽도록 해 준다.

[3] 연료압력 제어기(fuel pressure regulator)

연료압력 제어기는 연료계통 내의 압력을 제어해주는 장치이며, 분배파이프 앞 끝에 설치되어 있으며 연료계통 내의 압력을 2~3kgf/㎠로 유지시켜 주는 다이어프램 제어의 오버플로(over flow)형식이다. 내부는 2부분으로 나누어져 있으며, 한쪽에는 압축된 스프링이 들어 있으며, 흡기다기관 진공이 작동하도록 되어 있고, 다른 한쪽은 연료가 채워져 있다. 작동은 연료계통 내의 압력이 규정 값 이상 되면 다이어프램에 의해 제어되는 밸브가 열려 연료출구 포트를 연다. 이에 따라 규정압력 이상의 연료는 밸브를 통하여 연료탱크로 되돌아간다. 다이어프램에는 흡기다기관의 진공이 작용하므로 흡기다기관의 진공이 높으면 다이어프램을 당기는 힘이 강해져 연료탱크로 되돌아가는 연료량이 많아져 공급압력이 낮아진다. 이 작용으로 연료계통 내의 연료압력이 제어되며 인젝터에서 분사되는 압력을 항상 일정하게 해 준다.

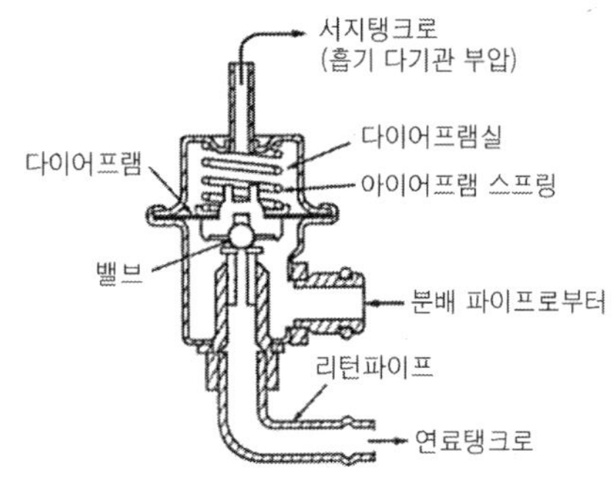

[그림5-32. 연료압력 제어기의 구조]

[4] 인젝터(injector ; 분사기 또는 분사밸브)

인젝터는 각 실린더의 흡입밸브 앞쪽에 1개씩 설치되어 각 실린더에 연료를 분사시켜 주는 솔레노이드 밸브이다. 인젝터는 컴퓨터로부터의 전기적 신호에 의해 작동하며 그 구조는 밸브 보디와 플런저(plunger)가 설치된 니들밸브로 되어 있다. 솔레노이드 코일에 전류가 흐르지 않을 경우 니들 밸브는 스프링의 장력에 의해 밸브시트에 밀착되어 연료분사를 차단하고, 솔레노이드 코일에 전류가 흐르면 솔레노이드 코일이 니들밸브를 들어 올려 연료가 원통형의 분사구멍에서 분사된다. 인젝터의 분사각도는 10~40°정도이며, 분사시간은 1~1.5ms(ms=1/1,000sec), 분사압력은 2~3kgf/㎠이다. 초기의 L-제트로닉에서는 저항 값이 0.6~3Ω/20℃ 정도의 낮은 저항(低 抵抗)인젝터를 주로 사용하였으며 일반적으로 전압 구동 회로 또는 전류 구동 회로와 연결되어 사용된다. 최근에는 저항 값이 12~17Ω/20℃ 정도의 높은 저항(高 抵抗) 인젝터를 많이 사용한다.

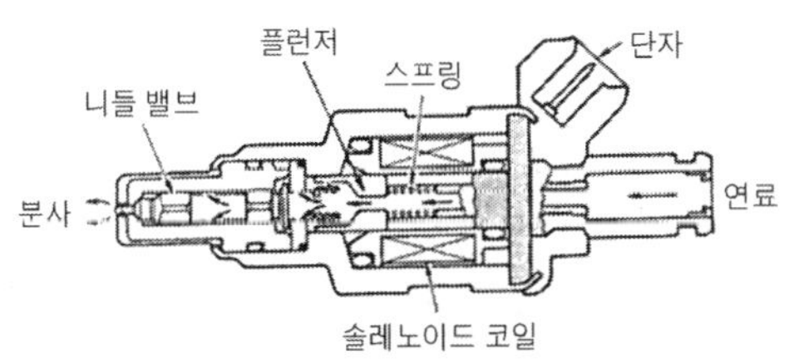

[그림5-33. 인젝터의 구조]

(1) 전압 제어방식의 인젝터

이 인젝터의 전기회로는 그림 5-34에 나타낸 바와 같으며 인젝터에 직렬로 저항을 넣어 전압을 낮추어 제어하는 것이 특징이다. 점화스위치를 ON으로 하면 저항→인젝터→컴퓨터로 통전된다. 컴퓨터의 연료 분사신호는 파워트랜지스터의 베이스로 전류가 흘러 트랜지스터가 ON되면 인젝터가 접지 회로를 구성하므로 인젝터에 전류가 흘러 연료가 분사된다.

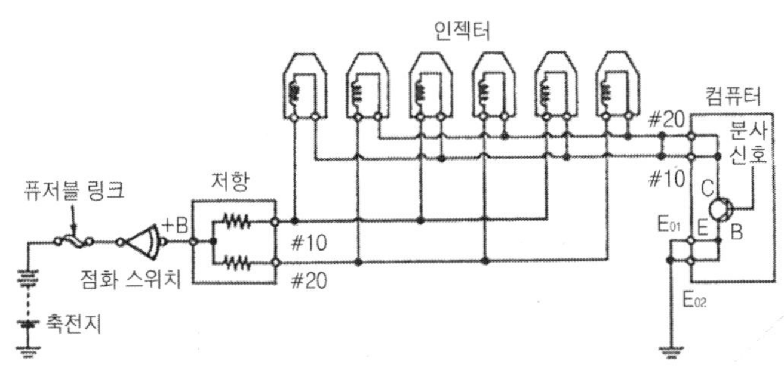

[그림5-34. 전압 제어방식 인젝터의 전기회로]

(2) 전류 제어방식의 인젝터

이 인젝터는 저항을 사용하지 아니하고 인젝터에 직접 축전지 전압을 가해 인젝터의 응답성을 향상시키는 것으로 통전 시간은 전압 제어방식과 마찬가지로 컴퓨터에서 제어한다. 인젝터 전류제어는 플런저가 흡입될 때 큰 전류가 흘러 흡입을 향상시키며, 분사 응답성을 높여 무효 분사시간을 단축시킨다. 그리고 플런저 유지 상태에서는 작은 전류로 만들어 인젝터 솔레노이드 코일의 발열을 방지함과 동시에 전류소비를 적게 한다.

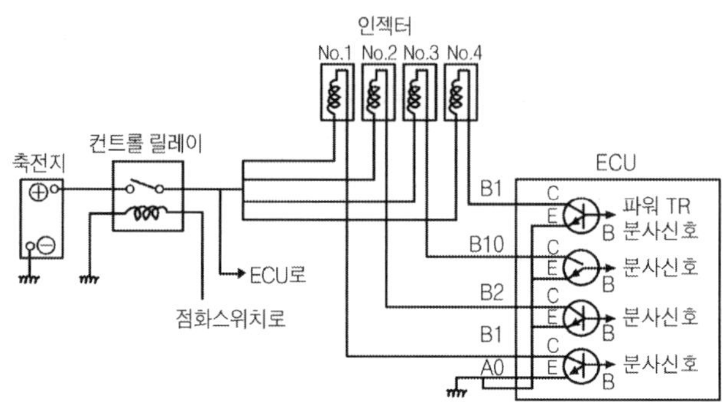

[그림5-35. 전류 제어방식의 인젝터의 전기회로]

3. 제어 장치(制御裝置)

[1] 컨트롤릴레이(control relay)

컨트롤릴레이는 컴퓨터를 비롯하여 연료펌프, 인젝터, 공기유량센서(칼만와류 방식의 경우) 등에 축전지 전원을 공급하는 전자제어 연료 분사장치 엔진의 주 전원 공급 장치이다.

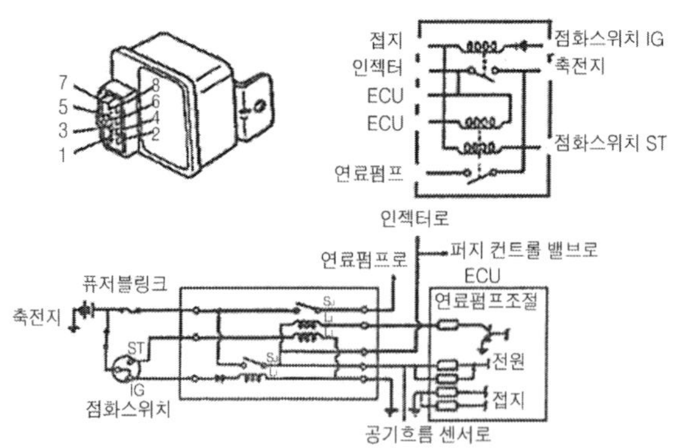

[그림5-36. 컨트롤릴레이의 구조]

컨트롤릴레이는 2중 코일이 감긴 1개의 릴레이와 1개의 코일이 감긴 릴레이 및 다이오드로 구성되어 있다. 점화스위치를 ON으로 하면 다이오드와 릴레이 L_3를 거쳐 ④번 단자를 거쳐 접지가 되면 S_2접점이 접촉하여 축전지에서 전원이 인젝터로 공급된다. 시동을 걸면 L_2코일의 여자로 접점 S_1이 접촉하여 연료펌프가 구동된다. 엔진이 시동되어 점화스위치를 놓으면 컴퓨터에 의해 L_1코일이 여자되어 연료펌프가 계속 작동된다.

[2] 컴퓨터(ECU ; Electronic Control Unit)

(1) 컴퓨터의 개요

각종 센서들의 측정값은 컴퓨터로 입력되고, 입력된 측정값은 각종 연산 및 처리를 통하여 제어한다. 컴퓨터(micro computer)는 엔진제어에서 연료 분사제어, 공연비 제어, 점화시기 제어, 공전속도 제어, 배기가스 제어, 연료펌프 제어, 페일세이프(fail safe), 자기진단, 통신 등 다양한 제어기능을 수행한다. 엔진제어에 사용되는 컴퓨터도 일반적인 컴퓨터의 구성과 같다. 즉, 입력 및 출력장치, 연산 및 제어기능을 하는 프로세서(processer), 기억장치(memory) 등으로 구성된다. 그림 5-37은 엔진 제어용 컴퓨터의 내부구성 예를 나타낸 것이다. 컴퓨터는 입력장치로부터 전압신호(입력신호)를 받는다. 입력장치는 계기판의 버튼, 스위치 또는 엔진에 장착된 각종의 센서가 된다.

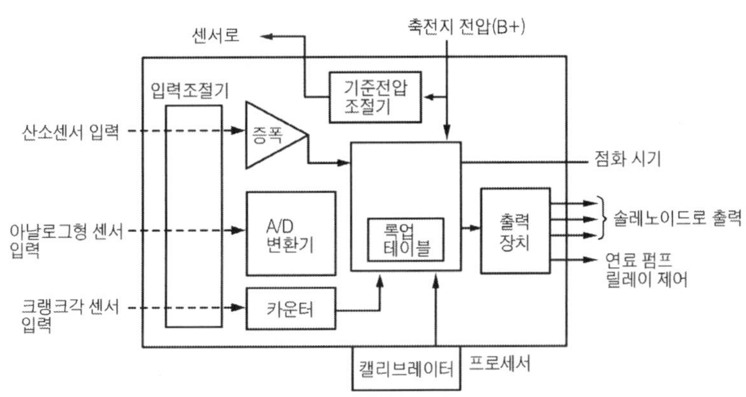

[그림5-37. 컴퓨터의 내부구성]

그림 5-38의 (a)는 컴퓨터에 입력되는 기본적인 입력신호의 예를 나타내었다. 컴퓨터는 이 신호를 사용하기 전에 입력신호를 적절히 조절한다. 즉, 미세한 신호의 증폭, A/D (Analog/Digital)변환, 노이즈(noise) 제거, 전압수준 조정 등의 처리과정을 거쳐 입력 데이터를 만든다. 프로세서에 입력된 데이터는 기억장치에 저장된 프로그램의 명령에 따라 다양한 산술 및 논리 연산과정을 거치고, 일부는 기억장치에 저장되며, 최종출력은 그림 5-38의 (b)와 같은 형태로 출력장치에 보내어 액추에이터를 구동한다.

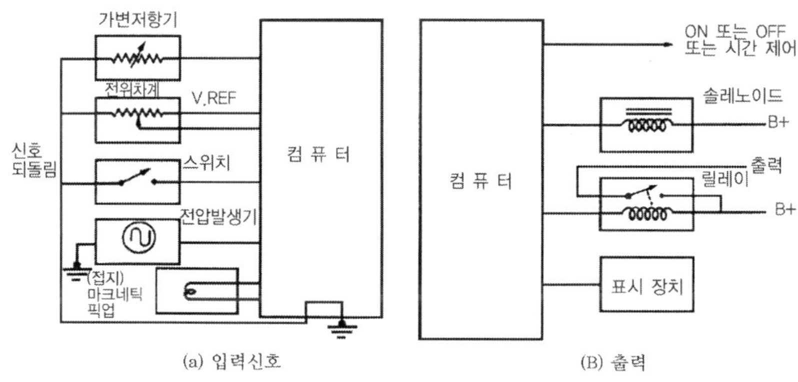

[그림5-38. 컴퓨터의 입력 및 출력신호]

컴퓨터는 제어 및 입·출력 과정을 통하여 주위의 다른 컴퓨터와 통신기능을 수행한다. 그림5-39는 차체제어 컴퓨터(Body control Module)와 주위의 다른 전자제어 컴퓨터 사이의 신호를 공유하는 통신기능의 예를 나타낸 것이다.

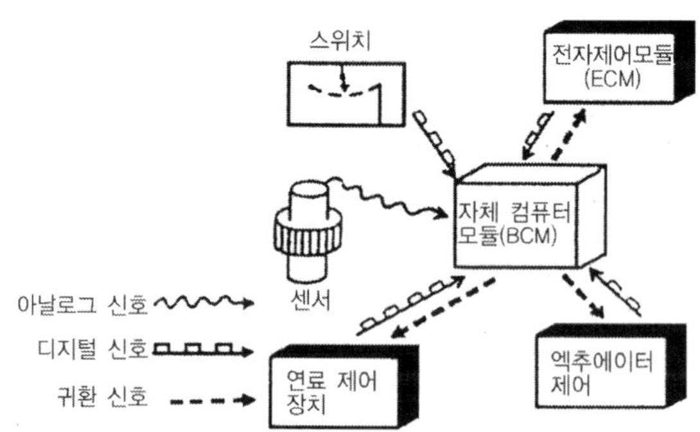

[그림5-39. 컴퓨터의 통신 기능의 예]

(2) 컴퓨터의 작동

그림 5-40은 자동차에 사용된 컴퓨터의 작동 예이다. 컴퓨터가 작동하는 동안 마이크로프로세서가 모든 것을 제어한다. 마이크로프로세서의 클럭(clock)은 모든 컴퓨터의 작동시간에 맞게 수행하기 위하여 전압펄스를 발생한다. 또 컴퓨터가 어떤 형태의 기능을 수행하기 위해서는 그 컴퓨터에 프로그램을 하여야 하며, 프로그램은 컴퓨터를 제작할 때 ROM(Read Only Memory)에 저장된다. 마이크로프로세서는 적당한 순서로 각각의 프로그램 명령을 읽어내도록 ROM에 지시한다. ROM은 일반적으로 프로그램뿐만 아니라 기준 데이터도 포함하고 있으며, 이들 데이터는 측정된 양들이 서로 비교되어 결정될 수 있도록 서로 구성되어 있다. 컴퓨터는 제어할 기능이 많으면 많을수록 ROM에 포함시켜야할 기준 데이터가 많아진다.

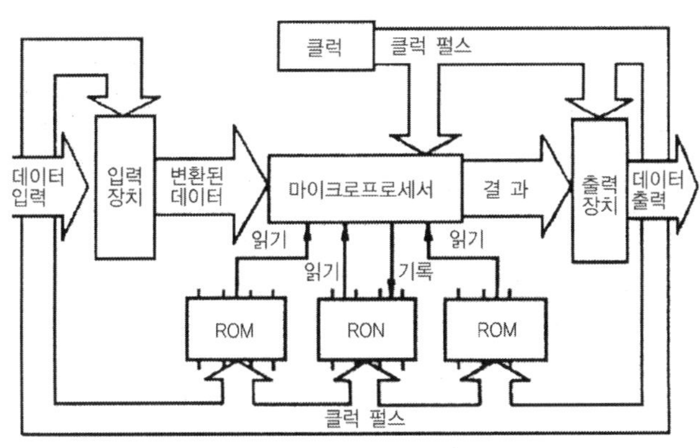

[그림5-40. 컴퓨터의 작동 예]

센서로부터 받아들인 정보는 입력 장치에 의하여 컴퓨터가 처리할 수 있는 형태로 변환되고, 마이크로프로세서에 공급된다. 마이크로프로세서는 입력 신호를 표준화하고 계산을 수행하여 기준 데이터와 비교하며, ROM에 저장된 프로그램을 기초로 하여 최종 결과를 결정한다. 이 때 RAM(Random Access Memory)은 데이터를 일시적으로 저장하기 위하여 사용된다. 프로그램의 최종 결과는 출력 장치로 보내지며, 출력 장치는 액추에이터를 작동할 수 있도록 신호 변환을 한다. 그림 5-41은 엔진 제어의 플로차트(flow chart)이다. 실제로 사용되는 것은 매우 복잡하게 되어 있지만, 기본적인 기능을 개념적으로 간단히 나타낸 것이다. 센서 신호와 스위치 신호가 입력되면서 시작하여 엔진을 시동할 때의 제어, 공전할 때의 제어를 하며, 연료 분사량과 점화시기 등을 연산하여 적절한 시기에 각각의 액추에이터에 출력 신호를 보낸다. 또 센서의 아날로그 신호를 처리하기 위하여 A/D 변환처리를 한다.

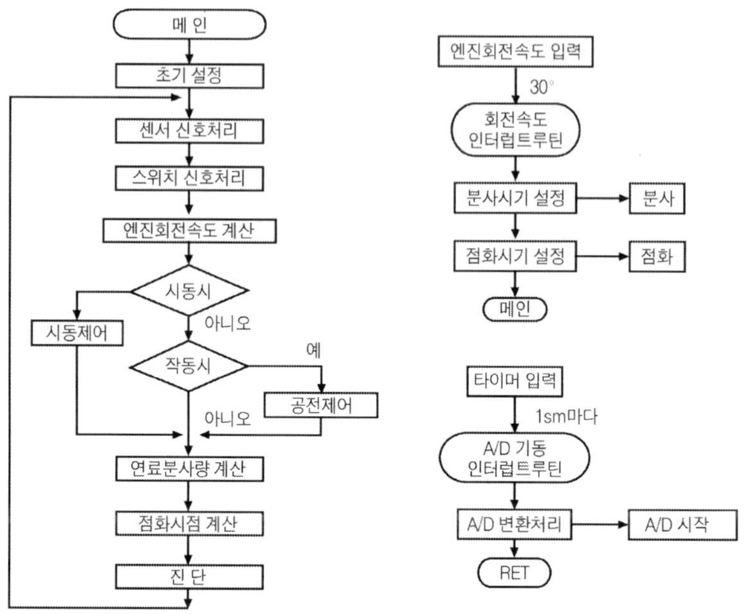

[그림5-41. 엔진제어 플로차트]

(3) 학습제어(Adaptive Learning)

학습제어는 엔진의 가동상태를 모니터(monitor)하고 있는 센서 등의 신호에 의해 엔진의 상태, 부품의 성상, 흐트러짐, 열화상태, 사용연료, 기상조건 등과 같은 엔진의 제어성능에 관계되는 변수를 기억하고, 그 기억 값에 따른 최적의 제어상수를 설정하는 것이다. 학습제어는 공연비 보정, 노크제어, 공전속도 제어 등에서 사용되며, 컴퓨터는 룩업 테이블(look-up table)에 있는 정보를 조금씩 조정하여 적응 학습제어를 실행한다. 예를 들어 연료분사 장치의 인젝터가 부분적으로 막힌 경우 컴퓨터는 인젝터로 보내는 신호의 펄스폭을 조정한다. 즉, 인젝터 열림 시간을 길게 하여 감소된 연료 분사량을 보상한다. 그림 5-42는 공연비 룩업 테이블에 의한 적응 학습 수정계수를 나타낸 것이다. 테이블은 흡기다기관 압력과 엔진 회전속도를 기초로 하여 만들어지며, 수정은 테이블에 있는 수에 대한 승수이다.

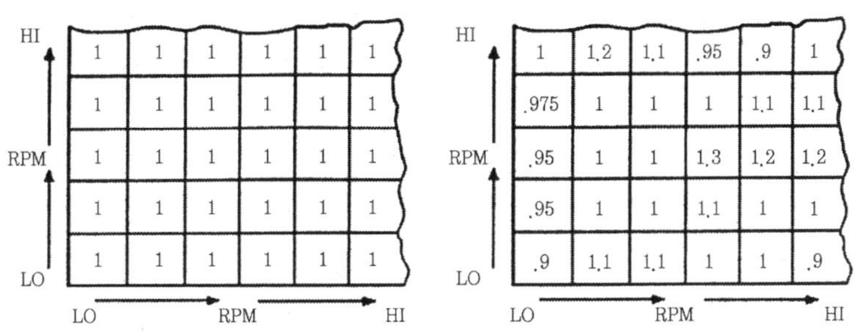

[그림5-42. 공연비 학습제어의 예]

만약, 엔진이 설계된 대로 정확하게 작동을 하고 있다면 룩업 테이블은 변화가 없을 것이다. 그러나 변화가 필요하다고 판단되면 그림 5-42에서처럼 필요한 영역에서 승수가 조정된다. 따라서 어떤 영역에서는 공연비가 증가할 것이며, 어떤 영역에서는 감속될 것이다. 학습 값은 KAM(Keep Alive Memory)에 저장된다. 이것은 축전지 단자기둥의 케이블을 분리하면 학습한 정보가 손실된다. 따라서 적당한 기능을 회복하기 위해서는 축전지 단자기둥의 케이블을 연결한 후 얼마 동안의 주행으로 다시 학습시켜야 한다.

(4) 자기 진단기능(Diagnostics)

엔진제어 컴퓨터는 장치 내의 문제를 진단할 수 있으며, 문제가 있으면 계기판의 결함 지시등이나 체크 엔진램프(CHECK ENGINE LAMP)를 점등한다. 이것은 운전자에게 엔진을 정비하여야 된다는 것을 경고하는 것이다. 컴퓨터는 정상적으로 작동하는 차량에서 나타나는 데이터를 인식하도록 프로그램 된다. 즉, 컴퓨터는 여러 가지 센서의 출력을 모니터하고, 센서에 의해 산출된 데이터를 처리한다. 각 센서로부터의 데이터는 컴퓨터가 인식하는 어떤 범위의 값을 가진다. 만약 센서가 불량이면 센서의 데이터가 정상 값 범위를 벗어나게 되고, 컴퓨터는 이 값을 인식하도록 프로그램 되고 기억장치에 코드 된 메시지(message)를 기억시켜 둔다. 메시지는 서비스코드 또는 고장코드라고 부르는 수의 형태이다. 서비스 코드는 KAM에 정장되며, 정비사는 이 코드를 검색하여 엔진을 정비한다. 서비스 코드를 검색하는 방법은 일반적으로 진단 단자를 접지 시키는 경우와 진단 테스터를 사용한다.

(5) 백업(Back Up) 기능

엔진제어 장치에서 어떤 결함이 발견되면 체크 엔진램프를 점등하고, 서비스 코드를 세팅하게 되며, 컴퓨터는 백업이나 페일 세이프 모드(fail safe mode)를 실행한다. 이 모드는 제한된 작동전략, 림프 인 모드(limp-in mode), FMEM(Failure Mode Effects Management)전략 등 다양한 이름으로 표현된다. 백업 모드에서 컴퓨터는 대개 고정된 점화시기와 연료 분사시간을 제공한다. 따라서 구동성능에는 어느 정도 영향을 미치지만 차량을 정비하기 위하여 가까운 정비 업소까지는 운행할 수 있다.

(6) 직렬 데이터 전송(Serial dater Transmission)

직렬 데이터는 한 비트의 데이터가 다른 한 비트의 데이터 후에 보내지는 것을 의미하며, 이것은 컴퓨터 사이 또는 컴퓨터 시스템에서 각 장치들 사이에서 데이터를 주고받을 때 사용한다. 이때 데이터가 전송되는 비율을 보드 레이트(baud rate)라 한다.

(7) 전압조정기(voltage Regulator) 및 컴퓨터 접지 회로

컴퓨터 회로가 정상적으로 작동하기 위해 일정한 전압의 공급이 요구되며, 컴퓨터가 센서에 보내는 기준 전압도 항상 일정하게 유지하는 것이 중요하다. 그러나 자동차 배터리의 전압은 축전지의 부하와 충전상태, 주위의 환경에 따라 변화한다. 따라서 컴퓨터에 의해 공급된 기준 전압을 항상 일정하게 유지하기 위해 대부분의 컴퓨터는 전압조정기를 내장하고 있다. 또 컴퓨터가 적절히 작동하기 위해서는 접지회로에서 전압강하가 없어야 한다. 즉 접지는 일정하게 0V가 되어야 하며, 이것을 확실하게 하는 방법은 절연 접지를 하는 것이다. 이것은 접지선을 축전지 (-)단자기둥에 바로 연결하며, 다른 장치와 접지선을 공유하지 않는다는 것을 의미한다.

(8) 점화를 OFF하였을 때 컴퓨터의 작동

자동차에서 컴퓨터는 점화스위치를 OFF로 하였을 때 KAM을 위하여 축전지로부터 전류를 공급받으며, KAM을 제외한 컴퓨터 회로는 점화스위치를 OFF로 하였을 때에는 작동하지 않는다. 이 전류는 축전지의 방전을 방지할 수 있을 정도로 매우 적은 양이지만, 자동차를 장시간 작동하지 않을 경우에는 축전지를 방전시킬 수도 있다. 일부의 자동차에서는 점화스위치가 OFF되었을 경우에도 컴퓨터가 작동되어야만 하는 경우도 있다. 예를 들어 도어(door)가 열릴 때에는 커티시 라이트(courtesy light)가 점등되며, 이것은 컴퓨터에 의해 작동된다. 따라서 점화스위치가 OFF된 경우에도 컴퓨터회로가 계속 작동하면 축전지가 지나치게 소모될 가능성이 있다. 따라서 이런 경우의 장치는 축전지 방전을 방지하기 위해 웨이크 업(wake up)기능을 지니고 있다. 즉, 컴퓨터 회로가 OFF되어 있으면 전류는 흐르지 않으나, 컴퓨터가 웨이크 업 신호를 받으면 마이크로프로세서는 기억된 프로그램을 작동하기 시작한다.

(9) 컴퓨터(ECU)의 제어기능

1) 연료분사 제어

① 엔진 회전속도와 흡입 공기량에 알맞은 기본 분사량 제어

② 난기운전 전후 연료 분사량 제어

③ 가속 및 감속에서의 연료 분사량 증감제어

④ 피드백 공연비 제어

⑤ 인젝터 구동시간 및 연료 공급 차단제어

2) 점화시기 제어

① 기본 점화시기 제어

② 점화시기 보정 제어(시동할 때, 공전, 주행상태, 촉매컨버터를 가열할 때 점화제어)

③ 노크제어 및 시동할 때 제어

3) 공전속도 제어

① 시동할 때 제어

② 패스트 아이들 제어

③ 공전 보상제어

④ 대시포트 제어

4) 캐니스터의 PCSV 제어

냉각수 온도(난기운전 전후)와 엔진 회전속도에 따라 PCSV(purge control solenoid valve) OFF제어

5) 메인 릴레이 제어

점화스위치를 ON-OFF할 때의 제어

6) 연료펌프 릴레이 제어

점화스위치를 ON-OFF할 때 연료펌프 구동 제어

7) 에어컨 릴레이 제어

엔진 시동 및 가속할 때 에어컨 압축기 OFF제어

8) 자기진단 및 고정통제 기능

각종 센서의 고장을 사전에 진단하여 경고등으로 알려주거나 고장이 발생하였을 때 페일 세이프(fail safe)하는 기능

[3] 연료 분사량 제어

(1) 연료 분사량 제어의 개요

연소에 필요한 연료 분사량은 각종 센서로부터 입력된 신호를 근거로 컴퓨터가 연산한 후 인젝터로 흐르는 전류를 제어하여 결정된다. 즉, 연소실 내에서 1회 연소에 필요한 연료 분사량은 컴퓨터가 인젝터를 작동하는 시간에 의해 결정되며, 인젝터가 작동하는 연료 분사시간은 1회 흡입행정으로 연소실 내에 흡입되는 공기질량을 기초로 연산한다. 1회의 흡입행정으로 연소실 내에 흡입되는 공기량은 공기유량센서, 흡기온도 센서, 대기압력 센서의 입력신호와 엔진 회전속도 신호를 근거로 계산하여 결정된다. 즉, 1회 연소에 필요한 연료량은 실린더 내로 흡입되는 공기량과 목표 공연비에 맞추어 연료를 분사한다.

$$\text{목표 공연비} = \frac{\text{1회의 흡입행정으로 연소실 내에 흡입되는 공기질량}}{\text{1회 연소에 필요한 연료질량}}$$

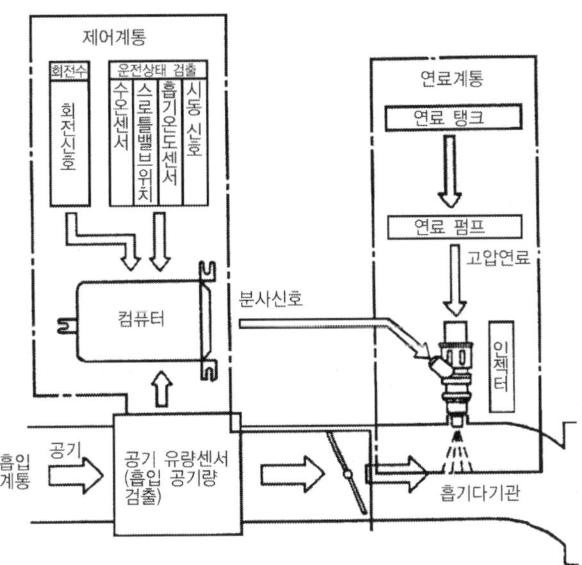

[그림5-43. 연료장치의 구성도]

목표 공연비는 엔진의 출력성능, 응답성능, 배기가스 정화능력, 연료의 경제성 등을 고려하여 컴퓨터가 결정한다. 그리고 엔진 시동 등 특수한 운전조건을 제외하면 연료 분사시간은 흡입 공기량 신호에 의해 기본 분사시간과 연료 분사량 보정시간 및 인젝터 무효 분사시간으로 결정한다.

즉, 연료 분사시간 = 기본 분사시간 + 기본 분사시간의 보정계수 × 인젝터 무효 분사시간

인젝터의 기본 분사시간은 일반적으로 이론 공연비를 맞추기 위한 분사시간이고, 분사시간의 보정계수는 엔진의 작동상태에 따른 공연비를 맞추기 위해 추가로 공급되는 연료량이다.

(2) 연료분사 제어방법

MPI(multi point injection)엔진은 흡입밸브 입구에 설치된 각각의 인젝터에 의해 연료가 분사되며, 인젝터 구동시기와 구동시간은 공기유량센서(AFS, 흡입 공기량) 및 크랭크 각 센서(CAS, 엔진 회전속도)의 출력을 근거로 컴퓨터에서 계산된 신호에 따라 결정된다. 인젝터는 크랭크 각 센서의 출력신호 및 공기유량센서의 출력 등을 계산한 컴퓨터의 펄스신호에 의해 구동된다. 분사횟수는 크랭크 각

센서의 신호에 비례하고, 연료 분사량은 흡입 공기량에 비례한다. 따라서 1실린더 1회 연료 분사량이 결정되면 공연비가 결정되므로 공연비는 보정계수에 따라 조정된 시간에 의해 제어된다.

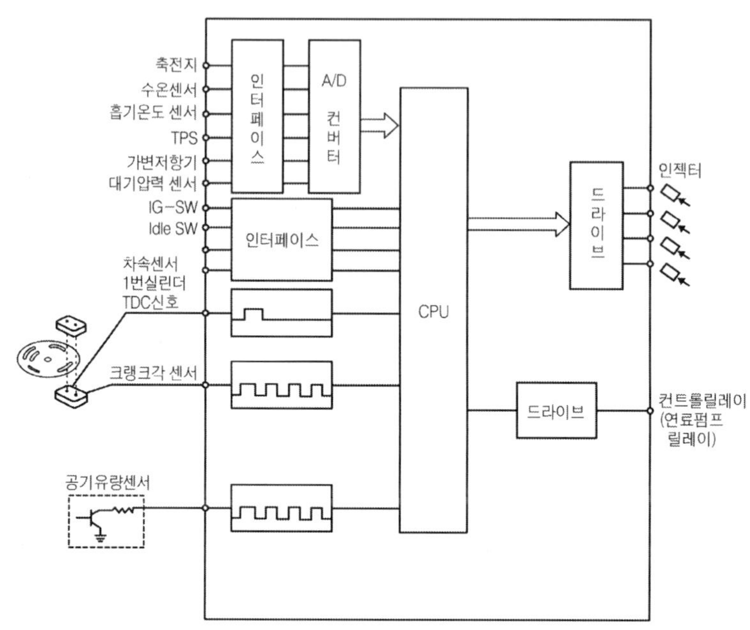

[그림5-44. 컴퓨터 연료분사 제어의 구성]

그리고 엔진을 운전하는 모드(mode)에 따라 다음과 같은 분사방법이 있다.

1) 동시분사

엔진을 시동할 때에는 회전속도가 낮고 혼합가스의 활성화도 낮기 때문에 혼합가스를 농후하게 하지 않으면 처음 폭발을 일으킬 수 없다. 따라서 시동을 할 때에는 모든 인젝터를 동시에 개방하여 시동에 필요한 농후한 혼합가스를 공급하는 분사방식이다.

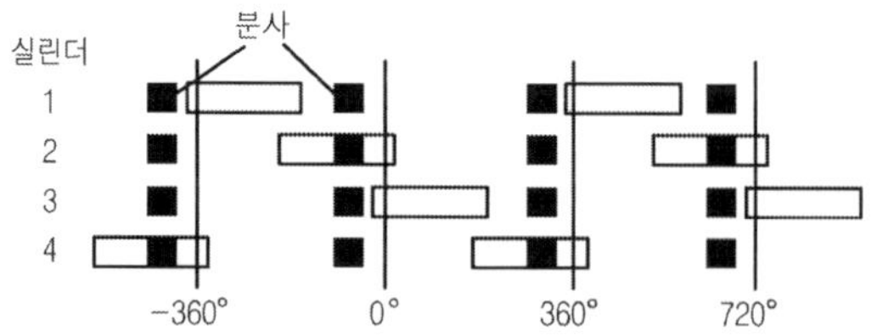

[그림5-45. 동시분사]

2) 동기분사(순차분사)

동기분사는 엔진 회전속도를 검출한 크랭크 각 센서의 신호에 따라 각 실린더의 배기 행정 말기에 동기하여 순차적으로 분사하는 방법이며, 일반적인 주행 중에는 동기분사가 이루어진다. 1번 실린더 상사점 센서의 신호는 동기분사의 기준신호로 이용되며, 이 신호로부터 엔진 회전속도와 동기하여 1-3-4-2순서로 1회씩 연료가 분사된다.

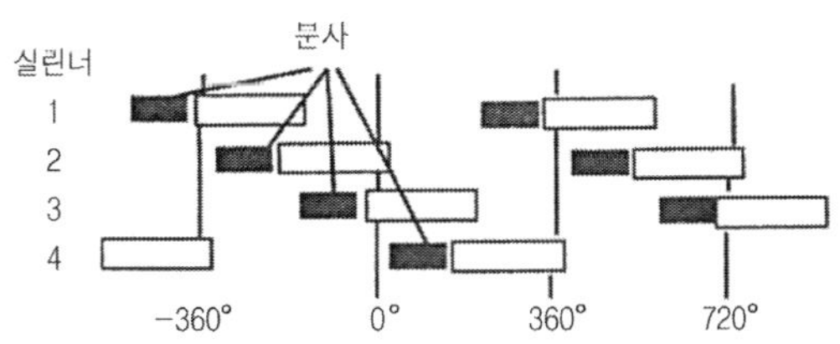

[그림5-46. 동기분사]

3) 비동기 분사

엔진 운전 중에 급가속을 하면 흡입공기는 순간적으로 많이 공급되지만 연료공급부족으로 실화를 일으킬 수 있다. 따라서 예전의 기화기 형식에서는 가속펌프를 설치하여 대응하였으나, MPI엔진에서는 정상적인 동기분사 과정에서 추가로 2개의 인젝터를 개방시켜 농후한 혼합가스를 공급한다. 즉, 공전스위치가 OFF상태(공전상태가 아님을 판단)에서 스로틀 밸브의 열림 변화율이 규정 값과 같거나 클 때에는 그 순간 ON되어 있는 인젝터와 인접한 인젝터가 동시에 개방되어 보다 농후한 혼합가스를 공급한다. 예를 들면 그림 5-47에서 1번 실린더의 인젝터가 개방된 시간에 급가속이 이루어졌다고 가정할 때 1번과 3번 실린더용 인젝터는 급가속이 이루어진 구간동안 비동기 분사를 한다.

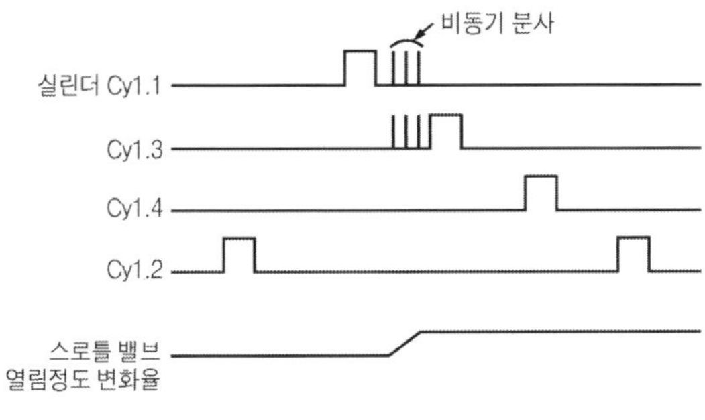

[그림5-47. 비동기 분사]

(3) 연료 분사량 보정

1) 기본 분사량

연료 기본 분사량은 크랭크 각 센서로부터의 회전속도 신호와 공기유량센서로부터의 실린더 내로 흡입되는 공기량 신호를 근거로 컴퓨터가 결정한다.

2) 연료 분사량 보정

기본 분사량은 연소실 내에서 이론 공연비로 연소가 될 수 있도록 실린더 내로 흡입되는 공기량과 엔진 회전속도에 의해 결정되나 주행상태, 운전상태, 부하상태, 연료소비량, 배기가스 등에 따라 엔진을 최적의 상태로 작동시키기 위해서는 기본 분사량 이외에 추가적인 연료 분사량 보정이 이루어져야 한다. 따라서 컴퓨터는 각종 센서로부터 주행상태 및 부하상태를 센서로부터 입력되는 신호를 근거로 분사 보정량을 결정한다.

연료 분사량 보정 = 기본 분사량 + 보정 연료 분사량

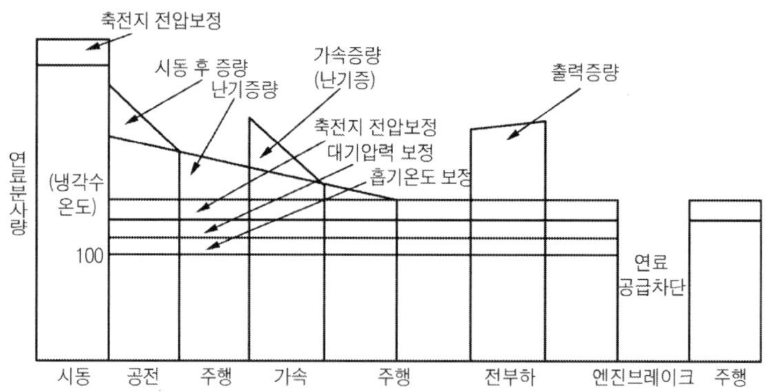

[그림5-48. 운전조건에 따른 연료 분사량 보정]

① 시동 보정

엔진이 냉각된 상태에서 시동을 할 때에는 인젝터로부터 연료는 흡입밸브 및 실린더 벽의 냉각 때문에 연료의 안개화 성능저하로 인한 연소상태의 불량과 흡기다기관의 냉각으로 인해 연료가 흡기다기관 벽에 부착되어 발생하는 액체 막 형성 등으로 연소에 필요한 연료보다 적은 양의 연료가 연소실에 공급되므로 시동성능이 저하된다. 이와 같은 시동에서 시동성능을 향상시키기 위해 기본 분사량에 연료를 추가로 공급하는 것을 시동 보정이라 한다. 시동할

때 연료 분사량은 흡입 공기량과 엔진 회전속도에 의해 결정되는 기본 분사량보다는 기동전동기의 작동신호나 일정 회전속도 이하의 신호를 근거로 컴퓨터에서 결정된 시동 연료 분사보정에 의해 연료가 분사된다.

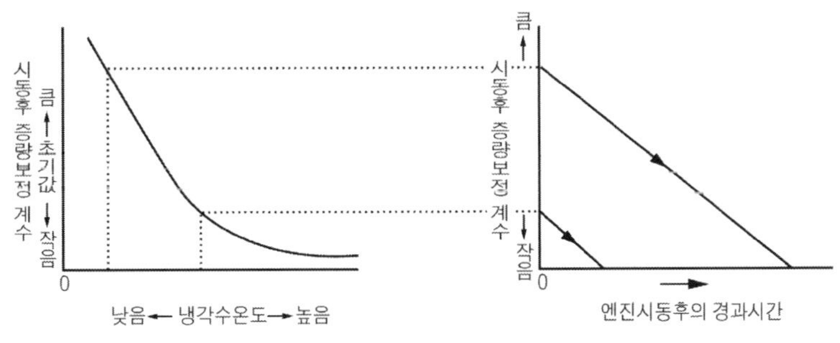

[그림5-49. 시동할 때 연료분사 특성]

② 고온상태에서의 보정

자동차가 고속으로 주행한 직후 정지할 때에는 엔진룸(engine room)으로 주행 중 받던 바람이 없으므로 엔진룸 내의 연료온도는 약 80~100℃까지 상승하지만, 자동차가 주행할 때에는 주행 중에 받는 바람으로 인하여 엔진룸 내의 연료온도는 약 50℃정도로 유지된다. 연료의 온도가 상승하여 80~100℃가 되면 인젝터나 연료 분배파이프 내의 연료가 끓기 시작하여 기포가 발생한다. 연료라인의 연료에서 기포가 발생하면 인젝터에서 분사되는 연료에 기포가 함유되므로 연료 분사량이 감소되어 연소실 내의 혼합 가스는 희박해진다. 따라서 연료가 끓어 기포가 발생되어 혼합가스가 희박해지는 현상을 방지하기 위해서는 냉각수 온도가 100℃이상의 높은 온도상태에서는 연료 분사량을 보정한다.

③ 가속 또는 감속할 때 보정

자동차를 가속하거나 또는 감속할 때 기본 분사량만으로는 엔진의 성능이 최적화 될 수 없기 때문에 기본 분사량에서 감속할 경우에는 혼합가스를 희박하게, 가속을 때에는 혼합가스를 농후하게 보정해주어야 한다. 만약, 엔진이 가속을 하거나 감속할 때 연료 분사량을 보정하지 않으면 순간적인 엔진 가동정지, 서징(surging)현상 발생, 그리고 역화(back fire) 연상 및 유해 배출가스의 발생이 증가한다.

④ 가속 보정

엔진이 정상적으로 작동할 때 인젝터는 약 2.55kgf/㎠의 압력으로 흡기다기관 내에 연료를 분사하며, 이 연료의 대부분은 흡기다기관 및 흡입밸브 주변에 부착된다. 가속 보정량은 엔진에 가해지는 부하상태와 냉각수 온도에 따라 변화한다. 그리고 엔진의 부하상태에 따라 흡기다기관 내의 압력도 변화한다. 즉, 감속할 때에는 흡기다기관 내에는 높은 진공도가 형성되며, 가속을 할 때에는 낮은 진공도가 형성되므로 흡기다기관 내의 압력은 엔진의 부하상태에 따라 변동된다. 이에 따라 부하상태에 따른 연료 보정량은 흡기다기관 내의 압력이 높을수록 부착된 연료의 기화속도가 늦어지기 때문에 연료의 부착정도는 증가하여 공연비가 희박해지는 것을 방지하도록 연료를 보정한다. 또 같은 부하상태의 가속이라도 냉각수 온도가 낮을수록 가속 보정량은 커진다.

⑤ 감속 보정

엔진의 회전속도가 일정한 상태에서 주행 중 감속할 경우 스로틀 벨브가 닫히므로 연소실 내로 흡입되는 공기량은 급격히 감소한다. 그러나 인젝터에서는 연료가 분사되며, 흡입다기관 내의 압력은 낮아져 흡기다기관과 흡입벨브 주변에 부착된 연료는 기화가 촉진되어 가속상태와는 반대로 연소실 내의 공연비가 농후해 진다. 이런 경우 연소실 내에서 연료가 완전 연소되지 못하여 엔진의 출력저하 및 촉매컨버터에의 2차 연소로 인한 과열현상 발생과 미 연소가스인 탄화수소(HC)가 과다하게 발행한다. 컴퓨터는 이런 현상의 발생을 방지하기 위하여 스로틀 벨브가 닫혔을 경우 스로틀 위치센서의 공전접점이 닫힌 상태에서 엔진 회전속도가 규정 값(약 1,600~2,000rpm)이상일 경우 인젝터에서 연료 분사량을 줄이거나 중지시켜 연료 절약과 탄화수소의 과다한 발생 및 촉매컨버터의 과열을 방지하는 역할을 한다. 이때 연료 공급을 차단하기 위한 엔진 회전속도는 냉각수 온도에 따라서 다르며, 냉각수 dsh도가 낮을수록 연료 공급차단 회전속도는 높아진다.

⑥ 비동기 분사

전자제어 연료 분사장치 엔진에서는 인젝터가 연료를 분사하는 방법에 따라 동기분사와 비동기 분사로 구분한다. 일반적으로 MPI엔진에서는 대부분 동기분사를 한다. 동기분사는 각 인젝터 분사방식에 따라 동시분사, 그룹분사, 독립분사로 구분된다. 이것은 모두 엔진의 크랭크축 회전각도에 의거하여 주기적으로 연료를 분사하는 방식이다. 그러나 비동기 분사는 엔진의 크랭크축 회전각도와는 전혀 관계없이 외부로부터의 신호에 의해 비 주기적으로 연료를 분사하는 일시적인 연료분사 방식이다. 가속 보정은 크랭크축 회전각도에 의한 동기분사로 분사되는 기본 연료량에 필요한 연료량을 보정하는 것이며, 같은 가속 보정인 비동기 분사는 동기분사로 분사한 연료가 부족할 때, 급가속상태에서 혼합가스의 공연비가 희박해지는 것을 방지한다.

⑦ 출력 보정

자동차가 고속으로 주행하려면 스로틀 밸브를 많이 열어 엔진에서는 큰 회전력이 발생하여야 한다. 일반적으로 자동차에서 정속 주행을 할 때에는 컴퓨터는 연소실 내의 공연비를 이론 공연비인 14.7 : 1로 분사시키며, 이를 유지하기 위해 컴퓨터는 산소센서로부터의 신호를 받아 클로즈 루프제어(closed loop control)인 피드백 제어(feed back control)를 실행한다. 그러나 엔진이 높은 회전력을 지속적으로 유지하며, 높은 부하상태로 주행하기 위해서는 연소실 내의 공연비를 12.5 : 1 부근에서 설정하여 오픈 루프제어(open loop control)를 실시한다. 엔진의 출력을 위해 공연비를 12.5 : 1정도로 농후하게 하면 연료는 기화열에 의한 냉각과 산소부족에 의한 연소효율 저하에 따른 연료온도가 저하되어 배출가스 내의 유해물질의 비율도 크게 증가한다.

⑧ 무효분사 시간

컴퓨터는 각종 센서들로부터 입력받은 신호를 근거로 엔진의 부하상태를 계산하여 이에 따른 연료 분사량을 결정하고 인젝터로 전류를 공급하면 인젝터 내부의 솔레노이드 코일에 전류가 흘러 플런저가 솔레노이드 코일 쪽으로 당겨지면 니들밸브가 열려 연료가 분사된다. 이때 연료 분사량은 니들밸브의 행정, 인젝터의 분사구멍의 면적, 분사장소의 압력과 연료압력과의 차이로 인젝터로 전류가 흐른 시간 즉 통전시간에 의해 연료 분사량이 결정된다. 인젝터가 연료를 분사하기 위하여 컴퓨터로부터 전류가 공급되는 즉시 연료가 분사되는 것은 아니다. 인젝터 내부의 플런저는 기계적인 작동이기 때문에 컴퓨터로부터 공급되는 전기적 신호와 인젝터 내부의 기계적인 작동과는 차이가 발생하고 이에 따라 컴퓨터가 계산한 연료 모두가 공급되지 않을 수 있다. 이때 인젝터로 전류가 공급되는 시간 중 연료가 공급되지 못하는 시간을 무효분사 시간이라 한다.

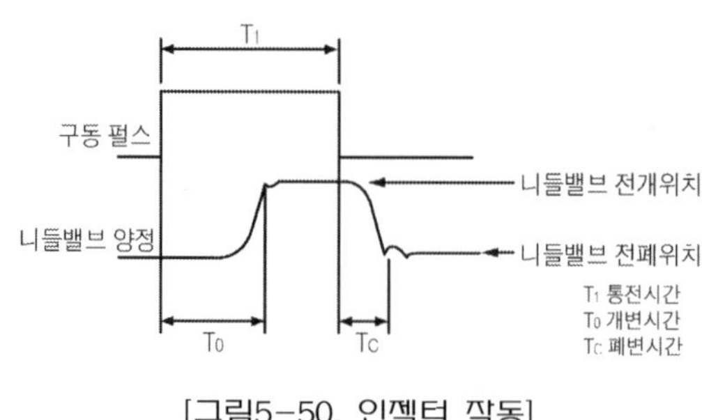

[그림5-50. 인젝터 작동]

인젝터로 전류가 공급되면 솔레노이드 코일이 자화되면서 니들밸브가 완전히 열릴 때까지의 시간인 작동지연 발생하게 되고, 작동지연이 끝나는 순간 니들밸브는 최대로 열린다. 니들밸브가 최대로 열린 후 니들밸브의 플런저가 공간(spacer)에 충돌하여 일시적으로 니들밸브는 최대로 열리는 상태에서 안정되어 정지한다.

컴퓨터로부터 통전시간이 끝나 인젝터로 공급되는 전류가 차단되는 순간 니들밸브는 닫히는 것이 아니라 일정시간 동안 작동지연을 거쳐 닫힌다. 또 니들밸브가 닫힌 직후 니들밸브 시트부분이 밸브보디에 충돌하여 일시적으로 니들밸브가 닫힌 상태에서 연료분사가 정지한다. 그리고 인젝터를 구동하는 전압을 높이면 연료 분사량이 증가하고, 전압이 낮으면 분사량이 저하한다. 이것은 전압이 높을 경우 인젝터의 솔레노이드 코일에 흐르는 전류가 증가하여 솔레노이드 코일에서 발생하는 자력이 강화되어 인젝터의 열림 작동지연 시간이 단축되어 니들밸브 완전 열림 시간이 증가하여 인젝터에서의 연료 분사시간이 증가하게 되어 무효 분사시간에도 영향을 준다. 그러므로 인젝터에 공급되는 전원 즉, 축전지 단자전압이 일정하지 않으면 전원 전압의 변동에 대한 연료 분사량 변화가 없도록 보정하여야 한다.

⑨ 연료 공급차단(fuel cut)

자동차가 주행 중 감속할 때 발생할 수 있는 배출가스의 감소 및 연비개선과 엔진 고속회전으로 인한 파손 방지를 목적으로 연료 공급차단을 실행한다.

㉮ 감속할 때 연료 공급차단

감속할 때 연료 공급차단 회전속도는 변속기 기어위치, 에어컨 등의 부하유무, 냉각수 온도 등에 따라 연료 공급차단 영역을 설정하여 이에 따른 연비

(燃費) 개선을 도모한다. 그리고 복귀 회전속도는 관성주행을 계속할 때 연료분사를 다시 시작하는 회전속도이며, 연료 공급차단 회전속도보다 일정 회전속도이하에서 설정한다. 그러므로 공전상태에서 연료 공급차단이 되지 않도록 냉각수 온도가 낮을수록 연료 공급차단 회전속도를 높여준다. 또 연료 공급차단 중에 스로틀 밸브가 열릴 경우에는 즉시 연료분사를 다시 시작한다.

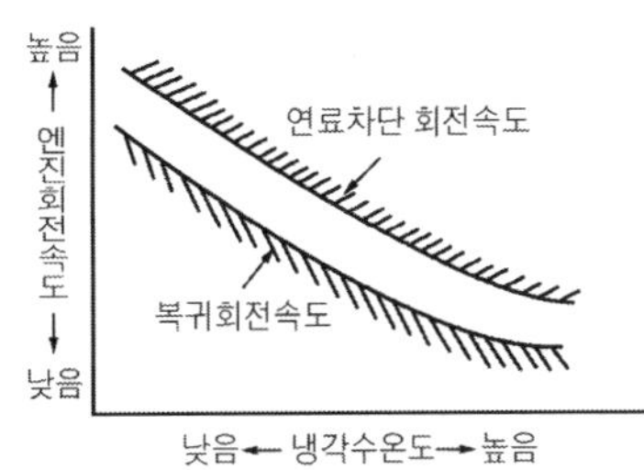

[그림5-51. 연료 공급차단, 복귀 회전속도 특성]

㉯ 고속회전에서의 연료 공급차단

엔진의 회전속도가 회전속도계(taco meter) 내의 레드 존(red zone)이상으로 상승할 경우 엔진의 파손을 방지하기 위해 회전속도가 설정 회전속도(예를 들면 6,500rpm)이상 되면 컴퓨터는 연료 공급을 차단하여 회전속도 상승을 억제한다.

⑩ 냉각수 온도에 따른 보정

온도가 낮을 때 엔진의 시동성능 및 운전성능을 향상시키기 위해 냉각수 온도에 따라 수온센서로부터 신호를 받아 연료 분사량을 증량시킨다. 따라서 엔진의 난기운전이 원활해지고 시간이 단축된다. 냉각수 온도 보정은 냉각수 온도 80℃를 기준으로 그 이하의 온도에서는 연료 분사량을 증량시키고, 온도가 상승할수록 연료 분사량을 감소시켜, 냉각수 온도가 약 80℃가 되면 기본 분사량으로 고정한다.

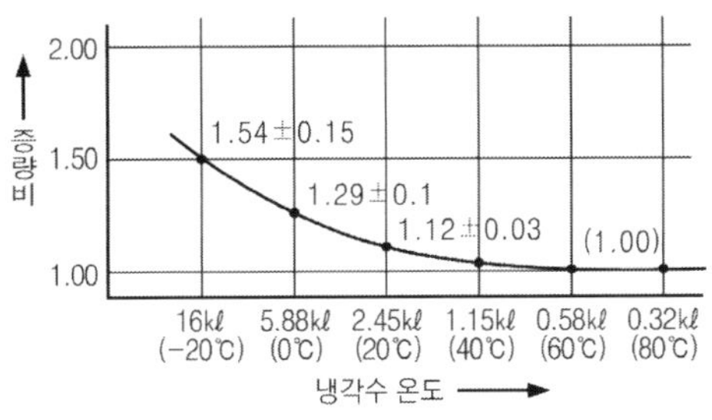

[그림5-52. 냉각수 온도 보정]

⑪ 흡입 공기온도에 따른 보정

흡입 공기온도에 따라 공기 밀도차이가 발생하므로 공연비도 변화한다. 이러한 현상을 방지하기 위해 흡기온도 센서로부터 신호를 받아 공연비를 보정하는 것을 말한다. 흡입 공기온도 보정은 공기온도 20℃를 기준으로 그 이하의 온도에서는 연료 분사량을 증량시키고, 그 이상의 온도에서는 감량시킨다.

⑫ 피드백 제어

배출가스 규제에 대응하기 위해 촉매 컨버터를 설치한다. 촉매 컨버터는 이론 공연비 부근에서 일산화탄소(CO)와 탄화수소(HC)의 산화작용과 질소산화물(NOx)의 환원작용이 동시에 이루어져 각각 이산화탄소, 물, 산소, 질소로 변환시킨다.

⑬ 학습제어

엔진이 가동될 때 컴퓨터는 연소실로 공급하는 연료를 이론 공연비로 맞추어 분사한다. 이때 분사된 연료는 자동차의 운행조건이나 주위환경 등에 의해 연소실 내에서는 정확한 이론 공연비로 맞추기가 어렵다. 이에 따라 컴퓨터는 지속적으로 엔진의 상태를 점검한 후 연소실의 상태에 맞춰 정확한 연료량을 보정해 주어야 한다. 이와 같이 컴퓨터가 연소실 내로 공급하는 연료량을 이론 공연비로의 제어를 정확하게 하기 위해 실시하는 제어를 말한다.

이론 공연비와 현재 공연비 오차량을 점검한다.

공연비 오차량을 수정하는 보정량을 구하여 컴퓨터 내 기억장치에 기억시킨다.
(기억된 학습 보정량은 점화스위치를 OFF로 하여도 지워지지 않는다.)

현재 운전조건에 해당하는 학습 보정량을 분사시간에 반영한다.

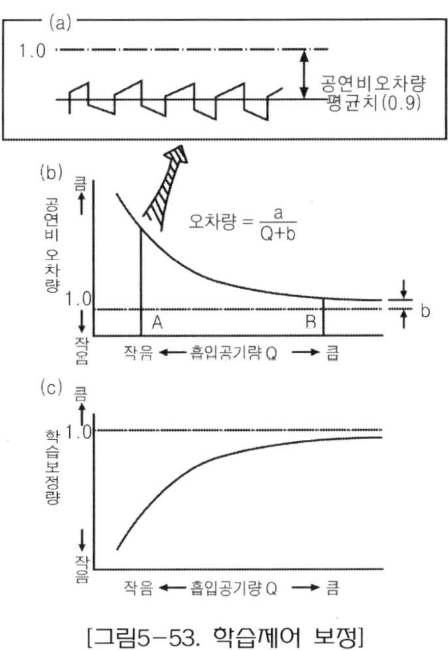

[그림5-53. 학습제어 보정]

연소실 내의 혼합가스 농도와 이론 공연비와의 차이가 그림 5-53 (b)의 Ⓐ상태에서 이론 공연비에 보다 약 10%정도 농후한 상태일 경우 컴퓨터는 이론 공연비로 맞추기 위해 피드백 제어에 의한 연료 보정량은 기본 분사량을 1로 했을 때 피드백 보정 정도는 약 0.9정도를 나타내므로 이론 공연비에 비해 약 0.1정도의 오차량을 파악할 수 있다. 이때 컴퓨터는 연소실 내의 연료를 이론 공연비로 맞추기 위해 약 10%정도 감소시키는 오픈 루프제어(open loop control)를 실행한다. 컴퓨터는 공연비 오차량을 파악한 후 정확한 학습 보정량을 구하는데 시간이 걸리므로 점화스위치가 OFF되어 학습 보정량이 지워지면 정확한 보정제어가 어려워진다. 따라서 학습 보정량은 점화스위치가 OFF되어도 지워지지 않아야 한다. 학습 보정량은 운전조건을 알면 인젝터 분사시간에 반영할 수 있다. 이에 따라 과도한 운전을 할 때의 공연비 제어 정밀도가 향상된다.

[4] 노크센서와 노크제어

(1) 노크센서(knock sensor)의 작용

노크센서는 실린더블록에 설치되며, 압전소자(Piezo electric)원리를 이용하여 연소 중에 실린더 내의 이상 진동을 감지하여 컴퓨터로 보내며, 컴퓨터는 이 신호를 근거로 점화시기를 늦춘다.

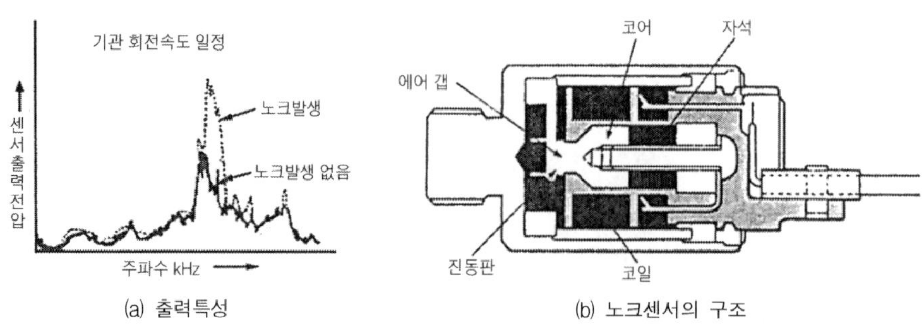

[그림5-54. 노크센서의 출력특성과 구조]

(2) 노크제어

노크가 발생하면 컴퓨터는 진각(Fast)보정과 지각(Slow)보정을 통하여 점화시기를 늦추고, 노크발생이 없어지면 다시 진각시킨다. 진각보정이란 낮은 영역의 부하에서 노크가 발생할 때 점화시기를 약 5°늦추고 매 0.5초마다 1°씩 진각시켜 정상 점화시기로 복귀시킨다. 다만, 지각보정이 이루어질 때에는 진각보정도 함께 이루어지므로 노크가 발생할 때 6° 늦어진다(지각보정 + 진각보정). 또 전부하 영역에서 지각보정이 2°이상이면 연료 분사량을 증량시킨다.

LPG엔진 연료장치

6.1. LPG의 개요

LPG(Liquefied Petroleum Gas, 액화석유가스)는 원유를 정제할 때 발생하는 부산물의 하나이며, 주성분은 프로판 47~50%, 부탄 36~42%, 오리핀 8%이며, 냉각이나 가압에 의해 쉽게 액화되고, 반대로 가열이나 감압에 의하여 기화하는 성질이 있다. 기화된 LPG는 공기보다 약 1.5~2.0배정도 무겁고, 순수한 LPG는 무색·무취이며 많은 양을 흡입하면 마취되는 수가 있다. 자동차용 연료로 사용되는 LPG는 누출의 위험을 방지하기 위하여 부취제(유기 황, 질소, 산소화합물)를 첨가하여 특이한 냄새가 나도록 한다. 자동차용 연료로서의 LPG 구비조건은 다음과 같다.

① 적당한 증기압력(1~10kgf/㎠)을 지니고 있을 것

② 불포화(오리핀 계열)탄화수소를 함유하지 않을 것

③ 가급적 불순물을 포함하지 않을 것

여기서, 적당한 증기압력은 엔진이 작동하는데 요구되는 휘발성능과 관계가 있다. 즉 LPG엔진은 자체압력에 의해 LPG가 공급되므로 연료펌프를 사용하지 않아 겨울철에는 시동이 불가능할 정도의 낮은 증기압력이 되므로 LPG공급이 잘 이루어지지 못한다. 따라서 계절별로 프로판과 부탄의 공연비율을 변경하여 필요한 증기압력을 확보하여야 한다. 여름철에는 부탄 100%의 LPG로 시동에 충분한 증기압력을 유지하므로 여름철을 제외하고는 부탄만으로는 증기압력이 낮아 비등점이 낮은 프로판을 혼합한 LPG를 사용하여 증기압력을 높인다. 또 LPG 중의 오리핀 계열은 옥탄가를 저하시켜 엔진성능을 저하시키며, 오리핀 계열의 프로필렌, 부틸렌 등은 반응성능이 높아 타르를 생성시켜 베이퍼라이저 고장의 원인이 되고 침식성능이 커 다이어프램을 손상시킨다. 자동차용 LPG는 우리나라에서는 12월, 1

월, 2월에는 프로판 30%, 부탄 70%인 LPG를 나머지 계절에는 부탄 100%인 LPG를 사용한다.

6.2. LPG 엔진의 특징

1. LPG 엔진의 장점 및 단점

[1] LPG 엔진의 장점

① 연소효율이 좋으며, 엔진작동이 정숙하다.

② 경제성이 좋다.

③ 엔진오일의 수명이 길다.

④ 대기오염이 적고 위생적이다.

⑤ 퍼컬레이션(percolation)이나 베이퍼로크(vapor lock)현상이 없다.

⑥ 연소실에 카본부착이 적어 점화플러그 수명이 길어진다.

⑦ 가솔린엔진보다 분해정비 기간이 길어진다.

⑧ 황(S)함유량이 매우 적어 연소 후 배기가스에 의란 금속의 부식 및 배기다기관, 소음기 등의 손상이 적다.

⑨ LPG 자체의 증기압력을 이용하기 때문에 연료펌프가 필요 없다.

[2] LPG 엔진의 단점

① 증발잠열로 인하여 겨울철 엔진 시동이 어렵다.

② 연료의 취급과 절차가 복잡하고 보안상 다소 문제점이 있을 수 있다.

③ 베이퍼라이저 내의 타르나 고무와 같은 물질을 수시로 배출하여야 한다.

④ 장기간 정차한 경우에는 엔진 시동이 어렵다.

6.3. LPG 엔진의 연료계통

LPG엔진의 연료계통은 가솔린엔진의 연료계통과는 차이가 있다. LPG엔진의 연료계통은 봄베에서 액체 LPG가 나와서 여과기에서 여과된 후 솔레노이드 밸브를 거쳐 베이퍼라이저로 들어간다. 베이퍼라이저에서 감압된 후 기체 LPG로 되어 가스믹서에서 공기와 혼합되어 실린더로 들어간다. 즉, LPG엔진의 연료 공급순서는 봄베 → 긴급차단 밸브 → 연료파이프 → 연료필터 → 액·기상 솔레노이드 밸브 → 베이퍼라이저 → 가스믹서 → 엔진이다.

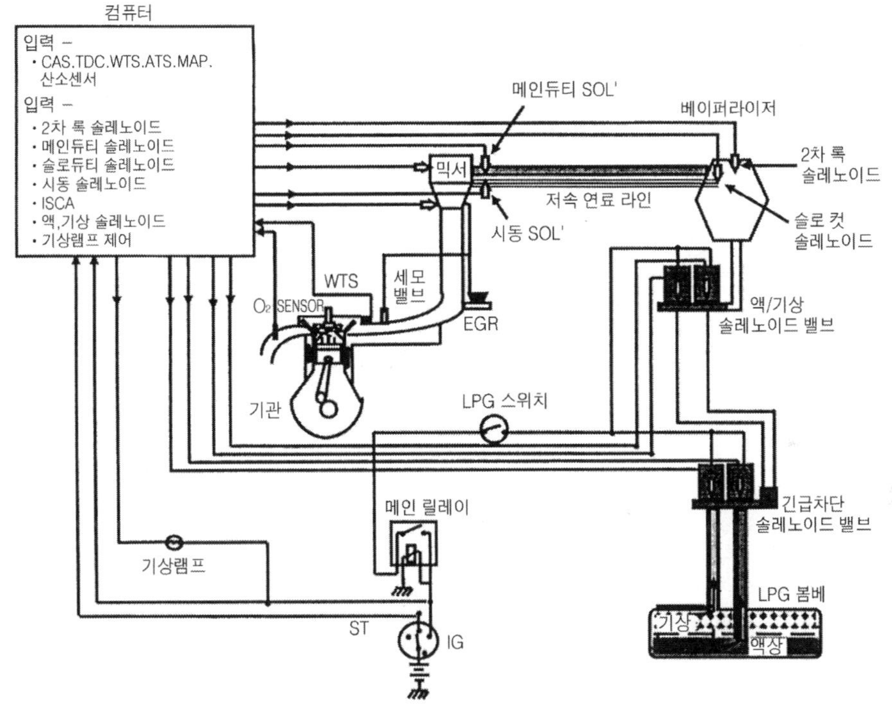

[그림6-1. LPG 연료 공급계통]

그리고 LPG엔진의 연료계통의 다음의 과정으로 작동한다.

① 점화스위치를 ON으로 하면 엔진 컴퓨터(ECU)로 작동전원을 공급하며, 동시에 메인 릴레이(main relay)는 여자코일에 (+)전원을 공급받아 자화되어 스위치 접점을 ON시켜 LPG 스위치까지 축전지 전원을 연결한다.

② LPG스위치가 ON되면 메인 릴레이로부터 공급받은 축전지 전원은 LPG 봄베의 긴급차단 솔레노이드 밸브 및 LPG 공급 솔레노이드 밸브의 여자코일에 전원을 공급한다.

③ 엔진 컴퓨터는 배전기 내에 설치된 크랭크 각 센서의 입력신호로 엔진 회전속도를 감지하며, 회전속도가 640rpm이상 되면 컴퓨터는 수온센서의 입력값(엔진 냉각수 온도)에 따라 냉각수 온도가 약 14℃이하일 경우에는 초기 시동성능 향상을 위해 긴급차단 솔레노이드 밸브 및 LPG 공급 솔레노이드 밸브의 기상 솔레노이드 밸브 쪽에 (-)전원을 인가하여 LPG 봄베 내에 있는 기체상태의 LPG를 공급한다. 이때 컴퓨터는 계기판에 설치된 기상 램프를 점등시킨다.

④ 엔진가동 중 냉각수 온도가 20℃이상 상승하면 기상 솔레노이드 밸브 작동전원 OFF시키고 액상 솔레노이드 밸브에 전원을 공급하여(액상 솔레노이드 밸브를 작동할 때 기상 램프는 소등된다.)액체상태의 LPG를 공급한다.

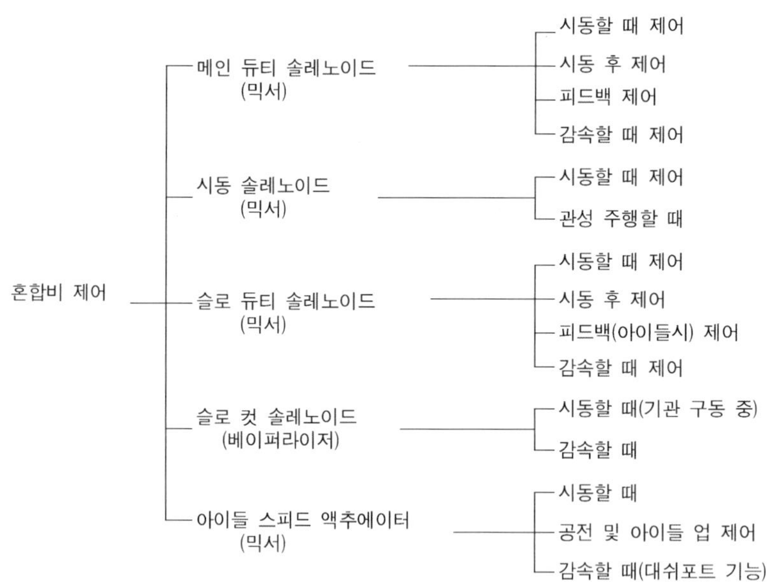

[그림6-2. 연료 제어도]

1. LPG 봄베(bombe)

LPG 봄베는 LPG를 충전하기 위한 고압용기이며, 봄베의 설계·제작 및 부착에는 고압가스 안전관리법, 동력자원부 고시, 도로운송차량법 등의 관계 법령에 따라야 한다. 봄베는 일반적으로 두께 3.2㎜이상의 고압가스용 탄소강판을 원통형으로 용접 제작한 것으로 인장강도 41kgf/㎠이상, 31kgf/㎠의 내압시험과 18.6kgf/㎠의 기밀시험 및 파괴시험을 만족하여야 하며, 고압가스용기 증명을 가인으로 표시한다. LPG 충전밸브(녹색), 기체 LPG 송출밸브(노란색), 액체 LPG 송출밸브(적색)등 3가지 기본밸브와 충전량 지시장치인 액면 표시계(유량계)가 부착되어 있다.

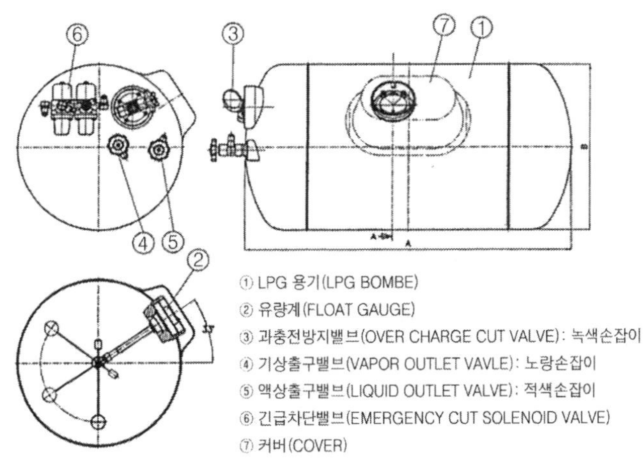

[그림6-3. LPG 봄베의 구성부품]

봄베 컨테이너 케이스 방식

㉮ 풀 컨테이너(full container) : 봄베 전체를 컨테이너로 밀봉시키고 에어 블리더 배출 호스를 대기 중으로 개방시킨 형식이다.

㉯ 세미 컨테이너(semi container)) : 액상, 기상, 충전밸브 보스 및 게이지 보스부분을 부분적으로 밀봉시키고 공기 벤트 호스를 대기 중으로 개방시킨 형식으로 국내의 경우 대부분이 이 형식을 사용한다.

[1] 충전밸브와 안전밸브

충전밸브는 액체 LPG를 봄베에 충전할 때 사용하는 밸브이며, 내부에 안전밸브가 일체화되어 있다. 이 안전밸브는 봄베 주위의 온도상승(화재 등) 등에 의해 봄베 내의 압력이 24kgf/㎠이상 되면 열려 LPG를 외부로 배출시키고, 내압이 16kgf/㎠이하가 되면 스프링 장력에 의해 닫혀 배출을 차단시켜 봄베 내의 압력을 일정하게 유지하여 폭발 등의 위험을 방지시키는 일을 하며 녹색으로 포장되어 있다.

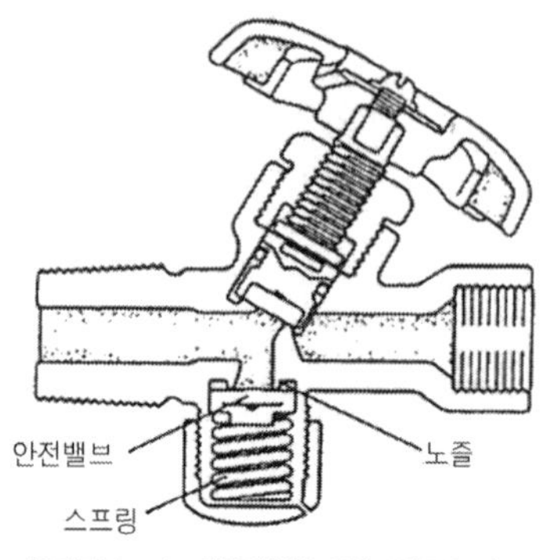

[그림6-4. 충전밸브의 단면도]

[2] 과충전 방지밸브(over charge valve)

뜨게(float)와 함께 충전밸브와 연속선상에 조립되어 봄베 내에 들어있으며, LPG를 충전할 때 이 밸브를 통하여 봄베 내로 LPG가 유입되도록 한다. 과충전 방지밸브의 뜨개가 85%를 감지할 경우에는 LPG 유입을 차단한다. 과충전 방지밸브의 작동은 다음과 같다.

(1) 봄베에 LPG를 충전할 때 (그림 6-5 참조)

① 봄베 내의 LPG 액면이 내려가면 배압밸브는 뜨개의 암에 의해 오른쪽으로 눌려 배압밸브 통로를 연다.

② LPG를 충전할 때 LPG일부는 오리피스 → 배압밸브 통로 → 봄베로 들어간다.

③ 유동밸브 Ⓑ에 가해지는 압력 P_1은 Ⓐ에 가해지는 압력 P_2보다 낮기 때문에 유동밸브는 왼쪽으로 이동한다. 유동밸브가 왼쪽으로 이동하면 LPG가 충전된다.

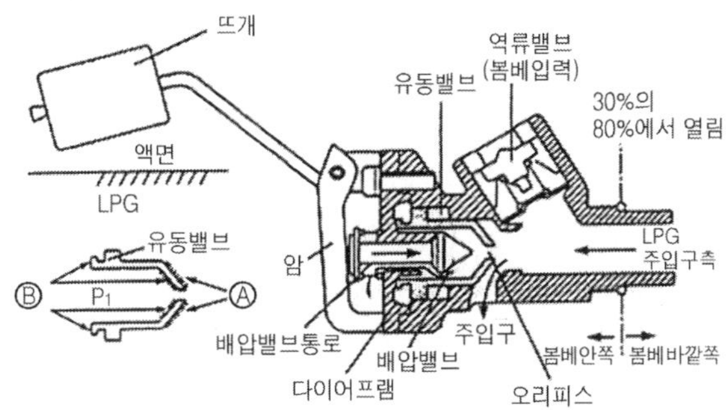

[그림6-5. 봄베에 LPG를 충전할 때]

(2) **봄베에 LPG 충전이 완료될 때** (그림6-6 참조)

① 충전이 진행됨에 따라 배압밸브는 뜨게 암으로부터 해방되어 스프링 장력으로 왼쪽으로 이동한다.

② 배압밸브가 닫히면 오리피스 부분으로부터 LPG가 흐르지 않게 되어 유동밸브 Ⓑ부분의 압력이 상승한다. 따라서 유동밸브가 오른쪽으로 이동하여 Ⓐ부분의 면적이 Ⓑ부분의 면적보다 작아지면서 주입구를 닫는다.

③ 역류밸브는 봄베 내의 압력이 화재나 과다충전 등으로 이상 고압이 되었을 때 열려 봄베의 파손을 방지한다.

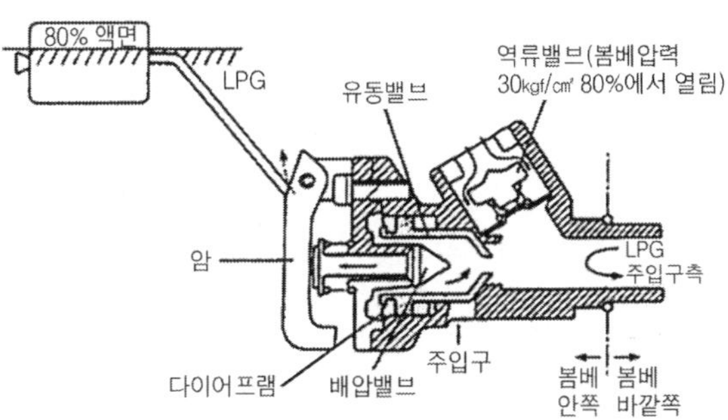

[그림6-6. 봄베에 LPG 충전이 완료될 때]

[3] 송출밸브와 과류 방지밸브

송출밸브는 엔진에 LPG를 공급하기 위한 밸브이며, 기상 송출밸브(노란색)와 액상 송출밸브(적색)가 있다. 기상 송출밸브는 엔진을 시동할 때 시동성능을 향상시키기 위한 밸브이며, 베이퍼라이저 내의 냉각수 온도가 14℃이하(엔진 냉각수 온도 약 20℃)에서만 송출작용을 하므로 기상 송출밸브에는 과류 방지밸브(EFV, excess flow valve)가 없고, 액상 송출밸브에만 과류 방지밸브가 있다. 이 과류 방지밸브는 사고에 의해 엔진으로 공급되는 배관이 파손되었을 때 봄베 내의 LPG가 급격히 방출되어 발생할 수 있는 위험을 방지하는 장치이다. 과류 방지밸브의 작동은 다음과 같다. 봄베 내의 LPG 유량이 적당할 때에는 스프링 Ⓐ의 장력에 의해 체크 판(check plate)Ⓑ가 개구부Ⓒ보다 떨어져 있지만 만약, 배관 등이 파손되어 LPG가 급격하게 흐르면 스프링의 장력보다 체크 판을 누르는 힘이 커져 체크 판이 작동하여 개구부를 차단하여 LPG 유출을 방지한다.

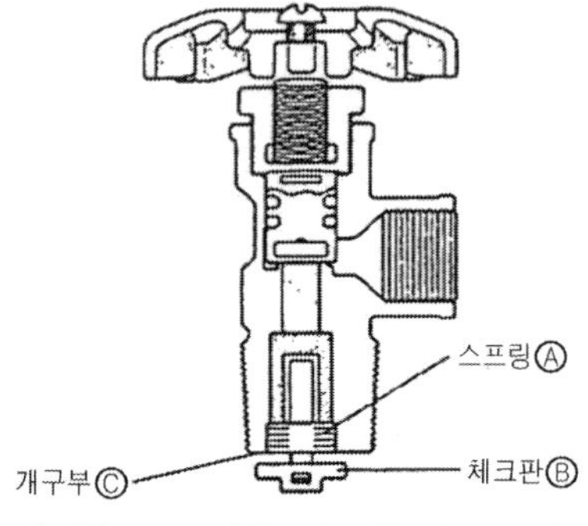

[그림6-7. 과류 방지밸브의 구조]

과류 방지밸브의 폐지 유량은 2~6ℓ/min이다(폐지 차압은 0.5kgf/㎠이하). 체크 판 작동 후에도 LPG의 흐름이 완전히 차단되는 것이 아니라 체크 판에 균일 압력 구멍(노즐)이 있어 이곳을 통해 LPG가 서서히 흘러 나가며, 체크 판의 안쪽과 바깥쪽의 압력이 같아지면 스프링 장력에 의해 체크 판은 개구부에서 떨어져 평상 상태로 복귀한다. 따라서 정비나 점검을 위하여 배관 내의 LPG를 배출한 다음 송출밸브를 열고 엔진을 시동하려고 하여도 시동이 잘 안 되는데 이것은 배관 내의 압력이 불충분하고 체크 판이 작동하고 있기 때문이다. 이때는 약 20~30초 정도 기다린 후 엔진을 시동하여야 한다.

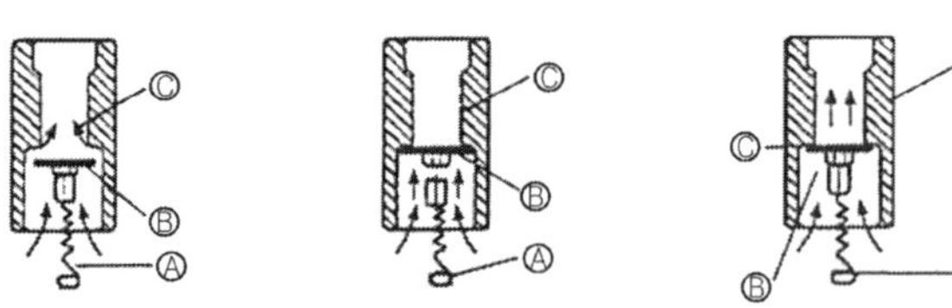

[그림6-8. 과류 방지밸브의 작동원리]

[4] 액면 표시장치

LPG의 과다충전을 방지하고 충전량을 알기 위한 장치이며, 종류에는 뜨게 방식, 투시창 방식, 튜브(tub)게이지 방식 등이 있으나 여기서는 뜨게 방식에 대한 설명하도록 한다. 뜨게 방식은 LPG 유량에 따라 뜨개가 상하로 이동하면 섹터 축(sector shaft)이 회전하고, 섹터 축 쪽의 자석에 의해 플랜지를 사이에 두고 눈금판 쪽 자석을 회전시켜 충전 바늘을 움직인다. 또 눈금판 쪽에는 저항선이 있으며, 이것은 운전석 연료계와 연결되어 있어 LPG 보유량을 알 수 있도록 한다.

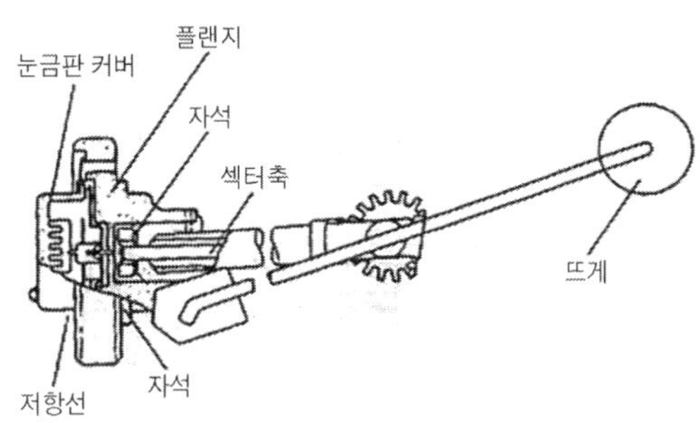

[그림6-9. 뜨게 방식 액면 표시장치의 구조]

2. 솔레노이드 밸브와 여과기

[1] 여과기(filter)

여과기는 LPG 중에 들어있는 각종 불순물을 여과하는 일을 하며, 그 구조는 금속분말을 태워서 만든 것 또는 두꺼운 펠트(felt)같은 여과 재료를 사용하여 LPG의 압력에 견딜 수 있도록 되어 있고, 떼어내어 청소할 수 있다.

[2] 솔레노이드 밸브

엔진 냉각수 온도가 14℃이하일 때 수온센서의 신호를 받은 컴퓨터가 기상 솔레노이드 밸브를 작동시킨다. 이 밸브를 통하여 봄베로부터 기상회로를 통과한 LPG가 베이퍼라이저로 공급된다. 그리고 엔진 냉각수 온도가 20℃이상 되면 액상 솔레노이드 밸브를 작동시킨다. 이 밸브를 통하여 봄베로부터 액상회로를 통과한 LPG가 베이퍼라이저로 공급된다.

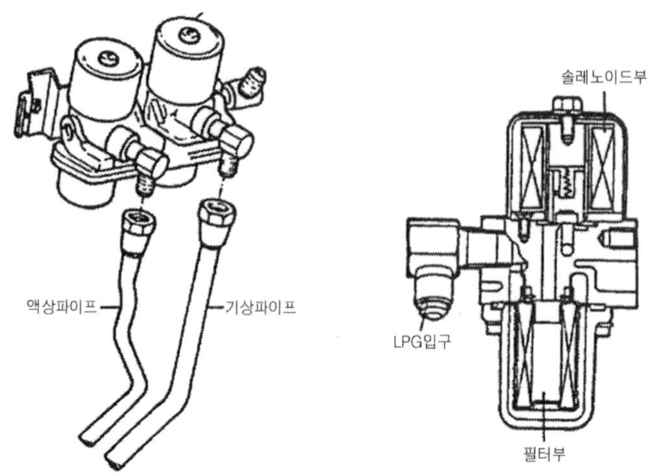

[그림6-10. 솔레노이드 밸브의 구조]

3. 긴급차단 솔레노이드 밸브

긴급차단 솔레노이드 밸브(emergency cut solenoid valve)는 그림 6-11에 나타낸 바와 같이 내부 구조는 엔진룸에 설치되는 솔레노이드 밸브가 같으나 단지 액상 및 기상 통로가 각각 분리된 구조이다. 이 밸브의 기능은 다음과 같다. 자동차 주행 중 돌발사고로 인해 엔진의 작동이 정지하면 엔진 컴퓨터는 엔진룸에 설치된 액상 및 기상 솔레노이드 밸브와 긴급차단 솔레노이드 밸브에 전원을 차단하여 솔레노이드 밸브를 OFF시킨다. 솔레노이드 밸브가 OFF되면 LPG 흐름이 차단된다. 배관 계통의 문제가 발생하였을 때 LPG 누출방지를 봄베의 가장 가까운 거리에서 차단하여 미연에 화재 위험을 방지하는데 그 목적이 있다.

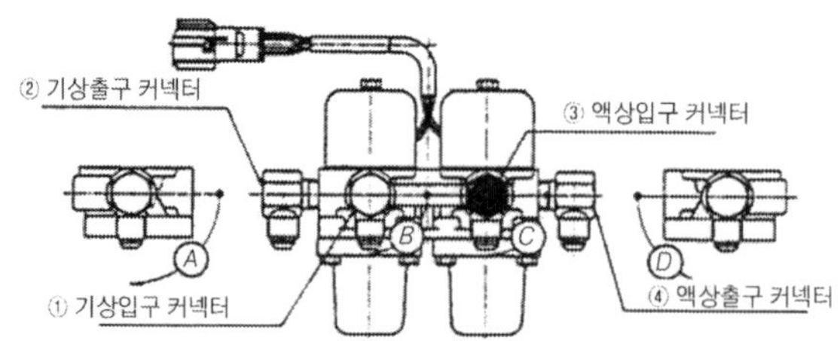

[그림6-11. 긴급차단 솔레노이드 밸브의 구조]

4. 베이퍼라이저(Vaporizer)

[1] 베어퍼라이저의 개요

베이퍼라이저는 감압, 기화, 압력조절 등의 기능을 하며, 봄베로부터 압송된 높은 압력의 LPG를 베이퍼라이저에서 압력을 낮춘 다음 기체 LPG로 기화시켜 엔진출력 및 연료 소비량에 만족할 수 있도록 압력을 조절한다. 베이퍼라이저에 LPG는 액체상태에서 기체로 될 때 주위에서 증발잠열을 빼앗아 온도가 낮아지기 때문에 베이퍼라이저의 밸브를 동결시켜 엔진에 적당한 양의 LPG를 공급할 수 없게 된다. 이를 방지하기 위해 베이퍼라이저 내에 냉각수 통로를 설치하고 냉각수를 순환시켜 기화에 필요한 열을 공급한다.

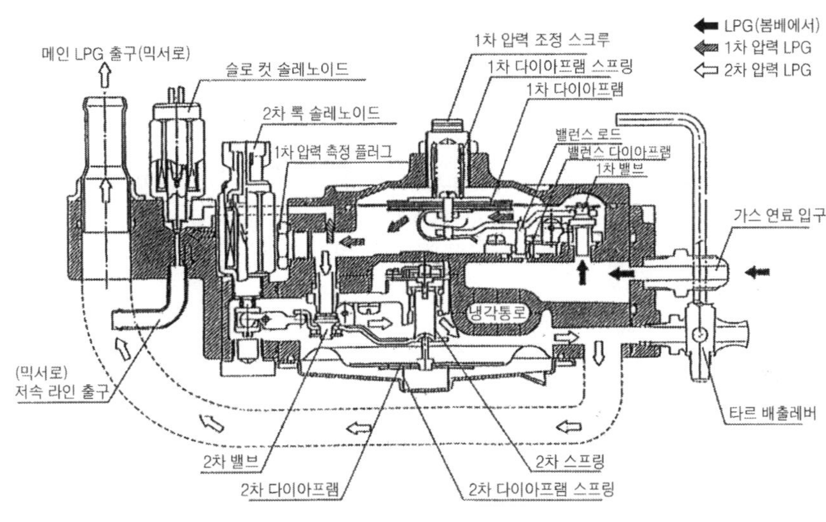

[그림6-12. 베이퍼라이저의 단면도]

[2] 베이퍼라이저의 기능 및 구조

(1) 1차실 기능 및 구조

봄베로부터 나온 LPG는 높은 압력이기 때문에 LPG량 제어가 곤란하여 분출량이 크고, 공연비가 너무 농후해지므로 사용이 어렵다. 따라서 1차실은 LPG 압력을 연료 소비량과 출력 2가지를 만족시킬 수 있도록 1차 압력조절기구를 지니고 있으며, 약 0.3kgf/㎠로 압력을 낮추는 작용을 한다. 1차실의 작동은 다음과 같다.

① 봄베로부터 나온 LPG는 솔레노이드 밸브와 여과기를 통해 베이퍼라이저의 입구까지 봄베 압력으로 들어오며, 베이퍼라이저로 들어온 LPG(약 7~10kgf/㎠)는 1차 밸브시트사이에서 1차실로 들어와 약 0.3kgf/㎠정도로 압력이 낮아진다.

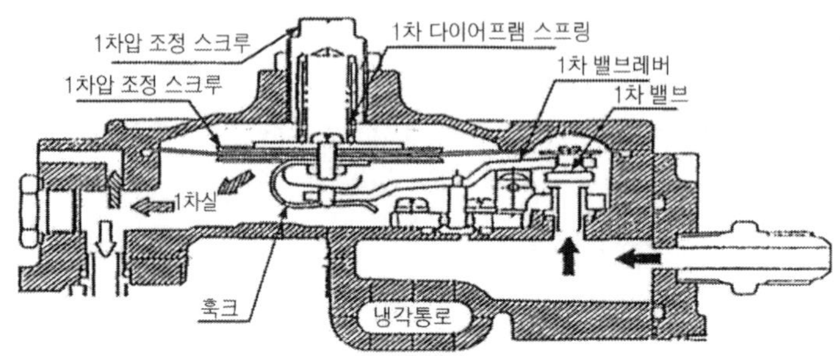

[그림6-13. 1차 밸브의 열림]

② LPG 유입이 계속되어 1차실의 압력이 0.3kgf/㎠이상 되면 1차 다이어프램이 위쪽으로 올라간다. 이때 다이어프램에 연결된 훅(hook)이 1차 밸브레버를 위로 끌어당겨 1차 밸브를 닫아 LPG 유입을 차단한다.

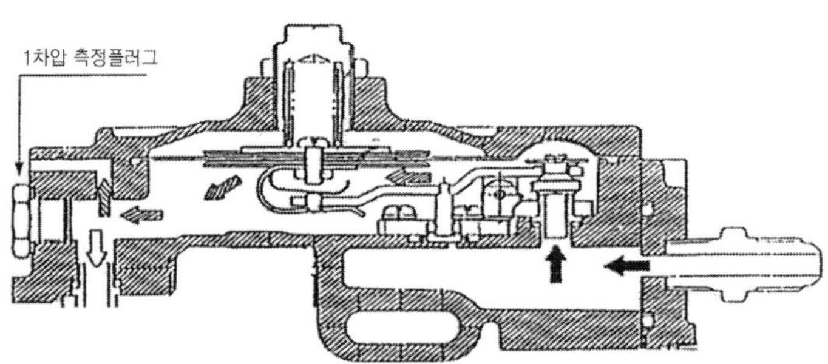

[그림6-14. 1차 밸브의 닫힘]

③ LPG가 소비되어 1차실 압력이 0.3kgf/㎠이하가 되면 1차 다이어프램 스프링 장력이 LPG 압력보다 커지므로 1차 다이어프램이 아래로 내려간다. 이때 다이어프램에 고정되어 있는 훅이 1차 밸브레버를 아래로 밀어 다시 1차 밸브를 열어준다. 이와 같은 작동이 지속적으로 반복되어 1차실 압력은 항상 0.3kgf/㎠로 유지된다.

(2) 1차 압력 밸런스기구

봄베의 압력이 일정할 때 1차실 압력은 1차 다이어프램과 다이어프램 스프링에 의해 일정하게 유지되나, 봄베의 압력은 외부온도나 LPG 조성에 따라 변동하기 때문에 1차실 압력에 영향을 줄 수 있다. 따라서 이와 같은 영향을 피하기 위해 밸런스 다이어프램과 밸런스 로드 등의 1차 압력 밸런스(balance)기구를 두고 있다.

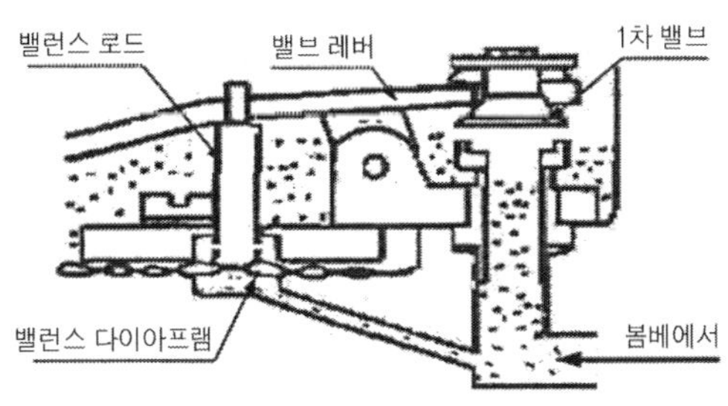

[그림6-15. 밸런스기구의 구조]

1차 압력 밸런스기구의 작동은 다음과 같다. 봄베의 압력이 높아지면 다이어프램에 가해지는 압력도 높아지므로, 밸런스 로드를 통하여 1차 밸브레버를 위쪽으로 밀어 올린다. 1차 밸브레버가 올라감에 따라 1차 밸브는 닫히는 방향으로 이동하여 LPG 흐름통로를 좁혀준다. 봄베의 압력이 낮아지면 밸런스 다이어프램은 반대로 작동하고, 1차 압력은 항상 일정(0.3kgf/㎠)하게 유지된다.

(3) 2차 록 솔레노이드 밸브

2차 록 솔레노이드 밸브(2nd lock solenoid valve)는 엔진이 가동될 때 2차 밸브를 열어 LPG를 공급하고, 엔진의 가동이 정지되면 2차 밸브를 닫아 LPG 공급을 차단하는 일을 한다. 이 밸브의 작동은 다음과 같다.

① 2차 록 솔레노이드 밸브는 엔진 컴퓨터에 의해 ON/OFF 제어된다. 컴퓨터는 엔진 회전속도 신호를 검출하면 2차 록 솔레노이드 밸브를 ON으로 하고, 엔진 가동이 정지되면 OFF시킨다.

② 엔진 가동이 정지될 때 2차 록 솔레노이드 밸브를 OFF시키면 솔레노이드 밸브 끝 부분의 레버가 2차 밸브레버를 위로 밀어 올려 2차 밸브시트에 밸브를 밀착시켜 누출을 방지하고 LPG 흐름을 차단한다.

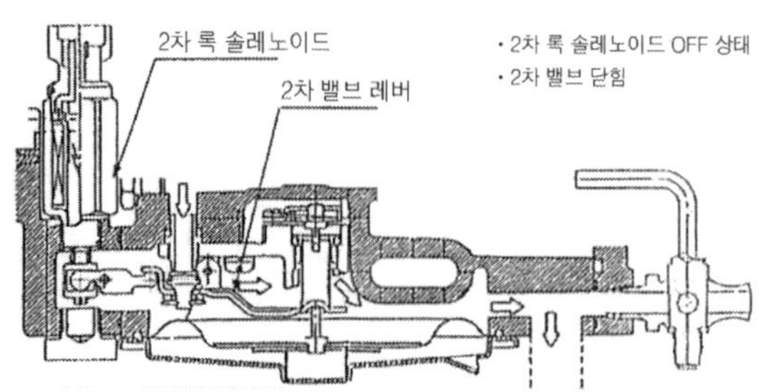

[그림6-16. 엔진 가동이 정지 될 때]

③ 엔진이 가동될 때 2차 록 솔레노이드 밸브를 ON시키면 2차 밸브레버의 잠김이 풀리고, 엔진의 부압에 의해 2차 다이어프램이 위쪽으로 올라가 2차 밸브를 열고 LPG를 유입시킨다.

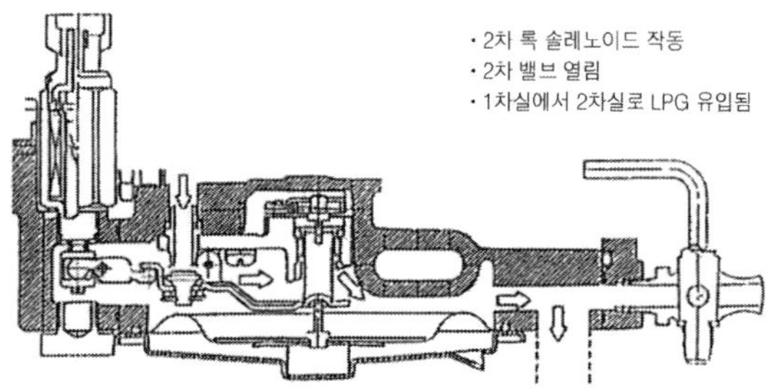

[그림6-17. 엔진이 가동될 때]

(4) 2차실의 기능

LPG가 믹서(mixer)로 들어오는 공기량에 관계없이 믹서로 유출되는 것을 방지하기 위해 2차실의 압력을 거의 대기압력으로 감압하는 작용을 한다. 2차실의 작동은 다음과 같다.

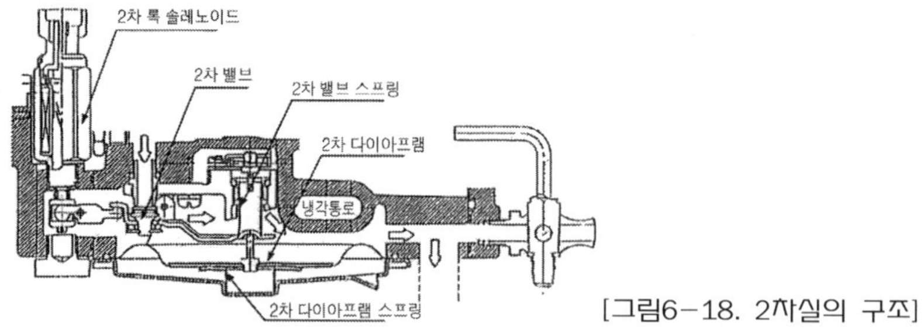

[그림6-18. 2차실의 구조]

① 1차실에서 0.3kgf/㎠의 압력으로 조정된 LPG는 2차 밸브와 밸브시트사이를 통해 2차실로 들어가서 거의 대기압력 수준으로 감압된다.

② 엔진이 가동되고 있을 때 믹서의 벤추리 부분에서 발생한 부압에 의해 2차 다이어프램은 위쪽으로 올라간다. 이와 동시에 2차 다이어프램과 연동하는 2차 밸브레버도 올라가 2차 밸브를 열고 LPG를 유입시킨다.

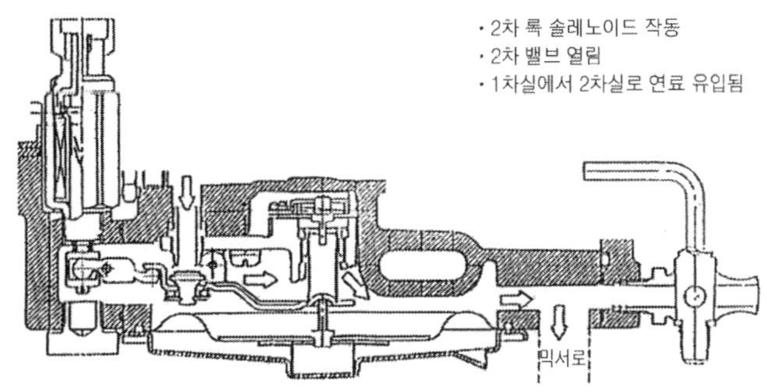

[그림6-19. 엔진이 가동될 때]

③ 엔진 가동을 지지시키면 2차 록 솔레노이드 밸브가 2차 밸브를 닫아 LPG 유입을 차단한다.

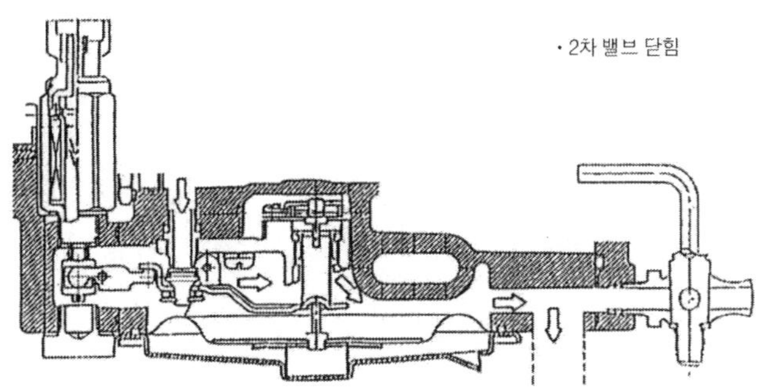

[그림6-20. 엔진 가동이 정지된 때]

(5) 슬로 컷 솔레노이드 밸브

① 슬로 컷 솔레노이드 밸브(slow cut solenoid valve)는 엔진을 시동할 때 통전되어 LPG 공급라인을 열어주어 LPG를 추가로 공급한다.

② 엔진이 가동된 후 시동신호가 OFF되어 도 솔레노이드 밸브는 계속 ON되어 저속 LPG 라인에 LPG를 공급한다.

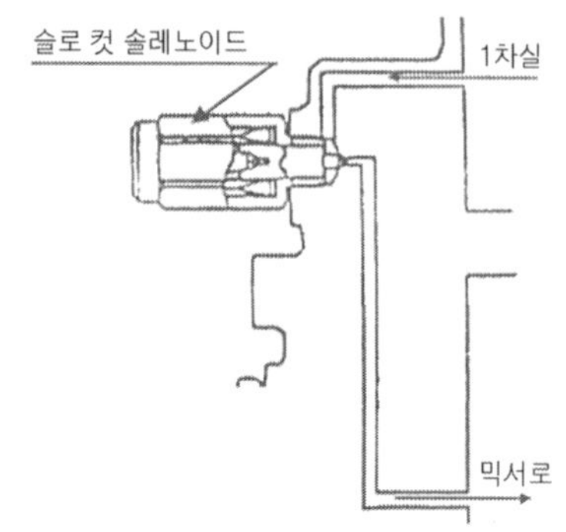

[그림6-21. 슬로 컷 솔레노이드 밸브]

5. 믹서(mixer)

[1] 믹서의 구성

믹서는 베어퍼라이저에서 기화된 LPG를 공기와 혼합하여 최적의 공연비를 연소실에 공급하는 부품이며, 다음과 같은 장치로 구성되어 있다.

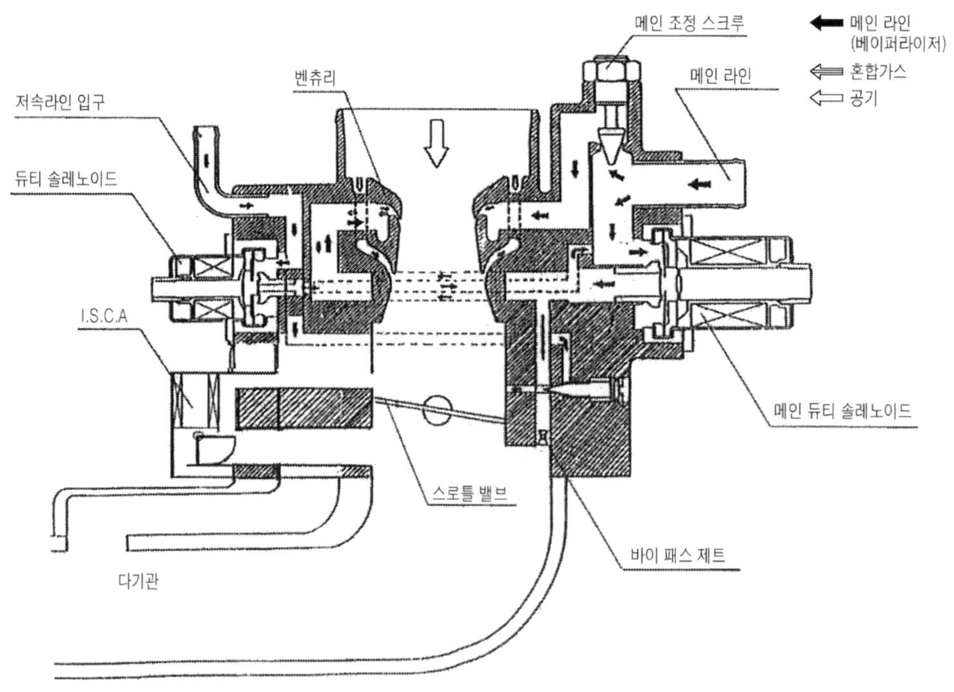

[그림6-22. 믹서의 단면도]

(1) 메인 조정스크루(MAS, main adjust screw)

메인 조정스크루는 LPG 유량을 변환시키기 위한 것이다. 즉, 계절에 따라 LPG 조성이 바뀌었을 경우 LPG와 공기의 혼합을 조정하기 위한 것이다. LPG 엔진에서는 항상 일정한 공연비를 사용할 수 있으면 좋으나 부탄(butane)이 프로판(propane)보다 값이 싸고, 또 LPG 조성이 통일되지 않은 현재 상황하에서는 계절과 지역에 따라 많은 차이가 있다. 이와 같이 LPG는 계절에 따라 조성을 바꾸기 때문에 비중도 변화하고 공연비도 일정치 않게 된다. 이런 상황에서 최적의 공연비로 맞추기 위해서는 메인 소성스크루로 LPG 유량을 조정하는데, 최근에는 개빌할 때 엔진 특성에 맞추어 제작회사에서 조정하므로 정비를 할 때 이 스크루를 임의로 조정해서는 안 된다. 임의로 조정하면 공연비 제어가 불량해지거나 LPG의 소모 또는 엔진 출력이 저하하는 원인이 된다.

(2) 메인 듀티 솔레노이드 밸브

메인 듀티 솔레노이드 밸브(main duty solenoid valve)는 믹서의 메인 라인(main line)에 설치되어 있으며, 엔진 컴퓨터의 ON/OFF 듀티 제어를 받아 보조 LPG 공급통로를 개폐한다. 작동은 다음과 같다. 솔레노이드 밸브가 ON일 때에는 솔레노이드 밸브가 열려 LPG가 보정되어 공연비가 농후해 진다. 반대로 솔레노이드 밸브를 OFF할 때에는 솔레노이드 밸브가 닫혀 LPG가 보정되지 않아 공연비가 희박해 진다.

그리고 배기다기관에 설치된 산소센서의 신호를 기초로 엔진 컴퓨터는 메인 듀티 솔레노이드 밸브의 듀티 사이클을 변경시켜 공연비를 제어한다. 즉, 듀티 값이 낮을 때에는 메인 듀티 솔레노이드 밸브의 OFF시간이 짧아 공연비가 희박해진다. 반대로 듀티 값이 높을 때에는 메인 듀티 솔레노이드 밸브의 ON시간이 길어 공연비가 농후해진다.

또, 엔진 컴퓨터는 산소센서의 신호를 받아서 엔진 상태(공연비)를 파악하고, 공연비가 농후하다고 판단될 경우 듀티 값을 낮게 제어하고, 공연비가 희박하다고 판단될 경우에는 듀티 값을 높게 제어한다.

(3) 슬로 듀티 솔레노이드 밸브

슬로 듀티 솔레노이드 밸브(slow duty solenoid valve)는 베이퍼라이저 1차실로부터 LPG를 공급받으며, 엔진을 시동하거나 각종 부하가 걸릴 때 부족한 LPG를 믹서에 공급하여 최적의 공연비가 될 수 있도록 엔진 컴퓨터의 신호에 따라 ON/OFF 듀티 제어하여 보조 LPG 통로를 개폐한다.

(4) 시동 솔레노이드 밸브

시동 솔레노이드 밸브(enrich solenoid valve)는 엔진을 시동할 때, 주행 중 감속할 때, 높은 부하영역 등의 조건하에서 컴퓨터의 신호에 의해 ON/OFF 제어된다. 즉 엔진을 시동할 때 시동성능 향상 및 관성 주행 중 가동정지 등을 방지한다.

(5) 아이들 스피드 컨트롤 액추에이터(ISCA)

아이들 스피드 컨트롤 액추에이터(Idle Speed Control Actuator)는 엔진이 공전할 때 공전성능을 확보하기 위해 혼합가스(공기+LPG)를 믹서의 스로틀 보디를 바이패스하는 통로로 LPG를 보상하는 일을 한다. 엔진의 냉간 시동, 전기부하, 동력조향장치 작동, 에어컨 ON, 등 엔진 부하에 따른 공전속도 저하를 엔진 컴퓨터에서 감지하여 아이들 스피드 컨트롤 액추에이터를 구동시켜 혼합가스를 보정하여 공전속도가 보상되도록 제어하는 전자제어 보상장치이다.

[2] 믹서에서 LPG 흐름

엔진 회전속도가 64rpm이상 되면 컴퓨터는 긴급차단 솔레노이드 밸브 및 베이퍼라이저의 2차 록 솔레노이드 밸브, 슬로 컷 솔레노이드 밸브를 작동시켜 메인 라인(2차실 LPG 출구) 및 저속 라인(1차 압력의 LPG)을 통해 믹서로 LPG를 공급한다.

(1) 엔진을 시동할 때

엔진의 부압이 거의 없는 크랭킹 상태에서는 베이퍼라이저 2차실 LPG(대기압력 상태)가 믹서로 유입되는 양은 매우 적은 양이다. 냉간 상태에서는 이 작은 양의 LPG만으로는 엔진 시동이 원활하지 못하므로 시동성능을 향상시키기 위해 베이퍼라이저 1차실 LPG(0.3kgf/㎠의 압력을 유지)를 슬로 컷 솔레노이드 밸브(ON 작동)를 지나 저속 라인을 통해 믹서의 슬로 듀티 솔레노이드 밸브 및 시동 솔레노이드 밸브로 공급한다. 크랭킹 할 때 엔진 컴퓨터는 시동 솔레노이드 밸브를 작동시켜 저속라인의 LPG(1차 압력의 LPG)를 믹서의 시동 제트를 통해 연소실에 공급한다. 또 컴퓨터는 슬로 듀티 솔레노이드 밸브를 듀티 제어하여 저속 라인의 LPG를 믹서의 메인 조정스크루를 지나 벤추리로 공급하며, 일부는 메인 듀티 솔레노이드 밸브를 통해 믹서의 피드백 제트로 공급한다. 엔진이 시동되면 컴퓨터는 시동 솔레노이드 밸브만 OFF시킨다.

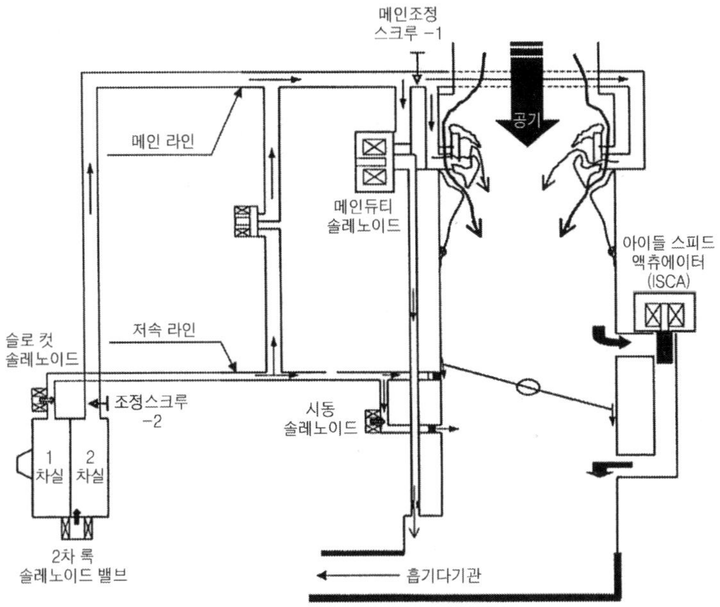

[그림6-23. 엔진을 시동할 때 LPG의 흐름]

(2) 엔진이 공전할 때

믹서의 부압이 적은 공전 및 낮은 부하영역에서는 메인 라인과 저속 라인의 LPG를 믹서의 벤추리 부분 및 메인 듀티 솔레노이드 밸브의 작동에 의해 피드백 제트로 공급한다.

(3) 주행 및 높은 부하 영역일 때

믹서의 벤추리 부분의 부압이 큰 중간 부하 및 높은 부하영역에서는 메인 라인(2차실에서 공급)의 LPG가 거의 대부분을 차지하며 산소센서 및 스로틀 포지션 센서, 수온센서 등의 신호에 따라 피드백 제어 또는 개방회로 제어를 한다.

(4) 감속할 때

주행 중 엔진을 감속할 때에는 확실한 감속 효과를 얻기 위해 엔진 컴퓨터는 LPG 공급을 차단한다.

(5) 관성 주행을 할 때(내리막길 탄력 주행)

관성 주행을 할 때에는 엔진 컴퓨터의 map 값에 의해 일정시간 LPG 공급차단 제어를 하며, 엔진 가동정지 및 회전속도 저하를 방지할 목적으로 믹서의 시동 솔레노이드 밸브를 ON시켜 추가로 LPG를 공급한다.

6.4. 피드백 믹서(Feed Back Mixer, 전자제어 믹서)방식

피드백 믹서 방식의 특징은 배전기 내부에 설치한 크랭크 각 센서 및 각 실린더 상사점 센서의 신호를 기초로 회전속도를 검출하고, 배전기 회전에 의한 점화 배분방식을 사용한다. 또 아이들 스피드 컨트롤 액추에이터를 이용한 목표 회전속도 추종제어를 사용하며, 액상 및 기상 솔레노이드 밸브를 컴퓨터가 직접 제어한다. 그리고 냉각 팬 제어, 에어컨 압축기 제어, 메인 릴레이 제어, 기상 램프 제어도 엔진 컴퓨터가 한다.

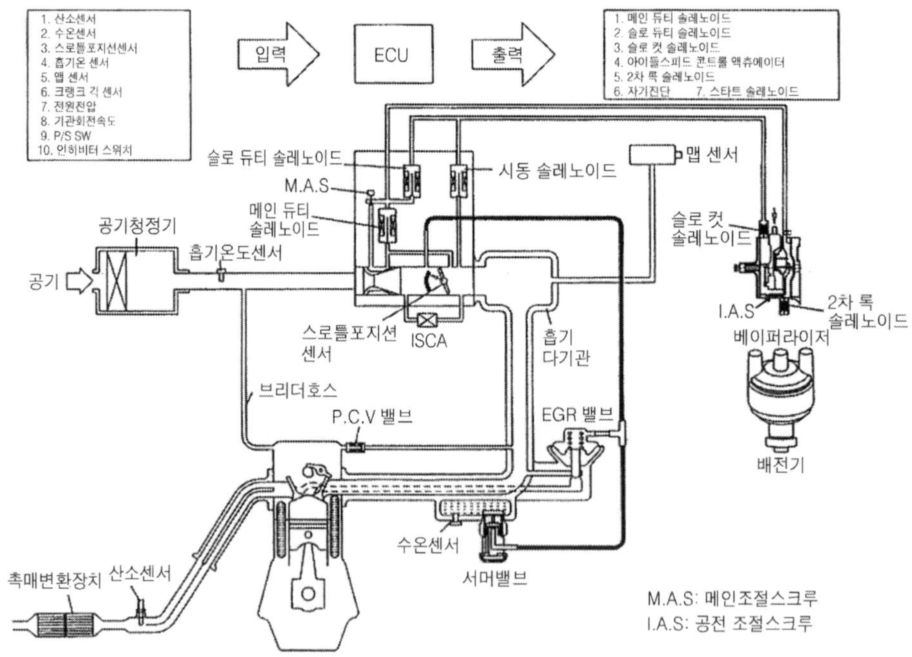

[그림6-24. 피드백 믹서 방식의 구성도]

1. 컴퓨터(ECU)

컴퓨터는 각종 센서들로부터 받은 정보를 기초로 하여 여러 가지 작동조건의 이상적인 조건을 구해 해당 액추에이터를 작동시켜 공연비를 제어한다.

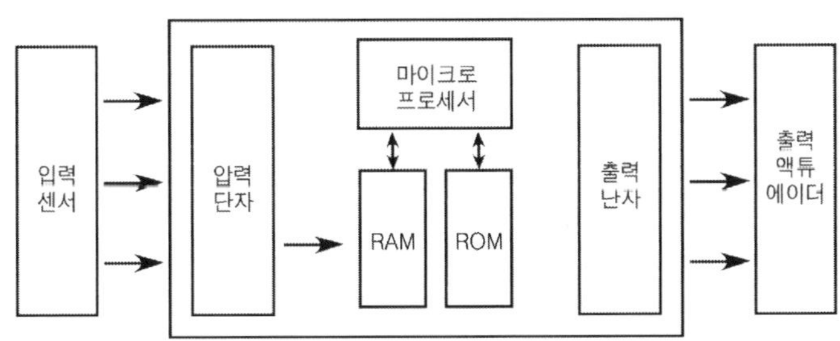

[그림6-25. 컴퓨터 구성도]

2. 각종 입력 센서

[1] 크랭크 각 센서(crank angle sensor)

크랭크 각 센서는 발광다이오드와 포토다이오드를 설치하여 센서로 사용한다. 배전기 내에 설치되며 크랭크 각 센서와 상사점 센서 일체형으로 되어 있다.

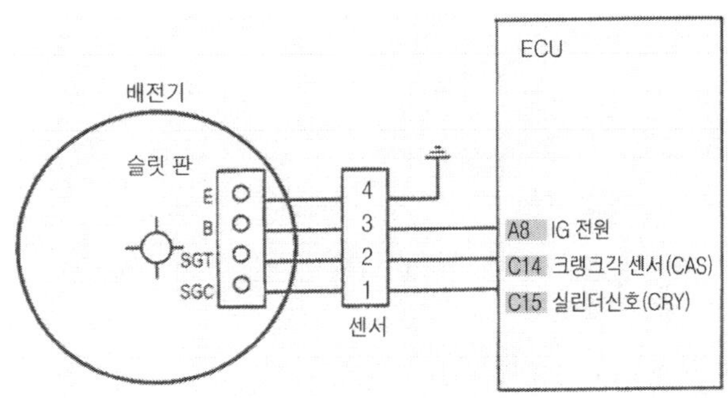

[그림6-26. 크랭크 각 센서의 구조]

크랭크 각 센서 내부 슬릿 판(slit plate)의 구조는 그림 6-27에 나타낸 바와 같이 크랭크 각 감지용 홈은 총 60개이고(크랭크 각 12°마다 설치됨), 실린더 신호

(상사점) 감지용 홈은 각각 크기가 다르며, 총 4개로 되어 있다. 크랭크 각 신호는 캠 축 1회전(크랭크축 2회전)당 60개의 펄스가 발생하고, 펄스 1개당 크랭크 각은 12°에 해당된다. 그리고 실린더 신호는 캠 축 1회전 당 4개의 펄스가 발생하며 펄스의 폴링 에지(falling edge)는 실린더의 상사점 전 114°에 해당된다. 실린더를 찾아내는 방법과 크랭크 각 계산 기준점 등을 간략하게 그림 6-28에 나타내었다. 크랭크 각 센서는 슬릿 판 회전에 따른 신호감지 및 비교 분석하여 각 실린더를 찾아내고 각 실린더 별 점화시기, 엔진 회전수 연산 등 각종 제어를 하는데 중요한 신호가 된다.

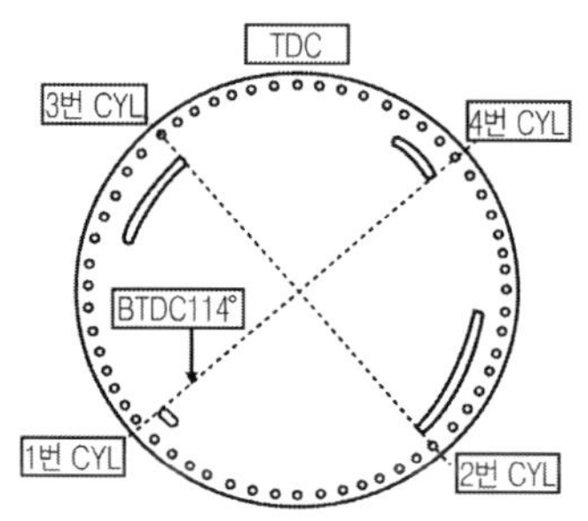

[그림6-27. 크랭크 각 센서 내부구조]

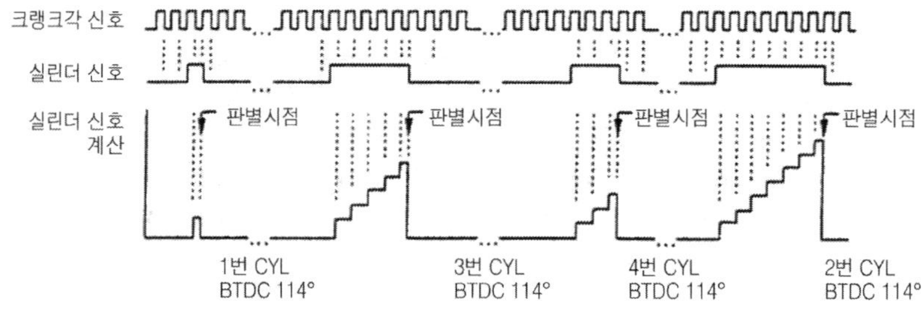

[그림6-28. 크랭크 각 신호와 실린더 번호]

[2] MAP 센서(manifold absolute pressure sensor)

MAP 센서는 흡기다기관 내의 절대압력을 측정하여 엔진으로 흡입되는 공기량을 간접적으로 검출하는 공기유량센서이다. 이 센서는 절대압력에 비례하는 아날로그(analog)출력신호를 컴퓨터로 전달하고, 이 출력신호를 컴퓨터 내의 기억장치 내에 설정된 데이터에 따라 흡입되는 공기량으로 환산되어 흡입공기에 대응하는

LPG 공급량제어에 대응한다. 출력특성은 압력에 따른 출력전압변화가 선형적인 1차 곡선으로 나타나며, 압력범위는 변동하여도 출력전압은 0~5사이에서 존재한다.

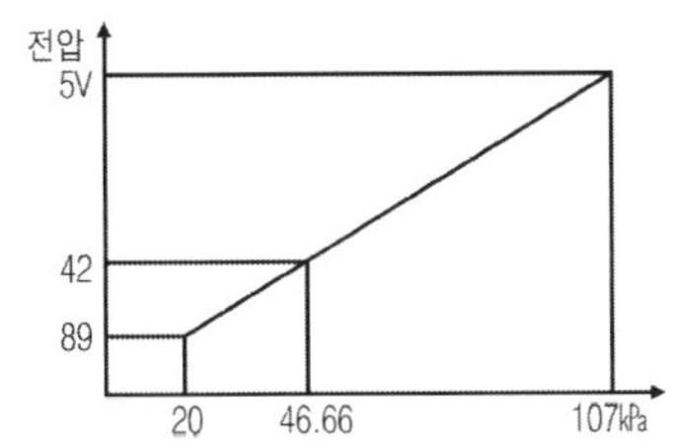

[그림6-29. MAP 센서 출력전압 변화]

[3] 스로틀 포지션 센서(throttle position sensor)

스로틀 포지션 센서는 스로틀 보디에 설치되어 스로틀 밸브 축과 함께 회전하는 가변 저항기이며, 스로틀 밸브의 열림 정도를 검출하는 센서이다. 이 센서의 출력전압은 스로틀 밸브의 열림 정도에 따라 변화하며, 컴퓨터는 스로틀 포지션 센서의 신호와 엔진 회전속도를 기초로 하여 운전모드를 판정하여 LPG 공급량을 보정한다. 또 스로틀 밸브의 열림 정도 변화를 가·감속상태를 검출한다.

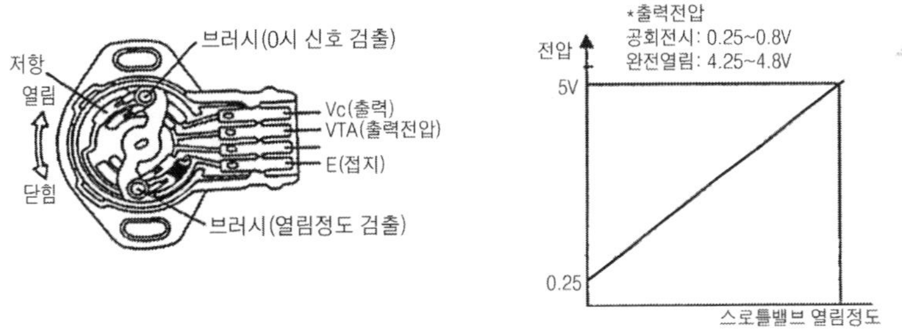

[그림6-30. 스로틀 포지션 센서]

[4] 흡기온도 센서(air temperature sensor)

엔진으로 흡입되는 공기의 질량은 온도 및 대기압력에 따라 변화하므로 체적유량을 계측하는 방식에서는 이에 대한 공기의 질량 보정이 필요하다. 흡기온도 센서는 흡입공기의 온도를 검출하는 부특성 서미스터이며, 컴퓨터는 흡기온도 센서의 출력전압에 의한 흡입공기 온도를 검출하여 공기온도에 대응하는 LPG 공급량 보정, 점화할 때 LPG 공급량 보정, 점화시기 보정, 공전상태에서의 공기온도 보정 등에 사용한다. 흡기온도 센서가 고장일 때 대처기능(limp home)은 수온센서가 정상일 때에는 냉각수 온도가 20℃이하인 경우, 흡입공기 온도는 냉각수 온도 초기 값으로 인식하며, 그밖에는 흡입공기 온도를 20℃로 인식한다. 그리고 수온센서가 동시에 고장일 경우에는 흡입공기 온도 대처 값은 20℃이다.

[5] 수온센서(water temperature sensor)

수온센서는 엔진 냉각수통로에 설치되어 냉각수 온도를 검출하여 컴퓨터로 전달하는 부특성 서미스터이다. 컴퓨터는 냉각수 온도에 따른 시동할 때 기본 LPG 공급량 및 점화시기 결정, 시동할 때 기본 공전 듀티량 제어, 대시포트(dash-pot) 상태에서의 LPG 공급량 보정, 냉각 팬 제어, 액상 및 기상 솔레노이드 밸브 제어 등에 사용한다. 수온센서가 고장일 때 대처기능은 흡기온도 센서가 정상일 때에는 점화스위치를 ON으로 하였을 때 흡입공기 온도를 대처 값으로 사용하고, 흡기온도 센서와 동시에 고장일 때 20℃의 대처 값을 갖는다. 그리고 엔진 시동 이후 가동 중에는 매 4,094mS마다 냉각수 온도가 90℃가 될 때까지 0.65℃씩 증가시킨다.

[6] 산소센서(O_2 sensor)

산소센서는 배기가스와 대기와 산소 분압 차이에 의한 기전력을 발생하여 엔진 작동 중의 공연비에 대한 정보를 제공하여 이론 공연비 부근에서 공연비가 제어되도록 한다.

[7] 동력 조향장치 오일압력 스위치

운전자가 조향핸들을 조작하면 동력 조향장치의 오일펌프 압력변화에 의해 스위치가 ON/OFF된다. 컴퓨터는 이 오일압력 스위치의 ON신호에 의해 아이들 업(idle up)보정을 실행한다.

3. 출력요소

[1] 메인 듀티 솔레노이드 밸브

메인 듀티 솔레노이드 밸브(main duty solenoid valve)는 산소센서의 입력신호에 의한 컴퓨터의 희박/농후 판단에 따라 LPG 공급량을 제어하는데 사용하며, 컴퓨터에 의해 듀티 제어된다. 즉, 공연비가 희박하면 듀티량을 크게 제어하여 LPG 공급량을 증가시키고, 농후하면 듀티량을 작게 제어하여 LPG 공급량을 감소시킨다.

[2] 슬로 듀티 솔레노이드 밸브

슬로 듀티 솔레노이드 밸브(slow duty solenoid valve)는 1차실 압력을 지닌 저속 라인의 LPG를 메인 라인으로 공급해 주는 작용을 하며, 컴퓨터에 의해 듀티 제어된다. 즉, 듀티량을 증가할 때 저속 라인에서 메인 라인으로 LPG 공급량이 증대되며, 듀티량이 감소할 때 저속 라인에서 메인 라인으로 LPG 공급량이 감소한다.

[3] 시동 솔레노이드 밸브

시동 솔레노이드 밸브(start solenoid valve)는 저속라인(1차 압력)의 LPG를 스로틀 밸브 아래쪽 통로로 공급해 주는 작용을 하며, 처음 시동을 할 때 시동성능 향상 및 관성 주행을 할 때 엔진 가동정지 및 회전속도 저하를 방지한다.

[4] 슬로 컷 솔레노이드 밸브

슬로 컷 솔레노이드 밸브(slow cut solenoid valve)는 베이퍼라이저에서 1차실의 LPG를 저속 라인으로 공급하기 위한 통로를 개폐하는 작용을 한다.

[5] 2차 록 솔레노이드 밸브

2차 록 솔레노이드 밸브(second lock solenoid valve)는 베이퍼라이저 2차 밸브의 작동을 정지시키거나 실행시키는 기능을 지니고 있으며, 엔진을 시동할 때 및 엔진 가동 중에 2차 밸브가 작동할 수 있는 행정을 확보해 주며, 엔진 가동을 정지할 때에는 LPG 누출을 방지하기 위해 2차 밸브를 잠근다.

[6] 아이들 스피드 컨트롤 액추에이터

아이들 스피드 컨트롤 액추에이터(idle speed control actuator)는 엔진을 시동할 때, 공전할 때 및 전기부하, 변속부하 등이 가해질 때 공전속도를 보정하는데 사용되며, 컴퓨터에 의해 듀티 제어된다.

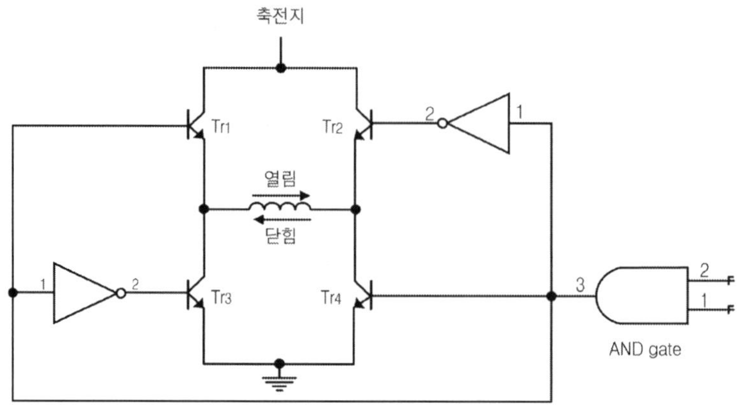

[그림6-31. 아이들 스피드 컨트롤 액추에이터 내부회로도]

[7] 파워 트랜지스터

컴퓨터의 파워 트랜지스터(power transistor) ON/OFF 신호에 따라 점화코일의 1차 전류를 단속하여 점화플러그에 높은 전압을 발생시킨다.

제  장

흡입 및 배기장치

7.1. 흡입 및 배기 장치의 개요

엔진의 실린더 내에 혼합가스(가솔린엔진) 또는 공기(디젤엔진)를 유입하는 부품들을 흡입장치, 배기가스를 실린더 밖으로 배출시키기 위한 부품들을 배기장치라 한다. 흡입장치는 실린더 내로 흡입하는 공기 중의 먼지를 제거하는 공기청정기와 혼합가스 또는 공기를 각 실린더에 분배하는 흡기다기관 및 이들을 연결하는 흡입 덕트 등으로 구성되고, 배기장치는 각 실린더로부터 배출되는 배기가스를 모으는 배기다기관과 배기가스를 자동차 뒤쪽의 배출구로 유도하는 배기 파이프 및 소음기 등으로 구성된다.

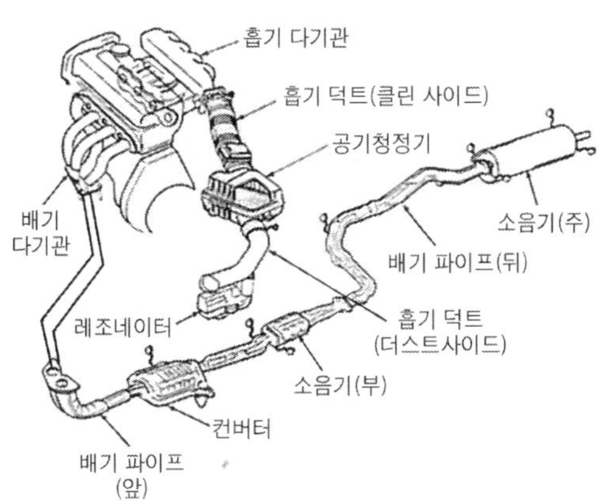

[그림7-1. 흡 · 배기 장치의 구성]

7.2. 공기청정기(air cleaner)

1. 공기청정기의 기능

공기청정기는 흡입 공기 중의 먼지가 실린더 내로 들어와 마멸을 촉진하는 것을 방지하는 기능을 하며, 최근에는 공기청정기 앞뒤에 있는 흡입 덕트(duct)나 레조네이트(resonator)를 설치하여 흡입소음을 감소시킨다. 또 출력성능을 향상시키기 위해 흡입공기의 흐름저항을 감소시키는 것도 요구되며, 체적효율을 높이기 위해 공명 과급의 제어에도 사용된다.

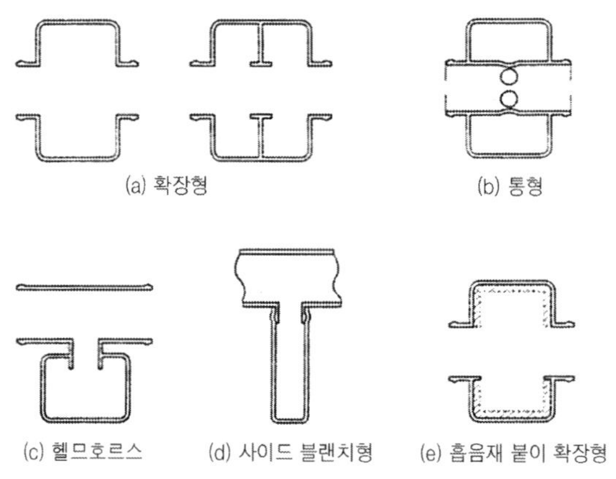

[그림7-2. 레조네이트의 종류]

2. 공기청정기의 구조와 분류

공기청정기는 엘리먼트(element)와 더스트 사이드(dust side), 클린 사이드(clean side)를 분리하는 케이스로 구성되며, 엘리먼트를 꺼내어 청소하거나 교환이 가능하도록 되어 있다. 공기청정기의 종류에는 습식(wet type)과 건식(dry type)이 있다. 습식은 일정한 높이로 설치된 엘리먼트 케이스와 그 아랫부분에 오일 배스(oil bath)로 구성되어 있으며, 엘리먼트는 스틸 울(steel wool)이나 천(gauze)이다. 습식의 공기 여과작용은 다음과 같다. 공기는 청정기 케이스와 케이스 커버사이로 들어와 청정기 케이스와 엘리먼트 케이스 사이를 거쳐 아랫부분의 오일 면에서 급격하게 상승할 때 비교적 무거운 먼지는 오일 위에 떨어뜨리고, 가벼운 먼지는 엘리먼트를 통과할 때 엘리먼트에 부착되어 여과된다.

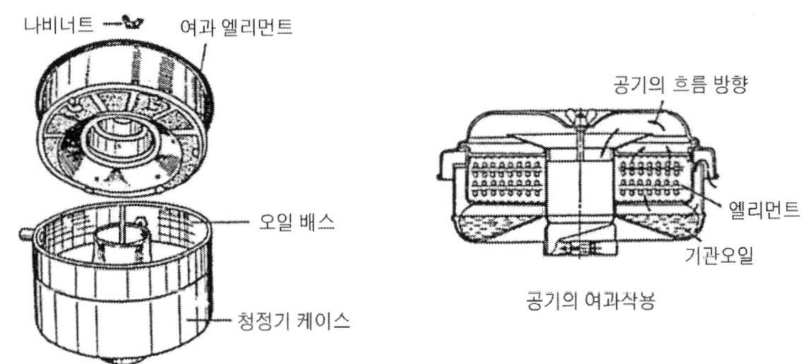

[그림7-3. 습식 공기청정기의 구조]

건식은 청정기 케이스와 엘리먼트로 구성되며, 엘리먼트는 여과지 방식과 부직포 방식이 있는데 여과지 방식은 매우 미세한 먼지를 제거할 수 있으나 정기적인 청소와 교환이 필요하다. 부직포 방식은 그 자체가 밀도 구배로 되어 있으며, 먼지의 크기에 따라 각각의 층에서 포착하므로 먼지를 포착하는 양이 많고 여과면적을 작게 할 수 있다.

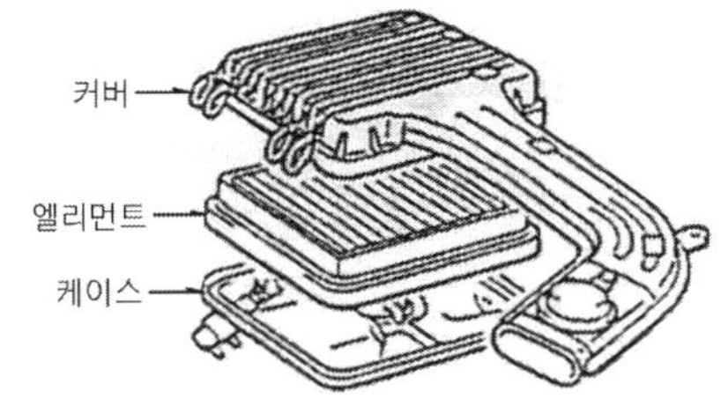

[그림7-4. 건식 공기청정기의 구조]

7.3. 흡기다기관(intake manifold)

흡기다기관은 혼합가스를 실린더 내로 안내하는 통로이며, 실린더헤드 측면에 설치되어 있다. 흡기다기관은 각 실린더에 혼합가스가 균일하게 분배되도록 하여야 하며, 공기 충돌을 방지하여 흡입효율이 떨어지지 않도록 굴곡이 있어서는 안되며 연소가 촉진되도록 혼합가스에 와류(渦流)를 일으킬 수 있어야 한다. 엔진작동 중 흡기다기관은 실린더에서 흡입작용으로 항상 진공상태에 있으며 공전상태에서 45~50cmHg의 진공을 유지하여 브레이크 배력 장치 및 크랭크케이스 환기와 점화장치의 점화진각 장치 등을 작동시킨다. 흡기다기관의 지름은 클수록 흡입효율이 좋으나 혼합가스의 흐름 속도가 느려 연료의 입자가 다기관 벽에 부착되어 혼합가스가 희박해지므로 실린더 지름의 25~35%가 적당하다.

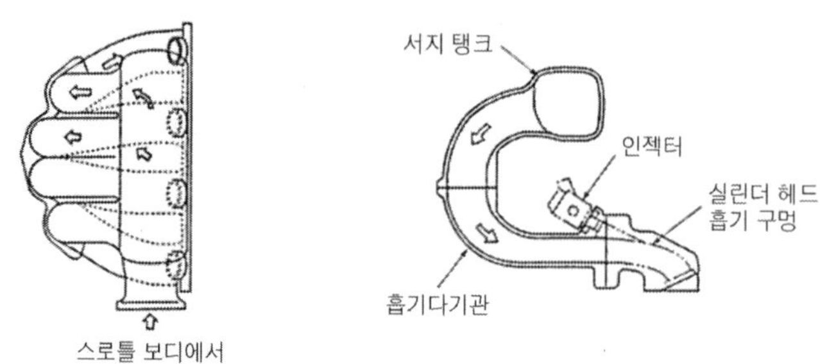

[그림7-5. 흡기다기관]

7.4. 가변 흡입장치(Variable Induction Control System)

가변 흡입장치는 다양한 형태로 구성할 수 있으나 대부분 제어밸브를 설치하여 엔진 회전속도에 따라 흡기다기관의 길이나 단면적을 변화시키는 방법을 이용한다. 그림 7-6은 가변 흡입장치의 한 예이다.

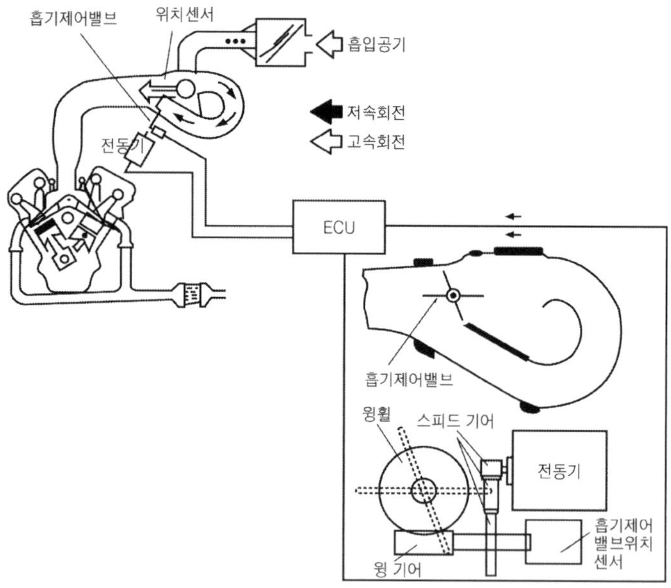

[그림7-6. 가변 흡입장치의 구조]

이 장치는 엔진 회전속도에 따라서 최대 회전력이 되도록 흡입공기의 흐름을 자동적으로 제어하여 저속에서는 흡기다기관의 길이를 길게 하고, 고속에서는 짧게 한다. 흡입 제어밸브의 구동은 전동기(DC motor)로 하며, 이 전동기는 컴퓨터(ECU)로 제어된다. 엔진 회전속도에 따라 밸브의 목표위치를 미리 설정해두고 목표 값과 실제 값 사이의 차이가 발생하면 이 차이를 흡입밸브 위치센서에서 감지하고, 밸브구동 전동기를 작동시켜 목표 값과 실제 값이 일치하도록 제어한다. 밸브위치 센서는 밸브를 개폐할 때 밸브의 위치를 정확히 파악하기 위해 밸브 축에 설치하며 홀 센서(hall sensor)방식으로 되어 있다. 점화스위치를 ON으로 한 상태에서 컴퓨터는 밸브 구동전동기를 작동하여 밸브가 충분히 닫히도록 하여 초기 상태로 조정하고, 이후에는 펄스 신호의 수에 따라 밸브 열림 정도를 계산하여 제어한다.

7.5. 배기다기관과 배기 파이프

1. 배기다기관

배기다기관(exhaust manifold)은 각 실린더에서 배출되는 배기가스를 집합하여 배기 파이프로 유도하는 부품이며, 배기가스가 실린더 내에 남아 체적효율이 감소되는 것을 방지하기 위하여 배기저항을 적게 하여야 한다. 배기저항을 감소시키기 위해서는 각 브랜치(branch)의 굽음 정도를 완만하게 하거나 안쪽 면을 매끄럽게 하는 방법과 블로다운(blow down)에 의한 배기가스 압력파의 간섭을 피하기 위해 점화순서가 연속하는 실린더로부터의 집합부분을 압력이 감소하는 쪽으로 하는 방법이나 블로다운에 의한 배기다기관 내에 유기 되는 맥동의 부압파를 배기행정 중이나 밸브 오버랩에 동조시키는 방법이 있다.

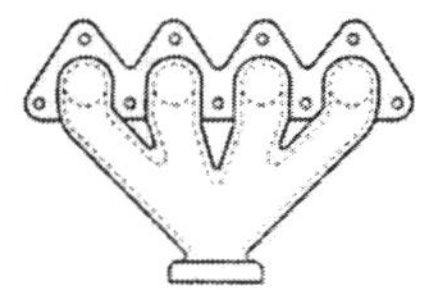
(a) 직렬 4실린더
단일 포트 방식

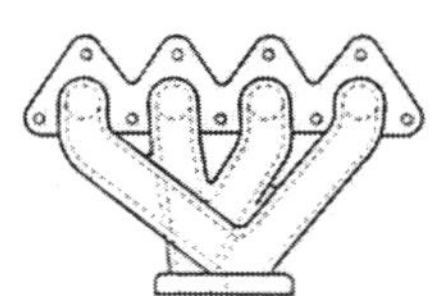
(b) 직렬 4실린더
2중 포트 방식

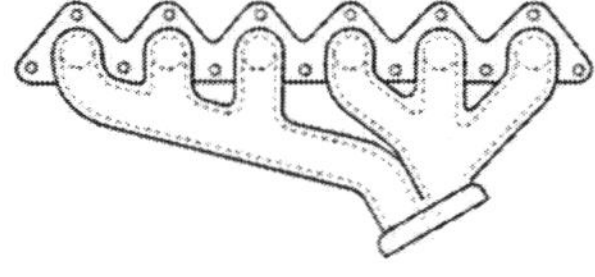
(c) 직렬 6실린더
2중 포트 방식

[그림7-7. 배기다기관의 종류]

2. 배기 파이프

배기다기관으로부터 나온 배기가스를 자동차 뒤쪽의 배출구멍으로 유도하는 통로를 배기 파이프라 하며, 촉매 컨버터나 소음기를 도중에 설치하기 때문에 몇 개로 분할되어 있다.

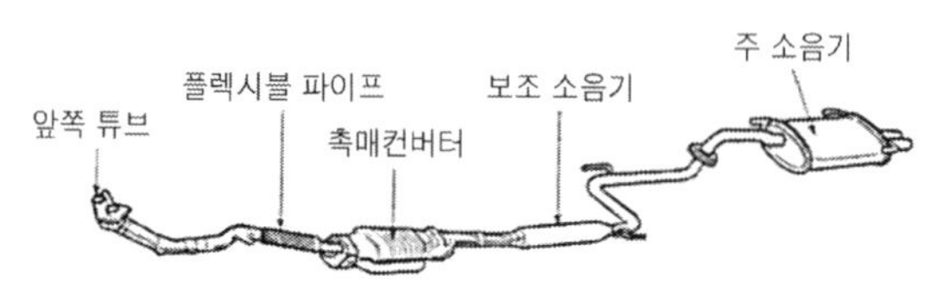

[그림7-8. 배기 파이프의 구성]

2중 포트 방식(dual port type) 배기다기관을 사용하는 경우 배기다기관에서 연결되는 배기 파이프는 Y자형으로 배기가스를 집합시키거나 H자 형상으로 2중 배기다기관의 배압의 평형을 이용한다. 또 배기 장치의 진동을 감소시킬 목적으로 배기 파이프 일부에 플렉시블 튜브를 사용하는 경우도 있다. 그리고 배기 파이프의 고온부분에는 열 차단 판이나 글라스 울(glass wool) 등의 단열재를 부착하여 다른 부분으로의 열 피해를 방지한다.

7.6. 소음기(muffler)

배기 파이프를 일정한 단면적으로 구성하는 경우, 배기에 의한 소음이 매우 크기 때문에 도중에 소음기를 1~2개를 두어 소음을 저하시킨다. 소음기의 종류에는 확장형, 공명형, 흡음형과 이들 모두를 조합한 조합형 등이 있다. 배기 소음의 주성분 주파수는 기관 회전속도에 동조하기 때문에 저속(저주파)에서는 긴 파이프, 고속(고주파)에서는 짧은 파이프가 좋다.

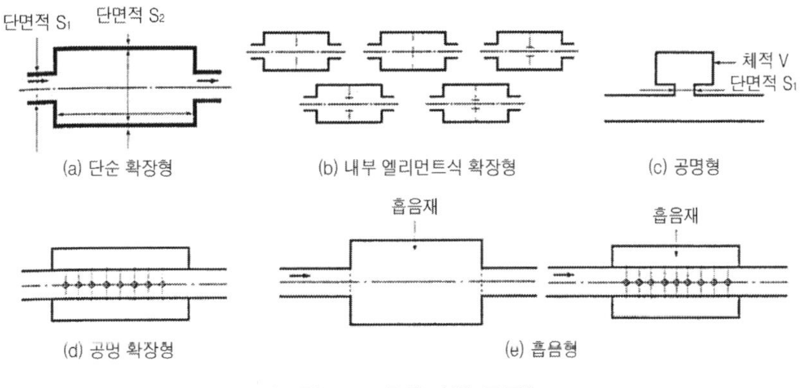

[그림7-9. 소음기의 종류]

7.7. 과급장치(過給 藏置)

1. 과급장치의 개요

흡기다기관에 공기펌프를 설치하고 흡입공기에 압력을 가하여 강제로 많은 양의 공기를 실린더에 공급하여 엔진의 출력 및 회전력 증대, 연료 소비율을 향상시키는 장치를 설치하게 되는데 이것을 과급장치(super charge)라 한다. 과급 장치에는 배기가스의 압력을 이용하는 터보차저(turbo charge)와 엔진의 출력을 이용하여 기계적으로 펌프를 구동시키는 루츠 블로워(roots blower)가 있다. 일반적으로 저·중속 디젤엔진에서는 루츠 블로워를 가솔린엔진 또는 고속 디젤엔진에서는 터보차저를 사용한다. 과급장치 엔진의 특징은 다음과 같다.

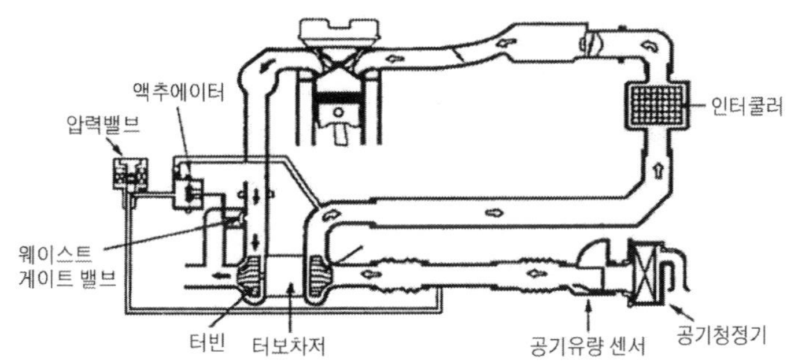

[그림7-10. 터보 차저의 구성 요소(가솔린엔진의 경우)]

① 엔진의 출력성능을 향상시킨다.

② 소음 감소로 인하여 정숙한 운전을 할 수 있다.

③ 유해 배출가스를 감소시킬 수 있다.

④ 높은 지대에서의 성능이 향상된다.

⑤ 엔진의 형체 및 무게를 감소시킬 수 있다.

2. 터보차저(turbo charge)

일반적으로 자동차용 엔진에서는 배기가스로 구동되는 원심펌프 형식의 터보차저를 주로 사용한다. 터보차저의 주요 구성부품은 압축기, 터빈, 터빈축, 웨이스트 게이트 밸브, 부동 베어링 등으로 되어 있다.

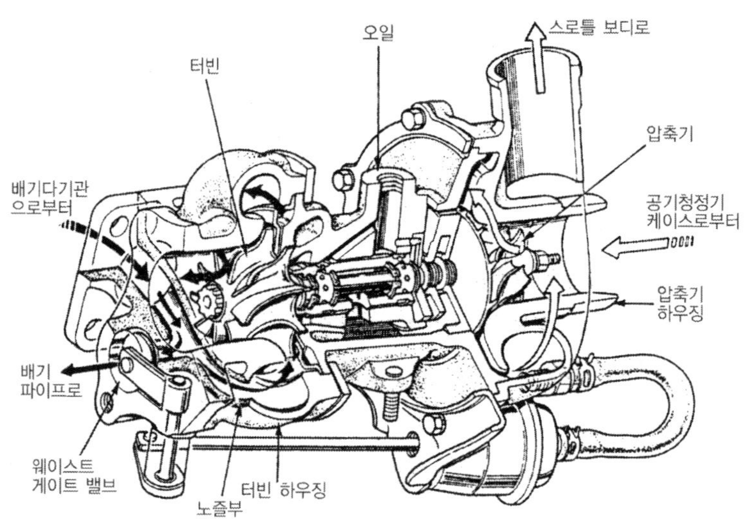

[그림7-11. 터보차저의 구조]

[1] 압축기(compressor)

압축기는 원심력 방식을 사용하며 최고 15,000rpm까지의 고속회전으로 공기에 압력을 가하는 임펠러와 흐름속도가 빠를 때 감속하여 속도에너지를 압력에너지로 변환시키는 디퓨저(diffuser)가 있으며, 이 부품을 넣는 하우징으로 구성되어 있다.

[2] 터빈(turbine)

터빈은 압축기를 구동하는 부분이며 배기가스의 열에너지를 회전력으로 변환시키는 부분이다. 터빈은 배기가스에 노출되며 고속회전을 하므로 내열성 및 충분한 강도가 있어야 한다.

[3] 부동 베어링(floating bearing)

터보차저에서는 그림 7-12와 같은 부동 베어링을 사용한다. 베어링의 윤활은 기관 윤활 장치의 오일을 사용하며, 터보차저가 과열된 상태에서 엔진의 작동을 정지시키면 베어링에 오일이 공급되지 않아 고착을 일으키는 경우가 있으므로 고속 주행 직후에는 곧바로 엔진의 작동을 정지하지 말고 충분히 공전시켜 터보차저를 냉각시키는 배려가 필요하다.

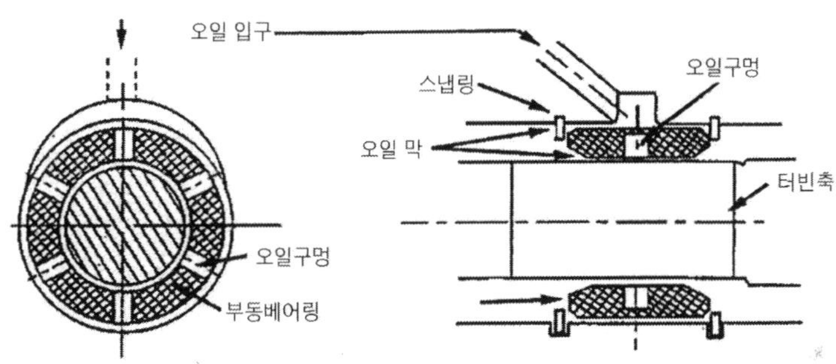

[그림7-12. 부동 베어링과 급유]

3. 인터 쿨러(inter cooler)

터보차저에서 공기를 압축하면 흡입공기의 온도가 상승하는데 일반적으로 100~150℃정도의 범위이다. 엔진에서 흡입공기의 온도가 상승하면 밀도(密度) 저하로 인하여 흡입효율이 저하됨과 동시에 혼합가스의 온도가 상승하여 노크가 발생한다. 따라서 흡입공기를 냉각시켜 흡입효율 향상과 노크발생을 감소시키기 위하여 인터 쿨러를 설치한다. 일반적으로 인터 쿨러에는 수랭식과 공랭식이 있으며, 수랭식 인터 쿨러는 물 펌프, 냉각용 보조 라디에이터 등이 필요하며 냉각수와 주행 중 받는 바람으로 냉각된다. 공랭식 인터 쿨러는 주행 중에 받는 바람이 직접 높은 온도의 흡입공기를 냉각시키도록 바람을 쉽게 받을 수 있는 부분에 설치한다.

4. 터보차저의 작동

고온·고압의 배가가스가 압력에너지에 의하여 터빈 축을 회전시키면 터빈 반대쪽에 있는 압축기가 회전하여 흡입공기를 압축한다. 엔진 회전속도가 상승함에 따라 배기가스의 압력이 상승하여 터빈의 회전속도를 상승시킴으로서 압축기에 의한 과급 압력도 높아져 출력이 증가한다. 그러나 과급 압력이 기준 값 이상으로 상승하면 폭발압력이 너무 높아져 엔진 각 구성부품의 내구성에 문제가 발생한다. 이때 웨이스트 게이트 밸브(waste gate valve)를 열고 배기가스를 바이패스 시켜 과급 압력을 설정 압력이하로 조절한다. 웨이스트 게이트 밸브의 작동은 흡기다기관 내의 압력(정압) 또는 컴퓨터(ECU)에 의하여 조절되는데 컴퓨터 제어방식은 흡기다기관 내에 압력센서를 설치하여야 하며, 웨이스트 게이트 밸브는 솔레노이드 밸브의 작동에 의해 제어된다.

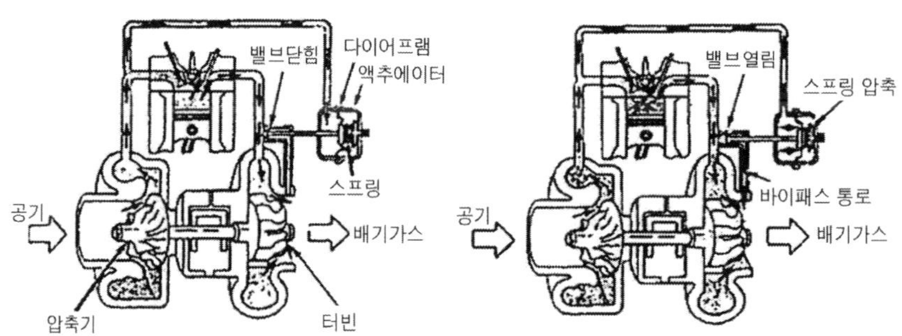

[그림7-13. 웨이스트 게이트 밸브의 작동]

제 8 장 배출가스와 그 대책

8.1. 자동차에서 배출되는 가스

자동차에서 배출되는 가스에는 배기 파이프로부터의 배기가스, 크랭크케이스로부터의 블로바이 가스(blow-by gas) 및 연료계통으로부터의 증발가스 등 3가지가 있다.

1. 배기가스(exhaust gas)

배기가스의 주성분은 H_2O(수증기)와 CO_2(이산화탄소)이며 이외에 CO(일산화탄소), HC(Hydro-Carbon, 탄화수소), NOx(질소산화물), 탄소입자 등이 있으며 이 중에서 CO, NOx, HC 등이 유해 물질이다.

2. 블로바이 가스(blow-by gas)

블로바이 가스란 실린더와 피스톤 간극에서 크랭크케이스(crank case)로 빠져나오는 가스를 말하며 조성은 70~95% 정도가 미 연소가스인 HC이고 나머지가 연소가스 및 부분 산화된 혼합가스이다.

3. 연료 증발가스

연료 증발 가스는 연료장치에서 연료가 증발하여 대기 중으로 배출되는 가스이며, 주성분은 HC이다.

8.2. 배기가스의 유독성 및 발생 농도

1. CO(일산화탄소)

[1] CO가 인체에 미치는 영향

CO는 연료가 불완전 연소하였을 때 발생되는 무색, 무취의 가스이다. CO를 인체에 흡입하면 혈액 속에서 산소를 운반하는 세포인 헤모글로빈과 결합하여 신체 각부에 산소의 공급이 부족하게 되어 어느 한계에 도달하면 중독증상을 일으킨다.

[2] CO의 발생 과정

가솔린은 탄소와 수소의 화합물인 탄화수소이므로 완전 연소하였을 때 탄소는 무해성 가스인 CO_2로, 수소는 H_2O로 변화한다.

$$C+O_2 = CO_2 \quad \cdots\cdots ①$$

$$2H_2 + O_2 = 2H_2O \quad \cdots\cdots ②$$

그러나 실린더 내에 산소공급이 부족한 상태로 연소하면 불완전 연소를 일으켜 CO가 발생한다.

$$2C+O_2 = 2CO \quad \cdots\cdots ③$$

$$2CO+O_2 = 2CO_2 \quad \cdots\cdots ④$$

[3] CO의 발생농도가 낮아지는 경우

CO의 발생농도는 스로틀 밸브의 열림 정도가 일정할 때 점화시기가 빠른 경우와 농후한 공연비보다 희박한 혼합가스일 때 낮아진다.

2. HC(탄화수소)

[1] HC가 인체에 미치는 영향

농도가 낮은 HC는 호흡기 계통에 자극을 줄 정도이지만 심하면 점막이나 눈을 자극한다.

[2] HC 발생 과정

① 연소실 내의 온도 차이로 연소하지 못한 가스가 배출된다.

② 밸브 오버랩으로 인하여 혼합가스가 누출된다.

③ 엔진을 감속할 때 실화를 일으키기 쉬워져 배출량이 증가한다.

④ 혼합가스가 희박하면 불완전 연소하여 발생한다.

[3] HC의 발생농도가 낮아지는 경우

HC의 발생농도는 공연비는 일정하고 점화시기가 늦은 경우, 공연비가 일정하고 냉각수 온도가 높은 경우, 점화시기가 일정하고 엔진 회전속도가 빠른 경우, 출력이 일정할 때에는 점화시기가 늦은 경우, 엔진의 압축비가 낮은 경우, 엔진의 연소실 체적에 대한 표면적 비율이 적은 경우, 엔진의 압축비가 낮은 때에는 흡기다기관의 부압이 낮은 경우 등에서 낮아진다. 그러나 점화시기가 일정할 때 공연비 17 : 1정도를 경계로 하여 이보다 농후하거나 희박해져도 발생농도가 높아진다.

3. NOx(질소산화물)

[1] NOx이 인체에 미치는 영향

배기가스에 들어있는 질소화합물의 95%가 NO_2 이고 NO는 3~4%정도이다. 광화학 스모그(smog)는 대기 중에서 자외선을 받아 광화학 반응을 반복하여 발생하며, 눈이나 호흡기 계통에 자극을 주는 물질이 2차적으로 형성되어 스모그가 된다.

[2] NOx의 발생 과정

N_2는 쉽게 산화하지 않으나 높은 온도·높은 압력 및 전기 불꽃 등이 존재하는 곳에서는 산화하여 NOx을 발생시킨다. 특히 연소온도가 2,000℃이상의 연소에서는 급증한다. 또 NOx은 이론 공연비 부근에서 최대 값을 나타내며, 이론 공연비보다 농후해지거나 희박해지면 발생률이 낮아지며, 배기가스를 적당히 혼합가스에 혼합하여 연소온도를 낮추는 등의 대책이 필요하다.

[3] NOx의 발생 농도

NOX의 발생 농도는 점화시기가 늦은 경우, 공연비가 농후한 경우, 공연비가 일정할 때 흡기다기관의 부압이 강한 경우, 엔진의 압축비가 낮은 경우, 냉각수 온도가 낮은 경우 등에서는 낮아진다.

8.3. 배기가스의 배출 특성

1. 공연비와의 관계

① 이론 공연비보다 농후하면 NOx은 감소하고, CO와 HC가 증가한다.

② 이론 공연비보다 약간 희박하면 NOx은 증가하고, CO와 HC는 감소한다.

③ 이론 공연비보다 매우 희박하면 NOx과 CO는 감소하고, HC는 증가한다.

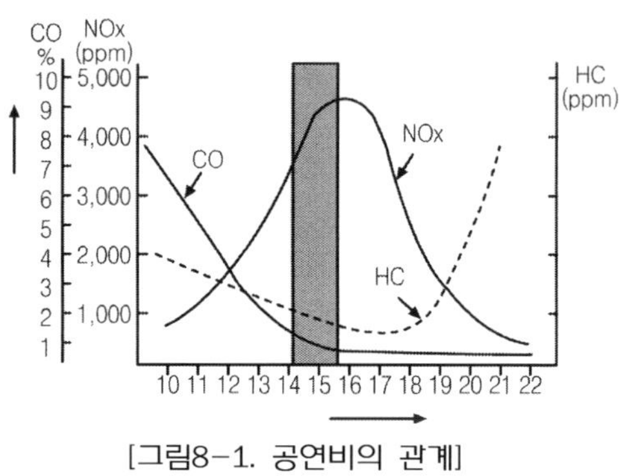

[그림8-1. 공연비의 관계]

2. 엔진의 온도와의 관계

엔진의 온도가 낮은 때에는 농후한 공연비를 공급하므로 CO와 HC는 증가하고, NOx은 감소한다. 반대로 엔진의 온도가 높을 때에는 NOx의 발생이 증가한다.

3. 엔진을 감속 또는 가속할 때

엔진을 감속하였을 때 NOx은 감소하지만, CO와 HC는 증가한다. 반대로 엔진을 가속할 때는 CO, HC, NOx 모두 증가한다.

8.4. 배출가스 제어장치

1. 블로바이 가스 제어장치

엔진의 경부하 및 중부하 상태에서는 블로바이 가스가 PCV밸브(Positive Crank

Case Ventilation Valve)의 열림 정도에 따라서 유량이 조절되어 흡기다기관으로 들어간다. 또 급가속 및 기관 높은 부하영역에서는 흡기 다기관 진공도가 감소하므로 PCV밸브의 열림 정도가 작아진다. 이때는 흡기 다기관의 진공도를 이용하여 블리더 호스를 통하여 흡기 다기관으로 들어간다.

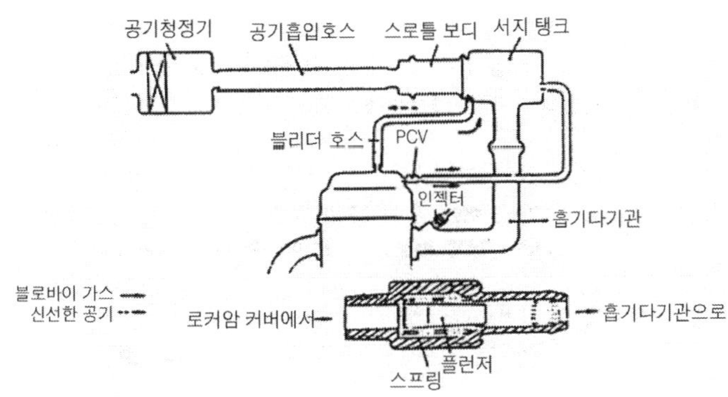

[그림8-2. 블로바이 가스 제어장치]

2. 연료증발 가스 제어장치

연료공급 계통에서 발생한 증발가스(HC)를 캐니스터에 포집한 후 PCSV의 조절에 의하여 흡기다기관을 통하여 연소실로 보내어 연소시킨다.

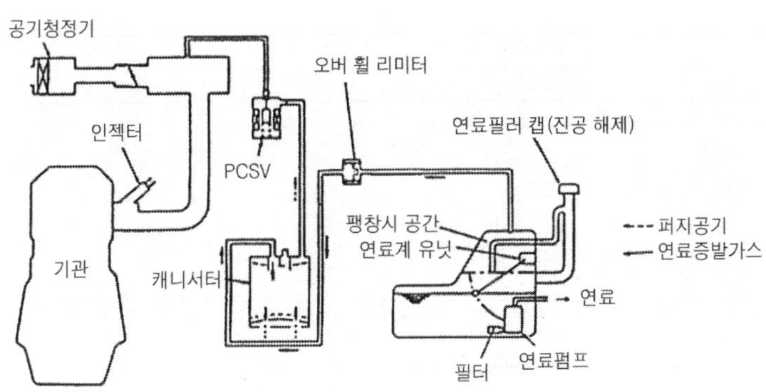

[그림8-3. 연료증발 가스 제어장치]

[1] 캐니스터(canister)

캐니스터는 기관의 작동을 정지하였을 때 연료공급 계통에서 발생한 증발가스를 캐니스터 내에 흡수 저장(포집)하였다가 기관이 가동되면 PCSV를 통하여 서지 탱크로 보낸다.

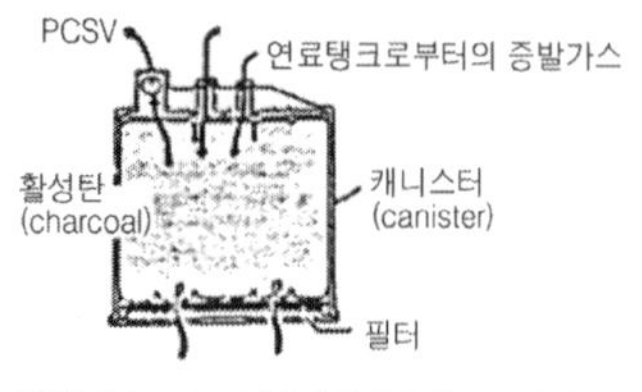

[그림8-4. 캐니스터의 구조]

[2] PCSV(Purge Control Solenoid Valve)

PCSV는 캐니스터에 포집된 증발가스를 조절하는 장치이며, 컴퓨터에 의하여 작동된다. 기관의 온도가 낮거나 공전할 때에는 PCSV가 닫혀 증발가스가 서지 탱크로 유입되지 않으며 기관이 정상온도에 도달하면 PCSV가 열려 저장되었던 증발가스를 서지 탱크로 보낸다.

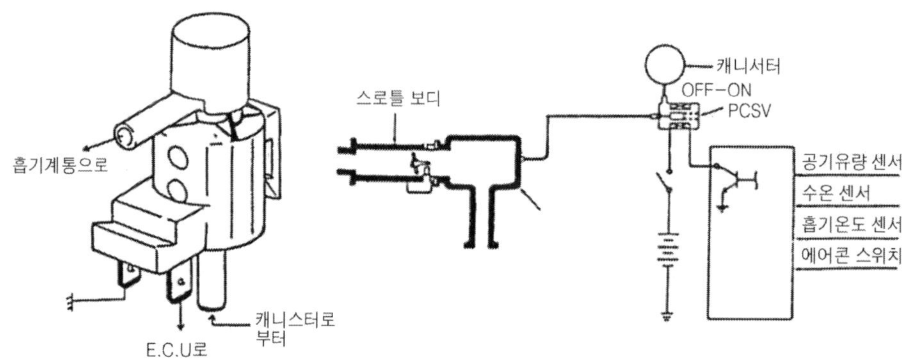

[그림8-5. PCSV의 구조와 회로도]

3. 배기가스 제어장치

[1] 산소센서

(1) 산소센서의 개요

산소센서는 배기가스 중 함유된 산소량을 측정하여 전압으로 컴퓨터(ECU)로 전달하는 역할을 한다. 컴퓨터는 산소센서의 신호를 받아 인젝터의 시간을 제어하여 항상 이론 공연비에 가깝도록 자동 조정하여 촉매 변환기의 정화율을 높여준다. 센서 안쪽은 대기가 흡입되고 바깥쪽은 배기가스와 접촉한다. 이에 따라 대기와 배기가스의 산소농도 차이에 의해 기전력이 발생한다. 발생 전압은 0.1~0.9V 정도이다. 하지만 이 기전력은 항상 발생하는 것은 아니며 일정한 조건일 때만 작동한다. 즉 배기가스 온도 약 250℃ 이상 때 작동을 시작해 약 400~800℃ 사이에서 원활하게 작동한다. 산소센서는 이러한 작동 조건하에서 이론 공연비인 14.7 : 1을 유지하기 위해 컴퓨터(ECU)와 함께 지속적으로 정보를 주고받아 피드 백(feed back)작동을 하는 센서이다. 하지만 배기가스 온도가 200℃ 이하 때에는 피드 백 작동이 이루어지지 않아 유해 배출가스가 그대로 대기로 배출된다. 따라서 최근에는 이러한 문제점을 해결하기 위해 산소센서에 히터(heater)를 설치하여 기관이 난기 운전이 되기 전이라도 산소센서가 작동하도록 하고 있다. 산소센서의 종류로는 지르코니아형과 티타니아형이 있지만 대부분 지르코니아형을 사용한다.

(2) 산소센서의 종류

① 지르코니아 산소센서

지르코니아 산소센서의 구조는 지르코니아 소자(ZrO_2)양면에 백금전극이 있고, 이 전극을 보호하기 위해 전극의 바깥쪽에 세라믹으로 코팅하며 센서의 안쪽에는 산소농도가 높은 대기(大氣)가 바깥쪽에는 산소농도가 낮은 배기가스가 접촉한다. 지르코니아 소자는 높은 온도에서 양쪽의 산소농도 차이가 커지면 기전력을 발생하는 성질이 있다. 즉, 대기 쪽 산소농도와 배기가스 가스쪽의 산소농도가 큰 차이를 나타내므로 산소 이론은 분압이 높은 대기 쪽에서 분압이 낮은 배기가스 가스 쪽으로 이동하며 이때 기전력을 발생하고 이 기전력은 산소 분압 비율의 대수에 비례한다.

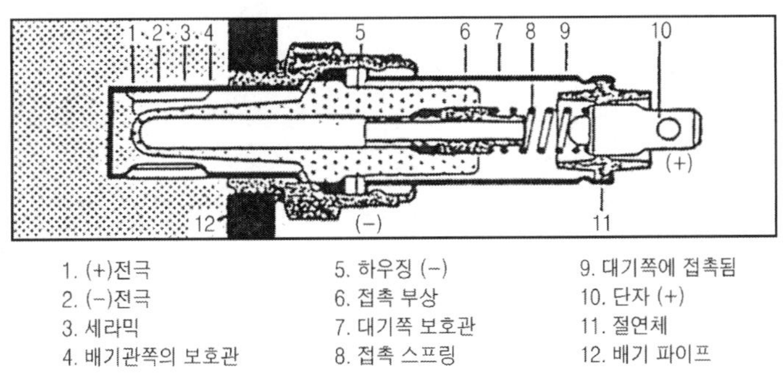

1. (+)전극
2. (−)전극
3. 세라믹
4. 배기관쪽의 보호관
5. 하우징 (−)
6. 접촉 부상
7. 대기쪽 보호관
8. 접촉 스프링
9. 대기쪽에 접촉됨
10. 단자 (+)
11. 절연체
12. 배기 파이프

[그림8-6. 지르코니아 산소센서의 구조]

② 티타니아 산소센서

티타니아 센서 구조는 세라믹 절연체의 끝에 티타니아 소자가 설치되어 있어 전자 전도체인 티타니아가 주위의 산소 분압에 대응하여 산화 또는 환원되어 그 결과 전기저항이 변화하는 성질을 이용한 것이다. 이 형식은 온도에 대한 저 항 변화가 커 온도 보상 회로를 추가하거나 히터(heater)를 내장시켜야 한다.

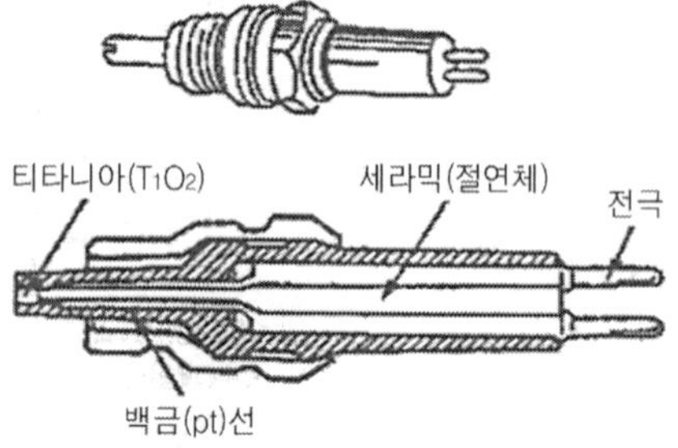

[그림8-7. 티타니아 산소센서의 구조]

(7) 산소센서 사용상 주의사항

① 출력 전압을 측정할 때 반드시 디지털형 멀티 테스터를 사용한다.(아날로그 멀티 테스터를 사용하면 파손되기 쉽다.)

② 산소센서의 내부 저항은 절대로 측정해서는 안 된다.

③ 무연(無鉛 ; 4에틸 납[옥탄가 향상제]이 포함되지 않음)가솔린을 사용할 것

④ 출력전압을 단락 시켜서는 안 된다.

⑤ 산소센서의 온도가 정상 작동온도가 된 후 출력전압을 측정하여야 한다.

[2] EGR(Exhaust Gas Recirculation, 배기가스 재순환 장치)

(1) EGR의 작동

EGR는 NOx의 배출을 감th시키기 위하여 흡기다기관의 부압에 의하여 EGR밸브가 열려 배기가스 중의 일부(혼합가스의 약 15%)를 배기다기관에서 빼내어 흡기다기관으로 순환시켜 연소실로 다시 유입시킨다. 배기가스를 재순환시키면 새로운 혼합가스의 충전효율은 낮아진다. 그리고 다시 공급된 배기가스는 질소에 비해 열용량이 큰 CO_2가 많이 함유되어 있다. 즉, 다시 공급 된 배기가스는 더 이상 연소작용을 할 수 없기 때문에 동력 행정에서 연소온도가 낮아져 온도의 함수인 NOx의 발생량이 약 60%정도 감소한다. 기관에서 EGR이 작용하면 NOx 발생률은 낮출 수 있으나 점화성능 및 기관의 출력이 감소하며 CO 및 HC 발생량이 증가하는 경향이 있다. 이에 따라 EGR은 기관의 특정 운전구간(냉각수 온도가 65℃ 이상이고, 중속 이상)인 NOx이 다량 배출되는 운전영역에서만 작동하도록 한다.

또 공전운전을 할 때, 난기 운전 중, 전부하 운전을 할 때 등 농후한 혼합가스로 운전되어 출력을 증가시킬 경우에는 작용하지 않도록 한다. 그리고 EGR율은 다음과 같이 산출한다.

$$\text{EGR율} = \frac{\text{EGR가스량}}{\text{EGR가스량} + \text{흡입공기량}}$$

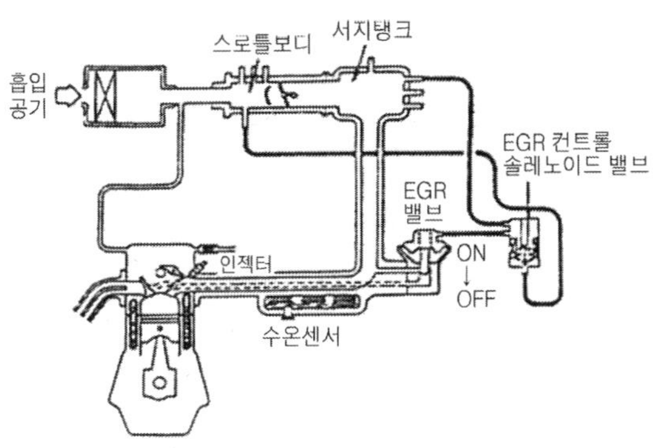

[그림8-8. EGR 작동 계통도]

(2) EGR의 구성부품

① EGR 밸브

이 밸브는 스로틀 밸브의 열림 정도에 따른 흡기다기관의 부압에 의하여 조절되며, 이 EGR 밸브에 신호 진공은 서모 밸브(thermo valve)에 의해 조절된다.

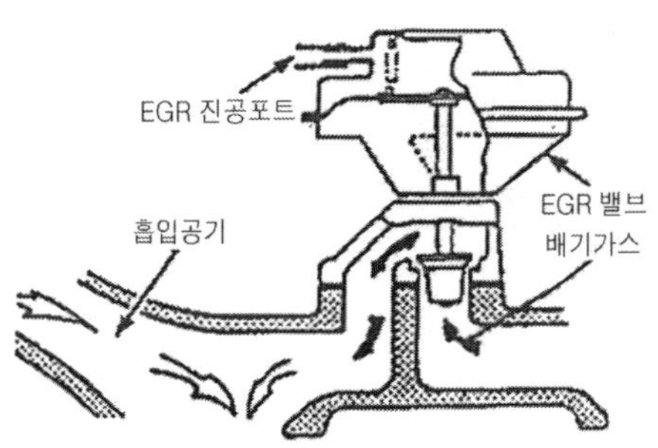

[그림8-9. EGR밸브의 작동]

② 서모 밸브(thermo valve)

EGR밸브의 진공 회로 중에 있는 서모밸브는 기관 냉각수 온도에 따라 작동하며 일정 온도(65℃이하)에서는 EGR 밸브의 작동을 정지시킨다.

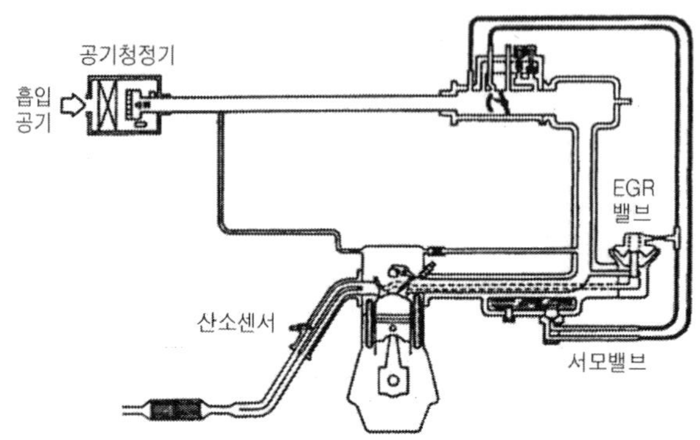

[그림8-10. 서모밸브 제어방식]

[3] 촉매 컨버터(Catalytic Converter)

(1) 촉매 컨버터의 기능

배기다기관 아래쪽에 설치되어 배기가스가 촉매 컨버터를 통과할 때 유해 배기가스의 성분을 낮추어 주는 장치이다.

> **촉매**
>
> 촉매(觸媒)란 그 자체는 별로 변화하지 않고, 반응물질을 적당한 조건하에서 산화(酸化) 또는 환원(還元)하는 것을 돕는 성질이 있는 물질이며, 그 종류에는 배기가스 중의 CO와 HC를 CO_2와 H_2O로 만드는 산화 촉매, NOx을 환원하여 N_2와 CO_2로 만드는 환원 촉매, 그리고 CO, HC 및 NOx을 동시에 1개의 촉매로 처리하는 3원 촉매 등이 있다.

(2) 촉매 컨버터의 구조

촉매 컨버터의 구조는 벌집 모양의 단면을 가진 원통형 담체(honeycomb substrate)의 표면에 백금(Pt), 필라듐(Pd), 로듐(Rh)의 혼합물을 균일한 두께로 바른 것이다. 담체는 세라믹(Al_2O_3), 산화 실리콘(SiO_2), 산화마그네슘(MgO)을 주원료로 하여 합성한 것이며 그 단면은 ㎠당 60개 이상의 미세한 구멍으로 되어 있다.

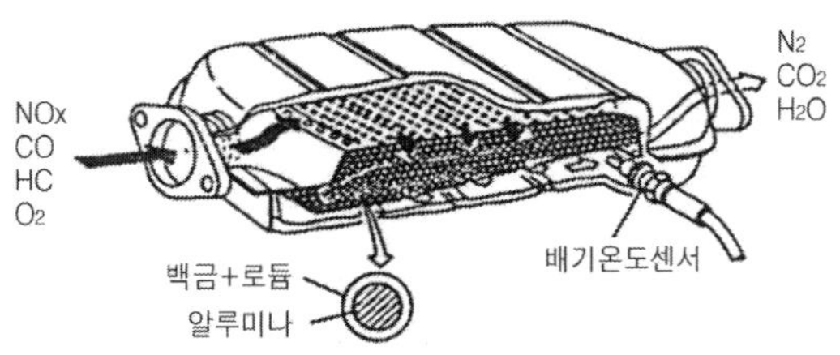

[그림8-11. 촉매 컨버터의 구조]

(3) 촉매 컨버터의 작용

배기가스가 촉매 컨버터 속을 통과할 때 담체 속의 귀금속과 산화·환원 반응을 일으켜 무해성 가스로 정화시킨다.

① 산화 반응

- $2CO + O_2 \rightarrow 2CO_2$
- $HC + O_2 \rightarrow CO_2 + H_2O$

② 환원 반응

- $2NO + 2CO \rightarrow 2CO_2 + N_2$
- $NO + HC \rightarrow CO_2 + H_2O + N_2$
- $2NO + 2H_2 \rightarrow N_2 + 2H_2O$

③ 수성가스 반응

- $CO + 2H_2O \rightarrow CO_2 + H_2$
- $HC + H_2O \rightarrow CO_2 + H_2$

(4) 촉매 컨버터의 정화율

촉매 컨버터의 정화율은 공연비와 촉매 컨버터 입구의 배기가스 온도에 관계되는데 이론 공연비 부근에서 정화율이 가장 높다. 또 배기가스 온도 320℃이상일 때 높은 정화율을 나타낸다. 공연비를 이론 공연비로 조절하기 위하여 컴퓨터가 스스로 조절할 수 있는 폐회로(closed loop)가 가장 바람직하며 이를 실현하기 위하여 배기 다기관에 산소센서를 부착하고 있다. 그리고 촉매 컨버터는 일정 온도에 도달하여야 제 기능을 발휘하므로 기관이 난기 운전되기 전에는 유해 배기가스를 그대로 배출시킨다.

(5) 촉매 컨버터가 부착된 기관 사용상 주의 사항

① 반드시 무연 가솔린을 사용할 것

② 기관의 파워 밸런스(power balance)시험은 실린더 당 10초 이내로 할 것

③ 자동차를 밀거나 끌어서 시동하지 말 것

④ 가연성 물질 위에 주차시키지 말 것

제9장 디젤엔진의 연소실과 연료공급 장치

9.1. 디젤엔진의 개요

디젤엔진도 열에너지를 기계적 에너지로 바꾸는 엔진 주요부분과 냉각장치 및 윤활장치 등은 본질적으로 가솔린엔진과 다른 점은 없다. 다만, 연료의 연소과정에서 공기만을 흡입한 후 높은 압축비(15~20 : 1)로 압축시켜 그 온도를 500~600℃ 이상 되게 한 후 연료(경유)를 분사펌프로 압력을 가하여 노즐에서 실린더 내에 분사시켜 자기 착화시키는 점이 다르다. 디젤엔진의 장·단점은 다음과 같다.

1. 디젤엔진의 장점

① 열효율이 높고, 연료 소비율이 적다.

② 인화점이 높은 경유를 연료로 사용하므로 그 취급이나 저장에 위험이 적다.

③ 대형엔진 제작이 가능하다.

④ 경부하 상태에서 효율이 그다지 나쁘지 않다. 즉 저속에서 큰 회전력이 발생한다.

⑤ 배기가스가 가솔린엔진보다 덜 유독하다.

⑥ 점화장치가 없어 이에 따른 고장이 적다.

⑦ 2행정 사이클 엔진이 비교적 유리하다.

2. 디젤엔진의 단점

① 폭발압력이 높아 엔진 각 부분을 튼튼하게 하여야 한다.

② 엔진의 출력 당 무게와 형체가 크다.

③ 운전 중 진동과 소음이 크다.

④ 연료 분사장치가 매우 정밀하고 복잡하며, 제작비가 비싸다.

⑤ 압축비가 높아 큰 출력의 기동전동기가 필요하다.

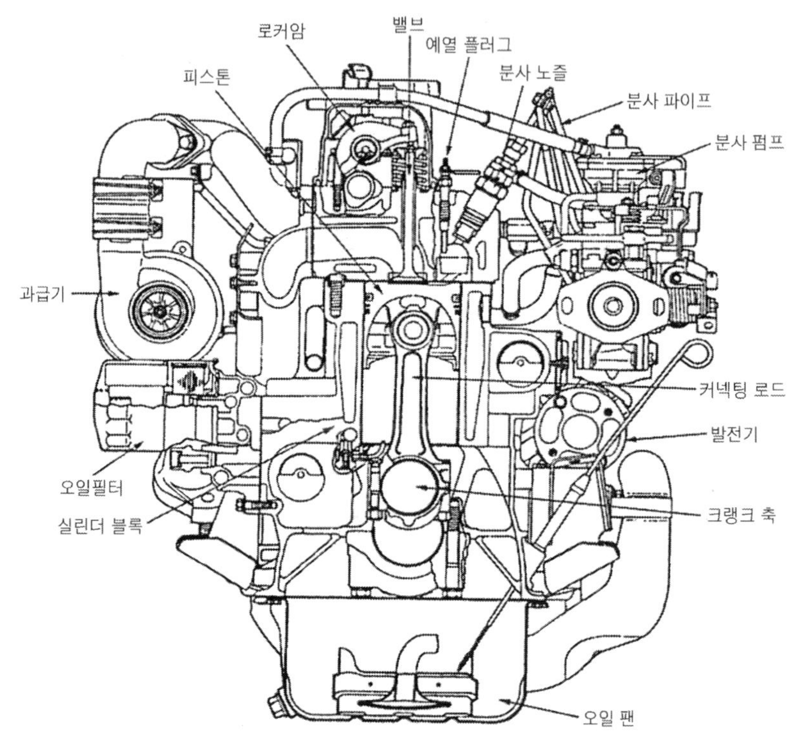

[그림9-1. 디젤엔진의 단면도]

9.2. 디젤엔진의 연료와 연소과정

1. 디젤엔진의 연료

[1] 경유의 구비조건

① 착화성이 좋을 것(자연 발화점이 낮을 것)

② 황(S)의 함유량이 적을 것

③ 세탄가가 높고, 발열량이 클 것

④ 적당한 점도를 지니며, 온도변화에 따른 점도변화가 적을 것

⑤ 고형 미립물이나 유해성분을 함유하지 않을 것

[2] 경유의 착화성

착화성은 연소실 내에 분사된 경유가 착화할 때까지의 시간으로 표시되며, 착화성을 정량적으로 표시하는 것에는 세탄가, 디젤지수, 임계압축비, 애닐린점 등이 있다.

① 세탄가(cetane number)

세탄가는 경유의 착화성을 표시하는 수치이다. 착화성이 우수한 세탄과 착화성이 불량한 α-메틸 나프탈린의 혼합액이며 세탄의 함량 비율로 표시한다. 예를 들어 세탄가 60의 경유란 세탄이 60%, α-메틸 나프탈린이 40%로 이루어진 혼합액과 같은 착화성을 가지는 것을 의미한다.

$$\text{세탄가} = \frac{\text{세탄}}{\text{세탄} + \alpha - \text{메틸나프탈린}} \times 100$$

② 디젤지수(diesel index)

디젤지수는 경유 중에 포함된 파라핀 계열 탄화수소의 양을 알아보는 방법으로 착화성을 표시한다.

③ 임계압축비

디젤엔진은 압축비를 낮추면 노크를 일으키는 성질을 이용한 것으로, CFR(미국 연료연구 단체)엔진에서 시험조건을 일정하게 하고 각종 경유에 대하여 노크를 일으키기 시작할 때의 최저 압축비를 구한 것이다. 이것을 임계압축비라 한다.

참고

경유에는 착화지연에 따른 디젤엔진의 노크를 방지하기 위하여 연소 촉진제를 첨가하고 있는데 여기에는 질산에틸, 초산아밀, 아초산아밀, 초산에틸 등이 있다.

9.3. 디젤엔진의 연소과정과 노크

1. 디젤엔진의 연소과정

디젤엔진의 연소과정은 착화지연기간→화염전파기간(또는 폭발연소기간)→직접연소기간(또는 제어연소기간)→후 연소기간의 4단계로 연소한다.

[1] 착화지연기간(그림 9-2의 A→B기간)

이 기간은 경유가 연소실 내에 분사된 후 착화될 때까지의 기간이며, 약 1/1,000~4/1,000초 정도 소요된다. 착화지연기간이 길어지면 디젤엔진에서 노크가 발생한다.

[2] 화염전파기간(그림 9-2의 B→C기간)

이 기간은 경유가 착화되어 폭발적으로 연소를 일으키는 기간이며, 정적 연소과정이다.

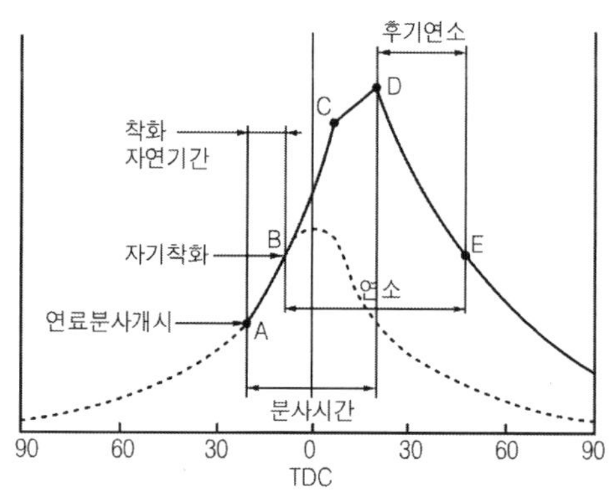

[그림9-2. 디젤엔진의 연소과정]

[3] 직접연소기간(그림 9-2의 C→D기간)

이 기간은 분사된 경유가 화염전파기간에서 발생한 화염으로 분사와 거의 동시에 연소하는 기간이며, 정압 연소과정이다. 이 기간의 연소압력이 가장 높으며, 연료 분사량으로 어느 정도의 압력조정이 가능하다.

[4] 후 연소기간(그림 9-2의 D→E기간)

이 기간은 직접연소기간 동안 연소하지 못한 경유가 연소·팽창하는 기간이며, 이 기간이 길면 배기가스 온도가 상승해 엔진이 과열하며 열효율이 떨어진다.

2. 디젤엔진의 노크

디젤엔진에서 노크란 착화지연기간 중에 분사된 많은 양의 연료가 화염전파기간 중에 일시적으로 연소하여 실린더 내의 압력이 급격히 상승하여 실린더 벽에 피스톤이 충격을 가하여 소음이 발생하는 현상이다. 디젤엔진의 노크 방지방법은 다음과 같다.

① 착화성이 좋은(세탄가가 높은) 경유를 사용한다.

② 압축비, 압축압력 및 압축온도를 높인다.

③ 엔진의 온도와 회전속도를 높인다.

④ 분사개시 때 연료 분사량을 감소시켜 착화지연을 짧게 한다.

⑤ 연료 분사시기를 알맞게 조정한다.

⑥ 흡입 공기에 와류가 일어나도록 한다.

9.4. 디젤엔진의 시동 보조기구

디젤엔진의 시동 보조기구에는 감압장치, 예열장치가 있으며 이외에 연소 촉진제 공급장치를 두기도 한다.

1. 감압장치(de-compression device)

디젤엔진은 압축압력이 높아 한랭한 상태에서 시동할 때 원활한 시동(cranking)이 어렵다. 이런 점을 고려하여 시동할 때 흡입밸브나 배기 밸브를 캠축의 운동과는 관계없이 강제로 열어 실린더 내의 압축압력을 낮추어 시동을 도와주며, 작동을 정지시킬 수도 있는 장치이다.

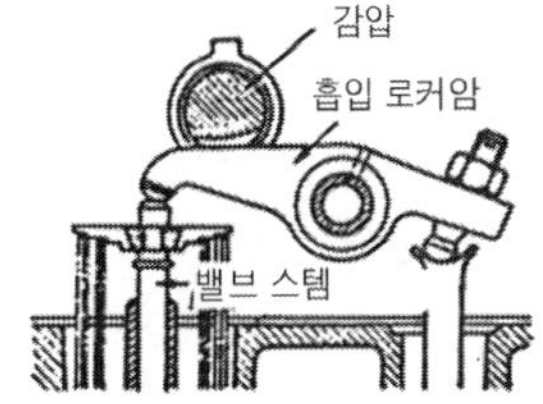

[그림9-3. 감압장치의 구조]

2. 예열장치

디젤엔진은 압축 착화방식이므로 한랭할 때에는 경유가 잘 착화하지 못해 시동이 어렵다. 따라서 예열 장치는 흡기다기관이나 연소실 내의 공기를 미리 가열하여 시동을 쉽도록 하는 장치이다. 그 종류에는 흡기 가열방식과 예열 플러그방식이 있다.

[1] 흡기 가열방식

흡기 가열방식은 실린더 내로 흡입되는 공기를 흡기다기관에서 가열하는 방식이며, 흡기 히터와 히트 레인지가 있다.

(1) 흡기 히터(intake heater)

이 방식은 연료탱크와 흡기히터로 구성되어 있다. 작동은 점화스위치를 ON으로 하면 히터코일에 전류가 흘러 흡기히터의 노즐보디가 가열되면, 노즐보디와 밸브 스템의 열팽창 차이로 볼밸브(ball valve)가 열려 노즐보디 내에 연료가 들어온다. 연료가 들어오면 열 때문에 기화하여 이그나이터(ignitor)부분으로 유출된다. 유출된 연료는 실드(shield)에 설치된 구멍에서 들어오는 공기와 혼합되고, 이그나이터에 의해 착화하여 연소를 일으킨다. 이 연소열이 흡기다기관 내의 흡입공기를 가열시킨다.

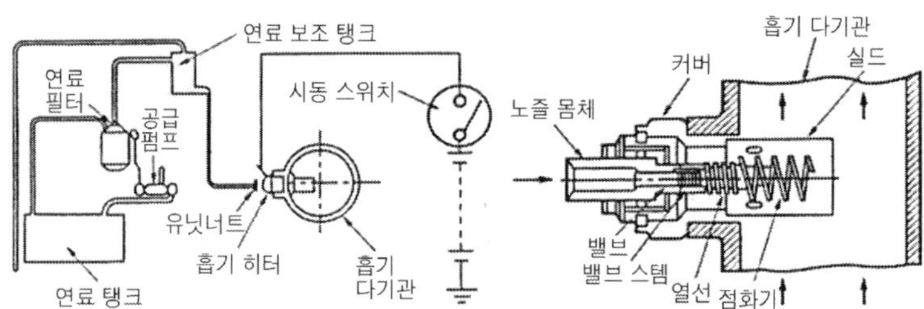

[그림9-4. 흡기 히터의 구조]

(2) 히트레인지(heat range)

이 방식은 직접분사실식에서 예열플러그를 설치할 적당한 곳이 없기 때문에 흡기다기관에 히터(heater)를 설치한 것이다. 즉 흡기다기관에 설치한 열선(heat coil)에 전원을 공급하여 발생되는 열에 의해 흡입되는 공기를 가열하는 예열장치이다. 히트레인지의 용량은 400~600W이며, 축전지 전압이 가해지게 되어 있다.

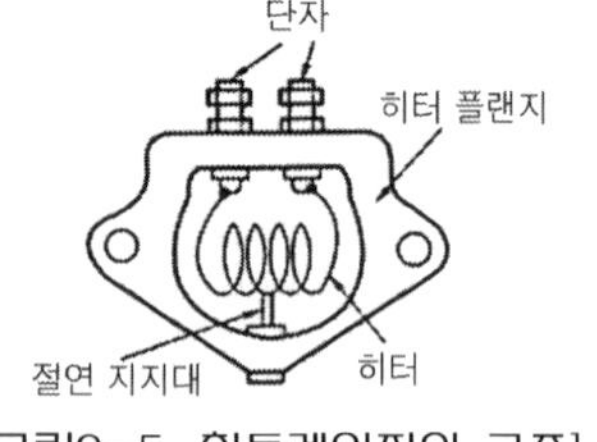

[그림9-5. 히트레인지의 구조]

[2] 예열플러그 (glow plug type)

예열플러그는 연소실 내의 압축 공기를 직접 예열하는 형식이며, 예열플러그를 비롯하여 예열 플러그 파일럿, 예열 플러그 저항기, 히트릴레이 등으로 구성되어 있으며 주로 예연소실식과 와류실식 연소실에서 사용한다.

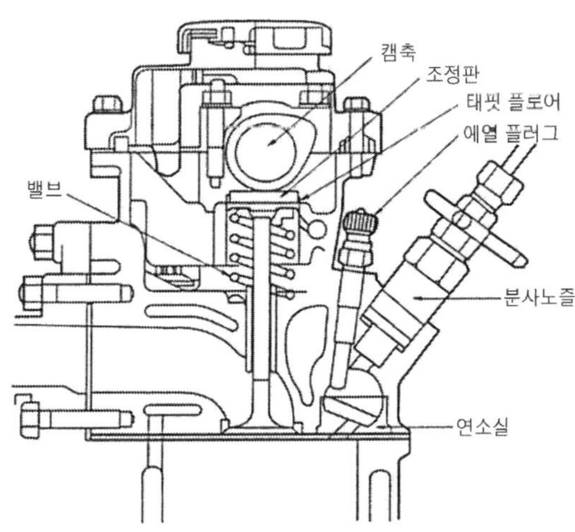

[그림9-6. 예열 플러그 설치상태]

예열 플러그에는 코일형과 실드형이 있으며, 구 특징은 다음과 같다.

(1) 코일형(coil type) 예열플러그의 특징

㉮ 히트코일이 노출되어 있어 가열되는 시간이 짧다.

㉯ 저항 값이 작아 직렬로 결선되며, 예열 플러그저항기를 두어야 한다.

㉰ 히트코일이 연소가스에 노출되므로 기계적 강도 및 내부식성이 적다.

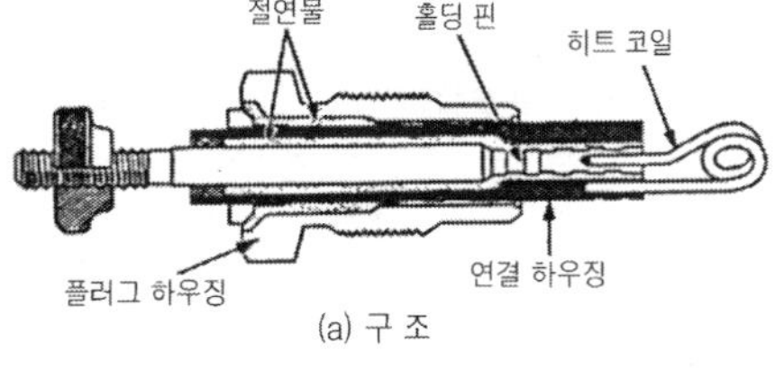

(a) 구 조

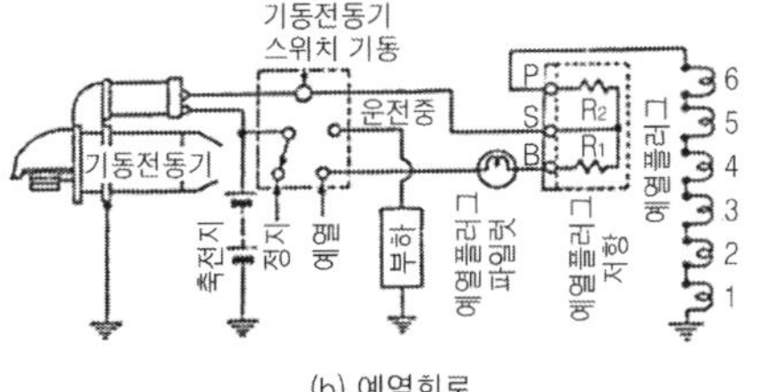

(b) 예열회로

[그림9-7. 코일형 예열플러그의 구조와 예열회로]

(2) 실드형(shield type)의 특징

㉮ 히트코일을 보호 금속튜브 속에 넣은 형식이다.

㉯ 병렬로 결선되어 있으며, 전류가 흐르면 금속튜브 전체가 가열된다.

㉰ 가열까지의 시간이 코일형에 비해 조금 길지만 1개당의 발열량과 열용량이 크다.

㉱ 히트코일이 연소열의 영향을 적게 받는다.

㉲ 병렬결선이므로 어느 1개가 단선되어도 다른 것들은 계속 작용한다.

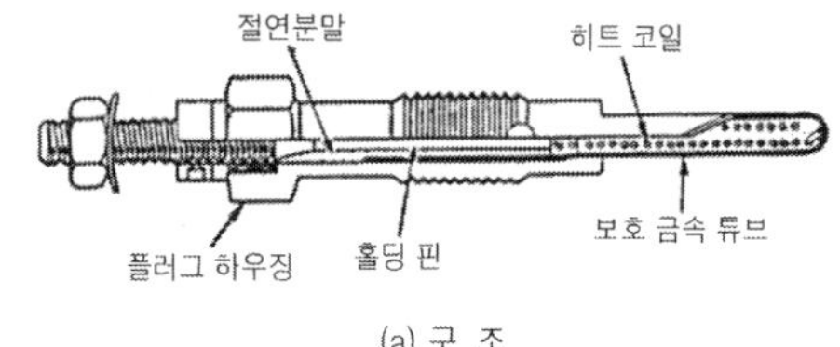

(a) 구 조

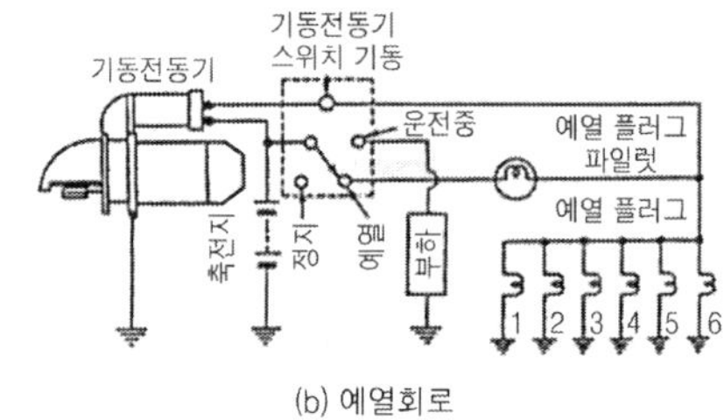

(b) 예열회로

[그림9-8. 실드형 예열플러그의 구조와 예열회로]

예열플러그의 명세

항목	코일형 예열플러그	실드형 예열플러그
발열량	30~40W	60~100W
발열부분 온도	950~1050℃	
소요 전압	0.9~1.4V	24V : 20~23V 12V : 9~11V
소요 전류	30~60A	24V : 5~6A 12V : 10~11A
회로	직렬접속	병렬접속
예열시간	40~60초	60~90초

9.5. 디젤엔진의 연소실

디젤엔진의 연소실은 단실식인 직접분사실식과 복실식인 예연소실식, 와류실식, 공기실식 등으로 나누어진다.

1. 직접분사실식 연소실

직접분사실시은 연소실이 실린더헤드와 피스톤헤드에 설치된 요철(凹凸)에 의하여 형성되고, 여기에 직접연료를 분사하는 방식이다. 주로 2행정 사이클 디젤엔진에서 사용하며 압축비는 13~16 : 1, 분사압력은 200~300kgf/㎠ , 노즐은 다공형을 사용한다. 직접 분사실식의 장·단점은 다음과 같다.

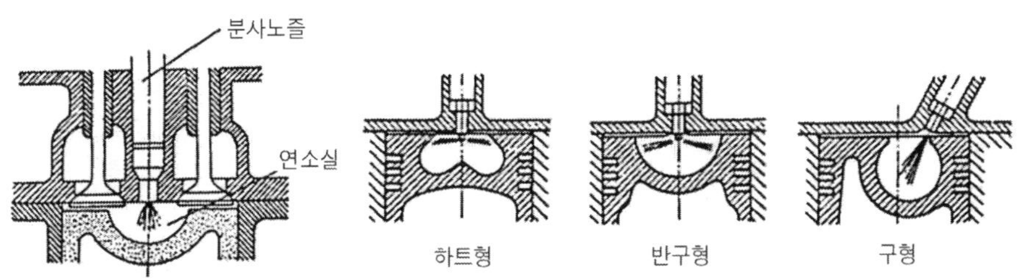

[그림9-12. 직접분사실식 연소실의 구조]

[1] 직접분사실식 연소실의 장점

① 실린더헤드의 구조가 간단하므로 열효율이 높고, 연료소비율이 작다.

② 연소실 체적에 대한 표면적 비율이 작아 냉각 손실이 작다.

③ 엔진시동이 쉽다.

[2] 직접분사실식 연소실의 단점

① 분사압력이 가장 높으므로 분사펌프와 노즐의 수명이 짧다.

② 사용연료 변화에 매우 민감하다.

③ 노크발생이 쉽다.

④ 엔진의 회전속도 및 부하의 변화에 민감하다.

⑤ 다공형 노즐을 사용하므로 값이 비싸다.

⑥ 분사상태가 조금만 달라져도 엔진의 성능이 크게 변화한다.

2. 예연소실식 연소실

예연소실식 연소실은 실린더헤드와 피스톤사이에 형성되는 주연소실 위쪽에 예연소실을 둔 것이며, 먼저 분사된 연료가 예연소실에서 착화하여 고온·고압의 가스를 발생시키며 이것에 의해 나머지 연료가 주 연소실에 분출되어 공기와 잘 혼합하여 완전연소하는 연소실이다. 예연소실의 체적은 전 압축체적의 30~40%이다. 압축비는 15~20 : 1, 분사압력은 100~120 kgf/㎠, 노즐은 핀틀형이나 스로틀형을 사용한다. 예연소실식의 장·단점은 다음과 같다.

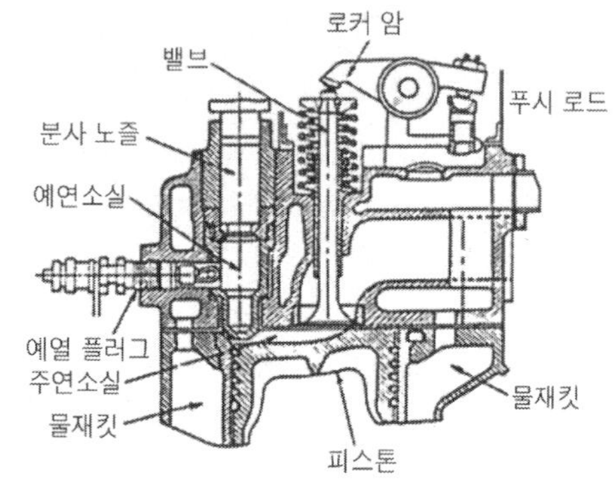

[그림9-13. 예연소실식 연소실의 구조]

[1] 예연소실식 연소실의 장점

① 분사압력이 낮아 연료 장치의 고장이 적고, 수명이 길다.

② 사용연료 변화에 둔감하므로 연료의 선택범위가 넓다.

③ 운전 상태가 조용하고, 노크 발생이 적다.

[2] 예열소실식 연소실의 단점

① 연소실 표면적에 대한 체적비율이 크므로 냉각손실이 크다.

② 실린더헤드의 구조가 복잡하다.

③ 시동 보조 장치인 예열플러그가 필요하다.

④ 압축비가 높아 큰 출력의 기동전동기가 필요하다.

⑤ 연료 소비율이 비교적 크다.

3. 와류실식 연소실

와류실식 연소실은 실린더나 실린더헤드에 와류실을 두고 압축행정 중에 이 와류실에서 강한 와류가 발생하도록 한 형식이며, 와류실에 연료를 분사한다. 와류실에 분사된 연료는 강한 선회(旋回)운동을 하고 있는 공기와 만나 빨리 혼합되어 착화 연소하면서 주연소실로 분출되어 다시 여기서 미연소 연료가 새 공기와 만나면서 연소하는 형식이다. 와류실의 체적은 전 압축체적의 50~60%정도이다. 압축비는 15~17 : 1, 분사 압력은 100~140kgf/㎠이다. 와류실식의 장·단점은 다음과 같다.

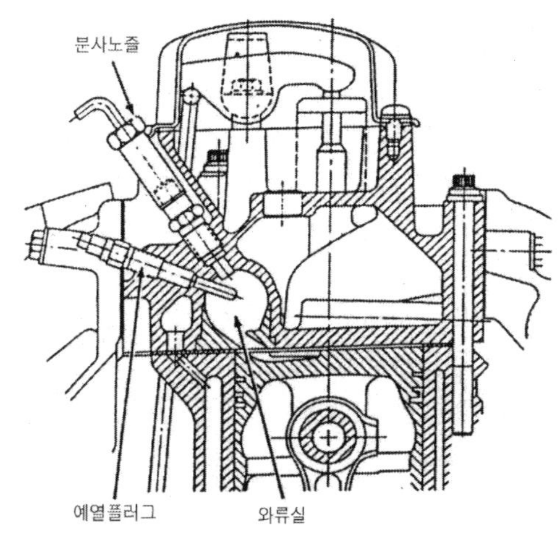

[그림9-14. 와류실식 연소실의 구조]

[1] 와류실식 연소실의 장점

① 압축행정에서 발생하는 강한 와류를 이용하므로 회전속도 및 평균유효압력이 높다.

② 분사압력이 낮아도 된다.

③ 엔진 회전속도 범위가 넓고, 운전이 원활하다. 즉 고속회전이 가능하다.

④ 연료 소비율이 비교적 적다.

[2] 와류실식 연소실의 단점

① 실린더헤드의 구조가 복잡하다.

② 분출구멍의 조임작용, 연소실 표면적에 대한 체적비율이 커 열효율이 낮다.

③ 저속에서 노크발생이 크다.

④ 엔진을 시동할 때 예열 플러그가 필요하다.

9.6. 디젤엔진의 연료장치

디젤엔진의 연료공급은 연료 공급펌프에서 연료탱크 내의 연료를 흡입·가압하여 여과기에서 여과시킨 후 분사펌프로 공급한다. 분사펌프는 엔진의 크랭크축에 의하여 구동되며, 연료를 고압으로 만들어 분사파이프를 거쳐 알맞은 시기에 실린더헤드에 설치된 분사노즐에서 소정의 압력으로 분사한다. 그리고 분사펌프 한쪽에 설치된 조속기는 엔진의 최고 회전속도를 제어하고, 저속운전에서 그 회전속도를 안정시키는 일을 한다. 또 타이머는 엔진을 시동할 경우나 운전 중 필요에 따라 연료 분사시기를 변화시키는 작용을 한다.

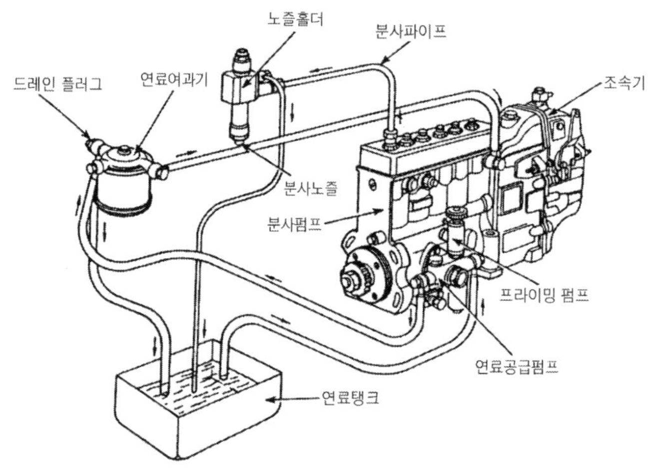

[그림9-16. 디젤엔진의 연료장치의 구성]

1. 연료 공급펌프(fuel feed pump)의 기능

[1] 연료 공급펌프의 개요

연료 공급펌프는 연료탱크 내의 연료를 일정한 압력(2~3kgf/㎠)으로 압력을 가하여 분사펌프로 공급하는 장치이며, 분사펌프 옆에 설치되어 분사펌프 캠축에 의하여 구동된다. 공급펌프에는 연료 공급계통의 공기빼기작업 및 공급펌프를 수동으로 작동시켜 연료탱크 내의 연료를 분사펌프까지 공급하는 프라이밍 펌프(priming pump)를 두고 있다.

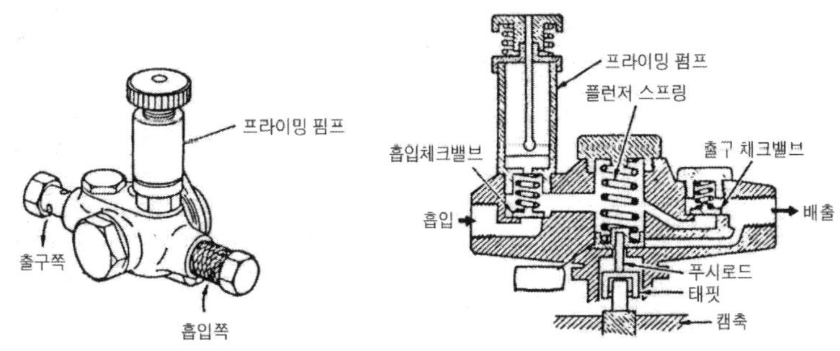

[그림9-17. 공급펌프의 구조]

[2] 연료 공급펌프의 작용

플런저가 스프링 장력에 의해 하강하면 연료가 흡입 체크밸브를 거쳐 안쪽 펌프실에 유입되고 동시에 플런저 뒤쪽의 연료는 배출 체크밸브를 거쳐 분사펌프로 압송된다. 분사펌프 캠 축의 캠에 의해 플런저가 상승하면 안쪽 펌프실의 연료는 배출 체크밸브를 열고 그 일부는 분사펌프로 가며, 대부분은 바깥쪽 펌프실을 채운다. 이 작동을 반복하여 펌프작용을 한다. 송출압력이 규정 값 이상(일반적으로 2~3kgf/㎠)되면 플런저가 상승한 상태에서 정지되어 펌프작용이 중지된다. 따라서 송출압력이 규정 값 이상 되는 것이 방지된다.

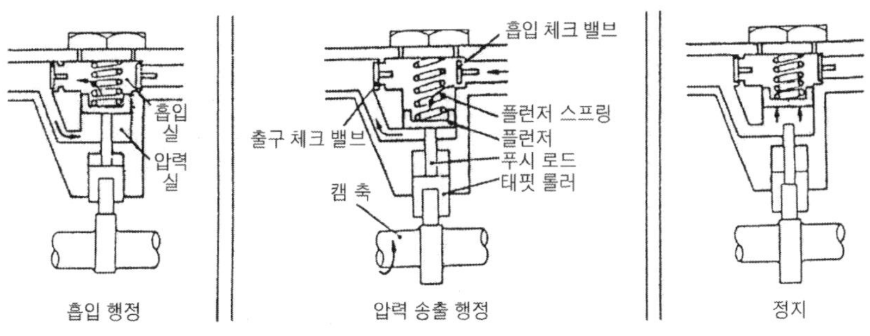

[그림9-18. 연료 공급펌프의 작동]

2. 연료여과기(fuel filter)

연료여과기는 연료 속에 들어 있는 먼지와 수분을 제거 분리하며, 디젤엔진용 연료(경유)는 분사펌프의 플런저 배럴과 플런저 및 분사노즐의 윤활도 겸하기 때문에 여과성능이 높아야 한다. 구조는 보디, 엘리먼트, 중심 파이프, 커버, 오버플로 밸브, 드레인 플러그 등으로 구성되어 있으며, 엘리먼트는 여과지 방식(paper type)을 일반적으로 사용한다. 여과작용은 공급펌프에서 보내진 연료가 입구를 거쳐 여과기 보디와 엘리먼트 사이로 들어가고, 다시 엘리먼트를 거쳐 중심 파이프에 이르며 이때 연료 속의 먼지나 수분을 분리한다. 디젤엔진에는 연료 탱크 주입구멍, 공급펌프 입구 쪽, 연료여과기(1~2개), 노즐홀더 입구 커넥터 등 4개소에 여과장치가 마련되어 있다.

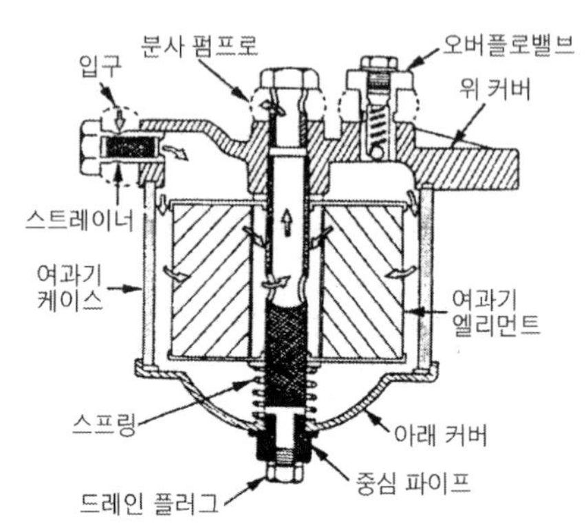

[그림9-19. 연료 여과기의 구조]

3. 분사 펌프(injection pump)

분사펌프는 연료 공급펌프에서 보내 준 연료를 분사펌프 캠 축에 의해 구동되는 플런저가 분사순서에 맞추어 높은 압력으로 펌프작용을 하여 노즐로 압송시켜 주는 장치이다.

[1] 분사 펌프의 형식

분사펌프의 형식에는 독립형, 분배형, 공동형 등이 있다

① 독립형 : 엔진의 각 실린더마다 분사펌프를 1개씩 갖는 방식이며, 구조가 복잡하고 조정이 어려우나 고속용 엔진에 적합하다.

② 분배형 : 실린더 수에 관계없이 1개의 분사펌프를 사용하여 각 실린더에 연료를 공급하는 것이며, 구조가 간단하고 조정이 쉬우나 실린더 수가 많은 경우에는 부적합하다.

③ 공동형 : 분사펌프는 1개이나 어큐뮬레이터(accumulator ; 축압기)가 있어 이곳에 높은 압력의 연료를 저장하였다가 분배기로 각 실린더에 공급한다.

[2] 독립형 분사펌프의 구조와 그 기능

(1) 펌프 하우징(pump housing)

펌프 하우징은 분사 펌프의 주체(主體)부분이며, 위쪽에는 딜리버리 밸브와 그 홀더가 설치되어 있으며 중앙부에는 플런저 배럴, 플런저, 제어래크, 제어피니언, 제어슬리브, 스프링, 태핏 등이, 아래쪽에는 캠축이 설치되어 있다

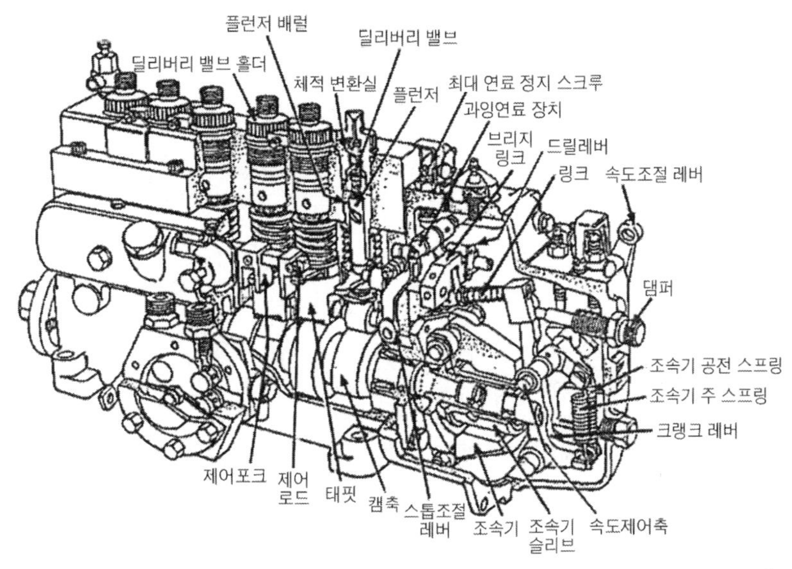

[그림9-20. 분사펌프의 구조]

(2) 캠축과 태핏

① 캠 축(cam shaft)

분사펌프 캠축은 크랭크축 기어로 구동되며 4행정 사이클 엔진은 크랭크축의 1/2로 회전하고, 2행정 사이클 엔진은 크랭크축 회전속도와 같다. 캠축에는 태핏을 통해 플런저를 작용시키는 캠과 연료 공급펌프 구동용 편심륜이 있고, 양쪽에는 펌프 하우징에 지지하기 위한 베어링이 끼워져 있다. 캠의 수는 실린더 수와 같으며, 구동부분에는 타이머가, 다른 한쪽에는 조속기가 설치되어 있다.

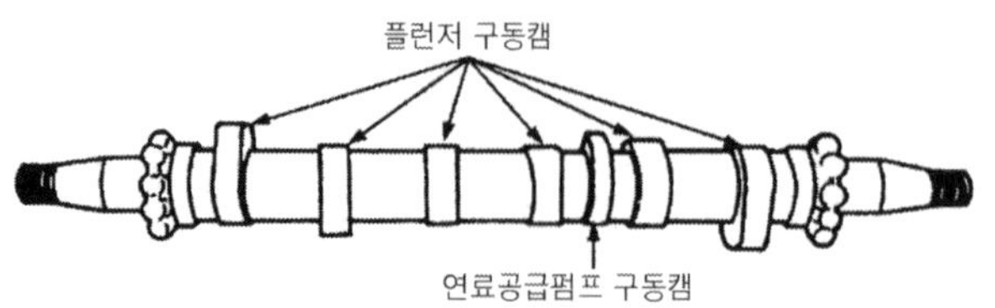

[그림9-21. 분사펌프 캠축의 구조]

② 태핏(tappet)

태핏은 펌프 하우징 태핏 구멍에 설치되어 캠에 의해 상하운동을 하여 플런저를 작동시킨다. 구조는 캠과 접촉하는 부분은 롤러로 되어 있고, 롤러는 태핏에 부싱과 핀으로 지지되고 헤드 부분에는 태핏 간극 조정용 스크루가 있다.

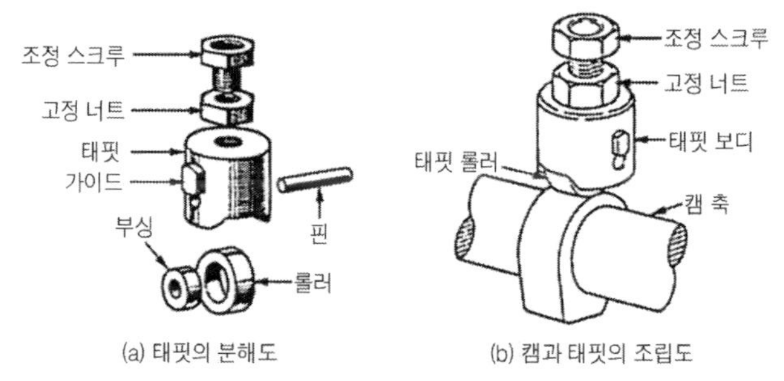

[그림9-22. 태핏의 구조]

(3) 플런저 배럴과 플런저

펌프 하우징에 고정된 플런저 배럴 속을 플런저가 상하 미끄럼 운동하여 고압의 연료를 형성하는 부분이다.

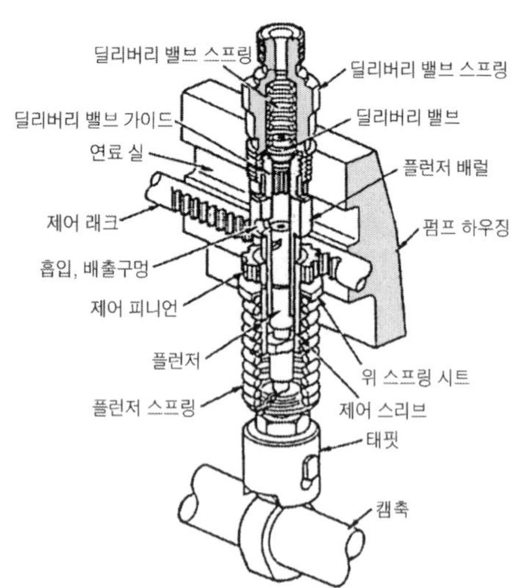

[그림9-23. 분사펌프의 단면도]

① 플런저(plunger)

플런저에는 분사량 가감을 위한 리드(제어홈)와 이것과 통하는 배출구멍이 중심부분에 뚫어져 있다. 아래쪽에는 제어슬리브(control sleeve)의 홈에 끼워지는 구동 플랜지와 플런저 아래 스프링시트를 끼우기 위한 플랜지가 마련되어 있다.

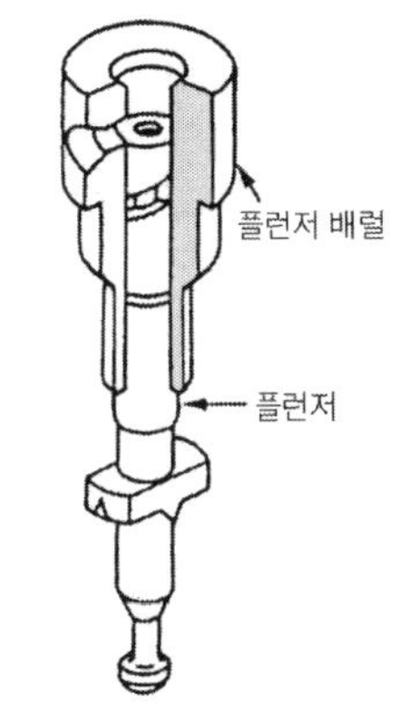

[그림9-24. 플런저 배럴과 플런저]

② 플런저 배럴과 플런저의 작용

플런저가 하강하면서 플런저 헤드가 흡입구멍을 열면 연료가 플런저 배럴 속으로 유입된다. 다음에 플런저가 상승하면서 흡입 및 배출구멍을 막으면 플런저 배럴 속의 연료가 가압되기 시작하여 일정한 압력에 도달하면 딜리버리 밸브가 열려 분사노즐로 압송되어 분사를 시작한다. 플런저가 계속 상승하여 리드가 플런저 배럴의 흡입 및 배출구멍과 통하게 되면 연료는 플런저 중앙에 있는 배출구멍을 지나서 흡입 및 배출구멍을 통하여 바이패스 되어 펌프 하우징의 연료실로 복귀된다. 그러므로 연료의 압송이 중지되고 동시에 분사가 완료된다. 이때 플런저는 스프링의 장력으로 하사점으로 복귀한다.

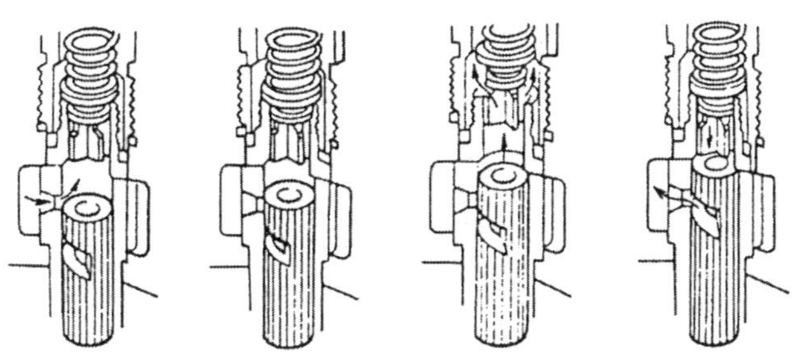
(a) 하사점 (b) 압축 시작 (c) 압력송출 행정 (d) 압력송출 완료

[그림9-25. 플런저의 작동 과정]

③ 플런저 예 행정(plunger pre stroke)

플런저 예 행정이란 플런저 헤드가 하사점에서부터 상승하여 흡입구멍을 막을 때까지 플런저가 이동한 거리를 말한다.

④ 플런저 유효행정(plunger available stroke)

플런저 유효행정이란 플런저 헤드가 연료공급을 차단한 후부터 리드가 플런저 배럴의 흡입구멍에 도달할 때까지 플런저가 이동한 거리이다. 즉, 플런저가 연료를 압송하는 기간이며, 연료의 분사량(토출량 또는 송출량)은 플런저의 유효행정으로 결정된다. 따라서 유효행정을 크게 하면 분사량이 증가한다.

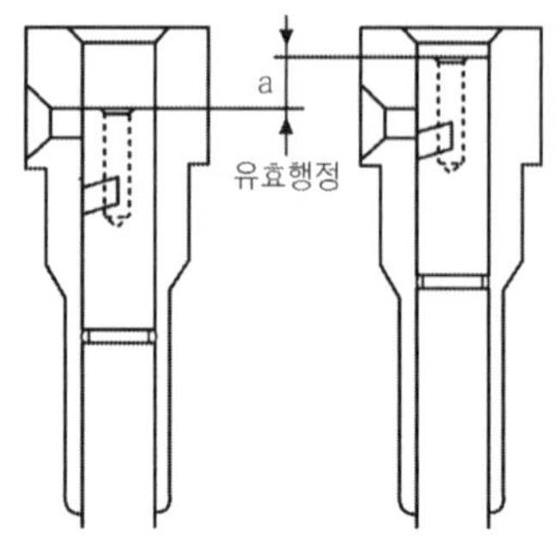

[그림9-26. 플런저 유효행정]

⑤ 리드 파는 방식과 분사시기와의 관계

㉮ 정리드형(normal lead type) : 분사개시 때의 분사시기가 일정하고, 분사말기가 변화하는 리드이다.

㉯ 역리드형(revers lead type) : 분사개시 때의 분사시기가 변화하고 분사말기가 일정한 리드이다.

㉰ 양리드형(combination lead type) : 분사개시와 말기의 분사시기가 모두 변화하는 리드이다.

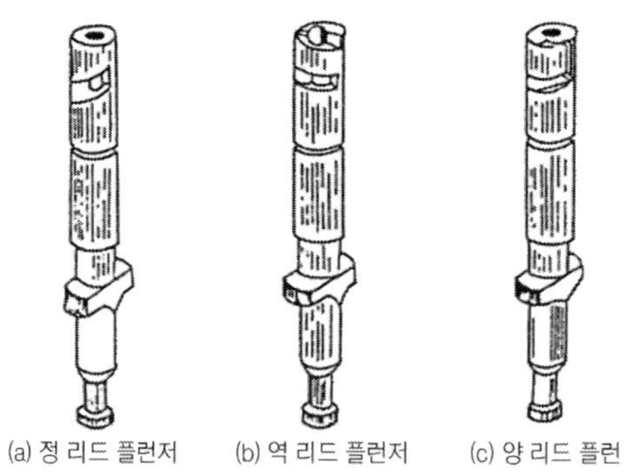

[그림9-27. 플런저 리드의 형식]

(4) 분사량 제어기구 (플런저 회전기구)

분사량 제어 기구는 연료 분사량을 제어하는 가속페달이나 조속기의 움직임을 플런저로 전달하는 기구이며, 제어래크, 제어피니언, 제어슬리브 등으로 구성되어 있다. 이들의 전달 과정은 가속페달을 밟으면 제어래크 → 제어피니언 → 제어슬리브→플런저 회전(분사량 변화)순서로 작동한다.

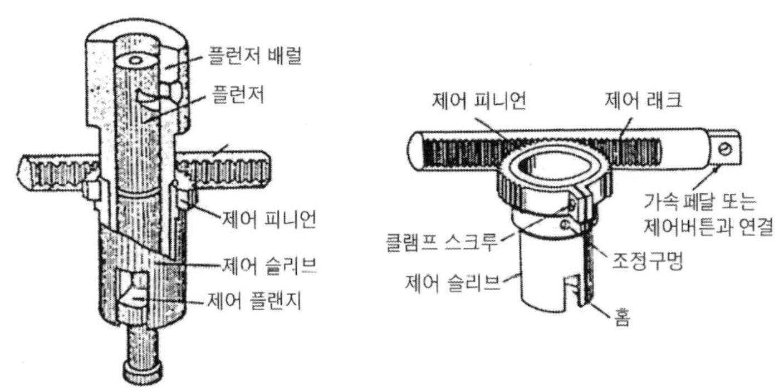

[그림9-28. 분사량 제어기구의 구조]

① 제어래크(control rack)

제어래크는 슬리브에 끼워져 있는 피니언과 결합되어 있으며, 래크의 직선운동을 피니언의 회전운동으로 바꾸어 모든 플런저를 동시에 회전시키는 일을 한다. 래크의 한쪽 끝은 링크(link)나 핀(pin)으로 조속기에 연결되어 있어 가속페달의 조작은 모두 조속기를 거쳐 래크로 전달된다. 무송출에서 전 송출까지의 제어래크 이동량은 21~25㎜이며, 래크의 다른 한쪽 끝에는 조속기 쪽에서 미는 것에 의하여 펌프 하우징 바깥쪽으로 나오게 되어 있으나 어떤 형식은 최대 송출량 이상으로 래크가 이동하는 것을 방지하기 위하여 펌프 하우징에 설치한 리미트 슬리브(limit sleeve)속에 끼워져 있다. 리미트 슬리브는 슬리브 내에 설치한 댐퍼 스프링(damper spring)으로 엔진을 시동할 때 등 제어 래크가 최대 분사량 이상으로 이동하는 것을 방지한다.

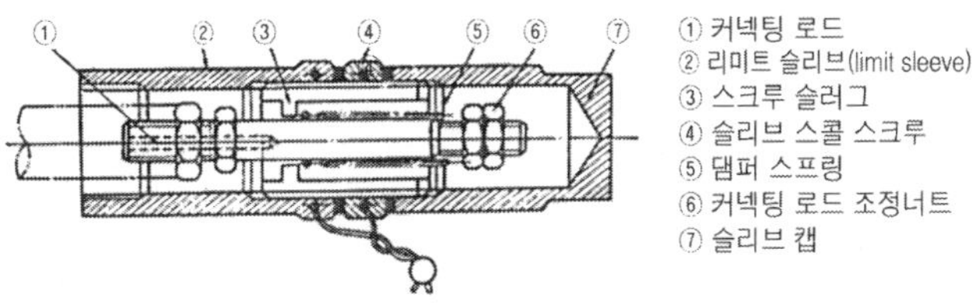

[그림9-29. 리미트 슬리브의 구조]

② 제어피니언(control pinion)

제어피니언은 래크와 결합되어 래크의 직선운동을 회전 운동으로 바꾸어 슬리브를 회전 시켜주며, 슬리브에 클램프 스크루로 설치되어 있어 제어 피니언과 슬리브의 관계 위치를 변화시켜 각 플런저의 분사량을 제어할 수 있다.

③ 제어슬리브(control sleeve)

제어슬리브는 아래 홈에 끼워진 플런저의 구동 플랜지를 통해 피니언의 회전운동을 플런저로 전달하여 플런저가 상하운동을 하면서 연료의 분사량을 증감할 수 있도록 한다.

(5) 딜리버리 밸브(delivery valve ; 송출 밸브)

딜리버리 밸브는 플런저의 상승행정으로 배럴 내의 압력이 규정 값(약 10kgf/㎠)에 도달하면 이 밸브가 열려 연료를 분사파이프로 압송한다. 그리고 플런저의 유효행정이 완료되어 배럴 내의 연료 압력이 급격히 낮아지면 스프링 장력에 의해 신속히 닫혀 연료의 역류(분사 노즐에서 펌프로의 흐름)를 방지한다. 또 밸브면이 시트에 밀착될 때까지 내려가므로 그 체적만큼 분사 파이프 내의 연료 압력을 낮춰 분사 노즐의 후적을 방지한다.

[그림9-30. 딜리버리 밸브]

(6) 조속기(governor)

① 조속기의 기능

자동차용 디젤엔진은 그 사용조건의 변화가 커 부하 및 회전속도 등이 광범위하게 변동하므로 오버런(over run)이나 엔진 가동정지를 일으키기 쉽다. 이를 방지하기 위하여 분사펌프에 조속기를 두고 자동적으로 연료 분사량을 가

감하여 운전을 안정시킨다. 즉, 최고 회전속도를 제어하고 동시에 저속운전을 안정시키는 작용을 한다. 특히 저속에서는 연료 분사량이 매우 적은 양이고, 제어래크의 작은 움직임에 대하여 연료 분사량의 변화가 크고 또 엔진의 부하 변동에 대해서도 조속기 없이는 제어가 어렵다. 조속기는 엔진의 회전속도나 부하의 변동에 따라서 자동적으로 제어래크를 움직여 연료 분사량을 가감하는 장치이다.

② 조속기의 분류

조속기를 구조상으로 분류하면 분사펌프의 캠 축에 설치된 원심추에 작용하는 원심력의 변화에 의해 작동하는 기계식과 회전속도와 부하에 의해 변화하는 흡기다기관 진공을 이용하는 공기식이 있다. 기능상으로 분류하면 엔진 최고 회전속도와 최저 회전속도만을 제어하는 최고·최저속도 조속기와 최고 및 최저 회전속도뿐만 아니라 모든 회전속도 범위를 제어하는 전속도 조속기가 있다.

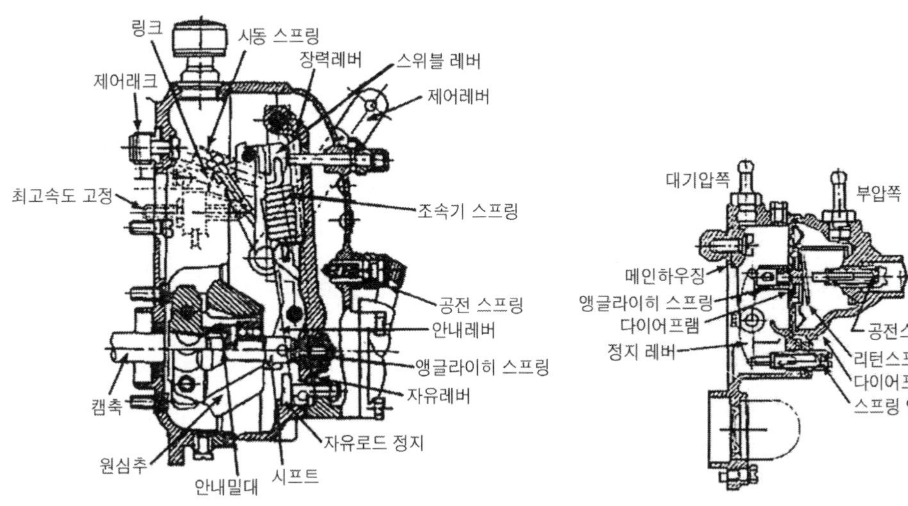

[그림9-31. 기계식 조속기의 구조]

[그림9-32. 공기식 조속기의 구조]

③ 앵글라이히 장치(angleichen device)의 작동

일반적으로 분사펌프는 제어 크의 위치가 같아도 회전속도가 상승함에 따라 펌프의 1행정 당의 연료 분사량이 증가하는 경향이 있고, 또 엔진에서는 회전속도가 상승하면 흡입 공기량이 감소하는 경향이 있다. 따라서 엔진이 저속으

로 회전할 때 알맞게 되도록 최대 연료 분사량을 설정하면 고속에서는 공기가 부족하여 불완전 연소를 일으키고 또 고속 회전에 알맞게 설정하면 저속 회전에서 연료 부족이 되어 충분한 출력을 얻을 수 없게 된다. 이 결점을 보완하기 위해 엔진의 모든 속도 범위에서 공기와 연료의 비율이 알맞게 유지되도록 하는 기구가 앵글라이히 장치이다. 즉 제어래크가 동일한 위치에서 연료와 공기의 비율이 알맞게 되도록 유지한다.

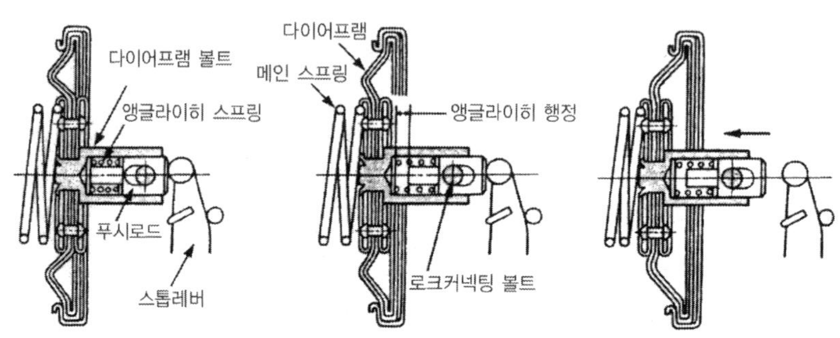

[그림9-33. 앵글라이히 장치-공기식 조속기의 경우]

④ 분사량 불균율

실린더 수가 많은 엔진에서 각 실린더마다 연료 분사량의 차이가 생기면 폭발압력의 차이가 발생하여 진동을 일으킨다. 불균율 허용 범위는 전부하 운전에서는 ±3%, 무부하 운전에서는 10~15%이다. 분사량 불균율은 다음의 공식으로 산출한다.

$$(+)\text{불균률} = \frac{\text{최대 분사량} - \text{평균 분사량}}{\text{평균 분사량}} \times 100$$

$$(-)\text{불균률} = \frac{\text{평균 분사량} - \text{최소 분사량}}{\text{평균 분사량}} \times 100$$

(7) 타이머(분사시기 조정기구 ; timer)

연료가 연소실에 분사되어 착화 연소하고 피스톤에 유효한 일을 시킬 때까지는 어느 정도의 시간이 필요하다. 이에 따라 엔진 회전속도 및 부하에 따라 분사시기를 변화시켜야 하는데 이 작용을 하는 장치가 타이머이다.

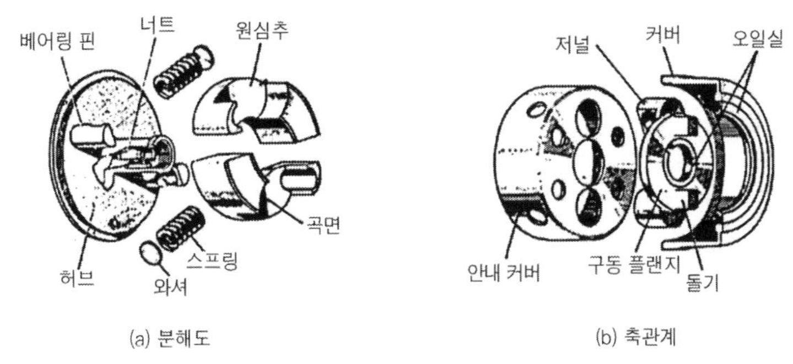

(a) 분해도 (b) 축관계

[그림9-34. 타이머의 분해도]

작동은 엔진 회전속도가 상승하면 원심추에 작용하는 원심력이 커져 타이머 스프링을 압축한다. 이에 따라 구동 플랜지 저널은 원심추 면을 미끄럼 운동을 하며, 베어링 핀이 당겨진다. 이 핀의 움직임이 분사 펌프 캠 축을 엔진 크랭크축에 대하여 어느 각도만큼 빨리 회전시켜 분사시기를 빠르게 해 준다.

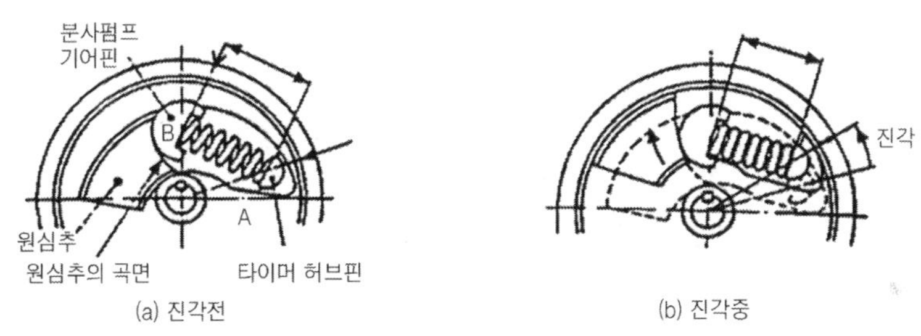

(a) 진각전 (b) 진각중

[그림9-35. 타이머의 작동]

[4] 분배형 분사펌프의 구조와 그 기능

(1) 분배형 분사펌프의 개요

분배형 분사펌프는 소형·고속 디젤엔진의 발달과 함께 개발된 것이며, 연료를 1개의 펌프 엘리먼트로 각 실린더로 공급되도록 된 형식이며 다음과 같은 특징이 있다.

① 소형·경량이며 부품수가 적다.

② 펌프 윤활을 위한 특별한 윤활유가 필요 없다.

③ 캠의 양정이 매우 작아 고속 회전이 가능하다.

④ 플런저가 왕복 운동과 함께 회전운동을 하므로 편 마멸이 적다.

⑤ 플런저 작동 횟수가 실린더 수에 비례하여 증가하므로 실린더 수 또는 최고 회전속도의 제한을 받는다.

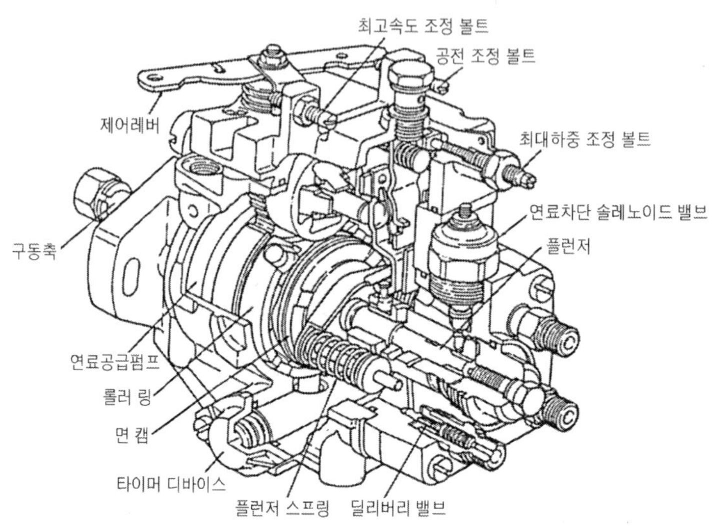

[그림9-36. 분배형 분사펌프의 구조]

(2) 분배형 분사 펌프의 구조

① 하이드롤릭 헤드(Hydraulic head ; 유압 헤드)

하이드롤릭 헤드는 미터링 밸브, 분배 배럴, 플런저, 컷오프 밸브, 딜리버리 밸브 등으로 구성되어 있다.

㉮ 미터링 밸브 (metering valve)

이 밸브는 펌프 하우징과 공급 펌프에서 공급되는 연료의 양을 제어하여 플런저에 공급하는 역할을 한다.

㉯ 분배 배럴

분배 배럴은 미터링 밸브에서 공급된 연료를 플런저 및 딜리버리 밸브에 공급한다.

㉰ 컷오프 밸브

이 밸브는 엔진을 시동할 때 연료의 분사량을 증가시켜 시동 성능을 향상 시킨다.

② 공급 펌프(Feed pump)

이 펌프는 연료 리프트 펌프에서 공급되는 연료를 하이드롤릭 헤드의 미터링 밸브에 공급하는 역할을 한다. 공급 펌프는 구동 축에 설치되어 회전하는 베인형 펌프이며, 연료 리프트 펌프에서 송출된 연료를 미터링 밸브와 타이머로 공급한다.

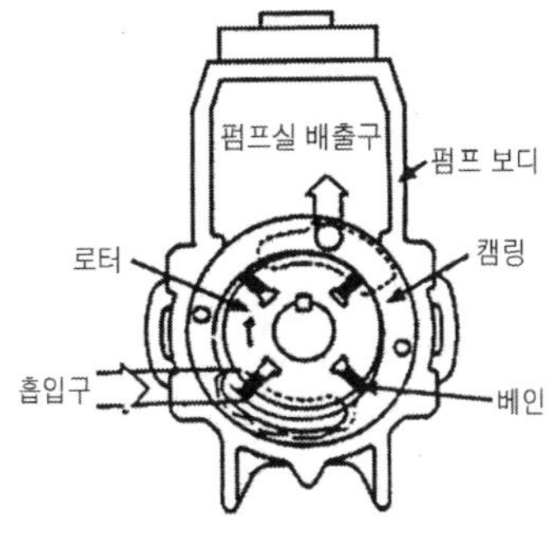

[그림9-37. 공급펌프의 구조]

③ 구동 축(drive shaft)

구동축은 엔진 크랭크축의 1/2로 회전하면서 연료의 분사시기를 조정하는 롤러홀더, 구동 디스크, 캠 디스크를 회전시키는 역할을 한다. 캠 디스크에 4개의 볼록 부분이 있는 캠면이 롤러에 압착되면서 회전하기 때문에 구동축이 1회전할 때 플런저는 4 회의 왕복 운동을 한다.

④ 압력조정 밸브(Regulator valve)

이 밸브는 공급펌프의 회전속도에 관계없이 연료의 압력을 규정 값으로 유지하도록 제어한다. 엔진의 회전속도가 상승하면 연료압력도 상승하며, 압력이 규정 값 이상으로 상승하면 리턴구멍이 열려 공급펌프의 흡입 쪽으로 리턴 되어 연료의 압력이 제어된다.

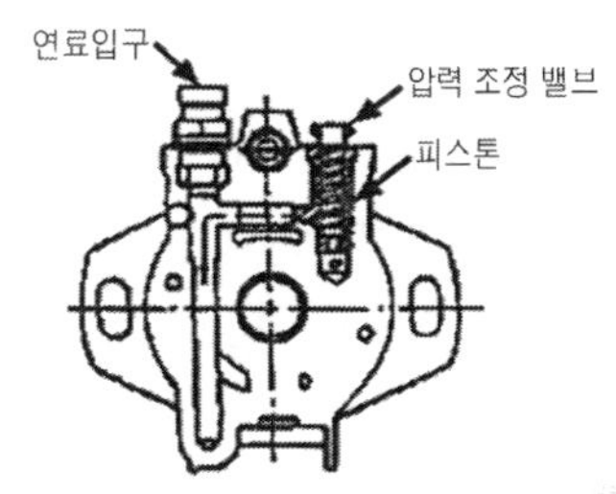

[그림9-38. 압력조정 밸브의 구조]

[5] 분사파이프(fuel injection pipe)

분사파이프는 분사펌프의 각 펌프출구와 분사노즐을 연결하는 고압파이프이며, 그 길이는 연료의 분사지연을 줄이기 위하여 가능한 한 짧은 것이 바람직하며, 모든 실린더의 분사지연이 같아지도록 길이가 같다. 분사파이프의 양끝에는 고압의 연료가 누출되지 않도록 하기 위해 유니언 피팅(union fitting)으로 확실하게 결합한다.

[6] 분사노즐(injection nozzle)

분사노즐은 분사펌프에서 보내온 높은 압력의 연료를 미세한 안개모양으로 연소실 내에 분사하는 일을 하는 장치이며, 다음과 같은 구비조건을 갖추어야 한다.

① 연료를 미세한 안개모양(무화)으로 하여 쉽게 착화하게 할 것

② 분무를 연소실 구석구석까지 뿌려지게 할 것

③ 연료의 분사 끝에서 완전히 차단하여 후적이 일어나지 않을 것

④ 고온·고압의 가혹한 조건에서 장시간 사용할 수 있을 것

(1) 분사노즐의 종류

분사노즐의 종류에는 개방형과 밀폐형 노즐이 있으며, 밀폐형에는 구멍형, 핀틀형 및 스로틀형이 있다. 여기서는 현재 사용되고 있는 밀폐형 노즐에 대하여 설명한다. 밀폐형 노즐은 분사펌프와 노즐사이에 니들밸브(needle valve)를 두고 필요할 때만 니들밸브를 열고 연료를 연소실에 분사하는 형식이다.

① 구멍형(hole type)노즐

구멍형 노즐은 니들밸브 앞 끝이 원뿔 모양이며, 분사구멍(噴空)은 볼록하게 된 노즐보디의 앞 끝에 노즐 중심선에 대하여 대칭(對稱)으로 어떤 각도를 두고 1~8개 뚫어져 있다. 분사 구멍의 지름은 0.2~0.4㎜이고, 분사 개시압력은 200~300kgf/㎠정도이며 직접분사실식 연소실에서 사용한다. 이 형식은 분사구멍이 1개인 단공형과, 여러 개의 분사 구멍이 있는 다공형이 있다. 다공형은 분무의 미립화(안개모양)와 분산성을 향상시킬 수 있다. 구멍형의 장·단점은 다음과 같다.

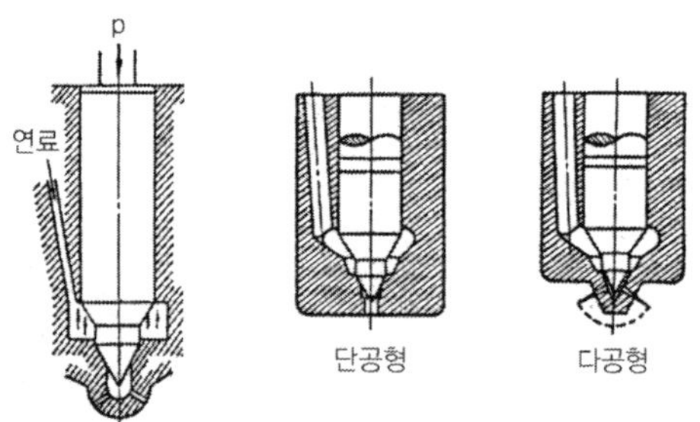

[그림9-39. 구멍형 분사노즐의 작동]

㉮ 구멍형 노즐의 장점

ⓐ 분사압력이 높아 안개화(무화)가 좋다.

ⓑ 엔진의 시동이 쉽다.

ⓒ 연료가 완전 연소될 수 있어 연료 소비량이 적다.

㈏ 구멍형 노즐의 단점

ⓐ 분사구멍이 작아 가공이 어렵다.

ⓑ 분사구멍이 막힐 염려가 있다.

ⓒ 분사압력이 높아 분사펌프와 노즐의 수명이 짧고 또 각 연결부분에서 연료가 누출되기 쉽다

② 핀틀형(pintle type)노즐

핀틀형 노즐은 원기둥 모양의 구멍과 구멍보다 조금 작은 원기둥 모양의 니들밸브 앞 끝 핀으로 구성되어 있으며, 높은 압력의 연료에 의해 자동적으로 열려 4°정도의 정각을 가지는 원뿔 모양으로 분사한다.

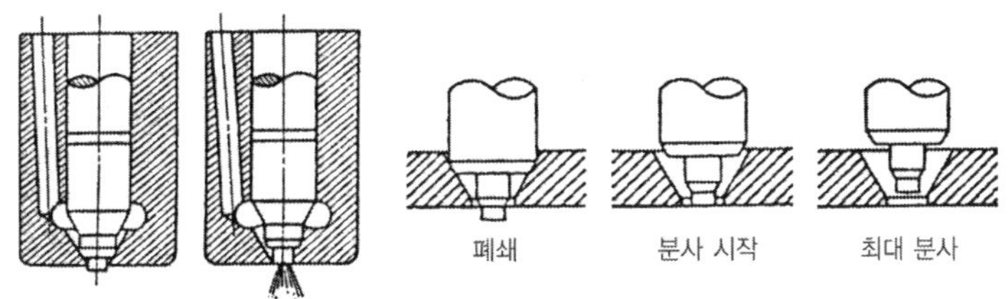

[그림9-40. 핀틀형 분사노즐의 작동]

③ 스로틀형(throttle type)노즐

스로틀형 노즐은 니들밸브의 앞 끝 부분이 길고 나팔 모양으로 테이퍼 가공되어 있으며 노즐보디에서 조금 돌출 되어 있다. 이 노즐은 핀틀형을 개량하여 분사개시 때 분사량을 적게 하고 잠시 후 많은 양의 연료를 분사시켜 디젤 엔진의 노크를 방지할 수 있다.

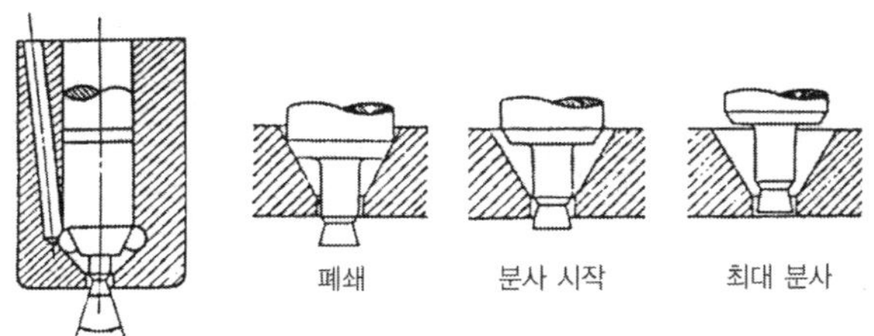

[그림9-41. 스로틀형 분사 노즐의 작동]

(2) 분사노즐의 구조

분사노즐은 노즐 홀더 보디(nozzle holder body)를 중심으로 옆쪽에는 분사펌프에서 보내준 높은 압력의 연료가 들어오는 입구 커넥터가 설치되고, 위쪽으로는 분사압력 조정용 스크루, 니들밸브가 열릴 때 스프링을 밀어 올려주는 푸시로드, 그리고 니들밸브(needle valve)를 시트에 밀착시키는 스프링이 있다. 아래쪽에는 고압의 연료에 의해 정해진 시간 내에 열리는 니들밸브와 이 밸브를 지지하는 노즐보디, 노즐보디를 노즐홀더 보디에 고정하는 너트 등으로 구성되어 있다.

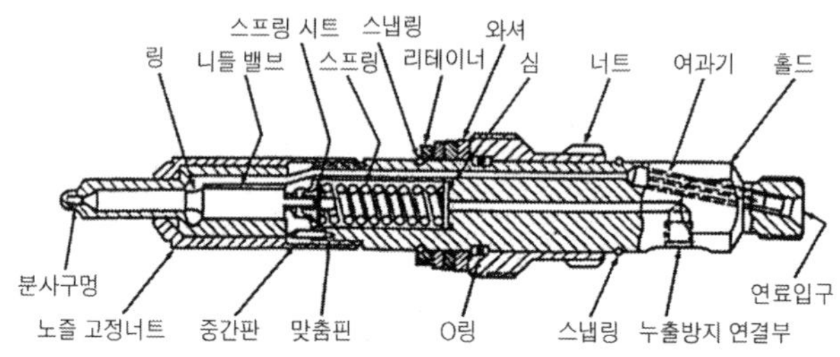

[그림9-42. 분사노즐의 구조]

(3) 분사노즐의 작동

분사노즐의 작동은 분사펌프에서 고압의 연료가 입구 커넥터를 거쳐 노즐홀더 보디 내로 들어오면 스프링에 의해 시트에 밀착되어 있던 니들밸브가 상승하여 연료가 연소실에 분사된다. 분사되는 동안 높은 압력의 연료 일부는 니들밸브와 노즐보디 사이에서 니들밸브와 노즐보디를 윤활하고, 푸시로드와 노즐홀더 보디 사이를 거쳐 연료탱크로 복귀한다. 니들밸브와 노즐 보디 사이의 간극은 0.001~0.0015㎜정도이다.

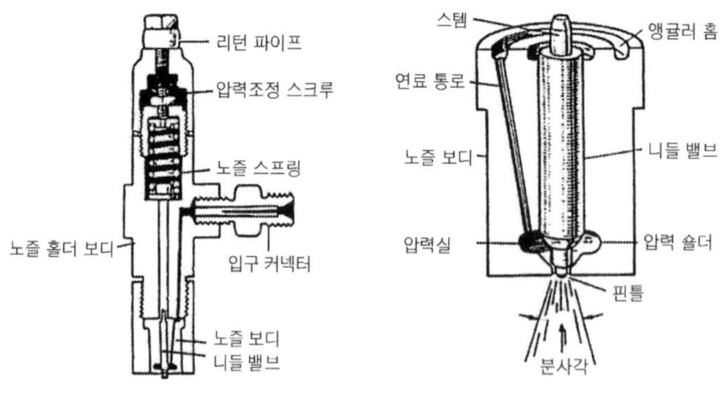

[그림9-43. 분사노즐의 작동]

새시(Chassis)

제10장 섀시의 구성

섀시란 자동차 구성부품에서 차체(body)를 떼어낸 나머지 부분을 말하며, 그 구성은 다음과 같다.

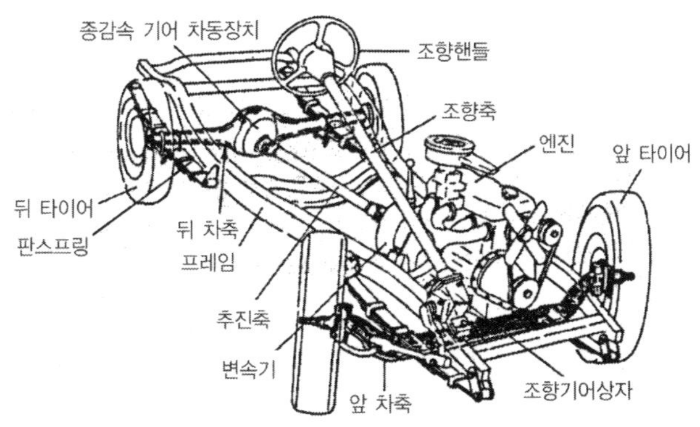

[그림10-1. 자동차 섀시의 구조]

1. 동력발생장치(power unit or engine)

동력발생장치는 주행에 필요한 동력을 발생하는 부분이다.

2. 동력전달장치(power train)

동력전달장치는 엔진에서 발생한 동력을 구동바퀴까지 전달하는 일련의 장치를 말한다.

3. 현가장치(suspension system)

현가장치는 노면에서의 진동 및 충격을 흡수 완화시키는 장치이며, 프레임(또는 차체)과 차축을 연결하는 스프링, 스테빌라이저, 쇽업소버 등으로 구성되어 있다.

4. 조향 장치(steering system)

조향 장치는 자동차가 주행할 때 방향을 임의로 바꾸기 위한 장치이며, 일반적으로 앞바퀴로 조향한다.

5. 제동장치(brake system)

제동장치는 주행 중인 자동차의 주행속도를 감속 또는 정지시키거나 정지 상태를 유지시키기 위한 장치를 말한다.

6. 휠 및 타이어(wheel & tire)

휠 및 타이어는 노면에서의 충격 일부를 흡수하며, 노면과의 접착력으로 자동차의 주진력을 발생시키는 장치이다.

그리고 엔진의 동력을 구동바퀴로 전달하는 동력전달방식에는 앞 엔진 뒷바퀴 구동방식, 앞 엔진 앞바퀴 구동방식, 뒤 엔진 뒷바퀴 구동방식, 4바퀴 구동방식(4WD) 등이 있다.

1. 앞 엔진 뒷바퀴 구동방식(FR ; Front Engine Rear Drive type)

이 방식은 자동차의 앞부분에 엔진, 클러치, 변속기 등을 두고, 뒷부분에 종감속기어 및 차동 장치, 차축, 구동 바퀴를 두고 그 사이를 드라이브 라인(drive line)으로 연결한 것이다.

2. 앞 엔진 앞바퀴 구동방식(FF ; Front Engine Front Drive type)

이 방식은 엔진과 동력전달장치 일체를 앞쪽에 두고 있는 것이며, 앞바퀴가 구동 바퀴와 조향 바퀴로 작용한다. 변속기와 종감속 기어 및 차동장치를 복합한 트랜스 액슬(trans axle)을 두고 있다.

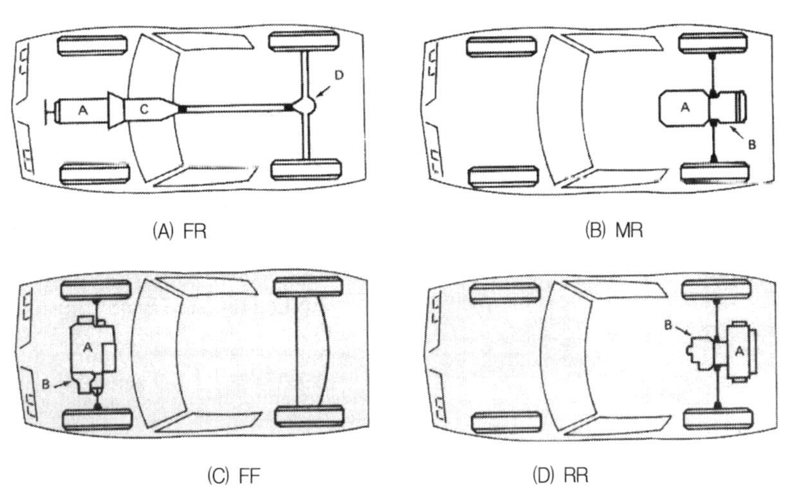

A : 엔진 ; B : 트랜스액슬 ; C : 트랜스미션 ; D : 차동장치.

[그림10-2. 동력전달방식]

3. 뒤 엔진 뒷바퀴 구동방식(RR ; Rear Engine Rear Drive type)

이 방식은 엔진과 동력전달장치 일체를 뒤쪽에 둔 형식이며, 뒷바퀴로 구동한다.

4. 모든 바퀴 구동방식(4WD ; 4 Wheel Drive)

이 방식은 엔진의 회전력을 4바퀴에 모두 전달하여 구동하는 것이며, 앞·뒷바퀴로 동력을 분배하기 위한 트랜스 퍼 케이스(transfer case)를 두고 있다.

제 11 장 동력전달장치

동력 전달 장치란 엔진에서 발생한 동력을 구동 바퀴로 전달하는 장치이며 클러치, 변속기(또는 트랜스액슬), 드라이브 라인, 종감속 기어, 차동 장치, 구동축 및 구동바퀴 등으로 구성되어 있다.

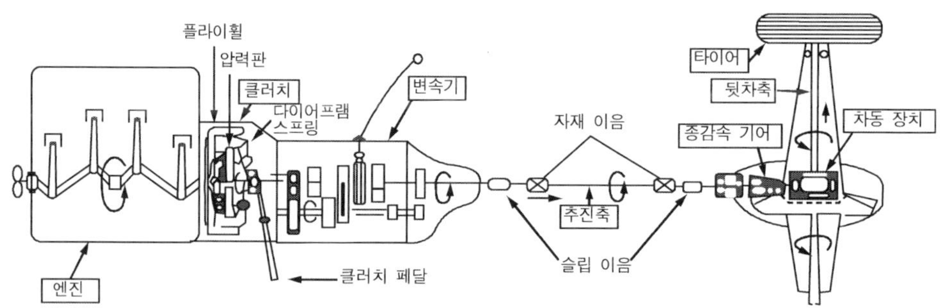

[그림11-1. 동력전달장치의 구성]

11.1. 동력전달장치의 구성요소

1. 클러치(clutch)

클러치는 엔진과 변속기사이에 설치되어 있으며(엔진 플라이 뒷면에 부착됨), 동력전달장치로 전달되는 엔진의 동력을 연결하거나 차단하는 장치이다.

[1] 클러치의 필요성과 그 종류

(1) 클러치의 필요성

① 엔진을 시동할 때 무부하 상태로 하기 위함이다.

② 변속기의 기어를 변속할 때 엔진의 동력을 일시 차단하기 위함이다.

③ 관성운전을 하기 위함이다.

(2) 클러치의 구비 조건

① 회전관성이 적을 것

② 동력을 전달할 때는 미끄럼을 일으키면서 서서히 전달되고, 전달된 후에는 미끄러지지 말 것

③ 회전부분의 평형이 좋을 것

④ 냉각이 잘 되어 과열하지 않을 것

⑤ 구조가 간단하고, 다루기 쉬우며 고장이 적을 것

⑥ 단속(斷續)작용이 확실하며, 조작이 쉬울 것

(3) 클러치의 종류

① 마찰 클러치

㉮ 원판 클러치(disc clutch) : 코일 스프링 형식과 다이어프램 스프링 형식이 있으며, 클러치판의 수(數)에 따라 단판 클러치, 복판 클러치, 다판 클러치(건식 다판, 습식 다판)가 있다.

㉯ 원뿔 클러치(cone clutch)

② 유체 클러치(fluid clutch)

③ 전자(電磁) 클러치

[2] 클러치의 작동

(1) 엔진의 동력을 차단할 때 (클러치 페달을 밟으면)

클러치 페달을 밟으면 릴리즈 베어링이 다이어프램 스프링(또는 릴리즈 레버)을 밀게 되므로 압력 판이 뒤쪽으로 이동한다. 이에 따라 압착되어 있던 클러치판이 플라이 휠과 압력 판에서 분리되어 엔진의 동력이 변속기로 전달되지 않는다.

(2) 엔진의 동력을 전달할 때 (클러치 페달을 놓으면)

엔진의 동력을 변속기로 전달할 때 클러치 페달을 놓으면 다이어프램 스프링

(또는 클러치 스프링)의 장력에 의하여 압력 판이 클러치판을 플라이 휠에 압착시켜 함께 회전하도록 한다. 클러치판은 변속기 입력 축의 스플라인에 설치되어 있으므로 클러치판이 회전하면 엔진의 동력이 변속기로 전달된다.

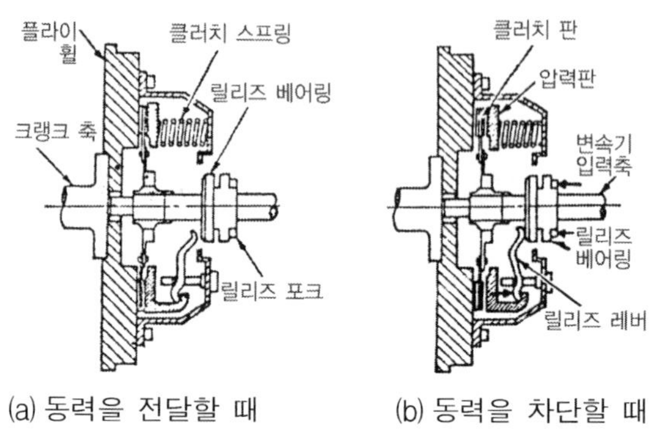

(a) 동력을 전달할 때　　(b) 동력을 차단할 때

[그림11-2. 클러치 작동]

[3] 클러치의 구조

클러치는 클러치판, 압력 판, 다이어프램 스프링(코일 스프링에서는 클러치 스프링, 릴리즈 레버), 클러치 하우징 등과 이들이 설치되는 엔진 플라이 휠 및 변속기 입력축 등으로 구성되어 있다.

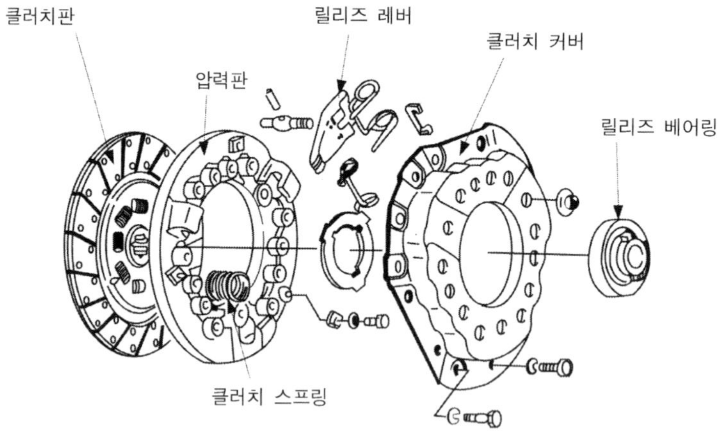

(a) 코일 스프링형식 클러치\

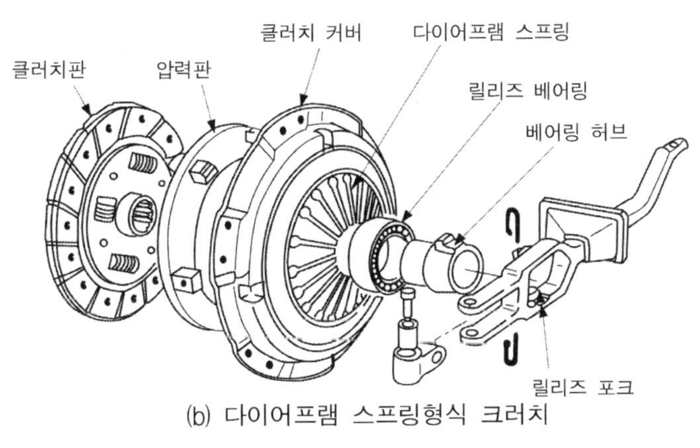

(b) 다이어프램 스프링형식 크러치

[그림11-3. 클러치 구성부품]

(1) 클러치판(clutch disc)

클러치판은 플라이휠과 압력판 사이에 끼워져 있으며 엔진의 동력을 변속기 입력축을 통하여 변속기로 전달하는 마찰판이다. 구조는 원형 강철판의 가장자리에 마찰물질로 된 라이닝(또는 페이싱 ; lining or facing)이 리벳으로 설치되어 있고, 중심부분에는 허브(hub)가 있으며 그 내부에 변속기 입력축을 끼우기 위한 스플라인(spline)이 파져 있다. 또 허브와 클러치 강철판 사이에는 비틀림 코일스프링(damper spring)이 설치되어 있다. 비틀림 코일 스프링(댐퍼 스프링 또는 토션 스프링이라고도 부름)은 클러치판이 플라이휠에 접속될 때 회전충격을 흡수하는 일을 한다. 그리고 클러치 강철판은 파도모양의 스프링으로 되어 있으므로 클러치를 급속히 접속시켰을 때 이 스프링이 변형되어 동력전달을 원활히 하는 쿠션 스프링(cushion spring)이 있다. 쿠션스프링은 클러치판의 편마멸, 변형, 파손 등의 방지를 위해 둔다. 또 클러치 라이닝은 마찰계수가 알맞아야 하고, 내마멸성, 내열성이 크며 온도변화에 따른 마찰계수 변화가 없어야 한다. 예전에는 석면을 주재료로 한 것을 사용하였으나 최근에는 금속제 라이닝을 사용하기도 한다. 라이닝의 마찰계수는 0.3~0.5정도이다.

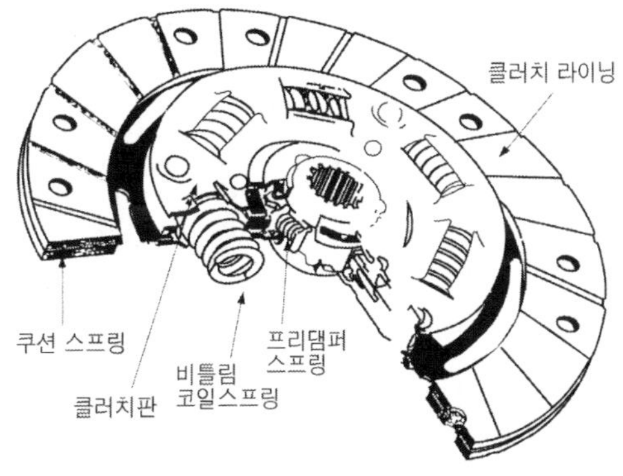

[그림11-4. 클러치판의 구조]

(2) 변속기 입력축(클러치 축)

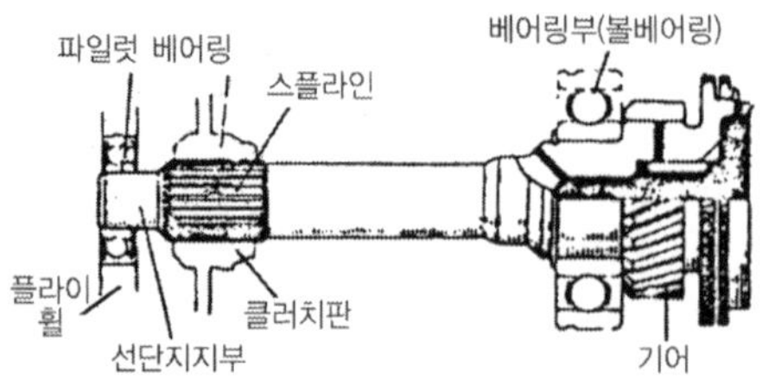

[그림11-5. 변속기 입력축의 구조]

변속기 입력축은 클러치판이 받은 엔진의 동력을 변속기로 전달하며, 축의 스플라인 부분에 클러치판 허브의 스플라인이 끼워져 클러치판이 길이방향으로 미끄럼 운동을 한다. 앞 끝은 플라이 휠 중앙부에 설치된 파일럿베어링(pilot bearing)에 의해 지지되고, 뒤끝은 볼 베어링(ball bearing)에 의해 변속기케이스에 지지되어 있다.

(3) 압력 판(pressure plate)

압력 판은 다이어프램 스프링(또는 클러치 스프링)의 장력으로 클러치판을 플라이 휠에 압착시키는 일을 한다. 클러치판과의 접촉면은 정밀 다듬질되어 있고 뒷면에는 코일스프링 형식에서는 스프링시트와 릴리즈 레버 설치부분이 마련되어 있다. 또 압력판과 플라이휠은 항상 회전하므로 동적 평형이 잡혀 있어야 한다.

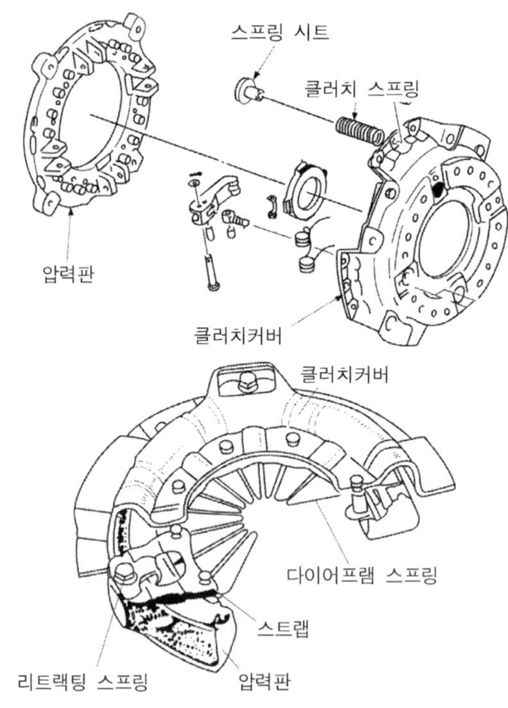

[그림11-6. 압력판의 구조]

(4) 릴리즈 레버(release lever)

릴리즈 레버는 코일 스프링 형식에서 릴리즈 베어링의 힘을 받아 압력 판을 움직이는 작용을 하며, 이 레버의 높이가 서로 다르면 자동차가 출발할 때 진동을 일으키는 원인이 된다.

(5) 클러치 스프링(clutch spring)

클러치 스프링은 클러치 커버와 압력 판 사이에 설치되어 있으며, 압력 판에 압력을 발생시키는 작용을 한다. 사용되고 있는 스프링에 따라 분류하면 코일 스프링형식, 다이어프램 스프링형식 등이 있다. 여기서는 다이어프램 스프링(막 스프링)형식의 클러치에 대해 설명하도록 한다. 이 형식은 코일 스프링형식의 릴리즈 레버와 코일스프링 역할을 동시에 하는 접시 모양의 다이어프램 스프링을 사용하고 있다.

① 다이어프램 스프링 형식의 구조 및 설치상태

다이어프램 스프링의 바깥쪽 끝은 압력 판과 접촉하며, 피벗 링(pivot ring)에 의해 지지된다. 중앙의 핑거(finger)는 약간 볼록하게 되어 있으며, 바깥쪽 끝 약간 떨어진 부분에 피벗 링을 사이에 두고 클러치 커버에 설치되어 이 피벗 링을 지점으로 하여 압력 판을 눌러 준다.

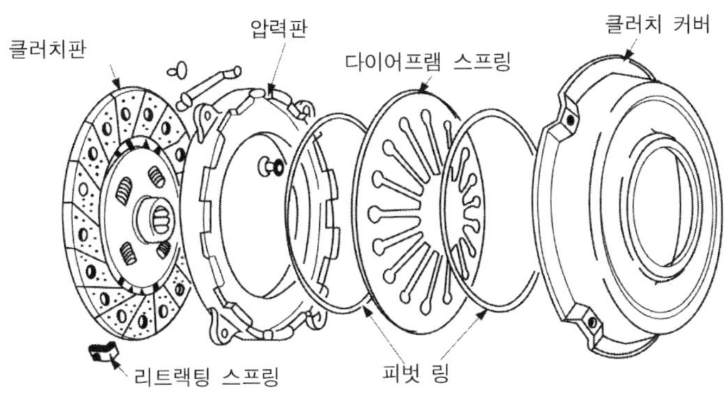

[그림11-7. 다이어프램 스프링형식의 구조]

② 다이어프램 스프링형식의 작동

클러치 페달을 밟으면 릴리즈 베어링에 의해 스프링 핑거 부분에 압력이 가해져 전체 다이어프램 스프링이 안쪽으로 구부러지면서 압력 판을 뒤로 잡아당겨 클러치판을 플라이 휠로부터 분리시킨다. 클러치 페달을 놓아 스프링 핑거 부분의 압력이 풀리면 다이어프램 스프링이 원위치 되어 클러치판이 플라이 휠에 압착된다.

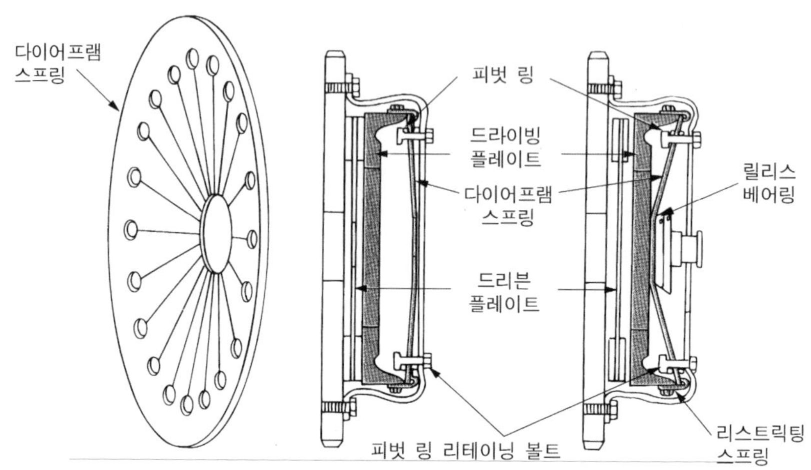

[그림11-8. 다이어프램 스프링 형식의 작동]

③ 다이어프램 스프링 형식의 특징

㉮ 압력 판에 작용하는 힘이 일정하다.

㉯ 원판형으로 되어 있어 평형이 좋다.

㉰ 구조가 간단해 다루기 쉽다.

㉱ 클러치 페달 조작력이 작아도 된다.

㉲ 라이닝이 어느 정도 마멸되어도 압력 판에 가해지는 압력의 변화가 없다.

㉳ 고속 운전에서 원심력을 받지 않아 스프링 장력이 감소하는 경향이 없다.

(6) 클러치 커버(clutch cover)

클러치 커버는 압력 판, 다이어프램 스프링(코일 스프링형식에서는 릴리즈 레버, 클러치 스프링) 등이 조립되어 플라이 휠에 함께 설치되는 부분이다. 그리고 코일 스프링 형식에서는 릴리즈 레버의 높이를 조정하는 스크루가 설치되어 있다.

[4] 클러치 조작기구

클러치 조작 기구에는 클러치 페달, 페달의 조작력을 릴리즈 포크로 전달하는 부분, 릴리즈 포크 및 릴리즈 베어링 등으로 구성되어 있고, 페달 조작력 전달 방법에는 기계식과 유압식이 있다.

(1) 클러치 페달(clutch pedal)

클리치 페달은 페달의 밟는 힘을 감소시키기 위해 지렛대 원리를 이용하며, 설치방법에 따라 펜던트형(pendant type)과 플로어형(floor type)이 있다. 페달을 밟은 후부터 릴리즈 베어링이 다이어프램 스프링(또는 릴리즈 레버)에 닿을 때까지 페달이 이동한 거리를 자유간극(또는 유격)이라고 하며 자유간극이 너무 적으면 클러치가 미끄러지며, 이 미끄럼으로 인하여 클러치판이 과열되어 손상된다. 반대로, 자유간극이 너무 크면 클러치 차단이 불량하여 변속기의 기어를 변속할 때 소음이 발생하고 기어가 손상된다. 따라서 페달의 자유간극은 기계식 클러치 페달의 경우에는 20~30㎜, 유압식 클러치 페달의 경우에는 6~10㎜정도이다.

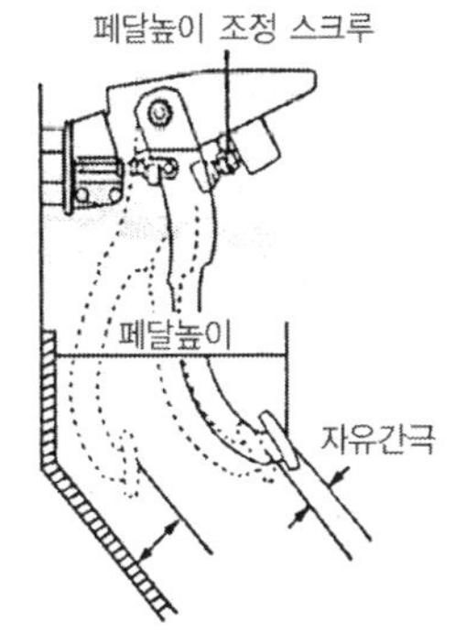

[그림11-9. 클러치페달 자유간극]

(2) 릴리즈 포크(release fork)

릴리즈 포크는 릴리즈 베어링 칼라에 끼워져 릴리즈 베어링에 페달의 조작력을 전달하는 작용을 한다. 구조는 요크와 핀 고정부분이 있으며 끝 부분에는 리턴스프링을 두어 페달을 놓았을 때 신속히 원위치가 되도록 한다.

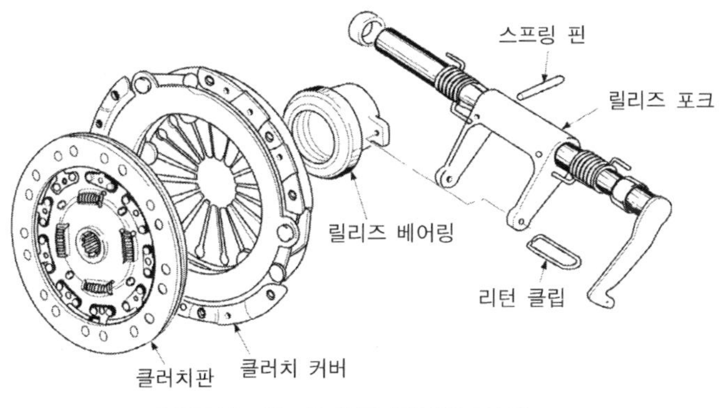

[그림11-10. 릴리즈 포크의 구조]

(3) 릴리즈 베어링(release bearing)

릴리즈 베어링은 페달을 밟았을 때 릴리즈 포크에 의하여 변속기 입력 축 길이 방향으로 이동하여 회전 중인 다이어프램 스프링(또는 릴리즈 레버)을 눌러 엔진의 동력을 차단하는 일을 한다. 릴리즈 베어링은 스러스트 볼(thrust ball)베어링이 내장되어 있는 케이스로 되어 있으며 베어링 칼라에 압입되어 있다. 릴리즈 베어링의 종류에는 앵귤러 접속형, 볼 베어링형, 카본형 등이 있으며 대개 영구 주유 방식(oilless bearing)이므로 솔벤트 등의 세척제 속에 넣고 세척해서는 안 된다.

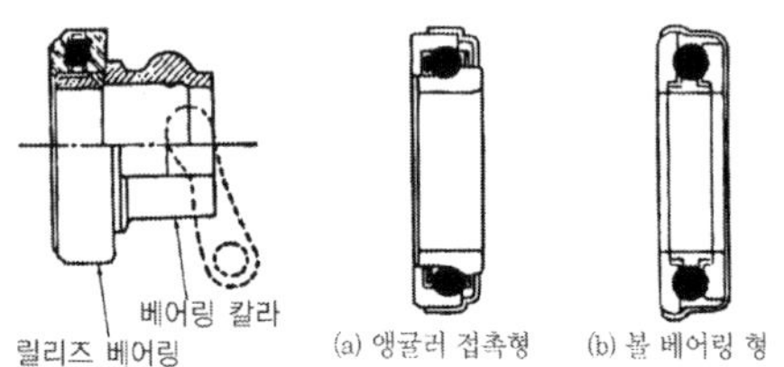

[그림11-11. 릴리즈 베어링의 구조와 종류]

(4) 페달 조작력 전달 방식

① 기계식 클러치

기계식은 페달 밟는 힘을 케이블을 거쳐 릴리즈 포크로 전달하여 릴리즈 베어링을 이동시키는 방식이다.

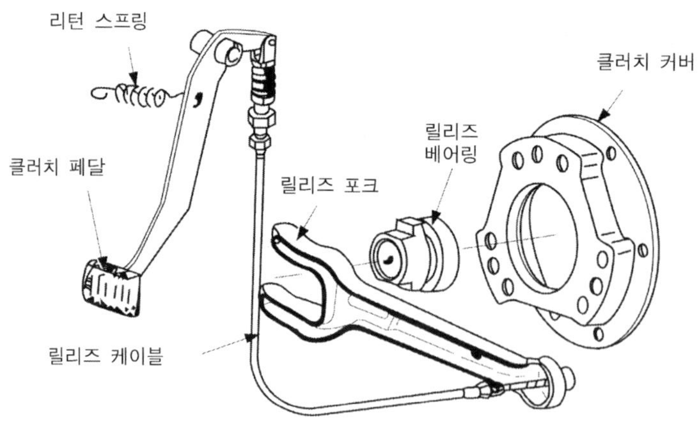

[그림11-12. 기계식 클러치의 구조]

② 유압식 클러치

유압식 클러치는 페달을 밟으면 유압이 발생하는 마스터 실린더, 이 유압을 받아서 릴리즈 포크를 이동시키는 릴리즈 실린더 등으로 구성되어 있으며, 이들 사이를 오일 파이프로 연결하고 있다.

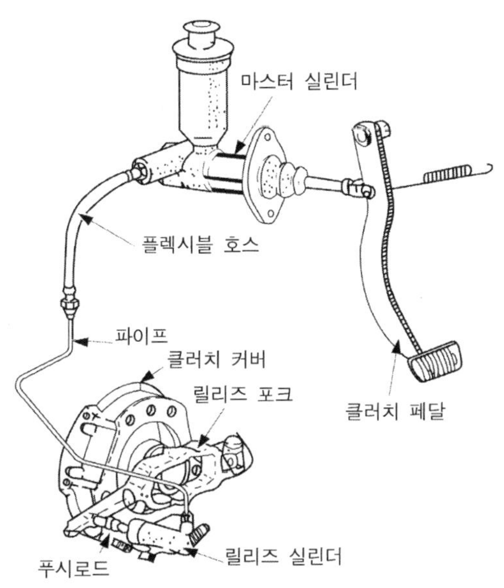

[그림11-13. 유압식 클러치의 구조]

㉮ 마스터 실린더(master cylinder)

마스터 실린더의 구조는 실린더보디는 알루미늄합금이며, 위쪽에는 오일탱크가 있고 그 내부에 피스톤, 피스톤 컵, 리턴스프링 등이 조립되어 있다. 작동은 클러치 페달을 밟으면 푸시로드가 피스톤을 밀어 유압을 발생시켜 릴리즈 실린더로 보낸다. 반대로 페달을 놓으면 피스톤은 리턴 스프링 장력으로 제자리로 복귀하고, 릴리즈 실린더로 보내졌던 오일이 리턴 구멍을 거쳐 오일 탱크로 복귀한다.

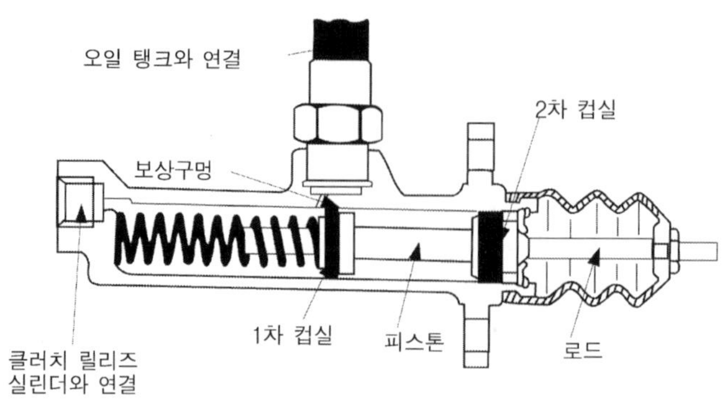

[그림11-14. 클러치 마스터 실린더의 구조]

㉯ 릴리즈 실린더(slave cylinder, 슬레이브 실린더)

릴리즈 실린더는 마스터 실린더에서 보내 준 유압을 피스톤과 푸시로드에 작용하여 릴리즈 포크를 미는 작용을 한다. 또 릴리즈 실린더에는 유압 회로 내에 침입한 공기를 배출시키기 위한 공기 블리더 스크루가 있다. 그리고 클러치는 사용함에 따라 클러치판의 라이닝이 마멸되어 페달의 자유간극이 작아진다. 따라서 알맞은 시기에 페달의 자유간극을 조정하여야 하지만 최근에는 페달의 자유간극을 조정하지 않아도 되는 비조정형 릴리즈 실린더를 사용한다.

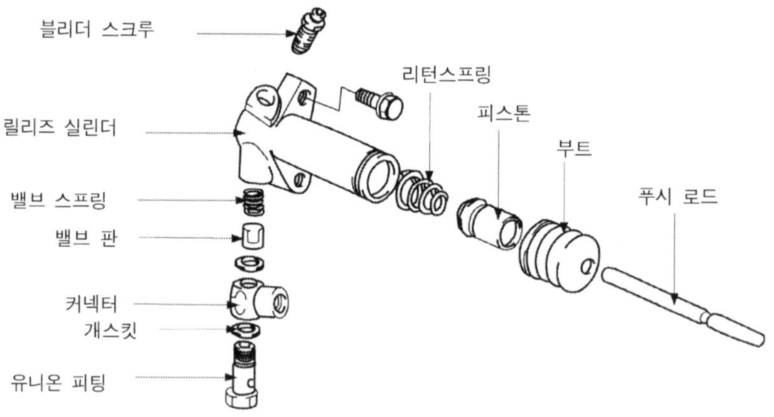

[그림11-15. 릴리즈 실린더의 구조]

㉰ 유압식 클러치의 특징

ⓐ 마찰이 작기 때문에 클러치 페달을 밟는 힘이 적어도 된다.

ⓑ 클러치 조작이 신속하게 이루어진다.

ⓒ 엔진과 클러치 페달의 설치 위치를 자유롭게 정할 수 있다.

ⓓ 구조가 복잡하다.

ⓔ 오일이 누출되거나 공기가 유입되면 조작이 어렵다.

[5] 클러치 용량

(1) 클러치 용량

클러치 용량이란 클러치가 전달할 수 있는 회전력의 크기이며, 일반적으로 사용 엔진 회전력의 1.5~2.5배 정도이다. 클러치 용량이 너무 크면 클러치가 엔진 플라이휠에 접속될 때 엔진이 정지되기 쉬우며, 반대로 너무 작으면 클러치가 미끄러져 클러치판의 라이닝 마멸이 촉진된다.

(2) 클러치가 미끄러지지 않을 조건

$$Tfr \geq C$$

여기서, T : 클러치 스프링 장력

f : 클러치판의 평균 반지름

r : 클러치판과 압력 판 사이의 마찰계수

C : 엔진 회전력

2. 수동 변속기(manual transmission)

엔진의 회전력은 회전속도의 변화에 관계없이 항상 일정하지만 그 출력은 회전속도에 따라서 크게 변화하는 특징이 있다. 자동차가 필요로 하는 구동력은 도로의 상태, 주행속도, 적재 하중 등에 따라 변화하므로 변속기는 이에 대응하기 위해 엔진의 출력을 자동차의 주행속도에 알맞게 회전력과 속도로 바꾸어서 구동 바퀴로 전달하는 장치이다.

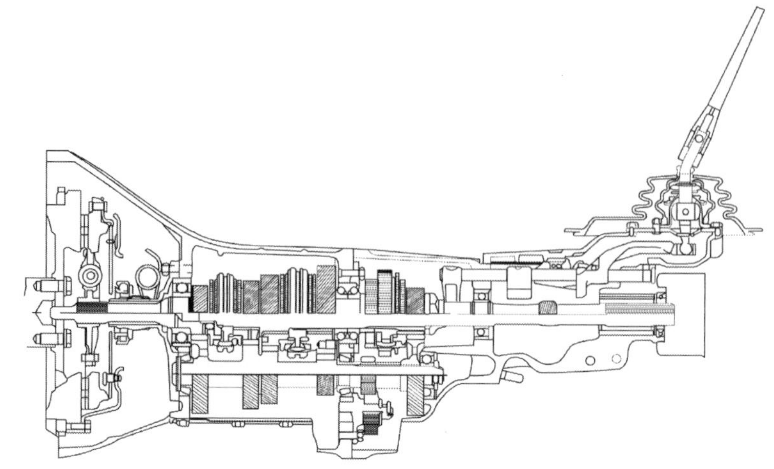

[그림11-16. 수동 변속기(FR구동 방식)의 구조]

[1] 변속기의 필요성

① 엔진의 회전력을 증대시킨다.

② 엔진을 시동할 때 무 부하 상태로 한다(변속 레버 중립 위치).

③ 자동차를 후진시키기 위하여 필요하다.

[2] 변속기의 구비조건

① 소형·경량이고, 고장이 없으며 다루기 쉬울 것

② 조작이 쉽고, 신속, 확실, 정숙하게 작동할 것

③ 단계가 없이 연속적으로 변속이 될 것

④ 전달 효율이 좋을 것

[3] 변속기의 분류

(1) 일정 기어비율 변속기

① 점진 기어방식

② 선택 기어방식 : 활동기어 방식, 상시물림 방식, 동기물림 방식

③ 유성기어 방식

(2) 무한 기어비율 변속기

① 자동 변속기 : 유체 클러치, 토크 컨버터

② 무단변속기(CVT)

(1) 접진 기어방식 변속기

이 변속기는 운전 중 제1속에서 직접 톱 기어(top gear ; 최 고속 기어)로 또는 톱 기어에서 제1속으로 변속이 불가능한 방식이다.

(2) 선택 기어방식 변속기

① 활동 기어방식(sliding gear type ; 섭동 기어방식)

이 변속기는 주축(main shaft)과 부축(count shaft))이 서로 평행하며 주축에 설치된 각 기어는 스플라인에 끼워져 축 방향으로 미끄럼운동을 할 수 있다. 변속할 때 변속레버의 조작으로 주축에 설치된 기어 1개를 선택하여 미끄럼 운동시켜 부축기어에 물려 동력을 전달한다. 활동 기어방식은 구조는 간단하지만 기어를 미끄럼 운동시켜 직접 물림으로 변속조작 거리가 멀고, 가속성능이 저하되며, 기어와 주축의 회전속도 차이를 맞추기 어려워 기어가 파손되기 쉽다.

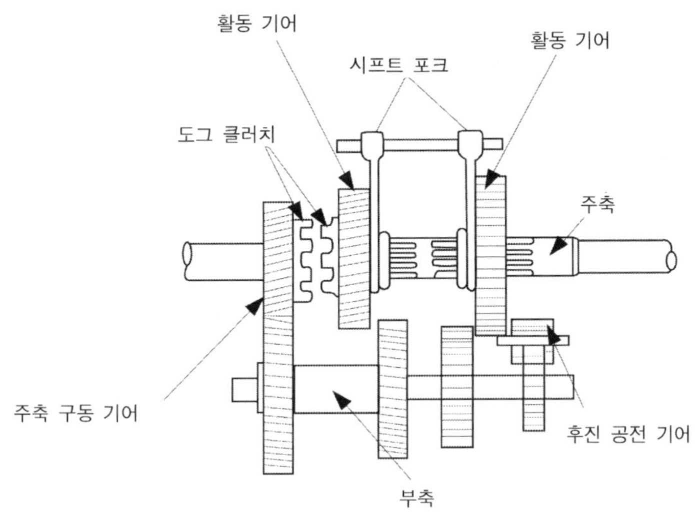

[그림11-17. 활동 기어방식 변속기]

② 상시 물림방식(constant mesh type)

이 변속기는 주축기어와 부축기어가 항상 물려있는 상태로 작동하며, 주축에 설치된 모든 기어는 공전(idle)한다. 변속할 때 주축의 스플라인에 설치된 도그클러치(dog clutch or clutch gear)가 변속레버에 의하여 이동해 공전하고 있는 주축기어 안쪽의 도그 클러치에 끼워져 주축기어에 동력을 전달한다. 상시 물림방식은 기어를 파손시키는 일이 적고, 도그 클러치의 물림 폭이 좁아 변속레버의 조작각도가 작으므로 변속조작이 쉽고, 구조도 비교적 간단하다.

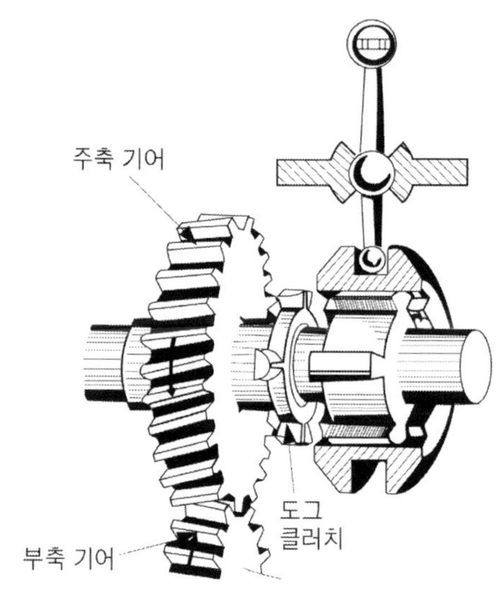

[그림11-18. 상시 물림방식 변속기]

③ 동기 물림방식(synchro mesh type)

㉮ 동기 물림방식의 구조

상시 물림방식에서는 도그클러치가 물릴 때 서로간의 회전속도가 일치하지 않으면 소음이 발생하며, 심한 경우에는 기어가 파손되기도 한다. 이러한 단점을 해소하기 위해 상시 물림방식 변속기에 도그클러치 대신 싱크로메시 기구(동기물림 장치)를 조립한 방식이다. 동기 물림방식 변속기는 주축기어와 부축기어가 항상 물려져 있고, 주축 위의 제1속, 제2속, 제3속 기어 및 후진기어가 공전하며 엔진의 동력을 주축기어로 원활히 전달하기 위하여 기어에 싱크로메시 기구를 두고 있다. 싱크로메시 기구는 기어를 변속할 때 기어의 원뿔 부분에서 마찰력을 일으켜 주축에서 공전하는 기어의 회전속도와 주축의 회전속도를 일치시켜 기어 물림이 원활하게 되도록 하는 작용을 한다. 싱크로메시 기구의 구성은 클러치 허브, 클러치 슬리브, 싱크로나이저 링과 키로 이루어져 있다.

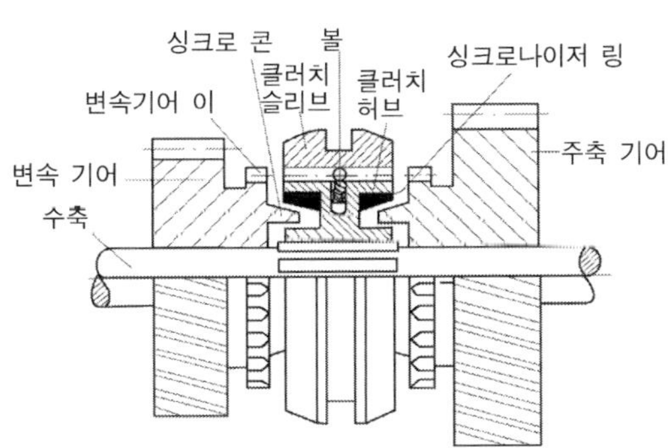

[그림11-19. 동기물림방식 변속기]

ⓐ 클러치 허브(clutch hub) : 변속기 주축의 스플라인에 끼워지며, 싱크로나이저 키가 3개정도 들어있고, 그 바깥둘레에는 스플라인을 통하여 클러치 슬리브가 끼워진다.

ⓑ 클러치 슬리브(clutch sleeve) : 슬리브 바깥둘레에는 시프트포크(shift fork)가 끼워지는 홈이 파져 있고, 앞뒤로 미끄럼운동을 하여 싱크로나이저 키를 싱크로나이저 링 쪽으로 밀어주어 클러치 작용을 한다.

ⓒ 싱크로나이저 링(synchronizer ring) : 주축기어의 콘(cone)부분에 끼워지며, 기어를 변속할 때 시프트포크가 슬리브를 미끄럼운동을 시키면 콘 부분과 접촉하여 클러치 작용을 한다. 그리고 클러치 작용이 원활하게 실행되도록 안쪽 면에 나사를 두고 있다.

ⓓ 싱크로나이저 키(synchronizer key) : 키 뒷면에는 돌기가 있고, 클러치 허브에 마련된 3개의 홈에 끼워져 싱크로나이저 스프링(키 스프링)에 의해 항상 클러치 슬리브의 안쪽 면에 압착되어 있다. 또 그 양끝은 일정한 간격을 두고 싱크로나이저 링에 끼워져 있고, 클러치 슬리브를 고정하여 기어 물림이 빠지지 않도록 한다.

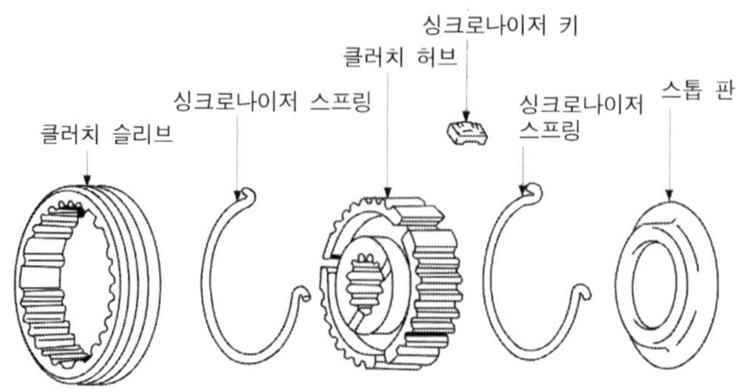

[그림11-20. 싱크로 메시 기구의 구성]

㈏ 동기 물림방식의 작용

변속을 위해 클러치페달을 밟고 변속레버를 중립으로 하면 주축은 바퀴의 구동력에 의해 회전하지만 주축 위에서 자유롭게 회전하는 각단 기어의 회전속도는 매우 낮아져 주축과 주축기어사이에는 회전속도 차이가 일어난다. 이때 변속레버를 조작하면 클러치 슬리브는 주축기어 쪽으로 밀리면서 싱크로나이저 키를 매개로 하여 싱크로나이저 링의 안쪽 마찰 면이 주축기어의 콘(cone) 부분과 밀착된다. 이 순간 클러치 슬리브, 싱크로나이저 링 및 주축기어는 서로 회전속도가 다르기 때문에 싱크로나이저 링과 주축기어의 콘 부분사이에서 마찰력이 발생한다. 이 마찰력에 의해 싱크로나이저 링은 싱크로나이저 키의 간극만큼 회전이 늦은 상태에서 동기작용을 시작한다. 클러치 슬리브가 계속하여 주축기어 쪽으로 밀려가면 클러치 슬리브의 체임버(chamber)부분과 싱크로나이저 링이 직접 접촉하며, 이때 클러치 슬리브와 주축기어사이에 회전속도 차이가 있으면 클러치 슬리브는 싱크로나이저 링 때문에 주축기어 쪽으로 이동할 수 없게 된다. 따라서 변속레버의 저작력, 즉 클리처 슬리브를 주축기어 쪽으로 미는 힘이 직접 싱크로나이저 링으로 전달되며 동기작용은 계속되어 주축기어와 클러치 슬리브의 회전속도가 같아지면 마찰력이 더 이상 작용하지 않는다. 회전속도가 같아져 마찰력이 발생하지 않으면 클러치 슬리브는 싱크로나이저 링을 거쳐 주축기어의 변속기어(shift gear)와 물린다. 싱크로나이저 링은 두 기어, 즉 클러치 슬리브와 주축기어의 회전속도가 같아질 때까지 클러치 슬리브와 주축기어의 물림을 방지한다.

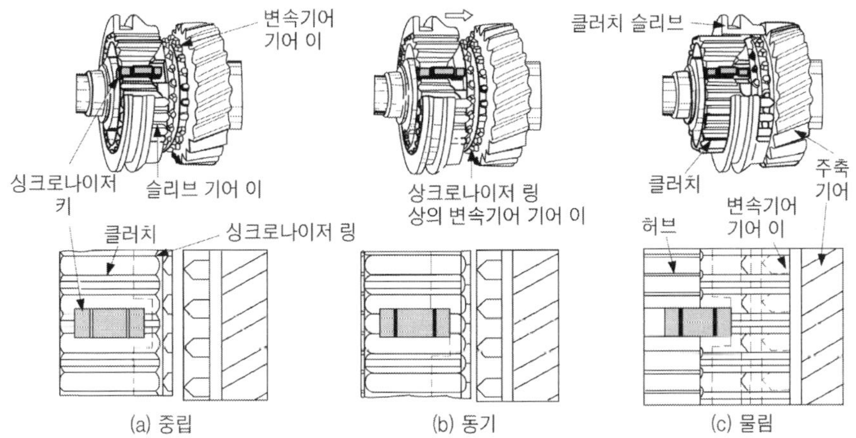

[그림11-21. 싱크로메시 기구의 작용]

[4] 변속기 조작기구

변속기 조작기구에는 변속레버를 익스텐션 하우징(extension housing) 위에 설치하고 시프트포크(shift fork)의 선택으로 변속하는 직접 조작방식과 조향 칼럼에 변속레버를 설치하고 변속기와 변속레버를 별도로 설치한 후 그 사이를 링크나 와이어(wire)로 연결하여 조작하는 원격 조작방식이 있다. 그리고 변속기 조작기구에는 시프트레일(shift rail)에 각 기어를 고정시키기 위한 홈을 두고 이 홈에는 기어가 빠지는 것을 방지하기 위해 로킹 볼(locking ball)과 스프링을 두며, 또 하나의 기어가 물려 있을 때 다른 기어는 중립에서 이동하지 못하도록 하여 기어의 2중 물림을 방지하는 인터로크(inter lock)가 설치되어 있다.

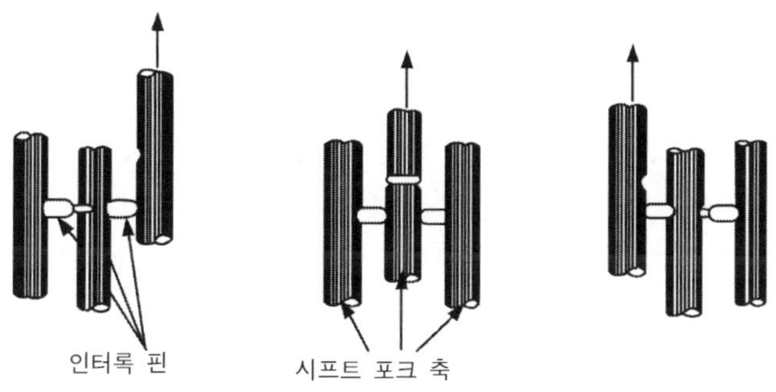

[그림11-22. 로킹 볼과 인터로크]

3. 트랜스 액슬(trans axle)

트랜스 액슬은 앞 엔진 앞바퀴 구동방식(FF)자동차에서 종감속 기어와 차동 장치를 일체로 제작한 것이다. 조작방법, 구조 및 작동은 뒷바퀴 구동방식(FR) 변속기와 거의 같으며 특징은 다음과 같다.

① 실내 유효공간이 넓다.

② 자동차의 경량화로 인해 연료 소비율이 감소한다.

③ 가로방향에서 받는 바람에 대한 안전성 및 직진 성능이 좋다.

④ 방향 안전성이 우수하며, 험한 도로를 주행할 때 안전성이 좋다.

⑤ 제동할 때 안전성이 우수하다.

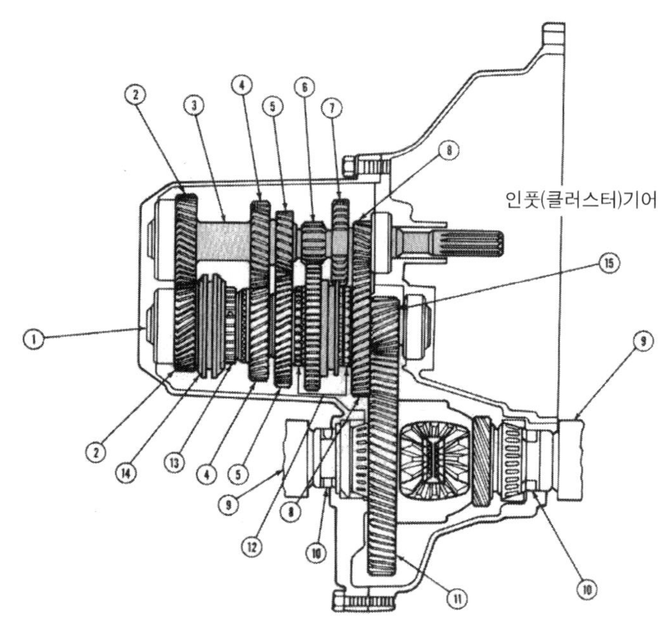

범례 :

① 메인샤프트	⑥ 후진기어	⑪ 파이널 드라이브 링기어
② 4단기어	⑦ 후진 아이들러 기어	⑫ 1/2단 싱크로나이저 블록커 링
③ 인풋 클러스터	⑧ 1단기어	⑬ 3/4단 싱크로나이저 허브
④ 3단기어	⑨ 하프 샤프트	⑭ 3/4단 싱크로나이저 슬리브
⑤ 2단기어	⑩ 디퍼렌셜 오일 실	⑮ 피니언기어

[그림11-23. 트랜스 액슬의 단면도]

4. 자동변속기(Automatic Transmission)

자동변속기는 엔진에서 발생한 동력을 단속하는 클러치와 회전속도 및 회전력을 변화시키는 변속기의 작용이 자동적으로 이루어지도록 만든 것으로 일반적으로 토크컨버터와 유성기어 형식 변속기를 조합한 것이 많이 사용되고 있다.

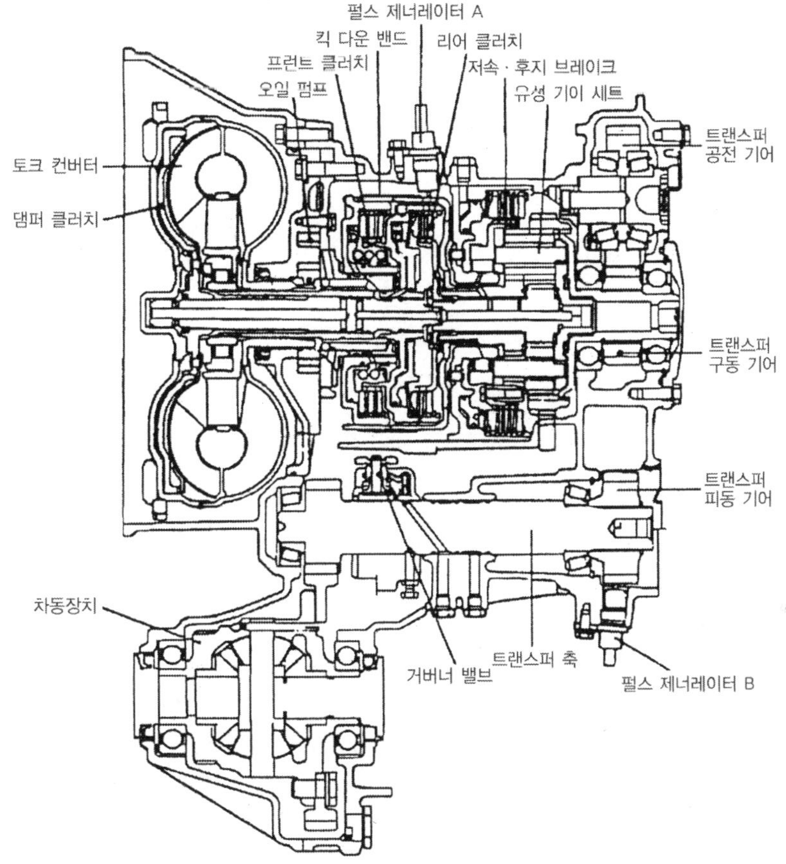

[그림11-24. 자동 변속기의 구조]

[1] 자동변속기의 특징

① 기어변속 중 엔진 작동정지(stall)가 감소하여 안전운전이 가능하다.

② 저속에서의 구동력이 커 등판 출발이 쉽고 최대 등판능력도 크다.

③ 오일이 충격 완화작용을 하므로 충격이 적어 엔진수명이 길어진다.

④ 변속기의 구조가 복잡하고 가격이 비싸다.

⑤ 수동변속기에 비해 연료 소비율이 10% 정도 많다.

⑥ 자동차를 밀거나 끌어서 시동할 수 없다.

[2] 자동변속기의 구조

(1) 유체클러치(Fluid Clutch)

1) 유체클러치의 구조

유체 클러치는 크랭크축에 펌프(또는 임펠러 pump or impeller)를, 변속기 입력축에 터빈(또는 러너 ; turbine or runner))을 설치하고 오일의 맴돌이 흐름(와류)를 방지하기 위한 가이드 링(guide ring)을 두고 있다. 유체 클러치는 크랭크축의 비틀림 진동을 완화하는 장점이 있다.

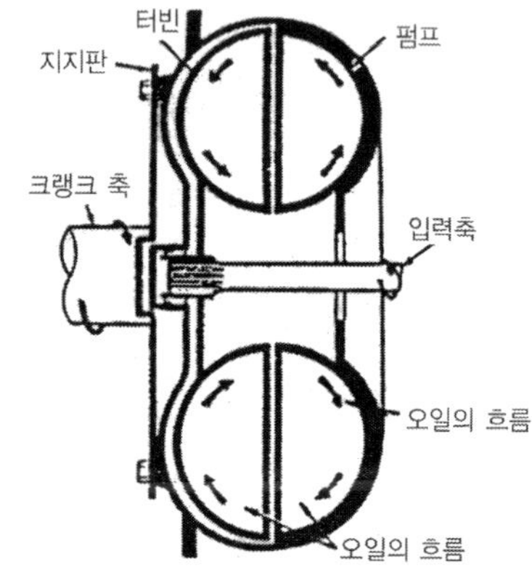

[그림11-25. 유체클러치의 구조]

2) 유체클러치의 특성

유체클러치의 펌프와 터빈 사이의 회전력 변환비율은 미끄럼 때문에 1 : 1이며, 미끄럼 값은 2~3%, 전달효율은 최대 98%정도이다. 유체클러치의 특성은 속도비율 감소와 함께 회전력이 증가하며, 속도비율 0에서 최대값이 된다. 이 점을 스톨 포인트(stall point)라 한다. 또 유체클러치는 구동 쪽(크랭크축)과 피동 쪽(변속기 출력축)의 속도에 따라 클러치효율이 현저하게 달라진다.

(2) 토크컨버터(Torque Converter)

1) 토크컨버터의 구조

토크컨버터는 클러치 역할만을 하는 기구이며, 펌프·터빈 및 스테이터로 구성되어 있다. 펌프는 크랭크축에, 터빈은 변속기 입력축 스플라인에 연결되어 있고, 스테이터는 오일의 흐름 방향을 바꾸어 출력축의 회전력을 증대시키는 작용을 한다. 클러치 점(clutch point ; 스테이터가 회전을 시작하는 시점)이상 되면 펌프 및 터빈과 같은 방향·같은 회전속도로 회전한다. 펌프와 터빈에 설치된 가이드 링(guide ring)은 오일의 충돌에 의한 효율 저하를 방지한다. 유체클러치에서 속도의 감소는 회전력의 감소를 의미하지만 토크 컨버터에서의 속도 감소는 회전력의 증가를 의미한다.

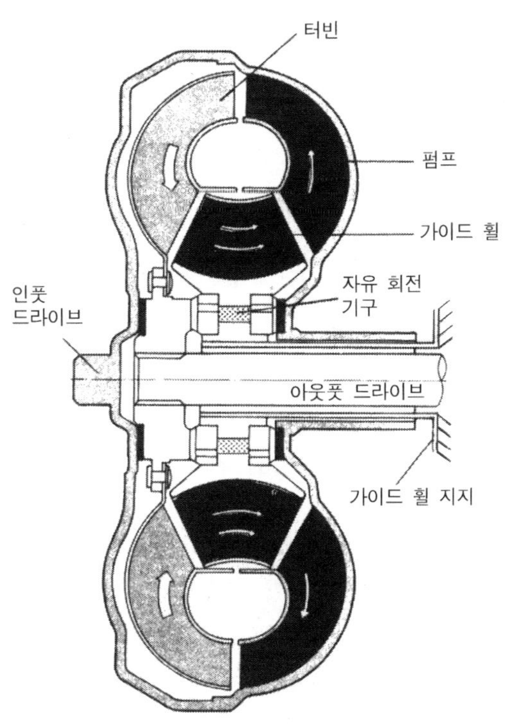

[그림11-26. 토크컨버터의 구조]

2) 토크컨버터의 성능

① 유체충돌의 손실은 속도비율 0.6~0.7 에서 가장 작다.

② 속도비율 0에서 회전력 변환비율이 가장 크다.

③ 스테이터가 공전을 시작할 때까지 회전력 변환비율은 직선적으로 감소된다.

④ 클러치 점(clutch point)이상의 속도비율에서는 회전력 변환비율이 1 이 된다.

⑤ 회전력 변환비율은 2~3 : 1이다.

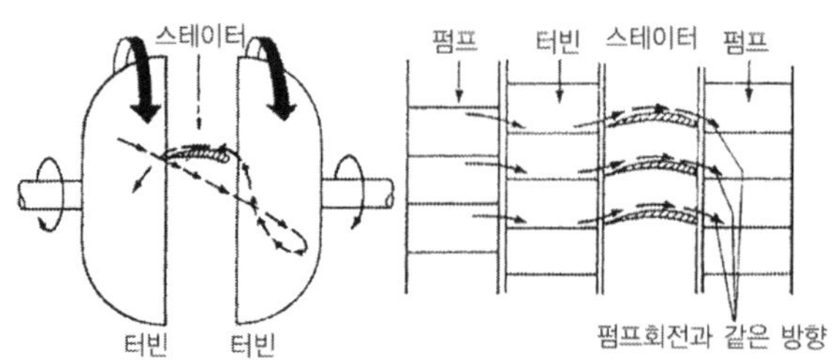

[그림11-27. 토크 컨버터의 오일 흐름]

(3) 댐퍼(로크 업) 클러치(Damper Clutch or lock up clutch)

이 클러치는 자동차의 주행속도가 일정 값에 도달하면 토크컨버터의 펌프와 터빈을 기계적으로 직결시켜 미끄러짐에 의한 손실을 최소화하여 정숙성을 도모하는 장치이며, 터빈과 토크컨버터 커버 사이에 설치되어있다. 동력 전달순서는 엔진→프론트 커버→댐퍼 클러치→변속기 입력축 이다. 그리고 댐퍼 클러치가 작용하지 않는 범위는 다음과 같다.

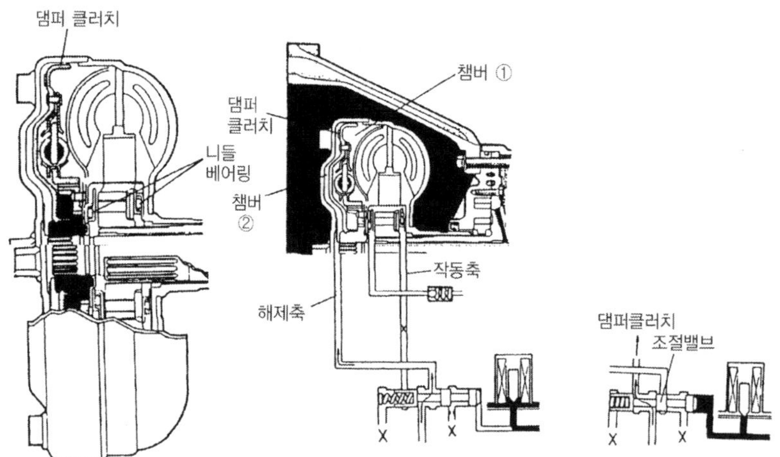

[그림11-28. 댐퍼 클러치 설치위치]

① 제1속 및 후진일 때

② 엔진 브레이크가 작동될 때

③ 오일의 온도가 60℃이하일 때

④ 엔진의 냉각수 온도가 50℃이하일 때

⑤ 3속에서 2속으로 시프트다운(shift down ; 하향 변속)될 때

⑥ 엔진의 회전속도가 800 rpm이하일 때

⑦ 엔진의 회전속도가 2,000 rpm이하에서 스로틀 밸브의 열림이 클 때

(4) 유성기어 장치

유성기어 장치는 유성기어(유성 피니언), 선 기어, 링 기어, 유성기어 캐리어로 구성되어 있으며, 클러치 및 브레이크에 의해 요소를 고정 및 해제시켜 자동으로 변속이 이루어진다.

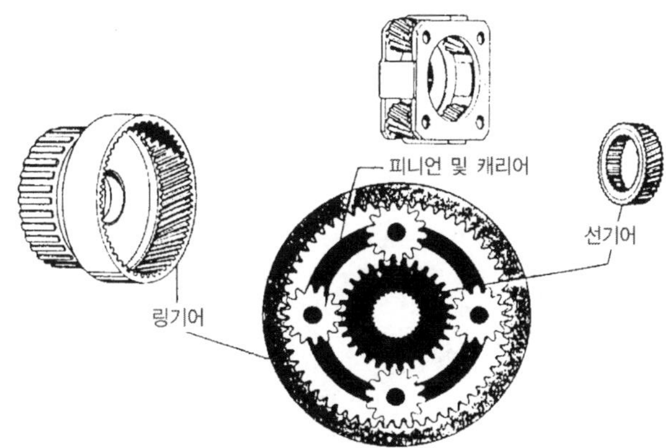

[그림11-29. 유성 기어장치의 기본구조]

1) 유성기어의 작동

① 링 기어의 증속은 선 기어를 고정하고 유성기어 캐리어를 구동한다. 이때 링 기어의 증속은 다음의 공식으로 산출한다.

$$N = \frac{A + D}{D} \times n$$

여기서, N : 링 기어의 회전속도

A : 선 기어의 잇수

D : 링 기어의 잇수

n :유성 기어 캐리어의 회전속도

② 선 기어의 증속은 링 기어 고정하고 유성기어 캐리어를 구동한다.

③ 유성기어 캐리어의 감속은 선 기어를 고정하고 링 기어를 구동하거나, 링 기어를 고정하고 선 기어를 구동한다.

④ 링 기어의 역전 감속은 유성기어 캐리어를 고정하고 선 기어를 구동한다. 그리고 선 기어의 역전 증속은 유성기어 캐리어를 고정하고 링 기어를 구동한다.

⑤ 입력축과 출력축의 직결 : 링 기어, 선 기어, 유성 기어 캐리어 중에서 2개의 요소를 동시에 고정시키고 구동하면 된다.

2) 유성기어의 종류

① 단순 유성기어(single planetary gear)형식

단순 유성기어 형식에는 선 기어와 링 기어 사이에 1개의 유성 기어(유성 피니언)로 구성된 싱글 피니언 형식(single pinion type)과 2개의 유성기어로 구성된 더블 피니언 형식(double pinion type)이 있다.

② 복합 유성 기어(compound planetary gear)

㉮ 심프슨(Simpson)형식

심프슨 형식은 싱글 피니언만으로 구성되어 있고 선 기어를 공동으로 사용한다. 유성기어 캐리어는 같은 간격으로 3개의 피니언에 조립되어 있으며 비분해 형식이다. 앞 유성기어 캐리어에는 출력축 기어가 결합되며, 공전기어와 링 기어가 조립되어 있어 이 3개의 기어가 일체로 회전한다. 그리고 피니언의 안쪽에는 선 기어, 바깥쪽에는 뒤 클러치 드럼의 내접기어가 조립되며, 뒤 유성기어 캐리어에는 원웨이 클러치 인너 레이스(one way clutch inner race)가 결합되고 저속 & 후진 브레이크 구동판이 결합되어 있어 저속 & 후진 브레이크의 구동판이 일체로 되어 회전한다. 또 피니언 안쪽에는 선기어, 바깥쪽에는 구동 허브의 내접기어가 조립된다.

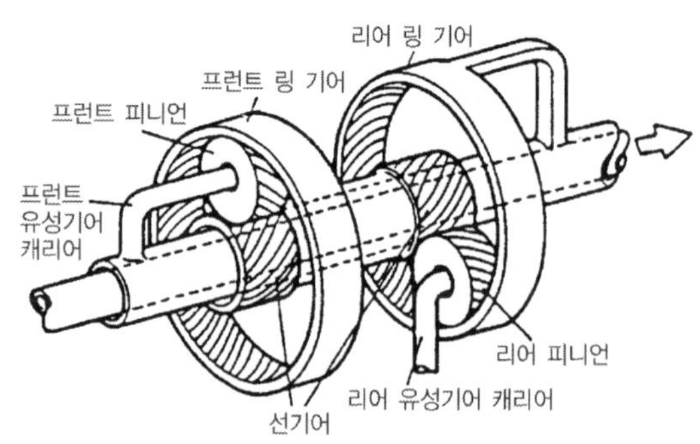

[그림11-30. 심프슨 형식 유성기어의 구성]

㉯ 라비뇨(Ravigneaux)형식

라비뇨 형식은 싱글 피니언과 더블 피니언을 조합한 것이며, 롱 피니언(long pinion)을 공용으로 사용한다. 구성은 내접기어, 라지 선 기어(large sun gear), 스몰 선 기어(small sun gear), 숏 피니언(short pinion), 유성기어 캐리어로 되어 있으며, 일반적으로 스몰 선 기어, 라지 선 기어, 유성기어 캐리어를 입력으로, 링 기어를 출력으로 사용한다.

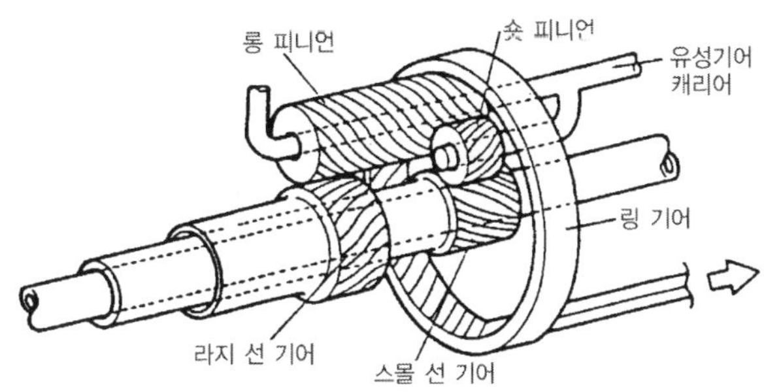

[그림11-31. 라비뇨 형식 유성기어의 구성]

[3] 자동변속기의 제어요소

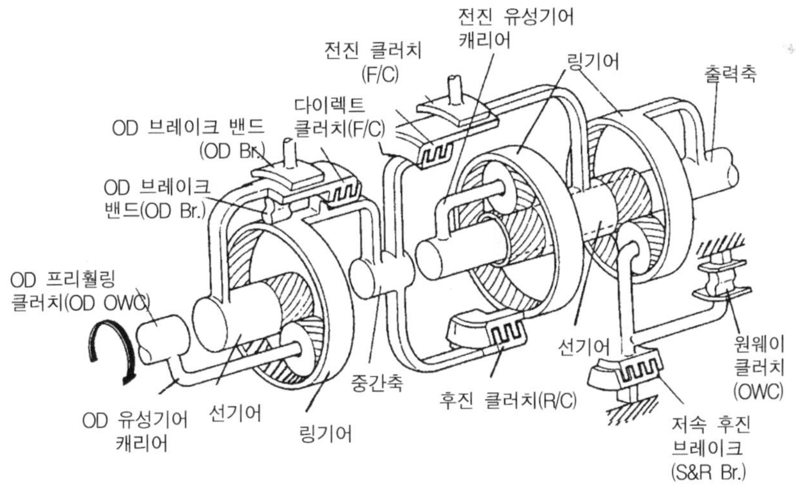

[그림11-32. 자동변속기 제어요소]

(1) 엔드 클러치(end clutch)

제3속 및 오버 드라이브로 주행할 때 구동력을 유성 기어 캐리어에 전달한다.

(2) 프론트 클러치(front clutch)

제3속 및 후진에서 구동력을 후진 선 기어(reverse sun gear)로 동력을 전달한다.

(3) 리어 클러치(rear clutch)

제1~3속에서 구동력을 전진 선 기어(forward sun gear)에 전달한다.

(4) 저속 및 후진 브레이크(Low & reverse brake)

L 레인지의 제1속 및 후진에서 유성 기어 캐리어를 고정한다.

(5) 킥다운 브레이크(kick down brake)

제2속 및 오버 드라이브로 주행할 때 킥다운 브레이크 드럼을 고정하여 유성 기어 장치의 선 기어를 고정한다.

킥다운(kick down)

가속페달을 전(全)스로틀 부근까지 밟는 것에 의하여 강제로 시프트다운(하향 변속)되는 현상

(6) 원웨이 클러치 (일방향 클러치, 프리휠링 ; One way clutch or free wheeling)

D 레인지 또는 2속 레인지의 제1속으로 주행할 때 유성 기어 캐리어의 역 방향 회전력을 차단한다.

[4] TCU(자동변속기용 컴퓨터)의 제어

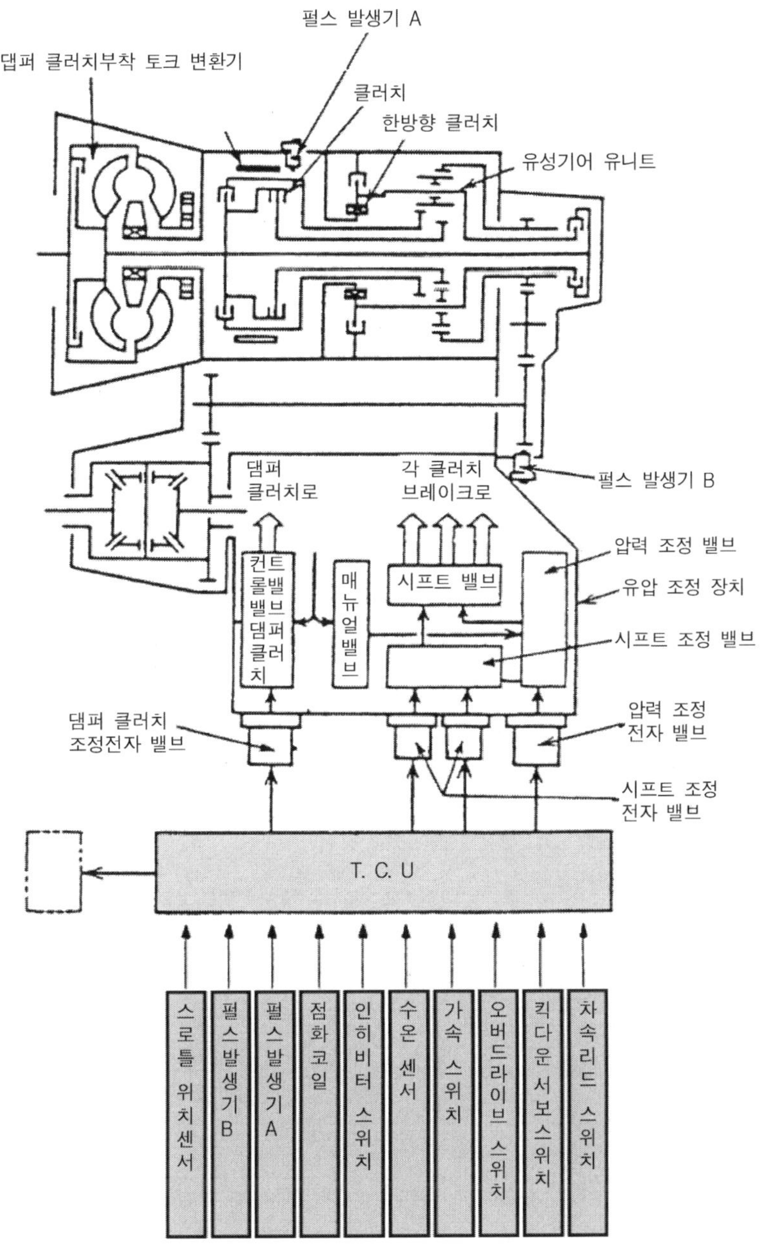

[그림11-33. 자동변속기의 전자제어장치 구성도]

(1) 댐퍼 클러치 제어

1) 댐퍼 클러치 제어방법

댐퍼 클러치제어 솔레노이드 밸브(DCCSV ; Damper Clutch Control Solenoid Valve)가 35 Hz 이상에서 댐퍼 클러치를 작동시킨다.

2) 댐퍼 클러치 제어용 센서

① 오일온도(유온) 센서 : 댐퍼 클러치의 해제영역을 판정하기 위하여 ATF(자동변속기 오일)온도를 검출한다.

② 가속페달 스위치(Accelerator Switch) : 댐퍼 클러치의 해제영역을 판정하기 위하여 가속페달 스위치의 ON, OFF를 검출한다.

③ 스로틀 위치 센서(Throttle Position Sensor) : 댐퍼 클러치의 작동영역을 판정하기 위하여 스로틀 밸브의 열림 정도를 검출한다.

④ 에어컨 릴레이(Air con relay) : 스로틀 밸브 열림 정도의 보정을 위하여 에어컨 릴레이의 ON, OFF를 검출한다.

⑤ 점화 펄스(Ignition pulse) : 스로틀 밸브의 열림 정도를 보정하고 댐퍼 클러치의 작동영역을 판정하기 위해서 엔진의 회전속도를 검출한다.

⑥ 펄스 제너레이터 B (Pulse Generator B) : 댐퍼 클러치의 작동영역을 판정하기 위해서 트랜스퍼 구동기어의 회전속도를 검출한다.

(2) 변속패턴의 제어(Shift Pattern Control)

1) 변속패턴 제어방법

변속패턴 제어는 각 센서에서 입력된 신호를 연산하여 변속제어 솔레노이드 밸브(SCSV ; Shift Control Solenoid Valve)를 제어한다.

2) 변속패턴 제어용 센서

① 인히비터 스위치(inhibitor switch) : 변속패턴의 선택을 위해 변속레버의 위치를 검출한다. 인히비터 스위치는 변속레버의 위치가 P와 N 레인지에서만 엔진시동이 가능하도록 하고, 다른 레인지에서는 엔진의 시동이 되지 않도록 하는 스위치이며, 변속레버를 후진 위치로 하면 후퇴등을 점등시킨다.

② 펄스제너레이터 B : 변속 패턴에 따른 변속 단으로 하기 위해서 트랜스퍼 구동기어의 회전속도를 검출한다.

③ 파워·이코노미 및 홀드 스위치(Power Economy & Hold switch) : 운전자의 의지에 의해서 주행조건에 가까운 변속 특성을 얻기 위해서 파워·이코노미 및 홀드 스위치의 ON, OFF를 검출한다.

④ 오버드라이브 스위치(Over drive switch) : 운전자의 의지에 따라 오버드라이브 모드의 선택을 검출한다. 오버드라이브 스위치를 OFF로 하면 제3속까지 변속이 되고, ON으로 하면 제4속까지 변속이 된다.

⑤ 가속페달 스위치 : 크리프(creep) 영역을 판정하기 위하여 가속페달 스위치의 ON, OFF를 검출한다.

⑥ 오일온도(유온) 센서 : 냉간 상태에서의 변속패턴을 보정하기 위해서 ATF의 온도를 검출한다.

(3) 변속할 때의 유압제어

1) 유압 제어방법

각 센서에서 입력된 신호를 연산하여 주행상태에 따른 변속시기를 결정하여 각각의 변속에 알맞은 유압 특성을 얻도록 압력제어 솔레노이드 밸브(PCSV : Pressure Control Solenoid Valve)를 제어한다.

2) 유압제어용 센서

① 펄스제너레이터 A (Pulse Generator A) : 변속할 때 유압제어를 위하여 킥다운 드럼(kick down drum)의 회전속도를 검출한다.

② 파워·이코노미 및 홀드스위치(power·economy & hold switch) : 운전자의 의지에 의해서 주행조건에 가까운 변속특성을 얻기 위해 파워·이코노미 및 홀드 스위치의 ON, OFF를 검출한다.

③ 킥다운 서보 스위치(Kick Down Servo switch) : 변속할 때 유압제어 시간을 제어하기 위하여 킥다운 밴드가 작동하기 시작하는 시점을 검출한다.

④ 스로틀 위치 센서 : 변속패턴에 따른 변속제어 솔레노이드 밸브(SCSV)를 제어하기 위하여 스로틀 밸브의 열림 정도를 검출한다.

⑤ 에어컨 릴레이 : 스로틀 밸브 열림 정도의 보정을 위하여 에어컨 릴레이의

ON, OFF를 검출한다.

⑥ 점화 펄스 : 스로틀 밸브의 열림 정도를 보정하기 위해 공전할 때 엔진의 회전속도를 검출한다.

(4) 유압제어밸브

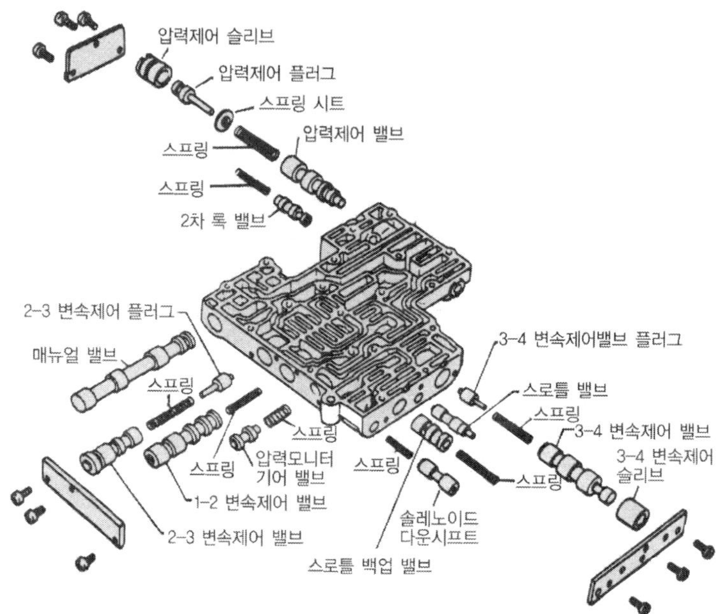

(a) 위 밸브 보디

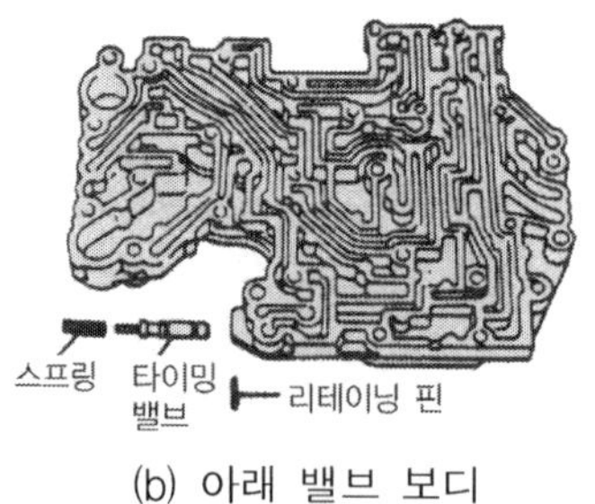

(b) 아래 밸브 보디

[그림11-34. 밸브보디의 구조]

1) 레귤레이터 밸브(Regulator valve)

이 밸브는 위 밸브보디에 설치되어 있으며, 오일펌프에서 발생된 유압을 라인압력으로 조절한다. 라인압력은 스로틀 밸브를 완전히 열고 엔진 회전속도를 2,500rpm으로 하였을 때 제4속 자동변속기는 8.6~9.0 kgf/㎠ 정도이다.

2) 토크컨버터 제어밸브(TCCV)

이 밸브는 위 밸브보디에 설치되어 있으며, 오일을 토크컨버터 및 각 윤활 부분으로 공급하기 위한 압력으로 조절하는 역할을 한다.

3) 댐퍼 클러치 제어밸브(DCCV)

이 밸브는 아래 밸브보디에 설치되어 있으며, 유압을 댐퍼 클러치의 작동 쪽과 해제 쪽에 공급하는 역할을 한다.

4) 댐퍼 클러치 제어 솔레노이드 밸브(DCCSV)

이 밸브는 아래 밸브보디에 설치되어 있으며, TCU의 전기적인 듀티 신호를 유압으로 변환시켜 댐퍼 클러치를 작동 또는 해제시키는 댐퍼 컨트롤 밸브에 공급 또는 차단하는 역할을 한다.

듀티 신호

TCU로부터의 솔레노이드 밸브를 구동하기 위한 35Hz의 전기적인 신호 중 ON되는 시간 비율을 말한다.

5) 리듀싱 밸브(Reducing valve ; 감압 밸브)

이 밸브는 아래 밸브보디에 설치되어 있으며, 라인압력을 근원으로 하여 항상 라인압력보다 낮은 압력으로 조절하는 역할을 한다. 또 압력제어 솔레노이드 밸브(PCSV), 댐퍼 클러치 솔레노이드 밸브(DCCSV)로부터 제어압력을 만들어 압력제어 밸브(PCV)와 댐퍼 클러치 제어밸브(DCCV)를 작동시킨다.

6) 매뉴얼 밸브(manual valve)

이 밸브는 아래 밸브보디에 설치되어 있으며, 변속레버의 조작에 의해 각 레인지의 유압회로를 변환시켜 라인압력을 공급하거나 배출시킨다. 즉, 변속레버의 움직임에 따라 P, R, N, D, 2, L 등 각 레인지로 변환하여 유압 회로를 변경시킨다.

7) 변속제어 밸브(SCV)

이 밸브는 위 밸브보디에 설치되어 있으며, 변속제어 솔레노이드 밸브 A, B에 의해서 조절되는 라인압력에 의해서 각 변속 단에 맞는 위치로 이동되어 유압이 공급되도록 하는 역할을 한다. 즉, 유성기어를 자동차의 주행속도나 엔진의 부하에 따라 변환시키는 작용을 한다.

8) 변속제어 솔레노이드 밸브 A, B(SCSV A, B)

이 밸브들은 TCU의 제어 신호에 의해서 ON, OFF되며, 변속제어 밸브(SCV)에 작용하는 라인압력을 조절하는 역할을 한다. 즉, 변속제어 밸브를 각 변속 단에 알맞은 위치로 이동시켜 유압 회로를 변환한다.

9) 압력제어 밸브(PCV)

이 밸브는 위 밸브보디에 설치되어 있으며, 엔진이 작동되고 있을 때에는 토크 컨버터로 오일을 보내고 엔진이 정지되어 있을 때에는 토크 컨버터로 오일이 역류하는 것을 방지한다.

10) 압력제어 솔레노이드 밸브(PCSV)

이 밸브는 위 밸브보디에 설치되어 있으며 TCU의 듀티 신호(35Hz)를 유압으로 변환시키는 역할을 한다. 또 각 작동요소를 제어하는 압력조절 밸브에 유압을 공급 또는 차단하는 역할을 한다.

11) N-R 제어밸브

이 밸브는 위 밸브보디에 설치되어 있으며, 변속레버를 "N" 레인지에서 "R" (또는 "P" 에서 "R") 레인지로 변환할 때 충격을 방지한다. 또 저속 & 후진 브레이크에 작용하는 유압을 제어하는 역할을 한다.

12) 1-2속 변속밸브

이 밸브는 위 밸브보디에 설치되어 있으며, 변속제어 밸브에서 제어된 라인압력으로 작동한다. 또 제 1속에서 제 2속으로 시프트 업(shift-up)에서는 라인압력의 흐름을 제어하고, 후진에서 저속 & 후진 브레이크의 유압회로를 제어하는 역할을 한다.

13) 2-3속 및 3-4속 변속밸브

이 밸브는 위 밸브보디에 설치되어 있으며, 프론트 클러치, 리어 클러치, 킥다운 서보의 해제 쪽에 작용하는 유압을 조절한다.

14) N－D제어밸브

이 밸브는 위 밸브보디에 설치되어 있으며, 변속레버를 "N" 레인지에서 "D" 레인지로 변환할 때 충격을 방지한다. 또 "D" 레인지로 변환할 때에만 압력제어 밸브에서 제어된 유압을 뒤 클러치에 공급하며, "D" 레인지로 변속된 후에는 라인압력이 리어 클러치에 공급된다.

15) 엔드 클러치 밸브(End clutch valve)

이 밸브는 아래 밸브보디에 설치되어 있으며, 엔드 클러치에 공급되는 라인압력의 공급 시기를 제어한다.

16) 리어 클러치 유압배출 밸브

이 밸브는 위 밸브보디에 설치되어 있으며, 제 3속에서 제 4속으로 시프트 업(shift up)을 할 때에는 리어 클러치에 작동하는 유압을 배출한다. 또 제 4속에서 제 3속으로 시프트 다운(shift down)할 때에는 리어 클러치에 공급되는 유압의 시간을 제어하여 충격의 발생을 방지하는 역할을 한다.

17) 스로틀 밸브

이 밸브는 스로틀 밸브의 열림 정도에 따라 라인압력을 스로틀 압력으로 변환시키는 역할을 하며, 스로틀 압력은 레귤레이터 밸브로 유도되어 라인압력을 조절한다. 또 스로틀 압력은 각 변속밸브에 작용하여 스프링의 장력과 함께 거버너 압력에 대응하여 변속 시점을 조절하는 역할을 한다. 그리고 1차 스로틀 압력은 흡기다기관의 진공도에 거의 반비례한다.

18) 킥다운 밸브

이 밸브는 엔진의 스로틀 밸브 축에 연결되어 스로틀 밸브의 열림 정도에 따라서 연동되어 작동한다. 또 킥다운 될 때에 라인 압력을 각 변속제어 밸브에 공급하여 변속 시점을 지연시킨다.

[5] ATF(Automatic Transmission Fluid ; 자동변속기 오일)

(1) ATF의 기능

① 토크컨버터의 작동유체로서 변속기로 동력을 전달한다.

② 기어, 베어링 등에 윤활을 한다.

③ 클러치 및 브레이크 밴드의 작동유 역할과 윤활을 한다.

④ 유압 장치의 작동유로 작용한다.

(2) ATF의 구비 조건

① 기어오일로서의 고착 방지성 및 내마모성이 있을 것

② 작동유로서의 점도특성과 저온 유동성이 있을 것

③ 클러치판 재질에 적합한 마찰 특성이 있을 것

④ 청정 분산성과 산화안정성이 있을 것

⑤ 실(seal)재료 및 냉각계통 재료에 대한 안정성이 있을 것

⑥ 기포가 발생하기 어려울 것

⑦ 방청성(부식방지성)이 있을 것

5. 드라이브 라인(drive line)

드라이브 라인은 앞 엔진 뒷바퀴 구동(FR)차량에서 변속기의 출력을 종감속 기어로 전달하는 부분이며 슬립이음, 자재이음, 추진축 등으로 구성되어 있다.

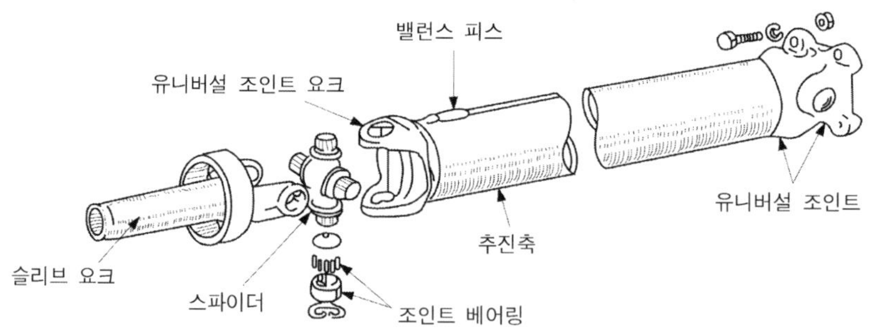

[그림11-61. 드라이브 라인의 구성]

[1] 슬립이음(slip joint)

슬립이음은 변속기 주축 뒤끝에 스플라인을 통하여 설치되며, 뒷차축의 상하 운

동에 따라 변속기와 종감속 기어사이에서 길이변화를 수반하게 되는데 이때 추진축의 길이변화를 가능하도록 하는 기구이다.

[2] 자재이음(universal joint)

자재이음은 변속기와 종감속 기어 사이의 구동각도 변화를 주는 기구이며, 종류에는 십자형 자재이음, 플렉시블 이음, 볼엔드 트러니언 자재이음, 등속도 자재이음 등이 있다.

(1) 십자형 자재이음(훅 조인트)

이 형식은 중심부분의 십자축과 2개의 요크(yoke)로 구성되어 있으며 십자축과 요크는 니들 롤러 베어링(needle roller bearing)을 사이에 두고 연결되어 있다. 그리고 십자형 자재이음은 변속기 주축이 1회전하면 추진축도 1회전하지만 그 요크의 각속도는 변속기 주축이 등속도(等速度)회전하여도 추진축은 90°마다 변동하여 진동을 일으킨다. 이 진동을 감소시키려면 각도를 12~18°이하로 하여야 하며 추진축의 앞·뒤에 자재이음을 두어 회전속도 변화를 상쇄시켜야 한다.

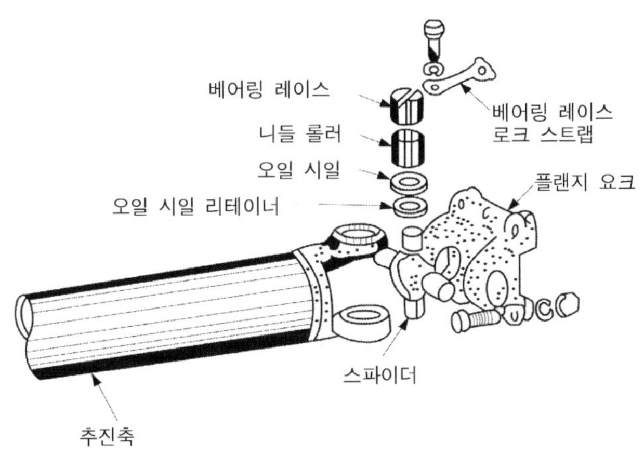

[그림11-62. 십자형 자재이음의 구조]

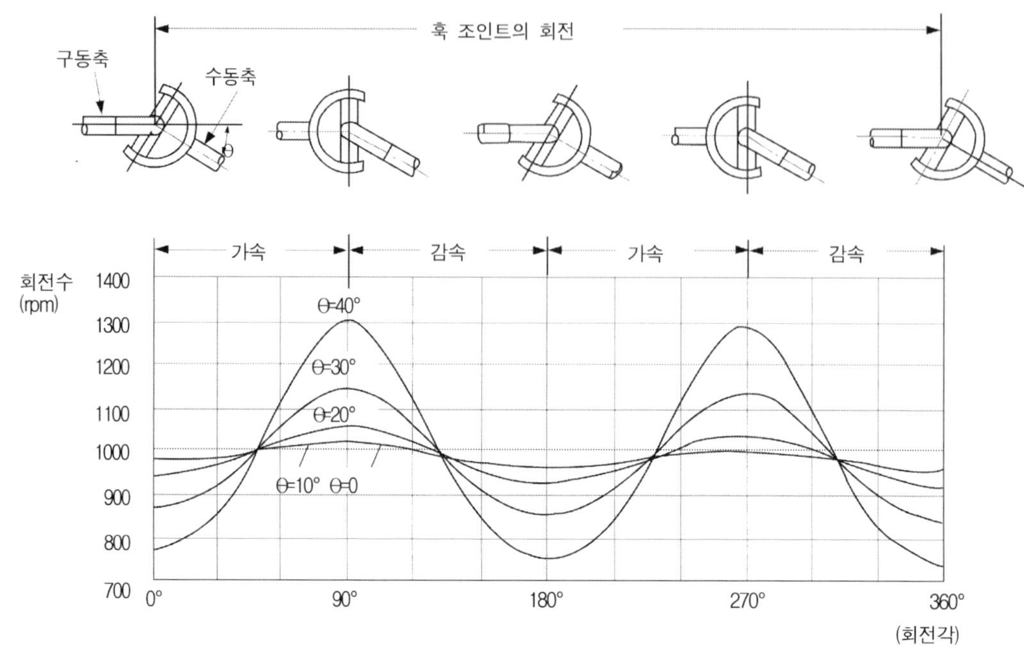

[그림11-63. 십자형 자재이음의 회전속도 변화]

(2) 플렉시블 이음(flexible joint)

이 형식은 3가닥의 요크 사이에 가죽이나 경질고무로 만든 커플링(coupling)을 끼우고 볼트로 조인 것이다. 플렉시블 이음은 마찰 부분이 없어 주유가 필요 없으며 작동이 정숙하다. 그러나 구동 축과 피동 축의 경사각이 3~5°이상 되면 진동을 일으키기 쉬워 동력전달효율이 저하한다.

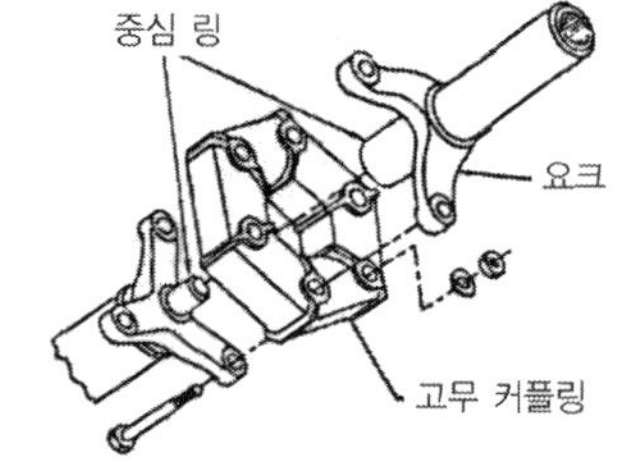

[그림11-64. 플렉시블 이음]

(3) 등속도 자재이음(CV joint)

일반적인 자재이음에서는 동력전달 각도 때문에 추진축의 회전 각속도가 일정하지 않아 진동을 수반하는데 이 진동을 방지하기 위해 개발된 것이다. 부등속 자재이음 즉, 십자형 자재이음에서는 십자축이 회전과 동시에 요동운동을 하며, 또 피동축에 대한 유효반지름이 변화하므로 부등속이 발생한다. 그러나 등속도 자재이음(Constant Velocity universal joint)은 그림 11-65에 나타낸 바와 같이 구동축과 피동축의 접촉점이 항상 굴절각도의 2등분선상에 위치하므로 등속도 회전을 할 수 있다. 등속도 자재이음은 드라이브 라인의 각도변화가 큰 경우에 사용하며, 동력전달효율은 높으나 구조가 복잡하다. 등속도 자재이음은 주로 앞바퀴 구동방식(FF)차량의 앞차축에서 사용된다. 종류에는 버필드 자재이음, 트리포드 자재이음, 더블 오프셋 자재이음 등이 있다.

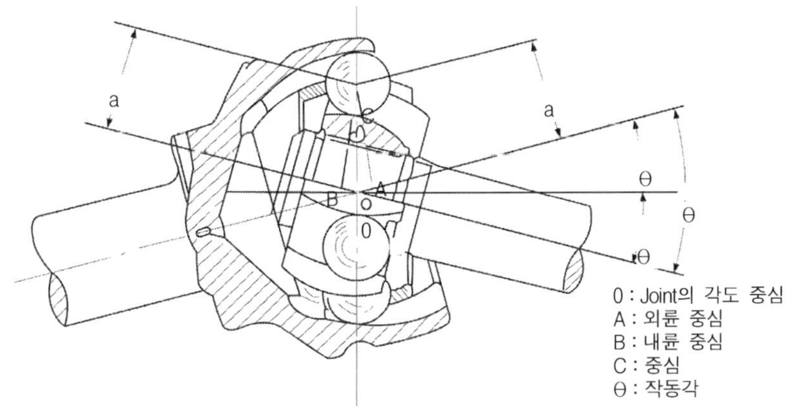

[그림11-65. 등속도 자재이음의 등속성]

① 버필드 자재이음(birfiled joint type)

버필드 자재이음은 인너 레이스(inner race), 아웃터 레이스(outer race), 볼(steel ball) 및 볼 케이지(ball cage)로 구성되어 있고, 인너 레이스는 바깥쪽이 둥글게 되어 있으며, 그 위에 같은 간격으로 6개의 안내 홈을 가지고 있다. 아웃터 레이스는 안쪽이 둥글게 되어 있으며, 그 위에 인너 레이스 홈에 대응하는 위치에 6개의 안내 홈이 있으며 이들의 홈에 6개의 볼이 들어 있다.

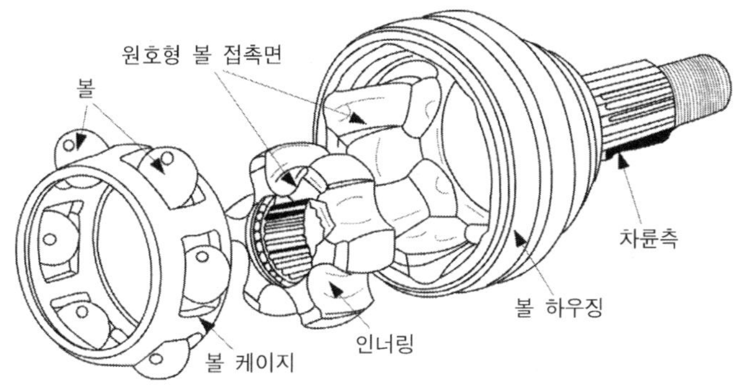

[그림11-66. 버필드형 자재이음의 구조]

특히, 축 방향의 전위(轉位)가 불가능한 형식은 굴절각도가 47°까지 가능하며, 축 방향 전위가 가능한 형식에서는 축 방향의 길이변화가 가능한 대신 굴절 각도는 20°로 제한된다. 주로 앞바퀴 구동방식 차량에서 구동축의 바깥쪽 자재이음으로 사용된다.

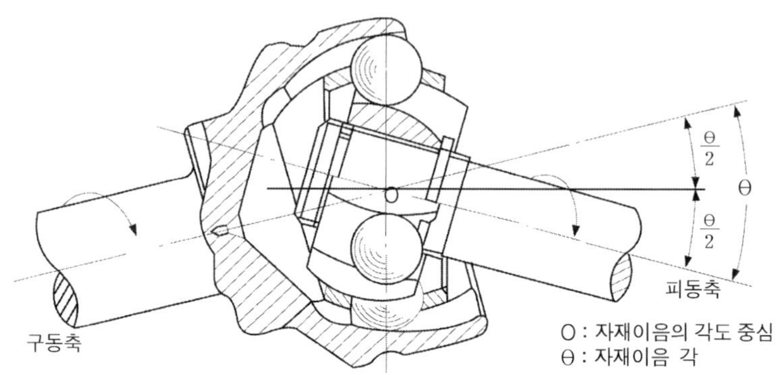

[그림11-67. 버필드형 자재이음의 굴절각도]

② 트리포드 자재이음(tripod joint type)

트리포드 자재이음은 주로 추진축과 뒷차축의 자재이음으로 사용되며, 굴절 각도는 22°, 길이방향 전위가 약 30㎜까지 가능하다. 최근에는 앞바퀴 구동방식 차량에서 트랜스액슬 쪽 자재이음으로 사용된다. 트러니언 자재이음(trunion joint)이라고도 부른다.

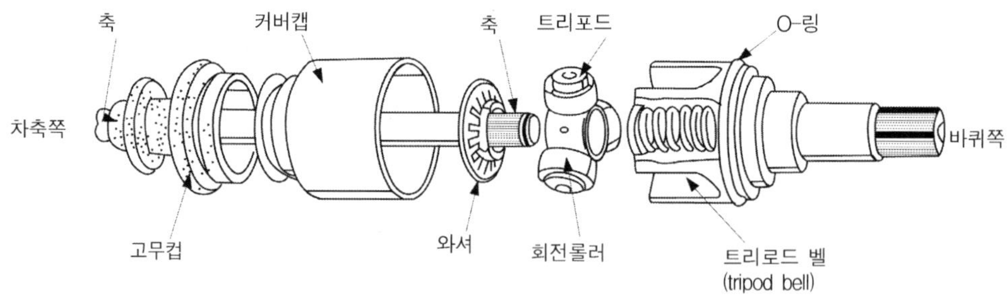

[그림11-68. 트리포드 자재이음의 구조]

③ 더블 오프셋 자재이음(double off-set joint type)

더블 오프셋 자재이음은 축 방향의 전위가 가능하다. 구조는 버필드 자재이음과 같으나 볼 케이지에 끼워진 볼이 아웃터 레이스 안쪽 면의 직선상의 레일에서 미끄럼 운동을 할 수 있도록 되어 있다. 굴절각도는 20°까지, 축 방향 길이변화는 약 30㎜까지 가능하다. 주로 앞바퀴 구동방식 차량에서 구동축의 트랜스액슬 쪽 자재이음으로 사용된다.

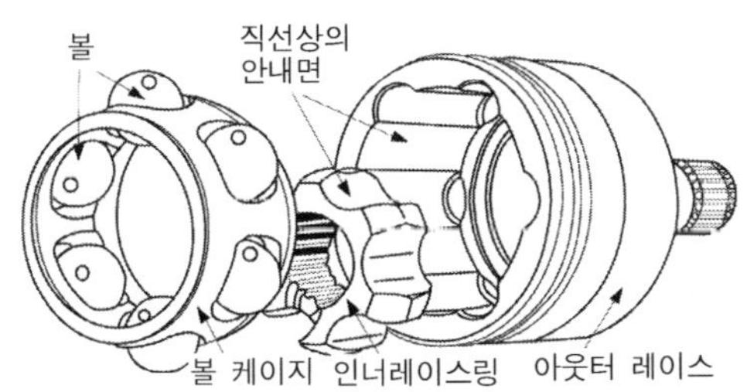

[그림11-69. 더블 오프셋 자재이음의 구조]

[3] 추진축(propeller shaft)

추진축은 강한 비틀림을 받으면서 고속 회전하므로 이에 견딜 수 있도록 속이 빈 강철 파이프(steel pipe)를 사용한다. 그리고 회전평형을 유지하기 위해 평형추(balance weight)가 부착되어 있으며 또 그 양쪽에는 자재이음의 요크가 있다. 또 축간거리가 긴 차량에서는 추진축을 2~3개로 분할하고, 각 축의 뒷부분을 센터베어링(center bearing)으로 프레임에 지지하고, 또 대형 차량의 추진축에는 비틀림 진동을 방지하기 위한 토션 댐퍼(torsion damper)를 둔다.

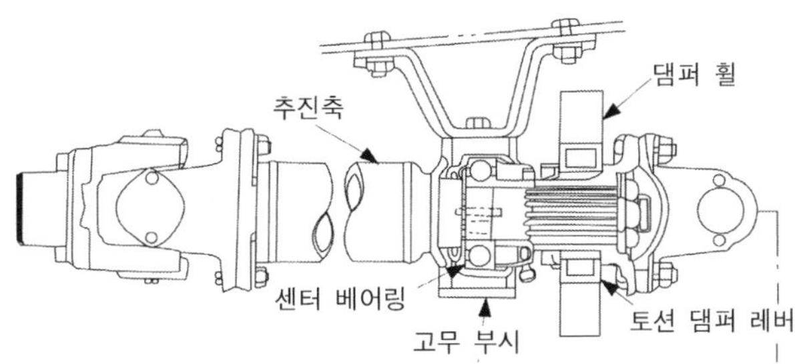

[그림11-70. 토션 댐퍼의 구조]

참고

추진축은 끊임없이 변화하는 엔진의 동력을 받으면서 고속 회전하므로 비틀림 진동을 일으키거나, 또 축이 구부러지면 기하학적인 중심과 질량 중심이 일치하지 않아 휠링(whirling)이라는 굽음 진동을 일으킨다.

6. 종감속 기어(Final Reduction Gear)

종감속 기어는 추진축의 회전력을 직각으로 전달하며 엔진의 회전력을 마지막으로 감속시켜 구동력을 증가시킨다. 구조는 구동 피니언과 링 기어로 되어 있으며, 종류에는 웜과 웜 기어(worm & worm gear), 베벨 기어(bevel gear), 하이포이드 기어(hypoid gear)가 있으며 현재는 주로 하이포이드 기어를 사용하므로 이 기어에 대해서만 설명하기로 한다.

[1] 하이포이드 기어(hypoid gear)

이 기어는 링 기어의 중심보다 구동 피니언의 중심이 10~20% 정도 낮게 설치된 스파이럴 베벨기어의 오프셋(off-set ; 편심)기어이며, 장점 및 단점은 다음과 같다.

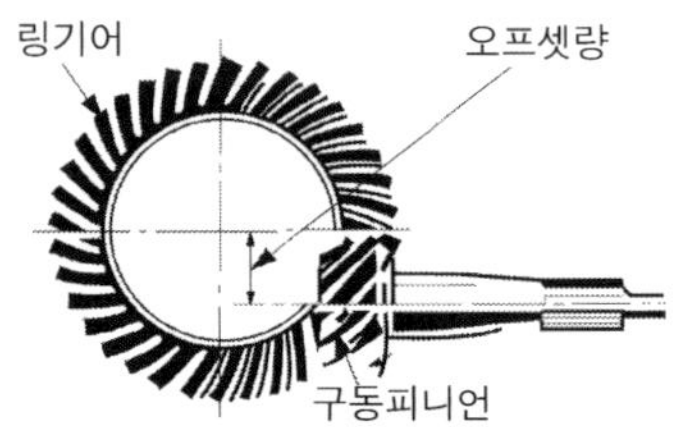

[그림11-71. 하이포이드 기어의 구조]

(1) 하이포이드 기어의 장점

① 구동 피니언의 오프셋에 의해 추진축 높이를 낮출 수 있어 자동차의 중심이 낮아져 안전성이 증대된다.

② 동일 감속비, 동일 치수의 링 기어인 경우에 스파이럴 베벨 기어에 비해 구동 피니언을 크게 할 수 있어 강도가 증대된다.

③ 기어 물림률이 커 회전이 정숙하다.

(2) 하이포이드 기어의 단점

① 기어 이의 폭 방향으로 미끄럼 접촉을 하므로 압력이 커 극압 윤활유를 사용하여야 한다.

② 제작이 어렵다.

[2] 종 감속비

종 감속비는 링 기어의 잇수와 구동 피니언의 잇수 비율로 나타낸다.

$$\text{종감속비} = \frac{\text{링기어잇수}}{\text{구동피니언의잇수}}$$

종감속비는 나누어서 떨어지지 않는 값으로 하는데 그 이유는 특정의 이가 항상 물리는 것을 방지하여 이의 편마멸을 방지하기 위함이다. 또 종감속비는 엔진의 출력, 차량중량, 가속성능, 등판능력 등에 따라 정해지며, 종감속비를 크게 하면 가속성능과 등판능력은 향상되나 고속성능이 저하한다. 그리고 변속비×종감속비를 총 감속비라 한다. 이에 따라 변속 기어가 톱(top)기어이면 엔진의 감속은 종감속 기어에서만 이루어진다. 그리고 주행속도는 주행저항을 고려하지 않으면 엔진의 회전속도, 변속비, 종감속비, 바퀴의 지름에 따라 결정되며 아래의 공식으로 산출한다.

$$V = D \times \frac{N}{r \times r_f} \times \frac{60}{1000}$$

여기서 V : 주행속도(㎞/h), N : 엔진 회전속도(rpm), r : 변속비, rf : 종 감속비

7. 차동 장치(differential System)

[1] 차동 장치의 개요

차동 장치는 자동차가 선회할 때 양쪽 바퀴가 미끄러지지 않고 원활하게 선회하려면 바깥쪽 바퀴가 안쪽 바퀴보다 더 많이 회전하여야 하며, 또 울퉁불퉁한 노면을 주행할 경우에도 양쪽 바퀴의 회전속도가 달라져야 한다. 즉 차동 장치는 노면의 저항을 적게 받는 구동바퀴 쪽으로 동력이 더 많이 전달되도록 하며, 차동 사이드기어, 차동 피니언, 피니언 축 및 차동 기어 케이스 등으로 구성되어 있다.

(1) 차동 기어 케이스

종감속 기어의 링 기어와 같은 속도로 회전한다.

(2) 차동 피니언 축

차동 기어 케이스에서 차동 피니언을 지지한다.

(3) 차동 피니언

① 직진 주행할 때에는 공전(空轉)하고 선회할 때에는 자전(自轉)한다.

② 선회할 때에는 좌우의 사이드 기어의 회전속도를 변화시킨다.

(4) 차동 사이드 기어

① 차동 피니언과 맞물려 있으며, 중앙부분의 스플라인은 차축과 접속되어 있다.

② 직진할 때에 좌우의 사이드 기어는 차동 기어 케이스와 동일하게 회전한다.

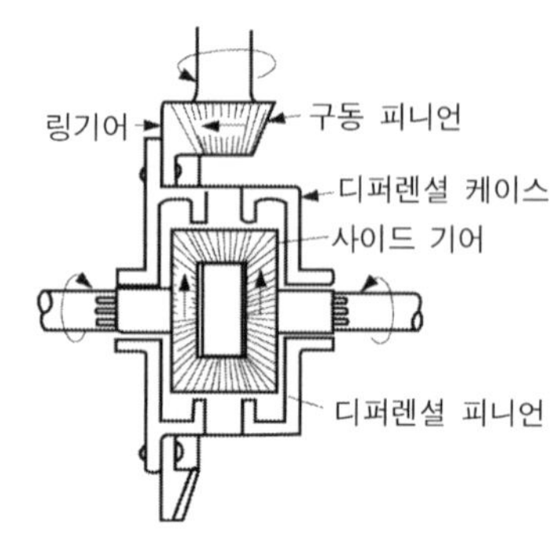

[그림11-72. 차동 장치의 구성도]

[2] 차동 장치의 원리

차동 장치의 원리는 래크와 피니언의 원리를 응용한 것으로서 이것은 양쪽의 래크위에 동일한 무게를 올려놓고 핸들을 들어 올리면 피니언에 걸리는 저항이 같기 때문에 피니언이 자전을 하지 못하므로 래크 A와 B를 들어 올리게 된다. 그러나 래크 B의 무게를 가볍게 하고 피니언을 들어 올리면 래크 B를 들어 올리는 쪽으로 피니언이 자전을 하며 양쪽 래크가 올라간 거리를 합하면 피니언을 들어 올린 거리의 2배가된다. 이 원리를 이용하여 양쪽 래크를 베벨 기어로 바꾸고 여기에 좌우 양쪽의 차축(axle)을 연결한 후 차동 피니언을 종 감속 기어의 링 기어로 구동시키도록 한다.

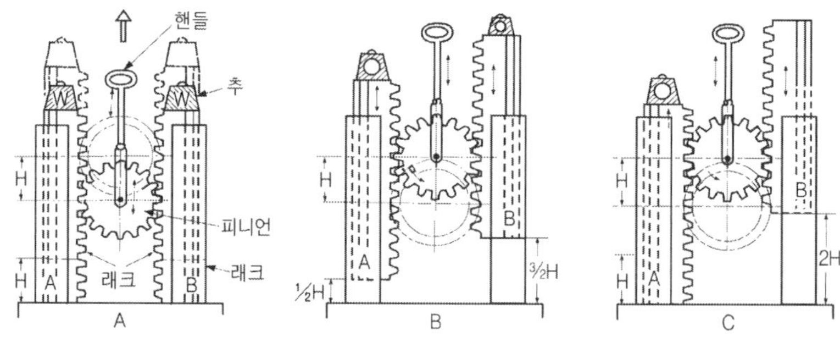

[그림11-73. 차동 장치의 원리]

[3] 차동 장치의 작동

차동 장치의 작용은 자동차가 평탄한 도로를 직진할 때는 좌우 구동 바퀴의 회전 저항이 동일하기 때문에 좌우 사이드 기어는 동일한 회전속도로 차동 피니언의 공전에 따라 움직여 전체가 하나의 덩어리가 되어 회전한다. 그러나 차동 작용은 좌우 구동 바퀴의 회전 저항 차이에 의해 발생되고, 바퀴는 통과하는 노면의 길이에 따라서 회전하므로 곡선 도로를 선회할 때 안쪽 바퀴는 바깥쪽 바퀴보다 저항이 증대되어 회전속도가 감소되며 그 분량만큼 반대쪽 바퀴를 가속시키게 된다.

(1) 한쪽 사이드 기어가 고정되면(가령, 왼쪽 바퀴가 진흙탕 등에 빠졌을 경우)

이 때는 차동 피니언이 공전하려면 고정되어 있는 사이드 기어(오른쪽)위를 굴러가지 않으면 안 되기 때문에 자전을 시작하여 저항이 작은 왼쪽 사이드 기어만을 구동하게 된다.

(2) 양쪽 구동 바퀴를 잭으로 들고 한쪽 바퀴를 손으로 돌리면 차동 피니언이 공전을 하지 않기 때문에 다른 쪽 바퀴는 반대 방향으로 회전한다.

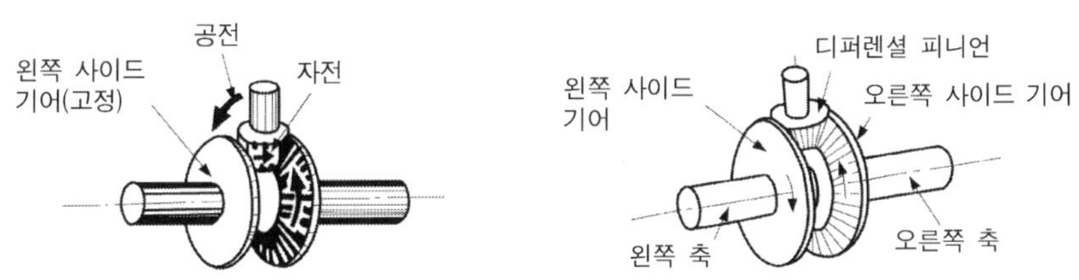

[그림11-74. 차동 장치의 작용]

8. 차축(axle shaft)

차축은 바퀴를 통하여 차량의 중량을 지지하는 축이며, 구동축과 유동축이 있다. 구동축은 종감속 기어에서 전달된 동력을 바퀴로 전달하고 노면에서 받는 힘을 지지하는 일을 한다. 앞바퀴 구동방식의 앞차축, 뒷바퀴 구동방식의 뒷차축, 4바퀴 구동방식의 앞·뒷차축이 구동축에 속한다. 유동축은 차량을 중량만 지지하므로 구조가 간단하다. 여기에서는 뒷바퀴 구동방식의 구동축에 대해서만 설명하기로 한다.

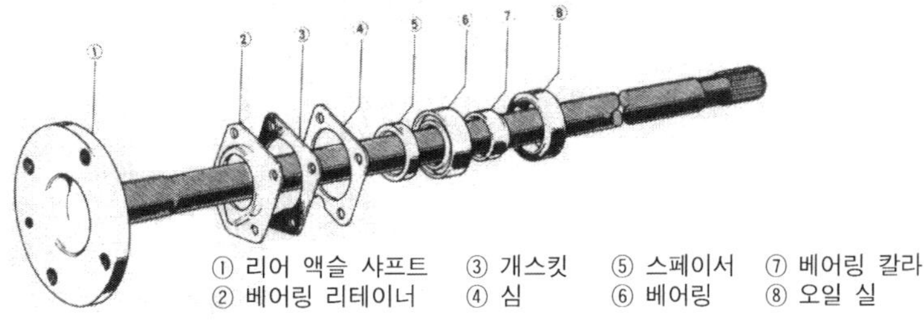

[그림11-84. 차축의 구조]

[1] 뒷차축의 지지방식

차동 장치를 거쳐 전달된 동력을 뒷바퀴로 전달하며, 차축의 끝 부분은 스플라인을 통하여 차동 사이드기어에 끼워지고, 바깥쪽 끝에는 구동바퀴가 설치된다. 뒷차축 지지 방식에는 전부동형, 반부동형, 3/4부동형 등 3가지가 있다.

(1) 전부동형(full floating type)차축

이 형식은 안쪽은 차동 사이드기어와 스플라인으로 결합되고, 바깥쪽은 차축 허브와 결합되어 차축 허브에 브레이크 드럼과 바퀴가 설치된다. 차축 허브에 2개의 베어링이 끼워지며 동력전달은 종감속 기어→차동 장치→차축→차축 허브→바퀴 순서로 이루어지며 차축은 동력만 전달한다. 이에 따라 바퀴를 빼지 않고도 차축을 빼낼 수 있다. 그리고 차량에 가해지는 하중 및 충격과 바퀴에 작용하는 작용력 등은 차축 하우징이 받는다.

(2) 반부동형(semi floating type)차축

이 형식은 구동바퀴가 직접 차축 바깥에 설치되며, 차축의 안쪽은 차동 사이드기어와 스플라인으로 결합되고, 바깥쪽은 리테이너(retainer)로 고정시킨 허브베어링(hub bearing)과 결합된다. 이에 따라 내부 고정장치를 풀지 않고는 차축을 빼낼 수 없다. 뒷바퀴 구동방식 승용 자동차에서 주로 사용된다. 반부동형은 차량 하중의 1/2을 차축이 지지한다.

(3) 3/4 부동형

이 형식은 차축 바깥 끝에 차축 허브를 두고, 차축 하우징에 1개의 베어링을 두고 허브를 지지하는 방식이다. 3/4 부동식은 차축이 차량 하중의 1/3을 지지한다.

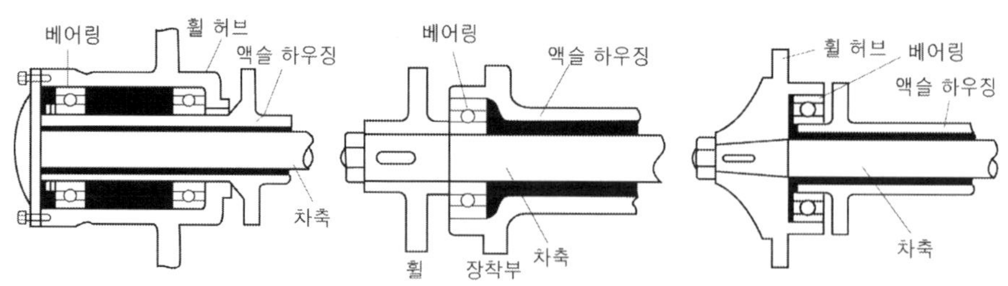

[그림11-85. 뒷차축 지지 방식]

[2] 차축 하우징(axle housing)

차축 하우징은 종감속 기어, 차동 장치 및 차축을 포함하는 튜브 모양의 고정축이며 중간에는 종감속 기어와 차동 장치의 지지를 위해 둥글게 되어 있고, 양끝에는 플랜지 판이나 현가 스프링 지지부분이 마련되어 있다. 차축 하우징의 종류에는 벤조형, 분할형, 빌드업형 등 3가지가 있다.

참고

① 코너링 포스(CF, cornering force) : 자동차가 선회할 때 원심력과 평형을 이루는 힘을 말한다.

② 언더 스티어링(US, under steering) : 자동차의 주행속도가 증가함에 따라 조향 각도가 증대되는 현상을 말한다.

③ 오버 스티어링(OS, over steering) : 자동차 주행속도가 증가함에 따라 조향 각도가 감소하는 현상을 말한다.

타이트 코너 브레이크(tight corner brake)이란

선회할 때 뒷바퀴는 앞바퀴보다 안쪽을 통과하게 되는데, 이를 "안쪽바퀴 차이"라 한다. 차동 장치의 작용에서 설명하였듯이, 바깥쪽 바퀴가 안쪽 바퀴보다 보다 긴 거리를 통과한다. 따라서 앞·뒷바퀴를 같은 회전속도로 회전시키는 "파트타임 4WD"에서는 진행 거리가 가장 긴 앞쪽 바깥바퀴의 회전속도가 감소하여 미끄러진다. 이때 운전자는 브레이크페달을 밟은 것처럼 느끼기 때문에 이것을 "타이트 코너 브레이크"라 부른다. 이러한 현상은 차고(車庫)에 넣을 때나 건조한 노면을 선회할 때 발생한다.

제 12 장 현가장치(Suspension System)

현가 치는 주행 중 노면으로부터 전달되는 충격이나 진동을 완화시켜 바퀴와 노면의 점착성을 향상시키고 승차감을 향상시키는 장치이다. 현가장치는 주로 차체(body)와 차축 사이에 설치되며, 스프링을 비롯하여 스프링의 자유 진동을 흡수하여 승차감을 향상시키는 쇽업소버, 좌우 진동을 방지하는 스테빌라이저 등이 있다. 최근에는 컴퓨터로 조절하는 ECS(전자제어 현가장치) 등도 실용화되어 있다.

12.1. 현가장치의 구성부품

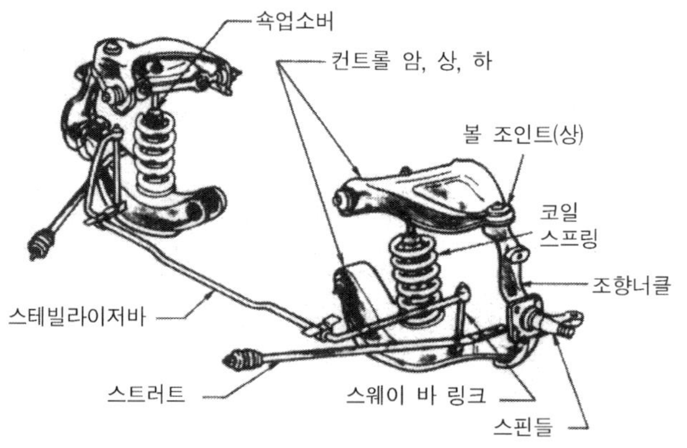

[그림12-1. 현가장치의 구성부품]

1. 스프링(spring)

스프링에는 판스프링(leaf spring), 코일 스프링(coil spring), 토션 바 스프링(torsion bar spring) 등의 금속제 스프링과 고무 스프링(rubber spring), 공기 스

프링(air spring) 등의 비금속제 스프링 등이 있다.

[1] 판스프링(leaf spring)

판스프링은 스프링 강을 적당히 구부린 띠 모양으로 된 것을 몇 장 겹쳐서 그 중심에서 중심 볼트(center bolt)로 조인 것이다. 맨 위쪽에 길이가 가장 긴 주 스프링 판의 양끝에는 스프링 아이(spring eye)를 두고 섀클 핀을 통하여 차체에 설치하도록 되어 있다. 그리고 스프링 아이 중심 사이의 거리를 스팬(span), 판스프링의 휨량을 캠버(camber)라 한다. 판스프링을 차체에 설치한 부분을 브래킷 또는 행거(bracket or hanger)라 하며, 다른 끝은 섀클(shackle)이라고 한다. 섀클은 스팬의 길이 변화를 위하여 설치하며 사용되는 부싱의 종류에 따라 고무 부싱 섀클, 나사 섀클, 청동 부싱 섀클 등이 있다. 판스프링의 특징은 다음과 같다.

① 스프링 자체의 강성에 의해 차축을 정 위치에 지지할 수 있어 구조가 간단하다.

② 판간 마찰에 의한 진동 억제 작용이 크다.

③ 내구성이 크다.

④ 판간 마찰 때문에 작은 진동 흡수가 곤란하다.

⑤ 너무 유연한 스프링을 사용하면 차축의 지지력이 부족하여 차체가 불안정하게 된다.

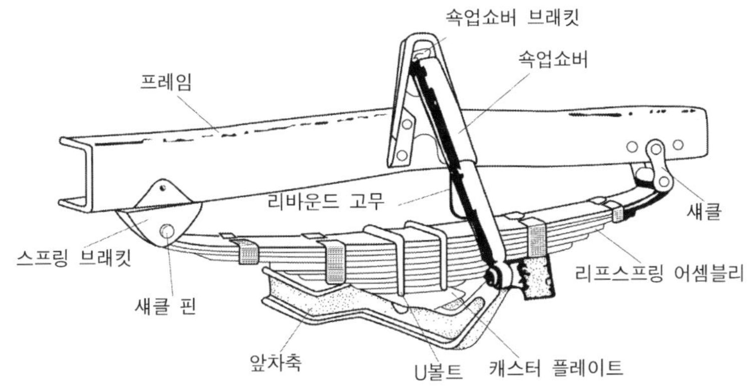

[그림12-2. 판 스프링의 설치상태와 구조]

[2] 코일스프링(coil spring)

코일스프링은 스프링 강을 코일 모양으로 제작한 것이며, 외부의 힘에 의해 변형되는 경우 판스프링은 구부러지면서 응력을 받으나 코일 스프링은 코일 1개 단면마다 비틀림에 의해 응력을 받는다. 미세한 진동에도 민감하게 작용하므로 현재의 승용차에서는 앞·뒷차축에서 모두 사용되고 있다. 코일스프링의 특징은 다음과 같다.

① 단위 중량 당 에너지 흡수율이 크다.

② 제작비가 적고, 스프링 작용이 유연하다.

③ 판간 마찰이 없어 진동 감쇠 작용을 하지 못한다.

④ 옆 방향 작용력에 대한 저항력이 없어 차축에 설치할 때 쇽업 소버나 링크 기구가 필요해 구조가 복잡해진다.

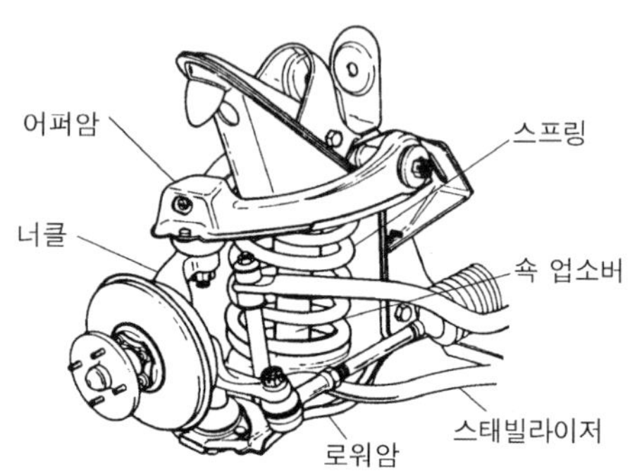

[그림12-3. 코일스프링의 설치상태]

[3] 토션바 스프링(torsion bar spring)

토션바 스프링은 막대를 비틀었을 때 탄성(彈性)에 의해 본래의 위치로 복원하려는 성질을 이용한 스프링 강의 막대이다. 이 스프링은 단위 중량당의 에너지 흡수율이 매우 크며 가볍고 구조가 간단하다. 스프링의 힘은 막대(bar)의 길이와 단면적으로 정해지며 진동의 감쇠 작용이 없어 쇽업소버를 병용하여야 하며 좌·우의 것이 구분되어 있다.

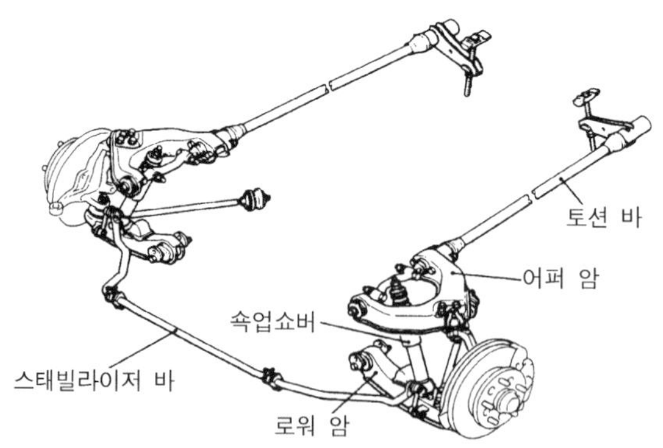

[그림12-4. 토션바 스프링의 설치상태]

2. 쇽업소버(shock absorber)

쇽업소버는 노면에서 발생한 스프링의 진동을 흡수하여 승차감을 향상시키고 동시에 스프링의 피로를 감소시키기 위해 설치하는 기구이다. 쇽업소버는 스프링이 압축될 때에는 급격히 압축되고 늘어날 때는 천천히 작용하여 스프링의 상하 운동에너지를 열에너지로 변환시키는 일을 한다. 쇽업소버의 종류는 다음과 같다.

[1] 텔리스코핑 형(telescoping type) 쇽업소버

이 형식은 안내를 겸한 가늘고 긴 실린더의 조합으로 되어 있으며, 내부에는 차축과 연결되는 실린더와 차체에 연결되는 피스톤 로드가 있으며, 피스톤의 상하 실린더에는 오일이 가득 채워져 있다. 피스톤에는 오일이 통과하는 작은 구멍(오리피스 ; orifice)이 있고, 이 구멍에는 밸브가 설치되어 있다. 텔리스코핑형 쇽업소버의 종류에는 단동식과 복동식이 있으며, 특징은 다음과 같다.

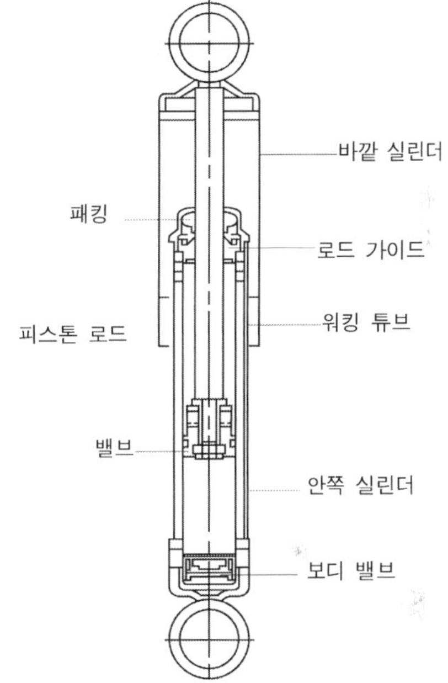

[그림12-5. 텔리스코핑형 쇽업소버]

① 섀시 스프링과 함께 직접 설치할 수 있어 링크기구 등에 의한 마찰손실이 적다.

② 실린더 내에서 발생하는 유압이 비교적 낮다.

③ 구조가 간단하여 대량 생산이 가능하다.

④ 피스톤 행정이 길고, 실린더 제작이 약간 어렵다.

[2] 드가르봉 형(가스 봉입방식)쇽업소버

이 형식은 유압식의 일종이며 프리 피스톤(free piston)을 더 두고 있으며, 프리 피스톤의 위쪽에는 오일이 들어 있고, 아래쪽에는 고압(30kgf/㎠)의 질소 가스가 봉입되어 내부에 압력이 걸려 있다. 작동은 쇽업소버가 압축될 때 오일이 오일실 A(피스톤 아래쪽)의 유압에 의해 피스톤에 설치된 밸브의 바깥둘레가 열려 오일실 B로 들어온다. 이때 밸브를 통과하는 오일의 유동 저항으로 인해 피스톤이 하강함에 따라 프리 피스톤도 압력을 받는다. 쇽업소버의 작동이 정지하면 프리 피스톤 아래쪽의 질소 가스가 팽창하여 프리 피스톤을 밀어 올려 오일실 A의 오일에 압력을 가한다. 그리고 쇽업소버가 늘어날 때에는 피스톤의 밸브는 바깥둘레를 지점으로 하여 오일실 B에서 A로 이동하지만 오일실 A의 압력이 낮아지므로 프리 피스톤이 상승한다. 또 늘어남이 정지하면 프리 피스톤은 원위치로 복귀한다. 드가르 봉형 쇽업소버의 특징은 다음과 같다.

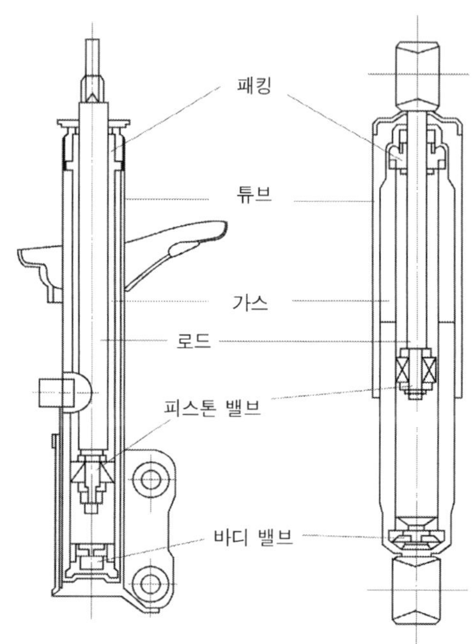

[그림12-6. 드가르봉형 쇽업소버의 구조]

① 구조가 간단하다.

② 작동될 때 오일에 기포가 없어 장시간 작동하여도 감쇠 효과의 감소가 적다.

③ 실린더가 1개이므로 냉각 성능 크다.

④ 내부에 압력이 걸려 있어 분해하는 것은 위험하다.

3. 스태빌라이저(stabilizer)

스태빌라이저는 토션바 스프링의 일종이며, 양끝이 좌·우의 컨트롤 암에 연결되며 중앙부는 차체에 설치되어 선회할 때 차체가 롤링(rolling ; 좌우 진동)하는 것을 방지하며, 차체의 기울기를 감소시켜 평형을 유지하는 기구이다.

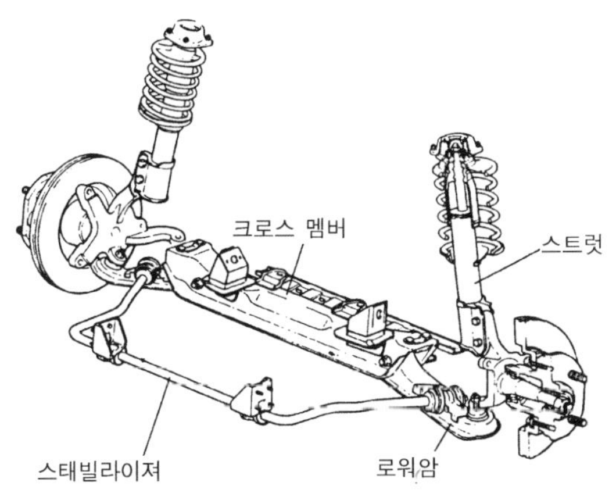

[그림12-7. 스태빌라이저의 설치상태]

12.2. 현가장치의 분류

현가장치에는 구조상 일체차축 현가방식, 독립차축 현가방식, 공기 현가방식, 전자제어 현가방식(ECS) 등이 있다.

1. 일체차축 현가방식

이 방식은 일체로 된 차축에 좌·우 바퀴가 설치되며, 차축은 스프링을 거쳐 차체(또는 프레임)에 설치된 형식이다. 일체차축 현가방식의 특징은 다음과 같다.

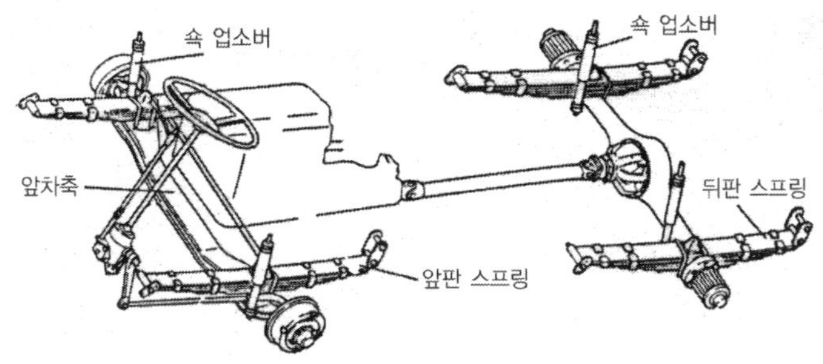

[그림12-8. 일체차축 현가방식의 구조]

① 부품수가 적어 구조가 간단하다.

② 선회할 때 차체의 기울기가 적다.

③ 스프링 밑 질량이 커 승차감이 불량하다.

④ 앞바퀴에 시미(shimmy) 발생이 쉽다.

⑤ 스프링 정수가 너무 적은 것은 사용하기 어렵다.

2. 독립차축 현가방식

이 방식은 차축을 분할하여 양쪽 바퀴가 서로 관계없이 움직이도록 한 것이며, 승차감과 안정성이 향상되게 한 것이다. 독립차축 현가방식의 특징은 다음과 같다.

① 스프링 밑 질량이 작아 승차감이 좋다.

② 바퀴의 시미 현상이 적으며, 로드 홀딩(road holding)이 우수하다.

③ 스프링 정수가 작은 것을 사용할 수 있다.

④ 구조가 복잡하므로 값이나 취급 및 정비 면에서 불리하다.

⑤ 볼 이음이 많아 그 마멸에 의한 앞바퀴 정렬이 틀려지기 쉽다.

⑥ 바퀴의 상하 운동에 따라 윤거(tread)나 앞바퀴 정렬이 틀려지기 쉬워 타이어 마멸이 크다.

현재 일반적으로 사용되고 있는 독립 차축 현가방식에는 위시본 형식과 맥퍼슨 형식이 있다.

[1] 위시본형(wishbone type)

이 형식에는 위·아래 컨트롤 암의 길이에 따라 평행 사변형 형식과 SLA형식이 있다. 위시본 형식은 스프링이 피로하거나 약해지면 바퀴의 윗부분이 안쪽으로 움직여 부의 캠버가 된다.

(1) 평행사변형 형식

이 형식은 위·아래 컨트롤 암을 연결하는 4점이 평행사변형을 이루고 있는 것이며, 바퀴가 상하 운동을 하면 조향 너클과 연결하는 2점이 평행 이동을 하게 되어 윤거가 변화하므로 타이어 마멸이 촉진된다. 그러나 캠버의 변화가 없으므로 선회 주행에서 안전성이 증대된다.

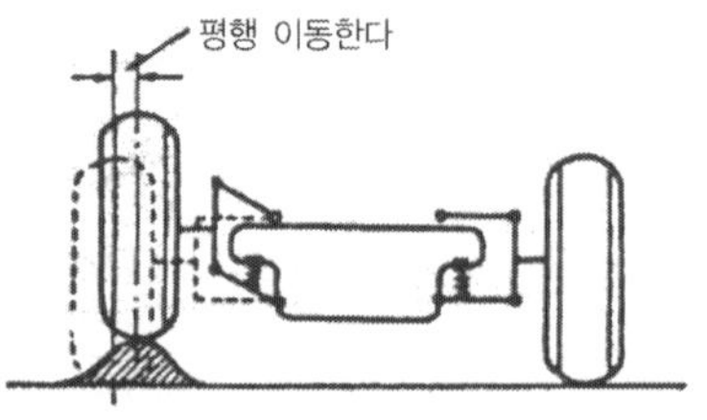

[그림12-9. 평행사변형 형식]

(2) SLA형식(short long arm type)

이 형식은 아래 컨트롤 암이 위 컨트롤 암보다 긴 것이며, 바퀴가 상하 운동을 하면 위 컨트롤 암은 작은 원호를 그리고 아래 컨트롤 암은 큰 원호를 그리게 되어 컨트롤 암이 움직일 때마다 캠버(camber)가 변화하는 결점이 있다.

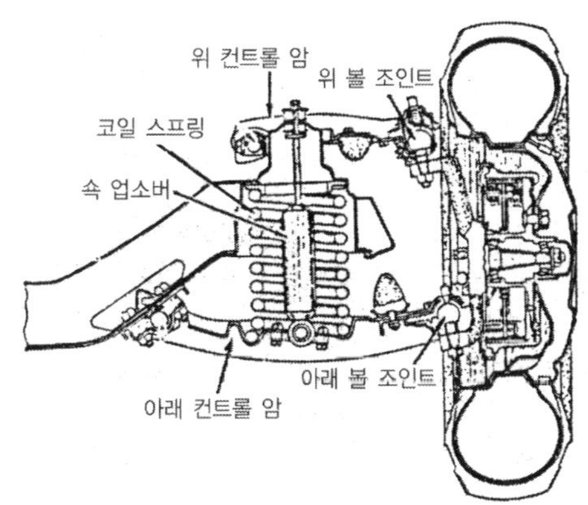

[그림12-10. SLA 형식]

참고

SLA형식은 컨트롤 암이 볼 이음으로 조향 너클과 연결되어 있다. 이 경우 위·아래 볼 이음의 중심선이 킹핀 중심선 역할을 하며 볼 이음의 중심선을 조향축(steering axle)이라고 한다. 그리고 SLA형식에서는 과부하가 걸리면 더욱 부의 캠버가 된다.

[2] 더블 위시본 형식(double wishbone type)

이 형식은 위시본 형식의 단점을 보완한 것으로, 일반적인 구조는 위시본 형식과 비슷하나 엔진룸의 공간을 효율적으로 활용할 수 있다. 작동은 2개의 위·아래 컨트롤 암이 평행사변형 형식의 상하운동을 하는 원리이며, 맥퍼슨 형식보다는 상대적으로 강도가 크고, 바퀴가 상하운동을 하여도 캠버나 캐스터 등의 변화가 작으며, 승차감이 부드럽고, 조향 안정성 등의 장점이 있다.

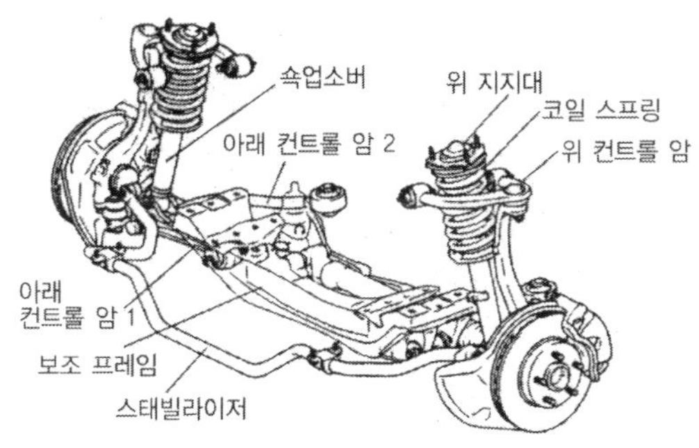

[그림12-11. 더블 위시본 형식]

[3] 맥퍼슨 형식(Macpherson type)-스트럿 형식

이 형식은 조향 너클과 일체로 되어 있으며, 쇽업소버가 내부에 들어 있는 스트럿(strut ; 기둥) 및 볼 이음, 컨트롤 암, 스프링으로 구성되어 있다. 스트럿 위쪽에는 현가 지지를 통하여 차체에 설치되며 현가 지지에는 스러스트 베어링(thrust bearing)이 들어 있어 스트럿이 자유롭게 회전할 수 있다. 그리고 아래쪽에는 볼 이음을 통하여 현가 암에 설치되어 있다. 코일 스프링을 스트럿과 스프링 시트 사이에 설치하며, 스프링 시트는 현가 지지의 스러스트 베어링과 접촉되어 있다. 따라서 차량 중량은 현가 지지를 통하여 차체를 지지하고 조향할 때에는 조향 너클과 함께 스러스트가 회전한다. 맥퍼슨 형식의 특징은 다음과 같다.

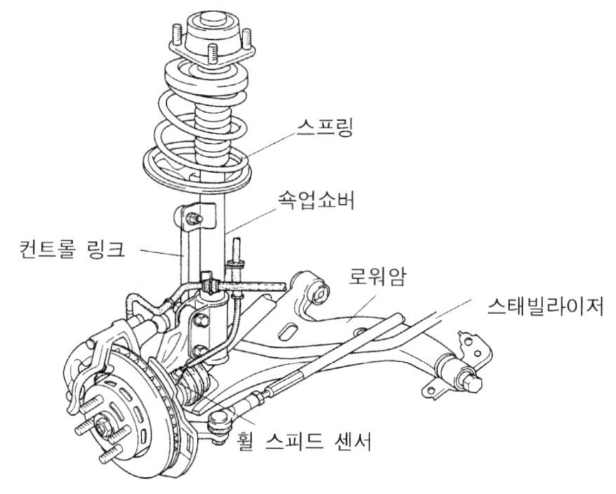

[그림12-12. 맥퍼슨 형식]

① 구조가 간단해 마멸되거나 손상되는 부분이 적으며 정비작업이 쉽다.

② 스프링 밑 질량이 작아 로드홀딩(road holding)이 우수하다.

③ 엔진룸의 유효체적을 크게 할 수 있다.

3. 공기 현가현치(air suspension system)

[1] 공기 현가장치의 개요

이 형식은 압축공기의 탄성을 이용한 것이며, 공기 스프링, 레벨링 밸브, 공기탱크, 공기 압축기로 구성되어 있다. 이 형식의 특징은 다음과 같다.

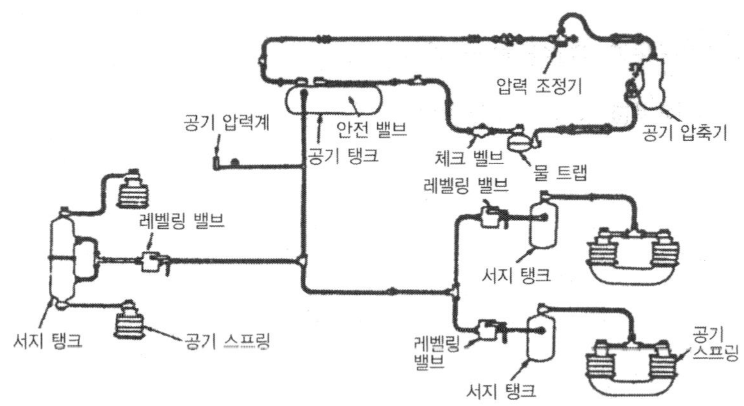

[그림12-13. 공기 현가장치 구성도]

① 하중 증감에 관계없이 차체 높이를 항상 일정하게 유지하며 앞·뒤, 좌·우의 기울기를 방지할 수 있다.

② 스프링 정수가 자동적으로 조정되므로 하중의 증감에 관계없이 고유 진동수를 거의 일정하게 유지할 수 있다.

③ 고유 진동수를 낮출 수 있으므로 스프링 효과를 유연하게 할 수 있다.

④ 공기 스프링 자체에 감쇠 성능이 있으므로 작은 진동을 흡수하는 효과가 있다.

[2] 공기 현가장치의 구조 및 기능

(1) 공기 압축기(air compressor)

공기 압축기는 엔진에 의해 V벨트로 구동되며 압축 공기를 생산하여 공기탱크로 보낸다.

(2) 서지 탱크(surge tank)

이것은 공기 스프링 내부의 압력 변화를 완화하여 스프링 작용을 유연하게 해주는 것이며, 각 공기 스프링마다 설치되어 있다.

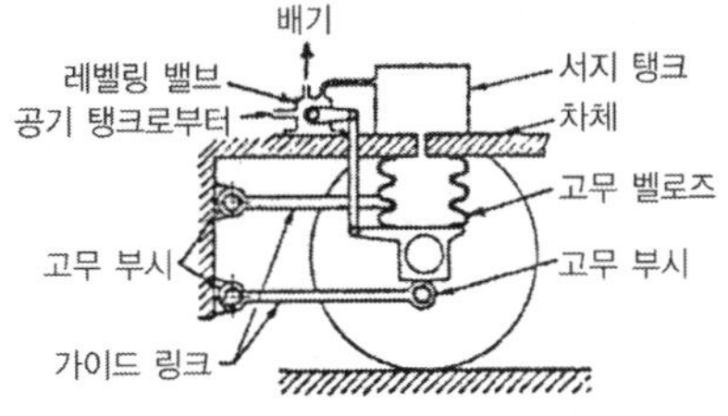

[그림12-14. 서지 탱크와 공기스프링의 구조]

(3) 공기 스프링(air spring)

공기 스프링에는 벨로즈형(bellows type)과 다이어프램형(diaphragm type)이 있으며, 공기탱크와 스프링 사이의 공기 통로를 조정하여 도로 상태와 주행속도에 가장 적합한 스프링 효과를 얻도록 한다.

(4) 레벨링 밸브(leveling valve)

이 밸브는 공기탱크와 서지 탱크를 연결하는 파이프 도중에 설치된 것이며, 자동차의 높이가 변화하면 압축 공기를 스프링으로 공급하거나 배출시켜 차고(車高)를 일정하게 유지시킨다.

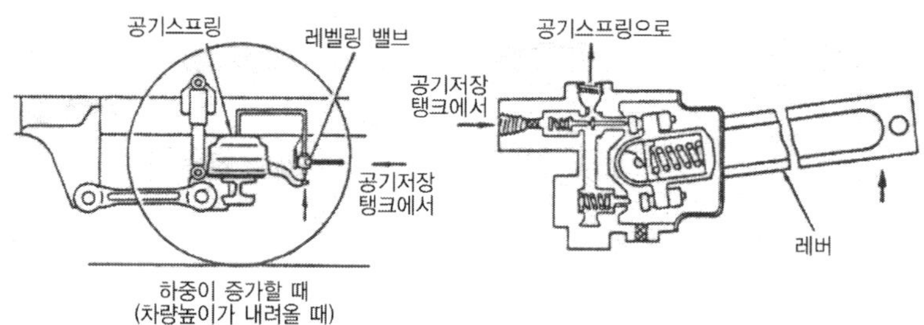

[그림12-15. 레벨링 밸브의 작동]

12.3. 자동차의 진동 및 승차감

1. 자동차 진동

자동차는 현가 스프링에 의해 지지되는 스프링 위 질량(質量)과 바퀴와 현가장치 사이에 있는 스프링 아래 질량으로 분류되며 각각의 고유 진동에는 다음과 같은 것들이 있다.

[1] 스프링 위 질량 진동

① 바운싱(bouncing ; 상하 진동) : 차체가 Z축 방향과 평행 운동을 하는 고유 진동이다.

② 피칭(pitching ; 앞·뒤 진동) : 차체가 Y축을 중심으로 하여 회전운동을 하는 고유 진동이다.

③ 롤링(rolling ; 좌우 진동) : 차체가 X축을 중심으로 하여 회전운동을 하는 고유 진동이다.

④ 요잉(yawing ; 차체 후부 진동) : 차체가 Z축을 중심으로 하여 회전운동을 하는 고유 진동이다.

[그림12-16. 스프링 위 질량 진동]

[2] 스프링 아래 질량 진동

① 휠 홉(wheel hop) : 차축이 Z방향의 상하 평행 운동을 하는 진동이다.

② 휠 트램프(wheel tramp) : 차축이 X축을 중심으로 하여 회전운동을 하는 진동이다.

③ 와인드 업(wind up) : 차축이 Y축을 중심으로 회전 운동을 하는 진동이다.

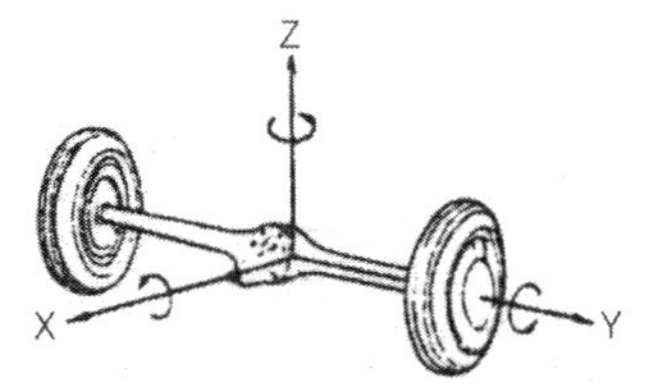

[그림12-17. 스프링 아래 질량 진동]

2. 진동수와 승차감

자동차에서 멀미나 피로를 느끼는 것은 자동차의 이상 진동이 사람의 뇌에 작용하여 자율 신경에 영향을 주기 때문이다. 사람이 걸어갈 때 머리의 상하 진동은 60~70cycle/min이고 뛰어갈 때는 120~160cycle/min이라고 하며 일반적으로 60~120cycle/min의 상하 진동을 할 때 가장 좋은 승차감을 얻을 수 있다고 한다. 진동수가 120cycle/min을 넘으면 딱딱해지고, 45cycle/min이하에서는 멀미를 느끼게 된다.

12.4. ECS(Electronic Control Suspension System)

이 방식은 컴퓨터, 각종 센서, 액추에이터 등을 설치하고 노면의 상태, 주행 조건, 운전자의 선택 등과 같은 요소에 따라 자동차의 높이와 현가 특성(스프링 정수 및 감쇠력)이 컴퓨터에 의해 자동적으로 제어되는 현가 방식이다. ECS는 다음과 같은 특징을 가지고 있다.

① 급제동을 할 때 노스다운(nose down)을 방지한다.

② 급선회를 할 때 원심력에 의한 차체의 기울기를 방지한다.

③ 노면의 상태에 따라서 차량의 높이를 조정할 수 있다.

④ 노면의 상태에 따라서 승차감을 조절할 수 있다.

⑤ 고속으로 주행할 때 차량의 높이를 낮추어 안전성을 증대시킨다.

1. 액티브 방식 ECS의 개요 및 장치의 구성

[1] 액티브 방식 ECS의 개요

액티브 방식 ECS(Active type Electronic Control Suspension)는 감쇠력 제어와 차고 제어기능을 지니고 있으며, 차량의 자세변화에 대처하여 자세를 바로 잡아줄 수 있는 자세제어가 추가된 장치이다.

[2] 액티브 방식 ECS 제어 기능

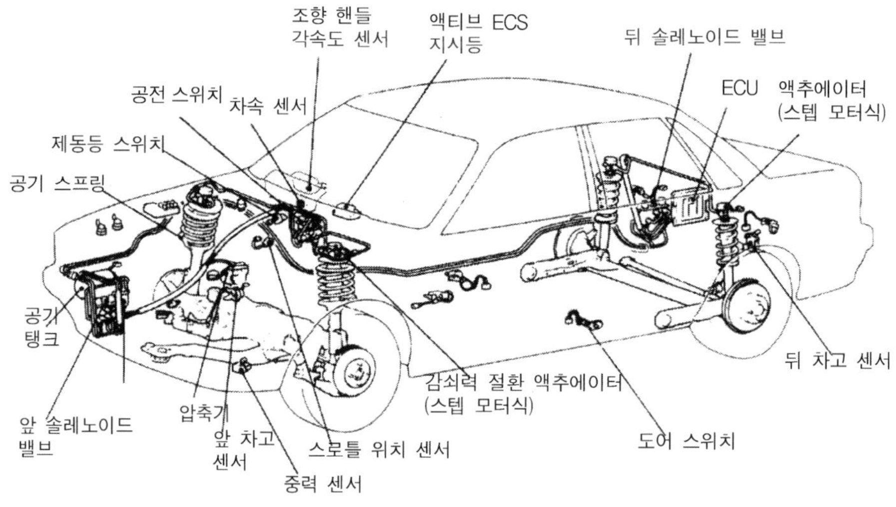

[그림12-18. 액티브 방식 ECS의 구성]

(1) 프리뷰 제어(preview control)

차량 앞쪽에 있는 도로 면의 돌기나 단차(單差)를 초음파로 검출하여 바퀴가 단차 또는 돌기를 넘기 직전에 쇽업소버의 감쇠력을 최적으로 제어하여 승차감을 향상시킨다.

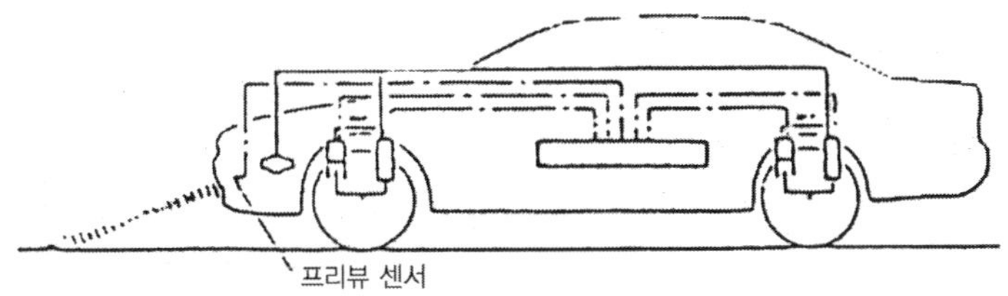

[그림12-19. 프리뷰 센서 설치위치]

① 돌기 검출원리

진동자(압전 세라믹)에 펄스 전압을 가하여 얻어지는 초음파는 바퀴 앞쪽의 도로 면으로 향해 200KHz 정도의 주파수를 발산한다. 바퀴 앞쪽에 돌기가 있으면 초음파는 돌기에 의해 반사되어 수신기로 되돌아온다. 이때 되돌아오는 초음파의 세기로 전압이 발생되는 전자회로가 구성되어 있어 이 전압의 유무에 따라 앞쪽의 돌기 여부를 검출한다.

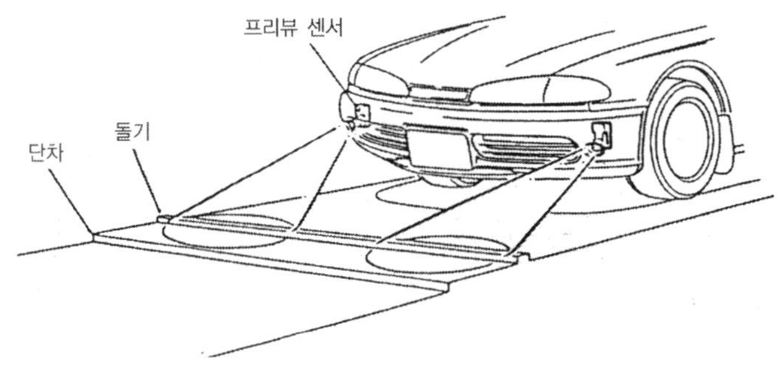

[그림12-20. 프리뷰 센서의 작용]

② 단차 검출원리

편평하게 보이는 포장도로에서도 노면에는 작은 요철이 있다. 이 요철에 의해 초음파가 반사되기 때문에 센서에는 약한 초음파가 되돌아오는 것으로 일반적인 주행에서도 센서 내부에는 미세한 전압이 발생된다. 그러나 바퀴 앞쪽에 단차가 있으면 센서로 되돌아오는 초음파가 두절되어 진동자에 의한 전압도 0V가 된다. 이것에 의해 앞쪽의 단차를 검출한다.

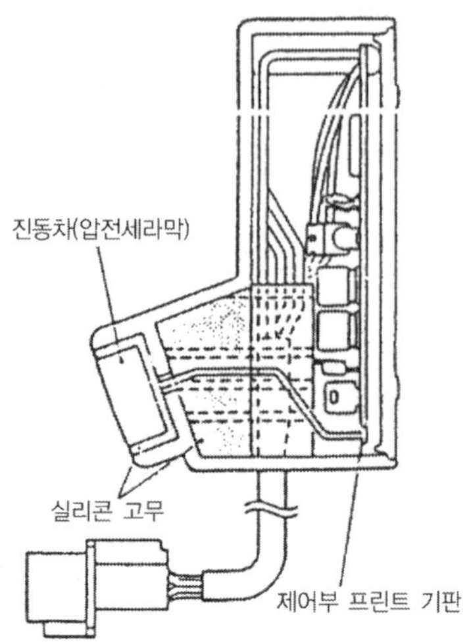

[그림12-21. 프리뷰 센서의 구조]

(2) 퍼지 제어(fuzzy control)

① 도로면 대응제어

현가장치의 상하 진동을 주파수로 분석하여 가볍게 뜨는 느낌과 거친 느낌의 정도를 판단하여 최적의 승차감을 얻도록 쇽업소버의 감쇠력을 퍼지 제어하여 상하 진동이 반복되는 주행조건에서도 우수한 승차감을 얻도록 한다.

② 등판 및 하강제어

ECS-컴퓨터에서 도로 면 경사각도 및 조향핸들의 조작횟수를 추정하여 운전 상황에 따른 조향 특성을 얻기 위해 앞·뒷바퀴의 앤티 롤 제어시기를 조절한다. 경사진 도로에서 조향핸들 각속도가 클 때에는 앞바퀴의 앤티 롤 제어를 지연시켜 오버 스티어링(over steering)의 경향으로 한다. 지연량(시간)은 도로 면의 경사 정도와 주행속도를 기초로 퍼지 제어를 한다. 반대로 내리막 경사진 도로에서 조향핸들 각속도가 작을 때에는 뒷바퀴의 앤티 롤 제어를 지연시켜 언더 스티어링(under steering)의 경향으로 한다. 지연량(시간)은 도로 면의 내리막 경사 정도와 조향핸들 각속도 정도 및 주행속도를 기초로 퍼지 제어를 한다.

(3) 스카이 훅 제어(sky hook control)

스프링 위(차체)에 발생하는 상하방향의 가속도 크기와 주파수를 검출하여 상하 G(중력 가속도)의 크기에 대응하여 공기 스프링의 공기 흡·배기 제어와 동시에 쇽업소버의 감쇠력을 하드로 제어하여 차체가 가볍게 뜨는 것을 감소시킨다. 뒷바퀴는 앞바퀴에 대하여 주행속도에 연동시켜 자연 제어되도록 되어있다.

2. 액티브 방식 ECS 입력요소의 기능 및 작동

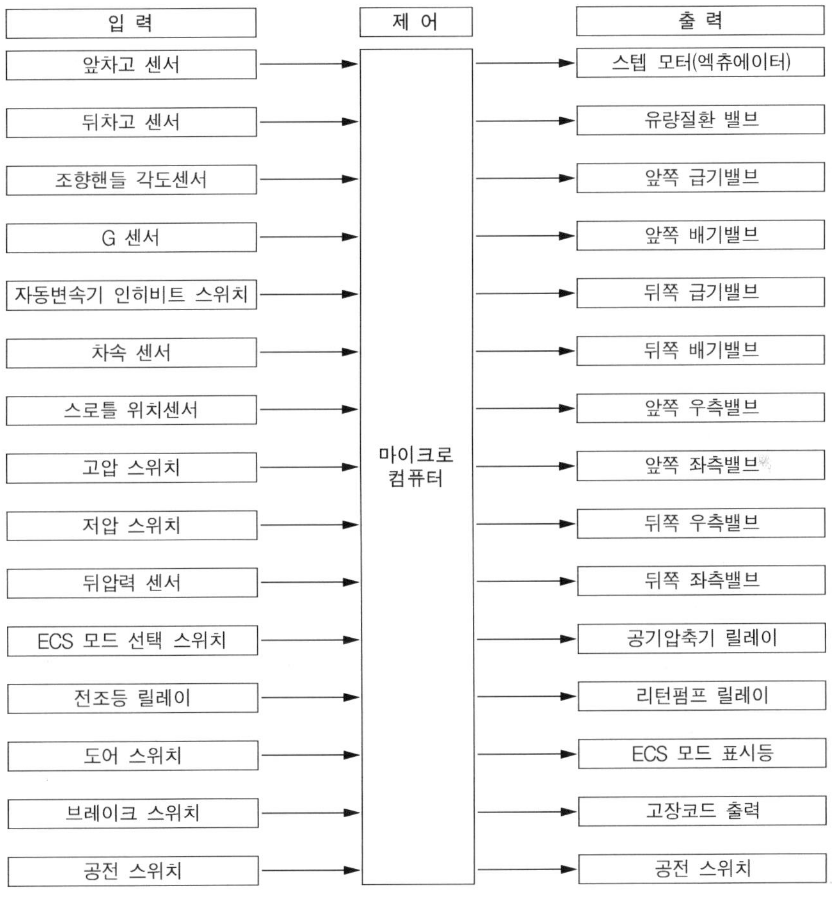

[그림12-22. 입 · 출력 다이어그램]

[1] 차고(車高) 센서

(1) 차고센서의 기능 및 구조

차고센서는 레버로 연결된 로드와 센서보디로 구성되어 있으며, 앞쪽에 1개, 뒤쪽이 1개 총 2개가 설치되어 있다. 앞차고 센서는 로워 암(lower arm)과 차체에, 뒤차고 센서는 뒷차축과 차체에 연결되어 차체의 상하 움직임에 따라 레버가 회전하므로 레버의 회전량으로 차량 높이를 감지한다.

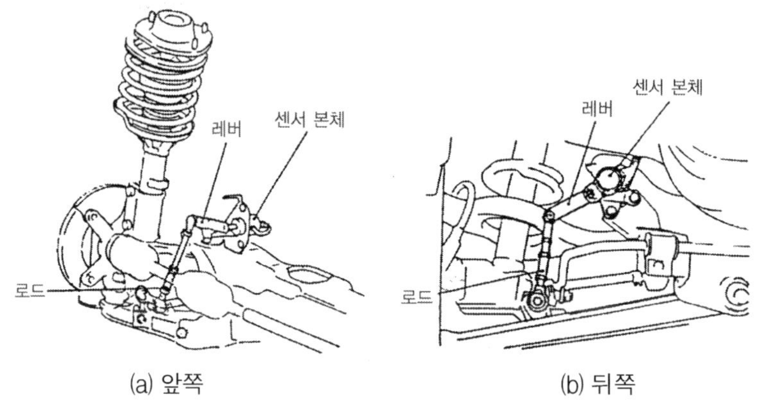

[그림12-23. 차고센서의 설치위치]

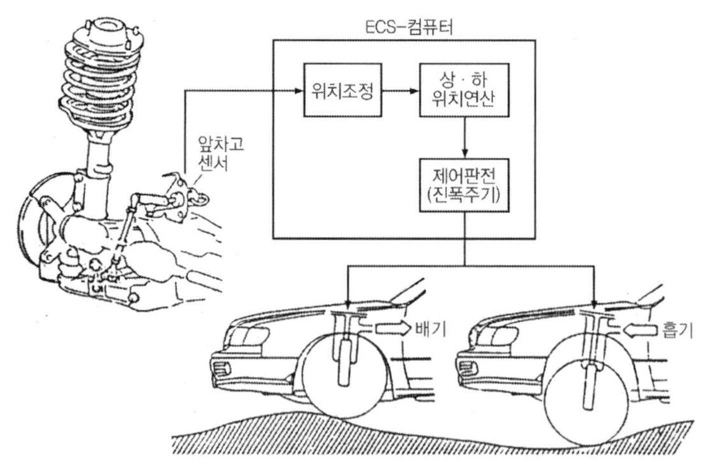

[그림12-24. 차고센서의 기능]

(2) 차고센서의 작동원리

차고센서의 작동원리는 다음과 같다. 레버에 설치된 디스크는 차량높이 변화에 따라 발광다이오드와 포토트랜지스터 사이에서 회전하며, 디스크의 슬릿(slit)을 통해 발광다이오드의 빛이 포토트랜지스터로 통과하여 발생된 출력에 의해 차량 높이가 감지된다.

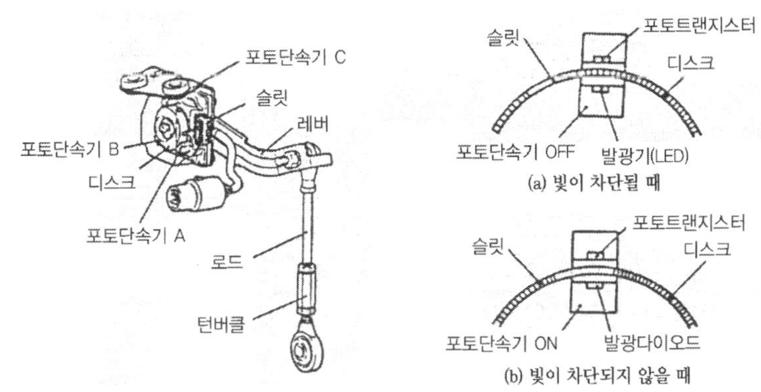

[그림12-25. 차고센서의 작동원리]

[2] 조향핸들 각속도 센서

(1) 조향핸들 각속도 센서의 기능

조향핸들 각속도 센서는 2개의 포토 단속기와 1개의 디스크로 구성되어 조향핸들의 아래쪽에 설치되어 있으며 포토 단속기는 조향칼럼 스위치에 고정되어 있고 디스크는 조향 축에 연결되어 조향핸들을 회전시키면 함께 회전한다. 이때 조향핸들을 일정하게 회전시키면 ECS-컴퓨터는 조향핸들 각속도 센서의 신호를 기준으로 선회 여부를 판단하여 차체의 롤(roll)을 예측하여 앤티 롤로 제어한다.

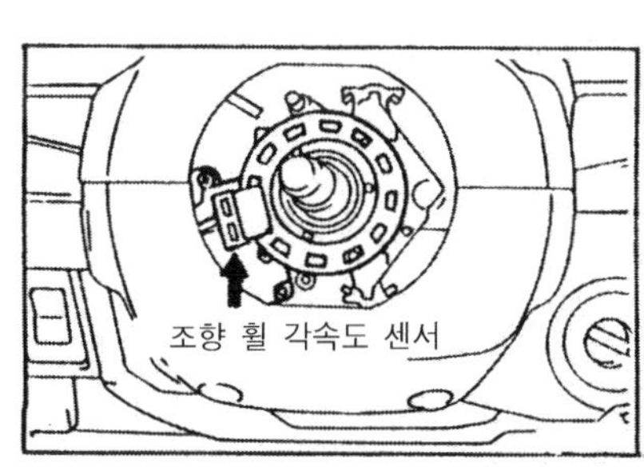

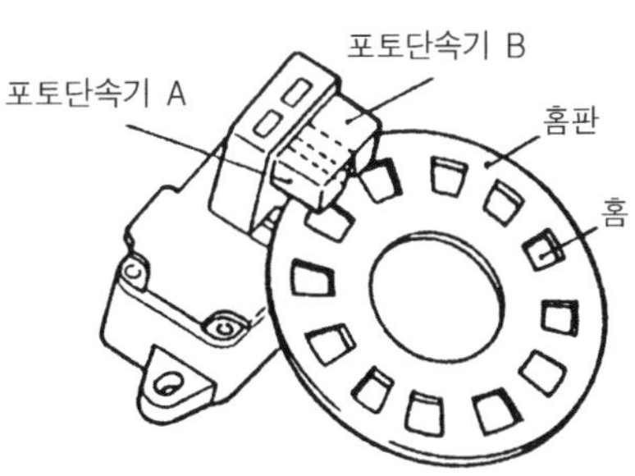

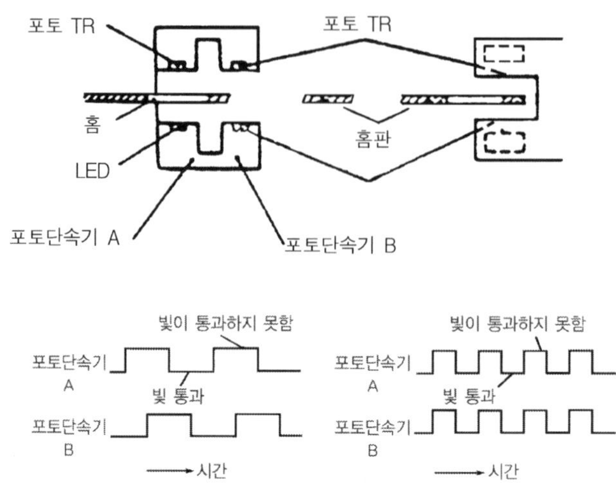

[그림12-26. 조향핸들 각속도 센서의 구조와 작용]

(2) 조향핸들 각속도 센서의 작동

조향핸들 각속도 센서는 포토 단속기의 발광다이오드와 포토트랜지스터 사이에 설치된 디스크가 조향핸들의 회전운동에 따라 회전하면 발광다이오드의 빛이 포토트랜지스터 쪽으로 통과 여부에 따라 전기적인 신호 즉, 조향핸들 각속도에 의해 조향핸들의 회전속도·회전방향 및 회전 각도를 검출하여 ECS-컴퓨터에 입력한다.

[3] G센서(중력 가속도센서)

(1) G센서(gravity sensor) 기능

G센서는 엔진룸 내의 차체 프레임에 설치되어 있으며, 차체의 롤(roll)제어를 위한 전용센서이며, 차체의 횡가속도 값과 좌우방향을 검출한다.

(2) G센서의 구조

G센서는 반도체를 이용한 게이지 방식의 센서이며, 구조는 그림 12-27의 (a)에 나타낸 바와 같이 케이스 내부에 댐핑 오일(damping oil)이 들어있어 공진에 의한 진동을 방지한다. 피에조 확산저항을 그림 12-27의 (b)에 나타낸 바와 같이 브리지 회로를 만들고 반도체 형식의 게이지를 형성한다. 이 센서가 가속도에 의한 변형을 받으면 피에조 저항 효과에 따라 저항 값이 변화되어 브리지 회로의 평형이 무너진다. 이때 브리지 회로에 전압을 가하여 불평형 분량을 전압으로 검출하여

가속도를 측정한다. 출력특성은 2.5V를 0G로 하여 가속도 방향에 따라서 그림 12-27의 (c)와 같이 변화한다.

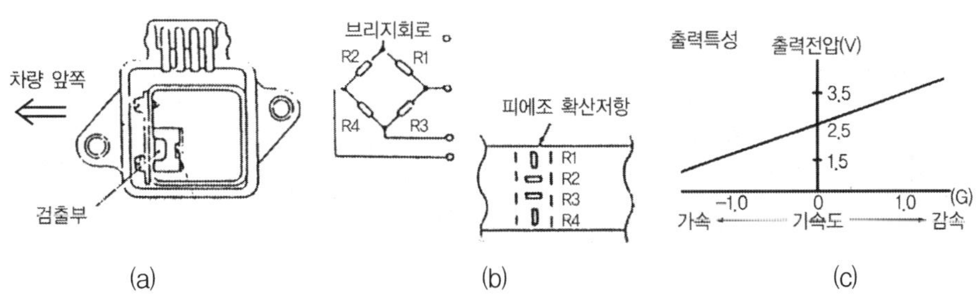

[그림12-27. G 센서의 구조]

(3) G센서 작동원리

그림 12-28에 나타낸 바와 같이 철심은 1차 코일과 2차 코일사이에서 움직이게 되는데 교대로 역극성의 전압을 가하여 직렬로 된 철심이 중앙에 위치할 때 2차 코일에 유도되는 교류 전압은 같아지고, 양쪽 코일로부터의 전압 파형은 역위상으로 되어 출력이 "0"이 된다. 철심의 위치가 중앙에서 어긋나면 좌우 코일의 유기전압에 차이가 발생하여 증폭기의 출력에 비례하는 전압이 발생한다.

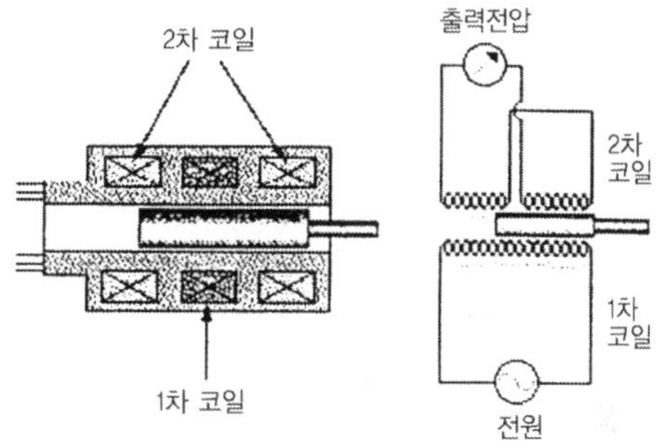

[그림12-28. G 센서의 작동원리]

[4] 인히비터 스위치

인히비터 스위치는 자동변속기 차량에 설치되어 있으며, 운전자가 변속레버를 P, R, D, D, 2, L 중 어느 위치로 선택, 이동하는지를 ECS-컴퓨터로 입력시키는 스위치이다. ECS-컴퓨터는 이 신호를 기준으로 변속레버를 P 또는 N레인지에서 D 또는 R레인지로 선택했을 때 발생되는 차체의 진동을 억제하기 의한 감쇠력 제어를 실행한다.

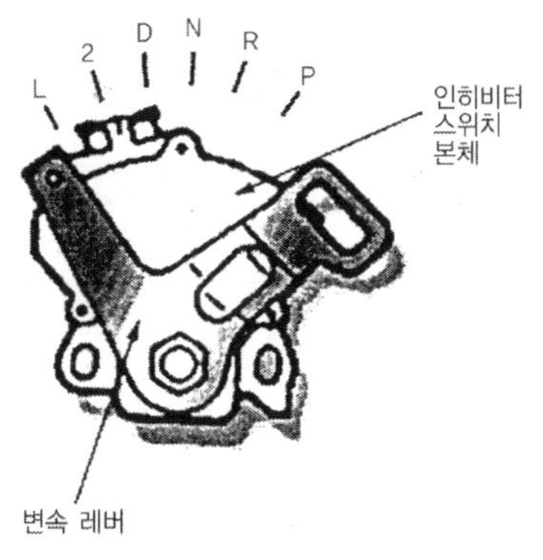

[그림12-29. 인히비터 스위치]

[5] 차속 센서

차속 센서는 홀(hall)소자를 이용한 센서이며, 변속기의 출력축(드리븐 기어)에 설치되어 있으며, 차량의 주행속도를 ECS-컴퓨터에 입력시킨다. ECS-컴퓨터는 차속 센서의 신호를 기준으로 차량이 선회할 때의 롤(roll)량을 예측하고 제동할 때 차체가 앞쪽으로 기울어지는 다이브(dive)현상을 방지하는 앤티 다이브 제어, 출발할 때 차체 앞쪽이 들리는 스쿼트(squat)현상을 방지하는 앤티 스쿼트 제어 및 고속 안정성을 제어한다.

[6] 스로틀 위치 센서(throttle position sensor)

스로틀 위치 센서는 가속페달 케이블에 연결되어 있으며, 운전자가 가속페달을 밟는 양과 변화속도를 ECS-컴퓨터로 입력시킨다. ECS-컴퓨터는 스로틀 위치 센서의 신호를 기준으로 운전자의 가속 또는 감속 의지를 판단하고 급가속할 때 차량 앞쪽 들리는 스쿼트 현상을 방지하는 앤티 스쿼트 제어의 주 신호로 사용한다.

[7] 고압 스위치

공기를 쇽업소버 공기스프링에 공급하여 차량의 자세를 순간적으로 변화시키기 위해서는 많은 양의 압축공기를 필요로 하는데 액티브 방식 ECS에는 필요한 압축공기를 공급하기 위해 1개의 공기압축기와 2개의 공기탱크가 설치되어 있다. 2개의 공기탱크는 공기압축기에서 압축된 공기를 저장해 두었다가 자세를 제어할 때 신속하게 압축공기를 쇽업소버의 공기스프링으로 공급하며, 고압탱크와 저압탱크로 분리되어 있다.

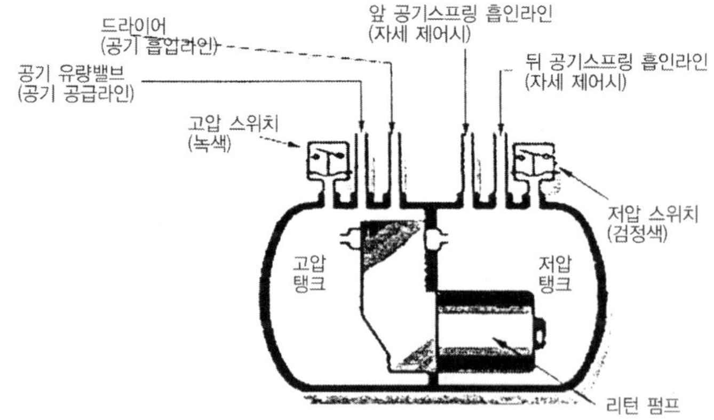

[그림12-30. 고압 및 저압스위치의 설치위치]

[8] 저압 스위치

차량의 앞·뒤쪽에 설치된 공기탱크는 내부가 고압과 저압 부분으로 나누어져 있다. 공기탱크 중간에는 리턴펌프(return pump)라 부르는 압축기가 설치되어 있으며, 리턴펌프가 작동하면 저압 쪽의 공기가 고압 쪽으로 공급된다. 즉 고압 쪽은 자세제어를 할 때 공기를 공급하고, 저압 쪽은 자세제어를 할 때 배출되는 공기를 저장하는 탱크이다.

[9] 뒤 압력센서

뒤 압력센서는 뒤쪽 쇽업소버 내의 공기압력을 감지하는 역할을 한다. 뒤쪽 쇽업소버 내의 공기압력은 뒷좌석 승차인원이나 트렁크의 화물 적재량에 따라 많은 변화가 일어나는데 ECS-컴퓨터는 뒤 압력센서의 신호로 차량 뒤쪽의 무게를 감지하여 무게에 따라 뒤 쇽업소버의 공기스프링에 급·배기를 할 때 급기 시간과 배기 시간을 다르게 한다. 또 승차인원이 과다하거나 화물 적재량이 많아서 뒤쪽 쇽업소버 공기스프링 내의 공기압력이 규정 값 이상으로 높아지면 자세를 제어할 때 뒤쪽 제어를 금지시킨다.

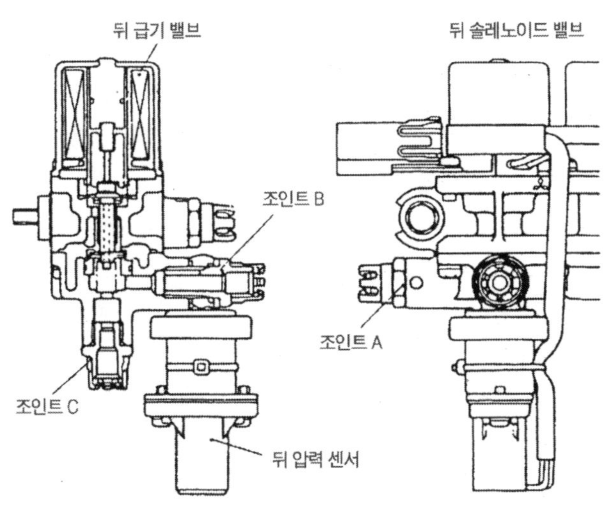

[그림12-31. 뒤 압력센서]

[10] ECS모드 선택 스위치

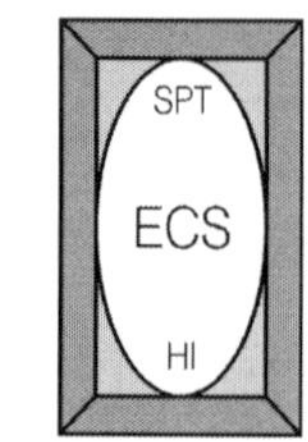

[그림12-32. ECS모드 선택 스위치]

ECS모드 선택 스위치는 운전자가 주행조건이나 노면 상태에 따라 쇽업소버의 감쇠력 특성과 차량 높이를 변화시키고자 할 때 사용한다.

그림 12-32에서 "SPT"는 스포츠(sport)를, 줄여서 표기한 것이며, "SPT" 스위치를 한번 누르면 계기판에 "SPT" 표시등이 점등되면서 ECS제어모드가 스포츠 모드로 변환된다. "HI"는 High를 줄여서 표기한 것이며, 주행속도 70㎞/h이하에서 "HI" 스위치를 한번 누르면 계기판에 "HI" 표시등이 점등되면서 차량높이는 노멀(normal)상태보다 30㎜ 정도 높아진다. 또 Auto 모드 상태로 주행 중 주행속도가 10㎞/h이하에서 "HI" 스위치를 연속하여 3회 누르고 3회째 3초 이상 스위치를 누르고 있게 되면 계기판에 엑스트라 하이(Extra High)표시등이 점등되면서 차량 높이는 노멀보다 50㎜ 더 높은 위치로 상승한다. 엑스트라 하이는 험한 도로를 주행할 때 차량의 아래 면과 노면의 접촉을 방지할 때 사용한다. 주행속도가 10㎞/h를 초과하면 자동적으로 Auto 모드로 복귀하면서 차량 높이는 노멀위치로 내려온다.

[11] 전조등 릴레이

운전자가 라이트 스위치를 작동하면 전조등 릴레이가 작동하며, 이 릴레이가 작동하면 축전지의 전기를 전조등으로 보내어 점등시킨다. 일반적으로 전조등은 야간주행에서만 작동하며, 전조등 릴레이 신호에 따라 ECS-컴퓨터는 고속주행 중 차량높이 제어를 다르게 한다.

[12] 도어 스위치

도어스위치는 차량의 도어(door)가 열리고 닫히는 것을 감지하는 스위치이다. ECS-컴퓨터는 도어스위치의 신호로 차량에 승객의 승차 및 하차 여부를 판단하여 승·하차 할 때 차체의 흔들림을 방지하기 위해 쇽업소버의 감쇠력을 제어하며, 차량 높이가 High 또는 Extra High 상태 일 때에는 승객이 승·하차할 때 편의를 위해 Normal 위치로 내려준다.

[13] 공전(idle) 스위치

공전스위치는 운전자의 가속페달 조작여부를 감지하는 스위치이며, ECS-컴퓨터는 공전스위치의 신호에 의해 가속페달 조작여부를 판단한다. 이 신호에 의해 차량이 출발할 때 차체 앞쪽이 들리는 스쿼트 현상을 방지하기 위한 앤티 스쿼트 제어와 변속레버를 조작할 때 차체의 진동이 발생하는 현상을 방지하기 위한 앤티 시프트 스쿼트 제어(anti shift squat control)를 실행한다.

[14] 제동등 스위치

제동등 스위치는 운전자의 브레이크 페달 조작여부를 판단하여 ECS-컴퓨터에 입력시키는 역할을 한다. ECS-컴퓨터는 브레이크 스위치 신호에 의해 운전자의 브레이크 페달 조작 여부를 판단하고 제동할 때 차체가 앞쪽으로 숙여지는 다이브 현상을 방지하기 위해 앤티 다이브 제어를 실행한다.

[15] AC발전기 L 단자

AC발전기 L 단자신호는 엔진의 가동여부를 판정하는데 사용한다. 이것은 공기 압축기 작동빈도를 줄이기 위함이며, 엔진가동 중 또는 주행속도가 3㎞/h이상일 때 ECS가 작동하기 때문이다.

3. 액티브 방식 ECS 출력요소의 기능 및 작동

[1] 스텝 모터(step motor, 액추에이터)

(1) 스텝모터의 기능

액추에이터(actuator)는 ECS-컴퓨터의 제어신호에 따라 쇽업소버 컨트롤 로드를 회전시켜 로터리 밸브를 구동시키기 위한 모터이다. 프리뷰 제어 및 퍼지제어에 대응하기 위하여 응답성능이 빠른 스텝 모터 방식의 액추에이터를 사용한다.

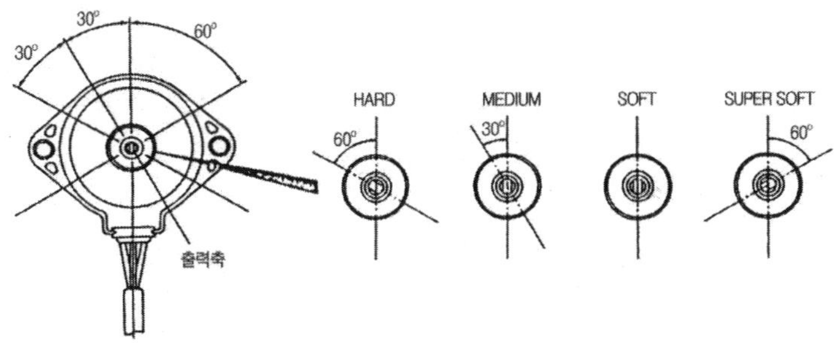

[그림12-33. 액추에이터의 기능]

액추에이터는 영구자석의 로터를 중심으로 하여 주위에 6개의 코일(전자석)이 60°간격으로 배치되어 있다. 3극 철심에 감긴 코일의 두 선을 [+]와 [-]로 하고 전압을 가하면 양쪽 2개의 자극 코일에 N극의 자력, 다른 2개의 코일에 S극의 자력이 발생되어 로터를 회전시킨다. 액티브 프리뷰 ECS에서는 인가하는 전압을 다른 코일로 변환하여 아래 표와 같이 로터를 4단계로 변환하여 사용한다.

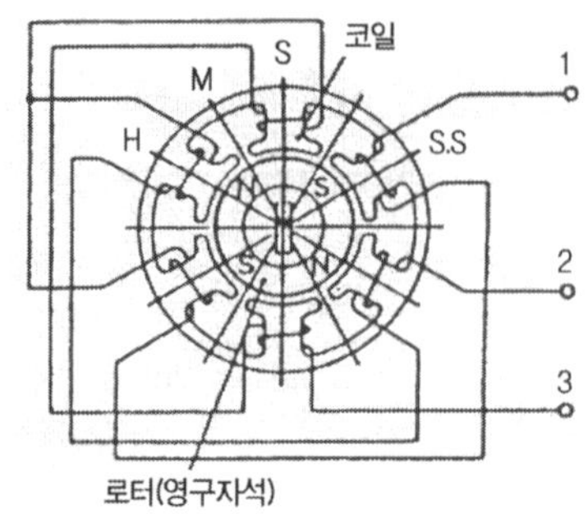

[그림12-34. 스텝모터의 작동도]

	Hard	Medium	Soft	Super Soft
1	[-]	open	[+]	open
2	open	[-]	[-]	[+]
3	[+]	[+]	open	[-]

(2) 스텝모터의 구조

스텝모터 구조는 페라이트 계열의 영구자석으로 된 로터(회전자)와 스테이터(고정자), 그리고 코일 A, B로 구성되어 있으며, 코일에 직류전류가 흐르면 이때 발생하는 전자력으로 로터를 끌어당겨 회전력을 발생한다. ECS-컴퓨터는 차량이 운행 중 쇽업소버의 감쇠력을 변화시켜야 할 조건이 되면 스텝모터를 일정한 각도로 회전시키고, 스텝모터가 회전하면 스텝모터에서 쇽업소버 내부까지 연결된 컨트롤로드(control rod)가 회전하면서 쇽업소버 내부의 오일회로가 크게 변화되어 감쇠력이 변화된다.

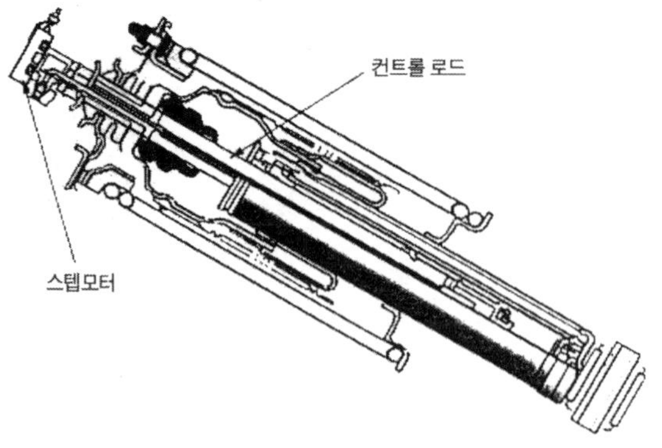

[그림12-35. 스텝모터 설치위치]

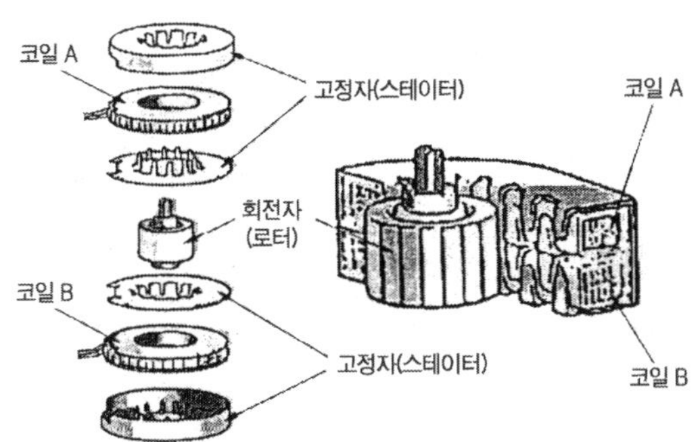

[그림12-36. 스텝모터의 분해도]

(3) 스텝모터의 작동원리

그림 12-37의 (a)와 같이 전류를 A, B 각 상의 코일에 흐르게 하면, 플레밍의 오른손법칙에 따라 A1극, B1극이 N극으로, A2극, B2극이 S극으로 되어 로터의 N극과 S극을 각각 끌어당겨 그림 (a)와 같은 위치를 유지하며, 그림 (a)의 상태에서 그림 (b)와 같이 A상의 코일로 전류의 방향을 역으로 하면 A1극, B2극이 S극으로, A2극, B1극이 N극이 되면서 로터가 90°반시계 방향으로 회전한다. 이렇게 코일에 흐르는 전류방향을 바꾸어 줌으로서 로터를 작동시킨다.

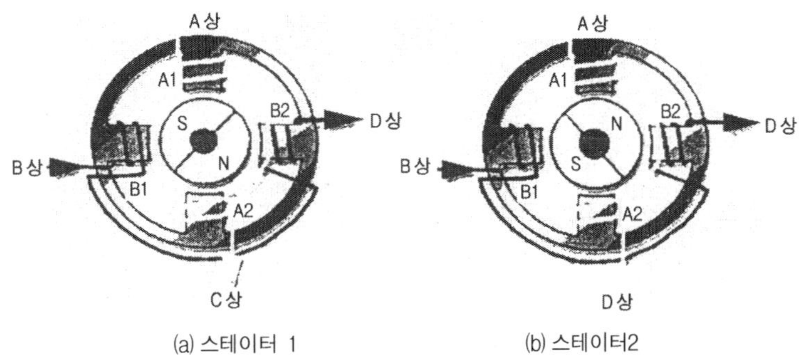

[그림12-37. 스텝모터의 작동원리 (1)]

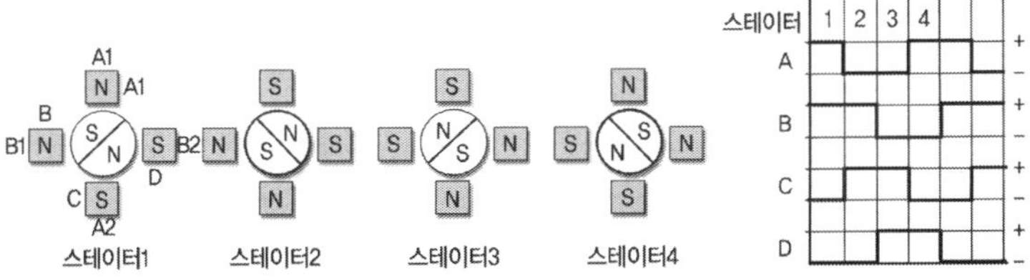

[그림12-38. 스텝모터의 작동원리 (2)]

[2] 유량 변환밸브

유량 변환밸브는 차량높이를 제어하거나 자세를 제어할 때 공기스프링에 공기를 공급하는 앞뒤 공급밸브에 공기를 공급하는 역할을 한다.

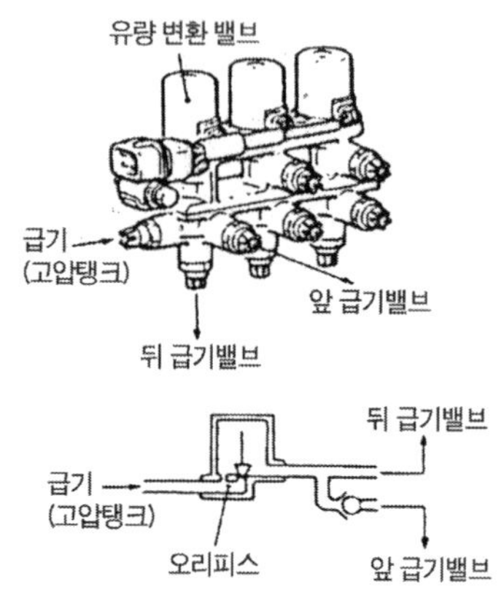

[그림12-39. 각종밸브의 설치위치]

[3] 앞 급기(공급)밸브

앞 급기밸브는 차량의 높이제어 또는 자세를 제어할 때 앞쪽의 좌우 스트럿(strut)공기 스프링에 공기를 공급하는 밸브이며, 공기를 공급할 때에는 ON으로 되며, 배기를 할 때에는 OFF된다. 그리고 공기의 역류를 방지하기 위해 체크밸브(check valve)가 설치되어 있다.

[4] 뒤 급기밸브

뒤 급기밸브는 차량높이의 상승제어 또는 자세를 제어할 때 뒤쪽의 좌우 스트럿(strut)공기 스프링에 공기를 공급하는 밸브이며, 앞 급기밸브와 마찬가지로 공기를 공급할 때에는 ON으로 되며, 배기를 할 때에는 OFF된다. 그리고 이 밸브에는 뒤 쇽업소버 공기스프링 내의 압력을 검출하는 뒤 압력센서가 설치되어 있다.

[5] 앞·뒤 배기 밸브

앞·뒤 배기 밸브는 ECS-컴퓨터의 전기적 신호에 의해 작동되며, 앞뒤·좌우 쇽업소버의 공기를 대기 중으로 배출할 것인지, 아니면 저압탱크 쪽으로 보낼 것 인지를 결정하여 공기를 배출하는 밸브이다.

[6] 앞뒤·좌우밸브

앞뒤·좌우밸브는 ECS-컴퓨터의 전기적 신호에 의해 작동되며, 앞뒤·좌우 쇽업소버의 공기스프링에 공기를 공급하거나 배출시키는 역할을 한다. ECS-컴퓨터는 차량높이 제어나 자세제어를 할 때 조건에 따라 앞뒤·좌우밸브를 작동시켜 쇽업소버의 공기스프링에 급·배기를 제어한다.

[7] 리턴펌프(return pump)와 릴레이

리턴펌프는 앞쪽에 있는 공기탱크에 설치되어 있으며, 리턴펌프 릴레이가 작동하면 구동된다. 차체의 자세를 제어할 때 쇽업소버에서 배출된 공기는 공기탱크 저압 쪽에 저장되며 규정 값 이상으로 저압탱크의 압력이 상승하면 저압스위치 신호에 의해 리턴펌프 릴레이가 작동하면 리턴펌프가 구동되면서 공기탱크 안의 공기는 고압탱크로 보내진다. 그리고 리턴펌프 릴레이는 리턴펌프에 축전지 전원을 공급하는 역할을 한다.

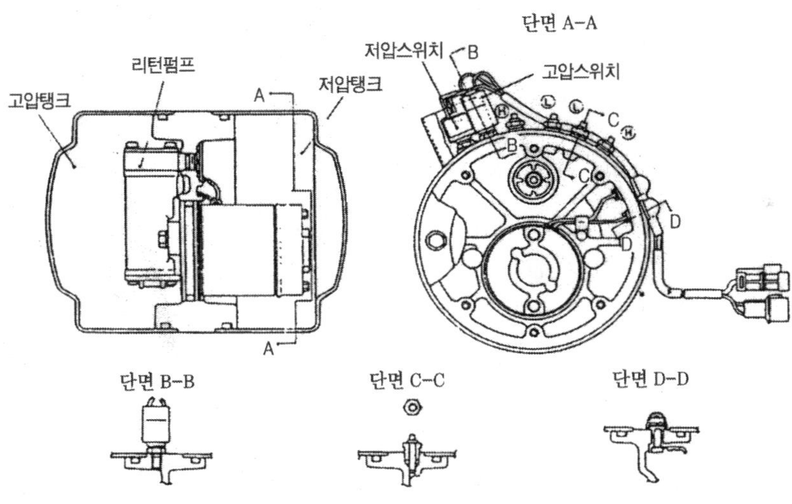

[그림12-40. 리턴펌프 설치위치]

[3] 공기압축기와 릴레이

공기압축기는 ECS-컴퓨터의 제어신호를 받아 작동하여 차량높이 제어 및 자세 제어에 필요한 압축공기를 생성한다. 차량높이 제어용 배기밸브가 들어 있으며, 고압탱크의 압력이 7.6kg/㎠이하일 때 작동하고, 9.5kg/㎠이상 되면 2초 후 정지한다. 그러나 리턴펌프가 작동중인 경우에는 공기압축기는 작동하지 않는다.

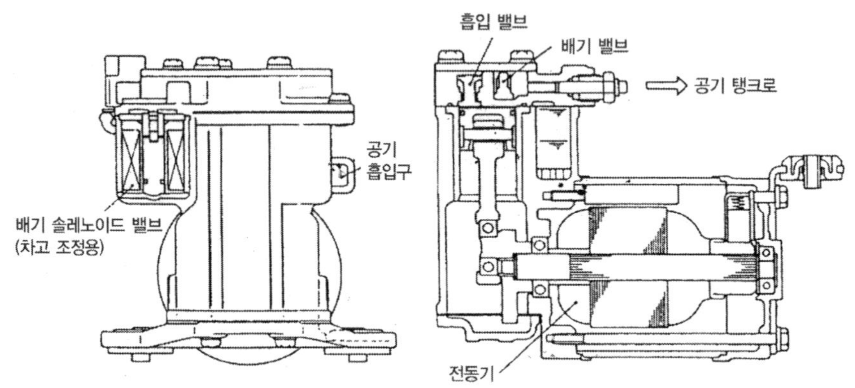

[그림12-41. 공기압축기의 구조]

[4] ECS 지시등

ECS 지시등은 계기판에 설치되어 있으며, High, Extra High의 2개 표시등으로 되어있다. 점화스위치를 ON시킨 후부터 엔진 시동 후 약 0.5초까지 ECS 경고등이 점등된 후 ECS 계통이 정상일 경우 소등된다. 이때 ECS 계통에 고장이 발생된 경우에는 High, Extra High의 2개 표시등이 동시에 점멸하여 운전자에게 알려준다. High 모드를 선택하면 ECS HI 표시등이 점등되며, Extra High 모드를 선택하면 ECS EX-HI 표시등이 점등되며, ECS HI 표시등과 ECS EX-HI 표시등이 점등되지 않는 경우는 Auto 모드 상태이다.

4. 액티브 방식 ECS의 공기배관도 및 공기탱크의 기능

[1] 공기 배관도

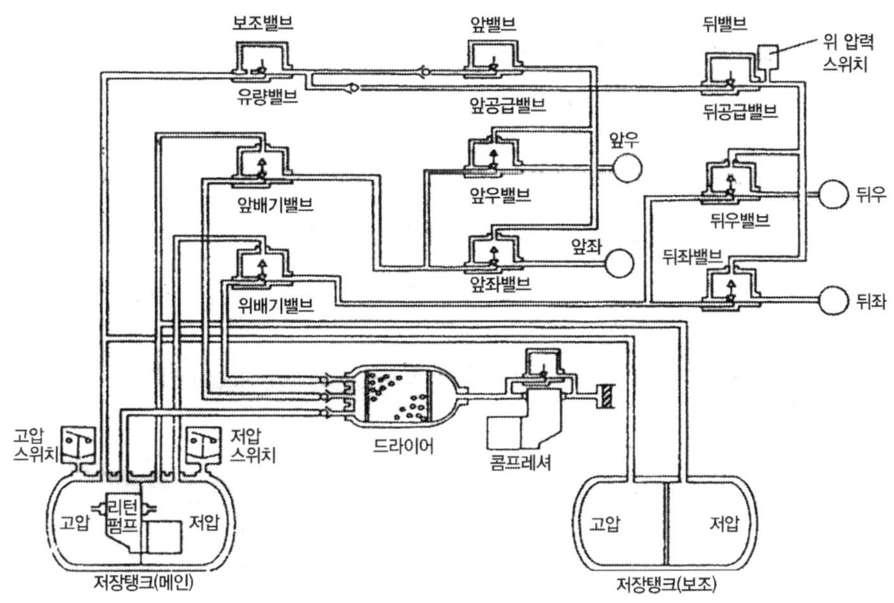

[그림12-42. 전체 공기 배관도]

① 공기탱크(메인) : 공기를 공급하는 고압탱크와 자세제어를 할 때 배출되는 공기를 저장하는 저압탱크 및 리턴펌프로 구성되어 있다.

② 공기탱크(보조) : 고압탱크와 저압탱크로 구성되며, 메인 저장탱크와 병렬로 연결되어 있다. 따라서 저장탱크 내의 압력은 앞뒤가 동시에 변화한다.

③ 고압스위치 : 고압탱크 내의 압력이 설정 값 이하로 낮아지면 ON되어 공기압축기가 작동하고, 설정 값 이상으로 높아지면 OFF되어 공기압축기 작동이 정지한다. 따라서 고압탱크 내에는 압축공기가 들어있다.

④ 저압스위치 : 저압탱크 내의 압력이 설정 값 이상으로 높아지면 OFF되어 리턴펌프를 작동하고, 설정 값 이하로 낮아지면 ON되어 리턴펌프의 작동이 정지한다.

⑤ 공기압축기 : 고압스위치의 ON 신호에 의해 작동되며, 고압탱크 내에 공기를 저장한다. 공기압축기 내에 차량 높이 조정용 배기 밸브를 내장하여 차량높이를 낮출 때 작동시켜 공기를 대기 중으로 방출한다.

⑥ 드라이어 : 공기압축기와 공기탱크사이에 설치되어 압축공기 중의 수분을 방습제에 의해 흡수하여 ECS 장치 내의 녹을 방지한다. 배기를 할 때 건조 공기에 의해 흡수한 수분을 방출하기 때문에 수명은 반영구적이다.

⑦ 보조밸브 어셈블리 : 유량 변환밸브(자세제어, 급속 차량높이 제어를 할 때 ON), 앞 배기 밸브(앞 배기를 알 때 ON), 앞 공급밸브(자세제어를 할 때 좌우 공기스프링에 공기공급), 앞 좌측 공급밸브, 앞 우측 공급밸브로 구성되어 있다.

⑧ 앞 밸브 어셈블리 : 앞 공급밸브(자세를 제어할 때 좌우 공기스프링에 공기공급), 앞 좌측 공급밸브, 앞 우측 공급밸브로 구성되어 있다.

⑨ 뒤 밸브 어셈블리 : 뒤 공급밸브(자세를 제어할 때 좌우 공기스프링에 공기공급), 뒤 좌측 공급밸브, 뒤 우측 공급밸브로 구성되어 있다.

[2] 공기탱크의 기능

차량 앞뒤에 설치되어 있는 공기탱크는 내부에 저압과 고압으로 나누어져 있으며, 공기압축기에서 생성하는 압축공기를 저장하는 역할과 자세제어를 할 때 공기스프링에 공기를 공급한다. 공기탱크 중간에는 리턴펌프가 설치되어 있으며, 리턴펌프가 작동하면 저압 쪽의 공기를 고압 쪽으로 공급하며, 고압탱크 쪽에는 고압스위치가 설치되어 공기탱크의 압력이 설정 값 이하로 낮아지면 공기압축기를 작동시켜 공기탱크 내의 압력을 유지할 수 있도록 하고, 저압탱크 쪽에는 저압스위치가 설치되어 공기탱크 내의 압력이 설정 값 이상으로 높아지면 리턴펌프를 작동시켜 공기탱크 내의 압력을 유지할 수 있도록 한다. 고압 쪽은 차체의 자세를 제어할 때 공기스프링에 공기를 공급하고 저압 쪽은 자세를 제어할 때 공기스프링에서 배출되는 공기를 저장하는 탱크이다.

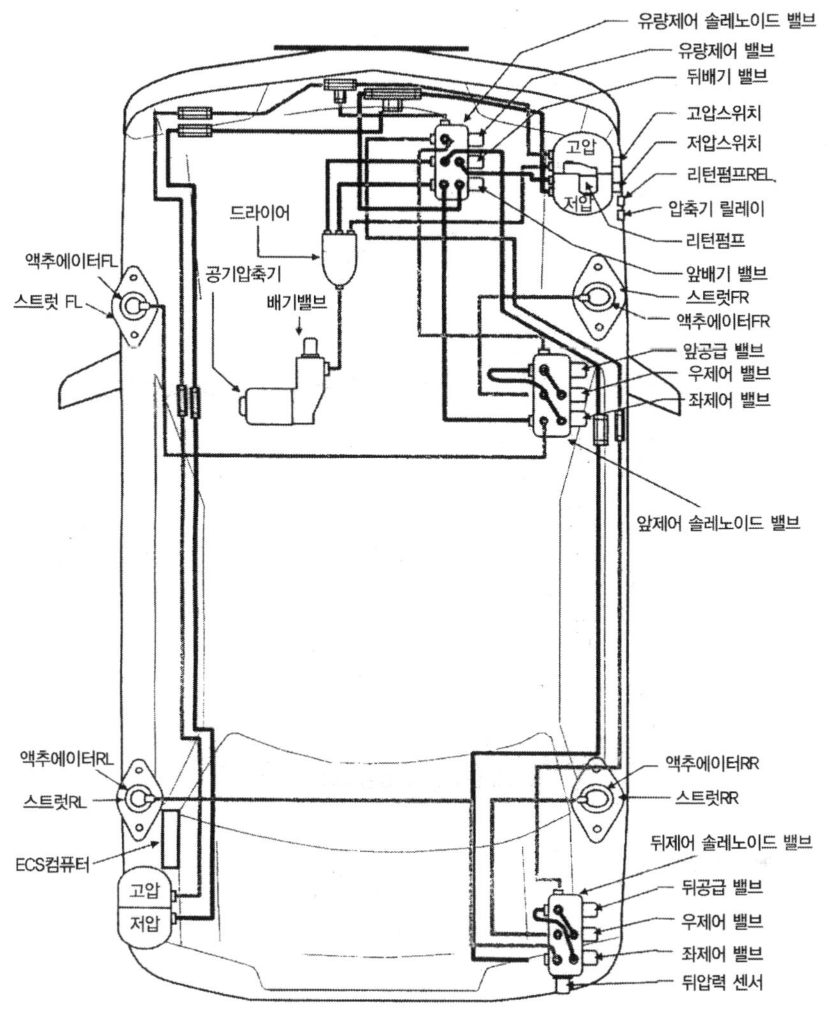

[그림12-43. 공기 배관 연결도]

[3] 차량높이를 제어할 때의 작동밸브 및 공기흐름

(1) 차량높이를 높일 때

각종 센서와 스위치들이 차량높이를 높여야 하는 조건의 신호가 ECS-컴퓨터로 입력되면 공기탱크에 설치된 공기 공급 솔레노이드 밸브와 앞뒤 차량높이 조절 공급밸브가 ECS-컴퓨터로부터 구동신호를 받아 밸브가 열려 압축공기가 공기스프링으로 공급된다. 따라서 압축공기가 공기스프링에 공급되면 공기 체임버(air chamber)의 체적이 증가하기 때문에 스트럿(쇽업소버)의 길이가 길어지므로 차량 높이가 높아진다.

6. ECS의 자세 제어

컴퓨터는 각종 센서들로부터 보내 온 신호들을 이용하여 쇽업소버 감쇠력 제어용 액추에이터를 작동시키며, 자세 제어는 다음과 같다.

(1) 앤티 롤링 제어(Anti-rolling control)

이것은 선회할 때 자동차의 좌우 방향으로 작용하는 횡 가속도를 G센서로 감지하여 제어한다.

(2) 앤티 스쿼트 제어(Anti-squat control)

이것은 급 출발 또는 급가속을 할 때에 차체의 앞쪽은 들리고, 뒤쪽이 낮아지는 노스 업(nose-up)현상을 제어한다.

(3) 앤티 다이브 제어(Anti-dive control)

이것은 주행 중에 급 제동을 하면 차체의 앞쪽은 낮아지고, 뒤쪽이 높아지는 노스 다운(nose down)현상을 제어한다.

(4) 앤티 피칭 제어(Anti - Pitching control)

이것은 자동차가 요철 노면을 주행할 때 차고의 변화와 주행속도를 고려하여 쇽업소버의 감쇠력을 증가시킨다.

(5) 앤티 바운싱 제어(Anti-bouncing control)

차체의 바운싱은 G센서가 검출하며, 바운싱이 발생하면 쇽업소버의 감쇠력은 Soft에서 Medium이나 Hard로 변환된다.

(6) 차속 감응 제어(vehicle speed control)

자동차가 고속으로 주행할 때에는 차체의 안정성이 결여되기 쉬운 상태이므로 쇽업소버의 감쇠력은 Soft에서 Medium이나 Hard로 변환된다.

(7) 앤티 쉐이크 제어(Anti-shake control)

사람이 자동차에 승하차할 때 하중의 변화에 따라 차체가 흔들리는 것을 쉐이크라고 하며, 자동차의 속도를 감속하여 규정 속도 이하가 되면 컴퓨터는 승·하차에 대비하여 쇽업소버의 감쇠력을 Hard로 변환시킨다.

참고

ECS 컴퓨터는 주행 안정성을 위해 다음과 같은 조건하에서는 차량의 실제높이와 목표높이가 다르더라도 차량의 높이 조정이 이루어지지 않는다.

① 커브 길을 급선회할 때

② 급제동을 할 때

③ 급가속을 할 때

제 13 장 조향 장치(Steering System)

조향 장치는 자동차의 진행 방향을 운전자가 의도하는 바에 따라서 임의로 조작할 수 있는 장치이며 조향 핸들을 조작하면 조향 기어에 그 회전력이 전달되며 조향 기어에 의해 감속하여 앞바퀴의 방향을 바꿀 수 있도록 되어 있다.

13.1. 조향 장치의 원리

1. 애커먼 장토식(Ackerman-Jantoud type)

이 원리는 조향 각도를 최대로 하고 선회할 때 선회하는 안쪽 바퀴의 조향 각도가 바깥쪽 바퀴의 조향 각도보다 크게 되며, 뒷차축 연장선상의 한 점 O를 중심으로 동심원(同心圓)을 그리면서 선회하여 사이드슬립 방지와 조향 핸들 조작에 따른 저항을 감소시킬 수 있는 방식이다. 즉, 자동차를 직진 상태로 하였을 때 킹핀과 타이로드 엔드와의 중심을 연결하는 선의 연장선 A와 B가 뒷차축 중심점 P에서 만나게 되어 있으며, 이와 같이 하면 조향 핸들을 회전시켰을 때 타이로드의 작용으로 양쪽 바퀴의 너클 스핀들 중심의 연장선 C와 D가 뒷차축의 중심선과 0점에서 만나게 된다. 이에 따라 앞·뒷바퀴는 어떤 선회 상태에서도 중심이 일치되는 원(동심원)을 그릴 수 있다.

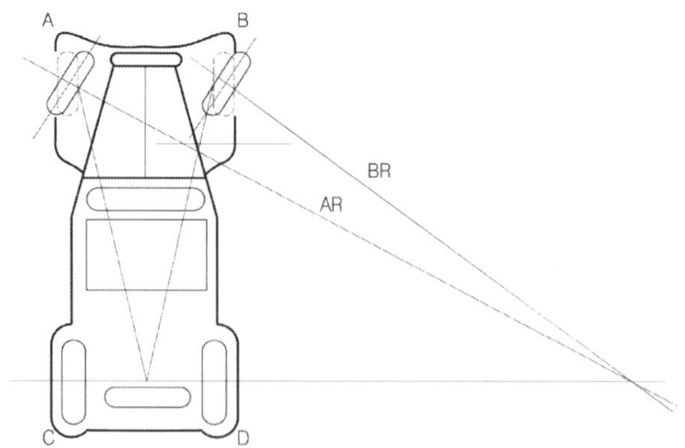

[그림13-1. 조향장치의 원리(애커먼 장토식)]

2. 최소 회전 반지름

이것은 조향 각도를 최대로 하고 선회하였을 때 그려지는 동심원 중에서 가장 바깥쪽 바퀴가 그리는 원의 반지름을 말하며 다음의 공식으로 산출된다.

$$R = \frac{L}{\sin\alpha} + r$$

여기서, R : 최소 회전 반지름

L : 축간 거리(축거 ; wheel base)

$\sin\alpha$: 가장 바깥쪽 앞바퀴의 조향 각도

r : 바퀴 접지면 중심과 킹핀과의 거리

3. 조향 장치의 구비조건

① 조향 조작이 주행 중의 충격에 영향을 받지 않을 것

② 조작이 쉽고, 방향변환이 원활하게 행해질 것

③ 회전 반지름이 작아서 좁은 곳에서도 방향 변환을 할 수 있을 것

④ 진행 방향을 바꿀 때 섀시 및 보디 각 부분에 무리한 힘이 작용되지 않을 것

⑤ 고속주행에서도 조향 핸들이 안정 될 것

⑥ 조향 핸들의 회전과 바퀴 선회차이가 크지 않을 것

⑦ 수명이 길고 다루기나 정비하기가 쉬울 것

13.2. 기계식 조향장치의 구조와 작용

일체차축 방식의 조향기구는 조향핸들을 비롯하여 조향축, 조향기어, 피트먼 암, 드래그 링크, 타이로드, 조향너클 암 등으로 구성되어 있다. 한편 독립차축 방식의 조향기구에는 드래그 링크가 없고 타이로드가 둘로 나누어져 있다.

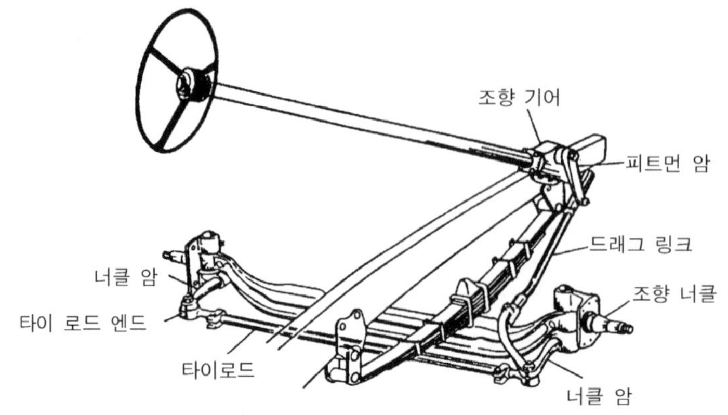

[그림13-2. 일체차축 방식의 조향기구]

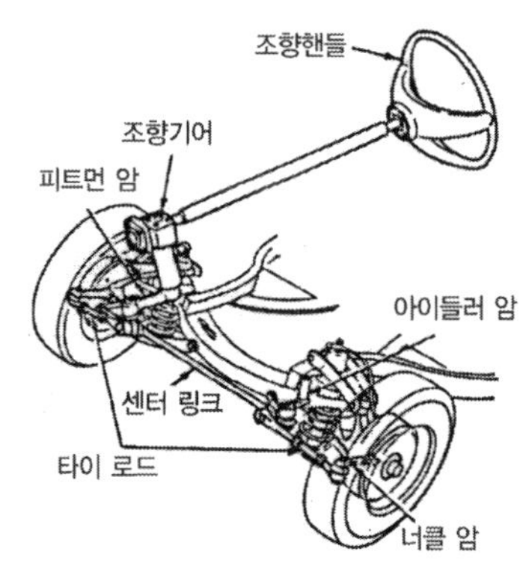

[그림13-3. 독립차축 방식의 조향기구]

[1] 조향 핸들(또는 조향 휠)

조향 핸들은 림(rim), 스포크(spoke) 및 허브(hub)로 구성되어 있으며 스포크나 림 내부에는 강철이나 알루미늄 합금 심으로 보강되고, 바깥쪽은 합성수지로 성형되어 있다. 조향 핸들은 조향축에 테이퍼(taper)나 세레이션(serration) 홈에 끼우고 너트로 고정시킨다.

[2] 조향 축(steering shaft)

조향 축은 조향 핸들의 회전을 조향 기어의 웜(worm)으로 전하는 축이며, 웜과 스플라인을 통하여 자재 이음으로 연결되어 있다. 또 조향 기어와 축을 연결할 때 오차를 완화하고, 노면으로부터의 충격을 흡수하여 조향 핸들로 전달되지 않도록 하기 위해 조향 핸들과 축 사이는 탄성체 이음으로 되어 있다. 조향 축은 조향하기 쉽도록 35~50°의 경사를 두고 설치되며, 운전자 요구에 따라 알맞은 위치로 조절할 수 있다. 또 조향 축의 종류는 다음과 같다.

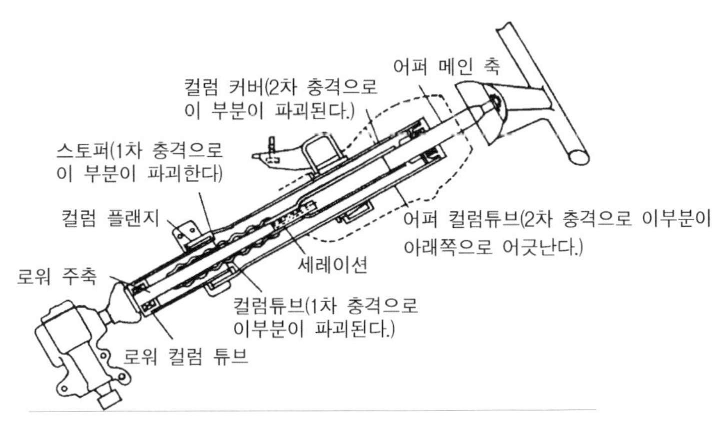

[그림13-4. 조향축]

① 틸트 방식(tilt type) : 조향 축의 설치 각도를 조정할 수 있는 방식이다.

② 텔레스코핑 방식(telescoping type) : 조향 축을 축 방향으로 이동시킬 수 있어 길이를 조정할 수 있는 방식이다.

③ 틸트 & 텔레스코핑 방식((tilt type & telescoping type) : 조향 축의 설치 각도와 길이를 조정할 수 있는 방식이다.

[3] 조향기어(steering gear)

조향 기어는 조향 조작력을 증대시켜 앞바퀴로 전달하는 장치이며, 종류에는 웜 섹터형, 웜 섹터 롤러형, 볼 너트형, 캠 레버형, 래크와 피니언형, 스크루 너트형, 스크루 볼형 등이 있으며 현재 주로 사용되고 있는 형식은 볼 너트 형식과 래크와 피니언 형식이다.

조향 기어는 위의 조건을 만족시키기 위해 알맞은 감속비를 두며, 이 감속비를 조향 기어비라 하며 다음 공식과 같이 나타낸다.

$$\text{조향기어비} = \frac{\text{조향핸들이 회전한 각도}}{\text{피트먼 암이 움직인 각도}}$$

즉 조향 기어비란 조향핸들의 회전각도와 피트먼 암의 회전각도와의 비율을 말하며, 조향 기어비를 크게 하면 조향 조작력이 가벼우나 조향 조작이 늦어진다. 반대로 조향 기어비를 작게 하면 조향 조작이 민속하며 가역성의 경향이 크게 되지만 조향 조작이 무겁다. 이에 따라 기계식 조향 기어에는 가역식, 반가역식, 비가역식 등의 형식으로 하고 있다.

(1) 볼-너트 형식 조향기어(ball-nut type)

이 형식은 나사와 너트사이에 여러 개의 볼(ball)을 넣은 것이며, 조향 축의 회전은 볼의 구름접촉에 의해 너트로 전달된다. 따라서 큰 하중에 견딜 수 있으며, 마모가 적은 특성을 지닌다. 작동은 조향 축이 회전하면 볼이 구르면서 나사의 홈 내부를 이동하여 너트의 끝에서 바깥쪽으로 나가 안내튜브를 거쳐 다시 나사 홈으로 들어온다. 볼은 2줄로 순환하며, 이 순환으로 너트가 직선운동을 하고 섹터(sector)는 원호운동을 한다. 너트의 양쪽 끝 부분은 볼 베어링으로 지지되며, 섹터 축에는 조정나사로 섹터 축을 움직여 백래시(back lash) 즉, 조향핸들의 유격을 조정할 수 있다.

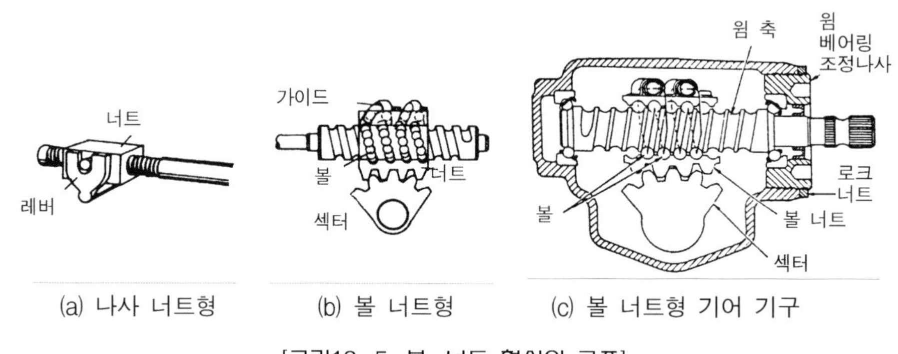

(a) 나사 너트형 (b) 볼 너트형 (c) 볼 너트형 기어 기구

[그림13-5. 볼-너트 형식의 구조]

(2) 래크와 피니언 형식 조향기어(rack and pinion type)

이 형식은 조향핸들의 회전운동을 래크를 통하여 직접 직선운동으로 바꾸어 조향한다. 조향 축 아래쪽 끝 부분에 피니언이 래크와 결합되어 있다. 작동은 래크는 피니언의 회전운동에 따라 조향기어 박스 안에서 좌우로 직선운동을 하여 그 양 끝의 로드를 거쳐 좌우의 조향 너클을 움직여 조향한다. 래크와 피니언 형식은 래크를 분할된 타이로드로 사용할 수 있으며, 특징은 다음과 같다.

① 설치 공간을 적게 차지한다.

② 조향 핸들의 회전운동을 래크를 이용하여 직접 직선운동으로 바꾼다.

③ 소형·경량이며 낮게 설치 할 수 있다.

④ 가변 조향 기어비를 가능케 할 수 있다.

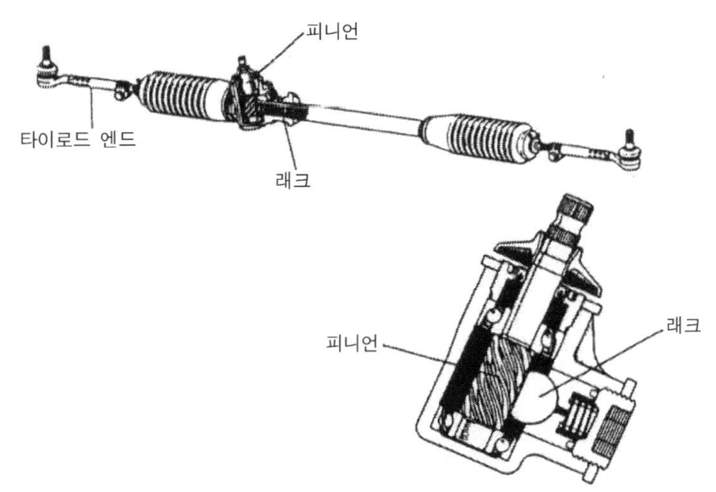

[그림13-6. 래크와 피니언 형식의 구조]

(3) 가변 기어비율 형식 조향기어

이 형식은 조향핸들의 조향각도에 의해 조향 기어비가 변화하도록 한 것이며, 직진에서는 조향 기어비를 작게 하고, 조향핸들을 많이 돌릴 때에는 조향 기어비를 크게 하여 조작력을 가볍게 한다. 작동은 섹터의 중앙부분 이(tooth)와 바깥쪽 이의 피치 반지름이 다르게 되어 있으며, 즉 중앙부분의 피치 반지름이 작게 만들어져 있다. 직진에서는 섹터의 피치 반지름이 작은 중앙의 이(tooth)와 볼-너트를 결합하므로 조향 기어비가 작아지지만, 조향핸들을 최대로 돌렸을 때에는 피치 반지름이 큰 바깥쪽의 이가 볼-너트와 결합하므로 조향 기어비가 커진다.

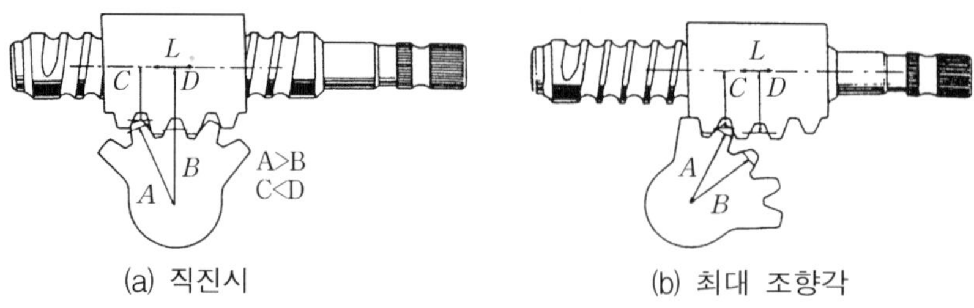

(a) 직진시 (b) 최대 조향각

[그림13-7. 가변 기어비율 형식의 구조]

[4] 피트먼 암(pitman arm)

이것은 조향 핸들의 움직임을 일체차축 방식 조향기구에서는 드래그 링크로, 독립차축 방식 조향기구에서는 센터링크로 전달하는 것이며 그 한쪽 끝에는 테이퍼의 세레이션(serration)을 통하여 섹터 축에 설치되고, 다른 한쪽 끝은 드래그 링크나 센터 링크에 연결하기 위한 볼 이음으로 되어 있다.

[5] 드래그 링크(drag link)

이것을 일체차축 방식 조향기구에서 피트먼 암과 너클 암(제3암)을 연결하는 로드이며, 드래그 링크는 앞바퀴의 상하 운동으로 피트먼 암을 중심으로 한 원호 운동을 한다. 또 양끝의 볼 이음 부분에는 노면의 충격이 조향기어에 전달되지 않도록 스프링이 들어 있으며, 이 스프링의 위치와 드래그 링크의 설치 방향을 바꾸어 조립하면 조향장치 각 부분에 무리한 힘이 가해지므로 주의해야 한다.

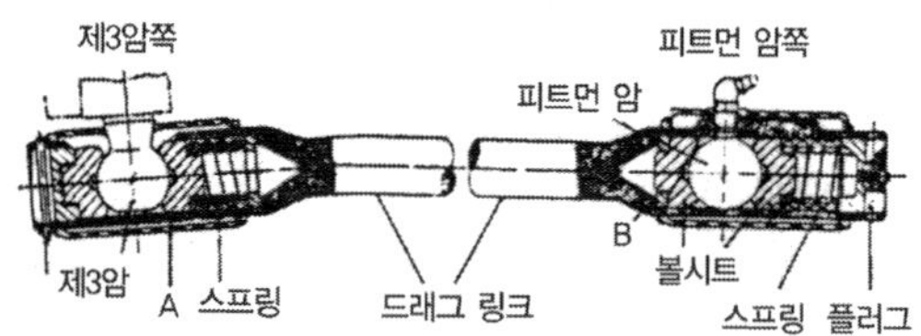

[그림13-8. 드래그 링크의 구조]

[6] 타이로드(tie-rod)

이것은 독립차축 방식 조향 기구에서는 센터링크의 운동을 양쪽 너클 암으로 전달하며, 2개로 나누어져 볼 이음으로 각각 연결되어 있다. 일체차축 방식 조향기구에서는 1개의 로드로 되어 있고, 너클 암의 움직임을 반대쪽의 너클 암으로 전달하여 양쪽 바퀴의 관계를 바르게 유지시킨다. 또 타이로드의 길이를 조정하여 토인(toe-in)을 조정할 수 있다.

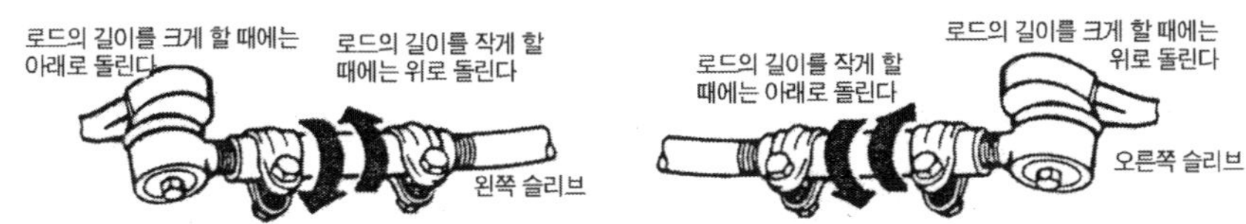

[그림13-9. 토인 조정]

[7] 너클 암(knuckle arm ; 제3암)

이것은 일체차축 방식 조향 기구에서 드래그 링크의 운동을 조향너클에 전달하는 기구이다.

[8] 일체차축 방식 조향기구의 앞차축과 조향너클

일체 차축(ridge axle)방식의 앞차축은 강철을 단조한 I 단면의 빔이며, 그 양쪽 끝에는 스프링 시트가 용접되어 있고, 킹핀 설치 부분에 킹핀을 통해 조향 너클이 설치된다. 조향 너클은 킹핀을 통해 앞차축과 연결되는 부분과 바퀴 허브가 설치되는 스핀들(spindle)부분으로 되어 있어 킹핀을 중심으로 회전하여 조향 작용을 한다. 그리고 앞차축과 조향 너클의 설치 방식에는 엘리옷형, 역엘리옷형, 마몬형, 르모앙형 등이 있다.

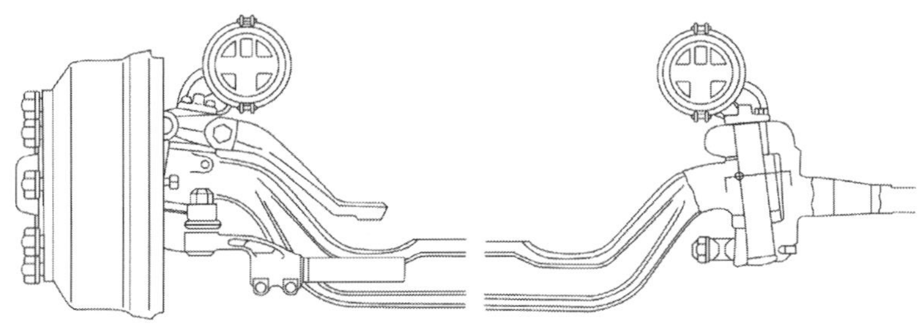

[그림13-10. 앞차축 분해도]

(1) 엘리옷형(elliot type)

이 형식은 앞차축 양끝 부분이 요크(yoke)로 되어 있으며, 이 요크에 조향 너클이 설치되고 킹핀은 조향 너클에 고정된다.

(2) 역 엘리옷형(revers elliot type)

이 형식은 조향 너클에 요크가 설치된 것이며, 킹핀은 앞차축에 고정되고 조향 너클과는 부싱을 사이에 두고 설치된다.

(3) 마몬형(marmon type)

이 형식은 앞차축 윗부분에 조향너클이 설치되며, 킹핀이 아래쪽으로 돌출되어 있다.

(4) 르모앙형(lemoine type)

이 형식은 앞차축 아랫부분에 조향너클이 설치되며, 킹핀이 위쪽으로 돌출되어 있다.

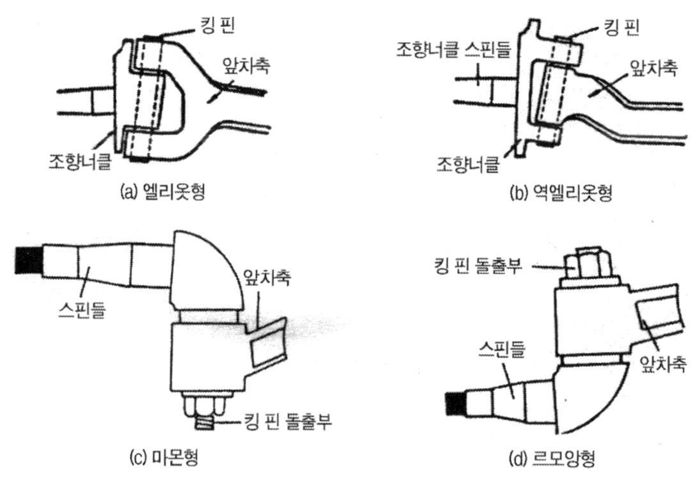

[그림13-11. 조향너클 설치방식]

[9] 킹 핀(king pin)

이것은 일체 차축 방식 조향 기구에서 앞차축에 대해 규정의 각도(킹핀 경사각)를 두고 설치되어, 앞차축과 조향 너클을 연결하며 고정 볼트에 의해 앞차축에 고정되어 있다.

13.3. 동력 조향장치(power steering system)

1. 동력 조향장치의 개요

자동차의 대형화 및 저압 타이어의 사용으로 앞바퀴의 접지압력과 면적이 증가되어 조향 조작력이 증가되므로 신속하고 경쾌한 조향이 어렵다. 따라서 가볍고 원활한 조향조작을 하기 위해 엔진의 동력으로 오일펌프를 구동하여 발생한 유압을 이용하는 배력장치를 설치하여 조향핸들의 조작력을 가볍게 하는 것이며, 동력 조향 장치의 장점은 다음과 같다.

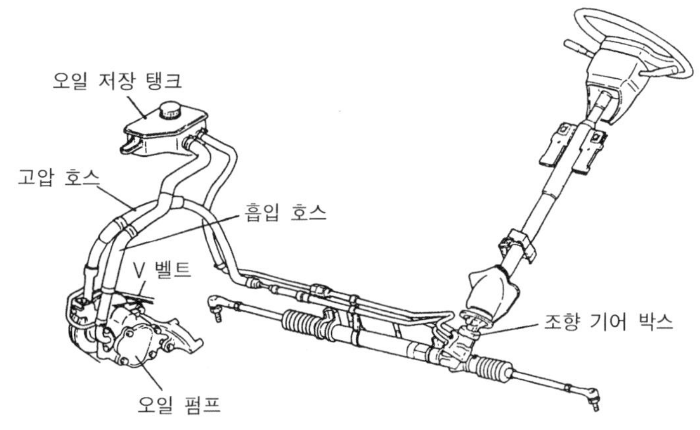

[그림13-12. 동력 조향장치의 구성도]

① 적은 힘으로 조향 조작을 할 수 있다.

② 조향 기어비를 조작력에 관계없이 선정할 수 있다.

③ 노면의 충격을 흡수하여 조향 핸들에 전달되는 것을 방지한다.

④ 앞바퀴의 시미 현상을 감쇠하는 효과가 있다.

2. 동력 조향 장치의 종류

[1] 링키지형(Linkage type)

이 형식은 동력실린더를 조향 링키지 중간에 설치한 것이며, 조합형(combined type)과 분리형(separated type)이 있다. 조합형은 동력실린더와 제어밸브가 일체로 되어 있는 형식이고, 분리형은 동력실린더와 제어밸브가 분리되어 있는 형식이다.

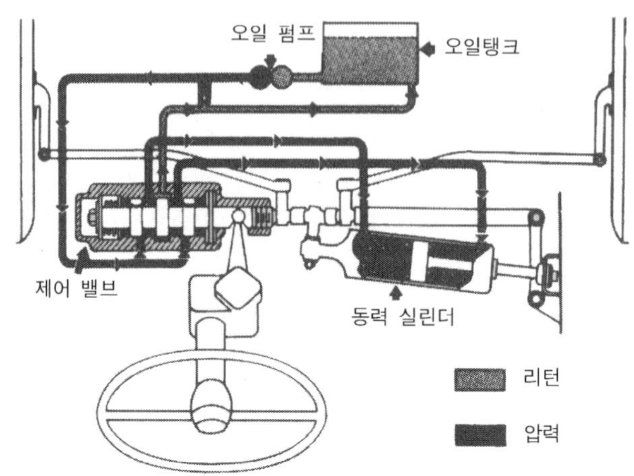

[그림13-13. 분리형 동력조향 장치의 구조]

[2] 일체형(integral type)

이 형식은 동력실린더를 조향기어 박스 내부에 설치된 것이며, 인라인형(in-line type)과 오프셋형(off-set type)이 있다. 인라인형은 조향기어와 볼-너트를 직접 동력기구로 사용하는 형식이고, 오프셋형은 동력발생 기구를 별도로 설치한 형식이다.

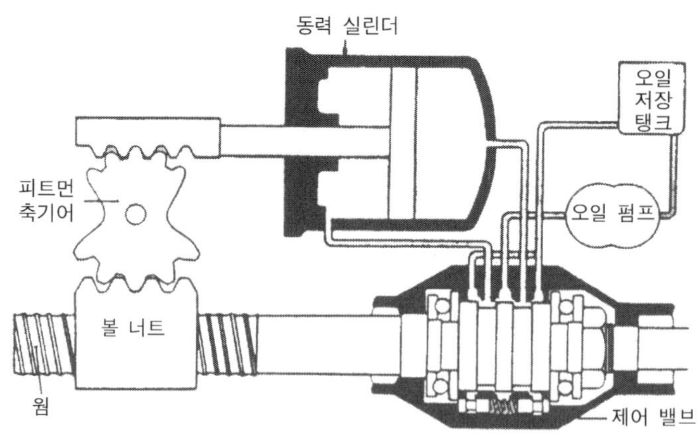

[그림13-14. 오프셋형 동력조향 장치의 구조]

4. 동력조향 장치의 구성요소

동력조향 장치는 동력부분, 작동부분, 제어부분 등 3주요부분과 그밖에 압력제어밸브, 유량제어밸브, 안전 체크밸브, 오일압력 스위치 등으로 구성되어 있다.

[1] 동력부분-오일펌프

오일펌프는 동력원이 되는 유압을 발생하는 것이며, 엔진의 크랭크축에 의해 벨트로 구동된다. 오일펌프의 종류에는 베인형(vane type), 로터리형(rotary type), 슬리퍼형(slipper type) 등이 있으며, 주로 베인형 오일펌프를 주로 사용하므로 이에 대해서만 설명하도록 한다. 베인형의 구조는 펌프보디, 펌프 축, 로터(rotor), 캠링(cam ring, 케이스) 및 펌프 축을 지지하는 베어링으로 되어 있으며, 작동은 베인이 반지름방향으로 미끄럼운동을 하여 펌프보디의 안쪽 면과 접촉하며, 펌프보디의 안쪽 면은 타원형이며 2개의 펌프실이 있다. 따라서 로터가 회전하면 베인이 방사선상으로 미끄럼운동을 하여 베인사이의 공간을 증감시킨다. 공간이 커질 때에는 오일이 흡입되고, 감소될 때에는 배출된다.

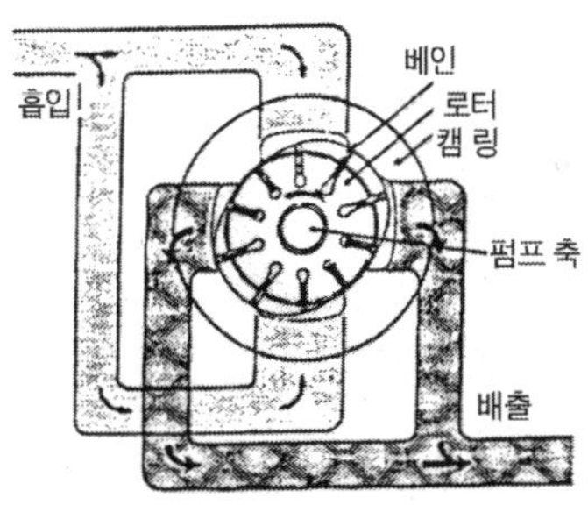

[그림13-15. 오일펌프의 구조]

[2] 작동부분

작동부분은 동력실린더와 동력피스톤으로 구성되어 있으며 보조력을 발생한다. 동력실린더는 실린더보디, 피스톤 및 피스톤로드로 구성되어 있으며, 오일펌프에서 발생한 유압을 피스톤에 작용시켜 조향방향 쪽으로 힘을 가해주는 부품이다. 동력실린더는 피스톤에 의해 2개의 체임버(chamber)로 분리되어 있으며, 한쪽 체임버로 오일이 들어오면 다른 쪽 체임버에 들어있던 오일은 오일탱크로 복귀하는 복동형 실린더이다.

[3] 제어부분

여기서는 래크와 피니언 형식 조향기어에서 사용하는 로터리형 제어밸브에 대해 설명하도록 한다. 로터리형 제어밸브는 조향 축과 일체로 회전하는 로터(rotor), 로터와 피니언을 연결하는 토션 바(torsion bar), 피니언과 일체로 회전하는 슬리브(sleeve)등으로 구성되어 있으며 로터와 슬리브는 스플라인으로 연결되어 있다.

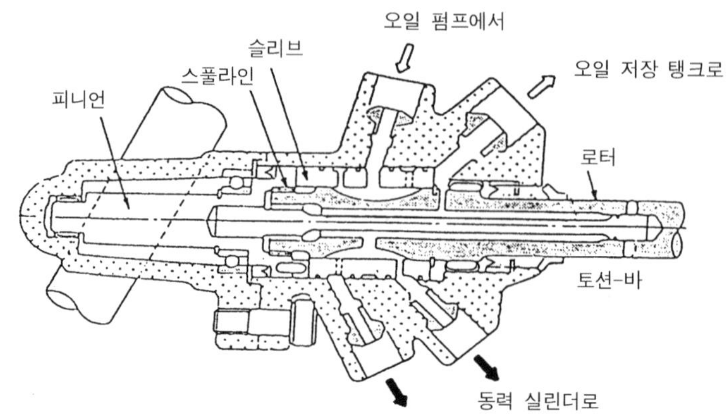

[그림13-16. 로터리형 제어밸브의 구조]

이 제어밸브는 다음과 같이 작동유압을 제어한다. 조향력에 감응하여 토션 바가 비틀리고 로터와 슬리브사이에서 발생하는 회전범위에 따라 오일통로 V_1, V_2, V_3, V_4의 단면적이 증감되어 작동유압을 조절한다.

(1) 직진으로 주행할 때

이때는 로터와 슬리브가 중립상태이므로 밸브 홈으로 형성된 오일통로 V_1, V_2, V_3, V_4는 균일하게 충분히 열려 있기 때문에 오일펌프부터 공급된 오일은 오일탱크로 복귀한다.

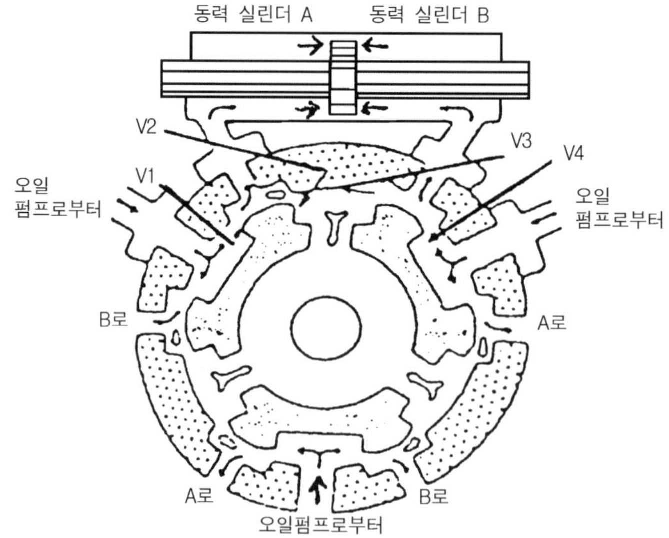

[그림13-17. 직진으로 주행할 때]

(2) 선회할 때(우회전)

조향핸들을 오른쪽으로 돌리면 오일통로 V_2와 V_4에 교차하는 오일량에 감응하여 동력실린더 A의 오일량이 증가하여 래크를 오른쪽으로 이동시킨다. 이때 동력실린더 B의 오일은 오일통로 V_3를 통하여 오일탱크로 복귀한다.

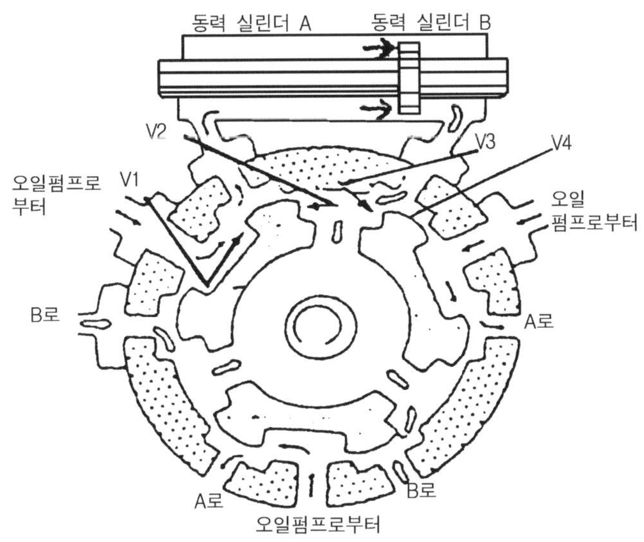

[그림13-18. 선회할 때(우회전)

[4] 안전 체크밸브

안전 체크밸브는 동력조향 장치가 고장일 때 수동 조작을 가능하게 한다. 이 밸브는 제어밸브 속에 들어있으며, 엔진의 가동이 정지되었을 때, 오일펌프의 고장 및 오일 누출 등의 원인으로 유압이 발생하지 못할 때 작용한다. 즉, 동력부분이 고장 났을 때 조행핸들을 돌리면 동력실린더가 작동하여 실린더 한쪽 체임버 내의 오일은 압축시키고 다른 쪽 체임버는 부압상태로 만들기 때문에 안전 체크밸브가 열

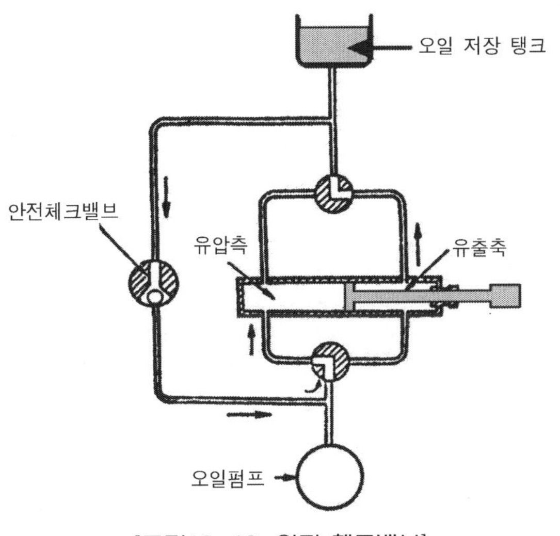

[그림13-19. 안전 체크밸브]

려 압력이 가해진 체임버의 오일을 부압쪽의 체임버로 공급하여 수동조작이 가능하도록 한다. 그러나 정상일 경우에는 유압에 의해 닫혀 오일흐름을 차단한다.

[5] 오일압력 스위치

이 스위치는 엔진 공전상태에서 조향 핸들을 조작하였을 때 공전속도를 조절하기 위해 두고 있다.

4. 동력조향 장치의 작동

여기서는 래크와 피니언형 동력조향 장치의 작동에 대해 설명하도록 한다. 이 형식은 기계식에 오일펌프, 제어밸브 및 동력실린더 더 부착한 것이며, 앞에서 설명한 로터리형 제어밸브를 이용한다. 즉, 래크와 피니언의 하우징 자체를 동력실린더로 하고 오일펌프에서 발생한 유압을 제어밸브가 조절하여 배력시키는 형식이다. 유량제어밸브는 고속으로 주행할 때 저항이 큰 조향력을 확보하기 위해 엔진 회전속도에 대응하여 유량을 조절한다. 그리고 오일은 압력호스와 유압파이프를 거쳐 제어밸브로 들어가며, 운전자가 조향핸들을 돌리면 오일은 동력실린더의 A나 B로 들어가 래크를 왼쪽 또는 오른쪽으로 이동시켜 배력작용을 한다. 작동은 다음과 같다.

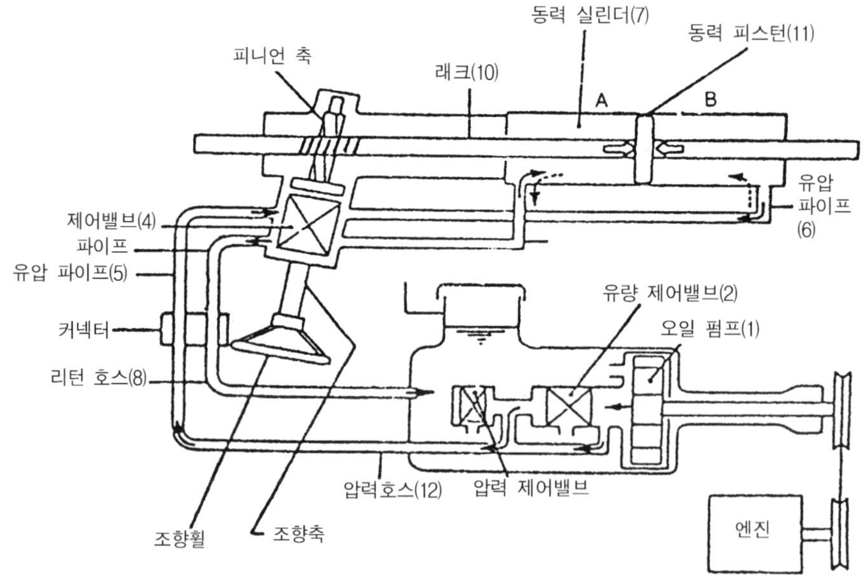

[그림13-20. 래크와 피니언 형식 동력조향 장치의 구조]

① 구동벨트에 의해 오일펌프(1)가 구동되어 압력이 가해진 오일이 배출된다.

② 배출된 오일은 오일펌프 내에 설치된 유량제어밸브(2)에서 엔진 회전속도 감응으로 적당하게 오일량이 조절되어 압력호스(12)를 거쳐 제어밸브(4)에 공급된다.

③ 조향핸들을 돌리면 피니언과 연결된 제어밸브(4)가 작동하고, 조향방향에 따라 오일통로가 형성된다. 오일은 유압파이프(6)를 통해 동력실린더 A에 공급되거나 유압파이프(5)를 통하여 동력실린더 B에 공급된다.

④ 동력실린더 A에 오일이 공급될 때에는 동력실린더 B의 오일은 유압파이프(5), 제어밸브(4) 및 리턴호스(8)를 통해 오일탱크(9)로 복귀하며, 동력실린더 B에 오일이 공급되면 동력실린더 A에 있던 오일은 유압파이프(6), 제어밸브(4) 및 리턴호스(8)를 통해 오일탱크로 복귀한다.

13.3. 전자제어 동력 조향장치(ECPS)

기계식 조향장치는 고속으로 주행할수록 조향핸들의 조작력이 가벼워지며, 특히 배력작용이 일정한 동력조향 장치에서는 고속운전에서 조향 핸들이 너무 가볍게 되어 위험을 초래하는 경우가 있다. 따라서 이러한 위험으로부터 안전한 주행을 할 수 있도록 최근에는 엔진의 회전속도에 따라서 조향력을 변화시키는 회전속도 감응방식과 자동차의 주행속도에 따라 변화시키는 차속 감응방식의 전자제어 동력조향 장치(Electronic Control Power Steering System)가 사용되고 있으며, 일반적으로 차속 감응방식이 주로 사용되므로 여기서는 이 방식에 대하여 설명하도록 한다. 차속 감응방식은 자동차의 주행속도에 따라 조향 핸들의 조작력을 제어하는 것이며, 저속에서는 가볍고, 중·고속에서는 적당한 저항력을 부여한다. 그리고 동력 조향장치의 조작력은 동력실린더에 가해지는 유압에 의해 결정되며, 유압을 제어하는 방법에는 유량 제어방식과 반력 제어방식이 있다.

1. 유량 제어방식

이 방식은 제어밸브에 의해 오일통로를 통과하는 오일량을 제한하거나 바이패스시켜 동력실린더에 가해지는 유압을 조절하는 것이며, 구조가 간단하지만 조향력 변화가 그다지 크지 않다. 유량 제어방식에서 속도에 감응시키는 방법은 차속

센서에 의해 주행속도를 검출하여 주행속도에 따라 동력실린더에 작용하는 유압을 변화시킨다. 즉 저속에서는 유압을 정상으로 하고, 주행속도가 증가할수록 유압을 낮춘다. 차속센서가 주행속도를 컴퓨터에 입력시키면 컴퓨터는 동력실린더로 들어가는 유압을 변화시킨다. 유압제어는 동력실린더 양쪽 체임버를 연결하는 바이패스 회로에 솔레노이드 밸브를 설치하여 솔레노이드 밸브가 열리면 유압이 작동하는 고압 쪽 오일은 드레인과 연결된 저압 쪽으로 들어가 유압을 저하시켜 배력작용이 감소하므로 저항력이 커진다. 솔레노이드 밸브는 컴퓨터의 신호에 의해 주행속도에 따른 열림 정도가 변화되며, 조향핸들의 조작력을 저속에서는 가볍게, 중속 및 고속에서는 적절한 저항력이 되도록 제어한다.

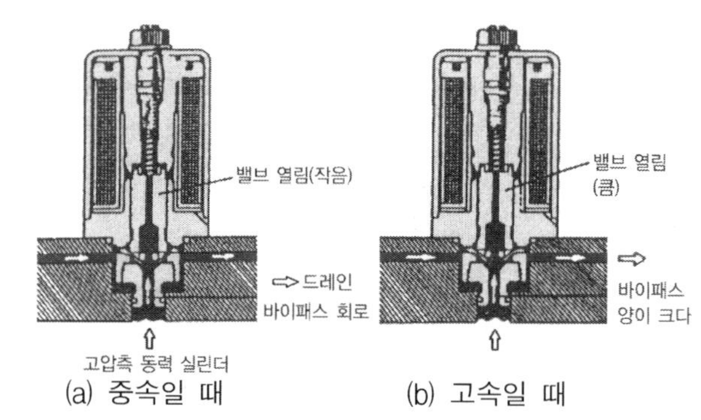

[그림13-21. 솔레노이드 밸브의 작용]

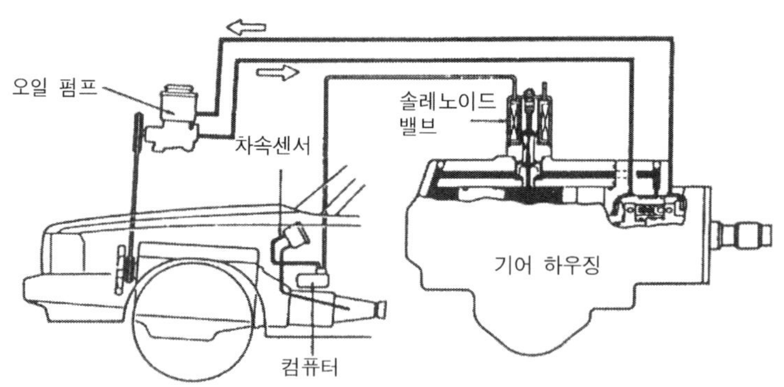

[그림13-22. 유량 제어방식의 구조]

2. 반력 제어방식

이 방식은 차속센서가 로터리형 유압모터로 되어 있으며, 통과하는 오일량을 주행속도에 따라 제어하고, 제어밸브의 움직임을 변화시켜 적절한 조향 감각을 얻는다. 제어밸브 양끝에는 롤러가 부착되어 있으며, 여기에 반동 플런저가 설치된다. 반동 플런저는 스프링의 장력과 반동실에 가해지는 유압을 받아 롤러를 압축한다. 이에 따라 제어밸브의 작동은 반동실에 가해지는 유압에 따라 변화하며, 이 유압을 주행속도에 대응시키면 적절한 조향력을 얻을 수 있다. 차속센서의 작용을 하는 유압모터의 오일통로는 동력실린더와 병렬로 연결되며, 반동실의 유압제어는 컷오프 밸브(cut off valve)로 한다.

(1) 엔진시동 및 정지하였을 때의 작동

이때는 오일펌프의 오일이 컷오프 밸브의 아래쪽에 공급되므로 컷오프 밸브가 상승하여 반동실 및 차속센서로의 오일흐름이 차단된다. 따라서 반동 플런저가 제어밸브에 압력을 가하는 힘이 최소로 되어 제어밸브는 작동에 제한을 받지 않으므로 오일통로를 변환시킬 수 있어 조향핸들의 조작력이 가벼워진다.

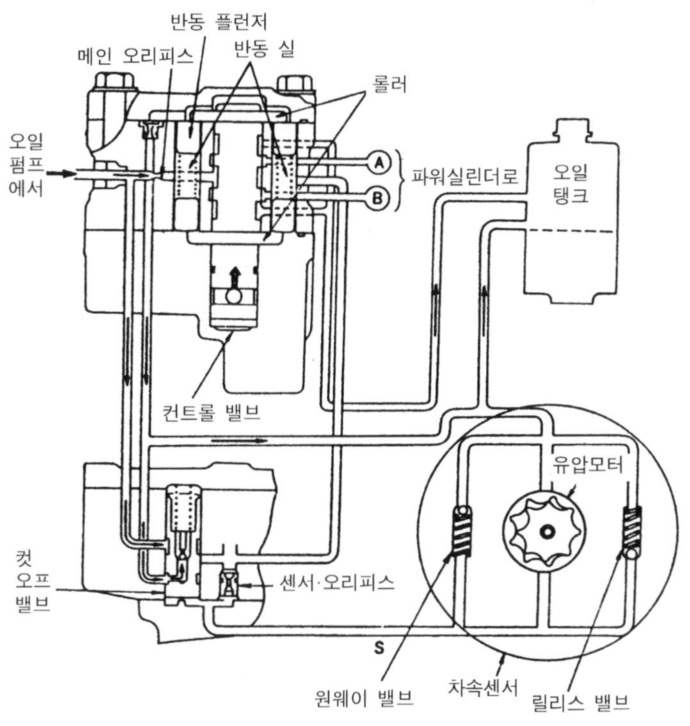

[그림13-23. 엔진시동 및 정지하였을 때의 작동]

(2) 주행할 때

주행할 때에는 차속센서 내의 유압모터가 작동하여 오일을 오일탱크로 보내기 시작하므로 컷오프 밸브의 아래쪽에 공급되는 유압이 저하되어 컷 오프밸브가 내려간다. 이에 따라 반동실과 차속센서로의 오일통로가 오일펌프의 오일통로와 통하게 되므로 반동실에 유압이 가해져 제어밸브의 작동을 제한한다. 이 작용은 주행속도에 따라 증가하므로 고속으로 주행할수록 조향핸들의 조작력이 증가하여 적절한 조향감각을 얻을 수 있다. 그리고 차속센서 내에 들어있는 원웨이 밸브(one way valve)는 고속운전에서 오일량이 많을 때 차속센서 입구의 유압이 낮아지지 않도록 오일을 차속센서 출구에서 입구로 복귀시켜준다.

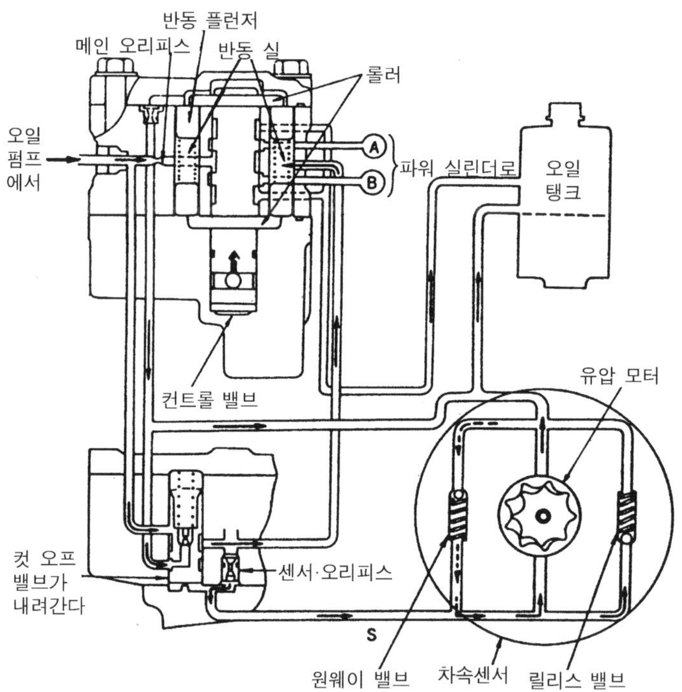

[그림13-24. 주행할 때의 작동]

앞바퀴 얼라인먼트(Front Wheel Alignment)

14.1. 앞바퀴 얼라인먼트의 개요

자동차의 앞부분을 지지하는 앞바퀴는 어떤 기하학적(幾何學的)인 관계를 두고 설치되어 있는데 이와 같은 앞바퀴의 기하학적인 각도 관계를 말하며 캠버, 캐스터, 토인, 킹핀 경사각(또는 조향축 경사각) 등이 있다. 그리고 앞바퀴 정렬의 역할은 다음과 같다.

① 조향 핸들의 조작을 확실하게 하고 안전성을 준다.

② 조향 핸들에 복원성을 부여한다.

③ 조향 핸들의 조작력을 가볍게 한다.

④ 타이어 마멸을 최소로 한다.

14.2. 앞바퀴 얼라인먼트 요소의 정의와 필요성

1. 캠버(camber)

자동차를 앞에서 보면 그 앞바퀴가 수직선에 대해 어떤 각도를 두고 설치되어 있는데 이를 캠버라 하며 그 각도를 캠버 각이라 한다. 캠버 각은 일반적으로 +0.5~+1.5°정도이다. 그리고 바퀴의 윗부분이 바깥쪽으로 기울어진 상태를 정의 캠버(Positive camber), 바퀴의 중심선이 수직일 때를 0의 캠버(zero camber) 그리고 바퀴의 윗부분이 안쪽으로 기울어진 상태를 부의 캠버(Negative camber)라고 한다.

그리고 캠버의 역할은 다음과 같다.

① 수직방향 하중에 의한 앞차축의 휨을 방지한다.

② 조향 핸들의 조작을 가볍게 한다.

③ 하중을 받았을 때 앞바퀴의 아래쪽(부의 캠버)이 벌어지는 것을 방지한다.

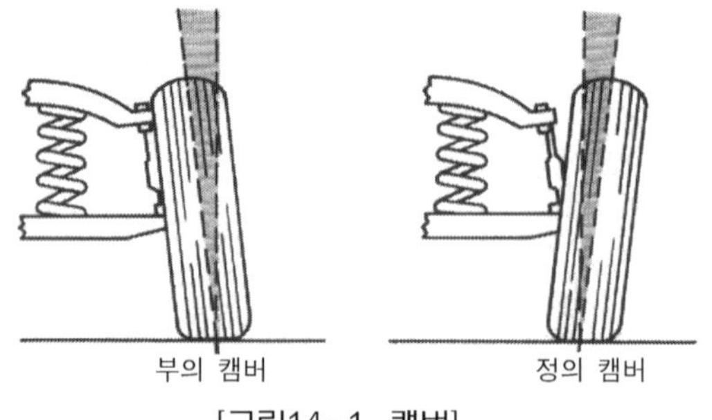

[그림14-1. 캠버]

2. 캐스터(caster)

자동차의 앞바퀴를 옆에서 보면 조향 너클과 앞차축을 고정하는 킹핀(독립 차축 방식에서는 위·아래 볼 이음을 연결하는 조향축)이 수직선과 어떤 각도를 두고 설치되는데 이를 캐스터라 하며 그 각도를 캐스터 각이라 한다. 캐스터 각은 일반적으로 +1~+3°정도이다. 그리고 킹 핀 윗부분(또는 위 볼 이음)이 자동차의 뒤쪽으로 기울어진 상태를 정의 캐스터, 킹핀의 중심선(또는 조향축)이 수직선과 일치된 상태를 0의 캐스터, 킹핀의 윗부분(또는 위 볼 이음)이 앞쪽으로 기울어진 상태를 부의 캐스터라고 한다.

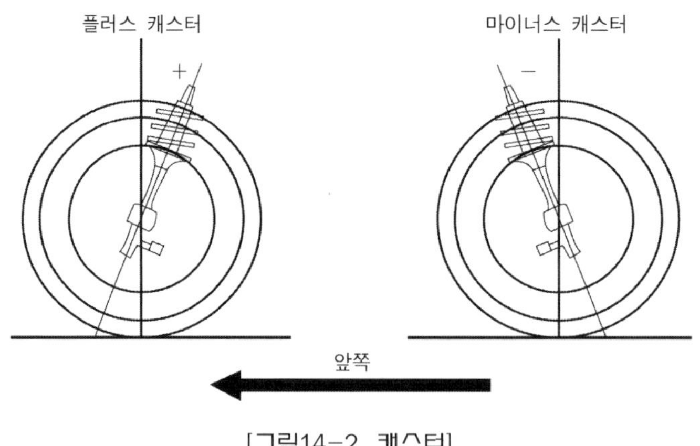

[그림14-2. 캐스터]

그리고 캐스터의 역할은 다음과 같다.

① 주행 중 조향 바퀴에 방향성을 부여한다.

② 조향 하였을 때 직진 방향으로의 복원력을 준다.

참고

킹핀(또는 조향축)의 중심선과 바퀴 중심을 지나는 수직선이 노면과 만나는 거리를 리드(또는 트레일 ; lead or trail)라고 하며, 이것이 캐스터 효과를 얻게 한다. 캐스터 효과는 정의 캐스터에서만 얻을 수 있으며 주행 중에 직진 성능이 없는 자동차는 더욱 정의 캐스터로 수정하여야 한다.

3. 킹핀 경사각(또는 조향축 경사각)

자동차를 앞에서 보면 킹핀(독립차축 방식에서는 위·아래 볼 이음)의 중심선이 수직에 대하여 어떤 각도를 두고 설치되는데 이를 킹핀 경사(또는 조향축 경사)라 하며 이 각을 킹핀 경사각(또는 조향축 경사각)이라 한다. 일반적으로 7~9°정도 두며, 킹핀 경사각의 역할은 다음과 같다.

① 캠버와 함께 조향 핸들의 조작력을 가볍게 한다.

② 캐스터와 함께 앞바퀴에 복원성을 부여한다.

③ 앞바퀴가 시미(shimmy)현상을 일으키지 않도록 한다.

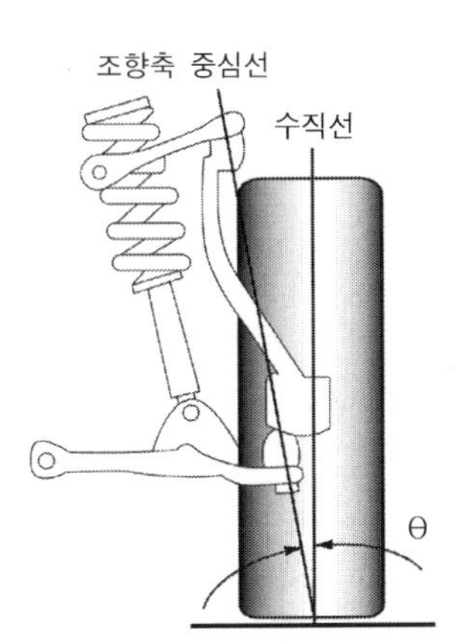

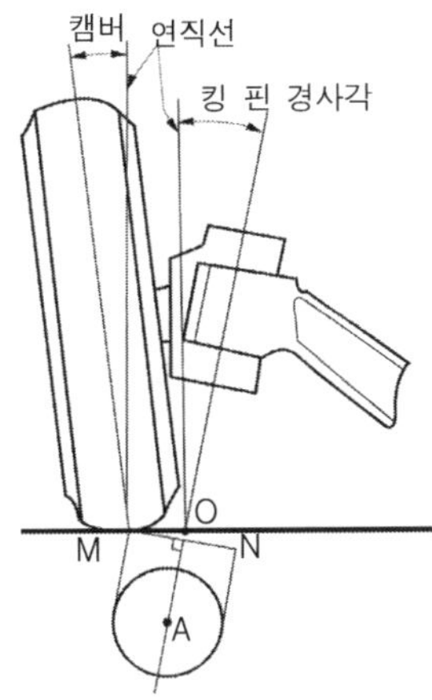

[그림14-3. 킹핀 경사각]

4. 토인(toe-in)

자동차 앞바퀴를 위에서 내려다보면 바퀴 중심선 사이의 거리가 앞쪽이 뒤쪽보다 약간 작게 되어 있는데 이것을 토인이라 하며 일반적으로 2~6㎜정도이다. 토인의 역할은 다음과 같다.

① 앞바퀴를 평행하게 회전시킨다.

② 앞바퀴의 사이드슬립과 타이어 마멸을 방지한다.

③ 조향 링키지 마멸에 따라 토 아웃(toe-out)이 되는 것을 방지한다.

④ 토인은 타이로드의 길이로 조정한다.

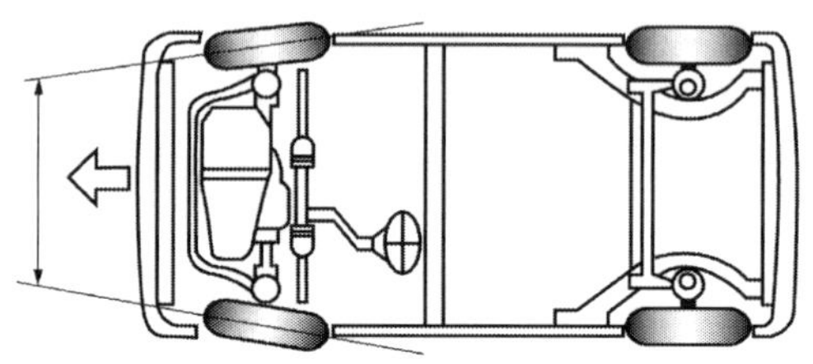

[그림14-4. 토인]

5. 20°선회할 때 토 아웃(toe-out on turning)

자동차가 선회할 때 애커먼 장토식의 원리에 따라 모든 바퀴가 동심원을 그리려면 안쪽 바퀴의 조향 각도가 바깥쪽 바퀴의 조향 각도보다 커야 한다. 즉, 자동차가 선회할 경우에는 토 아웃이 되어야 하며 이 관계는 너클암, 타이로드 및 피트먼 암에 의해 결정된다.

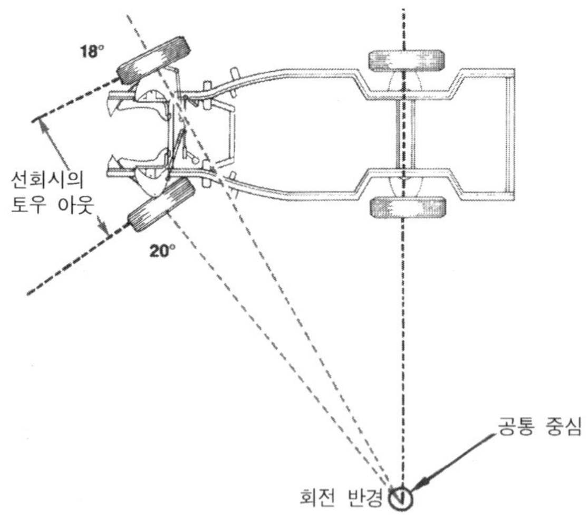

[그림14-5. 20° 선회할 때 토 아웃]

제15장 제동장치(Brake System)

제동장치는 주행 중인 자동차를 감속 또는 정지시키고, 또 주차상태를 유지하기 위하여 사용되는 매우 중요한 장치이다. 제동장치는 마찰력을 이용하여 자동차의 운동에너지를 열에너지로 바꾸어 제동 작용을 하며, 그 구비조건은 다음과 같다.

① 작동이 확실하고, 제동효과가 클 것

② 신뢰성과 내구성이 클 것

③ 점검과 정비가 쉬울 것

15.1. 제동장치의 분류

제동장치는 운전자의 발로 조작하는 풋 브레이크(foot brake)와 손으로 조작하는 핸드 브레이크(hand brake)가 있다. 조작 기구에는 로드(rod)나 와이어(wire)를 사용하는 기계식과 유압을 이용하는 유압식으로 분류되며 기계식은 핸드브레이크에, 유압식은 풋 브레이크로 사용된다. 또, 제동력을 높이기 위한 배력방식에는 흡기다기관의 진공을 이용하는 진공 서보방식(하이드로 백과 하이드로 에어팩), 압축 공기압력을 이용하는 공기브레이크 등이 있으며, 풋 브레이크 혹사에 의한 과열을 방지하기 위하여 사용하는 배기 브레이크(exhaust br막), 엔진 브레이크(engine brake), 와전류 리타더(eddy current retarder), 하이드롤릭 리타더(hydraulic retarder) 등의 감속브레이크(제3 브레이크)가 있다.

15.2. 유압브레이크(hydraulic brake)

유압브레이크는 파스칼의 원리(Pascal's Principle)를 응용한 것이며, 구성요소는 유압을 발생시키는 마스터실린더, 이 유압을 받아서 브레이크슈(또는 패드)를 드럼(또는 디스크)에 압착시켜 제동력을 발생시키는 휠 실린더(또는 캘리퍼) 및 마스터실린더와 휠 실린더 사이를 연결하여 오일통로를 형성하는 파이프(pipe)나 플렉시블 호스(flexible hose) 등으로 되어있다. 유압 브레이크의 특징은 다음과 같다.

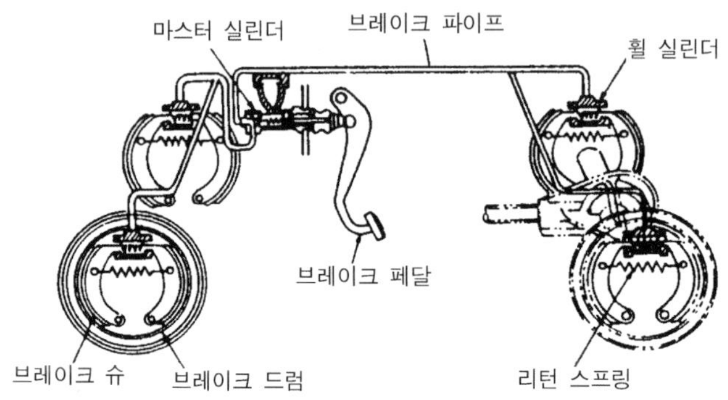

[그림15-1. 유압 브레이크의 구성]

① 제동력이 모든 바퀴에 동일하게 작용한다.

② 마찰손실이 적다.

③ 페달을 조작하는 힘이 적어도 된다.

④ 유압회로가 파손되어 오일이 누출되면 제동 기능을 상실한다.

⑤ 유압회로 내에 공기가 침입하면 제동력이 감소한다.

1. 유압브레이크의 구조와 그 작용

유압브레이크는 브레이크 페달을 밟으면 마스터실린더에서 유압이 발생하여 휠 실린더로 압송된다. 이 때 휠 실린더에서는 그 유압으로 피스톤이 좌우로 확장되므로 브레이크슈가 드럼에 압착되어 제동 작동을 한다. 페달을 놓으면 마스터실린더 내의 유압이 저하하며, 브레이크슈는 리턴스프링의 장력으로 제자리로 복귀되고 휠 실린더 내의 오일은 마스터실린더 위쪽에 설치된 오일탱크로 되돌아가 제동 작용이 풀린다.

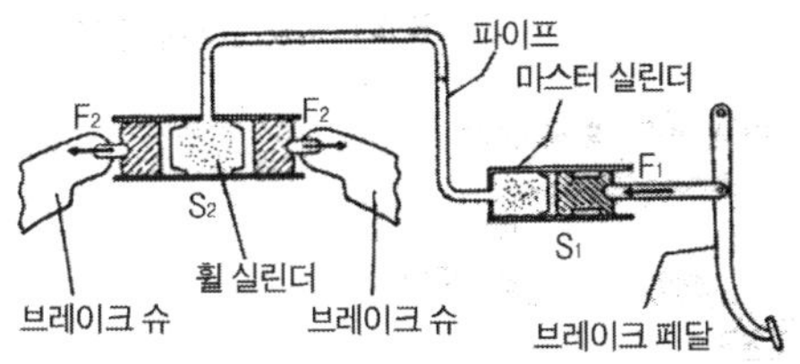

[그림15-2. 유압 브레이크 작동도]

[1] 브레이크 페달(brake pedal)

브레이크 페달은 조작력을 경감시키기 위해 지렛대 원리를 이용하며, 자유 간극은 10~15㎜ 정도가 알맞다.

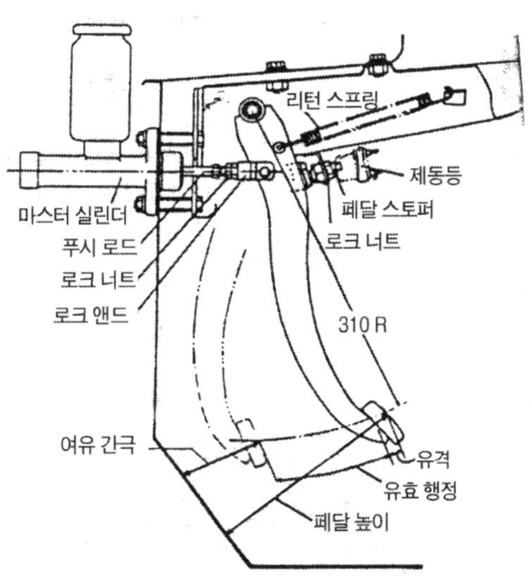

[그림15-3. 브레이크 페달의 구조]

[2] 마스터 실린더(master cylinder)

(1) 마스터 실린더의 구조 및 그 작용

마스터 실린더는 브레이크 페달을 밟는 것에 의하여 유압을 발생시키는 일을 하며, 그 구조는 실린더 보디, 오일탱크, 그리고 실린더 내에는 피스톤, 피스톤 컵, 체크밸브, 피스톤 리턴스프링 등이 들어 있다. 마스터 실린더의 형식에는 피스톤이 1개인 싱글 마스터 실린더(single master cylinder)와 피스톤이 2개인 탠덤 마스터 실린더(tandem master cylinder)가 있으며 현재는 탠덤 마스터 실린더를 주로 사용한다.

① 실린더 보디(cylinder body)

실린더 보디의 위쪽에는 오일탱크가 설치되어 있고, 재질은 주철이나 알루미늄합금을 사용한다.

② 피스톤(piston)

피스톤은 실린더 내에 끼워지며 페달을 밟는 것에 의해 푸시로드가 실린더 내를 미끄럼 운동시켜 유압을 발생시킨다.

③ 피스톤 컵(piston cup)

피스톤 컵에는 1차 컵과 2차 컵이 있으며 1차 컵의 기능은 유압 발생이고, 2차 컵의 기능은 마스터 실린더 내의 오일이 밖으로 누출되는 것을 방지한다.

④ 체크밸브(check valve)

이 밸브는 피스톤 반대쪽 실린더 끝에 시트 와셔를 사이에 두고 설치되며, 피스톤 리턴스프링에 의해 시트에 밀착되어 있다. 작용은 브레이크 페달을 밟으면 오일이 마스터 실린더에서 휠 실린더로 나가게 하고, 페달을 놓으면 파이프 내의 유압과 피스톤 리턴스프링을 장력이 평형이 될 때까지만 시트에서 떨어져 오일이 마스터 실린더 내로 복귀하도록 하여 회로 내에 잔압(殘壓)을 유지시켜 준다. 승용차와 같이 펜던트형(pendant type)브레이크 페달을 사용하는 형식에서는 체크밸브를 두지 않는 마스터실린더를 사용하며 잔압 유지는 마스터 실린더와 휠 실린더의 설치위치의 차이에 의해 발생하는 압력(낙차)을 이용한다.

⑤ 피스톤 리턴스프링(piston return spring)

이 스프링은 체크밸브와 피스톤 1차 컵 사이에 설치되며 페달을 놓았을 때 피스톤이 제자리로 복귀하도록 도와주고 체크밸브와 함께 잔압을 형성하는 작용을 한다.

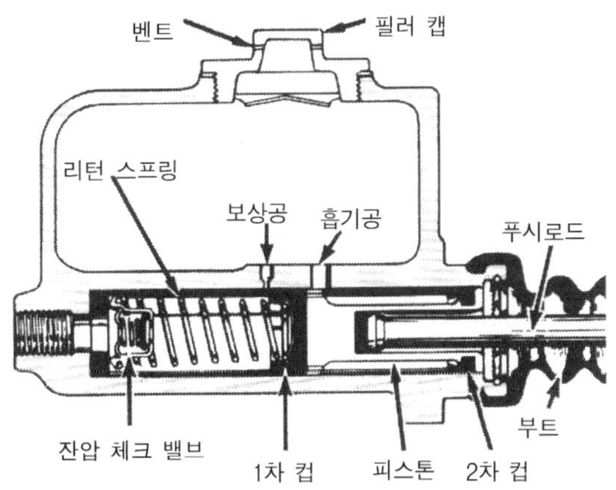

[그림15-4. 싱글 마스터 실린더의 구조]

브레이크 유압회로의 잔압과 베이퍼로크

▶ 잔압 : 피스톤 리턴스프링은 항상 체크밸브를 밀고 있기 때문에 이 스프링의 장력과 회로 내의 유압이 평형이 되면 체크밸브가 시트에 밀착되어 어느 정도의 압력이 남게 되는데 이를 잔압이라 하며 0.6~0.8kgf/㎠정도이다. 잔압을 두는 목적은 다음과 같다.

① 브레이크 작동 지연을 방지한다.

② 베이퍼록을 방지한다.

③ 회로 내에 공기가 침입하는 것을 방지한다.

④ 휠 실린더 내에서 오일이 누출되는 것을 방지한다.

▶ 베이퍼로크(Vapor lock) : 브레이크 회로 내의 오일이 비등·기화하여 오일의 압력 전달 작용을 방해하는 현상이며 그 원인은 다음과 같다.

① 긴 내리막길에서 과도한 풋 브레이크를 사용하였을 때

② 브레이크 드럼과 라이닝의 끌림에 의한 가열

③ 마스터 실린더, 브레이크슈 리턴 스프링 쇠손에 의한 잔압 저하

④ 브레이크 오일 변질에 의한 비등점의 저하 및 불량한 오일을 사용할 때

(2) 싱글 마스터 실린더의 작동

① 브레이크 페달을 밟았을 때

브레이크 페달을 밟으면 피스톤이 미끄럼운동을 하여 피스톤 1차 컵이 마스터 실린더의 보상구멍을 막으면서부터 유압이 발생하며, 이 유압이 체크밸브

를 열고 오일파이프를 거쳐 각 휠 실린더로 간다. 이때 보상구멍과 블리더 구멍은 피스톤 1차 컵 뒤쪽에 있기 때문에 1차 컵과 2차 컵 사이의 공간에는 오일탱크에서의 오일로 가득 차 있어 피스톤의 윤활과 브레이크 페달을 다시 밟았을 때 오일공급을 준비한다. 피스톤이 계속 미끄럼운동을 함에 따라 휠 실린더의 피스톤은 바깥쪽으로 확장되어 브레이크슈를 드럼에 압착시켜 제동이 발생한다.

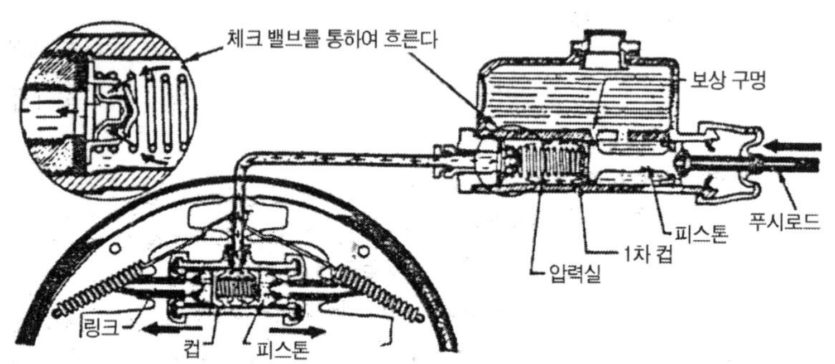

[그림15-5. 싱글 마스터 실린더의 작동]

② 브레이크 페달을 놓았을 때

브레이크 페달을 놓으면 마스터 실린더 내의 유압이 낮아지며, 피스톤은 리턴스프링의 장력으로 복귀하여 제동 작용이 풀린다. 동시에 휠 실린더에 작용하였던 오일은 브레이크슈 리턴스프링 장력에 의해 마스터 실린더로 복귀한다. 이때 오일은 피스톤 리턴스프링의 장력에 의해 시트에 밀착되어 있던 체크밸브를 밀고 마스터 실린더로 복귀한다. 피스톤이 완전히 제자리로 복귀하면 보상구멍이 열려 계속해서 복귀하는 오일은 오일탱크로 들어간다. 이때 파이프 내의 유압과 피스톤 리턴스프링의 장력이 같아지면 체크밸브가 닫히고 파이프 내에는 잔압이 유지된다.

(3) 탠덤 마스터 실린더의 작동

탠덤 마스터 실린더는 유압 브레이크에서 안정성을 높이기 위해 앞·뒤 바퀴에 대하여 각각 독립적으로 작동하는 2계통의 회로를 두는 형식이다. 실린더 위쪽에 앞·뒤 바퀴 제동용 오일탱크 속이 분리되어 있으며 실린더 내에 피스톤이 2개가 들어 있다. 이 경우 푸시로드 쪽의 피스톤이 뒷바퀴용이다.

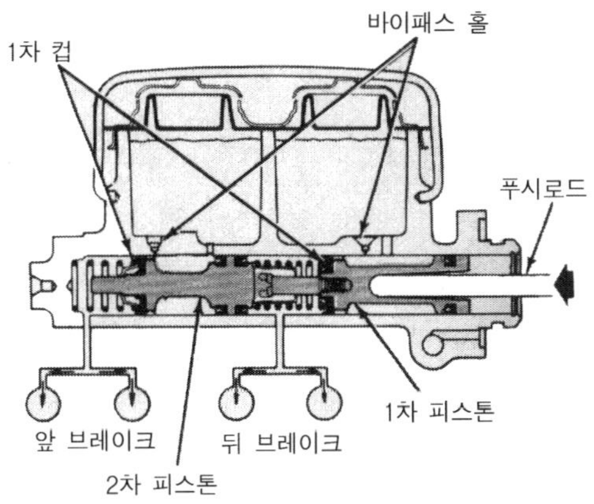

[그림15-6. 탠덤 마스터 실린더의 구조]

각각의 피스톤은 리턴스프링과 스토퍼(stopper)에 의해 그 위치가 결정되며, 앞·뒤 피스톤에는 리턴스프링이 각각 설치되어 있고, 각각의 피스톤에 대응하는 보상구멍과 블리더 구멍 및 체크밸브가 설치되어 있다. 작동은 페달을 밟으면 뒷바퀴 제동용 피스톤이 푸시로드에 의해 리턴스프링을 압축시키면서 앞바퀴 제동용 피스톤과의 사이에 오일을 압축하여 뒷바퀴를 제동시킨다. 이와 동시에 앞바퀴 제동용 피스톤도 뒷바퀴 제동용 피스톤에 의해 발생한 유압으로 앞바퀴에 유압을 작동시킨다. 그리고 유압회로의 고장이 있을 경우에는 다음과 같이 작용한다.

① 뒷바퀴 유압 회로에서 오일 누출이 있을 경우에는 뒷바퀴 제동용 피스톤이 "e"만큼 더 움직인 후 앞바퀴 제동용 피스톤을 작동시킨다.

② 앞바퀴 제동용 회로에 고장이 있을 경우에는 앞바퀴 제동용 피스톤이 "E" 만큼 더 움직인 후 뒷바퀴 제동용 회로에 유압을 작용시킨다.

③ 이 형식에서도 유압회로에 고장이 발생하면 제동력이 감소하여 제동거리가 길어지며 제동이 불안정하게 된다.

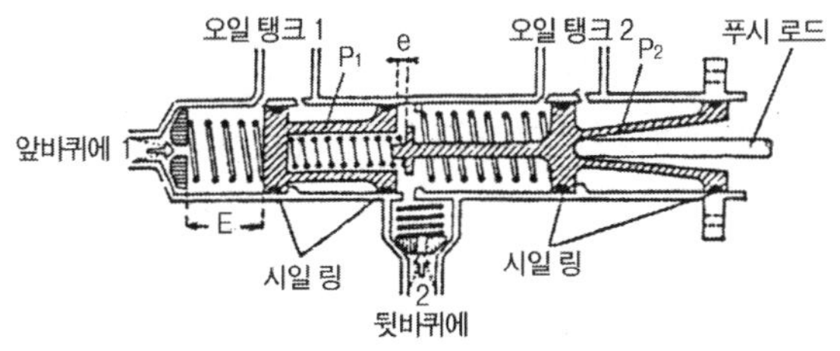

[그림15-7. 탠덤 마스터 실린더의 작용]

[3] 브레이크 파이프(brake pipe)

브레이크 파이프는 강철제 파이프와 플렉시블 호스를 사용한다. 파이프는 진동에 견디도록 클립으로 고정하고 연결부는 2중 플레어로 하며, 호스는 차축이나 바퀴와 연결하는 부분에서 사용하며 연결부에는 금속제 피팅이 설치되어 있다.

[4] 휠 실린더(wheel cylinder)

휠 실린더는 마스터 실린더에서 압송된 유압에 의하여 브레이크슈를 드럼에 압착시키는 일을 하며, 구조는 실린더 보디, 피스톤, 피스톤 컵 그리고 실린더 보디에는 파이프와 연결되는 오일구멍과 회로 내에 침입한 공기를 제거하기 위한 블리더 스크루가 있고 실린더 내에는 확장스프링이 들어 있어 피스톤 컵을 항상 밀어서 벌어져 있도록 한다.

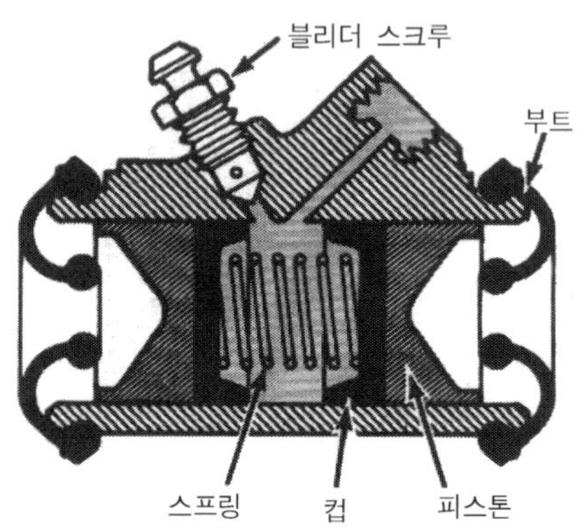

[그림15-8. 휠 실린더 구조]

[5] 브레이크슈(brake shoe)

브레이크슈는 휠 실린더의 피스톤에 의해 드럼과 접촉하여 제동력을 발생하는 부분이며, 라이닝이 리벳이나 접착제로 부착되어 있다. 그리고 슈에는 리턴스프링을 두어 마스터 실린더 유압이 해제되었을 때 슈가 제자리로 복귀하도록 하며, 홀드다운 스프링(hold down spring)에 의해 슈를 알맞은 위치에 유지시킨다. 라이닝의 종류에는 위븐 라이닝(woven lining), 몰드 라이닝(mould lining), 금속제 라이닝(metallic lining) 등이 사용된다. 그리고 라이닝은 다음과 같은 구비조건을 갖추어야 한다.

① 내열성이 크고, 페이드 현상이 없을 것

② 기계적 강도 및 내마멸성이 클 것

③ 온도의 변화, 물 등에 의한 마찰계수 변화가 적을 것

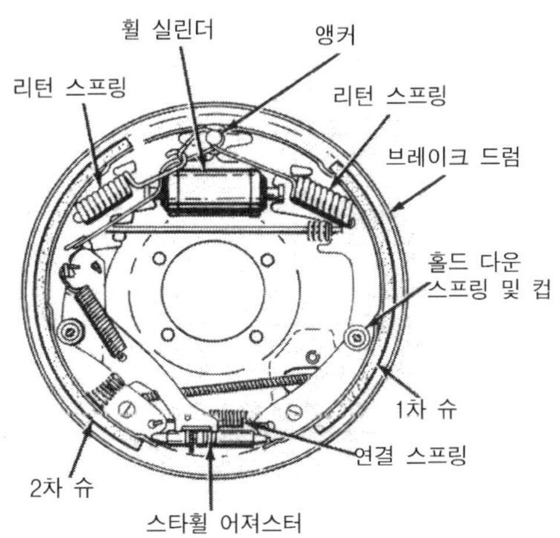

[그림15-9. 브레이크 슈의 구조와 설치상태]

페이드(fade) 현상

페이드(fade) 현상이란 브레이크 페달의 조작을 반복하면 드럼과 슈에 마찰열이 축적되어 제동력이 감소하는 현상이다. 원인은 드럼과 슈의 열팽창과 라이닝 마찰계수 저하에 있으므로, 페이드 현상이 발생한 경우에는 자동차를 세우고 열을 냉각시켜야 한다. 방지방법은 다음과 같다.

㉮ 드럼의 냉각성능을 크게 하고, 열팽창률이 적은 형상으로 한다.

㉯ 드럼은 열팽창률이 적은 재질을 사용한다.

㉰ 온도상승에 따른 마찰계수 변화가 적은 라이닝을 사용한다.

[6] 브레이크 드럼(brake drum)

브레이크 드럼은 휠 허브(wheel hub)에 볼트로 설치되어 바퀴와 함께 회전하며 슈와의 마찰로 제동을 발생시키는 부분이다. 제동할 때 발생한 열은 드럼을 통하여 방산 되므로 드럼의 면적은 마찰 면에서 발생한 열 방산 능력으로 결정한다. 브레이크 드럼이 갖추어야 할 조건은 다음과 같다.

① 가볍고 강도와 강성이 클 것

② 정적·동적 평형이 잡혀 있을 것

③ 냉각이 잘되어 과열하지 않을 것

④ 내마멸성이 클 것

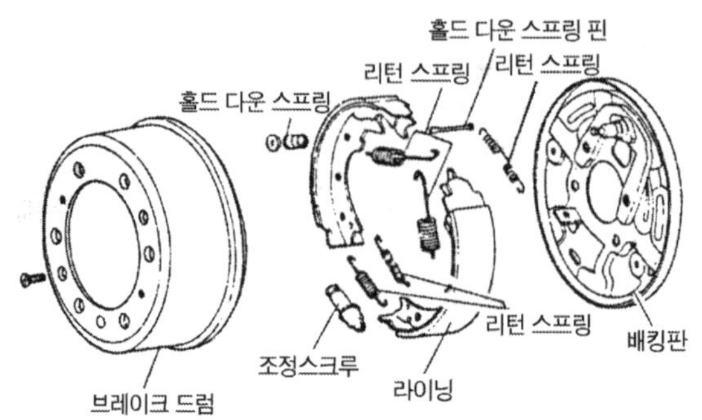

[그림15-10. 브레이크 드럼의 구조]

2. 브레이크슈와 드럼의 조합

[1] 자기 작동작용(self energizing action)

자기 작동작용이란 회전 중인 브레이크 드럼에 제동을 걸면 슈는 마찰력에 의해 드럼과 함께 회전하려는 경향이 발생하여 확장력이 커지므로 마찰력이 증대되는 작용이다. 한편, 드럼의 회전 반대방향 쪽의 슈는 드럼으로부터 떨어지려는 경향이 생겨 확장력이 감소된다. 이때 자기 작동작용을 하는 슈를 리딩 슈(leading shoe), 자기 작동작용을 하지 못하는 슈를 트레일링 슈(trailing shoe)라 한다.

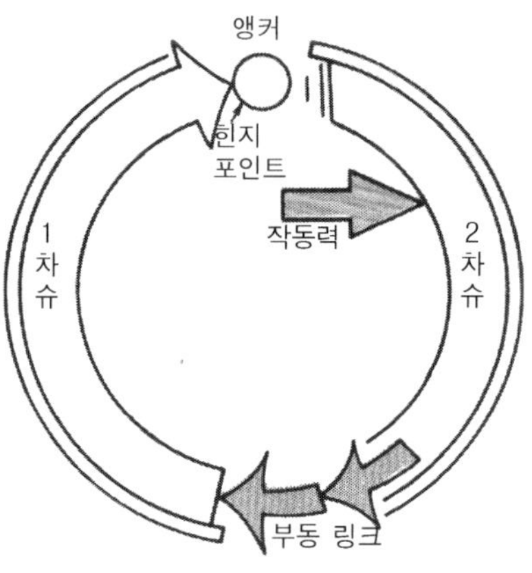

[그림15-11. 자기 작동작용]

[2] 작동상태에 따른 분류

(1) 넌서보 브레이크(non-servo brake)

이 형식은 브레이크가 작동될 때 자기 작동작용이 해당 슈에만 발생하게 된 것이며, 전진방향에서 자기 작동작용을 하는 슈를 전진 슈, 후진방향에서 자기 작동작용을 하는 슈를 후진 슈라 부른다.

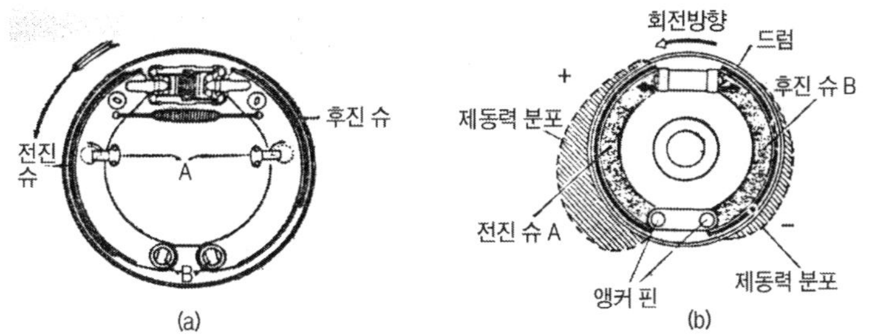

[그림15-12. 넌서보 브레이크]

(2) 서보 브레이크(servo brake)

이 형식은 브레이크가 작동될 때 모든 슈에 자기 작동작용이 일어나는 것이며, 유니 서보방식과 듀어 서보방식이 있다. 또 먼저 자기 작동작용이 일어나는 슈를 1차 슈, 나중에 자기 작동작용이 일어나는 슈를 2차 슈라 부른다.

① 유니 서보방식(uni-servo type)

이 방식은 전진에서는 휠 실린더 피스톤에 의하여 1차 슈가 밀려지면 2차 슈에도 자기 작동 작용이 일어나 모든 슈가 리딩 슈가 되지만, 후진에서는 2개의 슈가 모두 트레일링 슈로 되어 제동력이 감소하는 것이다.

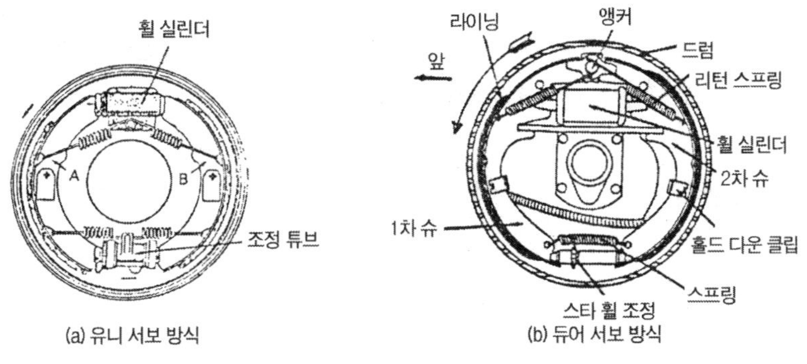

[그림15-13. 유니 서보방식과 듀어 서보방식]

② 듀어 서보 방식(duo-servo type)

이 방식은 슈가 드럼에 압착되어 있을 때 드럼의 회전 방향에 따라 고정 측이 바뀌어 전진 또는 후진에서 모두 자기 작동작용이 일어나 강력한 제동력이 발생한다.

3. 브레이크 오일

브레이크 오일은 피마자기름에 알코올 등의 용제를 혼합한 식물성 오일이며, 구비조건은 다음과 같다.

① 점도가 알맞고 점도 지수가 클 것

② 윤활 성능이 있을 것

③ 빙점이 낮고, 비등점이 높을 것

④ 화학적 안정성이 클 것

⑤ 고무 또는 금속 제품을 부식, 연화, 팽창시키지 않을 것

⑥ 침전물 발생이 없을 것

15.3. 디스크 브레이크(disc brake)

[1] 디스크 브레이크의 개요

이 브레이크는 마스터 실린더에서 발생한 유압을 캘리퍼(caliper)로 보내어 바퀴와 함께 회전하는 디스크를 양쪽에서 패드(pad ; 슈)로 압착시켜 제동을 시킨다. 디스크 브레이크는 디스크가 대기 중에 노출되어 회전하므로 페이드(fade) 현상이 작으며, 자동 조정브레이크 형식이다. 그리고 디스크 브레이크의 구성은 바퀴와 함께 회전하는 디스크, 디스크와 함께 제동력을 발생시키는 패드, 패드와 피스톤을 지지하며 스핀들(spindle)이나 판(plate)에 고정된 캘리퍼 등으로 구성되어 있다. 디스크 브레이크의 장·단점은 다음과 같다.

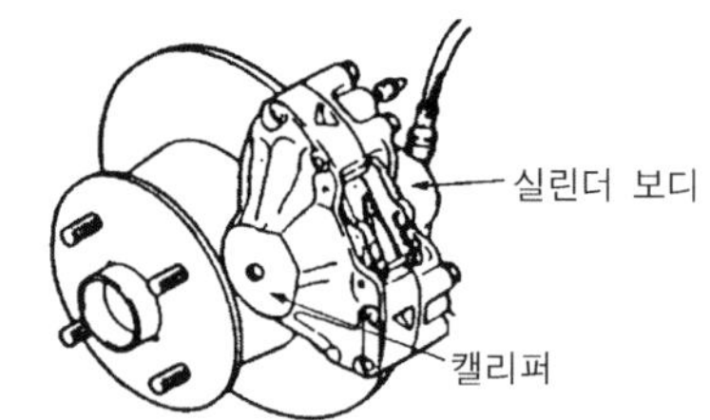

[그림15-14. 디스크 브레이크의 구조]

(1) 디스크 브레이크의 장점

① 디스크가 대기 중에 노출되어 회전하므로 냉각성능이 커 제동성능이 안정된다.

② 자기 작동작용이 없어 고속에서 반복적으로 사용하여도 제동력 변화가 적다.

③ 부품의 평형이 좋고, 한쪽만 제동되는 일이 없다.

④ 디스크에 물이 묻어도 제동력의 회복이 크다.

⑤ 구조가 간단하고 부품 수가 적어 차량의 무게가 경감되며 정비가 쉽다.

(2) 디스크 브레이크의 단점

① 마찰 면적이 적어 패드의 압착력이 커야 한다.

② 자기 작동작용이 없어 페달 조작력이 커야 한다.

③ 패드의 강도가 커야 하며, 패드의 마멸이 크다.

④ 디스크에 이물질이 쉽게 부착된다.

[2] 디스크 브레이크의 분류

(1) 대향(對向) 피스톤형

이 형식은 브레이크 실린더 2개를 두고 디스크를 양쪽에서 패드로 압착시켜 제동을 하는 것이다. 또 이 형식에는 캘리퍼가 일체로 되어 있으며 연결 파이프를 거쳐 오일이 도입되는 캘리퍼 일체형과 캘리퍼가 중심에서 둘로 분할되고 각각에 실린더를 일체로 주조(鑄造)하고 오일 도입은 내부 홈을 통해 들어오도록 된 캘리퍼 분할형이 있다.

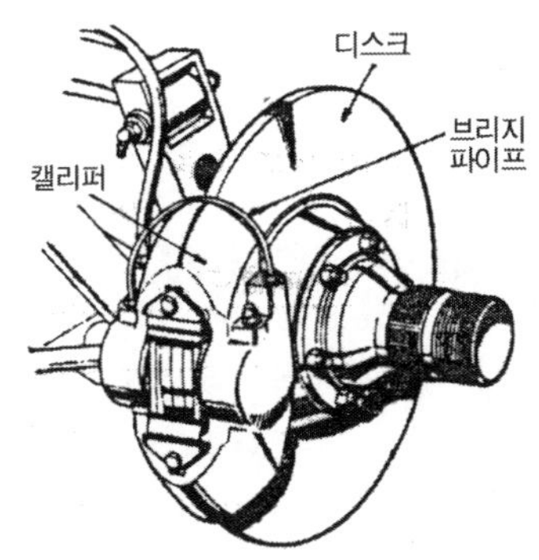

[그림15-15. 캘리퍼 일체형 디스크 브레이크]

(2) 부동(浮動) 캘리퍼형

이 형식은 캘리퍼 한쪽에만 1개의 브레이크 실린더를 두고 마스터 실린더에서 유압이 작동하면 피스톤이 패드를 디스크에 압착하고, 이때의 반발력으로 캘리퍼가 이동하여 반대쪽 패드도 디스크를 압착하여 제동한다. 부동 캘리퍼형의 특징은 다음과 같다.

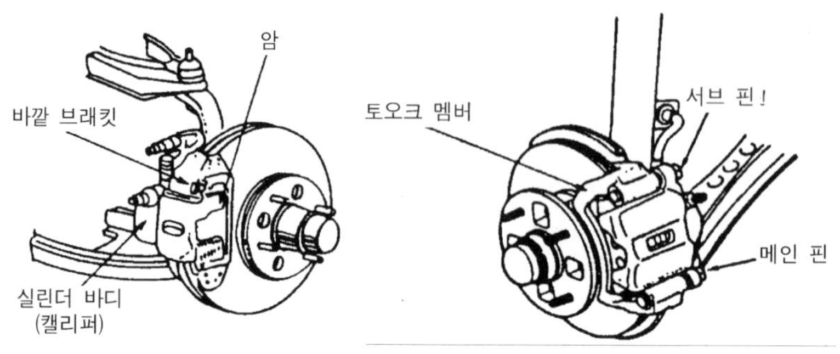

[그림15-16. 부동 캘리퍼형의 구조와 작동]

① 브레이크 실린더가 1개이고, 통풍이 잘되는 부분에 캘리퍼가 설치되어 있어 베이퍼로크의 염려가 적다.

② 오일누출 부분이 적다.

③ 부품수가 적어 가볍다.

④ 피스톤의 이동량이 커야 한다.

⑤ 먼지 등에 의해 캘리퍼의 이동이 원활하지 못하게 되기 쉽고, 또 패드가 편마모되기 쉽다.

15.4. 배력 브레이크(servo brake)

유압 브레이크에서 제동력을 증대시키기 위해 엔진의 흡입행정에서 발생하는 진공(부압)과 대기압력 차이를 이용하는 진공 배력방식(하이드로 백), 압축공기의 압력과 대기압력의 차이를 이용하는 공기 배력방식(하이드로 에어 팩)이 있다. 공기 배력방식은 구조상 공기압축기와 공기탱크를 더 두고 있으며, 작동 원리는 진공 배력방식과 같으므로 여기서는 진공 배력방식의 구조와 작동에 대해서만 설명하기로 한다.

1. 진공 배력 방식의 원리

이 방식은 흡기다기관 진공과 대기 압력과의 차이를 이용한 것이므로 배력장치에 고장이 발생하여도 일반적인 유압브레이크로 작동할 수 있도록 하고 있다. 원리는 흡기다기관에서 발생하는 진공이 50cmHg이며, 대기 압력이 76cmHg이므로 이들 사이에는 76cmHg−50cmHg=26(cmHg)=0.34kgf/㎠이다. 그러므로 대기압력 1.0332kgf/㎠−0.34kgf/㎠=0.7kgf/㎠이 된다. 이 압력차이가 진공 배력방식 브레이크를 작동시키는 힘이다.

2. 진공 배력방식의 종류

진공 배력방식 브레이크의 종류에는 마스터 실린더와 배력장치를 일체로 한 직접 조작방식(마스터 백 또는 진공부스터)과 마스터 실린더와 배력장치를 별도로 설치한 원격 조작방식(하이드로 백)이 있다. 여기서는 직접 조작방식의 작동 및 특징에 대해서만 설명하도록 한다.

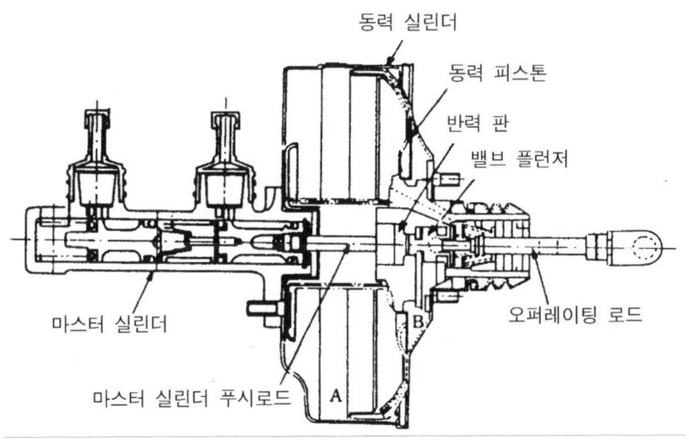

[그림15-17. 직접 조작방식의 구조]

(1) 브레이크 페달을 밟지 않았을 때

브레이크 페달을 밟지 않은 상태에서는 오퍼레이팅 로드(operating rod) 및 밸브 플런저(valve plunger)는 밸브 리턴스프링에 의해 오른쪽으로 밀려 제자리에 있으며, 엔진에서 발생한 진공은 체크밸브를 거쳐 동력피스톤 A, B 양쪽 체임버에 가해지므로 동력피스톤은 리턴스프링 장력에 의해 오른쪽으로 밀려 있다.

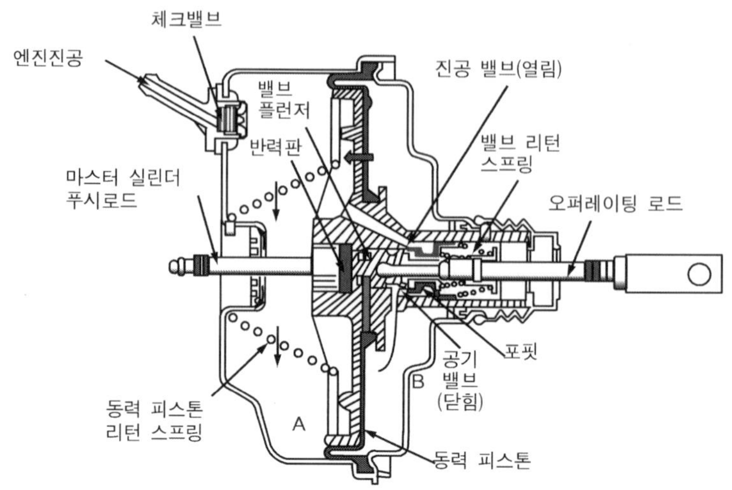

[그림15-18. 브레이크 페달을 밟지 않았을 때

(2) **브레이크 페달을 밟기 시작하였을 때**

브레이크 페달을 밟기 시작하면 오퍼레이팅 로드, 포핏, 밸브 플런저는 모두 왼쪽으로 이동하며 진공밸브가 닫힌다. 계속해서 브레이크 페달을 밟으면 밸브 플런저의 공기밸브가 포핏에 떨어져 공기밸브가 열리고 이때 대기가 동력피스톤 B쪽으로 들어온다. 대기가 들어오면 동력피스톤 양쪽에는 압력차이가 발생하며, 이 압력차이가 동력피스톤 리턴스프링의 장력을 이기면 동력피스톤은 오른쪽에서 왼쪽으로 마스터 실린더 푸시로드에 힘을 주면서 이동한다.

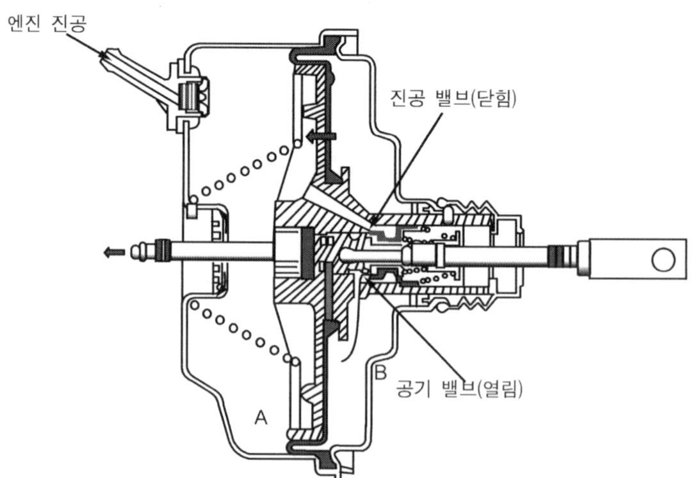

[그림15-19. 브레이크 페달을 밟기 시작하였을 때]

(3) 브레이크 페달을 중간에서 멈추었을 때

브레이크 페달을 계속해서 밟아 마스터 실린더에 높은 유압이 발생하면 그 반력이 마스터실린더 푸시로드로부터 반력 판(reaction disc)으로 전달된다. 전달된 반력은 동력피스톤 및 밸브 플런저로 분산되어 전달되며, 브레이크 페달을 밟는 힘과 균형을 이루어 공기밸브와 진공밸브가 동시에 닫히게 되면 제동 작용을 유지한다.

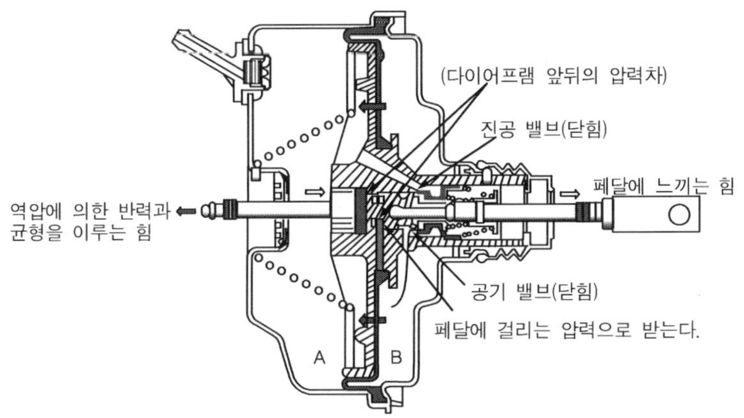

[그림15-20. 브레이크 페달을 중간에서 멈추었을 때]

(4) 브레이크 페달을 최대한 밟았을 때

브레이크 페달을 최대한 밟으면 밸브 플런저는 오른쪽으로 이동하여 공기밸브가 완전히 열려 동력피스톤 B쪽으로 충분한 대기가 들어와 압력 차이는 최대로 된다. 한편, 마스터 실린더 피스톤에는 동력피스톤에 가해지는 압력 차이와 페달을 밟는 힘이 더해지는 결과가 된다.

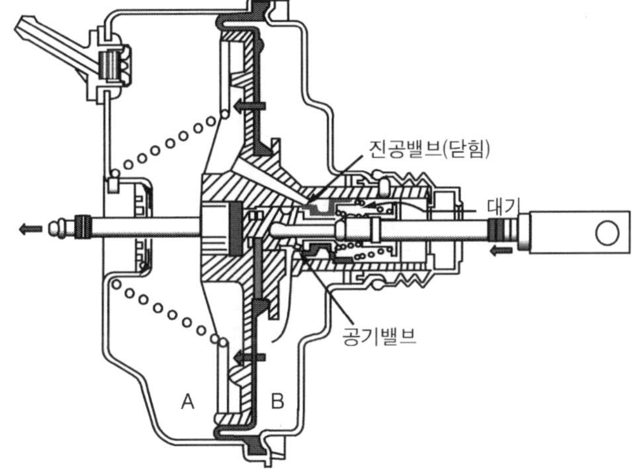

[그림15-21. 브레이크 페달을 최대한 밟았을 때]

15.5. 공기브레이크(air brake)

1. 공기브레이크의 개요

공기브레이크는 압축공기의 압력을 이용하여 모든 바퀴의 브레이크슈를 드럼에 압착시켜서 제동 작용을 하는 것이며, 브레이크 페달로 밸브를 개폐시켜 공기량으로 제동력을 조절한다. 공기브레이크의 장·단점은 다음과 같다.

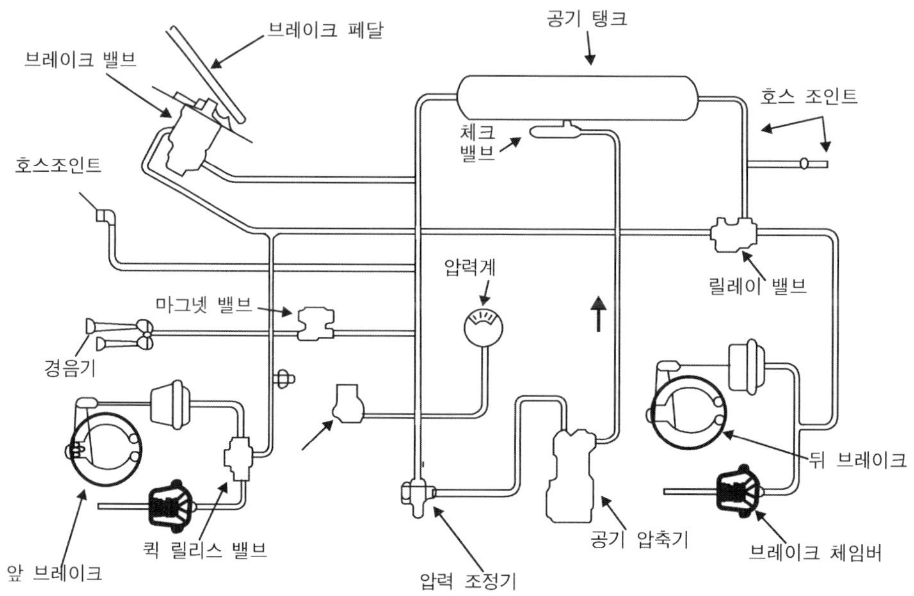

[그림15-22. 공기브레이크의 배관 및 구조]

[1] 공기브레이크의 장점

① 차량 중량에 제한을 받지 않는다.

② 공기가 다소 누출되어도 제동 성능이 현저하게 저하되지 않는다.

③ 베이퍼로크 발생 염려가 없다.

④ 페달 밟는 양에 따라 제동력이 조절된다(유압 브레이크는 페달 밟는 힘에 의해 제동력이 비례한다.)

⑤ 압축공기 압력을 높이면 더 큰 제동력을 얻을 수 있다.

(2) 공기브레이크의 단점

① 공기압축기 구동에 엔진의 출력이 일부 소모된다.

② 구조가 복잡하고 값이 비싸다.

2. 공기 브레이크의 구조

[1] 압축공기 계통

(1) 공기압축기(air compressor)

공기압축기는 엔진의 크랭크축에 의해 구동벨트로 구동되며, 압축공기를 생산한다. 공기입구 쪽에는 언로더 밸브(unloader valve)가 설치되어 있어 압력조정기와 함께 공기압축기가 과다하게 작동하는 것을 방지하여, 공기탱크 내의 공기압력을 일정하게 조정한다.

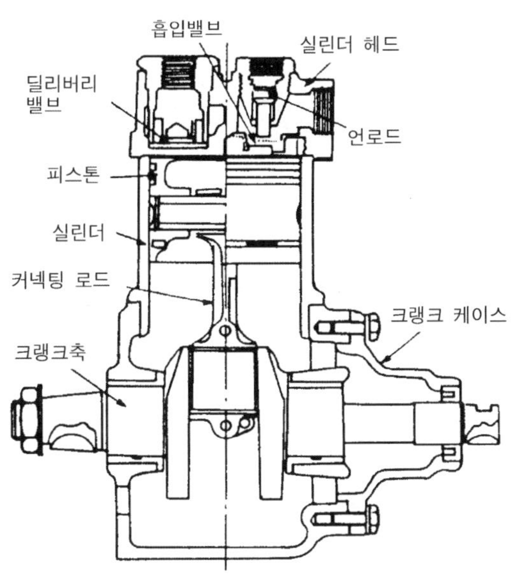

[그림15-23. 공기압축기의 구조]

(2) 압력조정기와 언로더 밸브

압력조정기는 공기탱크 내의 압력이 5~7kgf/㎠이상 되면 공기탱크에서 공기입구로 들어온 압축공기가 스프링 장력을 이기고 밸브를 밀어 올린다. 이에 따라 압축공기는 공기압축기의 언로더(unload) 위쪽에 작동하여 언로더 밸브를 내려 민다. 이때 흡입밸브가 열려 공기압축기 작동이 정지된다. 또 공기탱크 내의 압력이 규정 값 이하가 되면 언로더 밸브가 제자리로 복귀되어 공기 압축작용이 다시 시작된다.

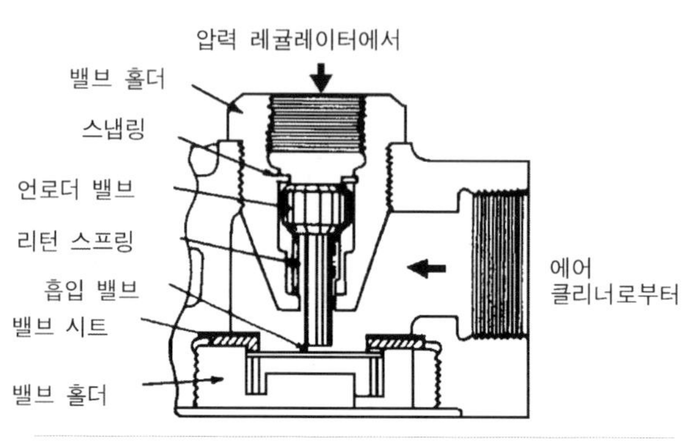

[그림15-24. 언로더 밸브의 구조]

(3) 공기탱크

공기탱크는 공기압축기에서 보내 온 압축공기를 저장하며 탱크 내의 공기압력이 규정 값 이상이 되면 공기를 배출시키는 안전밸브와 공기압축기로 공기가 역류하는 것을 방지하는 체크밸브 및 탱크 내의 수분 등을 제거하기 위한 드레인 코크가 있다.

[2] 제동계통

(1) 브레이크 밸브(brake valve)

이 밸브는 브레이크 페달에 의해 개폐되며, 페달을 밟는 양에 따라 공기탱크 내의 압축공기를 도입하여 제동력을 조절한다. 즉, 페달을 밟으면 위쪽의 플런저가 메인 스프링을 누르고 배출밸브를 닫은 후 공급밸브를 연다. 이에 따라 공기탱크의 압축공기가 앞 브레이크의 퀵 릴리즈 밸브 및 뒤 브레이크의 릴레이 밸브 그리고 각 브레이크 체임버로 보내져 제동 작용을 한다. 그리고 페달을 놓으면 플런저가 제자리로 복귀하여 배출밸브가 열리며 제동 작용을 한 공기를 대기 중으로 배출시킨다.

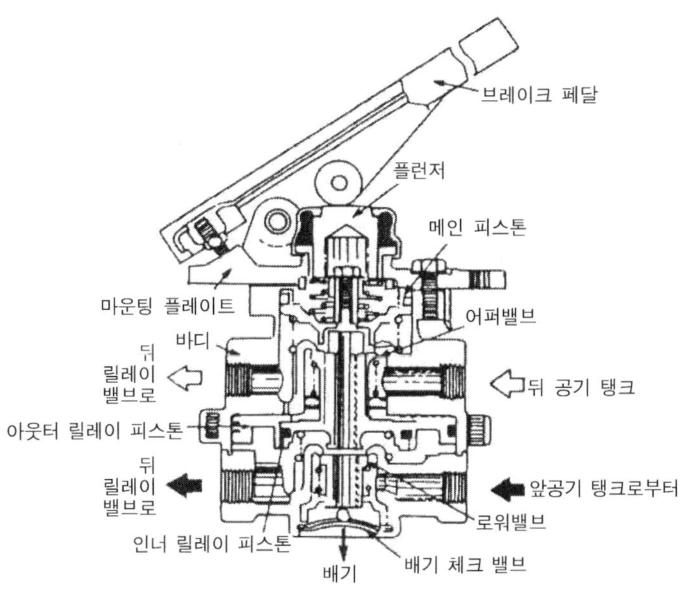

[그림15-25. 브레이크 밸브의 구조]

(2) 퀵 릴리즈 밸브(quick release valve)

이 밸브는 브레이크 페달을 밟으면 브레이크 밸브로부터 압축 공기가 입구를 통하여 작동되면 밸브가 열려 앞 브레이크 체임버로 통하는 양쪽 구멍을 연다. 이에 따라 브레이크 체임버에 압축 공기가 작동하여 제동된다. 또 페달을 놓으면 브레이크 밸브로부터 공기가 배출됨에 따라 입구 압력이 낮아진다. 이에 따라 밸브는 스프링 장력에 의해 제자리로 복귀하여 배출 구멍을 열고 앞 브레이크 체임버 내의 공기를 신속히 배출시켜 제동을 푼다.

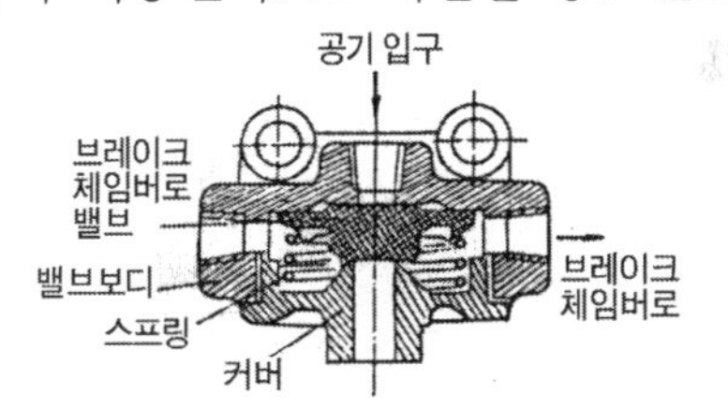

[그림15-26. 퀵 릴리즈 밸브의 구조]

(3) 릴레이 밸브(relay valve)

이 밸브는 브레이크 페달을 밟아 브레이크 밸브로부터 공기압력이 작동하면 다이어프램이 아래쪽으로 내려가 배출밸브를 닫고 공급밸브를 열어 공기탱크 내의 공기를 직접 뒤 브레이크 체임버로 보내어 제동시킨다. 또 페달을 놓아 다이어프램 위에 작동하던 브레이크 밸브로부터의 공기압력이 감소하면 브레이크 체임버 내의 압력이 다이어프램 위에 작동하던 압력보다 커지므로 다이어프램을 위로 밀어 올려 위 부분의 압력과 평행이 될 때까지 밸브를 열고 공기를 배출시켜 신속하게 제동을 푼다.

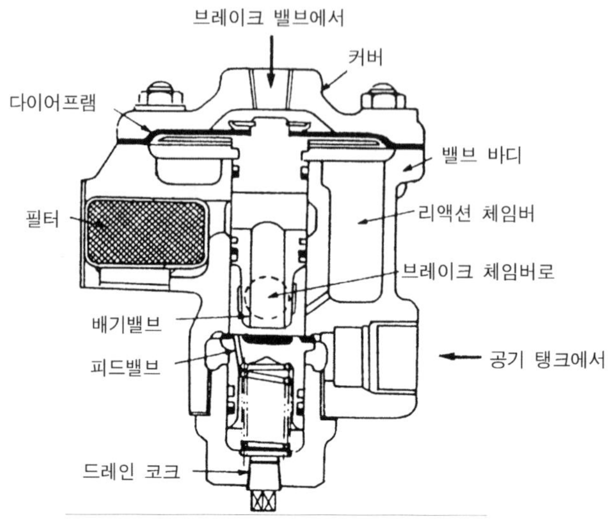

[그림15-27. 릴레이 밸브의 구조]

(4) 브레이크 체임버(brake chamber)

브레이크 체임버는 브레이크 페달을 밟아 브레이크 밸브에서 조절된 압축공기가 체임버 내로 유입되면 다이어프램은 스프링을 누르고 이동한다. 이에 따라 푸시로드가 슬랙 조정기(slack adjust)를 거쳐 캠(cam)을 회전시켜 브레이크 슈가 확장하여 드럼에 압착되어 제동을 한다. 페달을 놓으면 다이어프램이 스프링 장력으로 제자리로 복귀하여 제동이 해제된다.

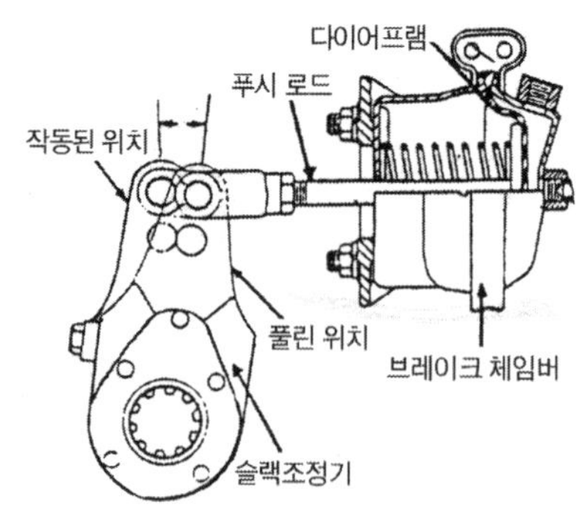

[그림15-28. 브레이크 체임버의 구조]

[3] 저압표시기와 체크밸브

(1) 저압표시기

저압표시기는 공기압력으로 작동하는 스위치이며, 공기탱크 내의 압력이 낮아지면 접점이 닫혀 경고등을 점등하거나 부저가 울리도록 한다. 공기압력이 높아지면 접점을 연다. 주행 중 저압표시기가 작동하면 즉시 운전을 중지하고 공기압력 저하의 원인을 수정하여야 한다.

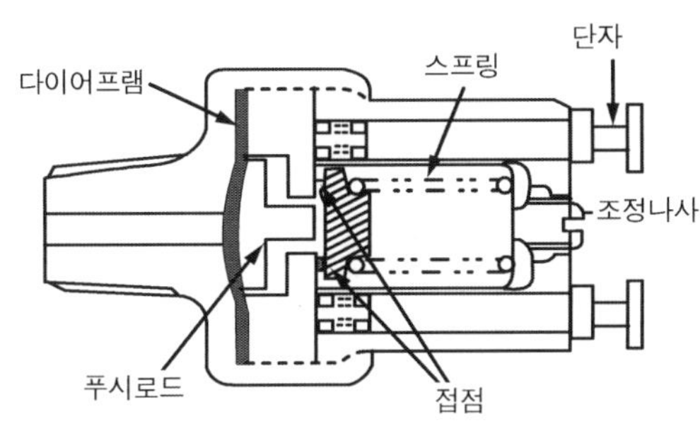

[그림15-29. 저압표시기의 구조]

(2) 체크밸브

체크밸브는 공기압축기에서 압축공기를 보낼 때에만 열려 공기압축기와 탱크가 통하도록 해준다.

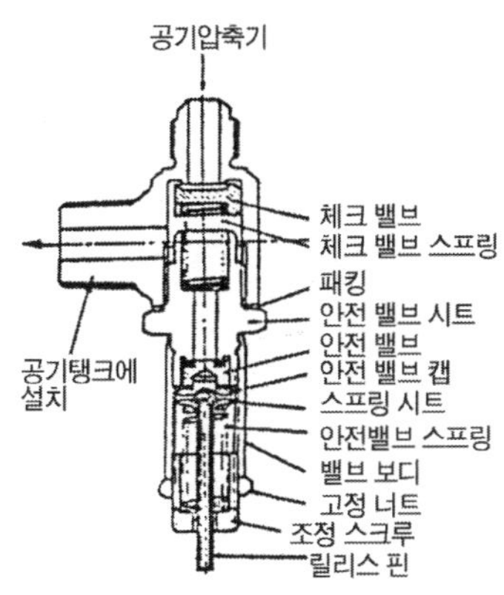

[그림15-30. 체크밸브의 구조]

15.6. 제동성능

1. 제동거리

제동장치의 능력이 아무리 크다 해도 얻을 수 있는 최대 제동력은 타이어와 노면과의 마찰력에 의해 결정되며 모든 바퀴가 고착되었을 때 제동 거리는 다음 공식이 성립된다.

$$\frac{W}{g} = \frac{V^2}{2}\mu WL \quad \text{-----} ①$$

여기서,

W : 차량 총 중량(kgf)

g : 중력 가속도 (9.8㎨)

V : 제동 초속도(m/s)

L : 정지거리

μ : 타이어와 노면과의 마찰 계수

① 공식에서

$$L = \frac{V^2}{2\mu g} \quad \text{----} ②$$

을 얻을 수 있다.

마찰 계수 μ의 값은 포장도로에서는 0.5~0.7이며, 타이어가 회전하면서 제동되는 경우와 완전히 고착되었을 때에는 그 값이 변화한다.

2. 미끄럼율

$$\text{미끄럼율} = \frac{V - WR}{V} \times 100 \quad \text{---} ③$$

여기서,

V = 자동차의 주행 속도

W : 타이어의 회전 각속도

R : 타이어의 반지름

WR : 타이어의 주속도

마찰 계수 μ는 미끄럼율이 30~40% 부근에서 최대가 되고 그 이후에는 급격히 감소하는 경향이 있다. 또 마찰 계수 μ는 타이어를 고착시켰을 때보다도 어느 정도 회전시키면서 제동하였을 때 감속도가 커지고 제동 거리도 단축되는 것을 알 수 있다.

3. 제동토크

제동된 브레이크 드럼에 발생하는 제동 토크는 다음 공식으로 근사하게 표시된다.

$T_B = \mu \times P \times r$ ---④

여기서

T_B : 제동 토크

μ : 브레이크 드럼과 라이닝의 마찰 계수

r : 브레이크 드럼의 반지름

P : 브레이크 드럼에 걸리는 전 제동력

4. 제동력

$$제동력 = \frac{T_B}{R} = \frac{\mu Pr}{R} \quad ---⑤$$

위 공식에서 P는 라이닝의 면적과 휠 실린더의 압착력에 비례하는 것이고, 휠 실린더에서 발생되는 힘은 페달을 밟는 힘과 페달의 지렛대비, 마스터 실린더와 휠 실린더의 면적 비율 등에 따라 결정된다. 구조상 페달 밟는 힘, 지렛대비는 그렇게 크게 할 수 없다. 제동거리는 ②공식과 같이 표시되나 실제 측정에 의한 측정값이 있으면 다음의 공식으로 각속도에 있어서의 제동 거리를 비교적 정확하게 구할 수 있다.

$$Ls = Lo\left(\frac{Vs}{Vo}\right)^2 ---⑥$$

여기서,

Ls : Vs ㎞/h에 있어서의 제동 거리

Lo : 실제 측정값

Vo : 실제 측정할 때의 속도

Vs : Ls를 산출하려고 하는 속도

5. 제동거리 산출공식

지금 주행속도 V(㎞/h)의 자동차가 제동력 F(kgf)의 작용으로 운동거리 S(m)에서 정지하였다고 하면 그때의 일은 다음과 같다.

자동차가 한 일 = F×S -- ⑦

또 질량 m의 자동차가 속도 v(m/sec)로 운동을 하고 있을 때의 에너지는 다음과 같다.

$$\text{자동차가 가지는 에너지} = \frac{1}{2}mv^2 ---⑧$$

그런데 질량 m은 지구의 중력 가속도 g(9.8㎨)가 작용하여 자동차의 중량 W(kgf)가 되므로

$$\text{자동차의 질량 } m = \frac{W}{g} ---⑨$$

가 된다. 따라서 ⑨를 ⑦에 대입하면

$$\text{자동차가 가지는 에너지} = \frac{1}{2}mv^2 = \frac{1}{2} \times \frac{W}{g} \times v^2 ---⑩$$

이 된다.

자동차가 한 일과 운동 에너지는 같은 것이므로 ⑦과 ⑩은 같다. 즉

$$F \times S = \frac{1}{2} \times \frac{W}{g} \times v^2 ---⑪$$

여기서,

F : 제동력 (kgf), S : 제동 거리(m), W : 자동차의 총 중량 (kgf)

g : 중력 가속도 (9.8㎨), v : 자동차의 속도(m/sec)

여기서 속도 V ㎞/h와 v(m/sec)사이에는 다음의 관계가 있다. 즉

1km = 1000m

1h = 60sec×60 = 3600sec

그러므로 $V\text{km/h} = \frac{1000}{3600} V \text{ m/sec} = \frac{V}{3.6} \text{ m/sec}$ ---⑫ 가 된다.

운동 에너지는 속도의 제곱에 비례하므로 단위를 V로 고치기 위해 ⑪을 ⑫에에 대입하면

$$F \times S = \frac{1}{2} \times \frac{W}{g} \times \left(\frac{V}{3.6}\right)^2 = \frac{1}{2} \times \frac{W}{9.8} \times \frac{V^2}{12.96}$$

이 된다. 이것을 간단히 하면 $F \cdot S = \frac{W \cdot V^2}{254}$ ---⑬

⑬ 공식을 변형시키면 $S = \frac{V^2}{254} \times \frac{W}{F}$ --⑭

⑭ 공식을 제동거리 산출공식이라 한다. 이외에 제동을 걸면 자동차 자체의 운동을 정지시키고 동시에 동력 전달 장치들을 정지시키지 않으면 안 된다. 이들을 회전 부분 상당 중량(W′)이라 하며 이것을 차량 중량에 더하여 산출되는 것이 제동 거리이며 다음과 같이 나타낸다.

제동 거리 $S_1 = \frac{V^2}{254} \times \frac{(W + W')}{F}$ ---⑮

회전 부분 상당 중량(W′)의 값은 다음과 같다.

승용 자동차 : 차량 중량의 5%(0.05W)

승합 및 화물 자동차 : 차량 중량의 7%(0.07%)

6. 공주거리 산출공식

속도 V ㎞/h, 즉 $\frac{V}{3.6}$ m/sec의 자동차가 공주시간에 주행한 거리는

거리 = 속도×시간이므로

공주 거리 $S_2 = \frac{V}{3.6} \times$공주시간(t)

이 된다. 지름 공주시간을 0.1sec라 하면

공주 거리 $S_2 = \frac{V}{3.6} \times 0.1 = \frac{V}{36}$ ---⑯ 가 된다.

7. 정지거리 산출공식

정지거리는 제동 거리 S_1에 공주 거리 S_2를 더한 것이므로

정지 거리 $= \frac{V^2}{254} \times \frac{(W+W')}{F} + \frac{V}{36}$ ---⑰ 가 된다.

15.8. ABS(Anti lock Brake System)

1. ABS의 개요

자동차는 제동할 때에 감속도에 따라 자동차의 중심이 앞쪽으로 이동하여 앞바퀴의 하중은 증가하고 뒷바퀴의 하중은 감소하는 경향이 생긴다. 또 바퀴가 정지하여 스키드(skid)를 일으키면 노면과의 마찰력이 감소함과 동시에 방향성을 잃게 되고 제동성능이 저하되어 불안정한 제동이 된다. 이러한 현상을 방지하기 위하여 개발된 것이 ABS이다. 즉 ABS는 급제동을 하거나 눈길과 같은 미끄러운 노면에서 제동할 때 바퀴의 미끄러짐(slip)현상을 휠 스피드센서가 감지하여 컴퓨터로 보내면 컴퓨터가 모듈레이터를 조정하여 제동할 때 방향 안전성 유지, 조정성능의 확보, 제동거리를 단축시키는 작용을 한다. 일반적으로 앞바퀴는 독립제어, 뒷바퀴는 셀렉트로 제어(select low control)의 4센서 3채널 방식이 많이 사용된다.

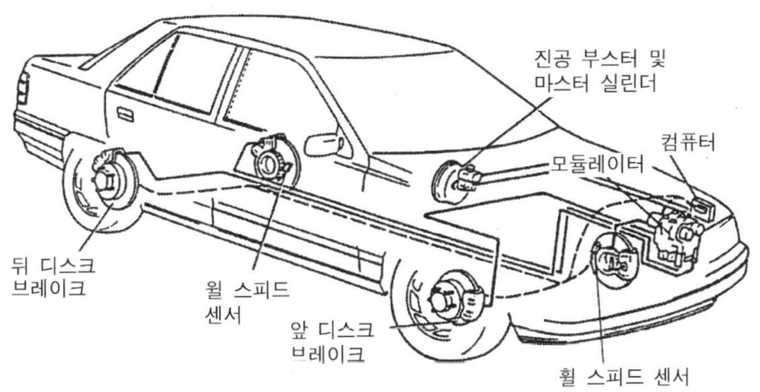

[그림15-44. ABS 구성부품]

셀렉트로(select low) 제어

제동할 때 좌우바퀴의 감속비율을 비교하여 먼저 미끄럼을 일으키는 바퀴에 맞추어 좌우 바퀴의 유압을 동시에 제어하는 방법을 말한다.

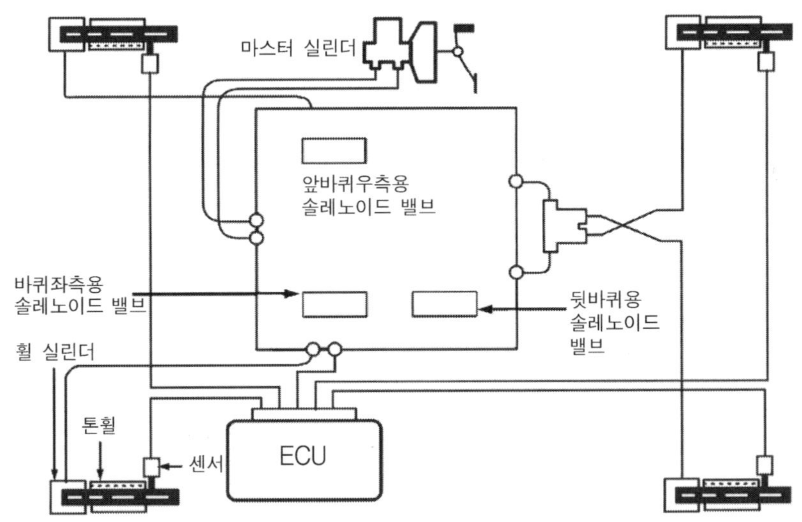

[그림15-45. 4센서 3채널 방식]

2. ABS의 설치목적

① 제동거리를 단축시킨다.

② 앞바퀴의 고착을 방지하여 조향 능력이 상실되는 것을 방지한다.-방향 안정성 확보

③ 미끄러짐을 방지하여 차체의 안전성을 유지한다.-조종 성능 확보

④ 뒷바퀴 조기 고착에 의한 옆 방향 미끄럼을 방지한다. - 타이어 고착(lock)방지

⑤ 노면의 상태가 변화하여도 최대의 조향 효과를 얻을 수 있다.

⑥ 타이어의 미끄럼율이 마찰계수 최고 값을 초과하지 않도록 한다.

⑦ 미끄럼이 없는 제동효과를 얻을 수 있다.

3. ABS의 특징

[1] 한쪽이 미끄러운 노면을 직진할 때

ABS를 설치하지 않은 경우에는 브레이크 페달을 밟으면 미끄러운 노면 쪽의 바퀴가 고착되어 자동차 앞부분이 마찰계수가 낮은(미끄러운)노면 쪽으로 회전하여 바퀴가 스핀(spin)을 일으킨다. 그러나 ABS를 설치한 경우에는 마찰계수가 큰 노면의 바퀴로 들어가는 유압을 조절하여 직진성능을 유지시킨다.

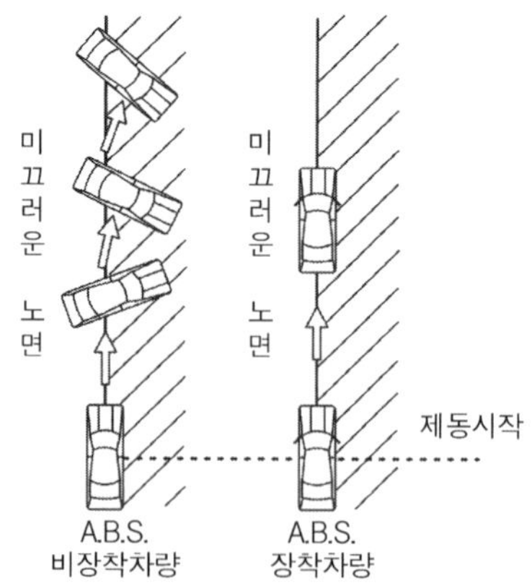

[그림15-46. 한쪽이 미끄러운 노면을 직진할 때]

[2] 미끄러운 커브 길을 주행할 때

ABS를 설치하지 않은 경우에는 브레이크 페달을 밟으면 바퀴가 고착되어 자동차가 선회하는 방향으로 스핀을 일으킨다. 그러나 ABS를 설치한 자동차는 스핀을 일으키지 않도록 제동력을 조절하여 선회할 때 조향 안정성을 준다.

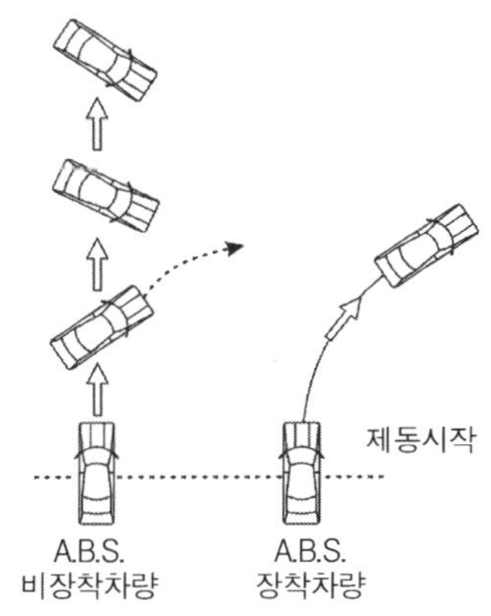

[그림15-47. 미끄러운 커브 길을 주행할 때]

4. ABS의 이론

ABS는 제동을 할 때 바퀴가 고착되지 않도록 제동력을 조절해 주는 장치이므로 마찰계수 및 바퀴의 회전속도와 자동차의 주행속도로 결정되는 미끄럼율 등의 관계에 의하여 제동특성을 가장 적합한 상태가 되도록 한다. 브레이크 페달을 밟으면 노면과의 마찰력에 의해 바퀴 회전속도와 자동차 주행속도가 감소한다. 그러나 바퀴의 회전속도는 감소하더라도 자동차는 관성에 의해 계속 진행하려고 한다. 이러한 실제의 자동차 운동을 차체속도라 한다. 그리고 제동 작용을 할 때 바퀴의 회전속도와 차체속도와의 사이에서 발생한 차이를 미끄럼율이라 한다. 이 미끄럼율은 0%(바퀴가 노면에서 미끄럼 없이 완전하게 회전하는 상태)에서 100%(바퀴가 완전히 고착되는 상태)까지 변환되며, 그 관계공식은 다음과 같다.

$$\text{미끄럼율} = \frac{\text{차체속도} - \text{바퀴의 회전속도}}{\text{차체속도}} \times 100 = 1 - \frac{\text{바퀴의 회전속도}}{\text{차체속도}} \times 100$$

이 미끄럼율과 마찰계수는 노면의 조건에 따라 변화하지만 그 최대 값은 8~30%사이이다. 또 자동차의 사이드슬립(side slip)을 방지하는 힘은 미끄럼율이 증가됨에 따라 낮아진다. 즉, 바퀴가 고착되면 노면과의 마찰계수가 감소하므로 미끄러지기 쉬우며, 실제로 뒷바퀴가 고착되면 스핀이 발생하고, 앞바퀴가 고착되면 조향 작용이 불가능해 진다. 또 급 제동을 하면서 조향핸들을 조작할 때 미끄럼율이 커지면 코너링 포스(cornering force)가 감소한다. 따라서 커브 길을 선회할 때 브레이크 페달을 과다하게 조작하면 사이드슬립을 일으켜 조향핸들을 조작하여도 운전자의 의도대로 자동차의 진행방향을 유지할 수 없게 된다. 이에 따라 ABS는 이 미끄럼율을 8~30% 이내가 되도록 제동력을 조절하여 노면과의 마찰계수를 최대 값으로 이용하여 제동거리를 단축시키고, 마찰계수를 높은 범위로 조절하여 자동차의 방향 안정성을 확보한다. 그림 15-48에 나타낸 바와 같이 가장 효율적인 제동력은 건조한 아스팔트 노면에서 약 20%일 때이며, ABS의 작동은 미끄럼 비율이 8~30% 범위이므로 이 범위 내에서 바퀴를 어느 정도 회전시키면서 제동하는 것이다.

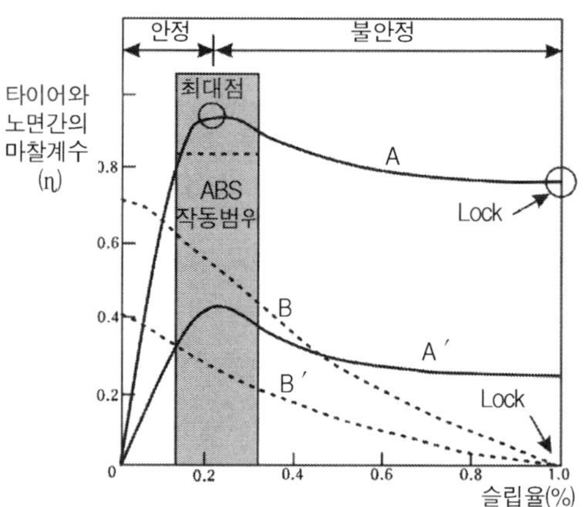

A : 노면 마찰계수가 높은 제동력 특성 곡선
A′ : 노면 마찰계수가 낮은 제동력 특성 곡선
B : 노면 마찰계수가 높은 코너링 포스 특성 곡선
B′ : 노면 마찰계수가 낮은 코너링 포스 특성 곡선

[그림15-48. ABS의 작동범위]

5. ABS의 구성부품

ABS는 유압계통과 제어계통으로 구성되어 있으며, 유압계통에는 진공 부스터(마스터 백), 탠덤 마스터 실린더, 모듈레이터(하이드롤릭 유닛)로 되어 있고, 제어계통은 컴퓨터(ECU), 휠 스피드센서 등으로 되어 있다. 그림 15-49와 그림 15-50은 각각 ABS 작동 개요와 다이어그램을 나타낸 것이다. 휠 스피드센서는 컴퓨터로 바퀴의 회전속도 신호를 보내며, 컴퓨터는 이 신호를 기본으로 솔레노이드 밸브와 모듈레이터의 펌프모터를 구동한다. ABS가 작동하지 않는 일반적인 제동작용에서는 브레이크 오일은 마스터 실린더에서 그대로 휠 실린더로 공급된다. 그러나 ABS가 작동하면 마스터 실린더에서의 브레이크 오일은 모듈레이터에서 정지되며, 휠 실린더 유압은 모듈레이터 내의 제어피스톤에 의해 조절된다.

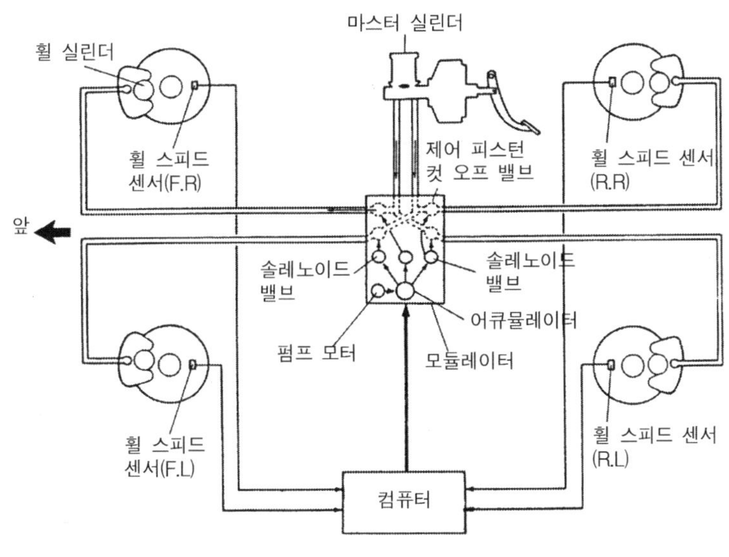

[그림15-49. ABS 작동개요]

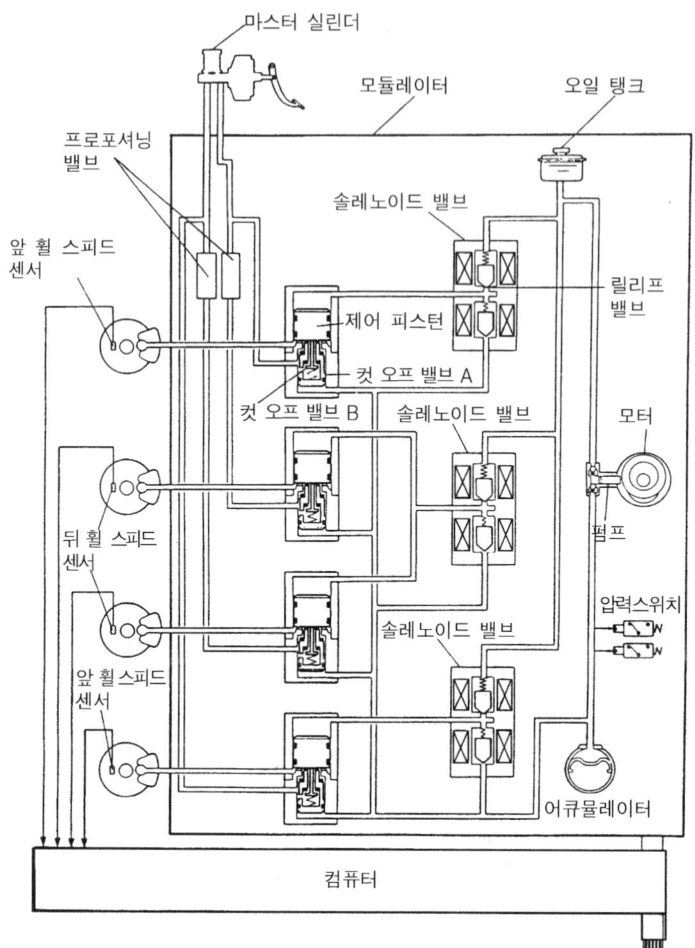

[그림15-50. ABS 다이어그램]

[1] 휠 스피드센서(Wheel Speed Sensor)

휠 스피드센서는 각 바퀴마다 설치되어 있으며, 바퀴의 회전속도를 검출하여 컴퓨터로 입력시키며, 앞바퀴에는 너클 스핀들에, 뒷바퀴는 허브 스핀들에 설치된다. 이 센서는 영구자석, 센서코일(sensor coil), 폴 피스(pole piece), 톤 휠(ton wheel) 등으로 구성되어 있다.

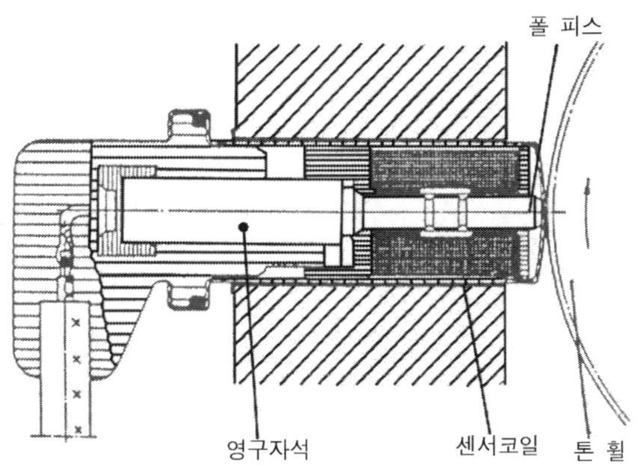

[그림15-51. 휠 스피드 센서의 구조]

작동원리는 톤 휠의 각 이(tooth)가 센서에 접근하면 영구자석 주위의 자력선이 변화하여 더욱더 강해지며, 이 자력선의 변화가 컴퓨터로 입력되는 센서코일의 전압상승을 유도한다. 그리고 톤 휠의 이가 센서의 폴 피스와 일치되면 자력선의 변화가 없어지며 영구자석의 자력이 최대로 되고, 센서코일과 컴퓨터사이의 전압은 0이 된다. 또 센서의 폴 피스가 톤 휠에서 멀어지면 자력선도 약해지므로 센서코일에서는 유도 기전력이 발생하며, 이 기전력을 컴퓨터로 보내면 컴퓨터는 4바퀴의 개별적 교류전압을 비교하여 제동 감속도를 파악한다. 이 교류전압은 회전속도에 비례하여 주기적인 변화가 발생하므로 시간당의 주기를 검출하여 바퀴 회전속도를 검출한다.

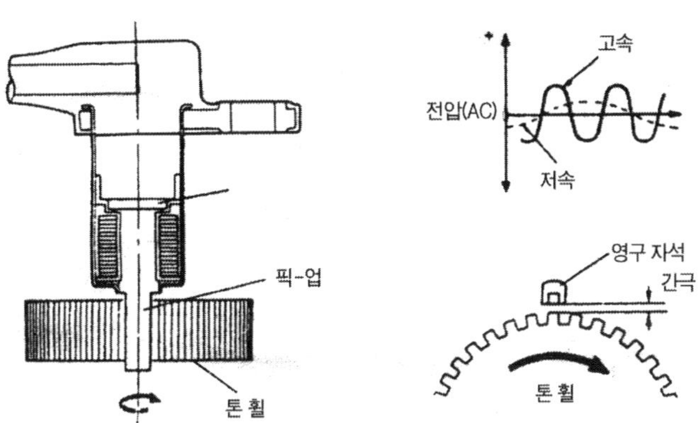

[그림15-52. 휠 스피드 센서의 작동]

[2] 컴퓨터(ECU)

(1) 컴퓨터의 제어논리

각 바퀴의 회전속도를 휠 스피드센서로 연속적으로 검출하며, 바퀴의 회전속도 입력과 예정된 가속 및 감소계수를 연산하여 예정 주행속도를 결정한다. 가속과 감속은 휠 스피드센서의 신호이며, 기준속도는 차체속도와 가속계수를 연산하여 얻는다. 이 연산에는 노면의 마찰계수에 따른 바퀴의 미끄러짐, 고착상태 등을 이용하며, 최대가속과 감속의 한계는 바퀴의 가속 값으로부터 연산되어 바퀴의 회전속도와 가속 값이 기준속도와 가속 한계 이상이 되면 증압(增壓)이나 감압(減壓) 신호를 솔레노이드 밸브로 보낸다. 감압주기는 바퀴의 회전속도가 기준속도 미만이거나 감속이 한계 감속보다 큰 경우이며, 증압주기는 바퀴의 회전속도나 가속이 기준속도이거나 한계 가속보다 큰 경우이다.

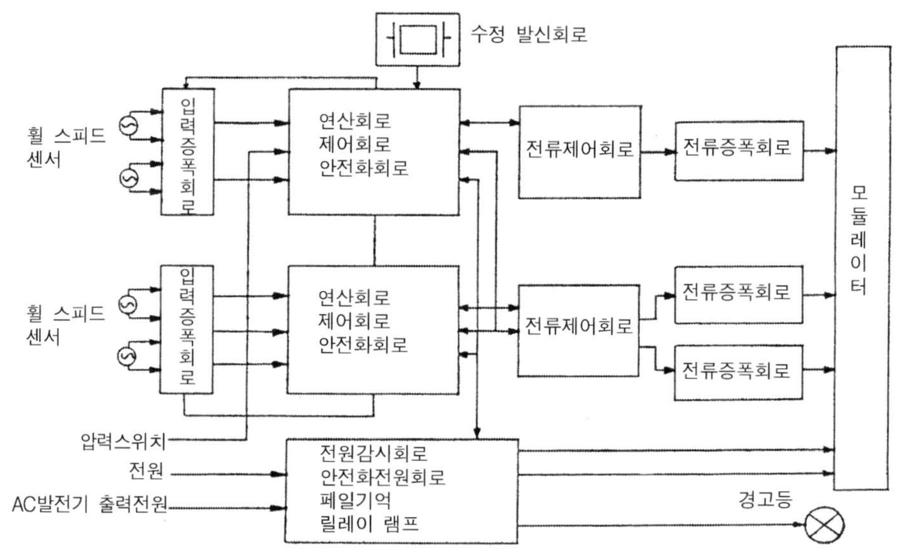

[그림15-53. ABS의 컴퓨터 회로도]

(2) 컴퓨터의 기능

각 바퀴의 휠 스피드센서에 전압을 입력증폭회로에 펄스신호를 변환시키고 연산·제어 및 안전화 회로에 신호를 보낸다. 연산·제어 및 안전화 회로는 입력증폭회로에서의 신호에 의해 바퀴의 회전속도를 연산하고 바퀴와 노면과의 미끄럼율 등 ABS 제어에 필요한 처리를 한다. 이것을 기본으로 전류제어회로에 보내고 전류제어회로는 전류증폭회로를 거쳐 모듈레이터 내의 솔레노이드 밸브로 보낸다.

(3) 컴퓨터의 페일 세이프(fail safe)기능

컴퓨터는 ABS의 이상 유무를 점검 및 보완하는 기능이 있는데, 이때 페일 세이프기능이 작동하면 ABS는 작동을 중단하고 일반적인 제동 작용을 한다. 작동은 휠 스피드센서에서 바퀴의 회전속도를 연산 후 제어신호를 보낸다. 제어신호는 안전화 회로에 입력됨과 동시에 데이터를 전송 및 수신회로를 거치며, 이때 안전화 회로에서 페일 메모리(fail memory)회로에 신호가 입력되면 페일 세이프가 작동된다.

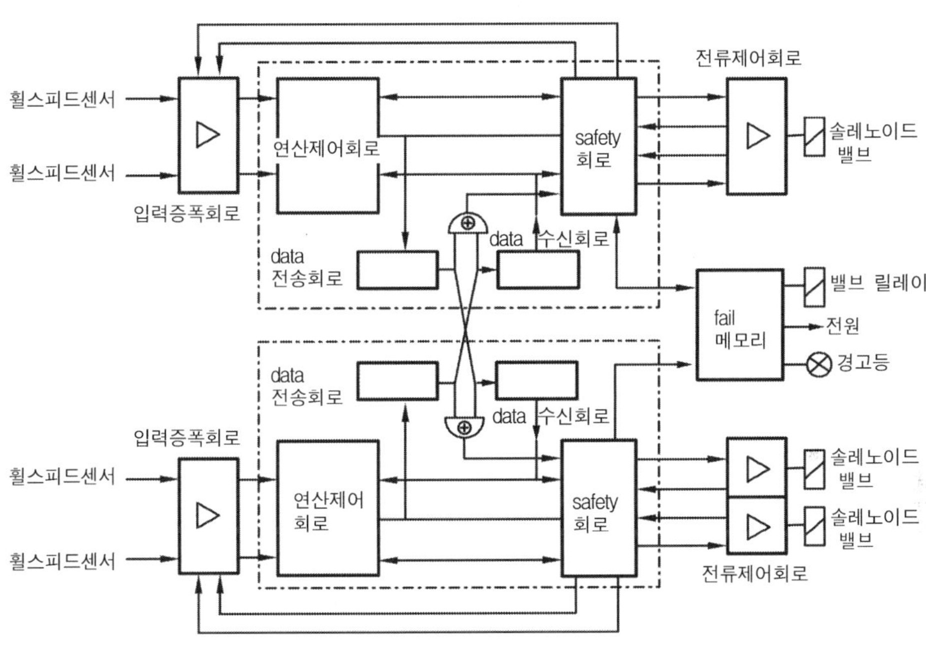

[그림15-54. 페일 세이프 회로도]

[3] 모듈레이터(하이드롤릭 유닛(HCU) 또는 유압 조절기)

모듈레이터(modulator)는 컴퓨터의 제어신호에 의해 각 휠 실린더에 작용하는 유압을 조절한다. 조절상태에는 정상, 감압(압력감소), 증압(압력상승), 압력유지 등이 4가지가 있다. 모듈레이터 블록에는 오일펌프를 비롯하여 솔레노이드 밸브, 제어피스톤, 어큐뮬레이터, 프로포셔닝 밸브 등으로 구성되어 있다. 모듈레이터 내의 솔레노이드 밸브는 컴퓨터에 의해 제어되며, 제어피스톤을 작동시킨다. 제어피스톤은 휠 실린더의 유압을 조절하며, 프로포셔닝 밸브는 ABS가 작용하지 않는 제동작용에서 제동성능을 향상시키기 위하여 뒷바퀴 오일회로에 설치되어 있다.

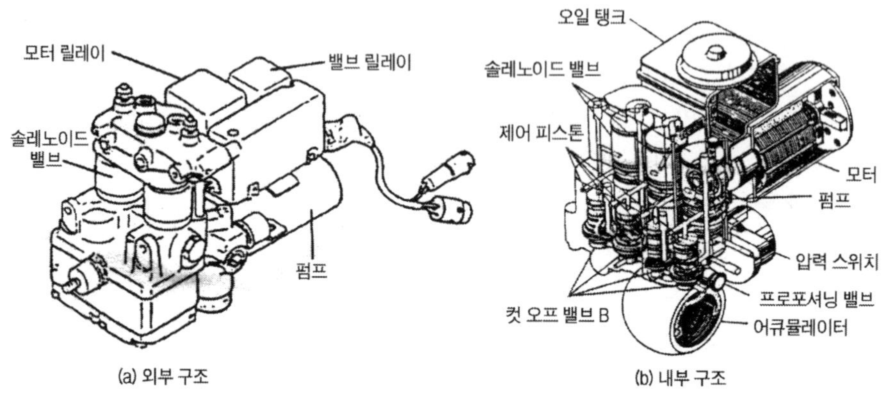

[그림15-55. 모듈레이터의 구조]

(1) 프로포셔닝 밸브(proportioning valve)

프로포셔닝 밸브(P 밸브) 마스터 실린더의 유압을 솔레노이드 밸브로 유도해 주며, ABS가 작동할 때에는 마스터 실린더의 유압이 휠 실린더로 작용하지 않도록 해 준다. 그리고 ABS가 고장 났을 때 뒷바퀴의 고착으로 인해 미끄러지는 것을 방지한다.

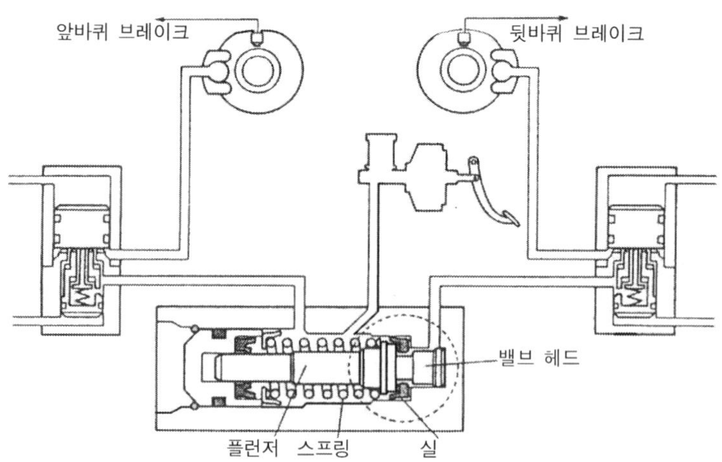

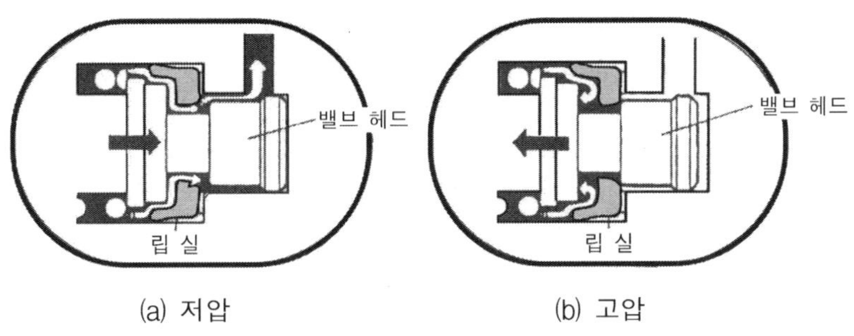

(a) 저압 (b) 고압

[그림15-56. 프로포셔닝 밸브의 작동]

(2) 딜레이 밸브(delay valve)

딜레이 밸브는 ABS에서 급제동을 할 때 뒤 휠 실린더로 전달되는 유압을 지연시켜 자동차의 쏠림을 방지하는 일을 한다.

(3) 어큐뮬레이터(Accumulator)

어큐뮬레이터 내부에는 높은 압력의 질소가스와 고무제 다이어프램이 들어있으며, 오일펌프에 의해 압축된 높은 압력의 오일을 축적한다. ABS가 작동하면 모듈레이터 내의 유압이 낮아지기 때문에 어큐뮬레이터에 축적되어 있던 오일은 높은 압력의 질소가스와 다이어프램에 의해 다시 오일펌프로 공급된다. 따라서 오일펌프에는 200~220 kgf/cm^2의 어큐뮬레이터의 압력이 유지된다. 어큐뮬레이터는 솔레노이드 밸브에 감압신호와 유지신호가 전달되면 일시적으로 브레이크 오일을 저장하고, 증압을 할 때에는 스프링 장력으로 휠 실린더로 브레이크 오일을 공급한다.

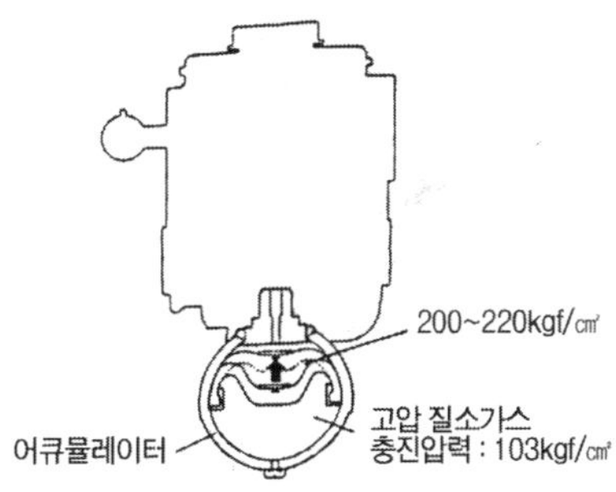

[그림15-57. 어큐뮬레이터의 구조]

(4) 압력스위치(Pressure switch)

압력스위치는 오일펌프의 송출유압을 검출하며, 유압이 상승하여 스위치 내의 팽창 튜브가 벌어지면 스프링장력에 의해 센서레버(sensor lever)가 회전하여 마이크로 스위치 접점이 접촉되어 ON되고, 유압이 낮아지면 OFF되어 컴퓨터로 입력되며, 컴퓨터는 유압을 조절한다.

(5) 오일펌프

오일펌프 모터는 컴퓨터 또는 압력스위치의 신호에 의해 작동하며, 그림 15-57에 나타낸 바와 같이 캠의 회전운동에 의해 플런저를 상하로 움직이도록 한다. 플런저가 위로 이동하면 오일탱크의 입구밸브가 열려 오일이 들어오고, 플런저가 아래로 이동하면 출구밸브가 열려 어큐뮬레이터로 오일이 들어간다.

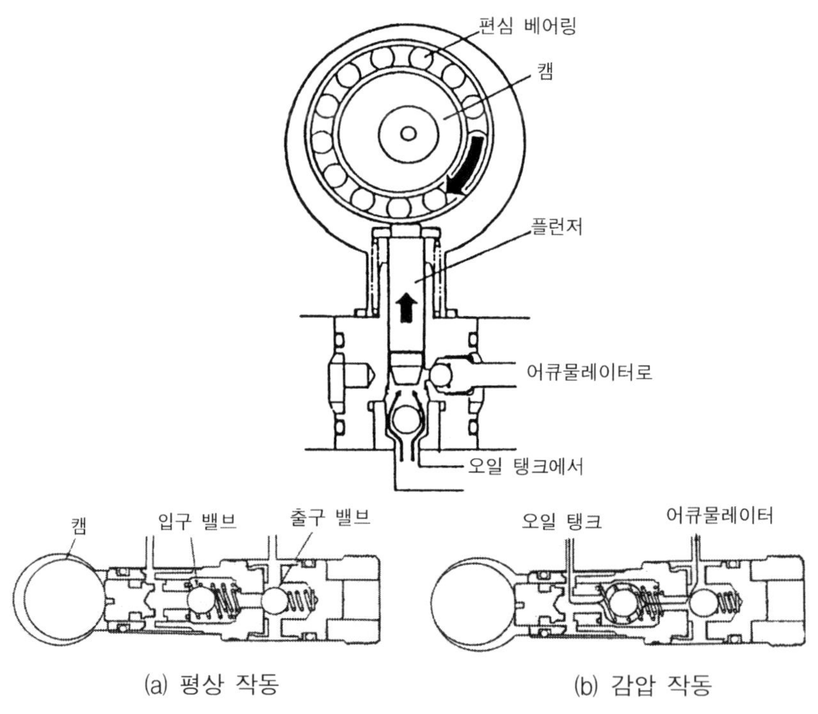

[그림15-58. 오일펌프의 구조와 작용]

(6) 솔레노이드 밸브

솔레노이드 밸브는 제어피스톤으로 내는 유압을 조절하는 역할을 한다. 즉 솔레노이드 밸브에 전류가 흐르면 어큐뮬레이터와 제어피스톤 사이의 회로가 차단되어 제어피스톤과 오일탱크사이의 오일통로가 열린다. 이와 반대로 전류가 차단되면 어큐뮬레이터의 유압으로 제어피스톤과의 오일통로가 열리고, 오일탱크사이의 오일통로는 닫힌다. 솔레노이드 밸브는 컴퓨터로부터의 신호 즉, ABS가 작동하지 않는 일반적인 제동 작용 또는 ABS가 증압을 할 때에는 코일에 전류를 공급하지 않기 때문에 선기사(amateur)리턴스프링 장력에 의해 그림 15 59의 (a)와 같이 왼쪽으로 이동하여 마스터 실린더에서 휠 실린더로 브레이크 오일을 공급한다. 또 ABS가 감압을 위해 컴퓨터에서 코일로 전류를 공급하면 그림 (b)와 같이 전기자가 흡인되어 리턴스프링의 장력을 이기고 오른쪽으로 이동하여 마스터 실린더로부터의 오일통로를 차단시키고, 휠 실린더에서 오일탱크로의 오일통로를 연다. 그림 c)와 같이 압력을 유지할 때에는 감압할 때보다 적은 전류를 공급하기 때문에 어느 쪽으로도 오일이 공급되지 않는다.

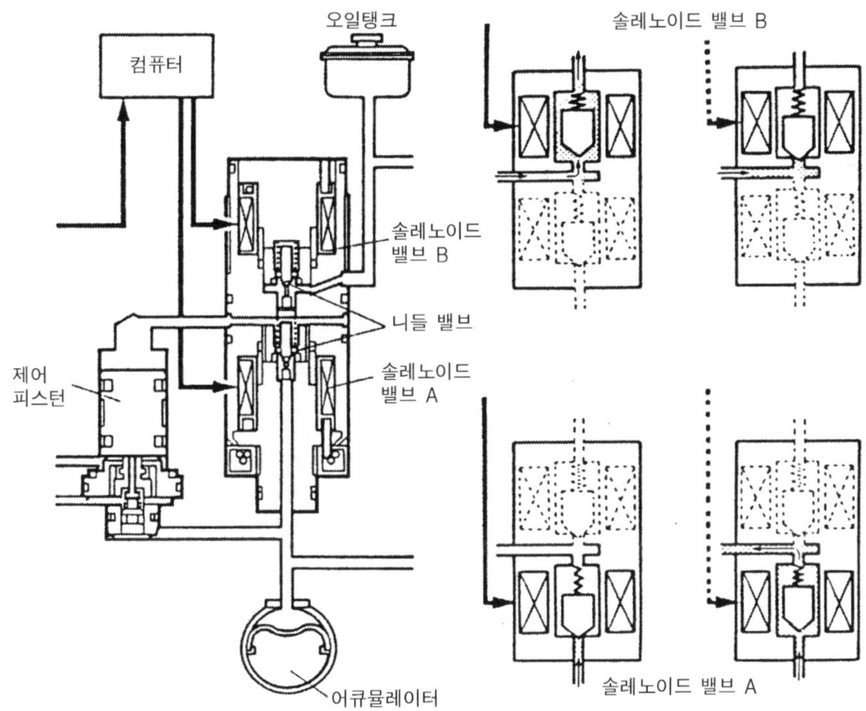

[그림15-59. 솔레노이드 밸브의 회로도]

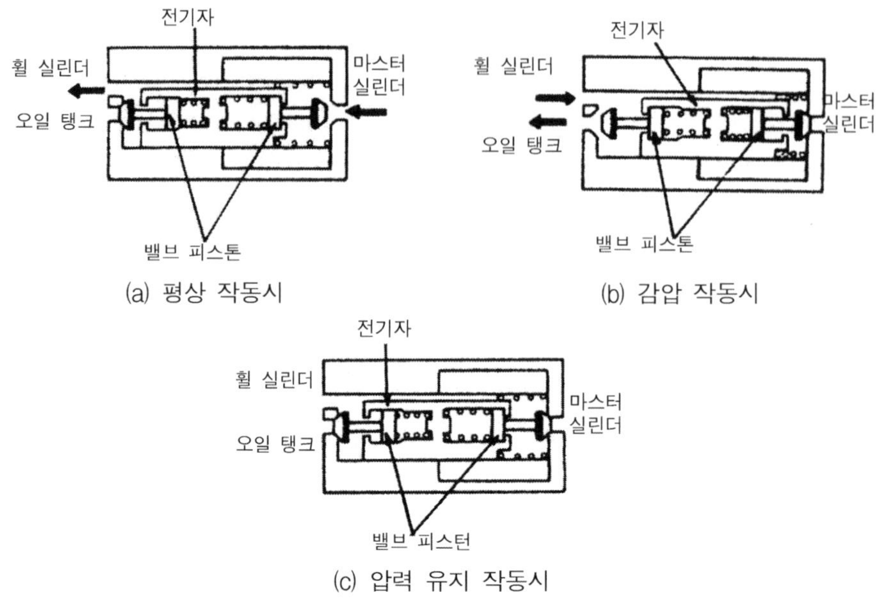

[그림15-60. 솔레노이드 밸브의 작동]

(7) 체크밸브

체크밸브는 ABS 작동 중 브레이크 페달을 놓으면 휠 실린더의 브레이크 오일이 마스터 실린더의 오일탱크로 복귀시켜 휠 실린더 내의 유압이 마스터 실린더의 유압보다 높아지는 것을 방지한다.

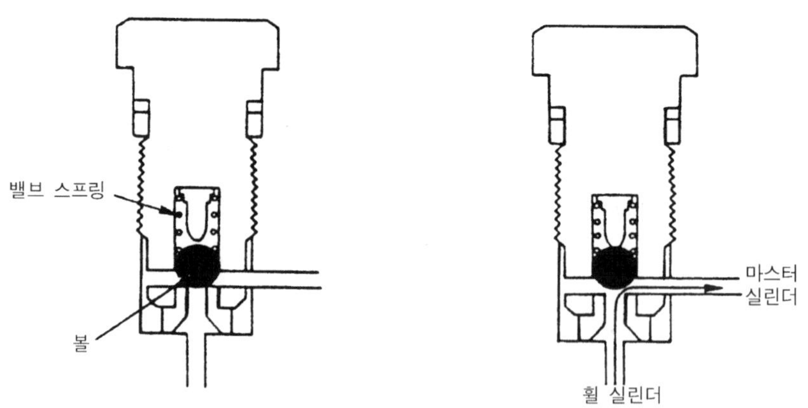

[그림15-61. 체크밸브의 작동]

(8) 오일탱크(reservoir)

모듈레이터의 오일탱크는 ABS가 작동하지 않는 제동 작용에서는 휠 실린더의 유압이 낮기 때문에 스프링 장력을 이기지 못하여 피스톤은 그대로 정지되어 있다. 그러나 ABS가 감압을 할 때에는 스프링 장력을 이기고 피스톤을 아래쪽으로 이동시켜 휠 실린더로부터의 브레이크 오일을 일시적으로 저장하는 작용을 한다.

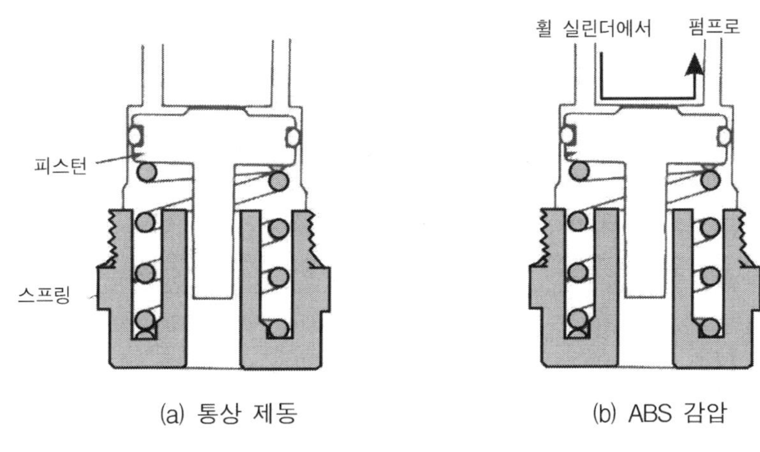

[그림15-62. 오일탱크의 작용]

[4] ABS 경고등

경고등은 ABS에서 결함이 발생하였을 때 점등되어 운전자에게 알려 주는 역할을 하며, 다음의 경우에 점등된다.

① 펌프모터의 작동시간이 일정시간을 초과한 때

② 주차 브레이크 레버를 해제시키지 아니하고 30초 이상을 주행한 때

③ 주행 중 뒷바퀴가 고착된 때

④ 주행 중 어느 한쪽 바퀴의 휠 스피드 센서의 출력 값에 이상이 있는 때

⑤ 솔레노이드 밸브의 작동 시간이 일정시간을 초과한 때

⑥ 솔레노이드 밸브 회로가 단선된 때

⑦ 10㎞/h 또는 그 이상의 속도로 주행 중 ABS가 작동을 실행 중 솔레노이드 밸브 출력이 검출되지 않을 때

6. ABS의 작동

(1) ABS가 작용하지 않을 때의 제동

ABS가 작용하지 않는 일반적인 제동 작용에서 브레이크 페달을 밟으면 마스터 실린더 내의 유압은 프로포셔닝 밸브(P밸브) 내의 체크밸브를 밀고 솔레노이드 밸브로 들어간다. 이때 솔레노이드 밸브의 코일에는 전류가 공급되지 않기 때문에 마스터 실린더와 휠 실린더의 유압은 출구밸브와 어큐뮬레이터에 작용하지만 각 솔레노이드 밸브 내의 오일통로가 닫혀 있기 때문에 ABS는 작동하지 않는다. 브레이크 페달을 놓으면 마스터 실린더 내의 유입이 저하되어 휠 실린더에 작용하였던 유압은 체크밸브를 거쳐 마스터 실린더의 오일탱크로 복귀한다.

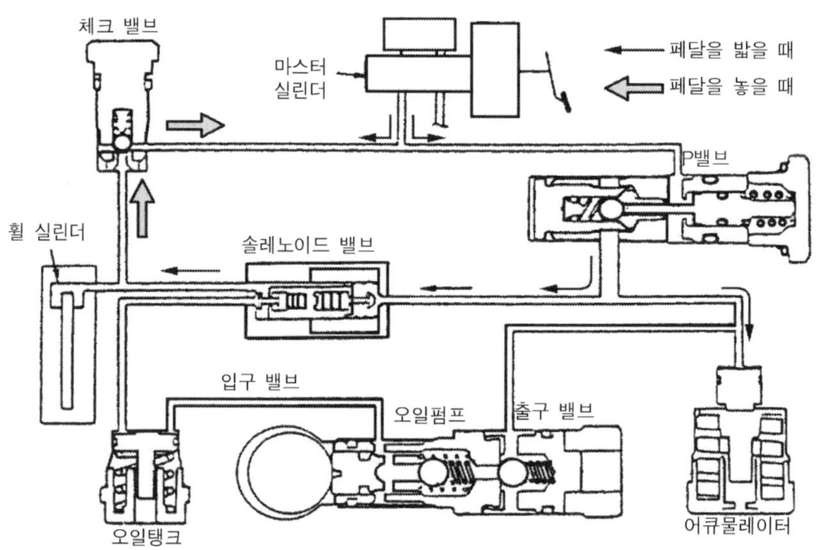

[그림15-64. ABS가 작용하지 않을 때의 제동]

(2) ABS가 작용될 때의 제동

① 압력감소 작용

브레이크 페달을 밟았을 때 바퀴가 고착되려는 것을 휠 스피드센서가 감지하면 이 신호를 컴퓨터로 보낸다. 신호를 받은 컴퓨터는 모듈레이터 내의 솔레노이드 밸브에 감압신호를 보낸다(약 5A정도를 전류를 공급하여 솔레노이드 밸브를 여자시킴). 이에 따라 솔레노이드 밸브는 마스터 실린더와의 오일통로를 차단함과 동시에 모듈레이터의 오일탱크의 오일통로를 연다. 이에 따라 휠 실린더의 유압은 솔레노이드 밸브에서 오일탱크로 흐른다. 또 감압신호는 오일펌프에도 보내져 펌프가 작동하여 오일탱크 내의 오일을 어큐뮬레이터로 보낸다. 이때 프로포셔닝 밸브 및 체크밸브 사이의 오일통로는 닫혀있기 때문에 마스터 실린더와는 완전히 분리된 상태에서 감압되어 바퀴의 고착을 방지한다.

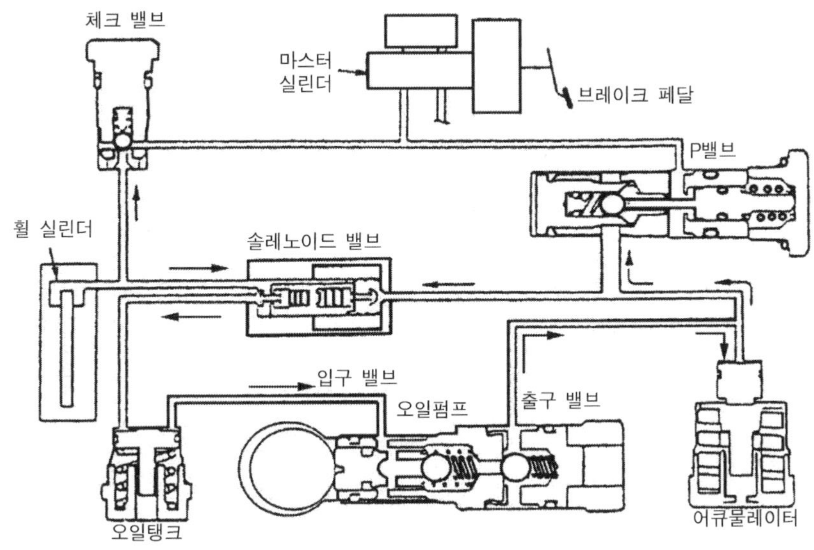

[그림15-65. 압력감소 작용]

② 압력유지 작용

휠 실린더 내의 유압이 최적의 상태로 조정되면 컴퓨터는 모듈레이터의 솔레노이드 밸브에 압력유지 신호를 보낸다(약 2A정도의 전류를 공급함). 이때 솔레노이드 밸브는 마스터 실린더 및 오일탱크의 오일통로를 완전히 차단하므로 각각의 유압회로는 독립된 상태로 작동한다. 즉 휠 실린더 쪽은 체크밸브가 닫히고, 오일탱크로 공급되는 유압회로는 솔레노이드 밸브가 닫히므로 압력 유지 상태로 된다. 한편 어큐뮬레이터 쪽은 오일펌프에 의해 압력이 증가된 유압을 저장하고, 마스터 실린더 쪽은 브레이크 페달에 의해 압력이 가해진 상태로 각각 독립된 상태가 된다.

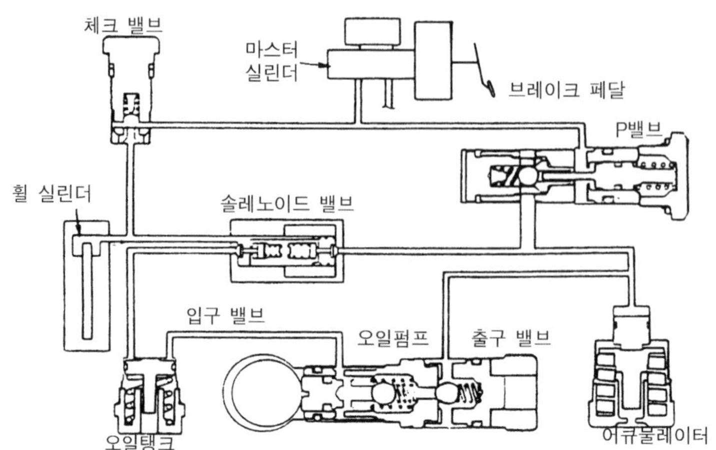

[그림15-66. 압력유지 작용]

③ 압력증가 작용

컴퓨터가 압력증가가 필요하다고 판단하면 모듈레이터의 솔레노이드 밸브에 압력증가 신호를 보낸다. 이에 따라 솔레노이드 밸브의 제어피스톤은 스프링 장력으로 복귀되어 초기상태로 되고, 솔레노이드 밸브에서 마스터 실린더로 통하는 오일통로를 연다. 이때 프로포셔닝 밸브는 어큐뮬레이터의 유압으로 닫혀 있으며, 체크밸브도 마스터 실린더에서 공급되는 유압으로 닫혀 있기 때문에 마스터 실린더의 유압은 변화가 없으나 어큐뮬레이터 내에 저장된 유압에 의해 휠 실린더 쪽의 유압만 압력을 가한다.

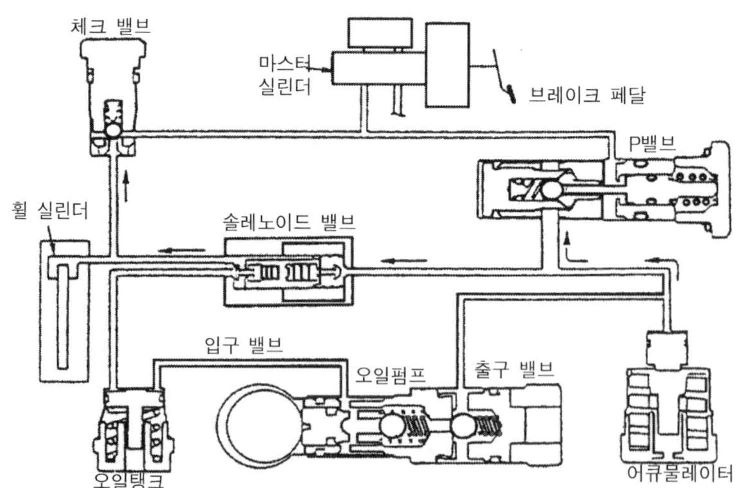

[그림15-67. 압력증가 작용]

제16장 TCS

16.1. TCS의 기능

눈길·빙판 길 등의 마찰계수가 낮은 도로(노면 또는 바퀴의 마찰계수가 매우 적고 미끄러지기 쉬운 도로)를 주행할 때에는 운전자는 바퀴를 공전시키지 않도록 하기 위해 신중한 가속 페달의 조작이 요구된다. 그러나 TCS(구동력 제어장치)가 설치되어 있으면 마찰계수가 낮은 도로에서 출발 또는 가속할 때 구동바퀴가 공전을 하면 운전자가 미세한 가속페달을 조작하지 않아도 자동적으로 엔진의 출력이 감소하고 바퀴의 공전을 가능한 억제하여 구동력을 노면에 효율적으로 전달할 수 있다. 또 주행빈도가 높은 일반도로에서 선회할 때 지나치게 빠른 속도로 선회를 하면 자동차의 뒷부분이 밖으로 밀려 나가는 테일 아웃(tail out)현상이 발생하는데 이것을 제어하기 위해서는 고도의 운전기술이 필요하다. 이런 경우에도 TCS는 운전자가 가속페달을 밟아 스로틀 밸브를 완전히 열더라도 이와 관계없이 엔진의 출력을 제어하여 운전자의 의지대로 안전한 선회가 가능하다.

16.2. 바퀴의 기능

1. 바퀴와 TCS의 관계

자동차가 주행하면 바퀴에는 가속하기 위한 구동력과 회전하기 위한 가로방향의 작용력(side force)이 발생하며, 이 2개의 힘을 합쳐 총합력(總合力)이라 한다. 그리고 노면과 바퀴사이의 마찰력에는 한계가 있으며 그 힘의 크기는 노면이 미끄러우면 작아진다. 이 한계 이상의 힘이 바퀴에 가해지면 바퀴는 공전하여 구동력이 전달되지 못하므로 자동차의 조종 안정성에도 영향을 준다. 이에 따라 가속할 때 여분의 엔진 회전력을 억제하여 구동바퀴의 공전을 방지하고 마찰력을 항상 발생 한계 내에 있도록 자동적으로 제어하는 것이 TCS의 주요 역할이다. 즉, 바퀴에 작용하는 힘을 제어하여 엔진 회전력을 항상 바퀴의 미끄럼 한계 내에 두도록 하는 것이 TCS이다.

2. 바퀴에 발생되는 힘

[1] 자동차 운동력

자동차의 운동력은 바퀴와 노면 사이의 마찰력에 좌우된다.

[2] 마찰력

① 가로방향 작용력(side force, 횡력) : 가로방향 작용력은 바퀴 회전방향에 대한 직각방향의 성분이다(미끄럼의 증가와 함께 감소한다).

② 항력(구동력, 제동력) : 항력은 바퀴의 회전방향과 같은 방향의 성분이다.

③ 코너링 포스 (cornering force) : 코너링 포스는 바퀴 진행방향에 대한 직각방향의 성분이다(자동차가 선회할 때 중요한 힘이다).

④ 선회저항(cornering resistance) : 선회저항은 바퀴 진행방향과 같은 방향의 성분이다.

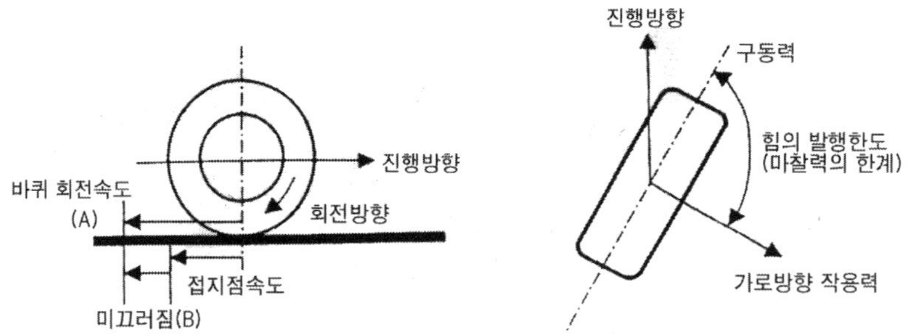

[그림16-1. 바퀴에 발생하는 힘]

3. 바퀴 미끄럼과 구동력

일반적으로 가속 중에 자동차에는 바퀴와 노면 사이에 미세한 미끄럼이 발생하여 구동력이 감소하며, 접지 점에서는 바퀴의 회전속도와 차체속도에는 차이가 있다. 이 바퀴의 회전속도에 대한 차체속도와의 차이를 미끄럼율이라 하며, 미끄럼율 S는 다음의 공식으로 나타낸다.

$$S = \frac{Vw - Vb}{Vw}$$

여기서, S : 미끄럼율

Vw : 바퀴 회전속도(구동바퀴)

Vb : 차체 속도(비 구동바퀴)

바퀴의 미끄럼율과 구동력의 관계를 보면 미끄럼율이 작은 범위에서는 미끄럼율이 크게됨에 따라 구동력과 비례적으로 크게되고, 미끄럼율이 어느 정도 증가하면 구동력은 더 이상 커지지 않게 되고 그후 조금씩 저하된다.

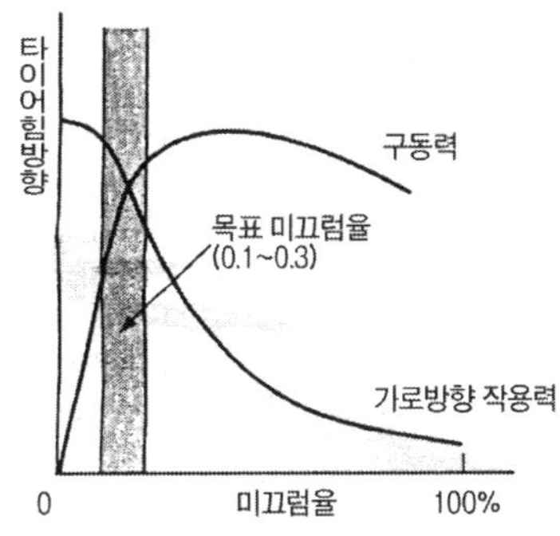

[그림16-2. 바퀴의 미끄럼율과 구동력의 관계]

16.3. TCS의 종류

1. FTCS(Full Traction Control System)

이 형식은 별도의 부품 없이 ABS 컴퓨터가 TCS 제어를 함께 수행한다. 즉 ABS 컴퓨터가 앞바퀴(구동바퀴)와 뒷바퀴의 휠 스피드센서의 비교에 의해 구동바퀴의 미끄럼을 검출한다. 구동바퀴의 미끄럼을 검출하면 TCS 제어를 실행하게 되는데 이때 브레이크제어를 수행하며, 엔진 컴퓨터와 자동변속기 컴퓨터(TCU)

에 TCS 제어를 위해 CAN통신을 하는 BUS라인에 미끄러짐 양에 따라 엔진 회전력 감소 요구신호, 연료공급을 차단할 실린더 수 및 TCS 제어 요구 신호를 전송한다. 엔진 컴퓨터는 ABS 컴퓨터가 요구한 실린더 수만큼 연료 공급차단을 실행하며 또 엔진 회전력 감소 요구 신호에 따라 점화시기를 늦춘다. 자동변속기 컴퓨터는 TCS 작동 신호에 따라 변속위치(shift position)를 TCS 제어시간만큼 고정(hold)시키게 되는데 이것은 킥다운(kick down)에 의한 저속변속으로 가속력이 증대되는 것을 방지하기 위함이다.

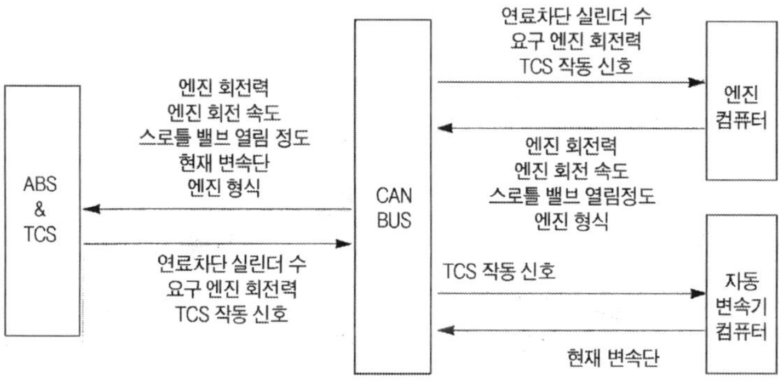

[그림16-3. FTCS 제어방식의 구성]

2. BTCS(Brake Traction Control System)

이 형식은 TCS를 제어할 때 브레이크 제어만을 수행한다. 즉 ABS 모듈레이터 내부의 펌프모터에서 발생하는 유압으로 구동바퀴의 제동을 제어한다.

16.4. TCS 작동원리

1. 미끄럼제어(slip cont4rol)

뒤 휠 스피드센서에서 얻어지는 차체속도와 앞 휠 스피드센서에서 얻어지는 구동바퀴와의 비교에 의해 미끄럼비가 적정하도록 엔진의 출력 및 구동바퀴의 제동유압을 제어한다. 일반적으로 자동차가 주행할 때 바퀴에는 가속으로 인한 구동력과 회전에 의한 가로방향 작용력(횡력)이 발생하며 미끄럼비와의 관계는 그림

16-4에 나타낸 바와 같다. 또 자갈길과 같은 험한 도로에서의 구동특성은 A'와 같이 미끄럼비가 증가하여도 비교적 구동력을 큰 상태로 하므로 미끄러운 노면에서도 가속 성능이 우수하다.

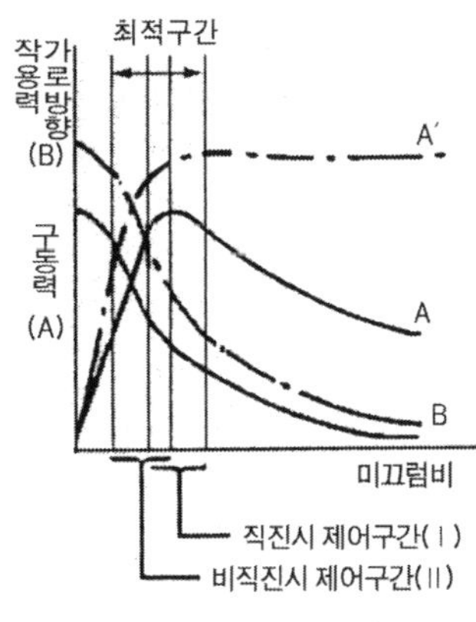

[그림16-4. TCS 제어선도]

2. 트레이스 제어(Trace Control)

트레이스 제어는 운전자의 조향핸들을 돌리는 정도와 가속페달 밟는 정도 및 이때의 비 구동바퀴의 좌우 회전속도차이를 검출하여 구동력을 제어하여 안정된 선회가 가능하도록 한다. 선회 중 가속하는 경우에는 원심력(자동차에 가로방향으로 가해지는 힘, 가로방향 G)이 어느 한계를 넘어서면 바퀴의 자국이 바깥쪽을 향하게 된다(언더 스티어링 증대). 이런 경향은 원심력이 어떤 값을 초과하면 급격히 증가한다.

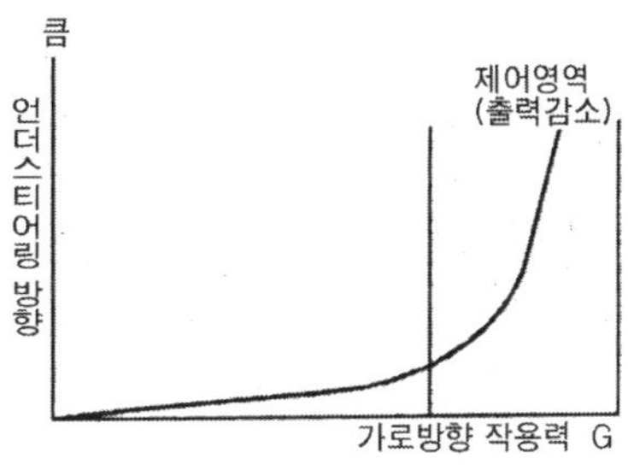

[그림16-5. 트레이스 제어]

그리고 조향각도를 증대시켜 나가는 경우에는 선회반지름이 감소하게 되어 급격히 가로방향 작용력이 증가하나 자동차의 움직임에는 지연이 있으므로 미리 자동차의 움직임을 예측하여 적절한 구동력을 얻을 필요가 있다. TCS는 이러한 상황에 도달하기 전에 운전자의 의지를 센서로부터 입력연산 후 자동 제어하므로 안정된 선회를 위한 구동력제어를 위해 엔진출력을 감소시킨다. 즉 뒷바퀴의 회전속도차이로부터 선회반지름을, 평균값으로부터 차체속도를 연산하여 두 값을 이용한 가로방향 작용력(횡력)을 구하여 기준 값을 초과할 때에는 구동력을 제어한다. 그리고 조향핸들 각속도 센서로부터는 조향각도 증가량을, 스로틀 위치센서로부터는 운전자의 가속 의지를 판단하여 가속페달을 밟은 상태에서도 적절한 조향이 가능하도록 한다.

3. 컴퓨터(ECU)제어

컴퓨터는 휠 스피드센서, 조향핸들 각속도 센서, 스로틀 위치센서, 자동변속기 컴퓨터(TCU)등에서 각종 운전상황을 검출한 센서들의 신호를 입력받고, 소정의 이론에 기초한 엔진출력 감소 신호, 출력 및 경고등, 페일 세이프, 자기 진단기능을 보유하고 있으며, 엔진 컴퓨터 및 자동변속기 컴퓨터로 CAN 통신을 통한 필요한 정보를 교환한다.

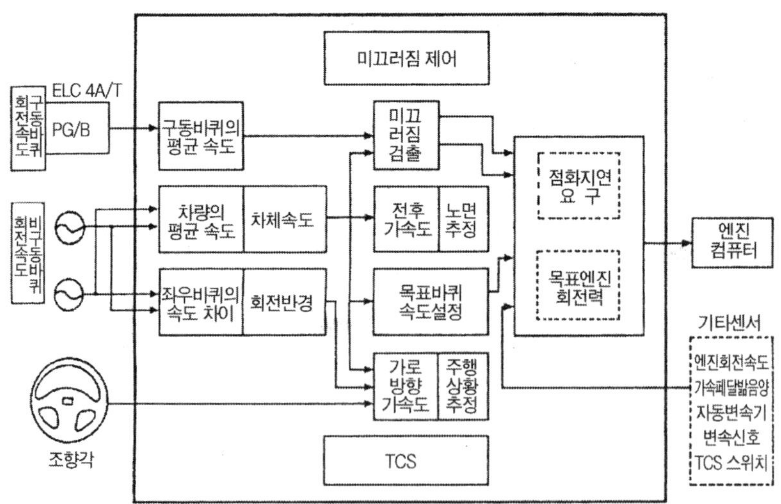

[그림16-6. TCS 기본제어 블록도]

제17장 타이어

17.1. 타이어의 구조

타이어는 트레드, 카커스, 브레이커, 비드부분 등 4부분으로 구성되어 있으며, 다음과 같은 기능이 요구된다.

① 자동차의 하중을 지지하는 기능

② 노면에서 받은 충격을 완화시키는 기능

③ 구동력 및 제동력을 노면으로 전달하는 기능

④ 자동차의 방향을 전환하거나 유지하는 기능

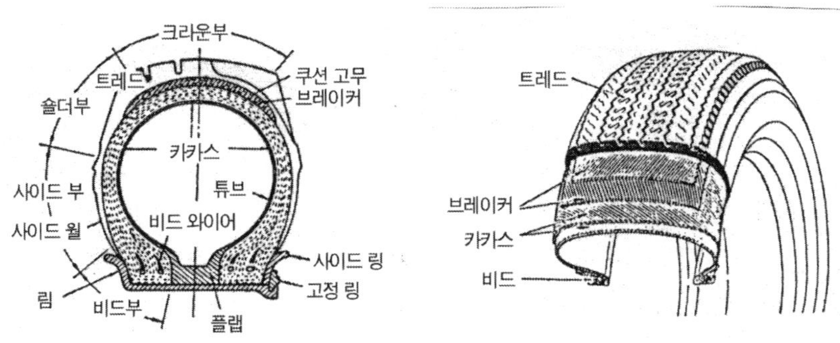

[그림17-1. 타이어의 구조]

1. 타이어 고무층

타이어 바깥둘레는 브레이커(breaker)와 카커스(carcass)를 보호하기 위해 고무층으로 씌워져 있으며, 이 고무 층은 트레드, 숄더, 사이드 월 등으로 나누어지며,

각각의 기능이 있다. 또 각 부분에 사용되는 고무의 재질은 각각의 기능에 알맞은 것이 사용된다.

[1] 트레드(tread)

트레드는 노면과 직접 접촉하는 고무부분이며 두꺼운 고무 층으로 되어 있다. 타이어 내부의 카커스와 브레이커를 보호하기 위해 절상, 충격에 대해 강하고 또 타이어의 주행성능을 높이기 위해 내마모성이 큰 고무를 사용한다. 그리고 제동력, 구동력, 견인력의 증가, 조종성, 방향안정성, 옆방향 미끄럼방지, 타이어의 냉각, 소음발생의 감소와 승차감 향상을 위해 트레드 패턴을 설치한다.

(1) 트레드 패턴의 필요성

① 타이어의 사이드 슬립이나 전진 방향의 미끄럼을 방지한다.

② 타이어 내부에서 발생한 열을 방산(放散)한다.

③ 트레드에서 발생한 절상(切傷)의 확산을 방지한다.

④ 구동력이나 선회 성능을 향상시킨다.

(2) 트레드 패턴의 종류

트레드 패턴의 종류에는 리브패턴(rib pattern), 러그패턴(lug pattern), 블록패턴(block pattern), 리브-러그 패턴, 비대칭형 패턴 등이 있다.

① 리브패턴(rib pattern) : 타이어의 원둘레방향으로 연속한 홈을 여러 개 설치한 것으로 롤링(rolling)저항이 적고, 사이드 슬립(side slip)에 대한 저항이 커 조향성·안정성 및 승차감이 좋다. 또 소음발생이 비교적 적어 포장도로를 주행하는데 적합하다. 그러나 제동력과 구동력이 떨어지고, 홈 부분에 균열이나 파열이 발생하기 쉽다.

② 러그패턴(lug pattern) : 타이어 회전방향의 직각으로 홈을 둔 것이며, 앞뒤방향에 대해 강력한 견인력을 줄 수 있다. 비포장 도로에서 구동력, 제동력은 크지만, 소음이 커 고속주행용으로는 부적합하다.

③ 블록패턴(block pattern) : 눈(snow)위 또는 모래 위, 진흙 위 등과 같이 연한 노면을 다지면서 주행하므로 조종성, 안정성이 좋고 제동력과 구동력도 크며, 앞뒤 또는 사이드슬립을 방지할 수 있다. 그러나 리브패턴이나 러그패턴

에 비해 마모가 크고, 회전저항도 크다.

④ 리브-러그 패턴 : 리브와 러그패턴의 장점을 살린 것으로 조종성 및 안정성이 우수하며, 포장 및 비포장 도로를 동시에 운행하는 차량에 적합하다. 그러나 러그부분 끝에서 마모가 발생하기 쉽고, 리브의 홈 부분에서 균열이 일어나기 쉬우며, 제동력 및 구동력이 러그패턴보다 낮다.

⑤ 비대칭형 패턴 : 비대칭형의 구조를 지니고 있어 노면과 접촉하는 힘이 균일하고 내마모성 및 제동력이 크며, 타이어 위치교환이 필요 없으나 현실적으로 활용도가 떨어지고 규격간의 호환성이 부족하다.

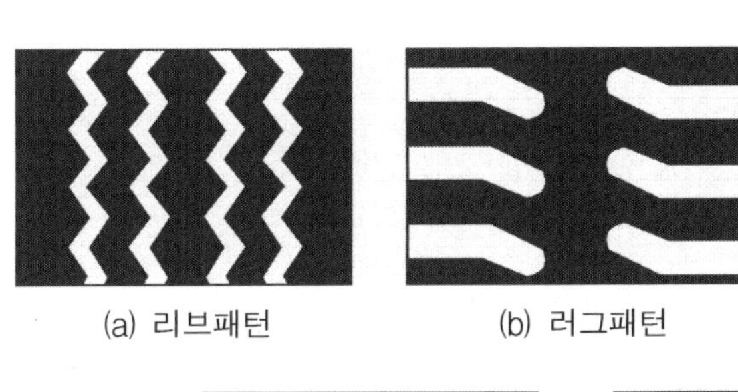

(a) 리브패턴 (b) 러그패턴

(c) 리브, 러그패턴

(d) 블록패턴 (e) 비대칭패턴

[그림17-2. 트레드 패턴의 종류]

[2] 타이어 숄더(tire shoulder)

숄더는 트레드와 사이드 월 사이에 위치하며, 구조상 고무의 두께가 가장 두껍기 때문에 주행 중 내부에서 발생하는 열을 발산시킬 수 있도록 설계상 고려되어 있다. 그리고 숄더의 형상에는 라운드(round) 숄더와 스퀘어(square) 숄더가 있다.

[3] 사이드 월(side wall)

사이드 월은 숄더와 비드부분 사이에 해당하는 부분이며, 카커스를 보호하고 유연한 굴곡운동을 하여 승차감을 향상시킨다. 또 이 부분에는 타이어의 종류, 규격, 제조회사 등 여러 가지 문자가 표시되어 있다.

2. 브레이커(breaker)와 벨트

브레이커는 트레드와 카커스 사이에 있으며, 몇 겹의 코드 층을 내열성의 고무로 싼 구조로 되어 있다. 브레이커는 트레드와 카커스의 분리를 방지하고 노면에서의 완충 작용도 한다. 그리고 벨트는 트레드와 카커스 사이에 원둘레 방향으로 설치한 강력한 보강대이며, 브레이커와 같은 역할도 하지만 카커스를 강하여 죄어 트레드의 강성을 높인다.

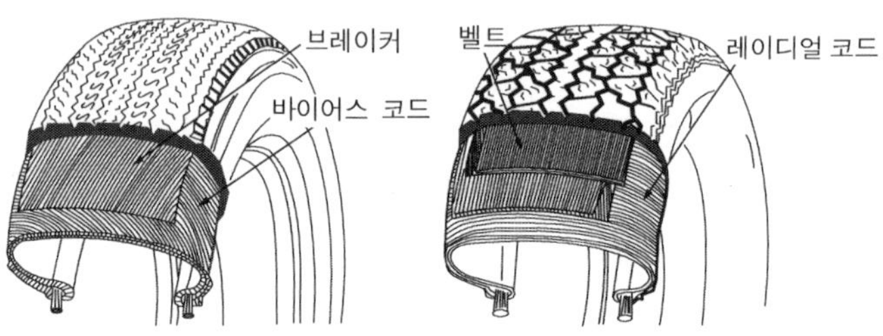

[그림17-3. 브레이커와 벨트]

3. 카커스(carcass)

카커스는 고무로 피복한 코드를 빗금(바이어스 타이어) 또는 방사형(레이디얼 타이어)으로 번갈아 여러 장을 맞붙은 것으로 타이어의 뼈대가 되는 부분이다. 카커스는 타이어 내의 공기압력을 견디어 일정한 체적을 유지하고 하중이나 충격에 따라 변형하여 완충작용을 한다. 코드에는 레이온, 나일론, 폴리에스텔 등이 사용되며, 카커스를 구성하는 코드 층의 수를 플라이 수(ply rating ; PR)라 한다.

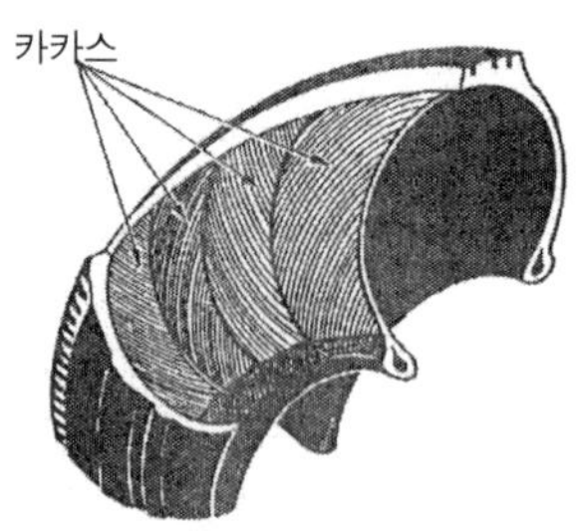

[그림17-4. 카커스]

4. 비드 부분(bead section)

비드 부분은 타이어가 림과 접촉하는 부분이며, 비드부분이 늘어나는 것을 방지하고 타이어가 림에서 빠지는 것을 방지하기 위해 내부에 몇 줄의 피아노선이 원둘레 방향으로 들어 있다.

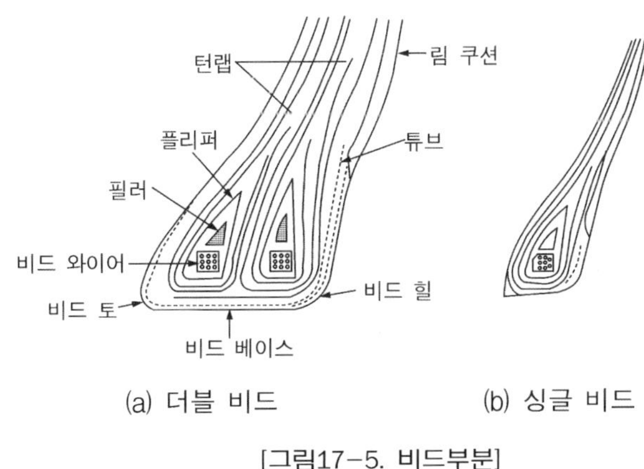

(a) 더블 비드 (b) 싱글 비드

[그림17-5. 비드부분]

17.2. 타이어의 분류

1. 공기압력에 따른 분류

타이어는 내부에 주입되는 공기압력에 따라 고압타이어, 저압타이어, 초저압타이어 등이 있다.

2. 튜브(tub)유무에 따른 분류

타이어 튜브(tub)유무에 따라 튜브 타이어와 튜브리스(tub less) 타이어가 있다. 튜브리스 타이어는 자동차의 고속화에 따라 고속주행 중 펑크사고의 위험으로부터 운전자와 자동차를 보호하고자 개발되었다. 이 타이어는 튜브를 사용하지 않는 대신 타이어 안쪽 면에 공기 투과성이 적은 특수고무를 붙여 타이어와 림으로부터 공기가 새지 못하도록 되어 있고, 주행 중 못 등의 이물질에 의한 파손에서 공급가 급격히 빠지지 않는 장점이 있다. 튜브리스 타이의 특징은 다음과 같다.

① 튜브가 없어 조금 가벼우며, 못 등이 박혀도 공기 누출이 적다.

② 펑크 수리가 간단하고, 고속으로 주행하여도 발열이 적다.

③ 림이 변형되어 타이어와의 밀착이 불량하면 공기가 새기 쉽다.

④ 유리 조각 등에 의해 손상되면 수리가 어렵다.

⑤ 타이어 안쪽 비드부분에 홈이 발생하면 분리현상이 일어나기 쉽다.

⑥ 타이어의 림의 조립이 불완전하거나 림 플렌지 부분에 변형이 있으면 공기가 누출되기 쉽다. 특히 비포장도로를 운행할 때 노면의 돌등에 의해 림 플렌지 부분에 손상을 입어 공기누출을 일으킬 경우가 있어 주의가 필요하다.

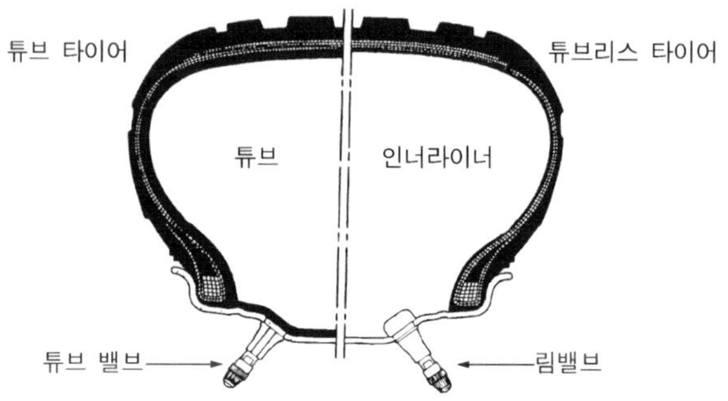

[그림17-6. 튜브타이어와 튜브리스 타이어의 비교]

3. 형상에 따른 분류

타이어의 형상에 따른 분류에는 보통(바이어스)타이어, 레이디얼 타이어, 스노 타이어, 편평 타이어 등이 있으며 그 특징은 다음과 같다.

[1] 바이어스 타이어(bias tire)

바이어스 타이어는 카커스 코드(carcass cord)를 빗금(bias)방향으로 하고, 브레이커(breaker)를 원둘레 방향으로 넣어서 만든 것이다. 즉 카커스는 1 플라이(pry)씩 번갈아 코드의 각도가 다른 방향으로 엇갈려 있어 코드가 교차하는 각도는 지면에 닿는 부분에서 원둘레 방향에 대해 40°정도로 되어있다. 레이디얼 타이어의 개발로 현재는 거의 사용되지 않고 있다.

[2] 레이디얼 타이어(radial tire)

레이디얼 타이어는 카커스를 구성하는 코드가 타이어 원둘레 방향에 대해 직각,

즉 타이어를 옆면에서 보면 원의 중심에서 방사상(radial)으로, 비드부분에서 비드를 직각으로 배열한 상태이며, 구조의 안정성을 위해 트레드 고무층 바로 밑에 원둘레 방향에 가까운 각도로 코드를 배치한 벨트로 단단히 조여져 있다. 이 타이어의 특징은 다음과 같다.

① 타이어의 편평율을 크게 할 수 있어 접지 면적이 크다.

② 특수 배합한 고무와 발열에 따른 성장이 적은 레이온(rayon)코드로 만든 강력한 브레이커를 사용하므로 타이어 수명이 길다.

③ 브레이커가 튼튼해 트레드가 하중에 의한 변형이 적다.

④ 선회할 때 사이드 슬립(side slip)이 적어 코너링 포스(cornering force)가 좋다.

⑤ 동력전달 저항이 적고, 로드홀딩(road holding)이 향상되며, 스탠딩 웨이브(standing wave가 잘 일어나지 않는다.

⑥ 고속으로 주행할 때 안전성이 크다.

⑦ 브레이커가 튼튼해 충격흡수가 불량하므로 승차감이 나쁘다.

⑧ 저속에서 조향핸들이 다소 무겁다.

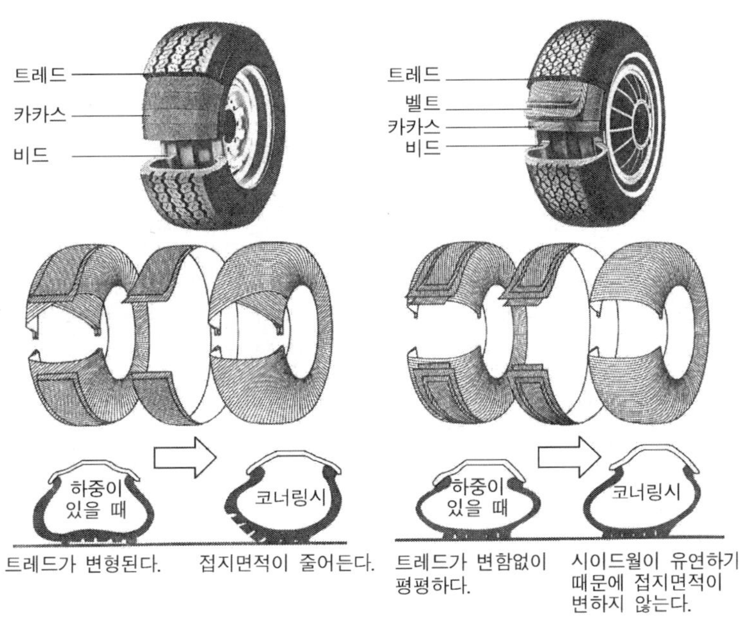

[그림17-7. 바이어스 및 레이디얼 타이어의 구조]

3. 스노(snow)타이어

스노 타이어는 눈길에서 체인을 감지 않고 주행할 수 있도록 제작한 것이며, 중앙부분의 깊은 리브패턴이 방향성을 주고, 러그 및 블록패턴이 견인력을 확보해준다. 그리고 이 타이어는 제동성능과 구동성능을 발휘하도록 되어 있다. 스노 타이어를 사용할 때 다음과 같은 사항을 주의하여야 한다.

① 바퀴가 고정(lock)되면 제동 거리가 길어지므로 급 제동을 하지 말 것

② 스핀(spin)을 일으키면 견인력이 급감(急減)하므로 출발을 천천히 할 것

③ 트레드가 50%이상 마멸되면 체인을 병용할 것

④ 구동 바퀴에 걸리는 하중을 크게 할 것

4. 편평 타이어

편평 타이어는 타이어 단면의 가로와 세로비율을 적게 한 것이며 타이어 단면을 편평하게 하면 접지면적이 증가하여 옆방향 강도가 증가한다. 또 제동·출발 및 가속할 때 내 미끄럼 성능과 선회성능이 향상된다. 편평 타이어의 장점은 다음과 같다.

① 보통 타이어보다 코너링 포스가 15%정도 향상된다.

② 제동 성능과 승차감이 향상된다.

③ 펑크가 났을 때 공기가 급격히 빠지지 않는다.

④ 타이어 폭이 넓어 타이어 수명이 길다.

그리고 승용차용 타이어 편평 비율은 $\frac{\text{타이어의 높이}}{\text{타이어 폭}}$의 비율이며 0.96 → 0.86 → 0.82순서로 내려갈수록 타이어 폭이 점차 넓어진다. 편평 비율의 측정은 타이어를 휠에 조립한 후 공기를 주입하고 하중을 가하지 않은 상태에서 트레드 패턴, 문자 등을 포함하지 않은 상태에서 한다. 편평 비율이 0.6일 때 60시리즈(60 series)라고 하며 이것은 폭이 100일 때 높이가 60인 타이어를 말한다.

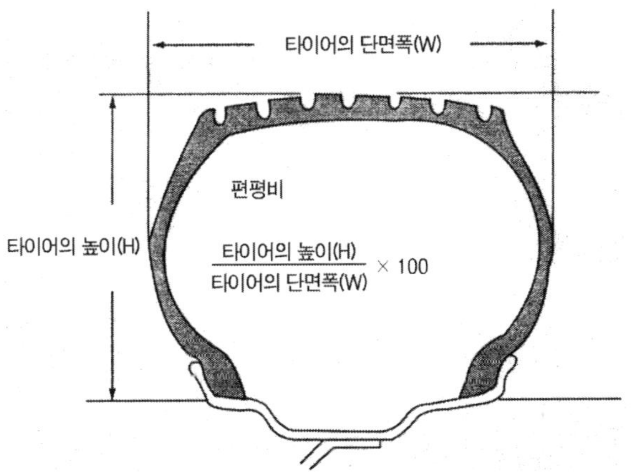

[그림17-8. 타이어 편평 비율]

17.3. 타이어의 호칭 치수

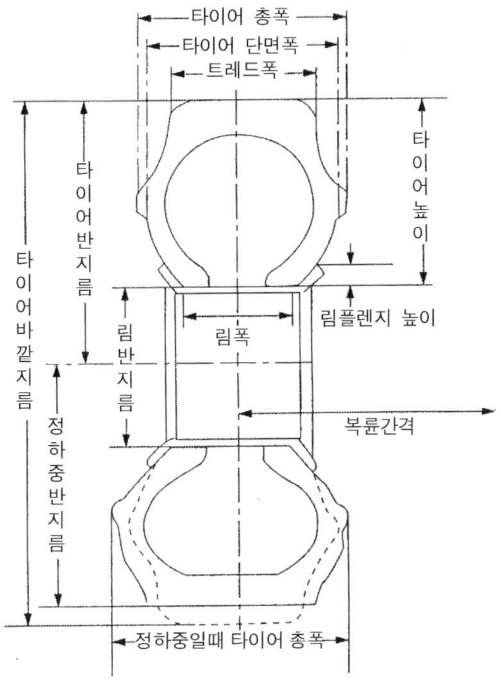

[그림17-9. 타이어 호칭치수]

[1] 고압타이어의 호칭치수

고압타이어의 호칭치수는 바깥지름(inch)×폭(inch)－플라이 수로 표시한다.

[2] 저압타이어의 호칭치수

저압타이어의 호칭치수는 폭(inch)－안지름(inch)－플라이 수로 표시한다.

[3] 레이디얼 타이어 호칭치수

레이디얼 타이어는 예를 들어 185 SR 13 인 타이어는 폭이 185㎜, 림의 안지름이 13inch이며, 허용 최고 속도가 180㎞/h이내에서 사용되는 타이어란 뜻이다. 여기서 S 또는 H는 허용 최고속도 표시기호이며 R은 레이디얼의 약자이다.

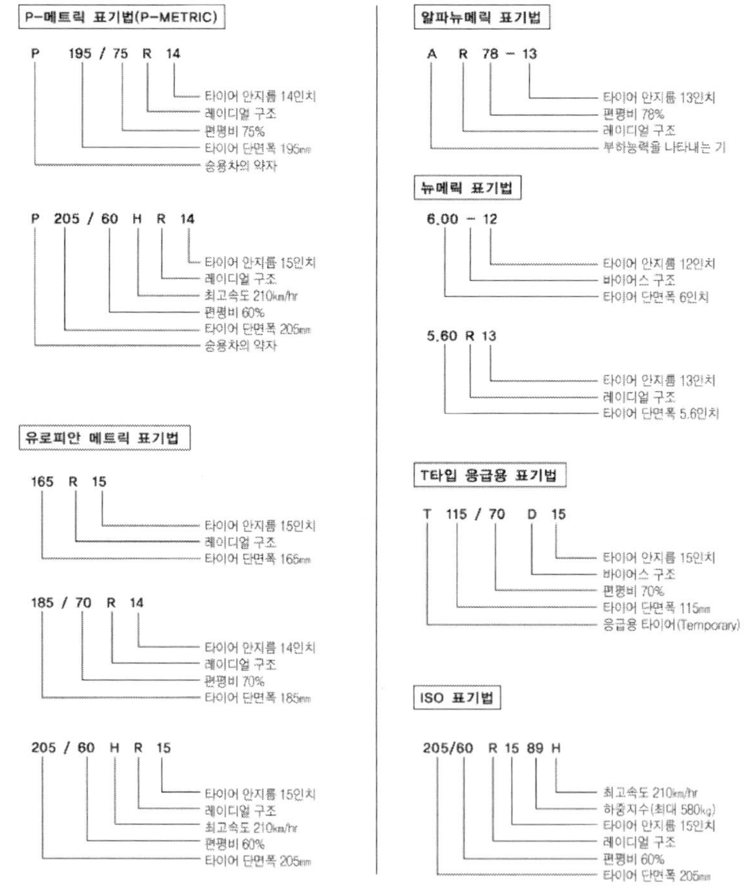

[그림17-10. 승용차용 타이어의 표기방법]

17.4. 타이어에서 발생하는 이상 현상

1. 스탠딩 웨이브 현상(standing wave)

이 현상은 타이어 접지 면에서의 찌그러짐이 생기는데 이 찌그러짐은 공기 압력에 의해 곧 회복이 된다. 이 회복력은 저속에서는 공기 압력에 의해 지배되지만, 고속에서는 트레드가 받는 원심력으로 말미암아 큰 영향을 준다. 또 타이어 내부의 고열로 인해 드레드가 원심력을 견디지 못하고 분리되며 파손된다. 스탠딩 웨이브의 방지 방법은 타이어 공기압력을 표준보다 15~20% 높여 주거나 강성이 큰 타이어를 사용하면 된다.

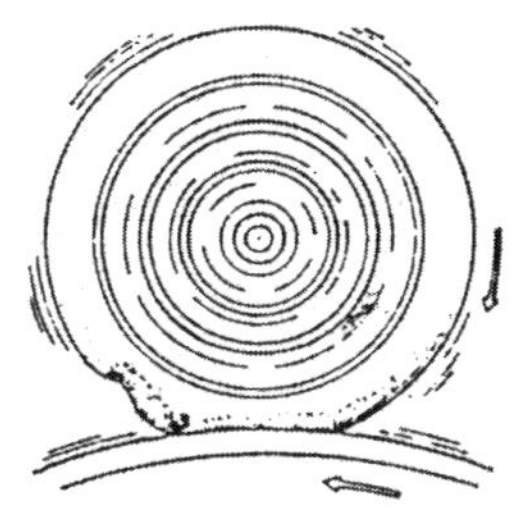

[그림17-11. 스탠딩 웨이브 현상]

2. 하이드로 플래닝(hydro planing ; 수막현상)

이 현상은 물이 고인 도로를 고속으로 주행할 때 일정 속도 이상이 되면 타이어의 트레드가 노면의 물을 완전히 밀어내지 못하고 타이어는 얇은 수막(水膜)에 의해 노면으로부터 떨어져 제동력 및 조향력을 상실하는 현상이다. 이를 방지하는 방법은 다음과 같다.

① 트레드 마멸이 적은 타이어를 사용한다.

② 타이어 공기압력을 높이고, 주행속도를 낮춘다.

③ 리브 패턴의 타이어를 사용한다. 러그 패턴의 경우는 하이드로 플래닝을 일으키기 쉽다.

④ 트레드 패턴을 카프(calf)형으로 세이빙(shaving)가공한 것을 사용한다.

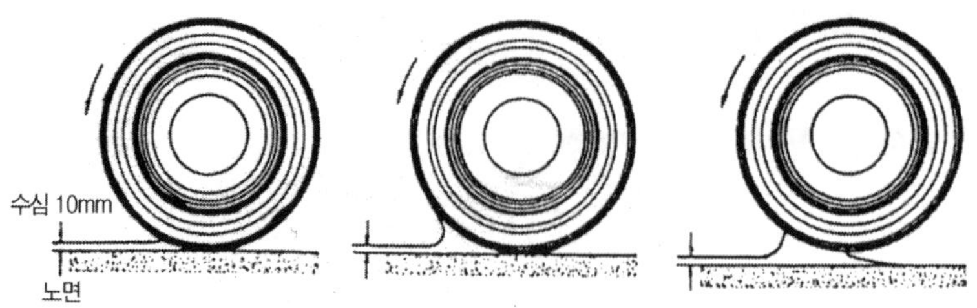

[그림17-12. 하이드로 플래닝 진행 과정]

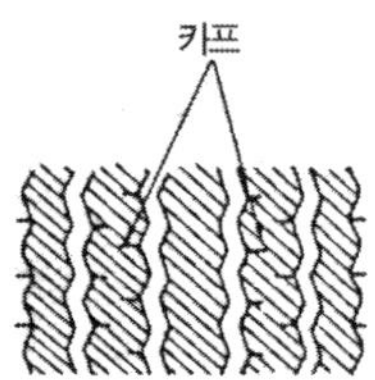

[그림17-13. 타이어 카프 설계]

17.5. 바퀴 평형(wheel balance)

바퀴 평형에는 정적 평형과 동적 평형이 있다.

1. 정적 평형

이것은 타이어가 정지된 상태의 평형이며, 정적 불평형 있으면 바퀴가 상하로 진동하는 트램핑(tramping)현상을 일으킨다.

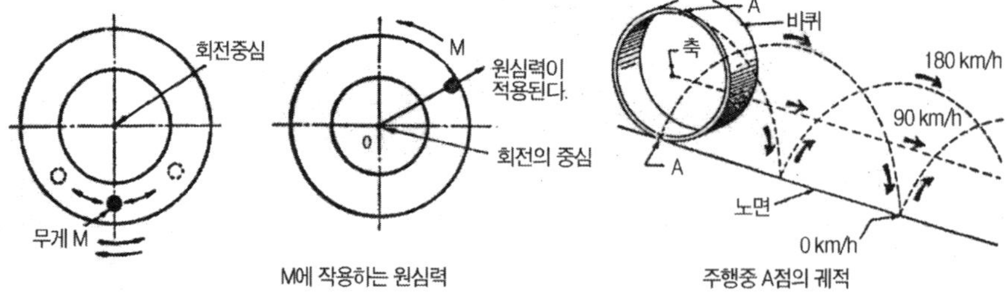

[그림17-14. 정적 평형]

2. 동적 평형

이것은 회전 중심축을 옆에서 보았을 때의 평형, 즉, 회전하고 있는 상태의 평형이다. 동적 불평형이 있으면 바퀴가 좌우로 흔들리는 시미(shimmy) 현상이 발생한다.

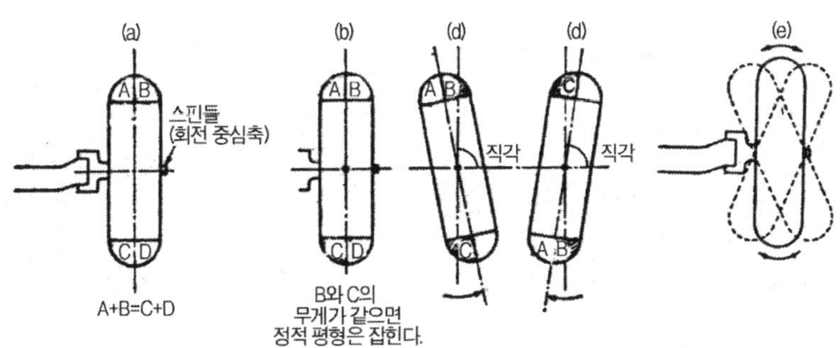

[그림17-15. 동적 평형]

17.6. 바퀴 로테이션(wheel rotation)

바퀴는 설치된 위치마다 마멸이 동일하지 않으며 도로 조건, 앞바퀴 정렬, 하중의 분포, 운전 방법 등에 따라 그 마멸이 변화한다. 따라서 정기적으로 점검하고, 각각의 마멸을 보완할 수 있도록 6,000~8,000km주행마다 그 위치를 교환하여야 한다.

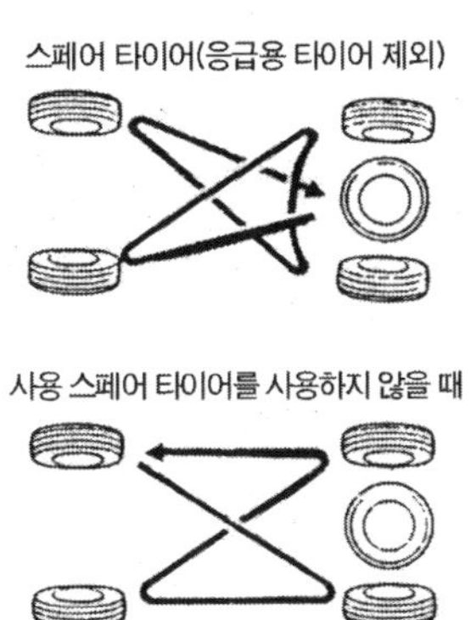

[그림17-16. 바퀴 로테이션]

제 3 부

전기장치

제18장 전기기초

18.1. 전기의 개요

모든 물질은 분자로 구성되어 있고, 분자는 원자의 집합체로 구성되어 있다. 전자론에 의하면 원자핵은 양(+)전기를 띤 양자와 중성자 그리고 음(-)전기를 띤 전자로 구성된다. 일반적인 물질은 양자가 지니는 양전기와 전자가 지니는 음전기 양이 같기 때문에 상쇄(相殺)되어 전기적인 성질을 나타내지 않고 중성상태를 나타내지만 이들 사이에 평형이 이루어지지 않으면 전기적인 성질을 나타낸다. 이와 같이 물질에 존재하는 전자가 전기의 본질이며, 원자핵과 거리가 멀어서 결합력이 약하고 외부의 영향을 가장 쉽게 받아 궤도를 이탈하는 전자를 자유전자라 부르며 이 자유전자의 이동이 전류이다.

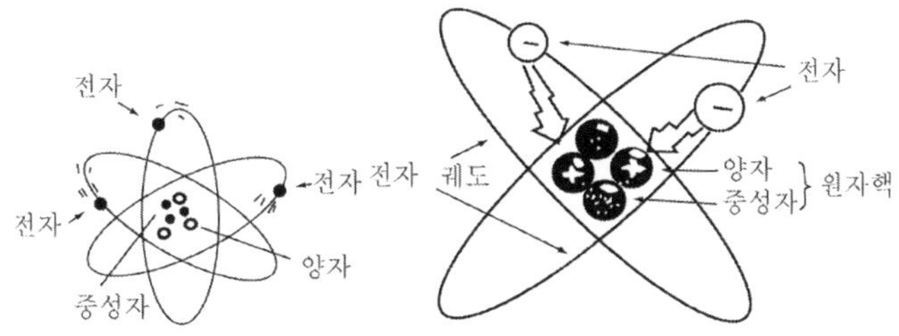

[그림18-1. 원자의 구조]

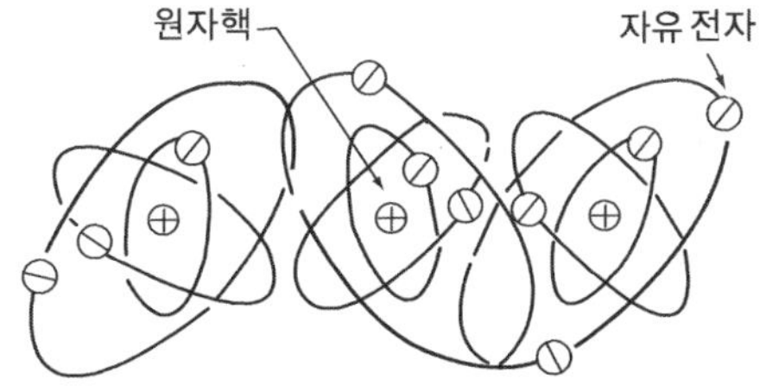

[그림18-2. 자유전자의 이동]

1. 전류(電流)

전류란 (+) 대전체와 (−)대전체 사이를 도체로 연결하면 (+)쪽에서는 도체 내의 전자를 흡인하고, (−)쪽에서는 전자가 반발 당하여 도체 내부로 들어가므로 도체 내에 있는 전자는 (−)쪽에서 (+)쪽으로 이동한다. 이때 전자는 중화되며, 이 전자의 이동을 전류라 한다. 전류의 측정 단위는 암페어(A ; Ampere)이며 1A는 도체 단면의 임의의 한 점을 매초 1 쿨롱(Coulomb)의 전하(電荷)가 이동하고 있을 때의 전류의 크기를 말한다. 전류는 발열작용, 화학작용, 자기작용 등 3가지 작용을 한다.

2. 전압(電壓 ; 전위차)

전압이란 전류가 흐를 수 있도록 하는 전기적인 압력을 말하며, 측정단위는 볼트(V ; Voltage)이다. 전압차이가 클수록 큰 전류가 흐르며, 1V란 1옴(Ω)의 도체에 1A의 전류를 흐르게 할 수 있는 전기적인 압력을 말한다.

3. 저항(抵抗)

저항이란 물질 속을 전류가 흐르기 쉬운가, 또는 어려운가를 표시하는 것이며, 측정단위는 옴(Ohm ; Ω)이다. 저항은 자유전자의 수, 원자핵의 구조, 물질의 형상, 온도에 따라서 변화한다. 1옴(Ω)이란 1A의 전류를 흐르게 할 때 1V의 전압을 필요로 하는 도체의 저항으로 표시한다.

18.2. 전기회로

1. 옴의 법칙(Ohm' Law)

전압에 의하여 전류가 흐르며, 저항은 전류의 흐름을 방해하므로 전류, 전압 및 저항 사이에는 밀접한 관계가 있다. 즉, 도체에 흐르는 전류(I)는 전압(E)에 정비례하고, 그 도체의 저항(R)에는 반비례한다. 이와 같은 관계는 1827년 독일의 물리학자 옴에 의해 발견된 것이므로 옴의 법칙이라 부른다. 옴의 법칙에서 전류, 전압, 저항의 관계는 다음 공식으로 나타낸다.

$$I=\frac{E}{R},\quad E=IR,\quad R=\frac{E}{I}$$

여기서, I : 전류(A), E : 전압(V), R : 저항(Ω)

2. 저항의 접속방법

[1] 저항의 직렬 접속방법

저항의 직렬 접속방법은 몇 개의 저항을 한 줄로 연결하는 방법이며, 다음과 같은 특징이 있다.

① 어느 저항에서나 똑같은 전류가 흐른다.

② 전압이 나누어져 저항 속을 흐른다.

③ 각 저항에 가해지는 전압의 합은 전원 전압의 합과 같다.

④ 합성 저항(전 저항)은 다음과 같이 나타낸다.

$$R=R_1+R_2+R_3+\cdots\cdots+Rn$$

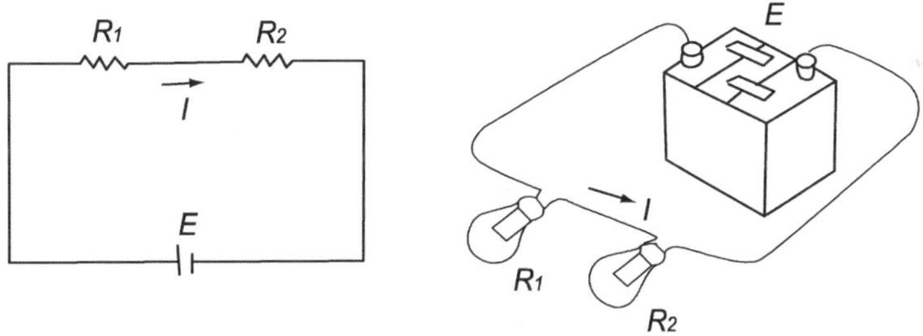

[그림18-3. 저항의 직렬 접속방법]

[2] 저항의 병렬 접속방법

저항의 병렬 접속방법은 모든 저항을 두 단자에 공통으로 연결하는 방법이며, 작은 저항을 얻고자 할 때 사용하는 것으로 다음과 같은 특징이 있다.

① 어느 저항에서나 똑같은 전압이 흐른다.

② 합성 저항은 각 저항의 어느 것보다도 적다.

③ 저항이 감소하는 것은 전류가 나누어져 저항 속을 흐르기 때문이다.

④ 전원에서의 전류는 각 전장부품을 흐르는 전류의 합이 되므로 병렬 접속하는 전장 부품이 많을 경우에는 용량이 큰 전원을 사용하여야 한다.

⑤ 합성저항(전 저항)은 다음과 같이 나타낸다.

$$\frac{1}{R}=\frac{1}{R_1}+\frac{1}{R_2}+\frac{1}{R_3}+\cdots\cdots+\frac{1}{R_n}$$

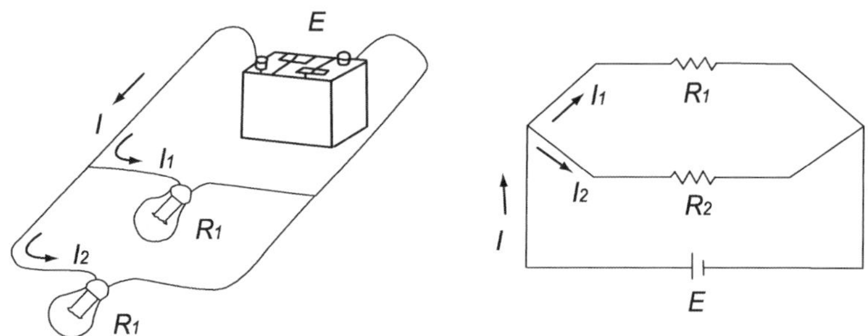

[그림18-4. 저항의 병렬 접속방법]

[3] 키르히호프의 법칙(Kirchhoff's Law)

(1) 키르히호프의 제1법칙

제1 법칙은 전류의 법칙으로 회로 내의 "어떤 한 점에 들어온 전류의 총합과 나간 전류의 총합은 같다" 는 법칙이다. 회로 내의 접속점은 전기를 저항할 수 있는 능력이 없으므로 흘러 들어온 전류는 모두 다시 흘러 나간다.

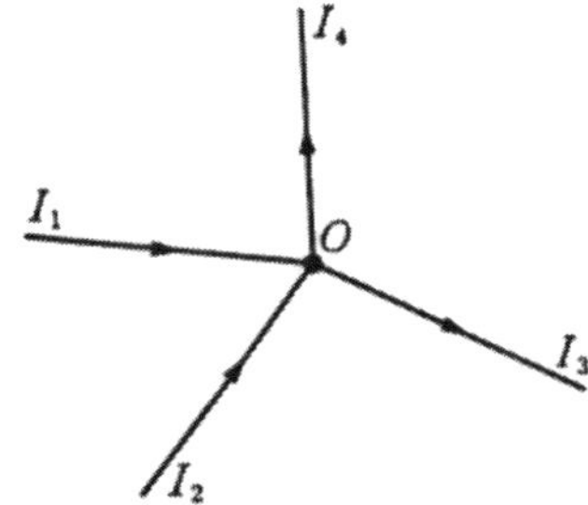

[그림18-5. 키르히호프의 제1법칙]

(2) 키르히호프의 제2법칙

제2 법칙은 전압의 법칙으로 "임의의 폐 회로에 있어서 기전력의 총합과 저항에 의한 전압 강하의 총합은 같다." 는 법칙이다.

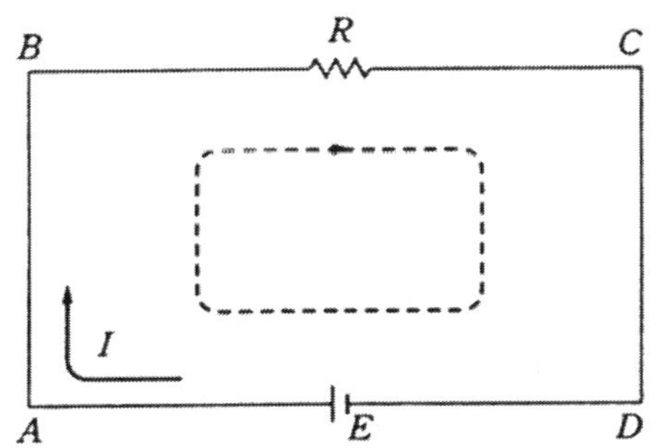

[그림18-6. 키르히호프의 제2법칙]

18.3. 전력과 전력량

1. 전력(電力)

전력이란 전기가 단위시간 동안에 한 일의 양이며 전등, 전동기 등에 전압을 가하여 전류를 흐르게 하면 열이 나고 기계적 에너지를 발생시켜 여러 가지 일을 할 수 있도록 하는 것을 말한다. 즉, 전류가 흘러 전동기를 회전시킬 때 전동기를 직접 회전시키는 일을 하며 일은 전류(I)가 하지만 전류가 흐르며 일을 하도록 압력을 가하는 것은 전압(E)이다. 이와 같이 전력(P)은 전압(E)과 전류(I)를 곱한 것에 비례한다. 전력의 측정단위는 와트(W)나 킬로와트(kW)를 사용하며, 전류(I)에 전압(E)을 가하여 흐르게 할 때 전력(P)=전압(E)×전류(I)로 표시한다. 여기서 I(A)의 전류가 R(Ω)의 저항 속을 흐르고 있다면 $E=IR$ 관계가 있으므로 $P=EI=IR\times I=I^2R$이 되어 전력은 모든 저항에 소비된다.

또, $E=IR$ 에서 $P=EI=E\times\frac{E}{R}=\frac{E^2}{R}$ 으로 표시된다.

위의 사항들을 정리하면 다음과 같다.

$$P = EI, \quad P = I^2R, \quad P = \frac{E^2}{R}$$

여기서, P : 전력(W), E : 전압(V), I : 전류(A), R : 저항(Ω)

2. 전력량

전력량이란 전류가 어떤 시간 동안에 한 일의 총량을 말하며, 전력량은 전력에 사용한 시간을 곱한 것으로 나타낸다. 따라서 전력(P)을 t초 동안에 사용하였을 때 전력량(W)은 전력(P)×시간(t)으로 표시된다. I(A)의 전류가 R(Ω)의 저항 속을 t초 동안 흐를 경우에는 $W = I^2Rt$ 로 표시한다.

[1] 줄의 법칙(Joule' Law)

줄의 법칙은 저항에 의하여 발생되는 열량은 전류의 2승과 저항을 곱한 것에 비례한다. 즉, 저항 R(Ω)의 도체에 전류 I(A)를 흐를 때 1초마다 소비되는 에너지 I^2R(W)는 모두 열이 된다. 이때의 열을 줄 열이라고 하며 $H \fallingdotseq 0.24I^2Rt$의 관계 공식으로 표시한다.

3. 퓨즈(fuse)

퓨즈는 단락(short)으로 인하여 전선이 타거나 과대전류가 부하로 흐르지 않도록 하는 안전장치이며, 퓨즈의 접촉이 불량하면 전류의 흐름이 저하되고 끊어진다. 퓨즈는 회로에 직렬로 연결되며 재료는 납과 주석의 합금이다.

반도체

게르마늄(Ge)이나 실리콘(Si) 등은 도체와 절연체의 중간인 고유저항을 지니고 있으므로 반도체라 부르며 반도체는 온도에 의한 저항 값의 변화가 금속과는 반대이다. 게르마늄이나 실리콘의 결정은 상온(常溫)에서도 몇 개의 자유전자가 있으며 이것에 열이나 빛 등의 에너지를 가하면 원자의 구속을 이기고 튀어나오는 전자 수가 증가한다. 따라서 온도가 상승하면 고유저항이 감소하는 반도체의 성질을 나타낸다. 반도체에는 진성(眞性)반도체와 불순물 반도체가 있다.

19.1. 진성 반도체

다이오드나 트랜지스터 등을 제작하는 게르마늄이나 실리콘의 결정이 같은 수의 전자와 홀(정공(+)전기가 남아 있는 빈자리)이 있는 반도체이며 절연체에 가깝다. 게르마늄이나 실리콘 원자의 배열은 어느 것이나 가장 바깥쪽에 가전자 수가 4개이고, 인접한 원자와 이 4개의 가전자가 공유결합하기 위한 중요한 것으로 작용한다.

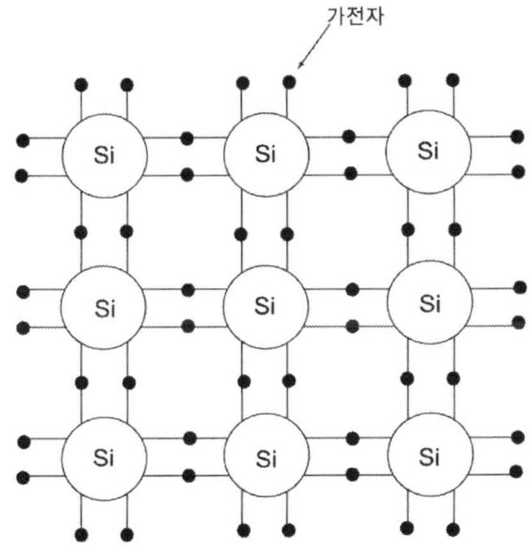

[그림19-1. 공유결합]

19.2. 불순물 반도체

게르마늄이나 실리콘에 높은 전압이나 온도를 가하면 전기저항의 변화로 인하여 공유결합이 파괴되어 전자의 이동이 쉽게 된다. 게르마늄이나 실리콘에 매우 적은 양의 불순물을 혼합하여 전압이나 온도에 대하여 민감한 반도체 성질을 얻는 것을 불순물 반도체라고 한다. 이 불순물 반도체에는 P형과 N형이 있다.

1. N(Negative)형 반도체

실리콘에 5가의 원소인 비소(As), 안티몬(Sb), 인(P) 등의 원소를 조금 섞으면 5가의 원자가 실리콘 원자 1개를 밀어내고 그 자리에 들어가 실리콘 원자와 공유결합을 한다. 이때 5가의 원자에서는 전자 1개가 남게 되며 이 경우 전기의 캐리어(carrier ; 운반자)가 전자이므로 (−)라는 의미에서 N형 반도체라고 한다. 전자를 만들어 주는 불순물 원자를 도너라 부른다.

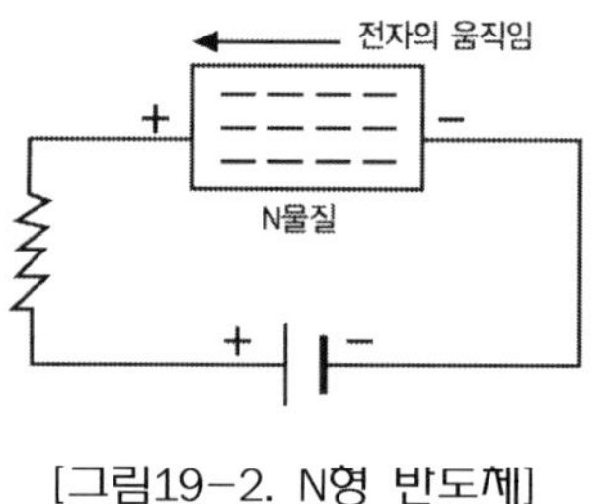

[그림19-2. N형 반도체]

2. P(Positive)형 반도체

실리콘의 결정(4가)에 3가(가장 바깥 둘레에 3개의 전자가 있는 것)의 원소인 알루미늄(Al) 이나 인듐(In)과 같은 물질을 매우 작은 양으로 혼합하면 공유결합을 하게 되는데 이 과정에서 실리콘의 4가 전자 내에 알루미늄이나 인듐의 3가의 원자가 끼어들어 전자가 없는 부분이 발생한다. 이와 같이 전자가 없는 부분을 홀(hole ; 정공)이라 하며 이 상태에서 전압을 가하면 홀의 (+)에 의해 전자가 흡인되어 홀로 이동하게 되는데 이때 홀의 움직임은 전자의 이동방향과 정반대로 된다. 1개의 전자가 부족한 홀도 자유롭게 이동할 수 있으므로 전기를 운반(carrier)하게 되는 반도체를 P형 반도체라 하며, 홀을 만들어 주는 불순물 원자를 억셉터(acceptor)라 부른다.

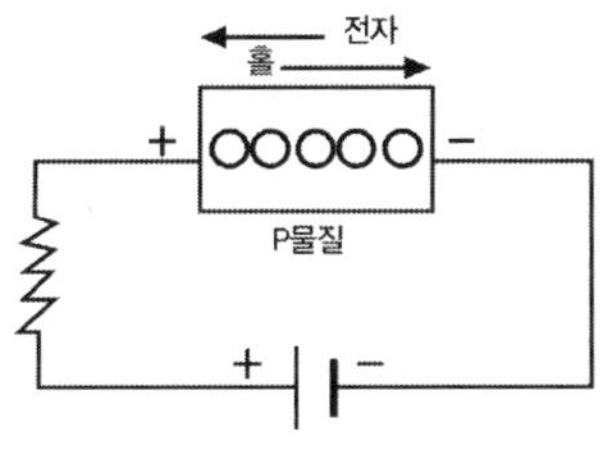

[그림19-3. P형 반도체]

3. 불순물 반도체 내의 전류흐름

반도체 내의 전류는 열이나 빛에너지에 의해 일부의 전자가 튀어나와 원자 내에는 전자의 부족상태가 일어나고 (+)전기를 띠는 홀이 된다. 이 홀은 부근의 원자에서 전자를 흡인하여 홀을 메우고 안정된 상태로 되돌아가려고 하며, 이웃한 원자는 다시 홀이 생기고 이것을 전자가 메우는 방식으로 전자가 이동하며, 이에 따라 홀도 이동한다. 따라서 홀의 방향은 전자의 이동방향과 반대방향이 된다. 홀이 이동한다는 것은 전자가 이동하는 것과 마찬가지로 전류가 흐른다는 의미이다.

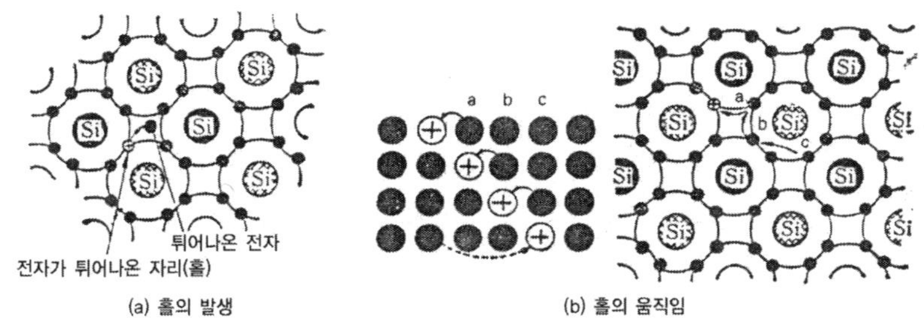

[그림19-4. 홀의 발생과 이동]

19.3. 반도체 소자

1. 다이오드(diode)

다이오드는 P형 반도체와 N형 반도체를 마주 대고 접합한 것이며, PN정션(PN junction)이라고도 하며 정류작용을 한다.

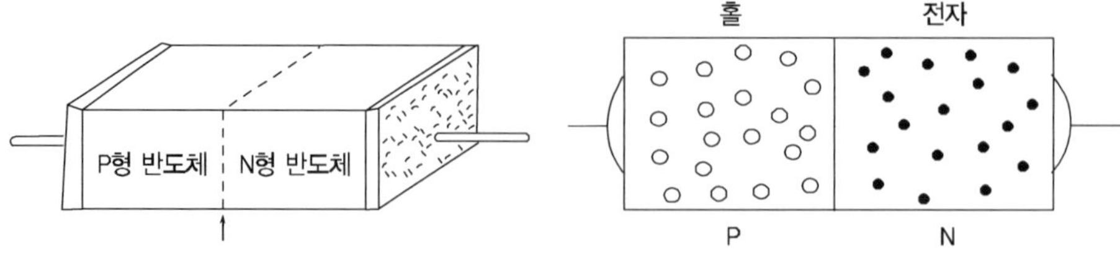

[그림19-5. 다이오드의 구조]

[1] 다이오드의 정류작용

(1) 전압을 가하지 않았을 때

전압을 가하지 않은 상태에서는 P형 반도체에는 홀(정공)이, N형 반도체에는 자유전자가 존재한다.

(2) 정방향 흐름(forward bias)

전원을 P형에는 (+)를, N형에는 (−)를 접속하면 P형의 홀은 (+)극에 반발하여 N형으로 유입되고, N형의 전자는 (−)극에 반발하여 P형 속으로 유입된다. 이에 따라 다이오드에는 전류가 흐르며 이러한 상태를 정방향 흐름이라 한다.

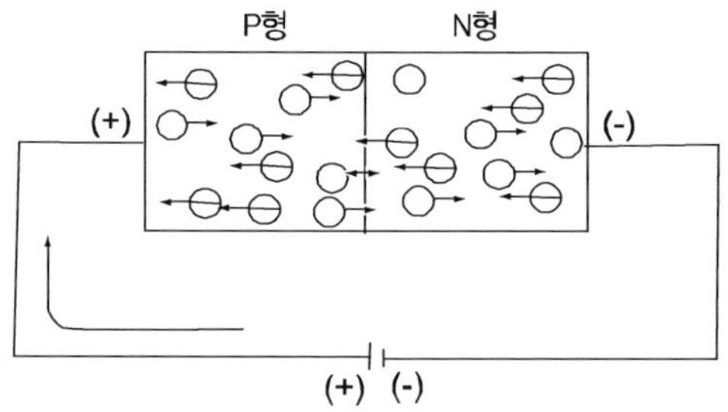

[그림19-6. 정방향(전류가 흐를 때)흐름]

(3) 역방향 흐름(reverse bias)

전원을 P형에는 (−)를, N형에는 (+)를 접속하면 P형의 홀은 (−)극 쪽으로, N형의 전자는 (+)극 쪽으로 이동하여 P형과 N형의 경계에는 홀이나 전자가 거의 없어져 매우 큰 저항이 발생하게 된다. 이에 따라 다이오드에는 전류가 흐르지 못한다. 이러한 상태를 역방향 흐름이라 한다.

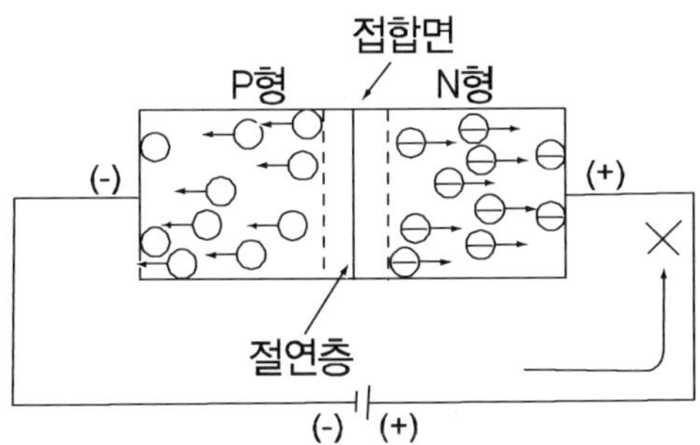

[그림19-7. 역방향(전류가 흐르지 않을 때)흐름]

위에서 설명한 바와 같이 다이오드는 정방향에서는 전류가 흐르고, 역방향으로는 전류가 흐르지 않는데 이 작용을 정류작용이라 한다.

[2] 다이오드의 특성

다이오드는 전압의 한쪽 방향의 흐름에서는 낮은 저항으로 되어 전류를 흐르게 하지만, 역방향으로는 높은 저항이 되어 전류의 흐름을 저지하는 성질이 있다. 즉, 정방향 흐름의 정격 전류를 얻기 위한 전압은 1.0~1.25V정도이지만, 역방향 흐름은 그 전압을 어떤 값까지 점차 상승시키더라도 적은 전류밖에는 흐르지 못한다. 그러나 어떤 값에 도달하면 전류의 흐름이 급격히 커진다. 이 급격히 커진 전류가 흐르기 시작할 때를 강복 전압이라 한다. 따라서 다이오드를 사용할 때에는 정방향 흐름은 정격전류를, 역방향 흐름은 강복 전압(역내압) 등에 주의하여야 하며 다이오드 규격 표의 값은 특수한 것을 제외하고는 주위온도를 25℃로 하고 있다.

2. 제너 다이오드(zener diode)

제너 다이오드는 실리콘 다이오드의 일종이며, 어떤 전압 하에서도 역방향으로 전류가 통할 수 있도록 제작한 것이다. 즉, 역방향으로 가해지는 전압이 어떤 값에 도달하면 정방향 흐름과 같이 급격히 전류를 흐르게 한다. 이때의 전압을 제너 전압(브레이크 다운 전압 ; brake down voltage)이라 부른다. 또 역방향 전압이 점차 감소하여 제너 전압 이하가 되면 역방향 전류가 흐르지 못한다. 이 제너 전압은 온도 및 사용에 의한 변화가 적으며, 자동차용 교류 발전기의 전압 조정기 전압검출이나 일정 전압회로 등에서 사용하고 있다.

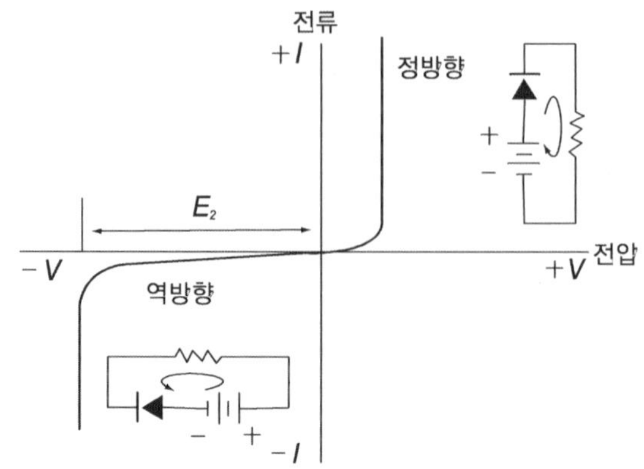

[그림19-8. 제너 다이오드의 기호와 특성]

3. 발광 다이오드(LED ; Light Emission Diode)

발광 다이오드는 정방향으로 전류를 흐르게 하면 빛이 발생되는 것이며, 가시광선으로부터 적외선까지 다양한 빛을 발생한다. 빛을 발생할 때에는 정방향 흐름으로 10mA정도의 전류가 필요하며, PN형 접합면에 정방향 전압을 가하여 전류를 흐르게 하면 캐리어(carrier)가 가지고 있는 에너지 일부가 빛으로 변화하여 외부로 방사(放射)된다. 용도는 각종 파일럿램프, 배전기의 크랭크 각 센서와 상사점(TDC)센서, 차고센서, 조향핸들 각속도 센서 등에서 사용한다.

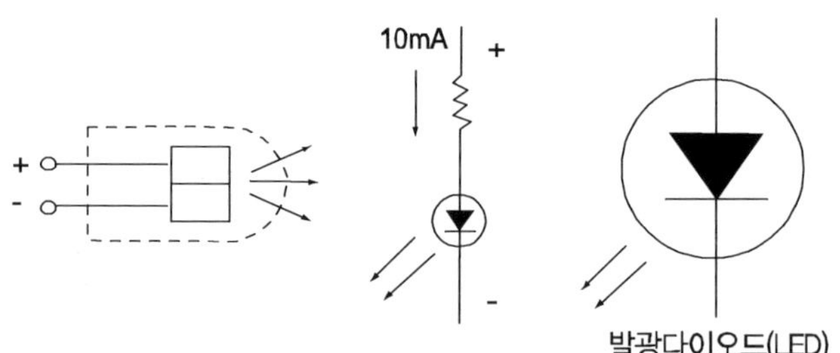

[그림19-9. 발광 다이오드의 구조와 기호]

4. 포토다이오드(photo diode)

포토다이오드는 PN형을 접합한 게르마늄(Ge)판에 입사광선이 없을 경우에는 N형에 일정 전압이 가해져 있으므로 역 방향 흐름으로 되어 전류는 흐르지 않게 된다. 그러나 입사광선을 접합 부분에 쪼이면 빛에 의해 전자가 궤도를 이탈하여 자유 전자가 되어 역 방향으로 전류가 흐르게 된다. 따라서 입사광선이 강할수록 자유 전자 수도 증가하여 더욱 많은 전류가 흐른다. 용도는 배전기 내의 크랭크각 센서와 상사점(TDC) 센서에서 사용한다.

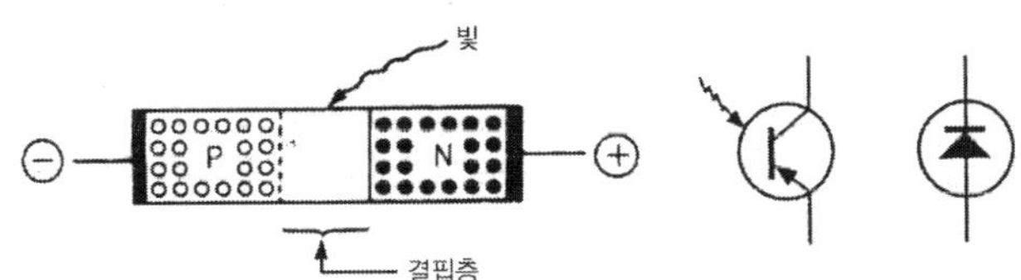

[그림19-10. 포토다이오드의 구조와 기호]

5. 트랜지스터(transistor)

트랜지스터는 PN형 다이오드의 N형 쪽에 P형을 덧붙인 PNP형과, P형 쪽에 N형을 덧붙인 NPN형이 있으며, 3개의 단자 부분에는 인출선이 붙어 있다. 중앙 부분을 베이스(B, Base : 제어 부분), 양쪽의 P형 또는 N형을 각각 이미터(E ; Emitter) 및 컬렉터(C ; Collector)라고 한다. PNP형은 이미터에서 베이스로 전류가 흐르고, NPN형은 베이스에서 이미터로 전류가 흐른다.

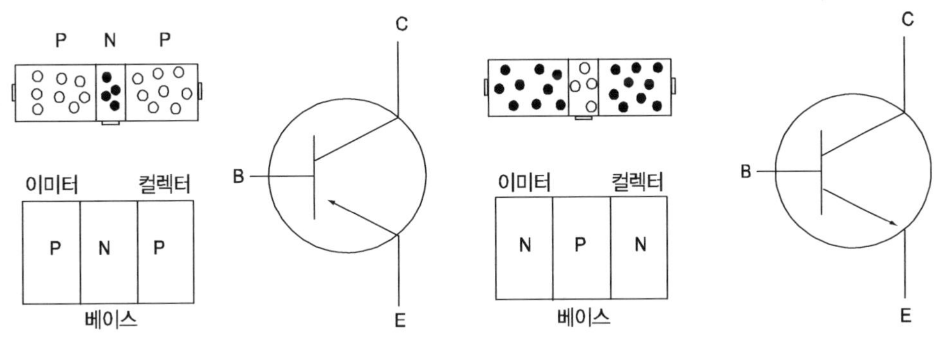

[그림19-11. 트랜지스터의 구조]

[1] 트랜지스터에 전류가 흐를 때

PNP형에 축전지를 이미터에 (+), 베이스에 (−), 컬렉터에 (−)극을 연결하면 이미터 내의 홀은 축전지 (+)극에 반발하여 중앙에 있는 N형(베이스)으로 유입된다. 그러나 N형 부분은 매우 얇게 되어 있으므로 유입된 홀은 거의 모두가 베이스를 뚫고 컬렉터와의 경계 부분에 도달한다. 이때 컬렉터에 가해져 있는 (−)극에 끌어 당겨져 흡인된다. 또 일부의 홀은 베이스 내의 전자와 중화(中和)하여 베이스 전류로 되고, 대부분은 컬렉터 전류로 된다.

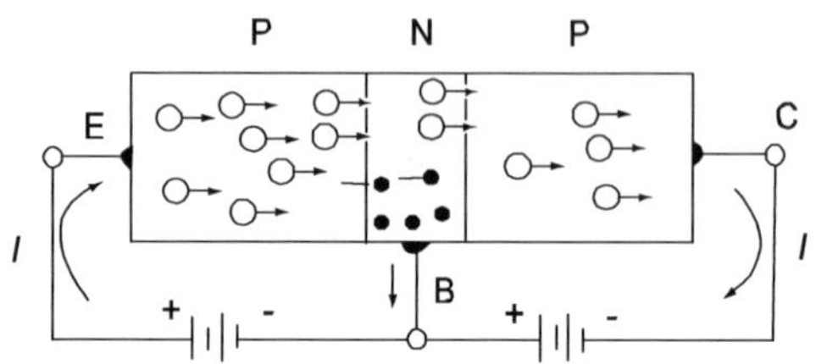

[그림19-12. 트랜지스터에 전류가 흐를 때]

[2] 트랜지스터에 전류가 흐르지 않을 때

PNP형에 축전지를 이미터에 (−), 베이스에 (+)극을 연결하면 이미터의 홀은 축전지의 (−)에 의해 흡입되고 베이스 내의 전자는 축전지의 (+)극에 의해 흡인되고, 경계 부분은 빈 공간으로 되어 베이스에는 전류가 거의 흐르지 않는다. 이에 따라 이미터에서 컬렉터로도 전류가 거의 흐르지 않는다.

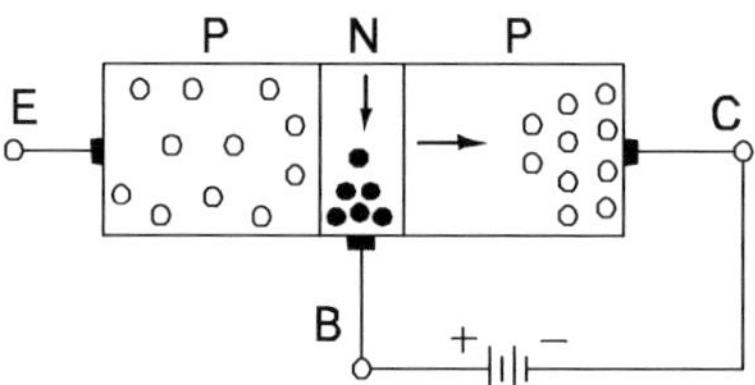

[그림19-13. 트랜지스터에 전류가 흐르지 않을 때]

[3] 트랜지스터의 작용

트랜지스터의 대표적인 작용으로는 스위칭 작용, 증폭작용 및 발진작용 등이 있다.

(1) 스위칭(switching) 작용

트랜지스터는 베이스 전류를 단속(ON, OFF)하여 컬렉터 전류를 단속할 수 있다. 즉, 릴레이의 여자 전류에 해당되는 것이 베이스 전류이며, 트랜지스터는 릴레이의 접점에 해당하므로 릴레이와 같이 기계식 접점을 사용하지 않고도 전류를 단속시킬 수 있다. 즉, 이미터와 컬렉터를 통전상태로 하려면 베이스에 전류가 흐르도록 하면 되고, 베이스 전류를 단속하면 이미터와 컬렉터 사이를 단속할 수 있다.

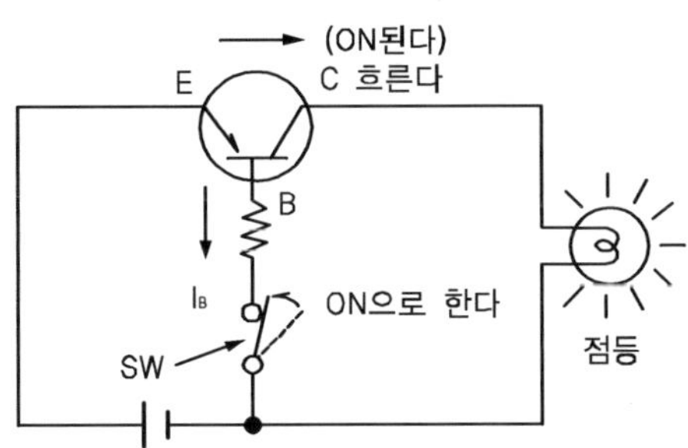

[그림19-14. 트랜지스터의 스위칭 작용]

(2) 증폭작용

NPN형에서 이미터에 (−), 베이스와 컬렉터에 (+)를 연결하고, 베이스에 부하저항 Rb를 통하여 (+)전압을 가하면 이미터의 전자는 베이스의 (+)쪽으로 흡입되어 베이스의 홀 쪽으로 이동하므로 베이스 전류(Ib)가 흐른다. 베이스는 매우 얇으므로 베이스 전류가 흐를 때 이미터의 전자는 컬렉터의 (+)쪽으로 흡인되므로 이미터와 컬렉터 사이가 통전 상태가 되어 컬렉터에 전류(Ic)가 흐른다. 그리고 베이스가 얇기 때문에 이미터의 전자는 베이스의 홀로 이동하는 양보다 컬렉터의 (+)쪽으로 이동하는 양이 압도적으로 많아진다. 즉, 적은 양의 베이스 전류로 큰 컬렉터 전류를 얻을 수 있으며, 또 베이스 전류의 크기를 변화시킴으로서 컬렉터의 전류를 증감할 수 있는데 이 작용을 증폭 작용이라 한다.

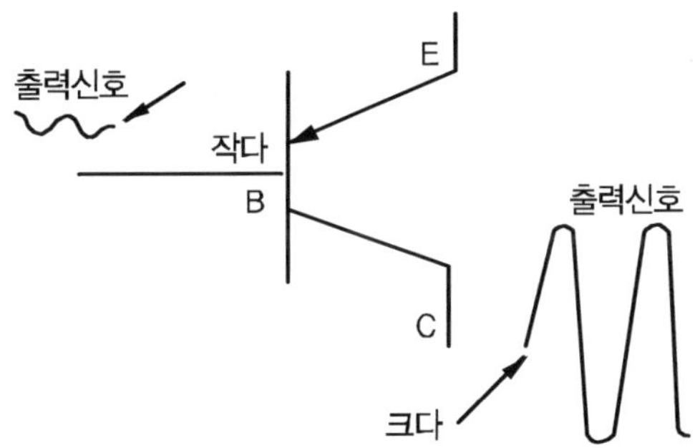

[그림19-15. 트랜지스터의 증폭 작용]

6. 포토트랜지스터(photo transistor)

이것은 PN접합부에 빛을 쪼이면 빛 에너지에 의해 발생한 전자와 홀이 외부로 흐른다. 입사광선에 의해 전자와 홀이 발생하면 역 전류가 증가하고, 입사광선에 대응하는 출력 전류가 얻어지는데 이를 광전류(光電流)라 한다. 포토트랜지스터에는 PN접합의 2극 소자형과 NPN의 3극 소자형이 있으며, 빛이 베이스 전류 대용으로 사용되므로 전극이 없고 빛을 받아서 컬렉터 전류를 제어한다. 포토트랜지스터의 특징은 다음과 같다.

① 광 출력 전류가 매우 크다.

② 내구성과 신호 성능이 풍부하다.

③ 소형이고, 취급이 쉽다.

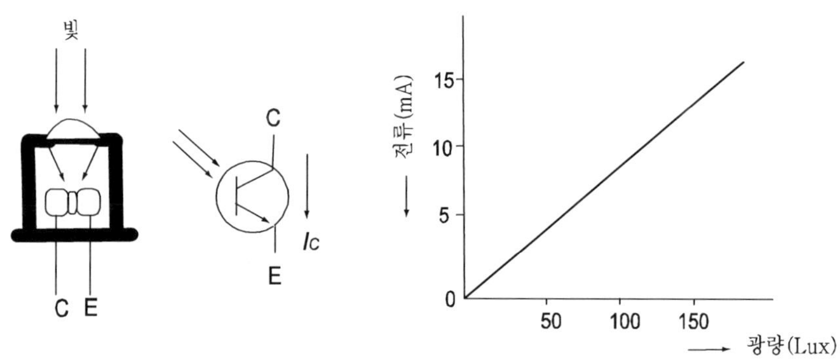

[그림19-16. 포토트랜지스터의 구조]

7. 다링톤 트랜지스터(Darlington TR)

트랜지스터 내부가 2개의 트랜지스터로 구성되어 있으므로 트랜지스터 1개로 2개분의 증폭 효과를 낼 수 있다. 따라서 매우 작은 베이스 전류로도 큰 전류를 제어할 수 있다.

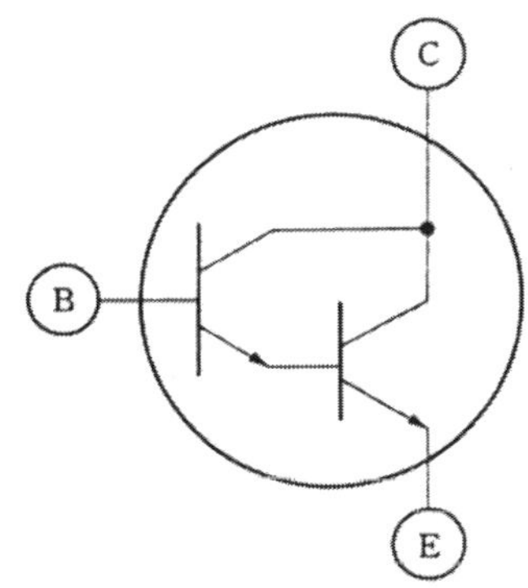

[그림19-17. 다링톤 트랜지스터의 구조]

8. 사이리스터(thyrister)

이것은 SCR(silicon control rectifier)이라고도 하며 PNPN 또는 NPNP 접합으로 되어 있으며 스위칭 작용을 한다. 사이리스터는 대게 단방향 3단자를 사용한다. 이것은 (+)쪽을 애노드(anode), (−)쪽을 캐소드(cathode), 제어 단자를 게이트(gate)라 부른다. 애노드에서 캐소드로의 전류가 정방향 흐름이며, 캐소드에서 애노드로 전류가 흐르는 방향을 역 방향 흐름이라 한다. 정방향 흐름은 전류가 흐르지 못하는 상태이며, 이 상태에서 게이트에 (+)를, 캐소드에는 (−)를 연결하면 애노드와 캐소드가 순간적으로 통전되어 스위치와 같은 작용을 하며, 이후에는 게이트 전류를 제거하여도 계속 통전상태가 되며 애노드의 전압을 차단하여야만 전류 흐름이 해제된다.

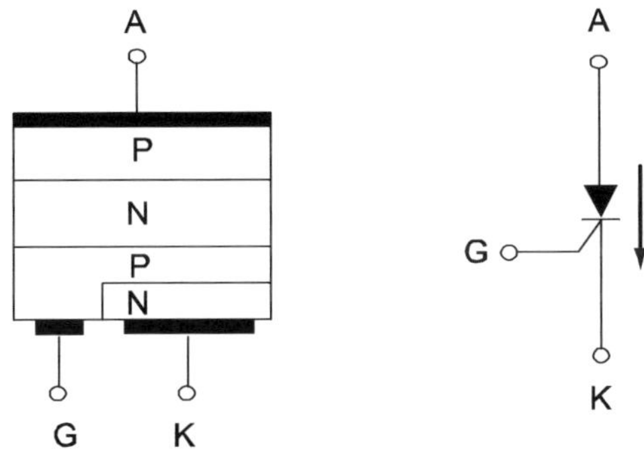

[그림19-18. 사이리스터의 구조]

9. 서미스터(thermistor)

서미스터에는 온도가 상승하면 저항 값이 감소하는 부특성(NTC ; Negative Temperature Coefficient)서미스터와 온도가 상승하면 저항 값도 증가하는 정특성(PTC ; Positive Temperature Coefficient)서미스터가 있다. 일반적으로 서미스터라 함은 부특성 서미스터를 의미하며, 용도는 전자회로의 온도보상, 온도측정, 에어컨의 일사센서, 연료탱크 내의 연료보유량 센서, 수온센서, 흡기 온도센서 등에서 사용된다.

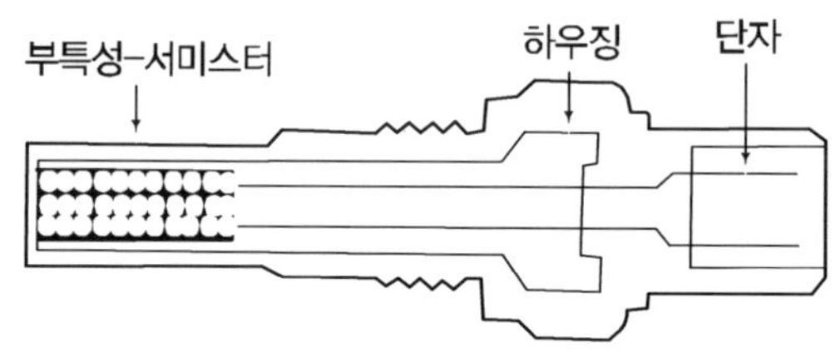

[그림19-19. 서미스터의 구조]

10. 광전도 셀(Photo Conductive Cell ; 광량 센서)

이것은 카드뮴(Cd)과 황(S)을 결합한 후 가열 소결시키거나 단 결정으로 하여 만든 것이다. 특성은 빛의 강약에 따라 저항 값이 변화하는 반도체 소자이다. 즉, 빛이 강할 때에는 저항 값이 작고, 빛이 약하면 저항 값이 커진다. 광전도 셀은 카메라의 노출계, 가로등의 자동 점멸 장치, 광전 스위치, 자동 전조등 등에서 사용된다.

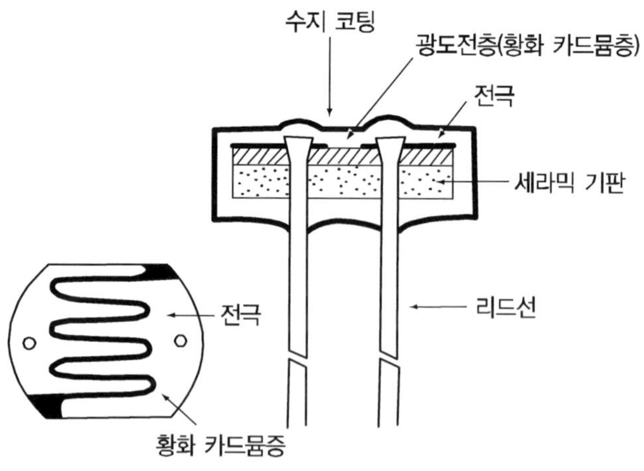

[그림19-20. 광전도 셀의 구조]

11. 홀 효과(Hall Effect)

홀 소자는 작고 얇게 편평한 판으로 만든 것이며, 전류가 외부 회로를 통하여 이 판에 흐를 때 전압이 자속과 전류 방향의 직각 부분으로 판 사이에서 발생한다. 이 전압은 판 사이를 흐르는 전류 밀도와 자속 밀도에 비례하며, 이 자장(磁場)에 따라 전압이 발생하는 효과를 홀 효과라 한다.

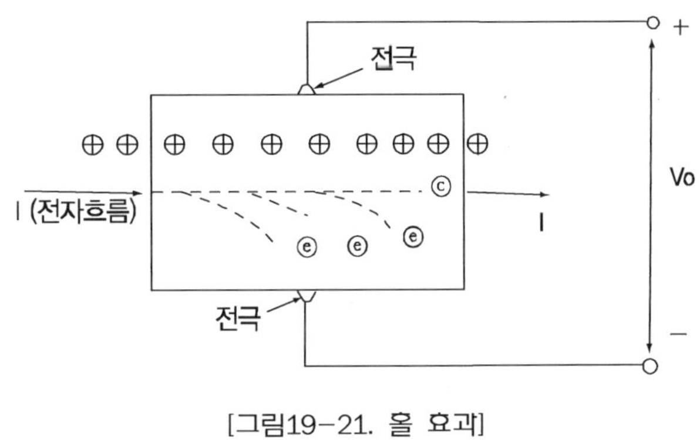

[그림19-21. 홀 효과]

12. 압전 소자(반도체 피에조 저항)

이것은 티탄산, 바리움 등을 재료로 사용하며, 압력을 받으면 기전력이 발생하고, 전압을 가하면 변형되는 반도체이다. 용도는 주로 노크센서, 대기압력 센서, MAP 센서 등에서 사용된다.

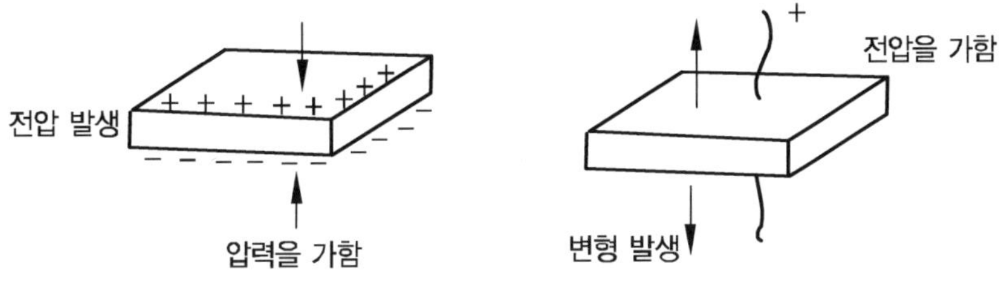

[그림19-22. 압전 소자]

13. IC(集積回路 ; Integrated Circuit)

IC는 한 개의 기판(基板)에 여러 개의 트랜지스터와 저항 등의 회로 소자(素子)를 결합하여 고체화시킨 전기 회로이다. IC는 반도체의 급속한 발달에 따라 초소형, 신뢰성, 내진성, 내구성, 경제성 등이 우수하고 대량 생산에 알맞으나 큰 저항이나 축전기를 얻기가 어렵고, 회로의 선택 설계의 자유가 어렵다. IC에는 반도체 IC, 다이어프램 IC 그리고 이 2가지를 병용한 혼성 IC 등이 있다.

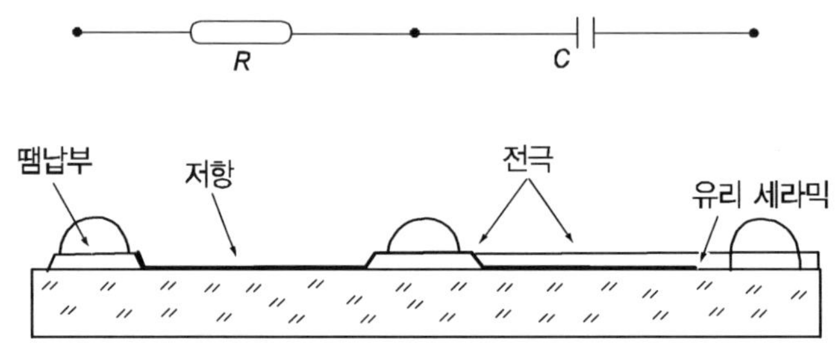

[그림19-23. IC를 구성하는 부품들]

19.4. 컴퓨터의 논리 회로

1. OR 회로(논리합 회로)

① 2 개의 A, B 스위치를 병렬로 접속한 회로이다.

② 입력 A가 1이고 입력 B가 0이면 출력도 1이 된다.

③ 입력 A가 0이고 입력 B가 1이면 출력도 1이 된다.

④ 입력 A와 B가 모두 1이면 출력도 1이 된다.

⑤ 입력 A와 B가 모두 0이면 출력도 0이 된다.

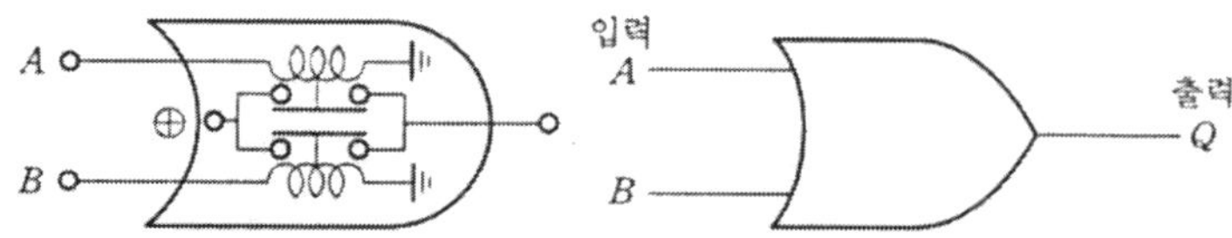

[그림19-24. OR회로]

2. AND 회로(논리곱 회로)

① 2개의 스위치 A, B를 직렬로 접속한 회로이다.

② 입력 A와 B가 모두 1이면 출력도 1이 된다.

③ 입력 A가 1이고 입력 B가 0이면 출력은 0이 된다.

④ 입력 A가 0이고 입력 B가 1이면 출력은 0이 된다.

⑤ 입력 A와 B가 모두 0이면 출력도 0이 된다.

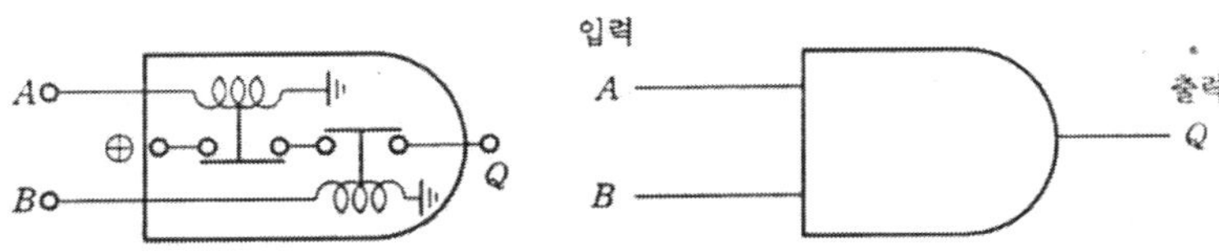

[그림19-25. AND 회로]

3. NOT 회로(부정 회로)

① NOT 회로는 인버터(invertor)라고도 부른다.

② 입력이 1이면 출력은 0이 된다.

③ 입력이 0이면 출력은 1이 된다.

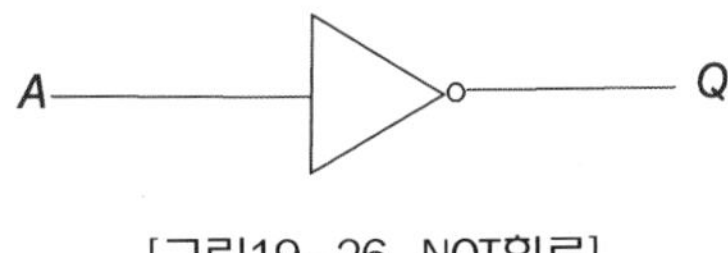

[그림19-26. NOT회로]

4. NOR 회로(부정 논리합 회로)

① OR 회로 뒤에 NOT 회로를 접속한 것이다.

② 입력 A가 1이고 입력 B가 0이면 출력은 0이 된다.

③ 입력 A가 0이고 입력 B가 1이면 출력은 0이 된다.

④ 입력 A와 B가 모두 1이면 출력은 0이 된다.

④ 입력 A와 B가 모두 0이면 출력은 1이 된다.

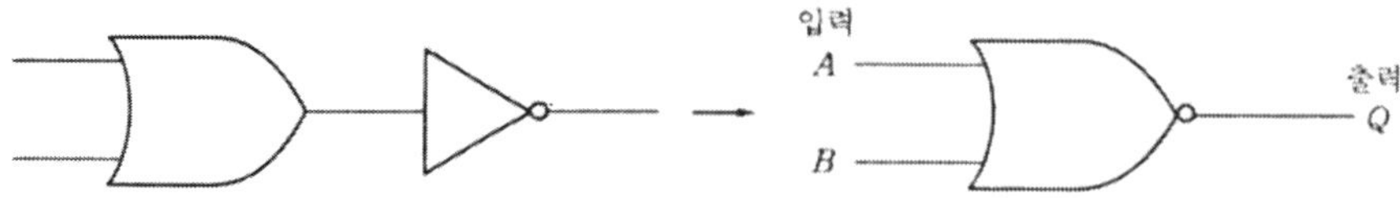

[그림19-27. NOR회로]

5. NAND 회로(부정 논리곱 회로)

① AND 회로 뒤에 NOT 회로를 접속한 것이다.

② 입력 A가 1이고 입력 B가 0이면 출력도 1이 된다.

③ 입력 A가 0이고 입력 B가 1이면 출력도 1이 된다.

④ 입력 A와 B가 모두 0이면 출력은 1이 된다.

⑤ 입력 A와 B가 모두 1이면 출력은 0이 된다.

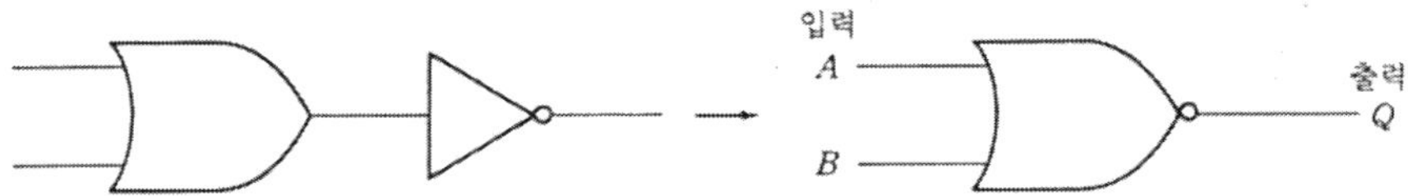

[그림19-28. NAND 회로]

19.5. 반도체의 성질과 장·단점

1. 반도체의 성질

① 다른 금속이나 반도체와 접속하면 정류작용(다이오드), 증폭작용 및 스위칭 작용(트랜지스터)을 한다.

② 빛을 받으면 고유저항이 감소한다.(포토다이오드 및 포토트랜지스터)

③ 열을 받으면(온도가 상승하면) 전기 저항 값이 변화하는 지백(zee back)효과를 나타낸다.(서미스터)

④ 압력을 받으면 전기가 발생하는 피에조(piezo)효과를 나타낸다.(압전소자)

⑤ 자기(磁氣)를 받으면 통전성이 변화하는 홀(hall)효과를 나타낸다.

⑥ 전류가 흐르면 열을 흡수하는 펠티어(peltier)효과를 나타낸다.

2. 반도체의 장점 및 단점

[1] 반도체의 장점

① 매우 소형이고, 가볍다.

② 내부 전력손실이 매우 적다.

③ 예열 시간을 필요로 하지 않고 곧 작동한다.

④ 기계적으로 강하고, 수명이 길다.

[2] 반도체의 단점

① 온도가 상승하면 그 특성이 매우 나빠진다.(게르마늄은 85℃, 실리콘은 150℃ 이상 되면 파손되기 쉽다.)

② 역내압이 매우 낮다.

③ 정격 값 이상 되면 파괴되기 쉽다.

제 20 장 축전지(Battery)

20.1. 축전지의 개요

축전지는 전류의 화학작용을 이용한 장치이며, 화학적 에너지를 전기적 에너지로 꺼낼 수 있고, 또 전기적 에너지를 주면 화학적 에너지로 저장할 수 있다. 축전지에는 방전시킨 후 충전하여도 본래의 작용물질로 환원하지 못하는 1차 전지와 방전되었을 때 충전시키면 화학적 에너지를 지닌 본래의 작용물질로 환원하는 2차 전지가 있다. 자동차에서는 2차 전지(습전지)를 사용한다.

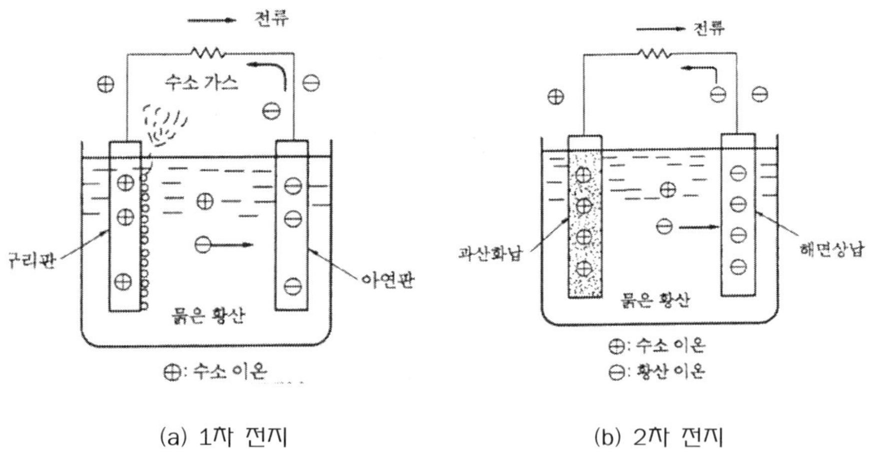

(a) 1차 전지　　(b) 2차 전지

[그림20-1. 축전지의 원리]

1. 축전지의 기능

① 시동장치의 전기적 부하를 부담한다(가장 중요한 기능이다.)

② 발전기가 고장일 때 주행을 확보하기 위한 전원(電源)으로 작동한다.

③ 주행 상태에 따른 발전기의 출력과 부하와의 불균형을 조정한다.

2. 축전지의 종류

[1] 납산 축전지(lead-acid battery)

납산 축전지는 양극판이 과산화납(PbO_2), 음극판은 해면상납(Pb), 전해액은 묽은 황산(H_2SO_4)이며, 현재 자동차에서 주로 사용하고 있는 축전지이다. 이 축전지의 특징은 다음과 같다.

① 화학반응이 상온(常溫)에서 발생하므로 위험성이 적다.

② 신뢰성이 크고, 값이 비교적 싸다.

③ 에너지밀도(축전지 단위 무게 당 충전 가능한 에너지의 양)가 낮은 편이다.

④ 수명이 짧고 충전시간이 길다.

[2] 알칼리 축전지(Ni-Cd battery)

알칼리 축전지는 양극판이 수산화 제2니켈, 음극판은 카드뮴, 전해액은 가성칼리용액이며, 이 축전지의 특징은 다음과 같다.

① 과다충전, 과다방전, 장시간 방치 등 가혹한 조건에 잘 견딘다.

② 실효연수가 10~20년 정도이며, 충전시간이 짧다.

③ 고율 방전 성능이 우수하고, 출력밀도(무위 무게 당 축전지에서 얻을 수 있는 출력의 크기)가 크다.

④ 에너지 밀도가 납산 축전지 정도이다.

⑤ 값이 매우 비싸고 자원 상 많은 양으로 공급이 어렵다.

20.2. 납산 축전지의 구조와 작용

1. 납산 축전지의 구조

12V 축전지의 경우에는 케이스 속에 6개의 셀(cell ; 단전지)이 있고, 이 셀 속에 양극판, 음극판 및 전해액이 들어 있으며 이들이 화학적 반응을 하여 셀마다 약 2.1~2.3V의 기전력을 발생시킨다. 그리고 양극판이 음극판보다 더 활성적이므로 양극판과의 화학적 평형을 고려하여 음극판을 1장 더 둔다.

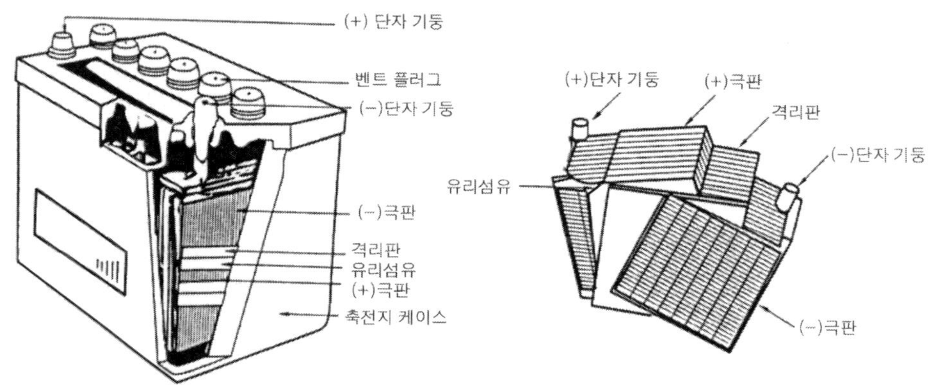

[그림20-2. 축전지의 구조]

[1] 극판(極板)

극판에는 양극판과 음극판이 있으며, 격자(grid)에 납 가루나 산화납을 묽은 황산으로 개어서 만든 반죽(paste)으로 충전하고 건조, 화학적 조성 등의 공정을 거쳐서 양극판은 과산화납(PbO_2), 음극판은 해면상납(Pb)으로 한 것이다. 격자의 재질은 납(Pb)과 안티몬(Sb)의 합금이며, 과산화납이나 해면상납의 탈락을 방지하고 작용물질과의 전기 전도 작용을 한다. 과산화납은 암갈색이며, 구멍이 많아서(다공성) 전해액의 확산 침투가 쉽지만 결합력이 부족하기 때문에 사용함에 따라 결정성 입자가 파괴, 미세화하여 극판에서 탈락된다. 음극판도 구멍이 많으며 반응성능이 풍부하며 결합력이 커 탈락은 없으나 사용함에 따라 결정이 성장하여 구멍수가 감소한다. 과산화납의 결정성 입자가 탈락하거나 음극판의 구멍수가 감소하면 축전지의 수명을 다한 것이다.

[2] 격리판(separator)

격리판은 양극판과 음극판 사이에 끼워져 양쪽 극판의 단락을 방지하는 일을 하며, 양쪽 극판이 단락 되면 축전지 내에 저장되어 있던 전기적 에너지가 소멸된다. 격리판은 플라스틱(합성수지)을 주로 사용한다. 격리판의 구비조건은 다음과 같다.

① 비전도성이어야 한다.

② 구멍이 많아서 전해액의 확산이 잘 되어야 한다.

③ 기계적 강도가 있고, 전해액에 부식되지 않아야 한다.

④ 극판에 좋지 못한 물질을 내 뿜지 않아야 한다.

[3] 극판군

극판군은 몇 장의 극판을 조립하여 접속 편에 용접하여 1개의 단자(terminal post)와 일체가 되도록 한 것이다. 이와 같이 하여 만든 극판 군을 1셀(cell)이라 하며, 완전 충전되었을 때 약 2.3V의 기전력을 발생한다. 따라서 12V축전지의 경우에는 6개의 셀이 직렬로 연결되어 있다. 그리고 극판 수를 늘리면 축전지 용량이 증가하여 이용전류가 많아진다.

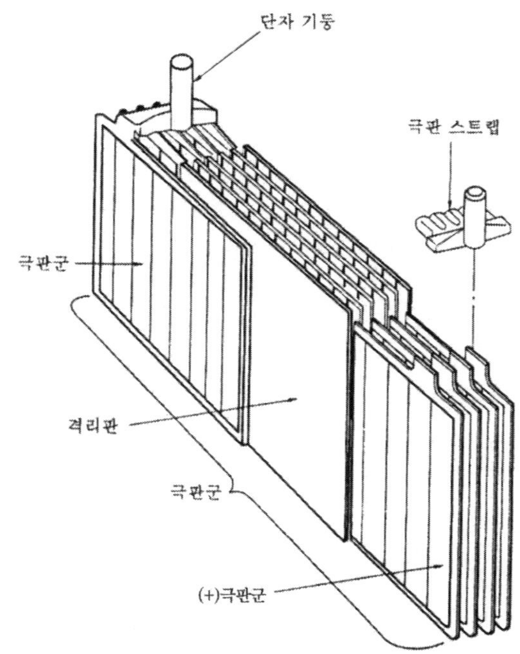

[그림20-3. 극판군의 구조]

[4] 축전지 케이스(case)

축전지 케이스는 플라스틱으로 제작하며, 12V축전지의 것은 6칸으로 나누어져 있다. 각 셀의 밑 부분에는 극판의 작용물질의 탈락이나 침전물 축적에 의한 단락을 방지하기 위한 엘리먼트 레스트(element rest)가 마련되어 있다. 축전지의 커버와 케이스의 청소는 탄산소다(탄산나트륨)와 물 또는 암모니아수로 한다.

[5] 축전지커버와 벤트 플러그(cover & vent plug)

축전지커버는 플라스틱으로 제작하며, 커버와 케이스는 접착제로 접착하여 기밀을 유지한다. 또 커버의 가운데에는 전해액이나 증류수를 주입하거나, 비중계나 온도계를 넣기 위한 구멍과 이것을 막아 두기 위한 벤트 플러그(vent plug)가 있으며 이 플러그의 중앙이나 옆에는 작은 구멍이 있어 축전지 내부에서 발생한 산소와 수소가스를 방출한다. 그러나 최근에 사용하는 MF 축전지는 벤트 플러그를 사용하지 않는다.

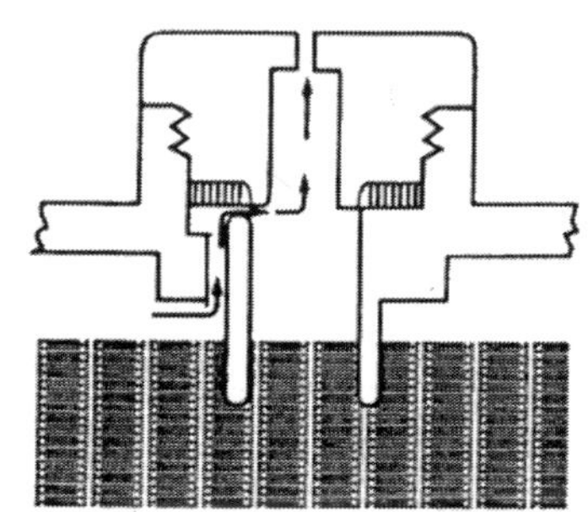

[그림20-4. 벤트 플러그의 구조]

[6] 축전지 단자(terminal post)

축전지 단자는 납 합금이며, 외부회로와 확실하게 접속되도록 하기 위해 테이퍼(taper)되어 있다. 양극단자는 양극판이 과산화납이므로 쉽게 산화가 발생되어 부식되기 쉽다. 만약 부식되었을 경우에는 깨끗이 세척한 후 그리스(greese)를 얇게 발라 준다. 그리고 양극과 음극단자에는 문자(文字), 색깔 및 크기 등으로 표시하여 잘못 접속되는 것을 방지하고 있으며, 단자의 식별방법은 다음과 같다.

① 양극은 (+), 음극은(−)의 부호로 분별한다.

② 양극은 적색, 음극은 흑색의 색깔로 분별한다.

③ 양극은 지름이 굵고, 음극은 가늘다.

④ 양극은 POS, 음극은 NEG의 문자로 분별한다.

또, 축전지 단자로부터 케이블을 분리할 경우에는 반드시 접지 단자의 케이블을 먼저 분리하고, 설치할 경우에는 나중에 설치하여야 한다.

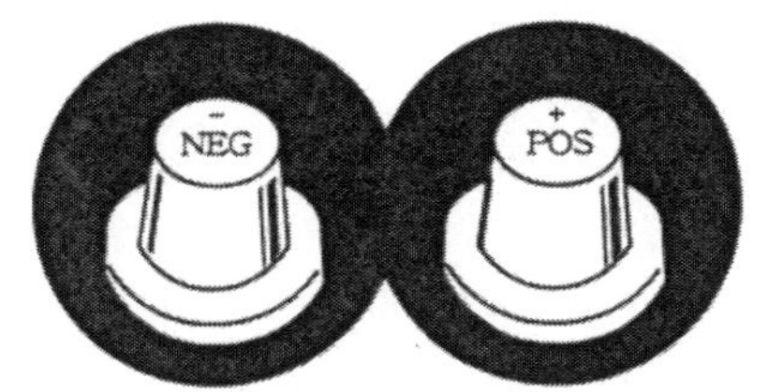

[그림20-5. 축전지 단자]

[7] 전해액(electrolyte)

전해액은 순도가 높은 묽은 황산(H_2SO_4)을 사용한다. 전해액은 극판과 접촉하여 충전을 할 때에는 전류를 저장하고, 방전될 때에는 전류를 발생시켜 주며, 셀 내부에서 전류를 전도하는 작용도 한다. 전해액의 비중은 20℃에서 완전 충전되었을 때 1.280이며 이를 표준 비중이라 한다. 전해액이 표준 비중일 때 황산의 도전성이 가장 높다. 또 완전 방전되었을 경우에는 비중이 1.050정도이다. 그리고 전해액은 온도가 상승하면 비중이 작아지고, 온도가 낮아지면 비중은 커진다. 전해액 비중은 온도 1℃ 변화에 대하여 0.0007이 변화한다. 따라서 표준온도(20℃)로 전해액 비중을 환산하는 공식은 다음과 같다.

$$S_{20} = St + 0.0007 \times (t - 20)$$

여기서, S_{20} : 표준 온도 20℃로 환산한 비중

St : t℃에서 실제 측정한 온도
t : 측정할 때의 전해액 온도

또 전해액의 비중과 충전 상태의 관계와 비중 측정 방법은 다음과 같다.

(1) 비중과 충전상태

전해액의 비중은 방전량에 비례하여 저하된다. 그리고 축전지를 방전 상태로 오랫동안 방치해 두면 극판이 영구 황산납이 되거나 여러 가지 고장을 유발하여 축전지의 기능을 상실한다. 따라서 비중이 1.200(20℃)정도 되면 보충충전을 실시하여야 하며, 한 번 사용하였던 축전지를 사용하지 않고 보관 중일 경우에는 15일(MF 축전지의 경우는 약 1개월)에 1번씩 보충충전을 하여야 한다.

2. 납산 축전지의 화학작용

[1] 방전 중의 화학작용

납산 축전지를 방전시키면 내부에서 화학적 변화를 일으켜 전해액 중의 황산이 양극판과 음극판에 작용한다. 방전이 진행됨에 따라 극판과 황산이 화합하여 양극판의 과산화납과 음극판의 해면상납 모두 황산납이 된다. 한편, 전해액인 묽은 황산 속의 수소는 양극판 내의 산소와 화합하여 물을 만든다. 따라서 전해액의 비중은 방전이 진행됨에 따라 점차 낮아진다.

납산 축전지의 방전 중 화학작용

양극판		전해액		음극판		양극판		전해액		음극판
PbO_2	+	$2H_2SO_4$	+	Pb	→	$PbSO_4$	+	$2H_2O$	+	$PbSO_4$
과산화납		묽은황산		해면상납		황산납		물		황산납

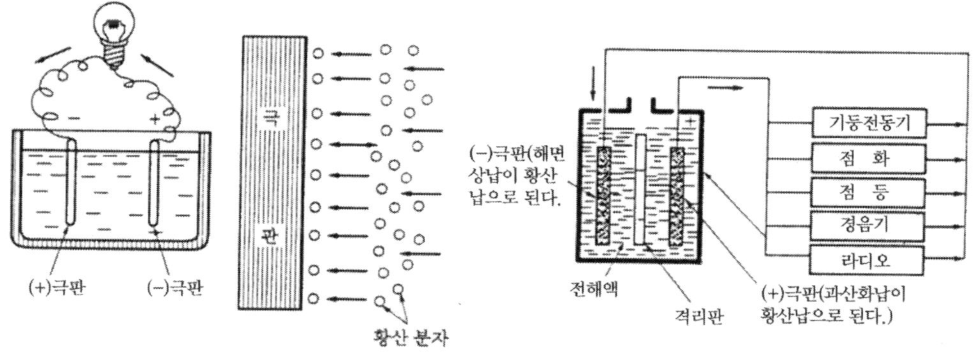

[그림20-6. 방전 중의 화학작용]

[2] 충전 중 화학작용

방전된 납산 축전지에 발전기나 충전기를 접속하여 축전지로 전류가 흐르도록 하면 극판과 전해액이 화학변화를 일으켜 극판의 표면에 붙어 있던 황산납이 분해되어 전해액 중으로 방출된다. 이에 따라 양극판은 다시 과산화납으로, 음극판은 해면상납으로 환원된다. 또 전해액은 극판에서 황산이 나오므로 그 비중은 점차 증가하고, 전압도 상승한다. 충전이 완료되면 그 이후의 충전 전류는 전해액 중의 물을 전기 분해하여 양극판에서는 산소를, 음극판에서는 수소를 발생시킨다.

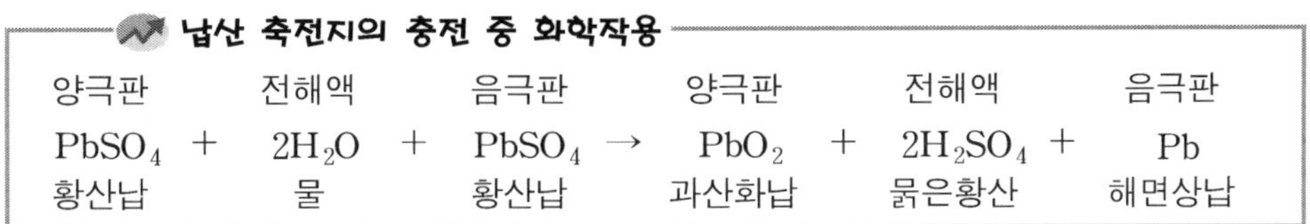

납산 축전지의 충전 중 화학작용

양극판		전해액		음극판		양극판		전해액		음극판
$PbSO_4$	+	$2H_2O$	+	$PbSO_4$	→	PbO_2	+	$2H_2SO_4$	+	Pb
황산납		물		황산납		과산화납		묽은황산		해면상납

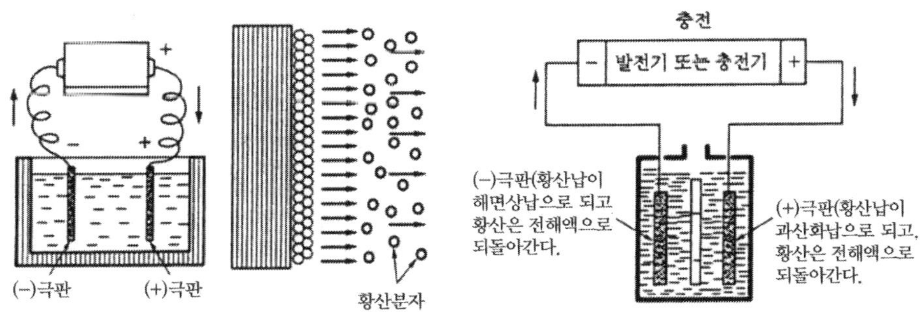

[그림20-7. 충전 중의 화학작용]

20.3. 납산 축전지의 여러 가지 특성

1. 납산 축전지의 기전력

납산 축전지 셀당 기전력은 2.3V이며, 이것은 전해액의 비중, 온도, 방전정도에 따라서 조금씩 달라진다. 기전력은 전해액 온도저하에 따라 낮아지는데, 이것은 전해액의 온도가 낮아지면 축전지 내부의 화학반응이 늦어지고, 전해액의 고유저항이 증가하기 때문이다. 또 전해액의 비중이 낮거나 방전량이 많은 경우에도 조금씩 기전력이 낮아진다.

2. 방전종지전압(방전 끝 전압)

방전종지전압이란 축전지를 어떤 전압이하로 방전해서는 안 되는 것을 말하며, 1셀 당 1.75V이다. 방전종지전압 이하로 방전을 하면 극판이 손상되어 축전지의 기능을 상실한다. 방전과 함께 전압이 낮아지는 이유는 처음에는 극판의 표면이 황산납이 되고, 방전이 계속되면 극판의 중심부에 전해액이 침투되어야 하므로 화학변화가 천천히 진행되어 전압이 내려간다. 다시 방전을 계속하면 표면에 생성된

황산납이 중심부분의 작용물질로 들어가는 전해액의 통로를 막기 때문에 방전을 할 수 없게 되므로 급격히 전압이 강하한다.

3. 축전지 용량

축전지 용량이란 완전 충전된 축전지를 일정한 전류로 연속 방전하여 방전 중의 단자전압이 규정의 방전종지전압이 될 때까지 방전시킬 수 있는 용량이다. 축전지 용량의 단위는 암페어시 용량(AH ; Ampare Hour rate)으로 표시하며 이것은 일정 방전전류(A)×방전종지전압까지의 연속 방전 시간(H)이다. 그리고 축전지 용량의 크기를 결정하는 요소에는 극판의 크기(또는 면적), 극판의 수, 전해액의 양 등이 있다.

[1] 방전율과 용량의 관계

축전지 용량을 표시하는 방법에는 20시간율, 25암페어율, 냉간율 등이 있다.

[2] 온도와 축전지 용량의 관계

축전지의 용량은 전해액의 온도에 따라서 크게 변화한다. 즉, 일정의 방전율, 방전종지전압 하에서 방전을 하여도 온도가 높으면 용량이 증대되고, 온도가 낮으면 용량도 감소한다.

[3] 축전지 연결에 따른 용량과 전압의 변화

(1) 직렬연결의 경우

축전지의 직렬연결이란 같은 전압, 같은 용량의 축전지 2개 이상을 (+)단자와 다른 축전지의 (−)단자에 서로 연결하는 방식이며, 전압은 연결한 개수만큼 증가되지만 용량은 1개일 때와 같다.

(2) 병렬연결의 경우

축전지의 병렬연결이란 같은 전압, 같은 용량의 축전지 2개 이상을 (+)단자를 다른 축전지의 (+)단자에, (−)단자는 (−)단자에 접속하는 방식이며, 용량은 연결한 개수만큼 증가하지만 전압은 1개일 때와 같다.

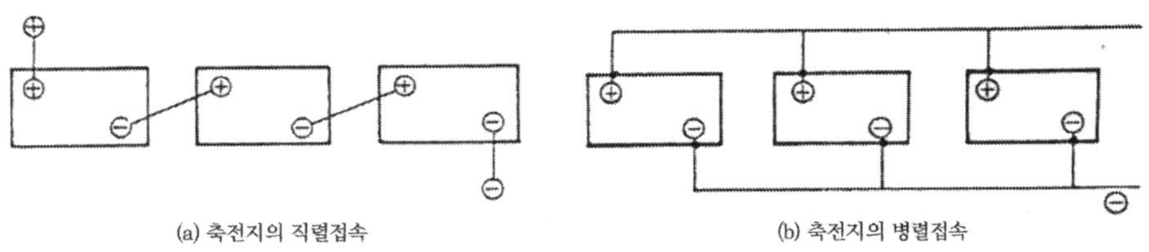

[그림20-8. 축전지의 연결방법]

20.4. 축전지의 자기방전

충전된 축전지를 사용하지 않고 방치해 두면 조금씩 자연 방전하여 용량이 감소되는 현상을 자기방전(또는 자연방전)이라 한다.

1. 자기방전의 원인

① 음극판의 작용물질(해면상 납)이 황산과의 화학작용으로 황산납이 되면서 자기 방전되며 이때 수소가스를 발생시킨다. – 구조상 부득이한 경우이다.

② 불순물이 유입되어 국부 전지가 형성되어 방전된다.

③ 탈락한 극판의 작용물질이 축전지 내부의 밑이나 옆에 퇴적되거나 격리판이 파손되어 양쪽 극판이 단락되어 방전된다.

④ 축전지 커버 위에 부착된 전해액이나 먼지 등에 의한 누전으로 방전된다.

2. 자기 방전량

자기 방전량은 축전지 용량에 대한 백분율(%)로 표시하며, 24시간 동안 실제 용량의 0.3~1.5%이다. 자기 방전량은 전해액의 온도가 높고, 비중 및 용량이 클수록 크며, 온도와 자기 방전량과의 관계는 다음 표와 같다.

[전해액 온도와 자기 방전량]

온도(℃)	자기 방전량(24시간 당 %)
30	1.0
20	0.5
5	0.25

20.5. 납산 축전지의 보충전

보충전이란 자기 방전에 의하거나 또는 사용 중에 소비된 용량을 보충하기 위하여 실시하는 충전을 말한다.

1. 보충전이 필요한 경우

① 주행 거리가 짧아 충분한 충전이 되지 않았을 경우

② 주행 충전만으로로는 충전량이 부족할 경우(전기 사용량이 과다하거나 누전될 경우)

③ 발전기 및 발전기 조정기의 고장이나 조정 불량으로 충전이 행해지지 않는 경우

2. 보충전의 종류

[1] 일전류 충전

충전의 시작에서 끝까지 전류를 일정하게 하고, 충전을 실시하는 방법이며 충전할 때 전류는 다음과 같이 결정한다.

① 표준 충전 전류 : 축전지 용량의 10%

② 최대 충전 전류 : 축전지 용량의 20%

③ 최소 충전 전류 : 축전지 용량의 5%

(2) 일전압 충전

충전의 전체 기간을 일정한 전압으로 충전하는 방법이다.

(3) 단별전류 충전

일정전류 충전방법의 일종이며, 충전 중의 전류를 단계적으로 감소시키는 방법이다. 충전 특성은 충전효율이 높고 온도상승이 완만하다.

(4) 급속 충전

급속 충전기를 사용하여 시간적 여유가 없을 때 하는 충전이며, 충전전류는 축

전지 용량의 50%정도로 한다. 충전특성은 짧은 시간 내에 매우 큰 전류로 충전을 실시하므로 축전지 수명을 단축시키는 요인이 된다. 따라서 긴급한 경우 이외에는 사용하지 않는 것이 바람직하다.

2. 축전지를 충전할 때 주의사항

① 충전하는 장소는 반드시 환기장치(換氣裝置)를 하여야 한다.

② 축전지는 방전 상태로 두지 말고 즉시 충전한다.

③ 충전 중 전해액의 온도를 45℃이상으로 상승시키지 않는다.

④ 충전 중인 축전지 근처에서 불꽃을 가까이해서는 안 된다.(수소가스가 폭발성 가스이다.)

⑤ 축전지를 과다 충전 시켜서는 안 된다.(양극판 격자의 산화가 촉진된다)

⑥ 축전지를 2개 이상 동시에 충전할 때에는 반드시 직렬 접속하여야 한다.

⑦ 축전지와 충전기를 서로 역 접속해서는 안 된다.

⑧ 암모니아수 및 탄산소다 등의 중화제를 준비해 둔다.

⑨ 축전지를 자동차에서 탈착하지 않고 급속 충전을 할 경우에는 반드시 축전지와 기동 전동기를 연결하는 케이블을 분리하여야 한다(이것은 AC발전기 다이오드를 보호하기 위함이다.)

⑩ 각 셀의 벤트 플러그를 열어 놓는다.

20.6. MF 축전지(Maintenance Free Battery)

MF 축전지는 자기 방전이나 화학반응을 할 때 발생하는 가스로 인한 전해액 감소를 방지하고, 축전지 점검·정비를 줄이기 위해 개발된 것이며 다음과 같은 특징이 있다.

① 증류수를 점검하거나 보충하지 않아도 된다.

② 자기 방전 비율이 매우 작다.

③ 장기간 보관이 가능하다.

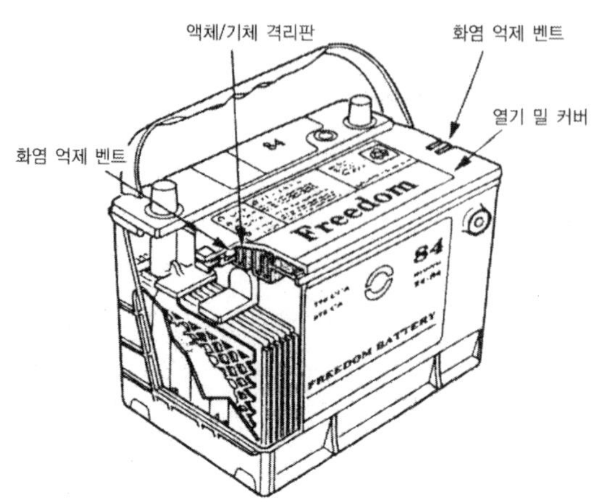

[그림20-9. MF 축전지의 외부 구조]

MF축전지가 일반적인 축전지와 다른 점은 격자의 재질과 제작방법 및 모양이며, 격자의 재질은 안티몬 함량이 적은 납-저 안티몬 합금이나 납-칼슘 합금이다. 일반 축전지의 격자로 사용되는 안티몬은 격자의 기계적 강도를 높이고, 주조를 쉽게 하지만, 축전지 사용 중에 극판의 표면에서 서서히 석출하여 국부전지를 구성해 자기방전을 촉진하고, 충전전압을 저하시키므로 자동차와 같이 일정한 전압으로 충전하는 경우에는 점차 충전전류가 증대되어 증류수의 전기분해 양이 증가한다. 이에 따라 안티몬을 감소시킨 저 안티몬 합금이나 납-칼슘 합금을 사용하면 전해액의 감소나 자기 방전량을 줄일 수 있다. 그리고 전해액의 증류수를 보충하지 않아도 되는 방법으로는 전기 분해할 때 발생하는 산소와 수소가스를 촉매(觸媒)를 사용하여 다시 증류수로 환원시키는 촉매 마개를 사용하고 있다.

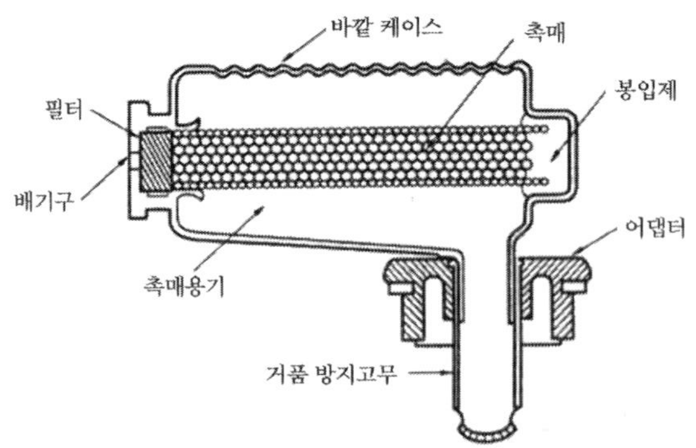

[그림20-10. 촉매 마개의 구조]

제21장 기동 장치(Starting System)

21.1. 기동전동기의 원리

내연기관은 자기기동(self starting)이 불가능하므로 외부의 힘을 이용하여 크랭크축을 회전시켜야 한다. 이때 필요한 장치가 기동전동기와 축전지이다. 기동전동기의 원리는 계자철심 내에 설치된 전기자에 전류를 공급하면 전기자는 플레밍의 왼손법칙에 따르는 방향의 힘을 받는다. 이 원리에 따라 전기자에 전류를 흐르게 하면 전기자 양쪽의 전류 방향이 역으로 되므로 회전력이 작용하여 회전운동을 발생시킨다. 이 회전력은 계자 철심의 자력과 전기자에 흐르는 전류와의 곱에 비례한다.

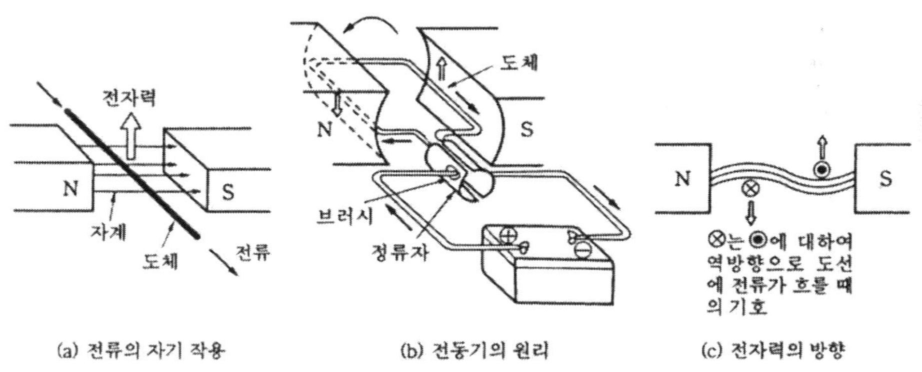

(a) 전류의 자기 작용 (b) 전동기의 원리 (c) 전자력의 방향

[그림21-1. 기동전동기의 원리]

플레밍의 왼손법칙(Fleming' left hand rule)

왼손의 엄지, 인지, 중지를 서로 직각이 되게 펴고 인지를 자력선의 방향으로, 중지를 전류의 방향에 일치시키면 도체에는 엄지의 방향으로 전자력이 작용한다는 법칙이며 기동 전동기, 전류계, 전압계 등의 원리이다.

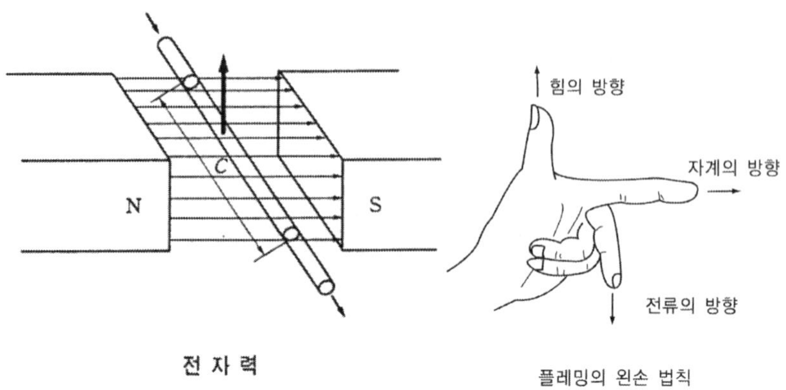

[그림21-2. 전자력과 플레밍의 왼손법칙]

21.2. 기동전동기의 종류와 특징

직류전동기에는 전기자코일과 계자코일의 연결방법에 따라 직권전동기, 분권전동기, 복권전동기로 분류한다. 현재 자동차에서는 축전지를 전원으로 하는 직류 직권전동기를 사용한다.

1. 직권전동기

이 전동기는 전기자 코일과 계자코일이 직렬로 접속된 것이다. 특징은 기동 회전력이 크고, 부하가 증가하면 회전속도가 낮아지고 흐르는 전류가 커지는 장점이 있으나 회전속도 변화가 크다.

2. 분권전동기

이 전동기는 전기자 코일과 계자코일이 병렬로 접속된 것이다. 특징은 회전속도가 일정한 장점이 있으나 회전력이 작은 단점이 있다.

3. 복권전동기

이 전동기는 전기자 코일과 계자코일이 직·병렬로 접속된 것이다. 특징은 회전력이 크며, 회전속도가 일정한 장점이 있으나 구조가 복잡한 단점이 있다. 복권전동기는 윈드 실드 와이퍼 전동기로 사용된다.

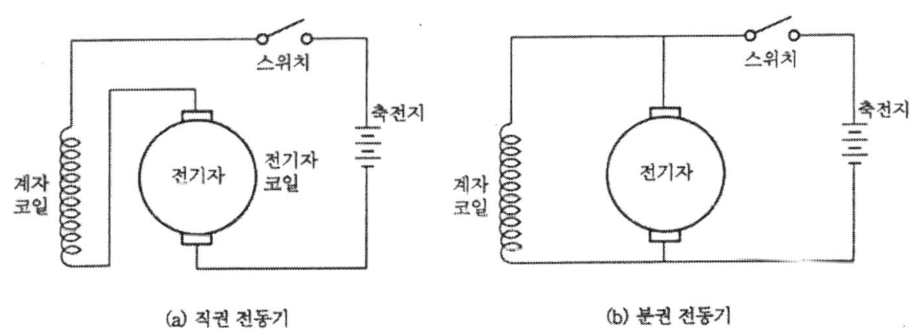

[그림21-3. 전동기의 종류]

21.3. 기동전동기의 구조와 기능

1. 전동기 부분

전동기 부분은 회전운동을 하는 부분(전기자와 정류자)과 고정되어 있는 부분(계자코일, 계자철심, 브러시)으로 구성되어 있다.

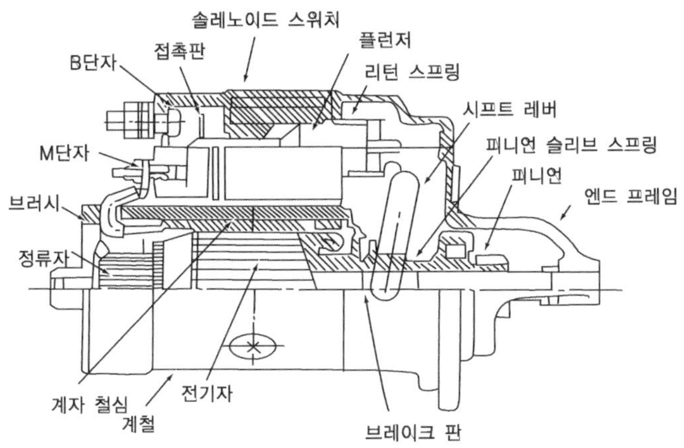

[그림21-4. 기동 전동기의 단면도]

[1] 회전운동을 하는 부분

(1) 전기자(armature)

전기자는 축, 철심, 전기자 코일 등으로 구성되어 있으며, 축의 앞쪽에는 피니언 미끄럼 운동부에는 스플라인이 파져 있다. 전기자 철심은 자력선을 잘 통과시키고 맴돌이 전류를 감소시키기 위해 얇은 철판을 각각 절연하여 성층철심으로 하였으며, 바깥둘레에는 전기자 코일이 들어가는 홈(slot)이 파져 있다. 전기자 코일은 큰 전류가 흐르므로 단면적이 큰 구리선이 사용되며 코일 한쪽은 N극이, 다른 한쪽은 S극이 되도록 전기자 철심의 홈에 절연되어 끼워져 있다. 또 코일의 양끝은 각각의 정류자에 납땜되어 있어 모든 코일에 동시에 전류가 흘러 각각 생기는 회전력이 합해져 전기자를 회전시킨다. 그리고 코일의 절연에는 운모 종이, 파이버(fiber) 및 합성수지 등이 사용된다.

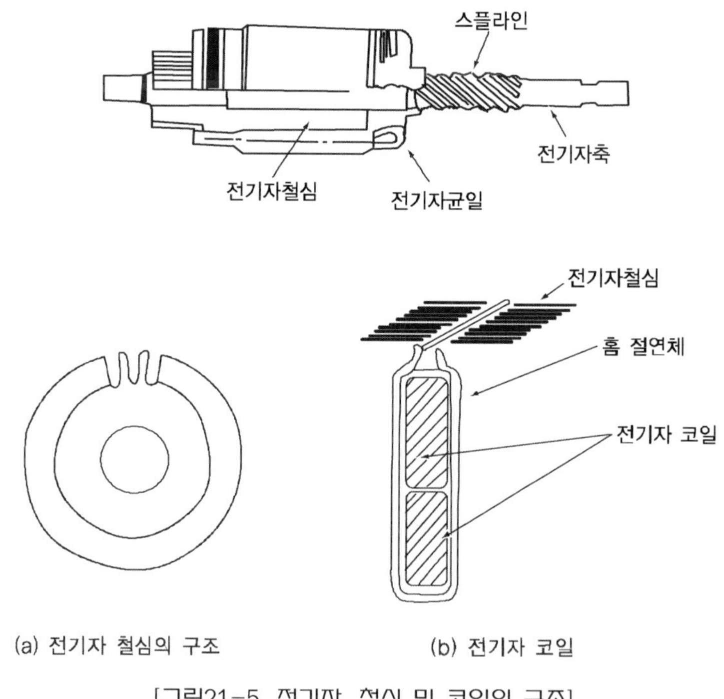

[그림21-5. 전기자, 철심 및 코일의 구조]

(2) 정류자(commutator)

정류자는 단단한 구리로 만든 정류자 편을 절연체로 감싸서 둥근 모양으로 제작한 것이며, 그 작용은 브러시에서의 전류를 일정한 방향으로만 전기자 코일로 흐르게 한다. 정류자편 아래쪽은 얇고, 위쪽은 두꺼워 회전 중 빠져 나오지 않도록 V형 운모와 V형 링 등으로 조여져 있다. 정류자 편 사이는 운모(mica)로 절연되어 있고, 정류자 면보다 0.5~0.8㎜(한계 0.2㎜)정도 낮게 파져 있는데 이를 언더컷(under cut)이라 한다.

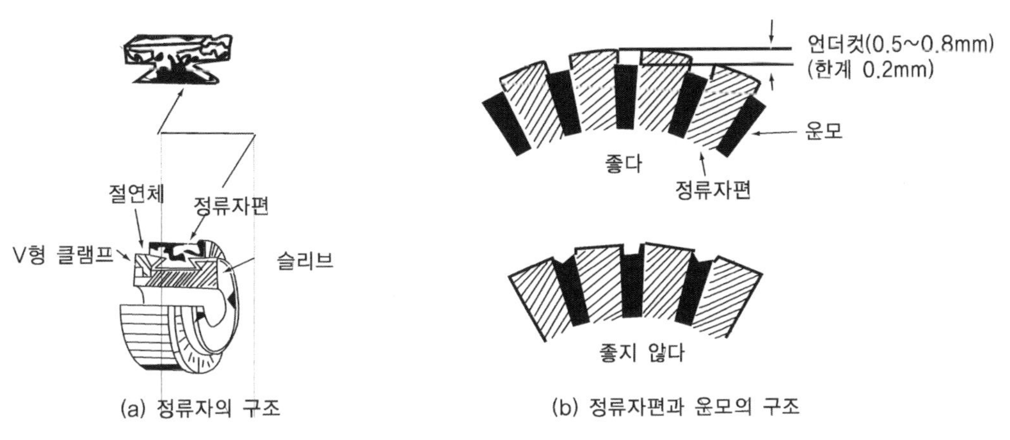

(a) 정류자의 구조　　(b) 정류자편과 운모의 구조

[그림21-6. 정류자의 구조]

[2] 고정된 부분

(1) 계철과 계자철심(yoke & pole core)

계철은 자력선의 통로와 기동전동기의 틀이 되는 부분이며, 안쪽 면에는 계자코일을 지지하여 자극(磁極)이 되는 계자철심이 스크루로 고정되어 있다. 계자철심은 계자코일이 감겨져 있어 전류가 흐르면 전자석이 된다. 계자철심에 따라 전자석 수가 결정되며 4개면 4극이다.

(2) 계자코일(field coil)

계자코일은 계자 철심에 감겨져 자력(磁力)을 발생시키는 것이며, 큰 전류가 흐르므로 평각 구리선을 사용한다. 코일의 바깥쪽은 테이프를 감거나 합성수지 등에 담가 막을 만든다.

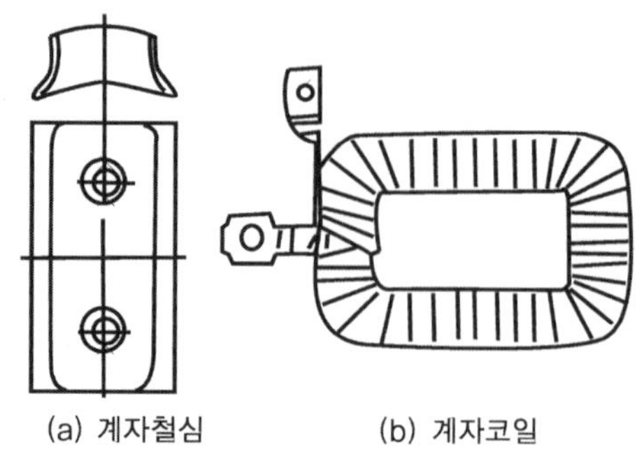

[그림21-7. 계자철심과 코일의 구조]

(3) 브러시와 브러시 홀더(brush & brush holder)

브러시는 정류자를 통하여 전기자 코일에 전류를 출입시키는 일을 하며, 일반적으로 4개가 설치되는데 2개는 (+)이고, 2개는(−) 브러시이며, 스프링 장력에 의해 정류자와 접속되어 홀더 내에서 미끄럼 운동을 한다. 기동전동기의 브러시는 큰 전류가 흐르므로 재질은 금속 흑연 계열이다.

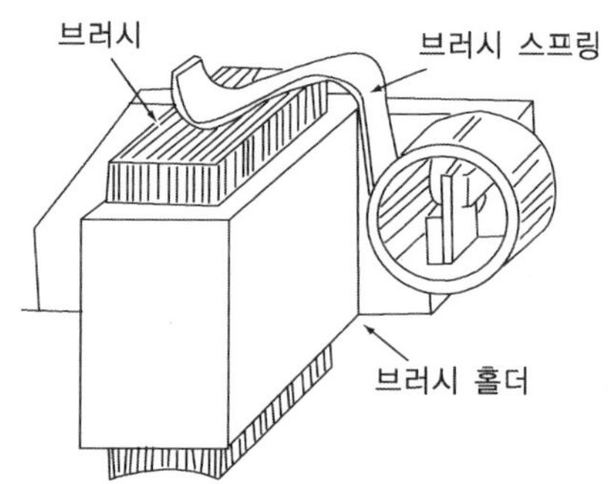

[그림21-8. 브러시와 브러시 홀더의 구조]

2. 동력전달 기구

동력전달 기구는 기동 전동기에서 발생한 회전력을 엔진 플라이휠 링 기어로 전달하여 크랭킹시키는 부분이다. 플라이 휠 링 기어와 피니언의 감속비는 10~15 : 1정도이며, 피니언을 링 기어에 물리는 방식은 다음과 같다.

① 벤딕스 방식(Bendix type)

② 피니언 이동(섭동)방식(sliding gear type)

③ 전기자 이동(섭동)방식(armature shift type)

[1] 피니언 이동(섭동) 방식

(1) 피니언 이동방식의 구조

이 방식은 피니언의 미끄럼운동과 기동전동기 스위치의 개폐를 전자력으로 하는 솔레노이드 스위치(solenoid switch)를 둔 것이며, 솔레노이드 스위치는 시프트 레버(shift lever)를 잡아당기는 전자석과 여자 코일로 구성되어 있으며, 여자 코일은 플런저를 잡아당기는 풀인 코일(pull-in coil)과 잡아당긴 상태를 유지해 주는 홀드인 코일(hold-in coil)로 되어 있다.

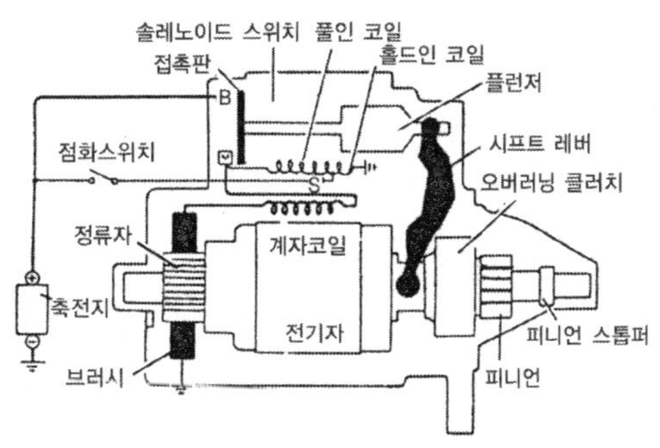

[그림21-9. 피니언 이동방식의 구조]

(2) 솔레노이드 스위치의 구조

솔레노이드 스위치는 마그넷 스위치(magnet switch)라고도 부르며 전자력으로 작동하는 기동 전동기용 스위치이다. 구조는 가운데가 비어 있는 철심, 철심 위에 감겨져 있는 풀인 코일과 홀드인 코일, 플런저, 접촉 판, 2개의 접점(B단자와 M단자)으로 되어 있다. 풀인 코일은 솔레노이드 스위치 ST단자(기동 단자)에서 감기 시작하여 M단자(전동기 단자)에 접속되어 있고, 홀드인 코일은 ST단자에서 감기 시작하여 솔레노이드 스위치 몸체에 접지 되어 있다. 풀인 코일은 축전지와 직렬 접속되어 있으며, 홀드 인 코일은 병렬로 접속되어 있다.

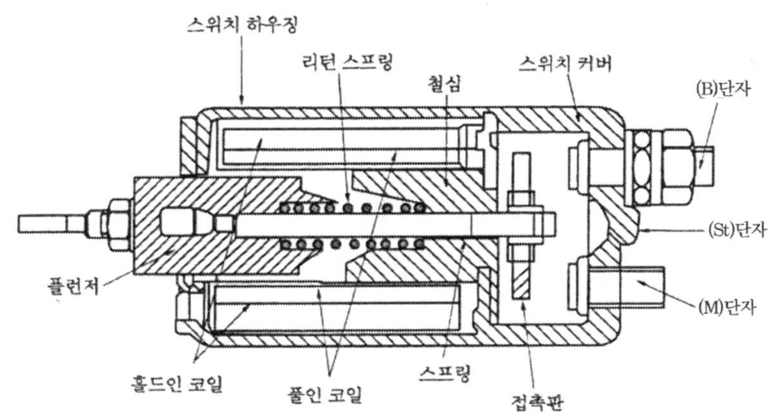

[그림21-10. 솔레노이드 스위치의 구조]

(3) 기동 전동기의 작동

점화스위치를 START 위치로 하면 솔레노이드 스위치의 풀인 코일과 홀드인 코일이 축전지에서의 전류로 강력한 전자석이 되어 플런저를 잡아당긴다. 플런저는 시프트 레버를 잡아당겨 피니언을 플라이 휠 링 기어에 물린다. 이 물림이 완료되는 순간부터 기동 전동기 스위치(솔레노이드 스위치의 B단자와 M단자)가 닫혀 기동 전동기에 축전지 전류가 흘러 강력한 회전을 시작하여 엔진을 크랭킹시킨다. 이 형식도 기동 전동기 스위치가 닫혀 있는 동안 피니언과 링 기어가 물려 있으므로 오버 러닝 클러치를 필요로 한다. 오버 러닝 클러치(over running clutch)는 엔진이 기동되면 기동 전동기 피니언과 엔진의 플라이 휠 링 기어가 물린 상태이므로 이번엔 반대로 엔진에 의해 기동 전동기가 고속으로 구동되어 전동기가 손상된다. 이를 방지하기 위해 엔진이 기동된 후 피니언이 공전하여 기동 전동기가 구동되지 않도록 하는 기구이며, 종류에는 롤러 형식, 스프래그 형식, 다판 클러치 형식 등이 있다.

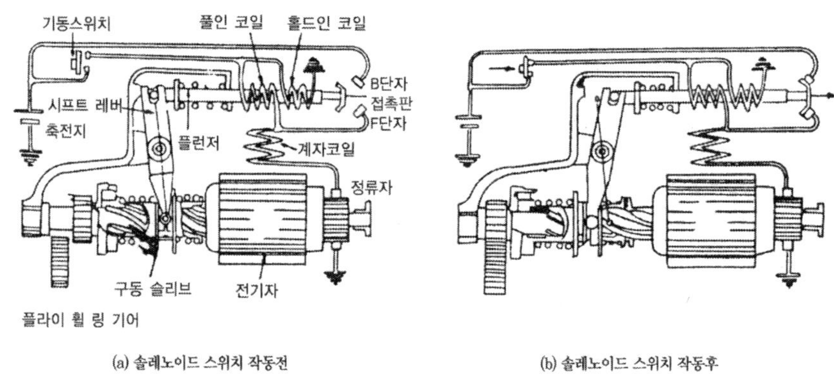

(a) 솔레노이드 스위치 작동전

(b) 솔레노이드 스위치 작동후

[그림21-11. 피니언 이동방식의 작동]

[2] 전기자 이동(섭동)방식

이 방식은 계자 철심의 중심과 전기자 중심이 일치되지 않고 약간의 위치 차이를 두고 조립되어 있다. 따라서 계자 코일에 전류가 흐르면 자력선의 성질(자력선은 가장 가까운 거리를 통과하려는 성질이 있음)에 의해 전기자가 미끄럼 운동을 하여 피니언이 플라이휠 링 기어에 물리게 된다. 엔진이 기동된 후 점화 스위치를 놓으면 전기자는 리턴 스프링의 장력으로 제자리로 복귀하고 이때 기동 전동기 피니언과 플라이 휠 링 기어의 물림이 풀린다. 전기자 이동식은 다판 클러치 형식의 오버러닝 클러치를 사용한다.

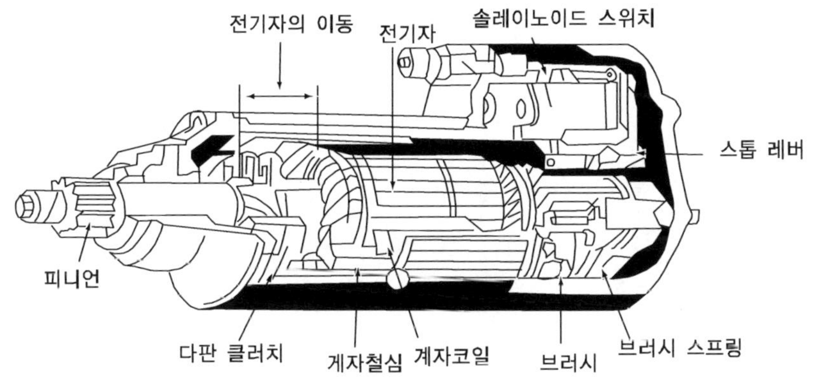

(a) 구 조

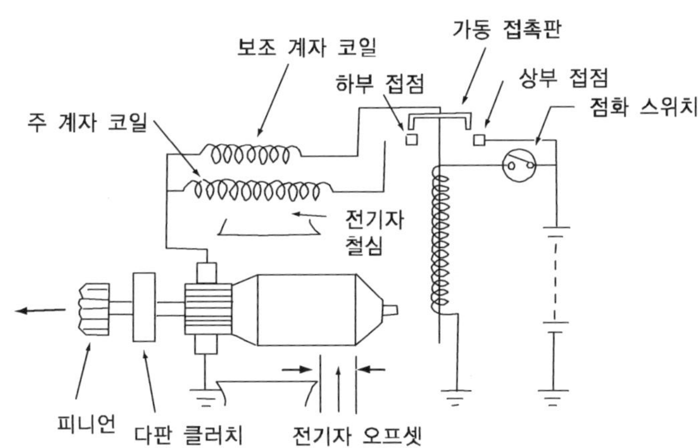

(b) 회로도

[그림21-12. 전기자 이동식의 구조와 작동]

점화장치(Ignition System)

점화장치는 가솔린엔진의 연소실 내에 압축된 혼합가스에 높은 전압의 전기적 불꽃으로 점화하여 연소를 일으키는 것이다. 점화장치에는 축전지를 전원으로 하는 축전지 점화방식(직류전원 사용)과 고압자석 발전기를 전원으로 하는 고압자석 점화방식(교류전원 사용)이 있다. 일반적으로 축전지 점화방식을 사용하며, 예전에는 단속기 접점방식을 사용하였으나 최근에는 반도체의 발달로 전 트랜지스터 점화방식, HEI(High Energy Ignition), DLI(Distributor less Ignition) 등이 사용된다. 여기서는 전 트랜지스터 점화방식과 HEI, DLI 등에만 대해 설명하도록 한다.

22.1. 전 트랜지스터 점화장치

1. 전 트랜지스터 점화장치의 개요

이 방식은 점화시기에 맞추어 미세한 신호를 보내어 트랜지스터의 스위칭작용을 이용하여 점화 1차 전류를 단속한다. 전 트랜지스터 방식의 장점은 다음과 같다.

① 저속성능이 안정되고, 고속성능이 향상된다.

② 점화장치의 신뢰성이 향상되며, 점화시기를 정확하게 제어할 수 있다.

③ 안정된 높은 전압을 얻을 수 있다.

④ 점화코일의 권수비를 적게 할 수 있다.

2. 전 트랜지스터 점화장치의 구조와 작동

이그나이터가 IC로 제작되어 있으며, 이그나이터에는 (B)단자와 (C)단자가 있으며 (B) 단자는 이그나이터 내부의 IC회로를 구동하기 위한 축전지 (+)전기가 공급된다. 즉, 점화 스위치를 ON으로 하면 축전지의 전원이 이그나이터에 공급되어 내부의 IC가 작동하며, 파형 발진기에서는 파형이 발진되어 감응 코일과 공명하여 감응 코일에 유도된다.

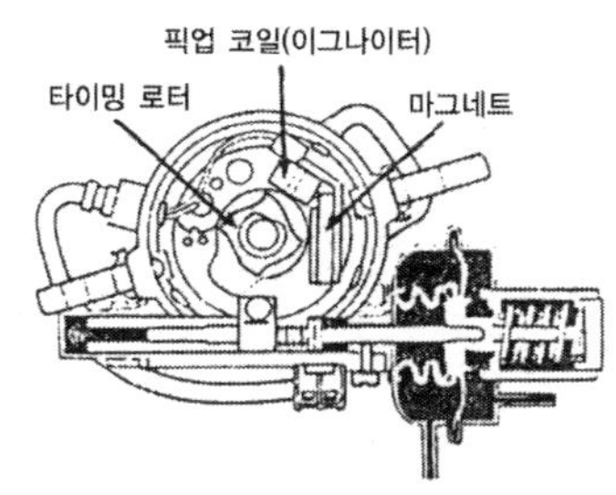

[그림22-1. 전 트랜지스터 점화장치의 구조]

22.2. 컴퓨터 제어방식 점화장치

이 점화방식은 엔진의 회전속도, 부하정도, 엔진의 온도 등을 검출하여 컴퓨터(ECU)에 입력시키면 컴퓨터는 점화시기를 연산하여 1차 전류를 차단하는 신호를 파워 트랜지스터(power TR)로 보내어 점화코일에서 2차 전압을 발생시키는 방식이다. 여기에는 HEI와 DLI가 있으며 다음과 같은 장점이 있다.

① 접점이 없어 저·고속에서 매우 안정된 불꽃을 얻을 수 있다.

② 노크 발생하면 점화시기를 늦추어(지각시켜) 노크 발생을 억제시킨다.

③ 엔진 상태를 감지하여 최적의 점화시기를 자동적으로 제어한다.

④ 높은 출력의 점화코일을 사용하므로 완벽한 연소가 가능하다.

1. HEI(High Energy Ignition ; 고 에너지 점화방식)

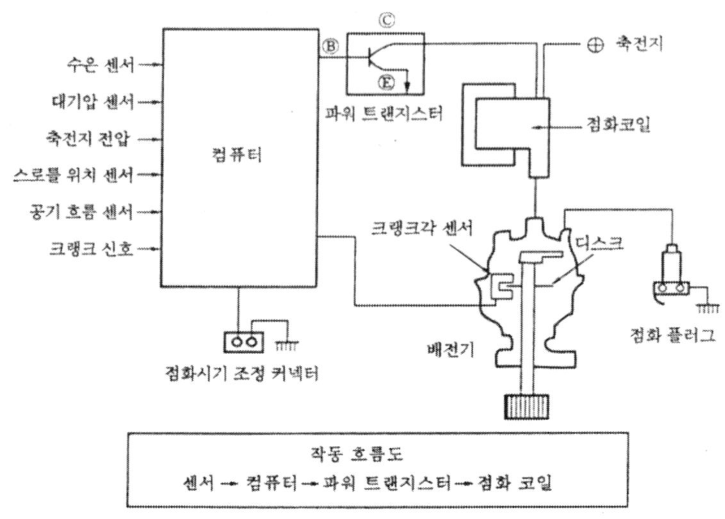

[그림22-2. HEI의 구성도]

[1] 점화코일(Ignition coil)

점화코일은 1차 코일에서의 자기유도 작용과 2차 코일에서의 상호유도 작용을 이용한다. HEI에서 사용하는 점화코일은 폐자로형(몰드형) 철심을 사용하여 자기유도 작용에 의해 생성되는 자속이 외부로 방출되는 것을 방지하기 위해 철심을 통하여 자속이 흐르도록 한다. 기존의 점화코일 보다 1차 코일의 저항을 감소시키고, 1차 코일을 굵게 하여 더욱 큰 자속을 형성시킬 수 있어 2차 전압을 향상시킬 수 있다. 또 구조가 간단하고 내열성능, 냉각성능이 우수하여 성능저하가 일어나지 않는다.

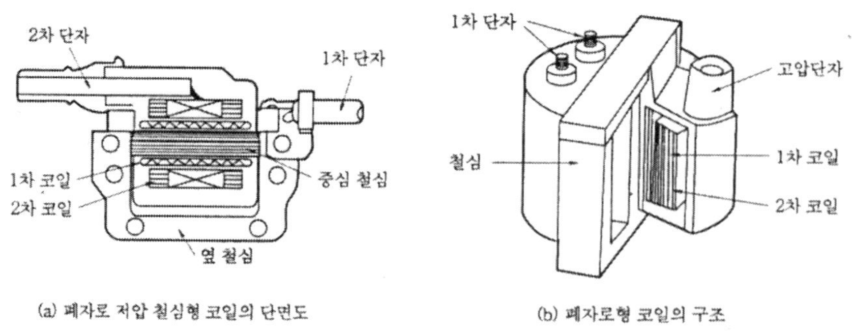

[그림22-3. 폐자로형 점화코일의 구조]

참고

㉮ 자기유도 작용 : 코일에 흐르는 전류를 단속하면, 코일에 유도전압이 발생되는 작용이다.

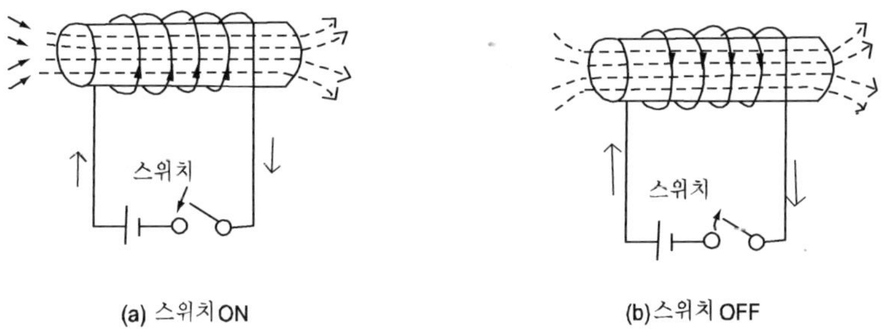

[그림22-4. 자기유도 작용]

㉯ 상호유도 작용 : 하나의 전기회로에 자력선의 변화가 생겼을 때 그 변화를 방해하려고 다른 전기회로에 기전력이 발생되는 작용이다.

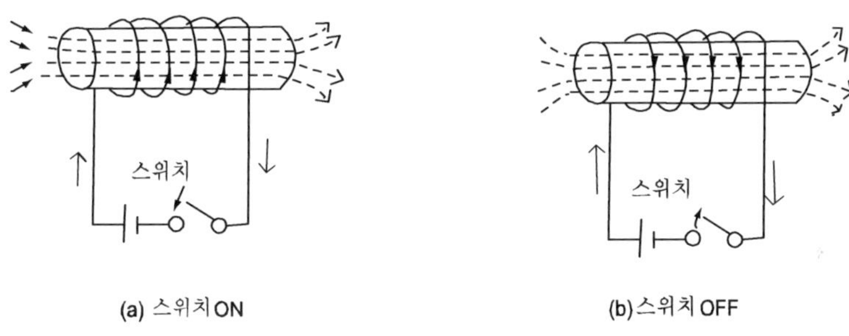

[그림22-5. 상호유도 작용]

그리고 점화코일에서 2차 전압을 얻도록 유도하는 공식은 다음과 같다.

$$E_2 = \frac{N_2}{N_1} \times E_1$$

여기서, E2 : 2 차 코일의 유도 전압

E1 : 1 차 코일의 유도 전압

N1 : 1 차 코일의 권수

N2 : 2 차 코일의 권수

[2] 파워 트랜지스터(power transistor)

파워 트랜지스터는 컴퓨터에서 신호를 받아 점화코일의 1차 전류를 단속하는 작용을 한다. 구조는 컴퓨터에 의해 제어되는 베이스, 점화코일과 접속되는 컬렉터, 그리고 접지 되는 이미터 단자로 구성된 NPN형이다.

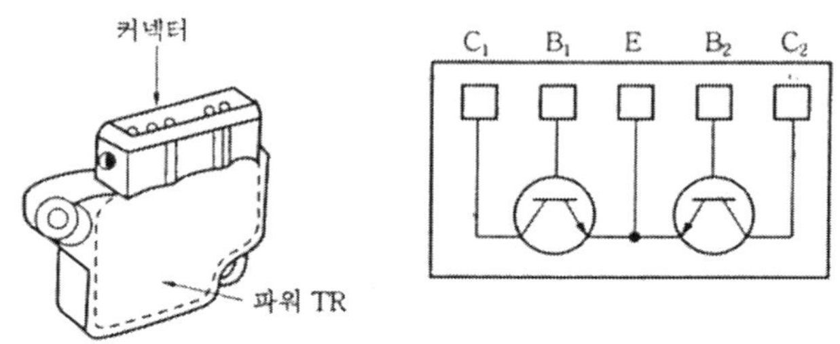

[그림22-6. 파워 트랜지스터의 구조]

[3] 배전기 어셈블리

(1) 배전기의 구조

배전기는 크랭크 각 센서, 제1번 실린더 상사점 센서, 배전기 축과 함께 회전하는 디스크, 점화코일에서 유도된 높은 전압을 점화순서에 따라 배분하는 로터(rotor)등으로 구성되어있다. 또 유닛 어셈블리에는 디스크를 설치한 2종류의 슬릿(slit)을 검출하기 위한 발광 다이오드와 포토다이오드가 2개씩 들어있어 펄스 신호로 컴퓨터에 입력시킨다. 크랭크 각 센서와 제1번 실린더 상사점 센서는 디스크와 유닛 어셈블리로 구성되어 있으며 디스크에는 금속제 원판으로 주위에는 90° 간격으로 4개의 빛 통과용 크랭크 각 센서용 슬릿이 있고, 안쪽에는 1개의 제1번 실린더 상사점 센서용 슬릿이 있다.

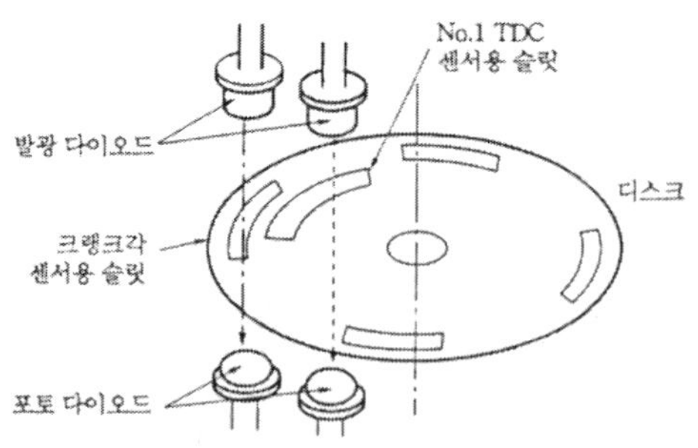

[그림22-7. 배전기의 내부 구조]

(2) 배전기의 작동

발광 다이오드와 포토다이오드 사이에서 디스크가 회전하면 발광 다이오드에서 방출된 빛은 디스크의 슬릿을 통하여 포토다이오드에 전달되거나 차단된다. 이때 포토다이오드가 빛을 받으면 역 방향으로 통전이 되며 이 전류는 비교기(comparator)에 약 5V의 전압이 들어가 감지되며 그림22-7의 ②번 단자에서 컴퓨터로 5V가 입력된다. 이 상태에서 디스크가 더 회전하여 포토다이오드로 들어가는 빛이 차단되면 ②단자에 인가되는 전압이 0V가 된다. 이 작용을 반복하여 유닛 어셈블리에서 펄스 신호로 컴퓨터에 입력시킨다. 4개의 크랭크 각 센서용 슬릿에서 얻어지는 신호는 엔진의 회전속도를 연산하는 기준 신호이며 각 실린더의 피스톤이 압축 상사점의 정 위치에 있는지를 검출하여 제1번 실린더 상사점 센서용 슬릿에서 얻어지는 신호에 의해 제1번 실린더에 대한 기초 신호를 식별하여 컴퓨터가 연료 분사순서를 결정하는데 사용한다.

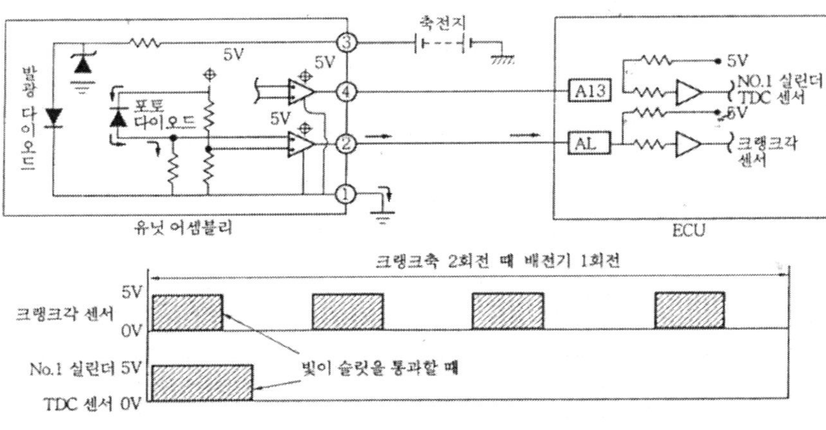

[그림22-8. 배전기의 출력]

그리고 점화시기 진각 조정은 크랭크 각 센서의 신호에 의하여 엔진 회전속도를 측정하고, 공기유량센서(AFS)를 이용하여 흡입 공기량을 계측한 후 공기량과 엔진 회전속도사이의 비율 즉, 엔진의 부하를 연산한 다음 그 결과에 따라 최적의 점화시기를 결정한다.

[4] 고압 케이블(High tension cord)

고압 케이블은 점화 코일의 중심 단자와 배전기 캡 중심 단자, 배전기 캡의 점화 플러그 단자와 점화 플러그를 연결하는 절연 전선이며, 현재는 점화 회로에서 발생하는 고주파를 방지하기 위하여 10KΩ정도의 저항이 들어 있는 TVRS케이블을 사용한다.

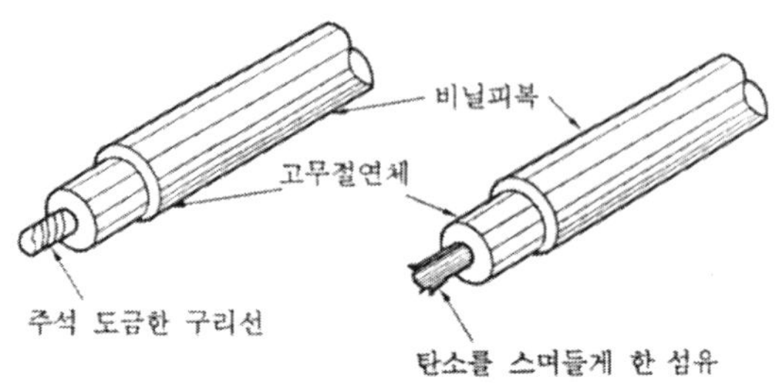

[그림22-9. 고압 케이블]

[5] 점화 플러그(spark plug)

점화 플러그는 점화 코일에서 유도된 고전압을 불꽃 방전을 일으켜 압축된 혼합기에 점화시키는 것이며, 전극, 절연체, 셸로 구성되어 있다. 전극은 중심 전극과 접지 전극으로 구성되어 있으며 이들 사이에는 0.7~1.1㎜간극이 있으며 간극 조정은 접지 전극으로 구부려서 조정한다. 절연체는 자기(瓷器)이며, 위 부분에는 고전압의 플래시 오버(flash over)를 방지하는 리브(rib)가 있다.

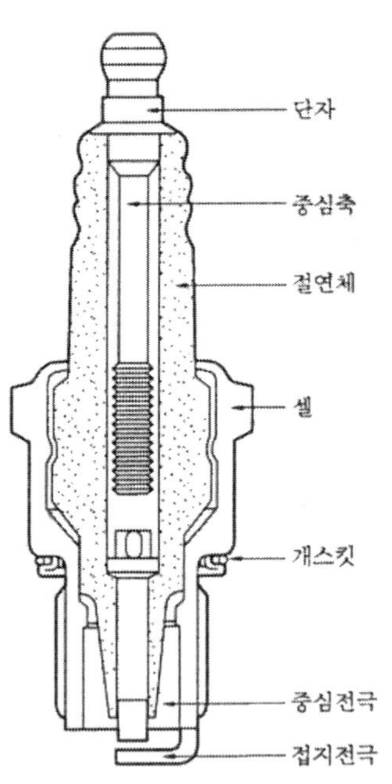

[그림22-10. 점화 플러그의 구조]

(1) 자기청정 온도

엔진이 작동되는 동안 점화 플러그 전극 부분의 온도가 450~600℃정도를 유지하도록 하는 온도이며, 전극 부분의 온도가 400℃이하이면 더러워지고, 800℃이상 되면 조기 점화의 원인이 된다.

(2) 열 값

점화 플러그의 열방산 능력을 나타내는 값이며, 절연체 아랫부분의 끝에서부터 아래 실까지의 길이에 따라 결정된다. 길이가 짧고 열 방출이 잘 되는 형식을 냉형(cold type), 길이가 길고 열 방출이 늦은 형식을 열형(hot type)이라 한다. 냉형은 고압축비, 고속회전용 엔진에서 사용된다.

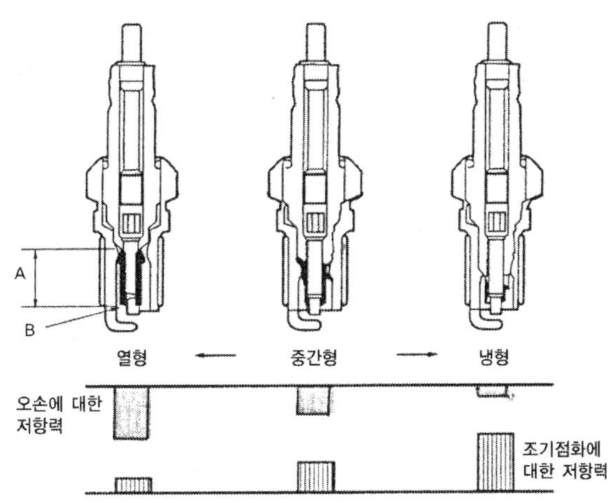

[그림22-11. 점화 플러그 열값]

점화 플러그 기호 표시

B - P - 6 - E - S - R

여기서, B :점화 플러그 나사 부분의 지름

P : 프로젝티드 코어 노스 플러그(자기 돌출형)

6 : 열 값

E : 점화 플러그 나사의 길이

S : 표준형

R : 저항 삽입형 플러그

2. DLI(Distributor less Ignition ; 전자 배전 점화방식)

트랜지스터 형식 및 HEI 등에서는 1개의 점화코일에 의해 고전압을 발생시켜 배전기와 고압 케이블을 거처 점화 플러그로 공급한다. 이 과정에서 기계력으로 배전을 하므로 전압 강하가 발생한다. 또, 배전기 내의 로터와 배전기 캡 전극 사이의 에어 갭(air gab)을 뛰어 넘어야 하므로 에너지 손실이 발생하고 전파 잡음의 원인이 되기도 한다. 이와 같은 배전기 점화방식의 높은 전압 배전 중에 일어나는 단점을 보완한 점화방식이다.

[1] DLI의 종류와 그 특징

DLI는 전자제어 방식에 따라 점화코일 분배방식과 다이오드 분배방식이 있으며, 점화코일 분배방식에는 1개의 점화코일로 2개의 실린더에 동시에 높은 전압을 분배하는 동시점화 방식과 각 실린더마다 1개의 점화코일과 1개의 점화플러그가 결합되어 직접 점화시키는 독립점화 방식이 있으나 주로 동시점화 방식을 사용한다. DLI의 장점은 다음과 같다.

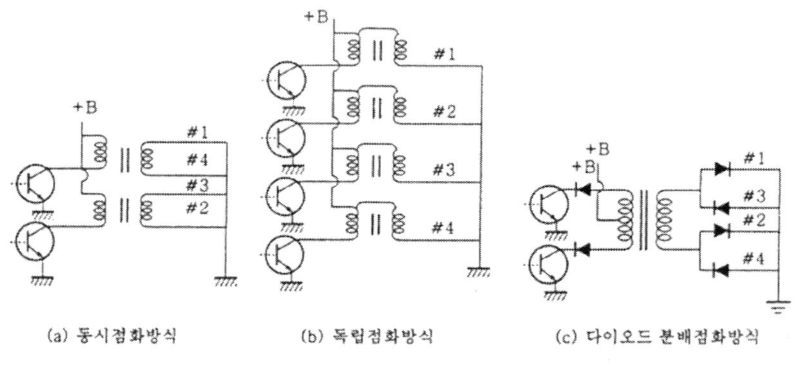

[22-12. DLI의 분류]

① 배전기에서 누전이 없다.

② 로터와 배전기 캡 전극 사이의 높은 전압 에너지 손실이 없다.

③ 배전기 캡에서 발생하는 전파 잡음이 없다.

④ 점화 진각 폭의 제한이 없다.

⑤ 높은 전압의 출력을 감소시켜도 방전 유효에너지 감소가 없다.

⑥ 내구성이 크고, 전파 방해가 없어 다른 전자 제어 장치에도 유리하다.

[1] DLI의 구성과 그 작동

DLI의 구성은 컴퓨터 신호에 의해 1차 전류를 단속하는 파워 트랜지스터, 파워 트랜지스터의 작동에 따라 고전압을 유도하는 점화 코일, 크랭크 각 센서와 상사점 센서 등으로 구성되어 있다.

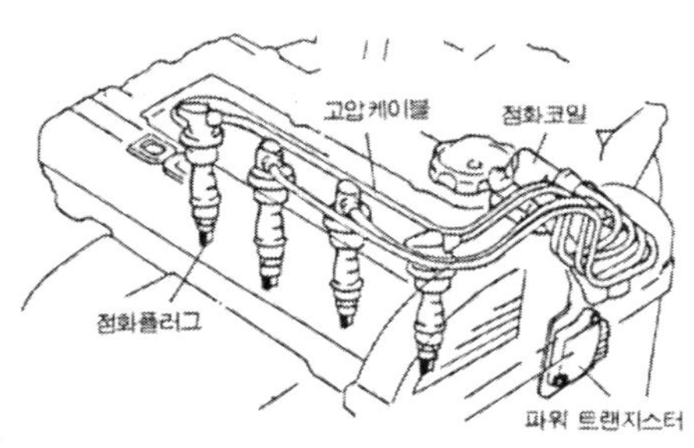

[그림22-13. DLI의 구성부품]

(1) 점화코일과 파워 트랜지스터

점화코일은 2개의 폐자로형(몰드형)을 1개로 결합하여 실린더 헤드에 설치하였으며, 이 점화코일은 1개의 점화코일에서 2개의 실린더로 동시에 높은 전압을 보낼 수 있도록 2개의 단자가 설치되어 있다. 점화코일의 1차 전류를 단속하는 파워 트랜지스터는 컴퓨터의 신호에 의해 작동한다.

(2) 크랭크 각 센서(CAS)와 상사점 센서

크랭크 각 센서는 디스크 바깥쪽에 설치된 4개의 슬릿(slit)에 의해 각 실린더의 크랭크 각을 검출하여 그 신호를 컴퓨터로 보낸다. 컴퓨터는 이 신호를 이용하여 엔진 회전속도 및 1행정 당의 흡입 공기량을 연산하고, 또 점화 진각을 계산하여 점화 코일의 1차 전류 전속 신호를 파워 트랜지스터로 보낸다. 상사점(TDC)센서는 디스크 안쪽에 설치된 2개의 슬릿에 의해 제1번과 제4번 실린더의 압축 상사점을 검출하여 컴퓨터로 보내며, 컴퓨터는 이 신호를 기초로 연료 분사시기와 점화할 실린더를 결정한다.

[2] DLI(동기점화 방식)의 작동

DLI의 점화시기 제어는 엔진의 각종 센서들로부터 신호를 받은 컴퓨터는 그 자체에 미리 설정된 데이터(data)와 비교한 후 최적의 점화 진각 값으로 연산하여 2개의 파워 트랜지스터로 보내준다. 파워 트랜지스터의 작동에 따라 2개의 점화코일에 흐르는 1차 전류가 단속되며, 2차 코일에 유도된 높은 전압은 1(4)→3(2)→4(1)→2(3)의 점화순서로 분배되어 동시에 점화한다.(단, 괄호 속의 번호는 동시에 점화되는 실린더 임) 컴퓨터의 신호에 따라 파워 트랜지스터 A가 ON이 되면 점화코일 (A)의 1차 전류가 ON이 되고, 파워 트랜지스터 (A)가 OFF되면 점화코일(A)의 2차 코일에는 (+), (−)양극성의 높은 전압이 유도된다. 이때 점화코일에서 유도된 높은 전압은 2개의 단자를 통하여 제1번과 제4번 실린더로 공급되며, 제1번 실린더에는 (−)극성의 높은 전압이, 제4번 실린더에는 (+)극성의 높은 전압이 공급된다. 이에 따라 제1번 실린더가 압축행정이면 제4번 실린더가 배기 행정이며, 제4번 실린더가 압축행정이면 제1번 실린더는 배기 행정이므로 실질적인 점화는 2개의 실린더 중 1개 실린더의 압축행정에서만 형성된다. 엔진의 압축행정에서 공기분자의 밀도가 크기 때문에 엔진에서 요구하는 전압이 높아지며, 배기 행정에서는 압축행정에 비해 거의 무저항 상태로 방전되므로 2개 극성 대부분의 높은 전압이 압축행정에 있는 점화 플러그로 가해진다. 따라서 이 2개 극성의 높은 전압은 기존의 점화장치에서 1개의 점화 플러그에 의해 불꽃 방전시키는 경우와 비교하여도 방전 전압에는 별 차이가 없다.

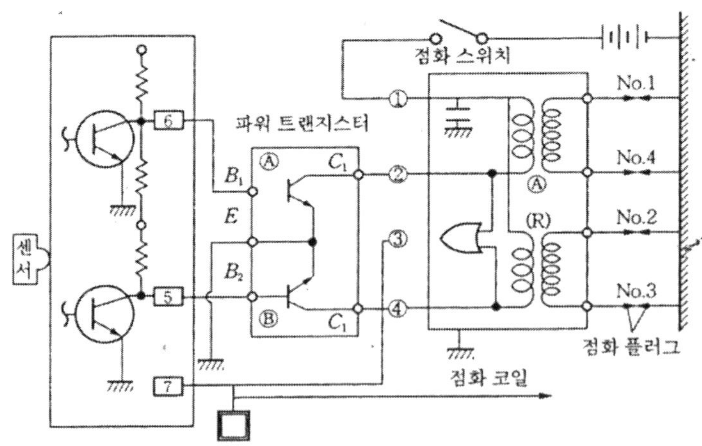

[그림22-14. DLI의 점화 회로도]

[3] 점화 배전 제어

컴퓨터는 상사점 센서(제1번과 제4번 실린더 상사점)의 신호를 기준으로 점화시킬 실린더를 결정하고, 크랭크 각 센서 신호를 기준으로 점화시기를 연산하여 점화코일의 1차 전류 단속 신호를 파워 트랜지스터로 보낸다. 컴퓨터에 크랭크 각 센서의 High(논리 1)신호가 입력되고, 상사점 센서의 High신호가 입력되면 컴퓨터는 제1번 실린더가 압축행정임을 판단하여 파워 트랜지스터(A)를 OFF시켜 제1번과 제4번 실린더에 높은 전압을 보내 준다. 또 크랭크 각 센서의 High신호가 입력되고, 상사점 센서의 Low(논리 0)신호가 입력되면 제3번 실린더가 압축행정(제2번 실린더는 배기 행정)임을 판단하여 파워 트랜지스터(B)를 OFF시켜 제3번과 제2번 실린더로 높은 전압을 보낸다. 이와 같이 컴퓨터는 크랭크 각 센서와 상사점 센서의 신호에 따라 파워 트랜지스터 (A)와 (B) 번갈아 선택하면서 OFF시켜 점화 배전을 한다.

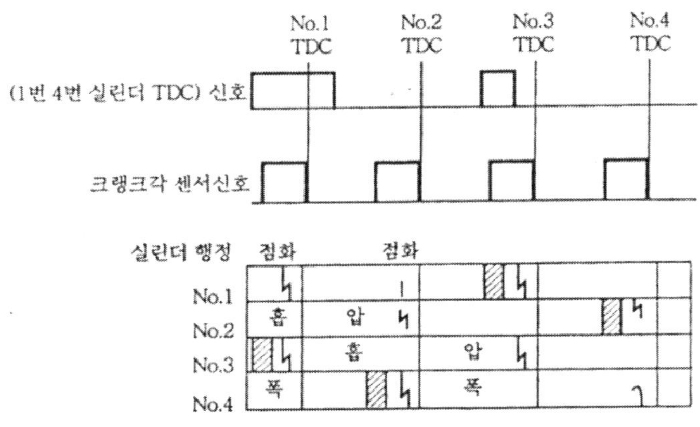

[그림22-15. 각 실린더 점화 배전]

충전장치(Charging System)

자동차에 부착된 모든 전장부품은 발전기나 축전지로부터 전력을 공급받아 작동한다. 그러나 축전지는 방전량에 제한이 따르고, 엔진 시동을 위해 항상 완전 충전상태를 유지하여야 한다. 이를 위해 설치된 발전기를 중심으로 한 일련의 장치들을 충전장치라 한다. 이 충전 장치를 이해하기 위해서는 전기와 자기(磁氣)와의 관계를 알아야 하므로 먼저 전기와 자기와의 관계부터 설명하기로 한다.

23.1. 전기와 자기와의 관계

전기와 자기는 매우 밀접한 관계를 유지하고 있다. 즉, 전선이나 코일에 전류가 흐르면 그 주위의 공간에는 자기 현상이 일어나며, 자계(磁界) 내에 자력선(磁力線)과 직각이 되게 도체를 넣고 이 도체를 자력선과 직각 방향으로 움직이면 전기가 발생된다.

1. 자석(磁石)의 성질

자석에는 천연 자석과 인공 자석(전자석)이 있으며, 자석을 절단하면 2개의 자석이 된다. 또 자석에는 N극과 S극이 있으며 같은 극의 자극은 서로 밀고, 다른 극의 자극은 서로 잡아당기는 성질이 있다. 쿨롱의 법칙(Coulomb's Law)에 따르면 자석의 흡입력 또는 반발력은 거리의 2승에 반비례하고, 자극의 세기의 상승곱에 비례한다.

$$F \propto \frac{M_1 \ M_2}{r^2}$$

여기서, F : 자석의 흡입력 또는 반발력

M_1M_2 : 2개의 자극 세기

r : 거리

2. 자계(磁界)와 자력선(磁力線)

자석이 작용하는 범위를 자계 또는 자장(磁場)이라 한다. 그리고 N극과 S극 사이에서 자기의 힘, 즉 자력이 어떤 길을 거쳐서 작용하고 있는가를 보이는 선을 자력선이라 한다. 또 자력선의 방향과 직각이 되는 단면적을 통과하는 전체 자력선을 자속(磁速)이라 한다.

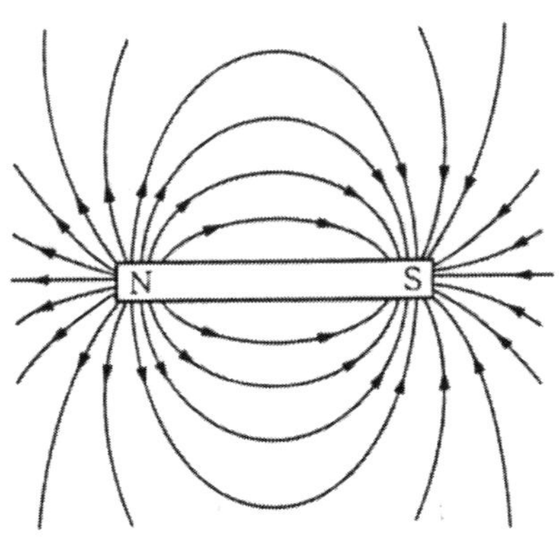

[그림23-1. 자력선]

23.2. 전자유도 작용

전자유도를 발생시키는 방법에는 도체와 자력선의 상대 운동에 의한 방법과 도체에 영향하는 자력선을 변화시키는 방법이 있다.

1. 도체와 자력선의 상대운동에 의한 방법

자계 내에 자력선과 직각이 되게 도체를 넣고, 그 양 끝에 전류계를 설치한 후 도체를 자력선과 직각 방향으로 움직이면 도체에 전류가 발생되어 전류계 바늘이 움직인다. 이때 도체나 자석 중에서 어느 것을 움직여도 전류계 바늘이 움직이게 된다. 즉, 직류 발전기는 자계 내에서 도체를 움직여서 전류를 발생시키는 방식이고, 교류 발전기는 도체를 고정하고 자석을 움직여 전류를 발생시키는 방식이다. 그리고 움직이는 방향을 반대로 하면 전류계의 움직임도 반대가 되며 움직이는 속도를 빠르게 하면 전류계 바늘의 움직임도 커진다.

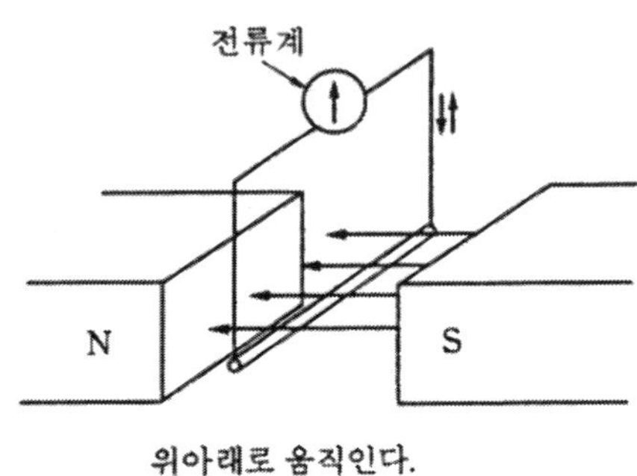

[그림23-2. 전자 유도 방법(1)]

2. 도체에 영향하는 자력선을 변화시키는 방법

코일에 자석을 가까이하였다가 멀리하던가, 코일과 마주 보도록 한 다른 코일의 전류를 증가시키던가, 또는 코일 자신의 전류를 증감시켜 그 자속수를 증감하면 코일에 기전력이 유도된다. 이것은 코일 내를 통과하는 자속수가 변화되면 변화된 양에 상당하는 자력선과 코일이 교차하여 이 변화가 계속되는 동안 그 코일에 기전력이 발생하게 된다.

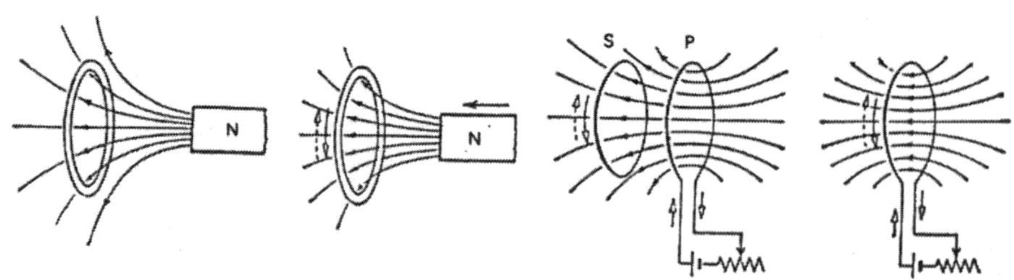

[그림23-3. 전자 유도 방법(2)]

3. 유도 기전력의 방향

유도 기전력의 방향을 표시하는 방법에는 렌츠의 법칙과 플레밍의 오른손 법칙이 있다.

[1] 렌츠의 법칙(Lenz's Law)

이 법칙은 자석을 가까이할 때에는 자석에서 가까운 쪽에 같은 종류의 극이 생기도록 코일에 기전력이 발생되어 자석의 접근을 방해하고, 자석을 코일에서 멀리하면 자석에서 가까운 쪽에 다른 종류의 극이 생기도록 기전력이 발생되어 자석이 멀리 가는 것을 방해한다. 즉, 렌츠의 법칙이란 "유도 기전력은 코일 내의 자속의 변화를 방해하는 방향으로 발생한다."는 법칙이다.

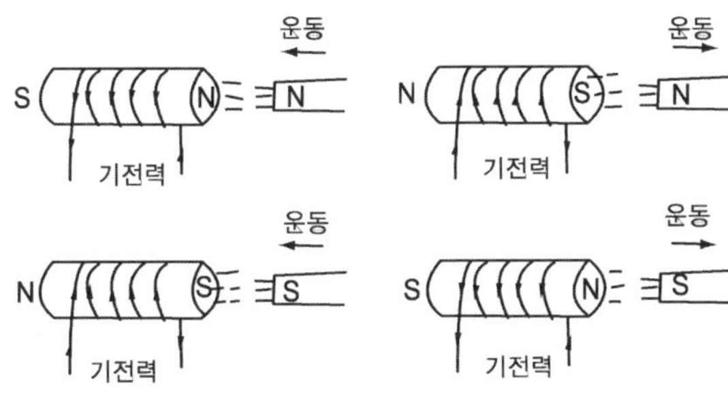

[그림23-4. 렌츠의 법칙]

[2] 플레밍의 오른손 법칙(Fleming's right hand rule)

이 법칙은 오른손 엄지, 인지 및 중지를 서로 직각이 되게 펴고, 인지를 자력선의 방향에, 엄지를 도체의 운동 방향에 일치시키면 중지에 유도 기전력의 방향이 표시된다.

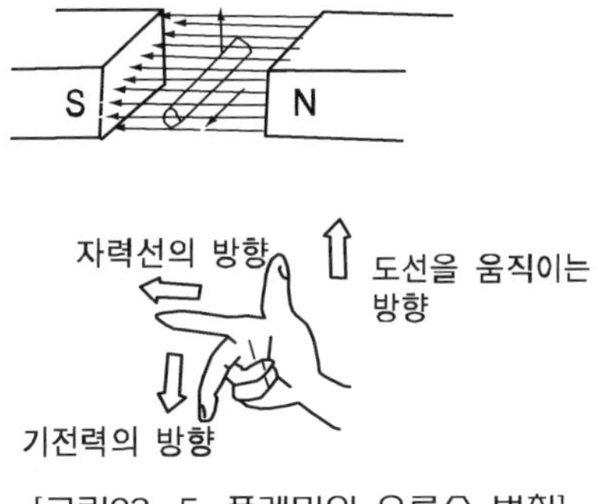

[그림23-5. 플레밍의 오른손 법칙]

23.3. 교류(AC) 충전장치

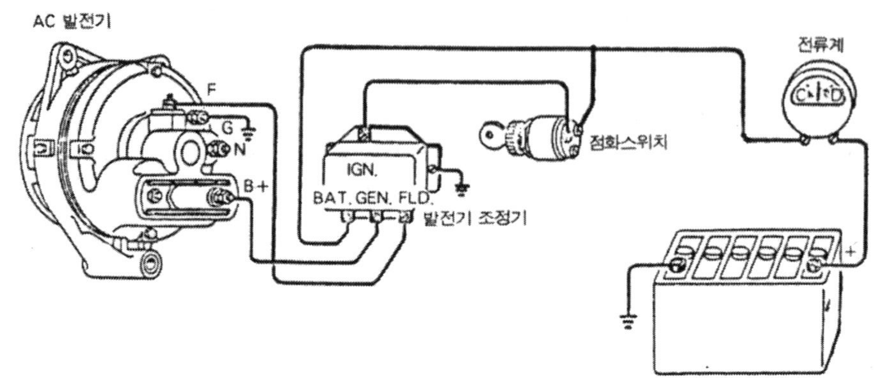

[그림23-6. 교류 충전장치의 회로도]

1. 교류발전기(Alternator)의 특징

교류발전기는 직류발전기에 비해 다음과 같은 특징이 있다.

① 저속에서도 충전이 가능하다.

② 회전부분에 정류자가 없어 허용 회전속도 한계가 높다.

③ 실리콘 다이오드로 정류하므로 전기적 용량이 크다.

④ 소형·경량이며, 브러시 수명이 길다.

⑤ 전압조정기만 필요하다.

⑥ 발전기 자체에는 극성을 주지 않아도 된다.

2. 교류발전기의 구조

교류발전기는 고정부분인 스테이터(stator), 회전하는 부분인 로터(rotor), 로터의 양끝을 지지하는 엔드 프레임(end frame) 그리고 스테이터 코일에서 유기된 교류를 직류로 정류하는 실리콘 다이오드로 구성되어 있다.

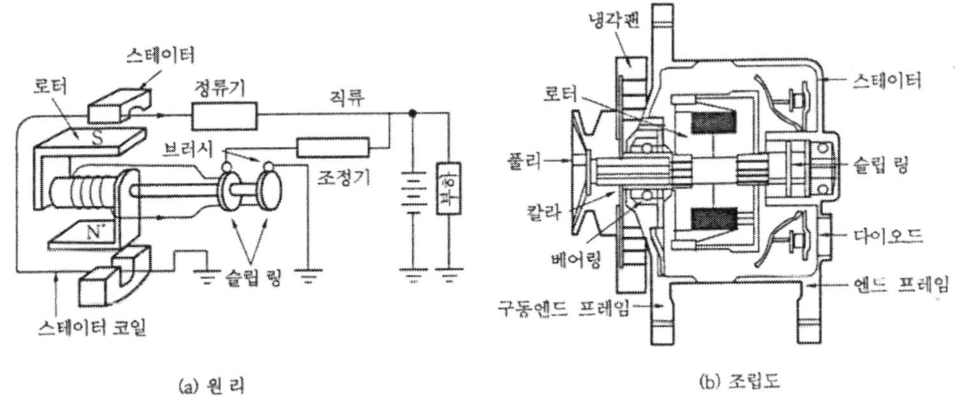

(a) 원 리 (b) 조립도

[그림23-7. 교류발전기의 구조]

[1] 스테이터(stator)

스테이터에는 독립된 3개의 코일이 감겨져 있고 여기에서 3상 교류가 유도된다. 스테이터 코일의 접속방법에는 Y 결선(또는 스타결선)과 삼각형 결선(델타결선)이 있으며, Y 결선이 삼각형 결선에 비하여 선간전압이 각 상 전압의 $\sqrt{3}$배가 높아 엔진이 공전할 때에도 충전 가능한 전압이 유도된다.

[그림23-8. 스테이터의 구조]

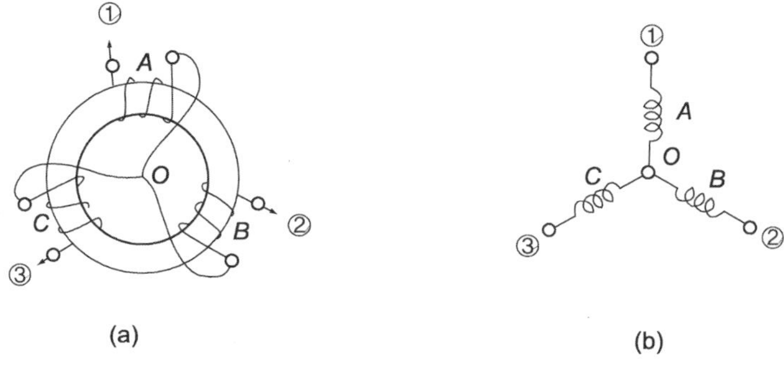

(a) (b)

Y결선

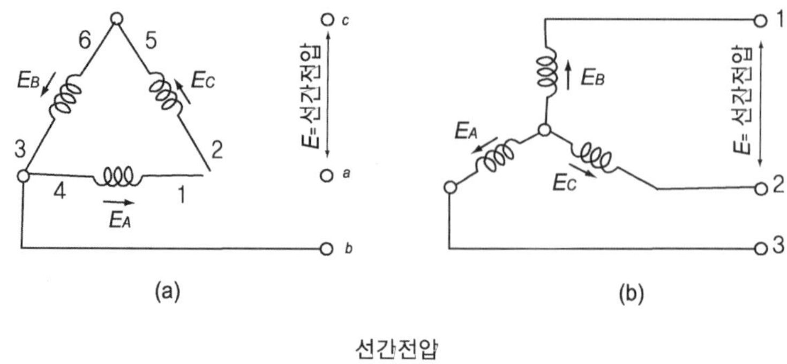

[그림23-9. 스테이터 코일의 결선방법]

[2] 로터(rotor)

로터는 자극을 형성하는 부분이며, 로터의 자극편은 코일에 여자전류가 흐르면 N극과 S극이 형성되어 자화되며, 로터가 회전함에 따라 스테이터 코일의 자력선을 차단하므로 전압이 유도된다. 그리고 슬립 링(slip ring)은 축과 절연되어 있으며 각각 로터 코일의 양끝과 연결되어 있다. 이 슬립 링 위를 브러시가 미끄럼 운동하면서 로터 코일에 여자 전류를 공급한다.

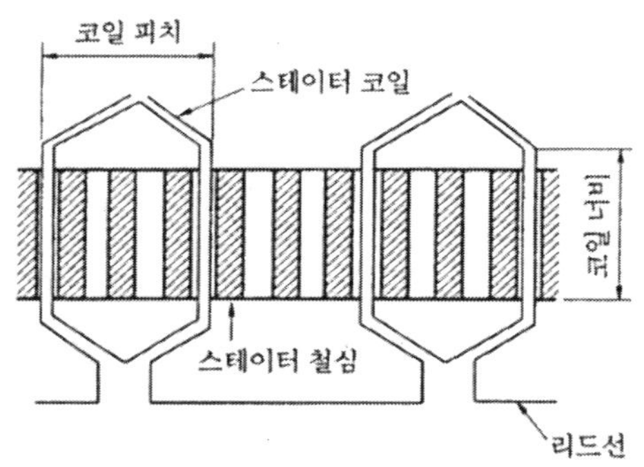

[그림23-10. 로터의 구조]

[3] 정류기(rectifier)

교류발전기에서는 실리콘 다이오드를 정류기로 사용한다. 교류발전기에서 다이오드의 기능은 스테이터 코일에서 발생한 교류를 직류로 정류하여 외부로 공급하고, 또 축전지에서 발전기로 전류가 역류하는 것을 방지한다. 다이오드 수는 (+)

쪽에 3개, (−)쪽에 3개씩 6개를 두며, 최근에는 여자 다이오드를 3개 더 두고 있다. 그리고 다이오드의 과열을 방지하기 위해 엔드 프레임에 히트 싱크(heat sink)를 두고 있다.

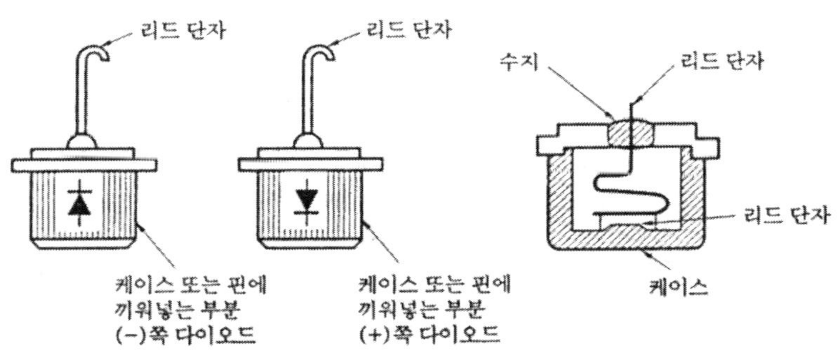

[그림23-11. 다이오드의 구조]

그리고 교류발전기는 로터 철심(계자 철심)의 잔류 자기만으로는 발전이 어렵기 때문에 타려자 한다. 그 이유는 실리콘 다이오드의 사용에 있다. 즉, 실리콘 다이오드에 인가되는 전압이 매우 낮을 경우에는 큰 저항을 나타내므로 발전기의 회전속도가 상당히 크지 않으면 전류가 흐르지 않기 때문이다. 그리고 축전지의 단자 전압보다 발전기의 발생 전압이 높아지면 자동적으로 충전을 시작한다.

23.4. 교류발전기 조정기

교류발전기의 조정기는 전압 조정기만 필요하며, 전압 조정기는 발전기의 발생 전압을 일정하게 유지하기 위한 장치이다. 작동은 발생 전압이 규정 보다 증가하면 로터 코일에 직렬로 저항을 넣어 여자 전류를 감소시켜 발생 전압을 감소시키고, 발생 전압이 낮으면 저항을 빼내어 규정 전압으로 회복시킨다. 현재는 트랜지스터나 IC 조정기를 사용하며, 여기서는 IC 조정기에 대해서만 설명한다. IC조정기의 특징은 다음과 같다.

① 배선을 간소화 할 수 있다.

② 진동에 의한 전압 변동이 없고, 내구성이 크다.

③ 조정 전압의 정밀도 향상이 크다.

④ 내열성이 크며, 출력을 증대시킬 수 있다.

⑤ 초 소형화 할 수 있어 발전기 내에 설치할 수 있다.

⑥ 축전지 충전 성능이 향상되고, 각 전기 부하에 적절한 전력 공급이 가능하다.

그리고 IC 조정기의 작동은 다음과 같다.

[1] 엔진이 정지된 상태에서 점화 스위치를 ON으로 하였을 때

점화 스위치를 ON으로 하면 교류 발전기의 IG단자 및 충전 경고등 릴레이 IG단자와 A단자를 거쳐 교류 발전기의 L단자로부터 트랜지스터 Tr1의 베이스로 흐르기 때문에 Tr1이 ON으로 된다. Tr1이 ON이 되면 교류 발전기의 L단자와 IG단자를 거쳐 로터 코일로부터 Tr1으로 축전지 전류(계자 전류)가 흘러 로터가 여자된다. 이때 충전 경고등 릴레이의 코일에 축전지 전류가 흘러 코일에 발생하는 자력(磁力)으로 접점이 닫혀 경고등이 점등된다. 또 초기 여자 저항(R4)은 저항이 크기 때문에(약 100Ω) 점화 스위치를 OFF로 하지 않았을 때 로터 코일에 흐르는 전류를 제한하여 축전지의 방전을 방지한다.

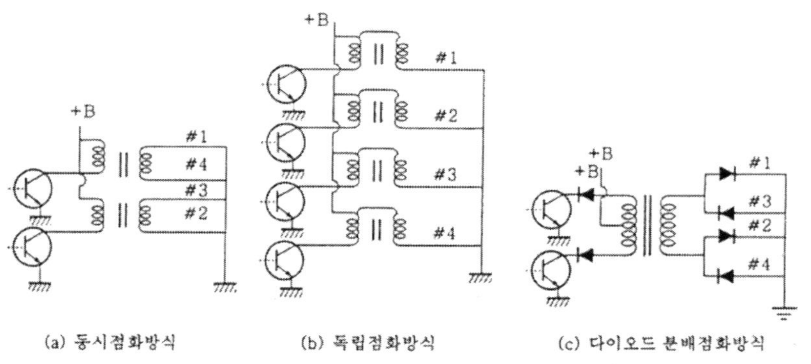

[그림23-12. IC 조정기 회로도]

[2] 엔진이 기동되어 교류 발전기가 발전을 시작할 때

교류 발전기의 발생 전압이 축전지 단자 전압 이상(12V 축전지의 경우 13.8~14.8V)되면 B단자로부터 축전지로 충전을 시작한다. 이때 교류 발전기의 L단자도 전압이 상승하여 충전 경고등 릴레이 IG단자 사이의 전압 차이가 없어져 충전 경고등 릴레이 코일에는 전류가 차단되어 접점이 열림으로써 경고등이 소등(消燈)된다. 또 스테이터 코일의 전압에 의해 여자 다이오드를 통과한 전류는 역류 방지용 다이오드(D2)에 의해서 축전지나 부하로 흐르지 않고 로터 코일과 조정기의 L단자로 흐른다.

[3] 엔진이 고속으로 회전하여 교류 발전기의 발생 전압이 규정 값 이상 되었을 때

이때는 전압 조정기의 S단자로부터 저항 R2를 지나서 제너 다이오드(ZD)를 거쳐 트랜지스터 Tr2의 베이스로 전류가 흘러 Tr2가 ON이 되면 P점에서의 진압은 지금까지 트랜지스터 Tr1의 베이스 전류가 흐르기 위한 전압을 유지하기 위한 것이었다. 그러나 Tr2의 ON에 의해 갑자기 전압이 강하하여 Tr1의 베이스 전류가 차단되어 Tr1은 OFF된다. 따라서 로터 코일의 여자 전류가 차단되어 교류 발전기의 발생 전압이 낮아진다. 교류 발전기의 발생 전압이 조정 전압보다 낮아지면 제너 다이오드에 전류가 흐르지 않게 되며 이에 따라 Tr2는 OFF되고, Tr1은 다시 ON으로 되어 다시 전압 발생이 회복된다. 이와 같이 제너 다이오드의 작동으로 트랜지스터 Tr1 및 Tr2를 번갈아 ON, OFF시킴으로써 로터 코일에 흐르는 여자 전류를 단속하여 발생 전압을 일정하게 유지시킨다.

제24장 등화 장치(Lighting System)

24.1. 전선(電線)

자동차 전기회로에서 사용하는 전선은 피복선과 비 피복선이 있으며, 비 피복선은 접지용으로 일부 사용되며 특히 고압 케이블은 내 절연성이 매우 큰 물질로 피복되어 있다. 그리고 배선 방법에는 단선방식과 복선방식이 있으며, 단선방식은 부하의 한끝을 자동차 차체에 접지 하는 방식이며 접지 쪽에서 접촉 불량이 생기거나 큰 전류가 흐르면 전압강하가 발생하므로 작은 전류가 흐르는 부분에서 사용한다. 복선방식은 접지 쪽에도 전선을 사용하는 방식으로 주로 전조등과 같이 큰 전류가 흐르는 회로에서 사용된다.

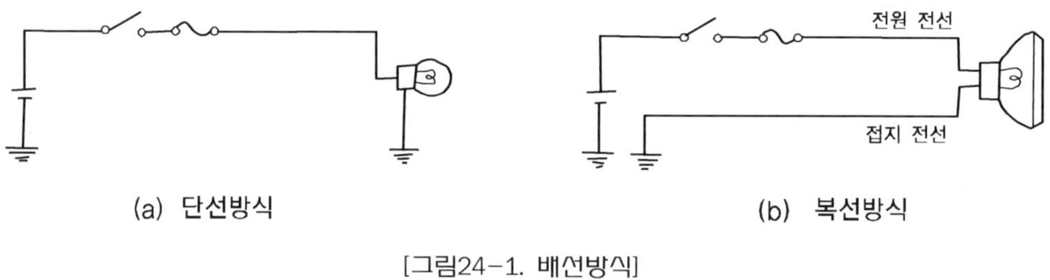

(a) 단선방식 (b) 복선방식

[그림24-1. 배선방식]

24.2. 조명의 용어

1. 광속(光速)

광속이란 광원(光源)에서 나오는 빛의 다발을 말하며, 단위는 루멘(lumen, 기호는 lm)이다.

2. 광도(光度)

광도란 빛의 세기를 말하며 단위는 칸델라(candle, 기호는 cd)이다. 1 칸델라는 광원에서 1m 떨어진 1㎡의 면에 1m의 광속이 통과하였을 때의 빛의 세기이다.

3. 조도(照度)

조도란 빛을 받는 면의 밝기를 말하며, 단위는 룩스(lux, 기호는 Lx)이다. 빛을 받는 면의 조도는 광원의 광도에 비례하고, 광원의 거리의 2승에 반비례한다. 즉, 광원으로부터 r(m)떨어진 빛의 방향에 수직한 빛을 받는 면의 조도를 E(Lx), 그 방향의 광원의 광도를 I(cd)라고 하면 다음과 같이 표시한다.

$$E = \frac{I}{r^2}\,(\text{Lux})$$

24.3. 전조등(head light)과 그 회로

1. 전조등

전조등에는 실드 빔식(sealed beam type)과 세미 실드 빔식(semi sealed beam type)이 있다. 전구(lamp)안에는 2개의 필라멘트가 있으며, 1개는 먼 곳을 비추는 하이 빔(high beam ; 상향등)의 역할을 하고, 다른 하나는 시내를 주행하거나 교행할 때 대향 자동차나 사람이 현혹되지 않도록 광도를 약하게 하고, 동시에 빔을 낮추는 로우 빔(low beam ; 하향등)이 있다.

[1] 실드 빔 형식

이 형식은 반사경에 필라멘트를 붙이고 여기에 렌즈를 녹여 붙인 후 내부에 불활성 가스를 넣어 그 자체가 1개의 전구가 되도록 한 것이다. 이 형식의 특징은 다음과 같다.

① 대기(大氣)의 조건에 따라 반사경이 흐려지지 않는다.

② 사용에 따르는 광도의 변화가 적다.

③ 필라멘트가 끊어지면 렌즈나 반사경에 이상이 없어도 전조등 전체를 교환하여야 한다.

[2] 세미 실드 빔 형식

이 형식은 렌즈와 반사경은 녹여 붙였으나 전구는 별개로 설치한 것이다. 필라멘트가 끊어지면 전구만 교환하면 된다. 그러나 전구 설치 부분으로 공기 유통이 있어 반사경이 흐려지기 쉽다.

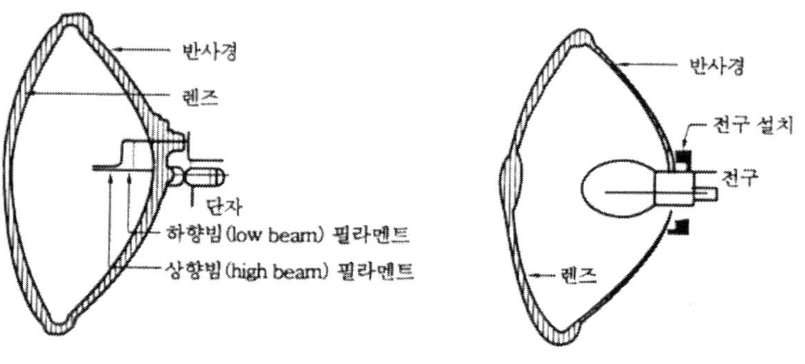

[그림24-2. 전조등의 종류]

할로겐 램프의 특징

① 할로겐 사이클로 인하여 흑화 현상(黑化 現像 ; 필라멘트로 사용되는 텅스텐이 증발하여 전구 내부에 부착되는 것)이 없어 수명을 다할 때까지 밝기의 변화가 없다.

② 색 온도가 높아 밝은 배광 색을 얻을 수 있다.

③ 교행용 필라멘트 아래에 차광판이 있어 자동차 쪽 방향으로 반사하는 빛을 없애는 구조로 되어 있어 눈부심이 적다.

④ 전구의 효율이 높아 밝기가 크다.

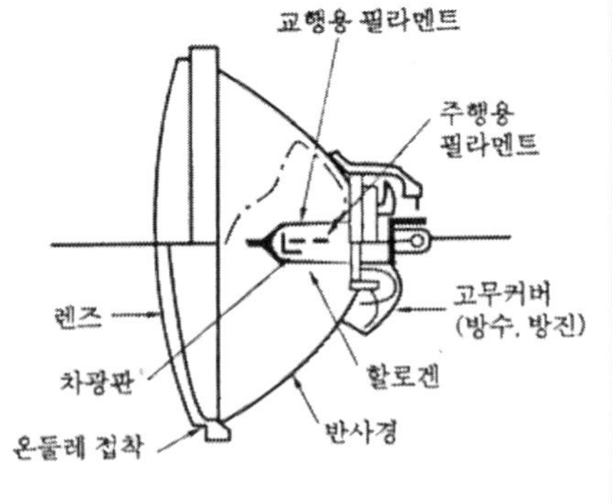

[그림24-3. 할로겐 램프의 구조]

2. 전조등 회로

전조등 회로는 퓨즈, 라이트 스위치, 디머 스위치(dimmer switch) 등으로 구성되어 있으며, 양쪽의 전조등은 하이 빔(high beam)과 로우 빔(low beam)별로 병렬로 접속되어 있다. 라이트 스위치는 2단으로 작동하며 스위치를 움직이면 내부의 접점이 미끄럼 운동하여 전원과 접속하게 되어 있다. 디머 스위치는 라이트 빔을 하이 빔과 로우 빔으로 바꾸는 스위치이다.

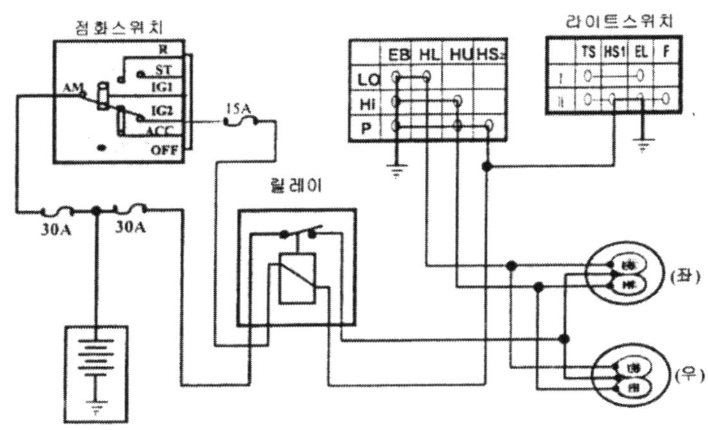

[그림24-4. 전조등 회로]

3. 오토라이트(Auto Light)

[1] 오토라이트의 개요

오토라이트는 조도센서를 이용하여 주위 조도변화에 따라 운전자가 라이트스위치를 조작하지 않아도 자동모드(auto mode)에서 자동으로 미등 및 전조등을 ON 시켜주는 장치이며, 주행 중 터널을 진·출입할 때, 비·눈 및 안개 등으로 주위의 조도가 변화하면 작동된다. 오토라이트 장치는 크래쉬 패드 상단(조수석)에 센서와 유닛에서 주위의 조도변화를 감지한다.

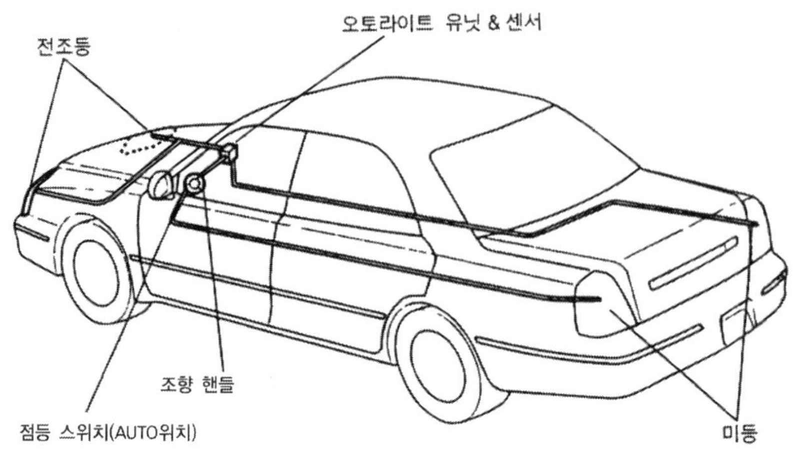

[그림24-5. 자동 라이트의 구성도]

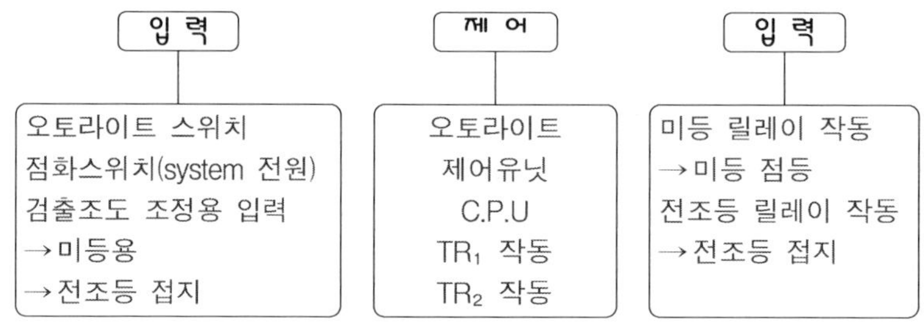

[그림24-6. 입 · 출력 다이어그램]

그리고 오토라이트 장치를 사용할 경우의 주의사항은 다음과 같다.

① 오토라이트 장치 아랫부분에는 다른 장치를 추가해서는 안 된다.

② 안개·우천 및 흐린 날씨에는 반드시 수동으로 전환하여 사용하도록 한다.

③ 조도는 기후, 계절 및 주위의 환경에 따라 점·소등되는 시간이 변화할 수 있다.

④ 오토라이트 작동은 일출과 일몰 될 때 제한적으로 사용하여야 하며, 일반적인 전조등의 점등 및 소등은 수동으로 조작하도록 한다.

⑤ 실내 변화에 변화를 줄 수 있는 빛 차단 코팅을 할 경우 오 작동할 수 있다.

[2] 조도 검출원리

오토라이트 내부에 설치되어 있는 광전도 셀(cds)을 이용하여 빛의 밝기를 감지한다. 광전도 셀은 조도가 증가하면 저항 값이 감소하고, 조도가 감소하면 저항 값이 커지는 성질이 있다.

[3] 오토라이트 수평장치(auto light leveling system)

(1) 오토라이트 수평장치의 개요

오토라이트 수평장치 자동차의 주행환경과 적재상태에 따라 전조등의 조사방향을 자동으로 조절하여 운전자의 가시거리를 확보하고, 상대방 운전자의 눈부심을 방지하여 운행 상의 안전성 향상을 목적으로 한다. 앞좌석에 사람이 탈 경우(운전자 + 승객)는 작동하지 않으며, 뒷좌석에 사람이 전원 승차할 경우 및 여러 가지 조건에서 작동을 한다. 이 원리는 자동차 중심이 앞쪽보다 뒤쪽에 하중이 많이 가해졌을 때 자동차의 앞쪽이 들리면서 전조등 눈부심이 발생하기 때문에 자동으로 전조등 조사각도를 하향으로 조정하여 정상 상태로 한다. 자동차 뒤쪽 현가 장치 부분에 오토라이트 수평유닛을 설치하여 자동차의 정상적인 변화에 따른 신호에 대해 전조등에 부착된 액추에이터를 일정 신호로 구동하여 차체의 변화에 대해 보상이 이루어진다. HID(High Intensity Discharge) 전조등 설치 자동차에는 필수적으로 적용되고 있다.

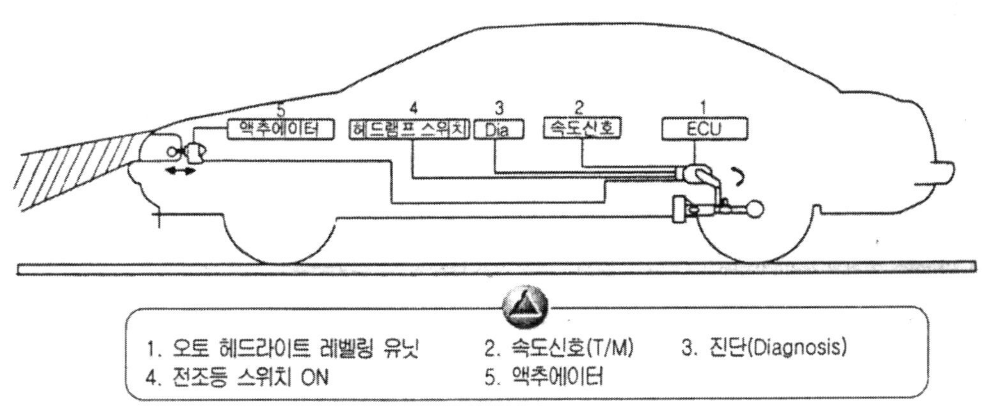

[그림24-7. 장치 블록 다이어그램]

(2) 오토라이트의 구성요소

① 오토라이트 수평유닛

㉮ 오토라이트 수평유닛을 이용하여 작동레버 상의 기계적 각도변화 및 주행속도 신호를 감지한다.

㉯ 내부 제어프로그램에 의한 액추에이터를 제어하는 장치이며, 뒤 센터 암에 설치한다.

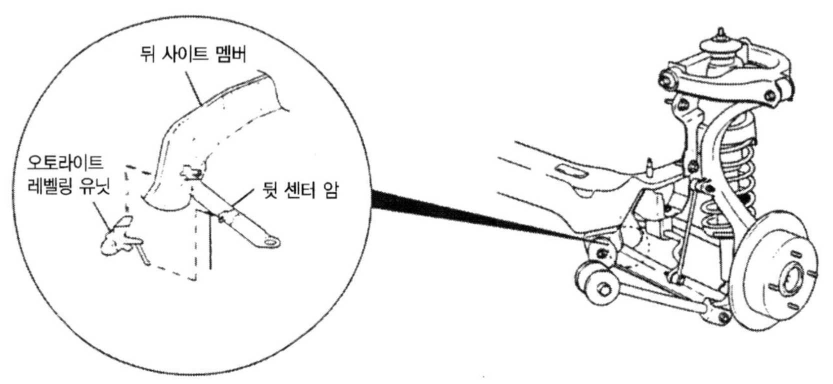

[그림24-8. 오토라이트 수평유닛 설치위치]

② 링키지

㉮ 오토라이트 수평유닛 레버와 현가장치를 연결하여 자동차의 기울기를 전달한다.

㉯ 자동차의 오토라이트 수평유닛과 현가장치의 형상에 따라 레버길이가 차이난다.

③ 액추에이터

자동차 기울기의 변화에 따라 오토라이트 수평유닛이 입력신호를 보내면 수평액추에이터는 전조등 조사각도를 상하로 조절한다.

4. HID (High Intensity Discharge)전조등

[1] HID 전조등의 개요

자동차의 야간 안전운행은 운전자가 전방시야를 얼마만큼 확보하느냐에 달려있다. 운전자의 시야는 전조등의 밝기, 조사(照射)거리, 조사각도 등에 따라 큰 차이가 있다. 기존에 사용하고 있는 할로겐 전구는 조사성능을 향상시키는데 한계가 있어 보다 성능이 우수한 전구의 개발이 요구되었다. HID 전조등은 할로겐 전구보다 적은 전력으로 2배 이상의 밝기와 태양광신에 가까운 색깔의 빛을 발시하며, 수명 또한 2배 이상 향상되었다. 또 야간운행을 할 때 운전자의 시인(是認)성능을 높여 피로감을 줄여준다. HID 전조등의 장점은 다음과 같다.

① 광도 및 조사거리가 향상된다.

② 전구의 수명이 2배 이상 향상된다.

③ 점등이 빠르다.

④ 전력소비가 적다.

(2) HID 전조등의 구조

HID 전조등은 필라멘트가 없으며, 형광등과 같은 구조로 되어있다. 얇은 캡슐형태의 방전관 내에 크세논 가스, 수은가스, 금속 할로겐성분 등이 들어 있다. 전원이 공급되면 방전관 양쪽 끝에 설치된 몰리브덴 전극에서 플라즈마(plasma)방전이 발생하면서 에너지화 되어 빛을 방출한다.

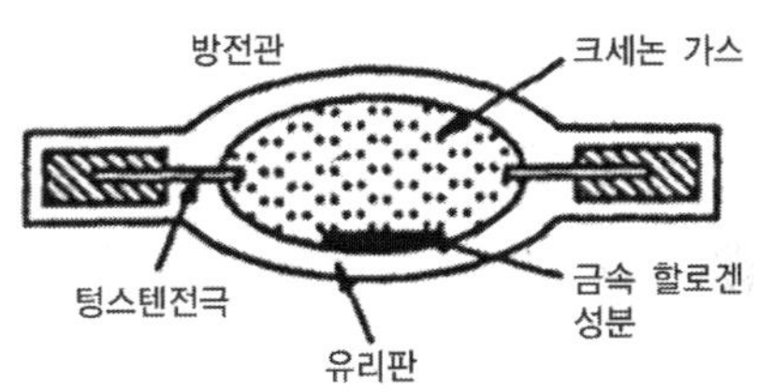

[그림24-9. HID 전조등의 구조]

> **플라즈마**
> 기체를 가열하면 기체원자는 분리되어 (+)이온과 (-)이온으로 나누어진다. 이와 같이 나누어진 (+)이온과 (-)이온이 다시 혼합되어 도전성을 띤 가스체가 되는데 이 가스체를 플라즈마라 한다.

(3) HID 전조등의 작동

HID 전조등의 작동은 다음과 같다. 전조등 제어용 컴퓨터가 축전지로부터 12V

를 받아 승압시켜 텅스텐 전극 사이에 순간적으로 약 20,000V이상의 펄스를 발생시키면 먼저 크세논 가스가 활성화되면서 청백색의 빛을 발생시킨다. 이 상태에서 전구 내의 온도가 더욱더 상승하면 수은이 증발하여 아크방전이 일어나며, 더욱 온도가 상승하면 금속 할로겐성분이 증발하면서 플라즈마가 발생하는데, 이 플라즈마가 금속원자와 충돌하면서 높은 밝기의 빛을 발생시킨다. HID 전조등은 고휘도 방전 전조등이라고도 부른다. 또 할로겐 전구에 비해 약 2배 이상 밝으며 태양광선이 가까운 백색의 자연 광선을 얻을 수 있을 뿐만 아니라 소비전력은 약 1/2정도이며 수명은 필라멘트에 비해 약 2배 정도이나 텅스텐 전극에 높은 전압을 안정적으로 공급하기 위한 컴퓨터가 반드시 필요하다.

(4) HID 전조등을 사용할 때 주의할 사항

① 일반차량에 HID 전조등을 설치하면 화재위험이 있어 개조가 불가능하다.

② HID 전조등을 처음 점등할 때 아크방전에 의한 높은 전압(약 20,000V) 및 높은 전류(12∼13A)로 인해 배선 및 퓨즈가 일반 전구용과는 다르므로 개조하면 화재위험이 있다.

③ 각 제조회사의 전구의 색깔온도가 다르기 때문에 빛의 이질감이 발생하기 쉬워 전구를 교환할 때에는 같은 제조회사 제품으로 교환하여야 한다.

④ HID 전조등을 점검할 때에는 전원 공급부분과 전구사이에 반드시 스위치를 설치하여 전원을 ON/OFF하여야 한다. 특히 전조등을 점등할 때 높은 전압 발생에 주의하여야 한다.

⑤ 전구를 교환할 때 전구홀더와 전구사이의 고정상태를 확실히 점검한 다음 더스트 커버(dust cover)를 조립하여야 한다. 전구와 전구홀더사이의 조립이 헐거우면 전구수명 및 접촉 불량에 의한 높은 열 발생으로 주변 부품이 녹는다.

⑥ 전구를 교환할 때 전구가 설치되지 않은 상태로 전조등 스위치를 조작할지 말아야 한다. 약 1초 동안 순간 스파크가 발생할 수도 있기 때문이다.

24.4. 방향 지시등(方向指示燈)

방향 지시등은 자동차의 진행 방향을 바꿀 때 사용하는 것이며 플래셔 유닛(flasher unit)을 사용하여 램프에 흐르는 전류를 일정한 주기(자동차 안전 기준상

매분 당 60회 이상 120회 이하)로 단속·점멸하여 전구를 점멸시키거나 광도를 증감시킨다. 플래셔 유닛의 종류에는 전자 열선식, 축전기식, 수은식, 스냅 열선식, 바이메탈식, 열선식 등이 있다. 여기서는 현재 주로 사용하고 있는 전자 열선식의 작동에 대하여 설명한다. 전자 열선식(電子 熱線式) 플래셔 유닛은 열에 의한 열선(heat coil)의 신축(伸縮)작용을 이용한 것이며 중앙에 있는 전자석과 이 전자석에 의해 끌어 당겨지는 2조의 가동 접점으로 구성되어 있다. 방향지시기 스위치를 좌우 어느 방향으로 넣으면 접점 P_1은 열선의 장력에 의해 열려지는 힘을 받고 있다. 따라서 열선이 가열되어 늘어나면 닫히고, 냉각되면 다시 열리며 이에 따라 방향 지시등이 점멸하게 되고 접점 P_2는 파일럿 등을 점멸시킨다.

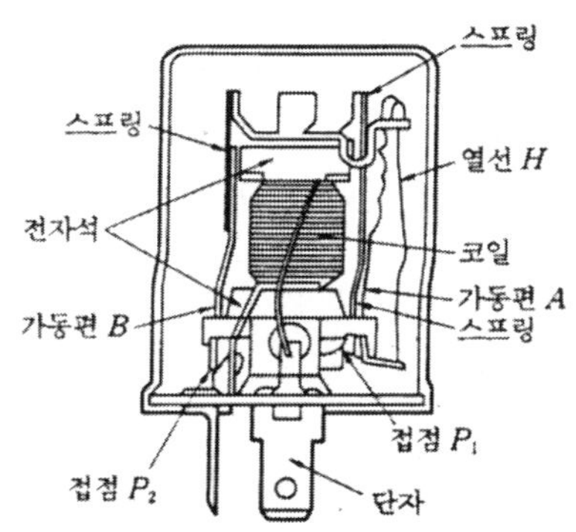

[그림24-10. 전자 열선식 플래셔 유닛의 구조]

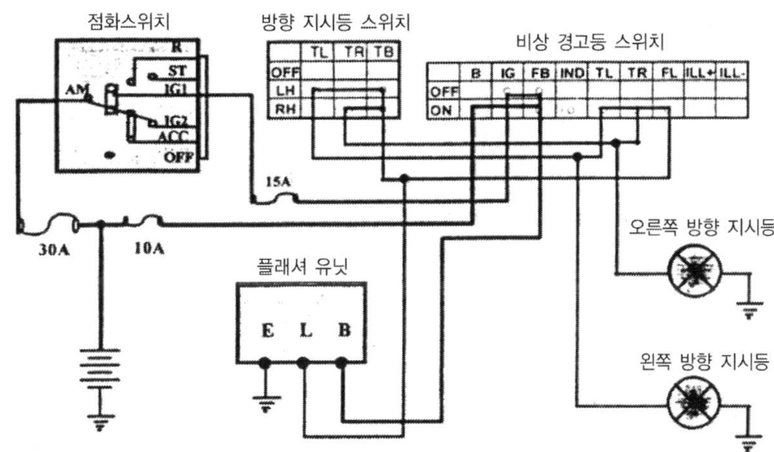

[그림24-11. 방향지시등 회로도]

제25장 경음기(Horn)

경음기의 종류에는 전기식과 공기식이 있다. 전기식의 작동은 경음기 스위치를 ON으로 하면 전류가 축전지에서 접점을 거쳐 코일에 흘러 가동 볼트를 흡인(吸引)한다. 가동 볼트가 흡인되면 접점이 열려 전류가 차단된다. 전류가 차단되면 스톱 스크루(stop screw)의 자력(磁力)이 소멸되며 이에 따라 다이어프램과 접점이 스프링의 장력으로 되돌아가 접점이 닫힌다. 접점이 닫히면 다시 코일에 전류가 흘러 가동 볼트를 다시 흡인한다. 이 작동을 반복하여 다이어프램을 일정한 주기로 진동시켜 음(音)을 발생케 한 후 트럼펫을 거쳐서 바깥쪽으로 내보낸다.

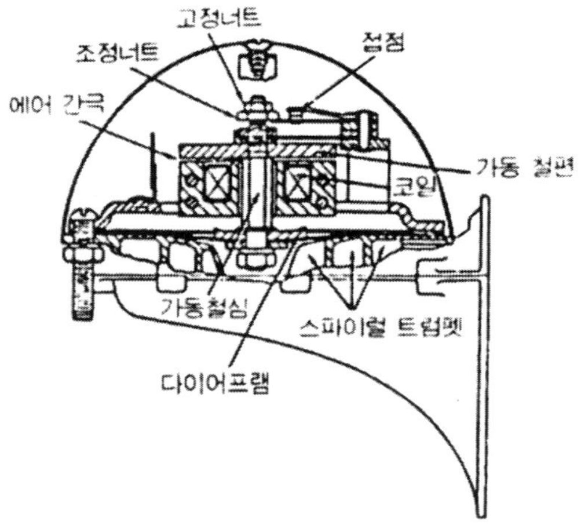

[그림25-1. 경음기의 구조]

원드 실드 와이퍼(Wind Shield Wiper)

26.1. 구조와 작동

원드 실드 와이퍼는 비나 눈이 올 때 운전자의 시야(視野)가 방해되는 것을 방지하기 위해 앞 창유리를 닦아내는 작용을 한다. 구조는 와이퍼 전동기, 와이퍼 암과 블레이드 등으로 구성되어 있다.

1. 와이퍼 전동기(wiper motor)

구조는 직류 복권식 전동기(전기자 코일과 계자코일이 직·병렬 연결된 것)를 사용하며 전기자 축의 회전을 약 1/90~1/100의 회전속도로 감속하는 기어와 블레이드가 항상 창유리 아래쪽으로 내려갔을 때 정지되도록 하기 위한 자동 정 위치 정지 장치 등과 저속에서 블레이드 작동 속도를 제어하는 타이머 등이 함께 조립되어 있다.

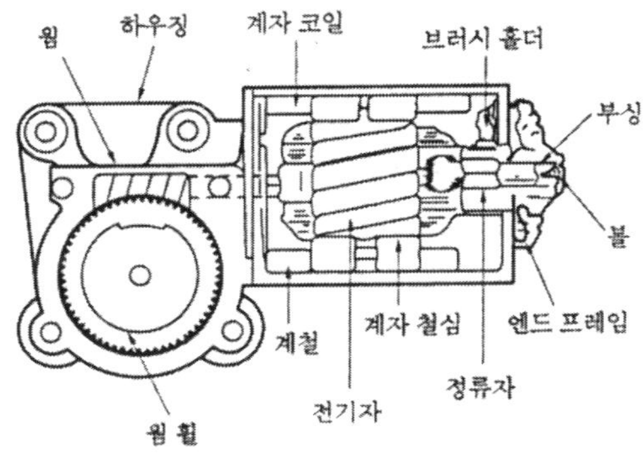

[그림26-1. 와이퍼 전동기의 구조]

2. 와이퍼 암과 블레이드

[1] 와이퍼 암(wiper arm)

와이퍼 암은 그 한쪽 끝에 지지되는 블레이드를 창유리 면에 접촉시키고, 프로텍션 상자(protection box)를 통해 링크나 전동기 구동축에 결합하는 일도 한다.

[2] 블레이드(blade)

블레이드는 고무 제품이며, 창유리를 닦는 부분이다.

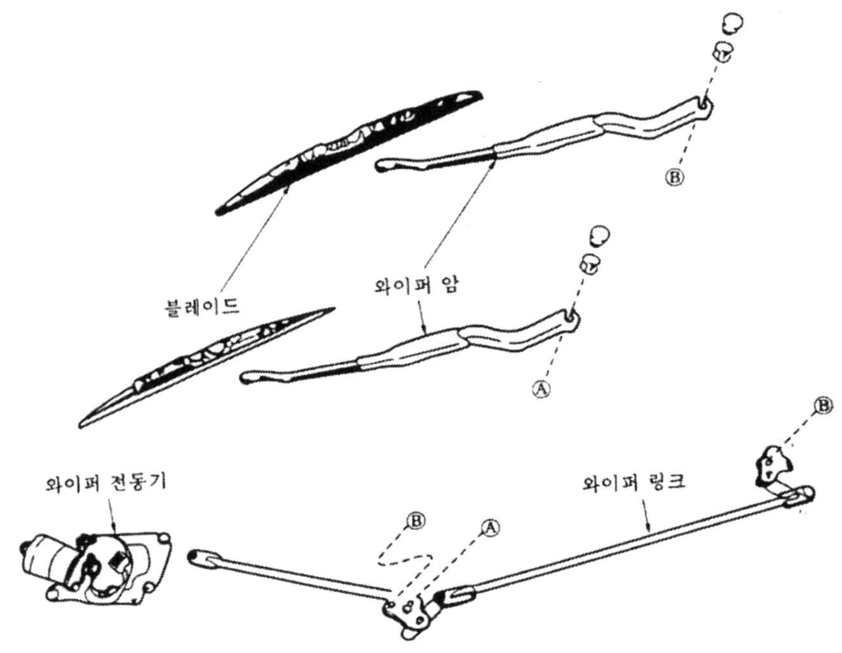

[그림26-2. 윈드 실드 와이퍼의 구성도]

3. 윈드 실드 와이퍼의 작동

[1] 저속에서의 작동

이때는 축전지에서 전류가 직류직권과 분권의 양쪽 계자코일에 흘러 전동기는 저속으로 강력한 회전을 한다.

[2] 고속에서의 작동

이때는 직권 계자코일로만 전류가 흘러 직권 전동기의 특성을 나타내며 고속으로 작동한다.

26.2. 윈드 실드 와셔(wind shield washer)

앞 창유리에 먼지나 이물질이 묻었을 때 그대로 와이퍼로 닦으면 블레이드와 창유리가 손상된다. 이를 방지하기 위해 윈드 실드 와셔를 부착하고, 와이퍼가 작동하기 전에 세정액을 창유리에 분사하는 일을 한다. 구조는 물탱크, 전동기, 펌프, 파이프, 노즐 등으로 구성되어 있다.

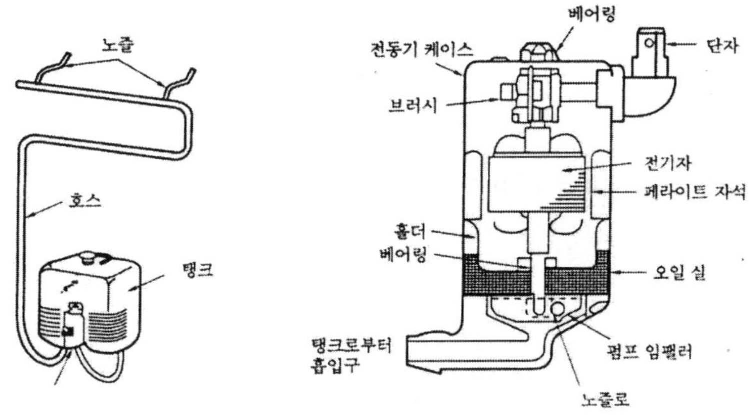

[그림26-3. 윈드 실드 와셔의 구성]

제 27 장 난 · 냉방장치(煖 · 冷房 裝置)

27.1. 난·냉방장치의 개요

온도·습도 및 풍속을 쾌적 감각의 3요소라고 하며, 이 3요소를 제어하여 안전하고 쾌적한 자동차 운전을 확보하기 위해 설치한 장치를 난·냉방장치라고 한다. 그리고 자동차의 열 부하에는 환기 부하, 관류 부하, 복사 부하, 승원 부하 등이 있다.

27.2. 난방장치(heater)

자동차에서 사용하는 난방장치는 실내를 따뜻하게 하고 동시에 앞면 창유리가 흐려지는 것을 방지하는 장치(디프로스터 ; defroster)도 겸하게 되어 있다. 난방장치는 주로 온수(溫水)난방을 사용하며 이것은 엔진의 냉각수를 이용하는 방식이다. 구조는 히터 유닛을 중심으로 하여 엔진의 냉각수를 유입하고, 또 히터 유닛에서 엔진으로 배출하기 위한 호스 및 냉각수 유통을 차단하기 위한 밸브 등으로 구성되어 있다. 또 엔진에서의 냉각수 출구는 수온 조절기의 작동과 관계없는 곳에 설치되며, 입구는 물 펌프의 입구 근처에 설치되어 있다. 온수식 회로는 라디에이터 회로와 병렬로 접속되어 있다.

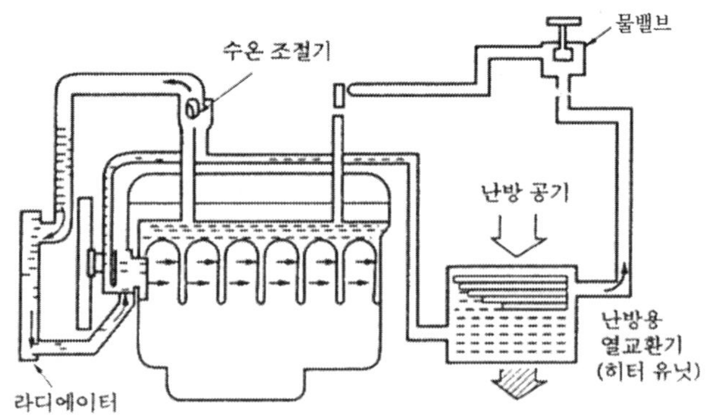

[그림27-1. 난방장치의 구조]

27.3. 에어컨(Air Con)의 구조

1. 에어컨의 작동원리

에어컨 내의 냉매는 압축기→응축기→건조기→팽창 밸브→증발기 순서로 순환한다.

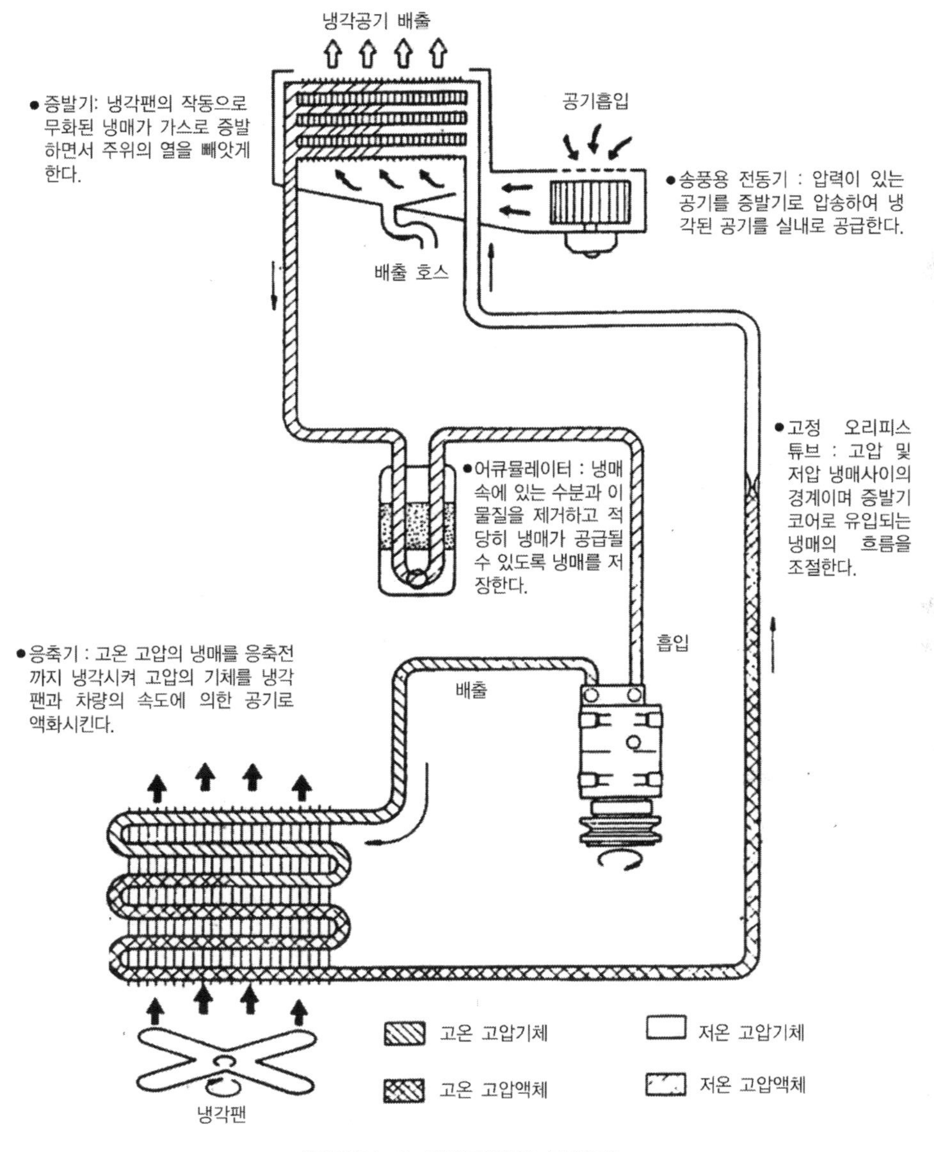

[그림27-2. 냉방장치의 구성도]

2. 에어컨의 주요 구성부품

[1] 냉매(refrigerant)

냉매란 냉동에서 냉동 효과를 얻기 위해 사용하는 물질이며, 예전에는 R-12(프레온 가스)를 사용하였으나 최근에서는 R-134a(신 냉매라 함)를 사용한다. 신 냉매의 특징은 다음과 같다.

[2] 압축기(compressor)

압축기는 증발기에서 저압 기체로 된 냉매를 고압으로 압축하여 응축기(condenser)로 보내는 작용을 한다.

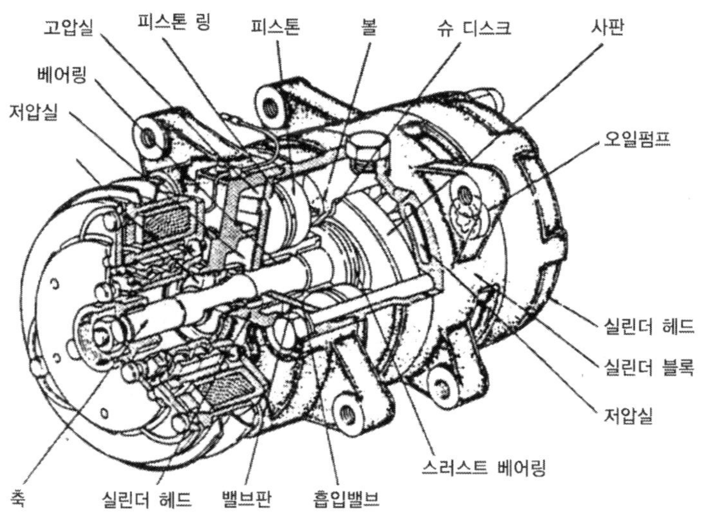

[그림27-3. 압축기의 구조]

[3] 전자 클러치(magnetic clutch)

압축기는 엔진의 크랭크축 풀리에 구동 벨트로 구동되므로 회전 및 정지 기능이 필요하다. 이 기능을 원만히 하기 위해 크랭크축 풀리와 V벨트로 연결되어 회전하는 로터 풀리가 있고, 압축기의 축(shaft)은 분리되어 회전한다. 따라서 압축이 필요할 때 접촉하여 압축기가 회전할 수 있도록 하는 장치이다. 작동은 냉방이 필요할 때 에어컨 스위치를 ON으로 하면 로터 풀리 내부의 클러치 코일에 전류가 흘러 전자석을 형성한다. 이에 따라 압축기 축과 클러치판이 접촉하여 일체로 회전하면서 압축을 시작한다.

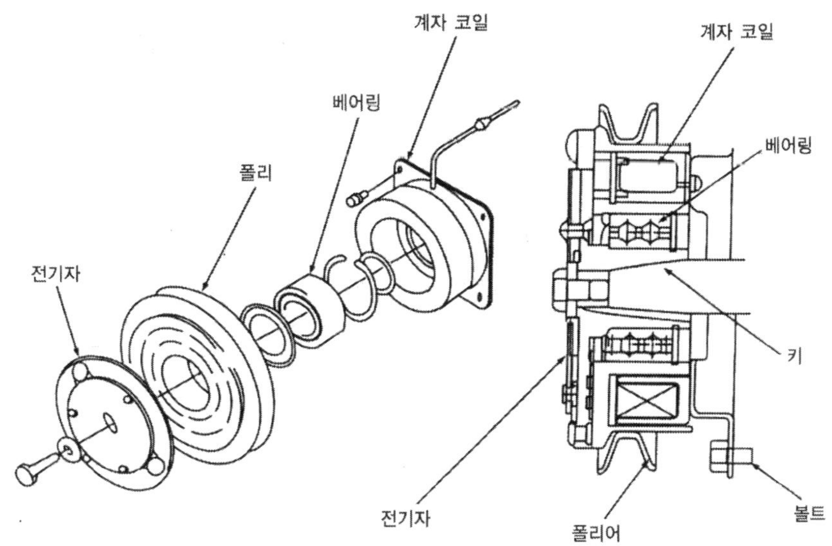

[그림27-4. 전자 클러치]

[4] 응축기(콘덴서 ; condenser)

응축기는 라디에이터 앞쪽에 설치되며, 압축기로부터 오는 고온의 기체 상태인 냉매의 열을 대기 중으로 방출시켜 액체 상태로 변화시킨다. 응축기에 있어서 기체 냉매에서 어느 만큼의 열량이 방출되는가를 증발기로 외부에서 흡수한 열량과 압축기에서 가스를 압축하는데 필요한 작동으로 결정된다. 응축기에서 냉각 효과는 그대로 쿨러(cooler)의 냉각 효과에 큰 영향을 미치므로 자동차 앞쪽에 설치하여 냉각 팬에 의한 냉각 바람과 자동차 주행에 의한 공기 흐름에 의해 강제 냉각된다.

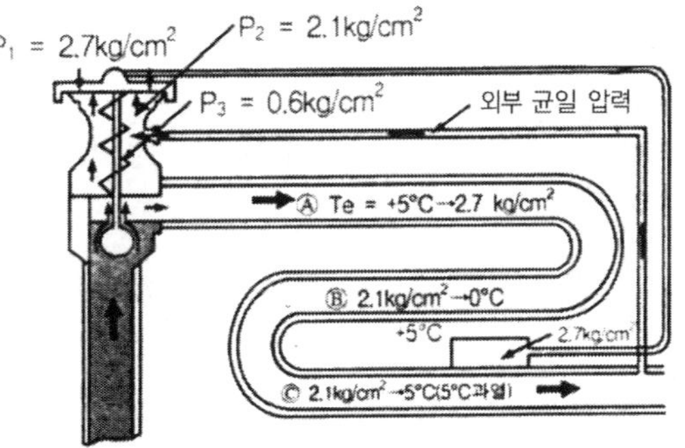

[그림27-5. 응축기의 구조]

[5] 건조기(리시버 드라이어 ; Receiver-Dryer)

건조기는 용기, 여과기, 튜브, 건조제, 사이트 글래스 등으로 구성되어 있다. 건조제는 용기 내부에 내장되어 있고, 이물질이 장치 내로 유입되는 것을 방지하기 위해 여과기가 설치되어 있다. 응축기로부터 오는 액체 상태의 냉매와 약간의 기체 상태의 냉매는 건조기로 유입되는 액체는 기체보다 무거우므로 액체는 건조기로부터 떨어져 건조제와 여과기를 통하여 유출 튜브 쪽으로 흘러간다.

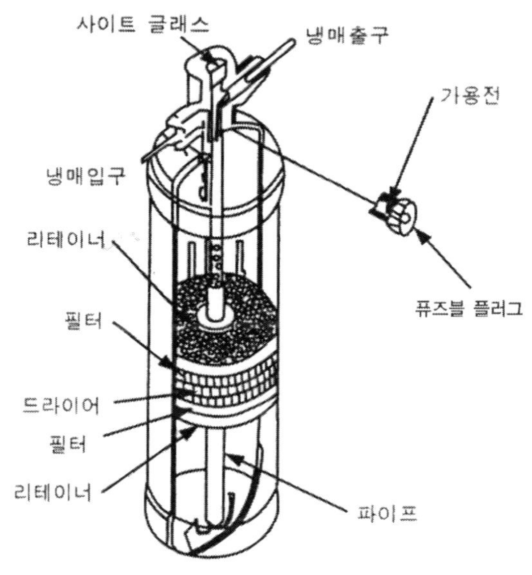

[그림27-6. 건조기의 구조]

[6] 팽창 밸브(expansion valve)

냉방장치가 정상적으로 작동하는 동안 냉매는 중간 정도의 온도와 고압의 액체 상태에서 팽창 밸브로 유입되어 오리피스 밸브를 통과하여 저온·저압이 된다. 이 액체 상태의 냉매가 공기 중의 열을 흡수하여 기체 상태로 되어 증발기를 빠져나간다. 이때 기체의 온도는 액체 상태일 때 보다 약간 상승한다. 팽창 밸브를 지나는 액체 상태의 냉매 양은 온도 감지 밸브와 증발기 내부의 액체 상태의 냉매 압력에 의해 제어된다.

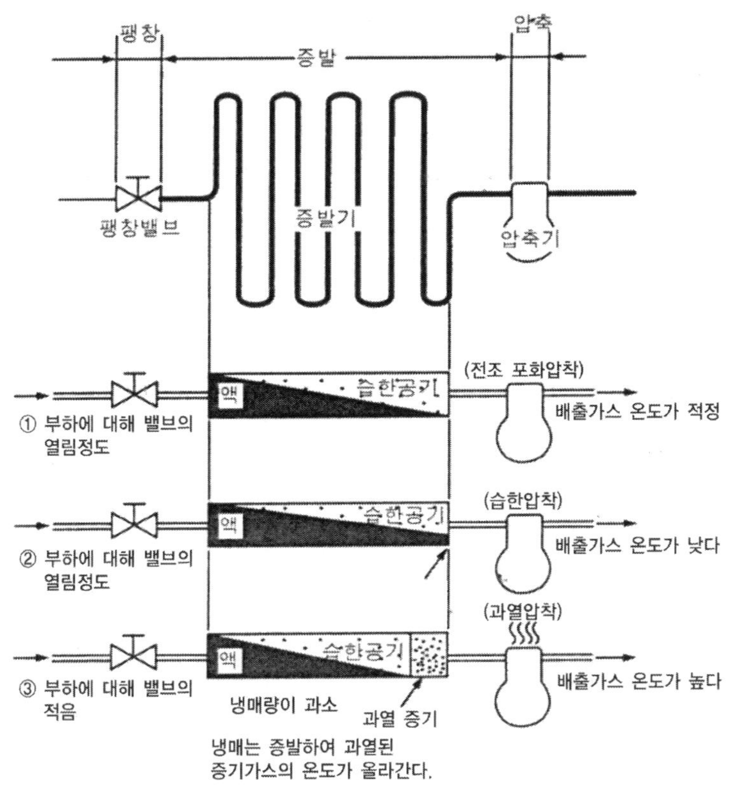

[그림27-7. 팽창 밸브의 구조]

[7] 증발기(이배퍼레이터 ; evaporator)

증발기는 팽창 밸브를 통과한 냉매가 증발하기 쉬운 저압으로 되어 안개 상태의 냉매가 증발기 튜브를 통과할 때 송풍기에 의해서 불어지는 공기에 의해 증발하여 기체로 된다. 이때 기화열에 의해 튜브 핀을 냉각시키므로 차실 내 공기가 시원하게 된다. 또 공기 중에 포함되어 있는 수분은 냉각되어 물이 되고, 먼지 등과 함께 배수관을 통하여 밖으로 배출된다.

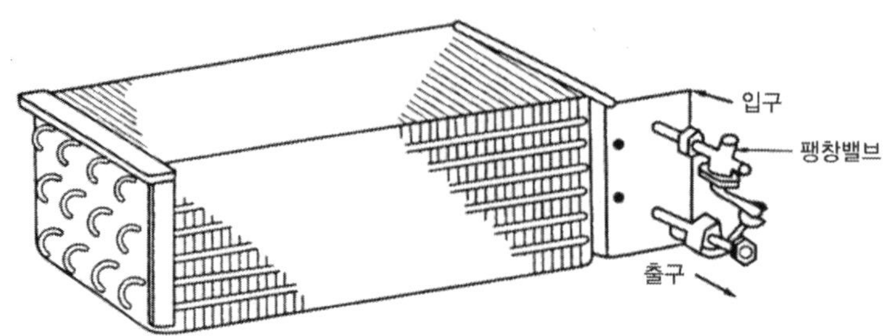

[그림27-8. 증발기의 구조]

[8] 송풍기(blower)

송풍기는 저온으로 된 증발기에 공기를 불어넣는 일을 하며, 대기 중의 공기 또는 실내의 공기를 전동기에 의해 팬(fan)을 회전시켜 증발기 주위로 공기를 통과시킨다. 이때 고온 다습한 공기가 저온(低溫), 제습(除濕)한 공기로 되어 차실 내로 유입되므로 쾌적한 환경을 유지한다.

27.4. 전 자동 에어컨(FATC)

1. 전 자동 에어컨의 개요

전 자동 에어컨은 FATC(Full Automatic Temperature Control) 또는 ACC(Automatic Climate Control)라 하며, 희망하는 설정 온도 및 각종 센서(실내 온도 센서, 외기 온도 센서, 일사 센서, 수온 센서, 덕트 센서, 차속 센서 등)의 상태가 컴퓨터로 입력되면 컴퓨터(ACU)에서 필요한 배출 온도를 산출하여 이를 각 액추에이터에 신호를 보내어 제어하는 방식이다. 전 자동 에어컨은 온도 눈금이 있는 다이얼을 희망하는 온도에 맞추면 일사량(日射量)의 유무, 내·외기 온도의 변화 등에 대해 실내 온도를 설정 온도로 일정하게 유지한다. 즉 공기 흡입구, 배출구, 배출 온도, 냉각 팬의 회전 속도, 압축기의 ON-OFF 등을 자동화한 것이다. 이러한 자동 제어는 수동 에어컨에 논리 제어(logical control)의 자동 에어컨 제어를 설치하고 실내외 환경 조건 검출 센서를 사용하여 자동차 실내의 온도를 정확히 감지하여 그 정보를 컴퓨터에 입력하여 공기 온도, 풍량(風量), 압축기 등을 제어한다.

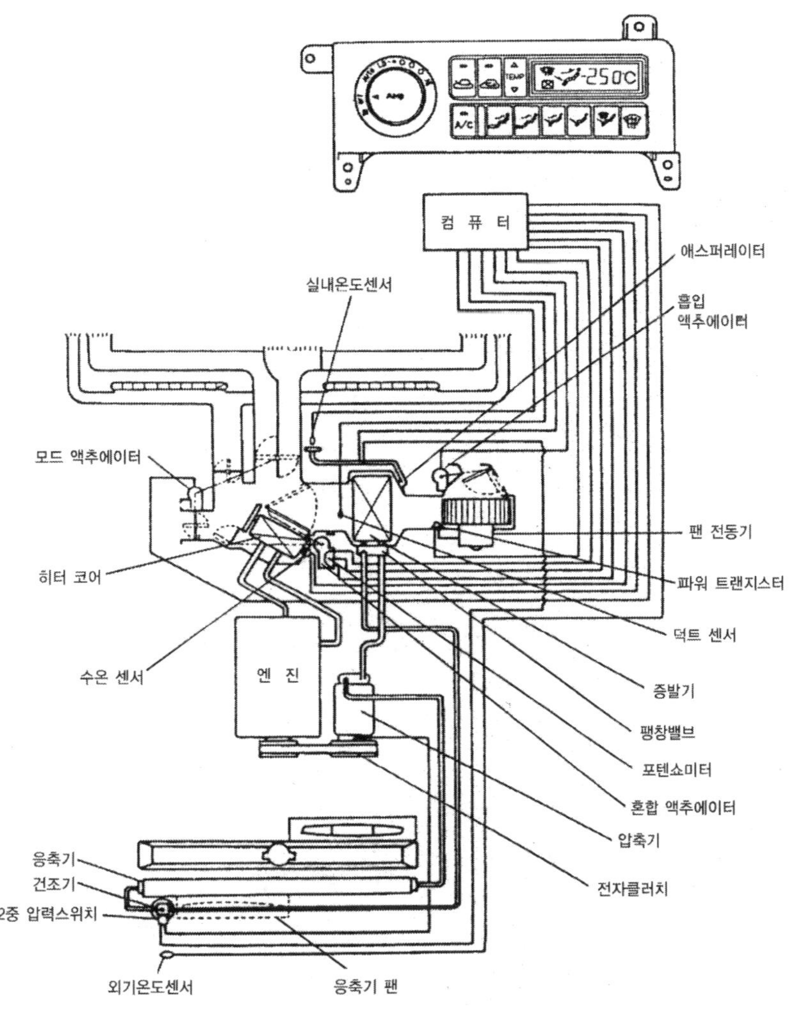

[그림27-9. 전 자동 에어컨의 구성도]

2. 전자동 에어컨의 입·출력 구성

[입력 부분]	[제어 부분]	[출력 부분]
▪ 실내 온도 센서 ▪ 외기 온도 센서 ▪ 일사량 센서 ▪ 핀 서모 센서 ▪ 수온 센서 ▪ 온도 제어 액추에이터 ▪ 위치 센서 ▪ AQS 센서 ▪ 스위치 입력 ▪ 전원 공급	F A T C 컴 퓨 터	▪ 온도 제어 액추에이터 ▪ 풍량 제어 액추에이터 ▪ 내외기 제어 액추에이터 ▪ 파워 트랜지스터 ▪ HT 송풍기 릴레이 ▪ 에어컨 출력 ▪ 제어 패널 화면 DISPLAY ▪ 센서 전원 ▪ 자기 진단 출력

3. 전자동 에어컨 입력요소 기능 및 작동원리

[1] 실내 온도센서(In car Sensor)

실내 온도센서는 차량 실내의 온도를 감지하여 FATC(Full Auto Temperature Control) 컴퓨터로 입력시키는 역할을 하며, 전자동 에어컨 제어 패널 상에 설치되어 있다.

[2] 외기 온도센서(Ambient Sensor)

외기 온도센서는 앞 범퍼 뒤쪽, 즉 응축기(condenser) 앞쪽에 설치되어 있으며, 외부 공기의 온도를 감지하여 FATC 컴퓨터로 입력시키는 역할을 한다. FATC 컴퓨터는 실내 온도와 외기 온도 센서 신호를 기준으로 냉·난방 제어를 한다.

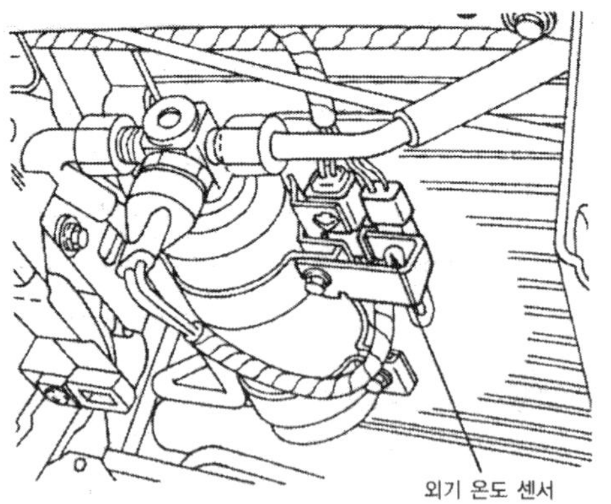

[그림27-10. 외기 온도센서 설치위치]

[3] 일사량 센서(Photo Sensor)

일사량 센서는 실내 크래시 패드 정 중앙부분에 설치되어 있으며, 차량 실내로 내리쬐는 빛의 양을 감지하여 FATC 컴퓨터로 입력시키는 역할을 한다. 광전도 특성을 지니는 반도체 소자를 재료로 이용하며, 빛의 양에 비례하여 출력 전압이 상승하는 형식이므로 FATC 컴퓨터가 별도의 센서 전원을 공급하지 않는다.

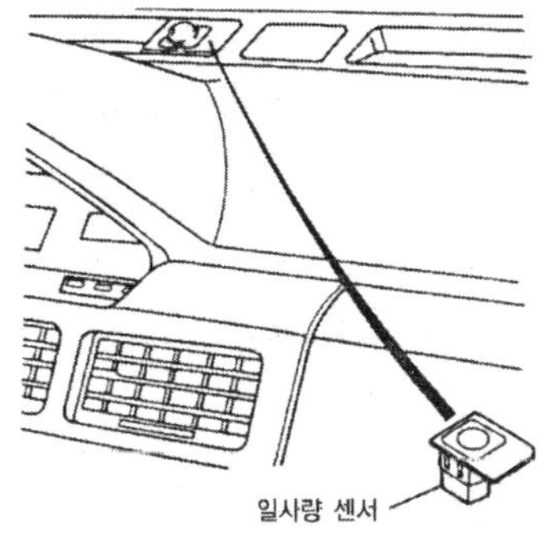

[그림27-11. 일사량 센서 설치위치]

[4] 핀 서모센서(Fin Thermo Sensor)

핀 서모센서는 증발기(evaporator) 코어 핀의 온도를 검출하여 FATC 컴퓨터로 입력시키는 역할을 한다. 또한, 부특성 서미스터로 되어 있어 증발기의 온도가 낮아질수록 센서 출력 전압이 상승한다. FATC 컴퓨터는 증발기 핀의 온도가 0.5℃ 이하가 감지되면 압축기(compressor) 구동 출력을 OFF시키고, 다시 3℃이상이 되면 압축기 구동 출력을 ON으로 한다.

[5] 수온센서(WTS ; Water Temperature Sensor)

수온 센서는 실내 히터 유닛 부분에 설치되어 있으며, 히터 코어를 순환하는 냉각수 온도를 감지하여 FATC 컴퓨터로 입력시키는 역할을 한다. 또 부특성 서미스터를 이용하고 FATC 컴퓨터는 수온 센서에 의해 검출된 냉각수 온도가 29℃이하일 경우 난방 기동 제어를 실행한다.

[6] 온도 제어 액추에이터 위치 센서(Temp Actuator Feed Back)

온도 제어 액추에이터 위치 센서는 실내 히터 유닛에 장착된 온도 제어 액추에이터 내부에 설치되어 있으며, 히터 유닛 내부에서 히터 코어를 통과하는 따뜻한 바람(溫風)과 히터 코어를 통과하지 않는 차가운 바람(冷風)을 적절히 혼합해주는 댐퍼 도어(damper door)의 위치를 검출하여 FATC 컴퓨터로 피드 백 시키는 역할을 한다.

[7] 습도(濕度) 센서(Humidity Sensor)

습도 센서는 뒤 선반 위쪽에 설치되어 있으며, 차량 실내의 상대 습도를 검출하여 FATC 컴퓨터로 입력시키는 역할을 한다. FATC 컴퓨터는 이 신호를 기준으로 자동(auto)모드로 작동 중 에어컨 압축기를 자동으로 ON, OFF시켜 차량 실내의 습도를 가감시킨다.

4. 전자동 에어컨 출력요소의 기능 및 작동원리

[1] 온도 제어 액추에이터(Temperature Actuator)

온도 제어 액추에이터는 실내 히터 유닛 아래쪽에 설치되어 있으며, 소형 직류 전동기를 사용한다. 또한 FATC 컴퓨터의 전원 및 접지 출력을 통하여 정 방향과 역 방향으로 회전이 가능하다.

[2] 풍향(風向) 제어 액추에이터(Mode Actuator)

풍향 제어 액추에이터도 소형 직류 전동기이며, FATC 컴퓨터의 전원 및 접지 출력을 통하여 작동된다. 이 액추에이터는 온도 제어 액추에이터에 의해 적절히 혼합된 바람을 운전자가 원하는 배출구로 송출하는 역할을 한다.

[3] 내·외기(內·外氣)액추에이터(Intake Actuator)

내·외기 액추에이터는 송풍기 유닛에 설치되어 있으며, 운전자의 내·외기 선택 스위치 신호가 입력되거나 AQS(Air Quality System) 제어 중 AQS 센서가 감지한 외부 공기의 오염 정도 신호를 FATC 컴퓨터가 입력받아 액추에이터의 전원 및 접지 출력을 제어한다.

AQS(Air Quality System ; 외부 공기 유입 방지 장치)

AQS는 유해 가스 감지용 반도체를 사용하여 배기가스를 비롯한 대기 중에 함유되어 있는 유해 가스를 감지하여 가스가 차량 실내로 유입되는 것을 자동적으로 차단하고 승차 공간의 밀폐로 인한 산소 결핍 등의 현상이 발생할 때 청정한 공기만 유입시켜 승차 공간 내의 공기 청정 정도와 환기 상태를 최적으로 유지하는 외부 공기 유입 제어 장치이다.

[4] 파워 트랜지스터(Power Transistor)

파워 트랜지스터는 송풍기 유닛 또는 증발기 유닛에 설치되어 있으며, 전자동

에어컨 작동 중 송풍기용 전동기의 전류량을 가변(可變)시켜 배출 풍량을 제어하는 역할을 한다.

[5] 고속 송풍기 릴레이(High Blower Relay)

고속 송풍기 릴레이는 송풍기용 전동기 아래쪽에 설치되어 있으며, 송풍기용 전동기를 최대로 선택하였을 때 송풍기용 전동기의 작동 전류를 제어하는 역할을 한다.

[6] 에어컨(압축기 구동신호)출력

FATC 컴퓨터는 에어컨 스위치 ON 신호가 입력되거나, 자동(AUTO) 모드로 작동 중 각종 입력 센서들의 정보를 기초로 압축기의 작동 여부를 판단한다. 압축기 작동 조건으로 판단되면 FATC 컴퓨터는 12V의 전원을 출력한다.

5. 전자동 에어컨 제어기능

[1] 배출온도 제어기능(Temperature Control)

배출온도 제어는 히터 유닛(heat unit)에 설치된 온도 제어 액추에이터를 FATC 컴퓨터가 작동시켜 제어한다. FATC 컴퓨터는 액추에이터 위치에 상응하는 배출온도 맵핑(maping) 값을 지니고 있기 때문에 액추에이터 위치 센서의 변화 값을 피드 백(feed back) 받으면서 액추에이터 구동 출력을 제어한다.

[2] 배출모드 제어 기능(Mode Control)

배출모드는 FATC 컴퓨터가 풍향 제어 액추에이터를 작동시켜 제어한다. 운전자의 모드 선택 스위치 신호 입력에 따라 벤트(VENT)→바이 레벨(BI-LEVEL)→플로(FLOOR)→혼합(MIX)→디프로스트(DEFROST) 순서로 순차적으로 제어한다.

[3] 배출 풍량(排出 風量) 제어 기능(Blower Speed Control)

배출 풍량은 수동 조작을 할 때 7~12단계로 제어되며, 자동 모드로 작동 중일 경우에는 무단 제어(無斷 制御)가 이루어지는데, FATC 컴퓨터는 파워 트랜지스터 베이스 전류를 단계적으로 가변시켜 목표 회전속도가 되도록 송풍기용 전동기의 작동 전류를 자동으로 제어한다.

[4] 난방 기동 제어 기능(CELO ; Cold Engine Lock Out)

난방 기동 제어는 자동 모드로 작동 중 엔진 냉각수 온도가 낮은 상태(29℃이하)에서 난방 모드를 선택할 경우 차가운 바람이 운전자 쪽으로 강하게 배출되는 현상을 최소화시켜 주기 위한 제어 기능이다. 난방 기동 제어가 작동하기 위한 조건은 다음과 같다.

① 자동 모드로 작동 중일 것

② 히터 코어를 순환하는 엔진 냉각수 온도가 29℃이하일 것

③ 운전자가 설정한 온도가 실내 온도 센서가 감지한 차량 실내의 온도 보다 3℃이상 높을 것

위와 같은 조건이 각종 센서에 의해 입력되면 FATC 컴퓨터는 아래와 같이 2가지 제어를 실행한다.

① 송풍기 회전속도를 1단(Low)으로 고정시킨다.

② 배출 모드를 디프로스터(defroster ; 앞면 창유리가 흐르지는 것을 방지하는 장치)모드로 고정시킨다.

이때 난방 기동 제어는 냉각수 온도가 29℃이상 될 때까지 계속되고 29℃이상이 되면 정상 자동 모드로 자동적으로 복귀한다.

[5] 냉방 기동 제어 기능

냉방 제어 기능은 증발기의 온도가 높은(30℃)상태에서 에어컨을 작동시켰을 때 미처 냉각되지 않은 뜨거운 바람이 운전자 쪽으로 강하게 배출되는 현상을 방지해 주는 기능이다. 냉방 기동 제어의 작동 조건은 다음과 같다.

① 자동 모드로 작동 중일 것

② 핀 서모 센서에 의해 감지된 증발기 코어 핀의 온도가 30℃이상일 것

③ 에어컨이 ON 상태일 것

④ 배출 모드는 벤트 모드일 것

위와 같은 조건이 만족되면 FATC 컴퓨터는 냉방 기동 제어를 실행하게 되는데, FATC 컴퓨터는 송풍기용 전동기의 회전속도를 1단(Low)으로 약 10초 동안 고정시킨 뒤 10초가 지난 다음 정상적인 자동 모드로 복귀시킨다.

[6] 일사량 보정 제어 기능

차량 실내에서 운전자가 느끼는 체감 온도는 내리쬐는 빛에 의한 복사열에 많은 영향을 받는다. 일사량 보정 제어는 차량 실내로 내리쬐는 빛의 양이 증가함에 따라 운전자의 체감 온도가 함께 상승되는 것을 방지하는 FATC 컴퓨터의 보조 제어 기능이다.

[7] 최대 냉·난방 제어

최대 냉·난방 제어 기능은 운전자가 설정 온도를 17℃또는 32℃를 선택하였을 때 FATC 컴퓨터가 배출 온도, 배출 풍향(모드), 배출 풍량(송풍기 회전속도) 및 내·외기 모드 등을 특정 모드로 고정 제어하는 기능이다.

[8] 압축기(compressor) ON, OFF 제어 기능

FATC 컴퓨터는 운전자의 에어컨 스위치 ON 신호가 입력되거나 자동 모드로 작동 중 각종 센서의 입력 정보를 연산하여 압축기 구동 신호를 ON, OFF한다. 압축기 구동 신호는 트리플 스위치(triple switch) 내부의 듀얼 압력 스위치(dual pressure switch) 접점을 거쳐 엔진 컴퓨터로 입력되고 엔진 컴퓨터는 이 신호를 기준으로 압축기 릴레이의 ON, OFF를 제어한다.

[9] 자기 진단 출력 기능

FATC 컴퓨터가 컴퓨터로 입·출력되는 센서 및 액추에이터들의 전기적 단선·단락 또는 기계적인 결함이 발생되었을 때 고장을 인식하여 고장 내용을 전기적인 신호로 출력시키는 기능이다. 자기 진단 중에는 현재 고장이 발생되어 있는 항목만을 표시하며, 과거에 발생되었던 고장 내용을 보여주는 고장 기억 기능은 없다. 즉, 자기 진단을 실행하였을 때 고장 코드가 나왔다면 현재 고장이 발생된 상태이다.

제 28 장 에어백(Air bag)

28.1. 에어백 개요

에어백은 운전자 및 승객을 보호하기 위한 안전장치로 운전자와 조향 핸들 사이 또는 승객과 계기판 사이에 설치된 에어백을 순간적으로 부풀게 하여 부상을 최소화하는 장치이다.

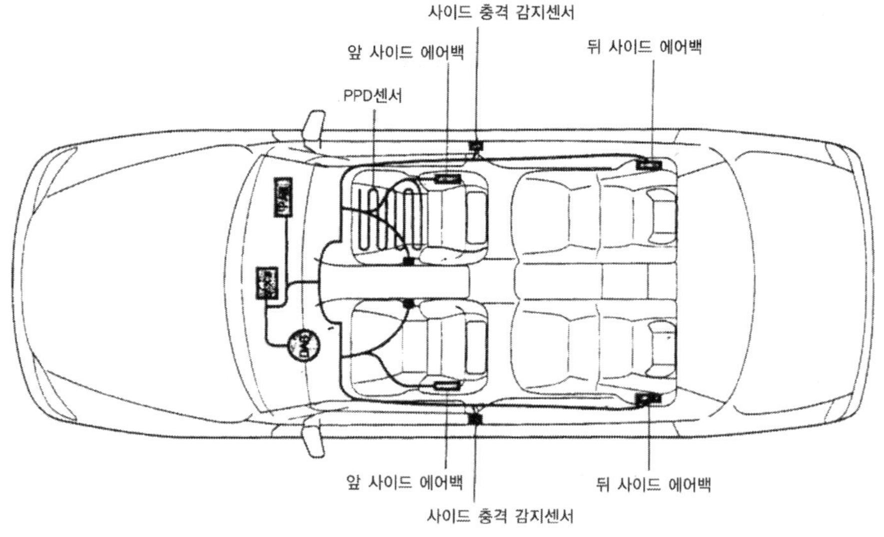

[그림28-1. 에어백 설치위치]

28.2. 에어백의 구성요소

1. 에어백 모듈(Air Bag Module)

에어백 모듈은 에어백을 비롯하여 패트 커버, 인플레이터(inflater ; 팽창기)와 에어백 모듈 고정용 부품으로 이루어져 있으며 운전석 에어백은 조향 핸들 중앙에 설치되고 조수석 에어백은 글로 박스 위쪽에 설치된다. 또한 에이백 모듈은 분해 및 저항 측정을 해서는 안 된다. 반약, 에어백 모듈의 저항을 측정할 때 뜻하지 않은 에어백의 전개(全開)로 위험을 초래할 수 있다.

[1] 에어백

에어백은 안쪽에 고무로 코팅한 나일론 제의 면으로 되어 있으며, 인플레이터와 함께 설치된다. 에어백은 점화 회로에서 발생한 질소 가스에 의하여 팽창하고, 팽창 후 짧은 시간 후 백(bag) 배출 구멍으로 질소 가스를 배출하여 충돌 후 운전자가 에어백에 눌리는 것을 방지한다.

[2] 패트 커버(pat cover - 에어백 모듈 커버)

패트 커버는 에어백이 펼쳐질 때 입구가 갈라져 고정 부분을 지점으로 전개하며, 에어백이 밖으로 튕겨 나와 팽창하는 구조로 되어 있다. 또 패트 커버에는 그물망이 형성되어 있어 에어백이 펼쳐질 때의 파편이 승객에게 피해를 주는 것을 방지한다.

[3] 인플레이터

인플레이터에는 화약, 점화제, 가스 발생기, 디퓨저 스크린 등을 알루미늄 용기에 넣은 것으로 에어백 모듈 하우징에 설치된다. 인플레이터 내에는 점화 전류가 흐르는 전기 접속 부분이 있어 화약에 전류가 흐르면 화약이 연소하여 점화제가 연소하면 그 열에 의하여 가스 발생제가 연소한다. 연소에 의해 급격히 발생한 질소 가스가 디퓨저 스크린을 통과하여 에어백 안으로 들어온다. 디퓨저 스크린은 연소 가스의 이물질을 제거하는 여과 작용 이외에도 가스 온도의 냉각, 가스 소음을 감소시키는 작용을 한다.

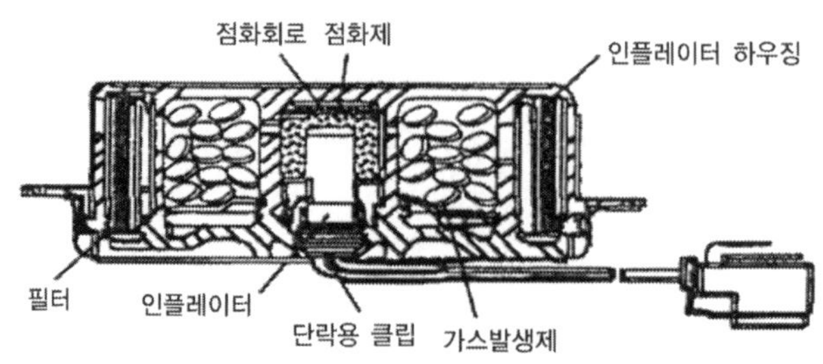

[그림28-2. 인플레이터의 구조]

2. 클럭 스프링(Clock Spring)

클럭 스프링은 조향 핸들과 조향 칼럼 사이에 설치되며, 에어백 컴퓨터와 에어백 모듈을 접속하는 것이다. 이 스프링은 좌우로 조향 핸들을 돌릴 때 배선이 꼬여 단선되는 것을 방지하기 위하여 종이 모양의 배선으로 설치하여 조향 핸들의 회전 각도에 대처할 수 있도록 하고 있다. 클럭 스프링은 조향 핸들과 함께 회전하기 때문에 반드시 중심 위치를 맞추어야 하며, 만약 중심 위치가 맞지 않으면 클럭 스프링 내부의 종이 배선이 단선되거나 저항 값이 증가하여 경고등이 점등된다. 즉, 클럭 스프링은 에어백과 에어백 컴퓨터의 연결을 접촉 연결이 아닌 배선에 의하여 확실한 접촉이 되도록 하기 위해 조향 핸들의 에어백과 조향 칼럼 사이에 설치되어 있다.

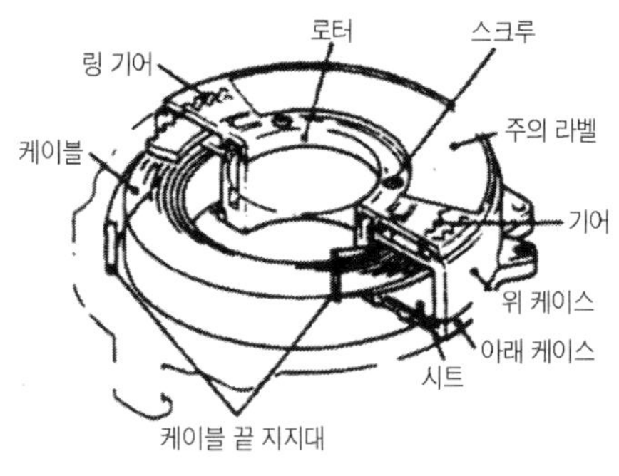

[그림28-3. 클럭 스프링의 구조]

3. 벨트 프리 텐셔너(Belt Pre Tensioner)

[1] 벨트 프리 텐셔너의 역할

자동차가 충돌할 때 에어백이 작동하기 전에 프리 텐셔너를 작동시켜 안전벨트의 느슨한 부분을 되감아 충돌로 인하여 움직임이 심해질 승객을 확실하게 시트에 고정시켜 크러시 패드나 앞 창유리에 부딪히는 것을 방지하며 에어백이 펼쳐질 때 올바른 자세를 가질 수 있도록 한다. 또한 충격이 크지 않은 경우에는 에어백은 펼쳐지지 않고 프리 텐셔너만 작동하기도 한다.

[2] 벨트 프리 텐셔너의 작동

벨트 프리 텐셔너 내부에는 화약에 의한 점화 회로와 안전벨트를 되감을 피스톤이 들어 있기 때문에 컴퓨터에서 점화시키면 화약의 폭발력으로 피스톤을 밀어 벨트를 되감을 수 있다. 작동 된 프리 텐셔너는 반드시 교환하여야 하지만 에어백 컴퓨터는 6번까지 프리 텐셔너를 점화시킬 수 있으므로 재사용이 가능하다.

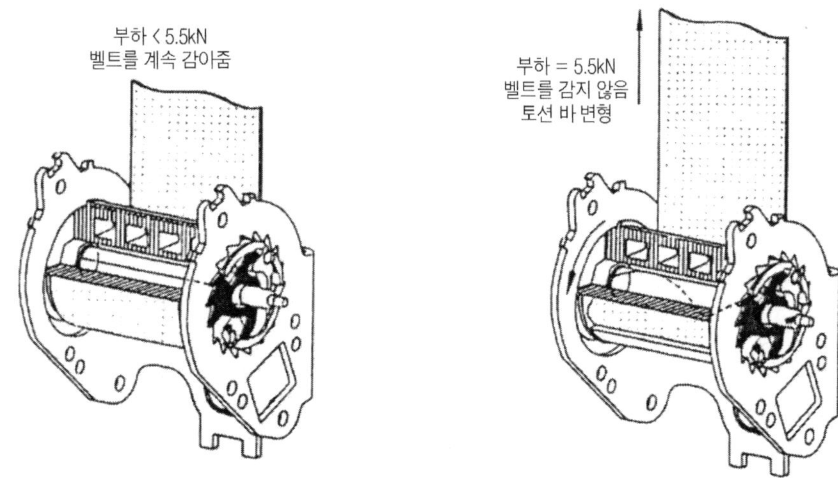

[그림28-4. 프리텐셔너 작동]

4. 에어백 컴퓨터

에어백 컴퓨터는 에어백 장치를 중앙에서 제어하며, 고장이 나면 경고등을 점등시켜 운전자에게 고장 여부를 알려준다.

[1] 단락 바(short bar)

에어백 컴퓨터를 떼어낼 때에는 경고등이 점등되어야 한다. 또한 컴퓨터를 떼어낼 때 각종 에어백 회로가 전원과 접지에 노출되어 에어백이 펼쳐질 수 있다. 이러한 사고를 미연에 방지하기 위해 단락 바를 사용하여 컴퓨터를 떼어낼 때 경고등과 접지를 연결시켜 에어백 경고등을 점등시키며, 에어백 점화 라인 중 High 선과 Low 선을 서로 단락시켜 에어백 점화 회로가 구성되지 않도록 하는 부품이다.

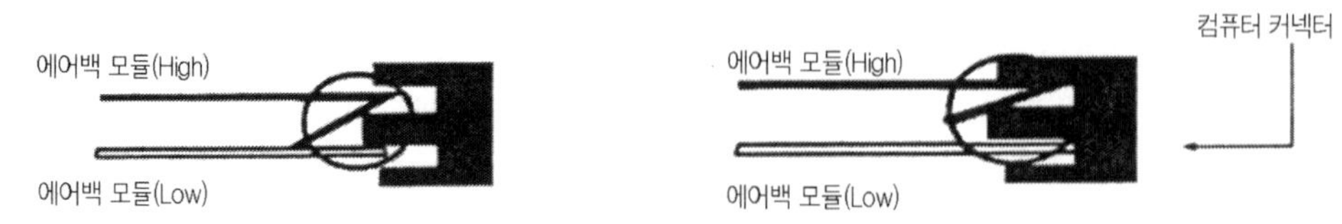

[그림28-5. 단락 바]

[2] 2차 잠금장치

에어백 장치에서 커넥터 접촉 불량 및 이탈은 장치의 전반에 큰 영향을 주며, 승객의 안전을 확실히 보장할 수 없다. 따라서 에어백에서 사용하는 각종 배선들은 어떤 악조건에서도 커넥터의 이탈을 방지하기 위하여 커넥터를 끼울 때 1차로 잠금이 되며, 커넥터 위쪽의 레버를 누르거나 당기면 2차로 잠금이 되어 접촉 불량 및 커넥터의 이탈을 방지하고 있다.

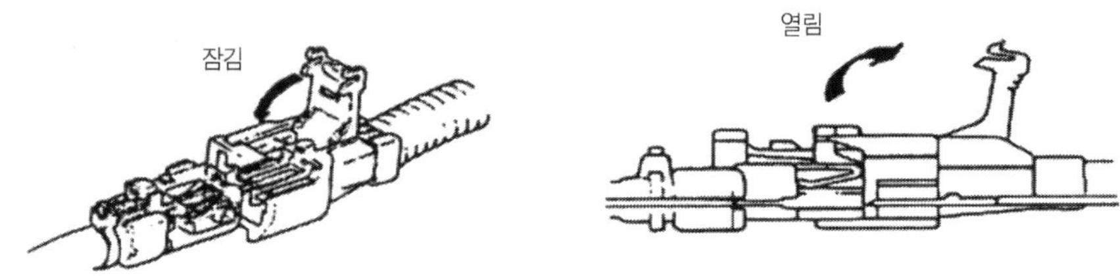

[그림28-6. 2차 잠금장치]

[3] 에너지 저장 기능

자동차가 충돌할 때 뜻하지 않은 전원 차단으로 인하여 에어백에 점화가 불가능할 때 원활한 에어백 점화를 위하여 에어백 컴퓨터는 전원이 차단되더라도 일정 시간(약150ms)동안 에너지를 컴퓨터 내부의 축전기(condenser)에 저장한다. 이는 점화 스위치를 ON에서 OFF로 할 경우에도 동일하다.

28.4. 에어백 전개(펼침) 제어

자동차가 주행 중 충돌이 발생하였을 때 가속도 값(G 값)이 충격 한계 이상이면 에어백을 전개시켜 운전자의 안전을 보호 한다.

1. 충돌 감지센서

충돌 감지센서는 자동차의 충돌 상태 즉 가·감속 값(G 값)을 산출하는 것이며, 평상적으로 주행할 때와 급가속 또는 급 감속할 때를 명확하게 구분하여 에어백 컴퓨터로 출력 값을 입력시키면 에어백 컴퓨터는 입력된 신호를 바탕으로 최적의 에어백 점화시기를 결정하여 운전자의 안전을 확보한다. 이 센서는 전자 센서이므로 전자파에 의한 오판을 방지하기 위하여 기계식으로 작동하는 안전 센서를 두어 에어백 점화를 최종적으로 결정한다. 충돌 감지 센서는 에어백 컴퓨터 안에 설치되어 있다.

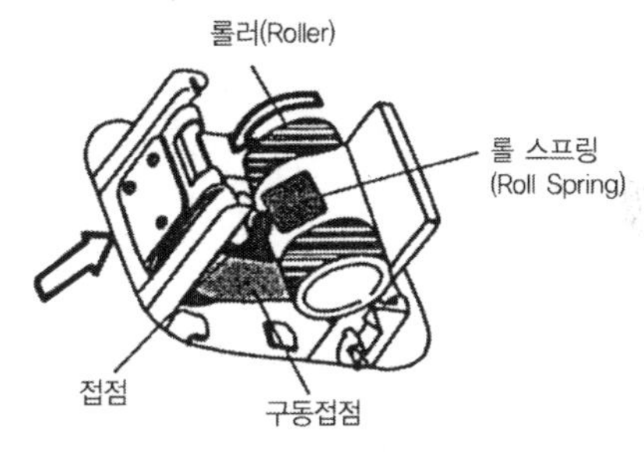

[그림28-7. 충돌 감지센서 구조]

2. 안전 센서(safe sensor)

안전 센서는 충돌할 때 기계적으로 작동한다. 센서 한쪽은 전원과 연결되어 있고 다른 한쪽은 에어백 모듈과 연결되어 있어 주행 중 충돌이 발생하면 센서 내부에 설치된 자석이 관성에 의하여 스프링 장력을 이기고 자동차 진행 방향으로 움직여 리드 스위치를 ON시키면 에어백 전개에 필요한 전원이 안전 센서를 통과하여 에어백 모듈로 전달된다.

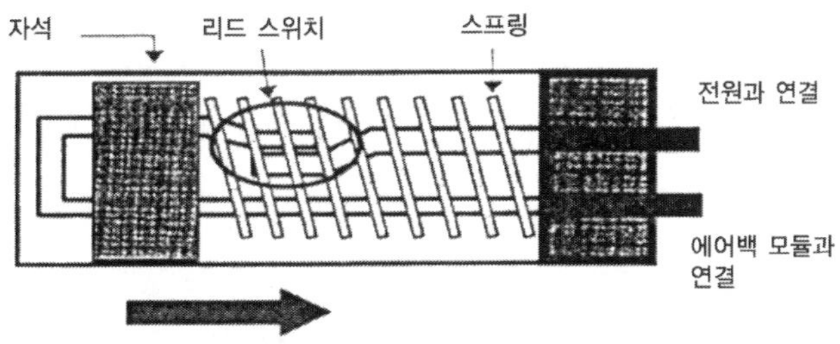

[그림28-8. 안전 센서의 작동]

28.5. 승객 유무 감지 장치(PPD 센서)

1. PPD(Passenger Presence Detect)센서의 역할

이 센서는 조수석에 탑승한 승객 유무를 감지하여 승객이 탑승하였다면 정상적으로 에어백을 전개시키고, 승객이 없으면 조수석 및 사이드 에어백을 전개시키지 않는다.

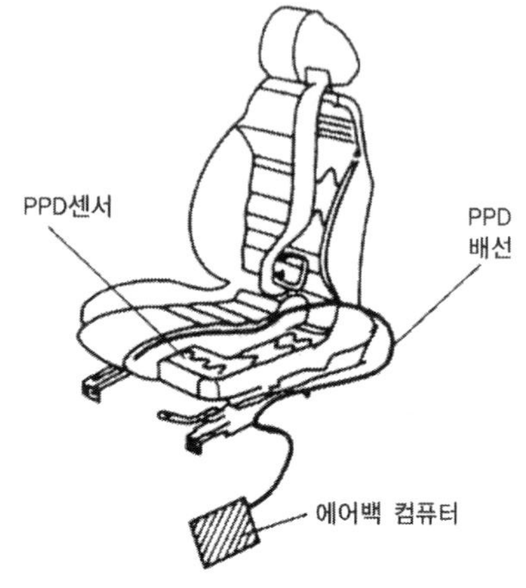

[그림28-9. PPD 센서의 설치위치]

2. PPD 센서의 작동원리

PPD 인터페이스 모듈의 2개의 커넥터 중 녹색 커넥터가 PPD 커넥터이다. 커넥터는 2핀(pin)으로 이루어져 있으며, 각각 다른 2개의 배선 사이에서 하중에 따라 저항 값이 변화하는 압전 소자를 설치하여 승객의 하중에 따라 변화하는 저항 값을 가지고 승객 존재 유무를 판단한다.

3. PPD 인터페이스 유닛

PPD 센서에서 출력되는 저항 값은 아날로그 신호이므로 에어백 컴퓨터는 PPD 센서 값을 인식하지 못한다. 그러나 저항 값으로 출력되는 PPD 센서 값을 인터페이스 유닛이 디지털 신호로 변환하여 컴퓨터로 입력시킨다. 인터페이스 유닛에서 컴퓨터로 일 방향 통신을 하며 다음의 3가지 신호를 보낸다.

① 승객 있음

② 승객 없음

③ PPD 센서 고장

컴퓨터는 이 3가지 신호 중 어떤 신호든지 입력되지 않으면 PPD 인터페이스의 고장으로 인식하며, 인터페이스 유닛은 조수석 시트 아래쪽에 설치된다.

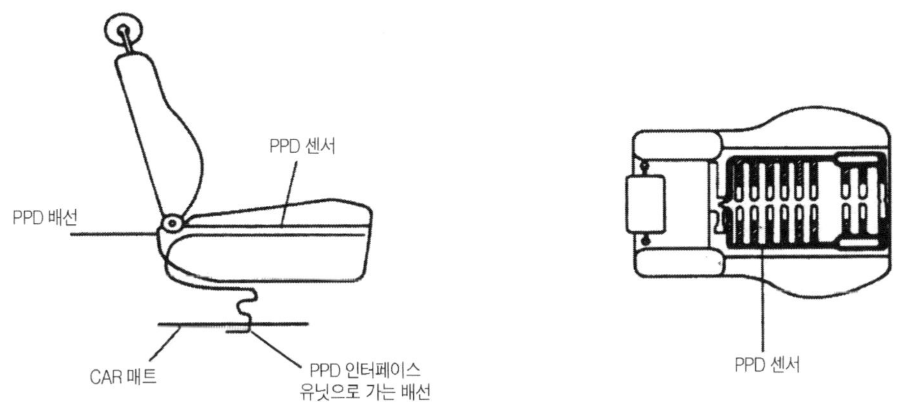

[그림28-10. PPD 인터페이스의 구성 회로도]

28.6. 사이드 에어백(Side Air bag)

사이드 에어백은 자동차 측면에서 충돌이 발생하였을 때 운전자 및 승객의 머리와 어깨를 보호하는 장치로서 시트 안에 들어 있다. 측면 충돌 감지 센서로는 자동차 좌·우측에 들어있는 측면 충돌 감지 센서와 에어백 컴퓨터 내부의 측면 충돌 감지 센서에 의하여 작동하며 2가지의 센서가 모두 작동하여야 에어백이 작동한다.

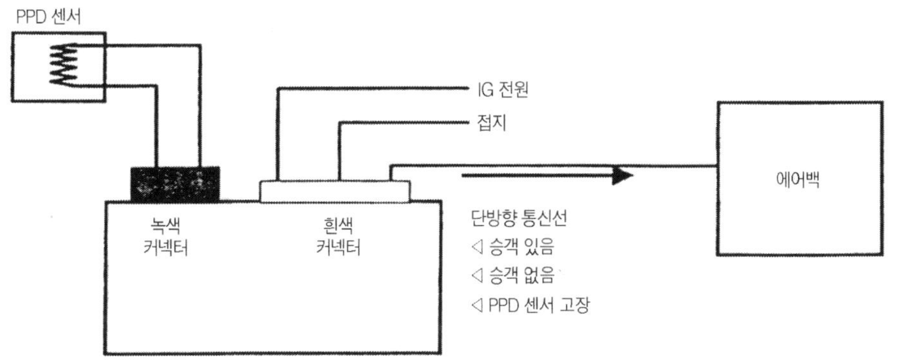

[그림28-11. 사이드 에어백의 작동 회로도]

자동차 공학

지 은 이 | 양현수 · 황갑운 · 김운회
펴 낸 이 | 김형근
펴 낸 곳 | 도서출판 기한재
주　　소 | 경기도 파주시 회동길 56
(파주출판도시)
전　　화 | 031)955-0900~2
팩　　스 | 031)955-0100
등　　록 | 1990년 3월 15일 제2-968호
발　　행 | 2019년 3월 25일 1판 9쇄
정　　가 | 20,000원

Published by Kihanjae Co.
ISBN 978-89-7018-509-5
http://www.kihanjae.com
E-mail : kihanjae@hanmail.net